U0354491

现代高性能水翼船运动姿态控制

The Motion Control of Modern High Performance Hydrofoil Ships

刘 胜 著

国防工业出版社
·北京·

图书在版编目(CIP)数据

现代高性能水翼船运动姿态控制 / 刘胜著. —北京：国防工业出版社，2023.1

ISBN 978-7-118-12785-0

Ⅰ.①现… Ⅱ.①刘… Ⅲ.①水翼艇-船舶运动-姿态控制 Ⅳ.①U661.3

中国国家版本馆 CIP 数据核字(2023)第 018074 号

※

国防工業出版社 出版发行

(北京市海淀区紫竹院南路 23 号 邮政编码 100048)

北京龙世杰印刷有限公司印刷

新华书店经售

*

开本 710×1000 1/16 **印张** 20¾ **字数** 355 千字

2023 年 2 月第 1 版第 1 次印刷 **印数** 1—1500 册 **定价** 168.00 元

国防书店：(010)88540777 书店传真：(010)88540776

发行业务：(010)88540717 发行传真：(010)88540762

致　读　者

本书由中央军委装备发展部**国防科技图书出版基金**资助出版。

为了促进国防科技和武器装备发展,加强社会主义物质文明和精神文明建设,培养优秀科技人才,确保国防科技优秀图书的出版,原国防科工委于 1988 年初决定每年拨出专款,设立国防科技图书出版基金,成立评审委员会,扶持、审定出版国防科技优秀图书。这是一项具有深远意义的创举。

国防科技图书出版基金资助的对象是:

1. 在国防科学技术领域中,学术水平高,内容有创见,在学科上居领先地位的基础科学理论图书;在工程技术理论方面有突破的应用科学专著。

2. 学术思想新颖,内容具体、实用,对国防科技和武器装备发展具有较大推动作用的专著;密切结合国防现代化和武器装备现代化需要的高新技术内容的专著。

3. 有重要发展前景和有重大开拓使用价值,密切结合国防现代化和武器装备现代化需要的新工艺、新材料内容的专著。

4. 填补目前我国科技领域空白并具有军事应用前景的薄弱学科和边缘学科的科技图书。

国防科技图书出版基金评审委员会在中央军委装备发展部的领导下开展工作,负责掌握出版基金的使用方向,评审受理的图书选题,决定资助的图书选题和资助金额,以及决定中断或取消资助等。经评审给予资助的图书,由国防工业出版社出版发行。

国防科技和武器装备发展已经取得了举世瞩目的成就,国防科技图书承担着记载和弘扬这些成就,积累和传播科技知识的使命。开展好评审工作,使有限的基金发挥出巨大的效能,需要不断摸索、认真总结和及时改进,更需要国防科技和武器装备建设战线广大科技工作者、专家、教授,以及社会各界朋友的热情支持。

让我们携起手来,为祖国昌盛、科技腾飞、出版繁荣而共同奋斗!

国防科技图书出版基金

评审委员会

国防科技图书出版基金
2019年度评审委员会组成人员

前言

21 世纪是人类面向海洋的世纪，海洋资源开发、海洋产业的发展、海洋交通运输等是全球经济和科技快速发展的重要引擎，引起世界各国的广泛重视。习近平总书记指出："建设海洋强国是中国特色社会主义事业的重要组成部分"，在全球各国大力发展海洋工程与科技的背景下，要想在国际科技角逐中掌握话语权，必须不断自主创新，发展海洋科技，进而促进我国海洋工程与科技的进步。海洋运载器在海洋工程与科技、海洋交通运输以及海洋资源开发中起到至关重要的作用，因而加快高性能海洋运载器的发展具有重要现实意义和深远历史意义。

现代高性能水翼船是近年来快速发展的一类海洋运载器，是航海技术与航空技术相结合的产物。水翼船航行时，通过水翼上产生的水动升力，将船体部分或全部托出水面，具有优越的减阻增能。尤其是采用自动控制水翼系统的水翼船，更具优良的耐波性和适航性。因此，水翼船及相关技术的发展得到世界海洋国家的重视，具有广阔的应用前景。

现代高性能水翼船在航行中，受到不可避免的风浪流环境的干扰，如何在不确定的海洋环境下实现水翼船的姿态稳定和安全航行，是船舶控制工程界必须要面对和解决的课题。高性能的水翼船运动姿态控制涉及复杂的控制系统技术和先进的自动控制理论，对水翼船运动姿态控制系统及理论进行深入研究，对于提高水翼船的安全性、耐波性、适航性具有重要的理论研究意义和工程应用价值。

著者历经 30 余年对水翼船运动姿态控制领域进行研究，并将研究成果进行归纳总结，编写本书，旨在"抛砖引玉"为推动我国海洋工程科技及水翼船控制领域的发展尽微薄之力。

本书从理论研究和需求背景出发，共分为 8 章进行阐述。

第 1 章主要介绍了现代高性能穿浪水翼双体船、高速水翼双体船及全浸式水翼艇的国内外发展概况，并对与本书水翼船运动姿态控制相关的理论发展进行了介绍，为读者提供了整体性、概况性的了解。

第 2 章介绍了与本书现代高性能水翼船运动姿态控制相关的理论基础，分别为稳定性理论、鲁棒控制理论、非线性控制理论及状态估计理论。其中包括李雅普诺夫(Lyapunov)稳定性判定、现代稳定性分析、H_∞控制、滑模控制、卡尔曼滤波等内容。本章内容是读者进一步学习和了解本书后面章节内容的基础。

第3章详细阐述了现代高性能穿浪水翼双体船、高速水翼双体船和全浸式水翼艇控制面的结构及多自由度运动姿态动力学、运动学方程建模,并给出了随机海浪干扰的数学仿真模型,为后续章节水翼船运动姿态的控制策略设计进行铺垫。

第4章详细阐述了现代高性能穿浪水翼双体船纵摇/升沉姿态-水翼/尾压浪板控制。首先给出了穿浪水翼双体船纵摇/升沉姿态-水翼/尾压浪板控制系统体系结构,并提出了一种补偿扩展粒子卡尔曼滤波估计方法,补偿线性化误差,提高估计精度。设计了全工作域多参数自适应模糊鲁棒控制策略,现对穿浪水翼双体船纵摇/升沉运动姿态的高精度稳定控制。

第5章详细阐述了现代高性能高速水翼双体船艏摇/横摇姿态-水翼/柱翼联合控制。首先给出了水翼/柱翼联合控制系统体系结构,针对航向保持控制模式和航向改变控制模式分别设计了艏摇/横摇H_2/H_∞鲁棒控制策略和回转/横倾模糊控制策略。本章的内容深入浅出,所讨论的问题具有通用性。

第6章详细阐述了现代高性能高速水翼双体船纵摇/升沉姿态-水翼/水翼控制。采用李雅普诺夫稳定性理论设计了高速水翼双体船纵摇/升沉姿态-水翼/水翼鲁棒H_2/H_∞控制策略,使得高速水翼双体船纵摇/升沉运动姿态闭环系统满足给定指标。采用增益调度控制实现了不同速度之间的平滑过渡。本章介绍的H_2、H_∞鲁棒控制器的设计方法适用广泛。

第7章详细阐述了现代高性能全浸式水翼艇艏摇/横摇姿态-副翼/柱翼控制及航向/横倾姿态-水翼/柱翼控制。针对全浸式水翼艇航行时受到的海浪干扰,设计了迭代学习输出反馈控制策略及双时标输出反馈奇异扰动控制策略。此外,对全浸式水翼艇的轨迹跟随级联系统,设计了包含协调回转约束的全浸式水翼艇曲线航迹鲁棒引导律,保证了跟踪误差动态的渐进收敛,易于调节。本章得出的成果,对于稳定全浸式水翼艇的艏摇/横摇运动和提高航迹跟随能力具有重要意义。

第8章详细阐述了现代高性能全浸式水翼艇的纵摇/升沉姿态-襟翼/襟翼控制。首先针对海浪不确定干扰设计了非线性的干扰观测器,并设计了互补滑模控制策略稳定水翼艇的纵摇/升沉运动姿态,提高控制效果。并且考虑到执行器饱和的情况,设计了饱和补偿器及抗饱和自适应全局终端滑模控制策略,保证执行器饱和时纵向运动姿态控制性能。随后,通过状态估计设计了最优控制策略实现纵向运动姿态控制。最后,为减少高海情下水翼出水和艇体击水,设计了全浸式水翼艇准爬浪控制策略。本章对于提高全浸式水翼艇纵摇/升沉运动姿态控制的研究具有重要意义。

以上章节内容在安排上力求完整性和独立性,读者可以根据需求进行阅读。

本书对于从事水翼船及高性能船舶控制工程领域的科技工作者和大专院校的本科生、研究生是一部极具参考价值的技术文献。同时对于从事航空、航天及其他领域的科技工作者也有一定的参考价值。

本书编写过程中，著者指导的博士生许长魁编写了本书第 7 章部分章节，牛鸿敏编写了第 8 章部分章节并完成了对全书的图文整理和校对。此外，本书的内容还引用了著者指导毕业的研究生王五桂博士、白立飞硕士、冯晓杰硕士、苏旭硕士和杨丹硕士等人的学位论文研究成果，在此，一并表示诚挚的谢意。

由于著者水平所限，书中难免有不妥之处，敬请读者批评指正。

在本书即将出版之际，著者还要特别感谢国防科技图书出版基金为本书的出版所提供的资助和帮助。

著者　刘胜

2021 年 3 月于哈尔滨

目录

CATALOG

第1章

绪　　论

1.1　引　　言

现代水翼船是人类突破阿基米德原理,解决海上交通运输信念的产物,是航空技术与航海技术相结合的产物。对于一般排水型船舶而言,当弗劳德数大于0.35时,会引起兴波阻力的急剧增加,这样的情况下,如果进一步提高船速将会引起动力装置功率的急剧增加,这必然导致船的体积增大,但是反过来又使得流体对船的阻力增大。因此,当排水型水面舰船的航速达到一定的数值时,进一步提高船速是困难的。克服这一困难的唯一途径是将船体托出水面而降低阻力。

穿浪水翼双体船既具有航行阻力小、耐波性能好等优点,同时又具有普通双体船甲板面积大等一系列优点,再加上其采用深V船型这一特点,解决了小水线双体船的船体没有储备浮力、可用空间较小和必须具有烦琐的航行姿态控制系统及复杂的传动机构等缺点,又解决了普通双体船的连接桥离水面近的不足,近几年越来越受到世界各国军事、民用领域的青睐。然而,穿浪水翼双体船在高速航行时,容易受到外界如随机海浪等的干扰,使其纵摇/升沉运动剧烈。

高速水翼双体船经常以很高的速度航行,由于水翼具有提供升力的作用,所以当高速水翼双体船的速度比较高时,水翼会提供很大的升力,甚至会达到船体重量的80%左右,在这样大的升力作用下,水翼双体船整体会被向上提起一定的高度,使其吃水变得很浅,减小航行阻力。并且在很高的速度下运行,双体部分具有较宽的甲板,具有一定的横向稳定性。

全浸式水翼艇在巡航过程中,水翼上产生的升力能够将船体完全托出水面,而不是仅仅减小船体的浸深。因此克服了兴波阻力和摩擦阻力对船体的影响,较好地解决了提高航速与阻力增加的矛盾,大大减轻了船体所受的海浪冲击。与排水量相近的其他船型相比,全浸式水翼艇具有优良的适航性。但是在高速翼航状态下,水翼升力作用把船体完全托出水面,使全浸式水翼艇自稳性缺失。剧烈的摇摆运动会对航行性能产生不可忽略的影响,并直接影响到其适航性。

水翼船通过增加水翼、襟翼和尾压浪板等改变船体结构,进而调整了船舶结构力学特性,通过减小船体在水中的阻力面实现了较好的航行稳定性与航速的大幅提升,如穿浪水翼双体船、高速水翼双体船、全浸式水翼艇等,但如上所述,水翼船在高速航行过程中也存在诸如片体储备浮力不足、埋艏以及稳定性缺失等问题,致使船舶出现更为剧烈的摇摆运动,改变了船体浮心的位置,对其性能产生了不可忽略的影响。严重的船体纵向/横向运动导致舰载设备不能正常工作,使船上货物损坏,甚至危及船舶的航行安全;剧烈运动还会使船员感到不适,降低船员的工作效率;对于军舰来说,还会影响到武器装备的使用,使舰载机不能安全起飞降落,武器命中率降低等。

为了保证水翼船的航行稳定性、船员的舒适性以及船载装备的平稳运行,解决水翼船在高速航行时的稳定性以及适航性问题尤为重要,且具有广阔的发展空间。本书分别从船体结构特性、船舶运动姿态的控制策略设计以及控制器的有效性验证等方面对穿浪水翼双体船、高速水翼双体船以及全浸式水翼艇进行了详细的介绍和分析,为未来水翼船的发展和海上货运效率的提高提供有力的技术支撑。

1.2 现代高性能水翼船发展概况

1.2.1 穿浪水翼双体船国内外发展概况

穿浪水翼双体船是20世纪80年代结合普通双体船和小水线双体船的结构和特性所发展起来的一种高性能复合型船舶。该船的船体由两个片体、拱形连续支柱、中间船体以及铺设在中间船体上的平台组成。片体和中间船体的艏部均为深V船型。片体细长,艏部为尖削的梭形穿浪艏,艉部为方形。上部露出水面,下部浸没于水中,水上部分储备浮力较小。在静水或小浪中航行时,由两侧片体入水提供浮力,中间船体腾空离水;遇大风浪时,其片体的穿浪艏在波峰和波谷间穿浪航行;只有纵摇、艏部升沉严重时,中间船体才入水提供浮力,辅助调整船舶的姿态。穿浪水翼双体船以其独特的结构具有航速快、耐波性高、舒适性好等让普通双体船无法与之相比的优点,因而一经面世就得到了迅速推广和各领域的广泛应用。

该船型从20世纪后期开始,以其优良的性能引起了世界各国的广泛关注,在军用、民用领域的应用取得了良好的经济效应和社会效应。目前,向大型化和高速化发展是穿浪水翼双体船的主要趋势。国际上在穿浪水翼双体船的研制和应用方面处于领先地位的是澳大利亚,澳大利亚在穿浪水翼双体船设计与建造方面的研究成果和经验具有典型的代表意义。

20世纪80年代后期,INCAT公司首次突破传统观念,成功建造出世界上第一艘穿浪水翼双体船,首次绕澳大利亚航行就取得圆满成功,该船以其十分出色的综合性能得到了广大客户的认可和关注。INCAT公司从建造长37m的水翼/尾压浪板双体客船开始,迄今为止已经成功建造一系列不同船型参数的穿浪水翼双体船。除了澳大利亚外,英国、日本、美国等许多发达国家在穿浪水翼双体船设计与建造方面也得到迅速的发展,并且在民用和军用两方面都得到越来越多的关注和重视。

在民用方面,1990年,INCAT公司为英国生产的长74m、宽26m、排水量达到850t的"海猫"级穿浪水翼双体船,其航速最高达到了43~45kn。其建造的第一艘"克雷斯托夫·哥伦布"号在当时条件下第一次仅用79h成功横渡大西洋。目前该公司正在向全世界市场推广船长112.63m、排水量1650t的"进化112"型穿浪水翼双体船,该船型实现了一船多用功能。船东可以根据自己的实际需要来设计其上层建筑,实现客船、货船和军用运输船等多功能船型。INCAT公司近期研制的、最新的大型高速穿浪水翼双体船"环保船130"号,如图1-1所示,该船具有重量轻、能耗低及速度快等优点,主要用于装载大型车和小型车。此外,日本对穿浪水翼双体船的研究工作也在一直进行,川崎重工引进澳大利亚先进多体船设计(AMD)公司的相关技术,并进行了大量的试验研究,成功研制出长101m、宽20m、排水量可达1900t、可乘坐旅客460人、装载车辆94辆、航速最高可达36kn的AMD1500Ⅱ型穿浪水翼双体船。

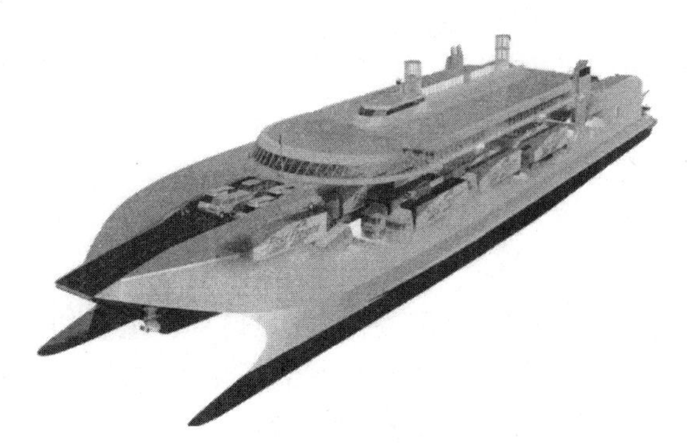

图1-1 INCAT公司研制的新型高速穿浪水翼双体船

在军用方面,从20世纪开始,穿浪水翼双体船出众的表现得到了多国海军的认可。澳大利亚海军所用的一艘水翼/尾压浪板军辅船"杰维斯湾"号,在1999年东帝汶维和行动过程中,可以达到很高的航速、很强的货物装载能力,再加上极高的码头装卸速度,给美国海军留下了非常震撼的印象。2001年,美国海军租用INCAT公司所建造的一艘86m穿浪水翼双体船,通过改装后将其命名为"合资企业"

号。2003年,美国海军首次使用“HSV-X1”号穿浪水翼双体船从日本冲绳向朝鲜半岛紧急运送1个海军陆战队大队。作为“合资企业”号的改进船型,“褐雨燕”号穿浪水翼双体船比“HSV-X1”号具有更强的载重能力和更高的装卸速度,并弥补了“合资企业”号海水淡化能力弱、甲板不能承受坦克、直升机甲板晚上不能使用等缺点。“褐雨燕”号穿浪水翼双体船可乘坐350名官兵,载物资质量可达500t,续航能力达到1100n mile(航速为35kn时)。此外,英国Vosper公司也向军方提出了长为49m、可用于直升机起降的穿浪水翼双体船载机舰方案。可以预见,在未来的军事应用领域中,穿浪水翼双体船将得到更为快速的发展,其应用将更加广泛。

国内很多船舶研究所和相关高校从20世纪90年代中期就一直从事穿浪水翼双体船的研究和探索工作。到目前为止,已成功设计与研制了多艘穿浪水翼双体船,对穿浪水翼双体船研究和建造的一些关键技术已经掌握。因此,国内已经掌握了穿浪水翼双体船设计与建造技术,具备了较成熟的技术能力和较高的建造工艺水平。

1998年,中国航天科技集团公司与AMD公司合作,成功建造出我国第一艘穿浪水翼双体船“飞鹰湖”号,并于同年交付使用。2005年,中国舰船研究设计中心根据国外技术,试制了国内首艘具有完全自主知识产权的穿浪水翼双体船“海峡”号。该船的成功建造填补了我国自主设计与建造穿浪水翼双体船的空白,实船使用结果证明其综合性能可与国外同类舰艇相媲美。2010年,由中国舰船研究设计中心设计、武昌船舶重工有限公司建造的国内最大的穿浪水翼双体船“东远01”号交付使用,该船的成功设计和建造,使我国高性能船舶的发展得到进一步推进。2010年,武昌船舶重工有限公司成功建造631水翼/尾压浪板双体巡逻船,用于上海世博会期间接待世界各国贵宾,该船的投入使用,进一步巩固了我国高性能船舶自主研发与设计的地位。我国在穿浪水翼双体船研发领域的主要成果,主要用于近海客运、车客联运,还成功应用于海军水翼/尾压浪板型导弹快艇“022艇”上,以增强海防。该船具备高速、安静、隐形等优点,并且具有优良的抗风浪性及适航性,解决了小排水量的导弹快艇在远距离及高海情下无法进行航行作战的问题。

国内船舶研究所和高校从穿浪水翼双体船问世之初起,就一直跟踪其国外最新的发展动态,并且开展了穿浪水翼双体船相关理论和关键技术的研究工作。哈尔滨工程大学进行了穿浪水翼双体船关键技术的研究,在穿浪水翼双体船船型优化和变吃水时穿浪水翼双体船性能等方面取得了很多重要的研究成果。海军工程大学采取两种不同的理论对穿浪水翼双体船的附连水质量进行了讨论,仿真结果与实船所得结果能够很好地相符。董文才等人首先对影响高速轻型穿浪水翼双体船阻力与耐波性主要原因及其变化规律进行了总结,然后对140t级高速轻型穿浪水翼双体船型及阻力、耐波性等方面进行了系列模型试验研究。吴烯等人对穿浪水翼双体船的附加水质量和水动力导数进行了计算，建立了喷水推进操纵运动模型，并进行了较为全面的仿真，仿真结果与实船测试结果进行了比较，从而验证了所建立模型的可行性和正确性。针对穿浪水翼双体船船型结构非常复杂，并且航速很高，很难精确对其波浪载荷进行预报，中国舰船研究设计中心基于 3D 流体动力学分析了穿浪水翼双体船的时域运动响应和波浪载荷，通过傅里叶变换，分析了其频域的响应特征。

1.2.2　高速水翼双体船国内外发展概况

高速水翼双体船是一种集高速双体船和水翼船优点于一身的全新概念的复合型高性能船，具有两个片体，其间用甲板和两个或多个水翼连接起来，航行速度快。该船由置于水下的两个船体、小水线面的双支柱和上船体三部分组成，水面的船体通过两个纵向支柱与水下的船体连接，通过在船体特定的位置改变船体半径或线型，可大大减小水的阻力，因此与常规船相比，具有超常的高速度。该船可具有体航和翼航两种模式，由船体重量承担方式不同而区分。体航航行时，船体阻力较大、速度较低；翼航航行时，船体阻力小、速度高、耐波性差，尖形片体的吃水约下降到静态吃水的 1/3。

高速水翼双体船具有高速、平稳的特点，是 21 世纪最有前途的水上运输工具或军事运载平台之一。高速船的运行需要高标准航行性能如适航性和操纵性与之匹配。在内河等水情比较复杂的区域航行时，对船舶的操纵性能提出了更高的要求，从而提高对突发事情如紧急避障等的应对能力。

由于高速水翼双体船具有双体结构，因此有一个很大的甲板面积和优良的横稳性，增设的水翼可以在航行时提供动升力，减少高速水翼双体船吃水，从而可以降低船舶阻力，所以与双体船相比可获得更高的速度。高速水翼双体船在航行过程中，从体航模式变换为翼航模式时，因水翼提供了抵消大部分船舶重力的升力，船体的吃水最大可减少船长的 10%，吃水的急剧变化会降低船体的稳性，更容易受到外界随机干扰如风、浪、流的影响，进而大幅度降低船舶的适航性。

同单体船相比，高速水翼双体船除了有较大的甲板面积和良好的居住环境外，还有一个突出优点就是横稳性非常好，在静水和不规则波浪中，其横摇衰减都非常快。虽然双体船具有良好的横稳性和航向保持特性，但是在高浪情、高航速下，船舶吃水减少，使得稳性下降。剧烈摇摆运动，会对航行性能产生不可忽略的影响，导致所配备的设备产生故障，损坏船上所装载的货物，更有甚者能够危及船舶及船员的航行安全。良好的航向保持能力会提高运营效益，提高船舶安全性，降低系统故障发生率。复合型高速船已成为国际高速船市场的研制开发热点之一。为提高设计航速与性能，近年来国际高速船会议多次探讨双体、多体船增设水翼的问题。在双体船及高速水翼双体船技术方面，国外起步较早，成熟度较高。

挪威 Kvcerner Fjellstrand 公司于 1991 年为“飞猫”型高速水翼双体船设计了一种水翼自动控制助航系统，并对其进行了海上航行试验。该水翼自动控制助航系统主要由可控襟翼、计算机、传感器、液力耦合系统、控制屏和监测器构成。新自动助航系统的利用，使得“飞猫”可以以良好地“掠海飞行”姿态航行，高速航行时船体脱离水面 0.6m。1993 年，该集团为中国香港远东水翼公司建造 2 艘 35m 高速水翼双体船“日星”号和“祥星”号，如图 1-2 所示。

图 1-2 “日星”号高速水翼双体船

挪威 Westamarin West 公司和 HSD 集团联合为 2900 型高速水翼双体船设计了一种可控襟翼系统，该可控襟翼系统对高速水翼双体船纵向运动有明显改观。高速运动时，最小的吃水深度为 1.8m。该高速水翼双体船可在水面上滑行，因此具有较好的稳定性和舒适性。翼行航行时，后水翼可承担船体重量的 60%。前水翼的支柱可实现舵功能，可以转动±25°，每个 T 形前水翼都装有一个襟翼，整体的全宽后水翼装有 3 个襟翼。

挪威 Harding 公司于 1992 年开发了一套由 3 副可控水翼组成的水翼助航主动控制系统，其中前水翼安装在船体前 1/3 处，并贯穿两片体间，两副后水翼对称安装在两个狭长片体的尾部。这 3 副水翼总体呈三角形结构，并且可随海情状况，上下调节水翼的浸深。

1993 年，日本日立造船公司为 Superjet-30 型高速水翼双体船开发了一套装配有襟翼的水翼自动控制系统。该水翼自动控制系统安装在船体前部和后部的全浸式水翼上,高速航行时,80%~90%的重量由水翼提供,保证船舶自身的稳定性,10%~20%的升力是由船体来提供的。通过对襟翼的控制,摇摆幅度与普通双体船相比减小了 87.5%,纵摇幅度也有了大幅度的减小。同年,该公司得到一项建造 3 艘 160 座的 Hitachi Twin 30 的订单。

三菱重工公司开发了三菱 Super Shuttle 200 型全浸高速水翼双体船,该船航速可达 40kn,主要用于岛间航运。三菱重工推出的三菱 Super Shuttle 400(“彩虹”号)试航航速已经达到 45.2kn。Super Shuttle 400 在船首和船尾分别装有一个整体全宽式的全浸型水翼,并且安装有喷水推进装置。

日本东京大学提出了一种新型高速水翼双体船即 HC200 系列,该系列高速水翼双体船的两个片体均具 V 型尖削结构,片体之间安装有两个或多个水翼系统,起升高度很大,最大可达船长的 10%。在设计航速下水翼可提供船体的 90%重量。模型试验表明,在具有两个水翼并且迎浪的情况下,船体升沉和纵摇性能较好,当浪高为 5m 时,船舶仍能高速航行。

2002 年,韩国首尔国立大学设计了高速水翼双体船模型,针对该高速水翼双体船纵摇/升沉运动利用频率分析方法设计了控制器,该控制系统设计时综合了舰船姿态跟踪性能、常规运动性能、噪声抑制性能和控制能力最小等指标,并在 SNUTT 中进行了拖拽试验。

2005 年,德国 Alwoplast 旗下 FASTcc 公司设计了“南峡湾”号高速水翼双体船,该船长 16.24m,服务航速为 30kn,载客 60 人,由 Austro Hotels 订购。

“海行者”号是美国海军拥有的一种具有复合型结构的高速水翼双体船。由于该船安装有浸没在水下的弧线型抬升体和横向水翼系统,因此不仅具备水翼艇的高速性,而且可以与小水线双体船相媲美的稳定性,巡航航速可到 30kn。高速航行时,抬升体和横向水翼同时提供升力,可以将船体托出水面,减小了船舶阻力,而且浸没在水下的抬升体可以增强翼航时的稳定性。

2011 年,美国科维查克船舶公司为美国陆军工程兵建造的一艘后位 V 型高速水翼双体船完工交付。该船是两艘同型船中的第一艘,长 54ft($1ft = 3.048\times10^{-1}m$),宽 20ft,为铝质结构,动力由一对卡特 3406E 发动机提供,输出功率 700BHP,最高航速 34kn,巡航速度 28kn,主要任务是为疏浚和航道作业提供测量等保障服务。

美国 Bentley Marine 公司致力于高性能船的研究,并提出了一系列解决方案。该公司设计了 T 形翼、A 形翼、割划式水翼和全浸式水翼运动控制系统。图 1-3 给出了该公司生产的 A 形翼双体渡船(巡航速度为 55kn)。

图 1-3　A 形翼双体渡船

1.2.3　全浸式水翼艇国内外发展概况

全浸式水翼艇自问世以来,得到了各个国家的青睐,以美国和西欧为代表的一些国家着力发展全浸式水翼艇。在美国,相关研究集中在诺斯罗普·格鲁曼公司和波音公司中,而加拿大海军则与戴哈维兰德公司合作研发 FHE-400 型水翼艇。诺斯罗普·格鲁曼公司的工作始于 1957 年,在美国海事管理局的项目中与之一起研究用于外海航运的水翼艇,以获得 100~3000t 的快速货运和客运服务,并且速度超过 50kn。其最初的研究成果是一艘名为"丹尼逊"的 95t 试验艇,艇长 105ft,前水翼使用割划式水翼,承载 85%的船体重量,船尾安装完全浸没的 T 形翼。该艇由汉密尔顿标准公司提供水翼系统,由通用电气公司的 J-79 发动机提供动力,该发动机由通用电气公司额外加装一个独立的涡轮机,用以驱动一个超空泡螺旋桨进行推进。涡轮机安装在船尾,Z 形驱动装置向下穿过水翼支柱传动到螺旋桨,这是当时的一项重大技术成就。该水翼艇配备有一套基于飞机控制系统的姿控稳定系统,在平静的条件下速度达到 71mi/h(1mi=1.609344km),在有义波高 2.6m 的海况下速度达到 55mi/h。诺斯罗普·格鲁曼公司继而在两个方向上继续其水翼船的发展。在商船设计方面,它开发了"海豚"号水翼船,这是一艘供 116 名乘客使用的 36m 水翼船渡轮,配备 3600hp(1hp=745.7W)劳斯莱斯泰恩燃气轮机通过 Z 形驱动装置驱动 KaMeWa 公司的变螺距超空泡螺旋桨。船首 T 形水翼与船尾 T 形水翼都设计成向上折叠的形式以方便进行维护。在排水航行模式时,两台 GM 柴油机每台通过喷水推进的方式提供 216hp 的推进力。"海豚"号水翼船的服务航速为 48kn,并可以在有义波高 3m 的海域持续航行。艇体姿态的动态控制是由 Garrett 公司提供的自动驾驶仪完成,该自动驾驶仪包括一个前视高度传感器、陀螺仪和加速度计,该计算机系统控制水翼的翼角。该型水翼船渡轮首先在加那利群岛投入使用,接下来在迈阿密和巴哈马自由港之间进行尝试。1969年,它在夏季迁移到维尔京群岛,并最终卖给了美国海军。在当时的技术水平下,该设计已经非常超前,船载设备性能也被推到了极限。

诺斯罗普·格鲁曼公司的第二个方向是1961年10月美国海军授予的“普朗维尤”号辅助试验水翼艇的设计项目。诺斯罗普·格鲁曼公司与纽波特纽斯造船公司和通用电气公司合作开发320t、长达64m的全浸式水翼艇,目标航速高于50kn,水翼系统直到1968年3月才投入使用,而海军的试运行直到1970年3月才完成。“普朗维尤”号全浸式水翼艇的两台通用电气LM-1500型15000轴马力船用燃气轮机,每台驱动两个钛合金超空泡螺旋桨,在有义波高3m的海况下实现了超过50kn的航速。像波音公司制造的“高点”号一样,“普朗维尤”号在正式服役前还需要进行方案改进与相关性能的提升。但最终它参与了美国海军的各项试验,包括鱼雷和导弹发射、无人机操作等。该水翼艇于1978年9月退役。

在“普朗维尤”的设计之后,诺斯罗普·格鲁曼公司根据“海豚”号的设计经验,在1966年4月为美国海军设计了PGH-1型“旗杆”号全浸式水翼炮艇。“旗杆”号长22m,排水量67.5t,由3550hp的劳斯莱斯泰恩燃气轮机驱动,最高航速接近50kn。PGH-1与“海豚”号的规格非常相似,并且弥补了在“海豚”号上出现的设计缺陷。该全浸式水翼炮艇于1968年11月投入使用,经过一年的海军太平洋舰队后,返回圣地亚哥并继续执行海军任务。1976年9月,美国海岸警卫队在美国东海岸专属经济区再次对“旗杆”号进行了较长时间的评估,为后来美国海军服役的各种型号的全浸式水翼巡逻艇奠定了基础。

美国波音公司海事系统事业部于1960年6月开始发展全浸式水翼艇。与美国海军合作的第一个项目为建造一艘120t PCH-1型全浸式水翼艇以测试美国海军的反潜战。该全浸式水翼艇设计的目标航速超过40kn,并且配备了跟踪声呐和自导鱼雷。与诺斯罗普·格鲁曼公司水翼艇的水翼系统采用的传统“固定翼飞机”型布局不同的是,PCH-1“高点”号的水翼布置采用鸭式布局,即在船首安装一个单独的T形水翼,在船尾安装双T形大展弦比全宽水翼,如图1-4所示。两台3900hp的劳斯莱斯Proteus船用燃气轮机通过Z形驱动装置将对向旋转的亚空泡螺旋桨驱动至后水翼翼舱。1958年初,美国海军设计局开发了PCH-1概念设计。在1958年中期至1960年1月之间制订了计划和细节规格。波音公司在1960年6月赢得了订单,1962年11月交付试验。美国海军对“高点”号全浸式水翼艇的定位更多是试验艇。水翼表面保护涂层的剥离引起水动力改变等问题,而螺旋桨和水翼的设计存在空化问题,高度传感器在大风中的输出不稳定,并且需要重新设计以适应不同海情。波音公司通过“高点”号的设计、测试与试验过程,掌握了大量的控制系统设计与海试数据,基于这些数据,设计了后续的PHM型和Jetfoil型水翼艇,并且为其推进系统配备了喷水推进装置。美国海军还赞助了波音公司制造的 FRESH-1 型全浸式水翼艇,这是一种由喷气发动机推进的高速水翼双体船,用于研究在 100kn 航速下水翼系统的特性。

图 1-4　PCH-1“高点”号全浸式水翼艇

1968 年,波音公司建成了巡航速度为 47kn 的 PGH-2“图库姆卡里”号全浸式水翼艇。该艇全长 21m,排水量 57t,采用喷水推进,该艇与诺斯罗普 · 格鲁曼公司的 PGH-1 型水翼艇一同在美国、越南和北约等进行了长时间的试验,其适航性可与千吨级大舰相比美,在风浪中可持续高速航行。“图库姆卡里”号全浸式水翼艇在水翼布置方案上与“高点”号的水翼布置大致相同,船首安装有一台全浸式 T 形可控水翼,主水翼安装在船尾,但与“高点”号不同的是,“图库姆卡里”号船尾的主水翼是两台分离式的 T 形水翼,并且优化了喷水推进的水路设置。水翼/水翼末端的可控式襟翼(也称襟尾翼)能够实现水翼艇的姿态稳定控制,在平静水面上能够以 50kn 速度航行,通过协调转弯能够控制水翼艇在 40kn 的高航速下控制转弯半径在 210m 以内。该型水翼艇装有由波音公司自主研发的新型飞行控制系统,包含双超声波高度传感器和更高精度的航姿参考系统等新型测量装置,所有这些系统都与主控计算机实现数据交互,从而控制襟翼与柱翼舵(也称柱翼)实现艇体姿态的稳定控制。“图库姆卡里”号的设计与测试过程使得波音公司在鸭式布局的喷水推进全浸式水翼艇的设计建造上获得了足够的经验与数据支撑,标志着美国军用水翼艇实用化阶段的开始。

结合 PGH-1 和 PGH-2 的经验,美国海军能够开始选择北约部队在地中海地区作为普通巡逻艇平台使用的一类全浸式水翼巡逻艇。意大利和德国与美国一起参与了这一项目的发展。1971 年 11 月,美国海军授予波音公司 230t 的 PHM 级的全浸式水翼导弹艇的设计合同,最初预计将建造多达 28 艘这样的船。PHM 级全浸式水翼导弹艇全长 40m,排水量 230t,明显大于“图库姆卡里”号的 22m、64t,并且进行了很多改进设计。后水翼系统被制成具有浅 M 形的一体式大展弦比单元，并且在外部上安装具有柱翼舵的垂直支柱系统，并且优化了喷水推进系统的水路供应。使用一台具有 17000hp 的通用电气 LM 2500 燃气轮机驱动两个安装在船体横梁下的喷水推进器。姿态控制系统采用与“图库姆卡里”号相同的数字控制设备。这些水翼艇设计航程大于 500n mile，最高航速可达 48kn。波音公司在 1977 年完成著名的“飞马座”导弹艇的首次试运行之后，又进一步为美国海军建造了另外 5 艘相同型号的水翼艇。

基于全浸式水翼系统的设计与制造经验，美国海军近年来先后支持了 FSF-1“海上斗士”号濒海水翼试验舰、X-Craft“海行者”号技术演示舰等研发项目，用于探索全浸式水翼系统与多体高技术船舶的融合设计与评估。与此同时，美国海军装备研究院也于 2012 年 7 月提出了全浸式水翼无人艇的研究计划，用以完成侦察、猎雷与反潜等任务。

在欧洲，意大利于 1974 年开始建造“雀鹰”号全浸式水翼艇，该艇是“图库姆卡里”的直接开发，具有类似的尺寸和水翼布置，同时前甲板上装有大型舰炮，在船尾装备双联导弹发射器。到 1983 年为止，意大利海军还采购了另外 6 艘该型水翼艇。1991 年，日本海上自卫队安排住友重工制造 3 艘该型水翼艇。

2010 年 7 月，俄罗斯阿列克谢耶夫设计局的质量部门负责人梅列什科第一次宣布，俄罗斯将恢复水翼艇的建造。计划 2020 年开始建造 2000~3000t 的全浸式水翼舰艇，装备钛合金水翼系统，设计翼航航速为五级海情 60kn。该型舰艇的设计是军民两用的，可以用于军事冲突。水翼舰艇的设计正在进行，其中一型舰艇将能够装载 32 枚“俱乐部”导弹。

在客运方面，全浸式水翼艇以其优良的耐波性与适航性而备受青睐。在发展军用水翼舰艇的同时，波音公司发展了民用水翼船渡轮。最为经典的当属“Jetfoil 929-100”型 110t 全浸式水翼艇。与 PHM 相比，“Jetfoil 929”的主要改进是船体型线的优化设计，具有更宽的横梁和上层建筑，可为两个舱室的飞机式座位布局提供多达 250 个座位。服务航速设定为 42kn，最高约 50kn。两台艾里逊 501K 燃气轮机提供动力，每台燃气轮机提供 3300hp。喷水推进装置包括两个“洛克达因”轴流泵，与 PHM 级水翼艇相比，喷水推进性能显著提高。Jetfoil 929-100 原型机建于 1974 年，经过近 500h 的测试，最终交付给太平洋海运有限公司，以便在夏威夷服务，如图 1-5 所示。第一次商业渡轮服务于 1975 年 4 月由 002 号艇开始，为中国香港远东水翼船公司建造。波音公司继续制造了 5 艘该型水翼艇，并于 1977 年 5 月前为远东水翼船公司和其他运营商制造了共计 10 艘该型水翼艇。Jetfoil 929-100 的改进型号为 Jetfoil 929-115。该型号改进了船体设计方案，降低了结构重量，改进了前水翼的锥形部分，部分移除了后部支柱的加强筋以改善水动力性能。

由于快速渡轮变得更加普遍且为了遵守20世纪70年代后期实施的国际法规,进行了一些其他调整。共有17艘船被建造,后来经过修改或更新,因为这些年它们在运营商之间出售。1978年,波音公司停止生产该型水翼艇,但授权日本川崎重工继续生产该型水翼艇。

图1-5 波音 Jetfoil 929 全浸式水翼艇

自2006年以来,意大利的罗德里格斯公司一直在开发自己的全浸式水翼艇客船,命名为FSH-38,如图1-6所示。由欧盟和意大利教育和研究部联合资助建造了两艘该型船舶。第一艘采用罗德里格斯公司的传统动力传动系统,配有中央定位发动机以及具有倾斜传动轴的螺旋桨。第二艘水翼艇在推进支柱的底部有一对Z形驱动推进器,并配有一对反向旋转的牵引螺旋桨。采用鸭式水翼布局,船首T形水翼作为升降舵,后水翼为一体式大展弦比的双T形水翼,所有水翼及其支柱上都分别配有襟翼与柱翼舵。罗德里格斯选择将动力系统与后水翼系统分开,这使得发动机可以安装在船体中,从而能够更加便捷地进行重量分配。水流从另一个支柱上的通气管进口进入用于冷却发动机。而对于Z形驱动版本,该进气口结合在螺旋桨支柱中。水翼系统方案设计一直是该研发项目的主要研究内容,对波浪中的水翼和结构载荷的流体动力学进行了详细的分析与评估。该全浸式水翼艇的主要指标是艇长37.25m,排水量145t,243名乘客。动力来自两部MTU 16V4000M70柴油机,功率总计4640kW,设计航速45kn。罗德里格斯公司从2009年末开始验证倾斜螺旋桨驱动版本的试验艇的耐波性与操纵性,在有义波高1.5m的海域升沉加速度均方根误差低至0.07g,柴油机的燃油消耗量约为1000L/h,比现有的客运水翼渡船降低10%~20%,为21世纪水翼船发展中的典型代表。

我国于1988年6月建成第一艘水翼渡船“飞鱼号”,海试性能良好,实现了我国在民用水翼艇方面由科研开发到实船应用的重要进步。1988年,由中国船舶重工集团第七O二研究所与无锡东方高速艇公司联合设计建造了自控式水翼艇,并

图1-6　罗德里格斯公司FSH-38全浸式水翼艇

在广州—肇庆航线进行试验。1995年,我国引进波音Jetfoil 929的生产技术建造了PS-30水翼客船并得到了美国船级社的认可,如图1-7所示。中国船舶重工集团第七O二研究所基于40余年从事船舶水动力性能研究的科研经验,开发了一系列型号的水翼艇,代表了国内川江客运航行领域的最高水平。但该系列水翼艇为混合式自控水翼艇,其前水翼系统多采用固定式水翼抑或割划式设计方式,通过船尾的阻尼控制装置对水翼艇的航行姿态进行主动控制,从船型与控制方式的角度来看,该种船型方案并不属于严格意义上的全浸式水翼艇设计方案。

图1-7　PS-30水翼客船

1.3　现代高性能水翼船运动姿态控制相关理论发展概况

1.3.1　非线性状态估计理论发展概况

在工程应用中,一方面,很多系统(包括线性系统和非线性系统)的部分或所有状态不能直接测量,但是为了能够进行有效控制,必须实时得到系统的状态信息;另一方面,一些或所有的描述系统的结构参数未知或存在不确定性。为解决这两个问题,必须通过测量能够测量的状态,对未知结构参数和不能测量的状态进行估计,即称为估计理论。估计理论主要用于系统参数估计(静态估计)和状态估计(动态估计)。估计理论已有200多年的历史,最小二乘法是最早出现的估计理论,它由德国数学家高斯首次提出,这种方法比较简单,但性能较差。极大似然估计算法在20世纪20年代由英国学者Fisher提出,并且系统地建立了经典估计理论。维纳滤波算法的提出奠定了现代估计理论的基础。而后,卡尔曼提出的卡尔曼滤波(KF)算法成为现代估计理论建立的标志。由于KF算法需要准确的系统模型和系统噪声已知,并且为高斯随机过程,这对实际工程应用带来了一定的限制,因此,随后提出了一些自适应估计理论,如模糊自适应估计、高斯自适应估计理论等。H_∞鲁棒滤波算法为估计理论提供了一种新思路,其手段是通过牺牲平均估计精度来提高系统的鲁棒性能。以上所提算法均只适用于线性系统中,而不能直接应用在非线性系统中,但却推动了非线性估计理论的快速发展。

扩展卡尔曼滤波(EKF)算法是在卡尔曼滤波算法的基础上提出来的,其基本思想是通过一阶泰勒展开将非线性问题转化成线性问题,然后基于卡尔曼滤波算法进行滤波。对于强非线性系统,EKF算法采用一阶泰勒展开线性化时将产生较大误差,并且需要计算雅可比矩阵。一些二阶广义卡尔曼滤波算法考虑了泰勒展开的二次项,一定程度地减小了线性化所带来的误差,但计算量却大大地增加了,无法得到广泛的实际应用。无迹卡尔曼滤波(UKF)算法不需要计算雅可比矩阵,它采用无迹变换(UT),以一组确定性Sigma(西格马)点来逼近高斯随机状态分布统计特性。在计算量相当的情况下,UKF对非线性系统状态后验分布的估计精度高于EKF。在此基础上,中心差分卡尔曼滤波(CDKF)算法和中间差分滤波(CDF)算法也不必求解雅可比矩阵,这些算法滤波性能相当。一些改进的算法在一定程度上可以减小EKF算法线性化带来的误差,如耦合卡尔曼滤波(IKF)算法、次优广义耦合卡尔曼滤波(EIKF)算法等。为了补偿噪声分布的不准确性和时变性,一些自适应滤波算法相继被提出。

粒子滤波(PF)是基于蒙特卡罗(Monte Carlo)方法采样得到非线性系统状态条件分布的一组加权的粒子,这组粒子能够表现状态条件分布的所有信息,然后采用贝叶斯规则和重抽样对粒子进行更新,解决了非线性系统在非高斯条件下的状态估计问题。

20世纪中期,一种基于序贯重要性采样(SIS)的蒙特卡罗方法被引入到自动控制领域。随后,众多研究者对这个方法展开了深入的研究,但是通过研究发现,基于SIS的蒙特卡罗方法产生严重的粒子退化现象。重采样(Resampling)的提出有效缓解了粒子退化现象,使粒子滤波算法重获新生。此后,粒子滤波算法得到迅速发展,一些改进的算法相继被提出,如辅助粒子滤波算法、EKF 粒子滤波(EKF-PF)算法、UKF 粒子滤波(UKF-PF)算法、似然粒子滤波算法等,有效地改善了粒子滤波算法的滤波精度。正则粒子滤波算法、自适应粒子滤波算法等解决了重采样所带来的样本退化现象。粒子滤波算法收敛性直接影响其应用,学者们对粒子滤波算法收敛性也展开了研究,Crisan 和 Doucet 在已有的研究成果的基础上,证明了均方差渐进收敛到零的充分条件。目前,粒子滤波算法已经主要应用于视觉跟踪、卫星姿态、目标跟踪等领域,随着相关技术的快速发展,粒子滤波算法的应用领域将会越来越广。

1.3.2　鲁棒控制理论发展概况

在实际工业控制系统建模中,一般很难得到精确的数学模型;也会能得到精确的数学模型,也会由于过于复杂很难直接对其进行分析;或者系统模型特性会随着时间、环境等因素发生变化。鲁棒控制是一种解决模型不确定性和外部干扰不确定性的控制方法,该控制方法可以使得闭环系统仍能保持预期的性能,如稳定性和其他动态性能。

鲁棒控制可以克服因模型的不确定性和系统外部干扰造成的影响。因此过去几十年中,鲁棒非线性控制有了长足的发展。鲁棒控制理论的发展历程大体上可分为经典鲁棒控制理论和现代鲁棒控制理论两个发展阶段。

经典鲁棒控制理论以频域设计为主要特征,其重要发展历程总结如下。

1927 年,Black 在研究真空管放大器时首次涉及不确定性对系统品质的影响问题,并提出利用高增益的方法抑制不确定性的概念;1932 年,Nyquist、Bode 以及 Horowitz 等人,通过频域灵敏度函数的方法克服系统不确定性的影响;1960—1975 年,Cruz 等人将频域灵敏度方法推广到了多输入多输出系统,提出了众多有关灵敏度的概念及其分析与设计的方法。

现代鲁棒控制理论以状态空间方程为主要特征,其重要发展历程总结如下。

1981 年,G. Zames 发展了 Wiener-Hopf 理论和二次型最优控制,提出了以干扰在输出上最小作为 H_∞ 控制的基本思想;1989 年,J. C. Doyle 等人将最优控制归结为两个黎卡提方程求解的问题,从本质上解决了二次型最优控制和 H_∞ 控制的联系;1994 年,S. P. Boyd 等人的线性矩阵不等式(LMI)著作、P. Gahinet 等人与 The Math Works 公司合作推出一个可以用于求解鲁棒控制问题的 LMI 工具箱,从此鲁棒控制理论真正成为一个实用的系统分析与控制器设计方法,时至今日,鲁棒控制理论不仅在理论上有重大发展,而且在许多领域如飞行器控制、船舶控制等有着广泛的应用。

混合 H_2/H_∞ 控制,可以理解为求解一个综合了系统最优性能和鲁棒性指标的最优控制器,从而使系统满足最优性和鲁棒性。H_2 最优控制理论在处理控制系统性能方面具有良好的效果,然而其控制效果完全依赖于被控对象模型的精确性;而 H_∞ 控制给出满足系统鲁棒性能的最优解,但无法解决系统对其他性能指标的要求。混合 H_2/H_∞ 控制是在鲁棒 H_∞ 控制发展成熟后产生的,混合 H_2/H_∞ 控制融合了两者的优点,利用 H_2 范数来衡量系统的某些性能,利用 H_∞ 范数来衡量系统的鲁棒性,因而得到了迅速的发展。

鲁棒控制在船舶领域有着广泛的应用。在船舶减摇方面,关巍提出采用反步法与闭环增益方法设计船舶减摇控制器;杨盐生针对控制系数项不确定问题,设计滑模变结构鲁棒控制器;刘胜等人基于 μ 理论设计舵/鳍联合减摇鲁棒 H_∞ 控制器等。对于航向保持运动即艏摇/横摇运动,刘胜等人设计采用鲁棒最小二乘支持向量机控制器。李高云针对大型船舶的航向/航迹控制问题,采用 H_2/H_∞ 鲁棒容错控制器,仿真结果证明该控制策略具有良好的容错效果。叶宝玉等人提出一种非线性反步自适应鲁棒控制算法,用于处理船舶航向控制中的参数不确定问题,对于存在参数摄动和不确定的情况,仍能够得到较好的控制效果。

1.3.3 抗干扰控制理论发展概况

现代工业控制系统中广泛存在干扰,并对控制系统的性能产生不利影响。因此,干扰抑制是控制器设计的关键目标之一。从广义上讲,扰动不仅涉及控制系统外部环境的干扰,还涉及受控设备的不确定性,包括未建模动态、参数摄动和多变量系统的非线性耦合,在实际系统中,外部扰动与内部扰动往往都不会独立存在,二者共同组成了系统的集总干扰,使得控制问题难以处理。

在过程控制领域,特别是在石油、化工和冶金行业,生产过程通常受外部干扰的影响,如原材料质量变化、生产负荷波动以及复杂生产环境的变化。另外,不同生产过程之间的相互作用总是复杂而难以精确分析。这些因素及其综合作用通常会导致这些过程的生产质量显著降低。在机械控制领域,包括工业机器人、运动伺服系统、飞行器控制系统等,控制精度通常受到不同外部干扰的影响,如不确定的转矩干扰、负载转矩的变化、轨道水平位置的振动和枢轴摩擦。此外,这些机械系统的控制性能也受到操作条件和外部工作环境变化引起的内部模型参数扰动的影响。因此,开发具有鲁棒干扰抑制性能的先进控制算法对控制系统中的集总干扰进行抑制与补偿,对于提高工程控制系统的作业精度和运行效率很有必要。

线性干扰观测器(linear disturbance observer, LDOB)是由 Ohnishi 教授及其合

作者在 20 世纪 80 年代后期提出的干扰观测方法,并随后在高精度运动控制等工控领域得到了广泛关注与研究,其分析和设计方法在过去 30 年取得了重要进展。LDOB 的提出过程实质上得到了内模原理的启发。内模原理针对的是输出端扰动,所以在设计过程中需要系统的标称模型。而 LDOB 针对系统输入端扰动提出,因此,在设计过程中需要系统逆模型,并通过设计低通滤波器保证目标系统的物理可实现性。基于干扰观测器(disturbance obserever,DOB)的控制系统是一种双回路控制结构,干扰观测器作为内环将实际被控对象通过前馈方式补偿为标称模型,反馈控制器作为外环控制则用于保证期望的系统跟踪性能。起初,利用频域法设计的基于线性干扰观测器的控制方法被用于线性单输入单输出系统。进而,非线性干扰观测器方法也被提出用于提高控制精度。在 LDOBC 方法中,非线性和干扰被合并为广义干扰,因此可以使用线性系统理论进行控制策略设计。虽然 LDOBC 已经成功应用于工业过程,但对于许多复杂系统而言,很难用 LDOBC 的相关方法进行控制策略设计。与 LDOBC 相比,非线性 DOBC(NLDOBC)用于估计和补偿作用于非线性系统的干扰。通过充分利用非线性动力学,NLDOBC 可以提高一些非线性系统的噪声和非模型动力学的性能和鲁棒性。

自抗扰控制理论由中国科学院系统科学研究所韩京清研究员于 20 世纪 80 年代末提出,而后由克利夫兰州立大学高志强教授进行了改进,提出了线性自抗扰控制理论体系结构。在该框架下,扩张状态观测器(ESO)的设计成为自抗扰控制体系结构中的重要一环。扩张状态观测器的设计理念基于线性系统状态观测器理论而来。在其基础上将集总干扰的广义模型扩张到系统状态中,对增广后的系统进行观测器增益设计,使之具备对增广系统的状态,尤其是集总干扰的观测能力。在过去几年快速发展的过程中,ESO 分为两种典型形式:非线性 ESO(NLESO)和线性 ESO(LESO)。由于非线性结构具有良好的估计效率,NLESO 在早期的研究中被推荐使用。但由于其复杂的非线性结构,NLESO 的严格稳定性推导很难实现。在有限的文献中,一些学者利用李雅普诺夫和自稳区域方法分析其收敛性和估计误差,或针对单输入单输出(SISO)和多输入多输出(MIMO)系统给出 NLESO 更广义的收敛结果。

1.3.4　非线性自适应控制理论发展概况

当控制系统模型难以确定或者其参数在不同条件下发生大范围的变化时,经典控制理论设计的控制器对这类系统难以达到满意的效果,自适应控制理论就是在这个背景下被提出来的。随着电子技术和计算机技术的快速发展,自适应控制理论取得了很多重要的研究成果,其应用领域越来越广泛。模型参考自适应控制

(MRAC)算法是一种自适应控制的主要方法,由美国学者 Whintaker 首次提出。20 世纪 60 年代,V. M. Popov 教授将超稳定理论应用到模型参考自适应控制系统中,随后,许多学者在 MRAC 的稳定性、收敛性和鲁棒性等方面做了大量的研究。MRAC 系统结构主要由参考模型、被控对象、控制器和自适应调节结构等部分组成。

“稳定自适应控制”的理论被提出后,通过引入规范化信号,能够很好地解决 MRAC 的稳定性问题。此后,MRAC 系统的鲁棒性引起了学者们的重视。当非线性控制系统的参数发生大范围变化时,将使非线性系统不稳定,并且当指令信号太大或者存在高频噪声等情况时,也将造成非线性系统的不稳定,鲁棒 MRAC 部分解决了非线性系统的不稳定现象。模型参考变结构控制也是一种有效解决被控对象存在摄动的方法,通过合理设计控制器,使被控系统状态在有限时间内变化到滑动模态,因此具有很强的鲁棒性。

非线性系统的自适应控制在实际应用中仍存在一定的问题,如需要辨识或建立控制系统的数学模型,但实际应用中有的系统很难建立或辨识出准确的模型,给控制带来很大的误差;工程上没有专门针对复杂、高阶、非线性等系统合适的控制算法;自适应控制存在计量大、难于实现等问题。随着神经网络算法、模糊逻辑推理等新技术的深入研究,模型参考自适应控制结合这些新技术将会得到不断完善。神经网络具有很多出众的优点,对于不确定复杂问题具有自适应能力,可以用来作为非线性系统的补偿或者自适应环节;可以高精度逼近任意非线性函数,可以用于非线性控制系统的辨识与控制;具有快速优化与并行计算能力,可以用来解决大型复杂系统的优化问题。学者们结合神经网络算法,已经将 MRAC 与神经网络算法结合在一起,提高了 MRAC 的鲁棒性、实时性及自学习能力等。模糊逻辑推理是一种简单实用的算法,这种算法不需要知道准确的控制对象的数学模型,对存在参数不确定、时变和滞后的控制对象很适用。通过将模糊控制和自适应控制技术结合,解决了自适应控制的很多实际问题。模型参考自适应控制算法发展至今,其理论与方法已经发展得较为成熟,并已成功地应用到很多领域,如火箭炮伺服系统、行波超声波电动机模型、飞行器等领域。

第 2 章

现代高性能水翼船运动姿态控制理论基础

2.1 系统稳定性理论

2.1.1 李雅普诺夫稳定性

对实际工程中的动态系统来讲,稳定性是最基本的要求。下面介绍非线性系统在李雅普诺夫意义下的平衡点稳定性。

考虑如下系统:

$$\dot{x}=f(x) \tag{2-1}$$

其中,$f:D\rightarrow R^n$ 是从定义域 $D\subset R^n$ 到 R^n 上的局部李雅普诺夫映射。

定义 2.1:对于状态空间中的点 $x=x^*$,只要系统状态从 x^* 点开始,在将来任何时刻都保持在 x^* 点不变,那么这一点就称为式(2-1)的平衡点。

假定$\bar{x}\in D$ 是式(2-1)的平衡点,即 $f(\bar{x})=0$。我们的目的是确定$\bar{x}$的稳定性特征,并对其进行研究,不失一般性,设平衡点为原点,即$\bar{x}=0$。

定义 2.2:对于式(2-1)的平衡点 $x=0$,如果对于每个 $\varepsilon>0$,都存在一个与其相关的实数 $\delta=\delta(\varepsilon)>0$,满足 $\|x(0)\|<\delta\Rightarrow\|x(t)\|<\varepsilon,\ \forall t\geqslant 0$,则该平衡点是稳定的;如果不满足,该平衡点就是非稳定的;如果满足,且可选择适当的 δ,满足 $\|x(0)\|<\delta\Rightarrow\lim\limits_{t\rightarrow\infty}x(t)=0$,则该平衡点是渐进稳定的。

定理 2.1:(李雅普诺夫稳定性定理)设 $x=0$ 是式(2-1)的一个平衡点,$D\subset R^n$ 是包含原点的定义域。设 $V:D\rightarrow R$ 连续可微函数,如果

$$\begin{cases}V(0)=0\\ V(x)>0,\ \forall x\in D\backslash\{0\}\\ \dot{V}(x)\leqslant 0,\ \forall x\in D\backslash\{0\}\end{cases}$$

那么,原点 $x=0$ 是稳定的。此外,如果

$$\dot{V}(x)<0,\ \forall x\in D\backslash\{0\}$$

那么,原点 $x=0$ 是渐进稳定的。

考虑非线性系统

$$\begin{cases}\dot{\boldsymbol{x}}=\boldsymbol{f}(\boldsymbol{x})+\boldsymbol{g}(\boldsymbol{x})w\\ \boldsymbol{z}=\boldsymbol{h}(\boldsymbol{x})\end{cases}\tag{2-2}$$

式中:$\boldsymbol{x}=[x_1\quad x_2\quad\cdots\quad x_n]^{\mathrm{T}}$ 取值于局部区域 $M(M\subseteq R^n)$;$w\in R^m$ 为输入信号;$\boldsymbol{z}\in R^P$ 为评价信号;$\boldsymbol{f}(\boldsymbol{x})$ 和 $\boldsymbol{h}(\boldsymbol{x})$ 为充分可微的函数向量;$\boldsymbol{g}(\boldsymbol{x})$ 是具有适当维数的充分可微的函数矩阵。假设 $x=x_0$ 是式(2-2)所对应的自由系统的局部平衡点,即 $f(x_0)=0$。

定义 2.3:设 $\gamma>0$ 为给定实数,如果对于任意的 $T_0\geqslant 0$,式(2-2)的输入输出信号满足 $\|\boldsymbol{z}(t)\|_{T_0}\leqslant\gamma\|\boldsymbol{w}(t)\|_{T_0},\ \forall\boldsymbol{w}\in\mathcal{L}_2[0,T_0]$,则称该系统的 $\mathcal{L}_2$ 增益小于等于 γ,其中 $\mathcal{L}_2[0,T_0]$ 表示平方可积且满足的所有信号 $\boldsymbol{w}(t)$ 的集合,$\|\boldsymbol{w}(t)\|_{T_0}$ 定义为 $\left\{\int_0^{T_0}\boldsymbol{w}^{\mathrm{T}}(t)\boldsymbol{w}(t)\mathrm{d}t\right\}^{\frac{1}{2}}$。

2.1.2 现代稳定性分析

微分几何方法是将非线性系统定义在微分流形上,用微分流形上的向量场来描述系统的状态方程,用流形的映射来描述系统的输出方程。因而可以利用诸如李代数、分布、对合性、微分同胚等几何概念和性质来研究非线性系统,成为非线性系统分析和设计的有效工具。下面简要介绍本小节将用到的一些基本概念。

1. 光滑函数与光滑向量场

光滑函数与光滑向量场是非线性系统中常用的概念,下面分别给出其光滑性定义。

定义 2.4:对于函数 $f(\cdot):R^n\to R$,若函数 $f(x)$ 在区间 (a,b) 上为连续的,且有连续的任意阶导数存在,则称函数 $f(x)\in C^{\infty}_{(a,b)}$。

定义 2.5:称 n 维函数向量 $\boldsymbol{f}(x)=[f_1(x)\quad f_2(x)\cdots f_n(x)]^{\mathrm{T}}$ 为 R^n 上的一个向量场,其中 $f_1,f_2,\cdots,f_n$ 是定义在集合 R^n 上的 n 个实值函数;若 $f_1,f_2,\cdots,f_n$ 是光滑函数,则称向量场 $\boldsymbol{f}$ 光滑。

2. 李导数与李括号

定义 2.6：设 $\boldsymbol{f}$ 是一光滑向量场，λ 是光滑实值函数，λ 沿 $\boldsymbol{f}$ 方向的李导数是一映射：

$$L_f: C^\infty \to C^\infty$$

$$L_f\lambda = \frac{\partial \lambda}{\partial \boldsymbol{x} \cdot \boldsymbol{f}} = \begin{pmatrix} \frac{\partial \lambda}{\partial x_1} & \cdots & \frac{\partial \lambda}{\partial x_n} \end{pmatrix} \begin{bmatrix} f_1 \\ \vdots \\ f_n \end{bmatrix} = \mathrm{d}\lambda \cdot \boldsymbol{f} \tag{2-3}$$

因 $L_f\lambda$ 是 C^∞ 函数，故可重复作 L_f 运算及混合李导数运算：

$$L_f^k\lambda = L_f(L_f^{k-1}\lambda), k=1,2,\cdots \tag{2-4}$$

$$L_g L_f^k\lambda = L_g(L_f^k\lambda) \tag{2-5}$$

约定：$L_f^0\lambda = \lambda$，$\boldsymbol{g}$ 为光滑向量场。

定义 2.7：设 $\boldsymbol{f}(x)$、$\boldsymbol{g}(x)$ 是两个光滑向量场，用符号 $\frac{\partial \boldsymbol{f}}{\partial x}$、$\frac{\partial \boldsymbol{g}}{\partial x}$ 分别记它们的雅可比阵，则定义新的向量场

$$[\boldsymbol{f},\boldsymbol{g}](x) = ad_f\boldsymbol{g} = \frac{\partial \boldsymbol{g}}{\partial x} \cdot \boldsymbol{f}(x) - \frac{\partial \boldsymbol{f}}{\partial x} \cdot \boldsymbol{g}(x) \tag{2-6}$$

称为 $\boldsymbol{f}(x)$ 和 $\boldsymbol{g}(x)$ 的李括号。

3. 控制系统的相对阶

考虑如下多输入多输出非线性系统：

$$\begin{cases} \dot{\boldsymbol{x}} = \boldsymbol{f}(\boldsymbol{x}) + \sum\limits_{i=1}^{m} \boldsymbol{g}_i(\boldsymbol{x})\boldsymbol{u}_i \\ \boldsymbol{y}_j = h_j(\boldsymbol{x}), j \in 1,2,\cdots,m \end{cases} \tag{2-7}$$

式中：$\boldsymbol{x} \in R^n$ 为状态向量；$\boldsymbol{u} \in R^m$，$\boldsymbol{y} \in R^m$ 分别为系统的输入向量和输出向量；$\boldsymbol{f}(\boldsymbol{x})$，$\boldsymbol{g}_i(\boldsymbol{x})$，$i \in 1,2,\cdots,m$ 为光滑向量场；$h_j(\boldsymbol{x})$，$j \in 1,2,\cdots,m$ 为光滑标量函数。

定义 2.8：对于多变量非线性系统式(2-7)，在 x_0 点具有一个(向量)相对阶 r，如果对 $i,j \in \underline{m}$，$k<r_i-1$ 及 x_0 的一个邻域中的所有 x 都满足

$$L_{g_j} L_f^k h_i(x) = 0 \tag{2-8}$$

$m \times m$ 矩阵(称为 Falb-Wolovich 矩阵或解耦矩阵)

$$\boldsymbol{A}(x) = \begin{bmatrix} L_{g_1} L_f^{r_1-1} h_1(x) & \cdots & L_{g_m} L_f^{r_1-1} h_1(x) \\ L_{g_1} L_f^{r_2-1} h_2(x) & \cdots & L_{g_m} L_f^{r_2-1} h_2(x) \\ \vdots & & \vdots \\ L_{g_1} L_f^{r_m-1} h_m(x) & \cdots & L_{g_m} L_f^{r_m-1} h_m(x) \end{bmatrix} \tag{2-9}$$

在 $x=x_0$ 时是非奇异的。

相对阶具有明确的意义：线性系统的相对阶等于系统传递函数分母多项式的阶数和分子多项式的阶数之差；对于一般的非线性系统，相对阶正好等于为了明确出现 $u(t^0)$ 需要对 $y(t)$ 求导的次数。相对阶的概念在本节后续的关于可测干扰解耦与鲁棒输出跟踪设计中起着至关重要的作用。

4. 分布、对偶分布及对合性

定义在 $U\subset R^n$ 上的所有解析函数的全体构成的线性空间记为 $C^\omega(U)$，定义在 U 上的一个(n-值)向量解析函数也称为一个(解析)向量场。

定义 2.9：给定定义在 $U\subset R^n$ 上的 k 个向量场 $\{\boldsymbol{f}_1,\boldsymbol{f}_2,\cdots,\boldsymbol{f}_k\}$，如下定义的一个记号称为一个(解析)分布

$$\Delta=\mathrm{span}\{\boldsymbol{f}_1,\boldsymbol{f}_2,\cdots,\boldsymbol{f}_k\} \tag{2-10}$$

其中，span 是相对于 $C^\omega(U)$ 的，即对于每个 $x\in U$，$\Delta(x)$ 是由 $\boldsymbol{f}_1,\boldsymbol{f}_2,\cdots,\boldsymbol{f}_k$ 所张成的一个 R^n 的子空间。

定义 2.10：定义在开集 U 上的一个分布 Δ 称为非奇异分布，满足存在整数 d 使得所有 $x\in U$，有 $\dim\Delta(x)=d$；不满足上式的分布称为奇异分布，也称为变维分布。在后面的讨论中，均假设分布 Δ 为非奇异分布。

定义 2.11：存在一个分布 Δ，如果属于 Δ 的任意二向量场 $\boldsymbol{\tau}_1,\boldsymbol{\tau}_2$ 的李积仍属于 Δ，即

$$[\boldsymbol{\tau}_1,\boldsymbol{\tau}_2]\in\Delta,\ \forall\boldsymbol{\tau}_1,\boldsymbol{\tau}_2\in\Delta \tag{2-11}$$

则称分布 Δ 是对合的。

一维分布总是对合的；两个对合分布的交仍然是对合的；两个对合分布的并一般不是对合的。

定义 2.12：设 N 为 R^n 中的一个开集，Δ 为 N 上的一个分布，$\boldsymbol{f}$ 为一向量场，如果 $\boldsymbol{f}$ 与每个向量场 $\boldsymbol{\tau}\in\Delta$ 的李括号仍在 Δ 中，即

$$[\boldsymbol{f},\boldsymbol{\tau}]\in\Delta,\ \forall\boldsymbol{\tau}\in\Delta \tag{2-12}$$

则称分布 Δ 对于向量场 $\boldsymbol{f}$ 是不变的，或简称 $\boldsymbol{f}$-不变。

记 $[\boldsymbol{f},\Delta]$ 为所有形如 $[\boldsymbol{f},\boldsymbol{\tau}]$，$\forall\boldsymbol{\tau}\in\Delta$ 的向量场所构成的分布，则不变分布的条件也可表达成

$$[\boldsymbol{f},\Delta]\subset\Delta \tag{2-13}$$

5. 微分同胚

微分同胚实际上是一种坐标变换。

定义 2.13：定义在区域 U 上的映射 $\boldsymbol{\Phi}:R^n\to R^n$，如果它是光滑的，它的逆 $\boldsymbol{\Phi}^{-1}$ 存在且光滑，则称为微分同胚。

若区域 U 是整个空间 R^n,则 $\boldsymbol{\Phi}$ 称为全局微分同胚。全局微分同胚很少见,因此,很多情形,我们考虑只定义一个给定点的邻域内的变换,即局部微分同胚。给定一个非线性函数 $\boldsymbol{\Phi}(x)$,要检验它是否为一个局部微分同胚,可以利用下面的引理,它是著名的逆函数定理的一个直接结果。

引理 2.1:设 $\boldsymbol{\Phi}(x)$ 是定义在 R^n 的某个子集 U 上的光滑函数,设雅可比阵

$$\boldsymbol{J}_{\boldsymbol{\Phi}}(x)=\frac{\partial \boldsymbol{\Phi}}{\partial x}=\begin{bmatrix}\dfrac{\partial \boldsymbol{\Phi}_1(x)}{\partial x_1} & \cdots & \dfrac{\partial \boldsymbol{\Phi}_1(x)}{\partial x_n}\\ \vdots & & \vdots\\ \dfrac{\partial \boldsymbol{\Phi}_n(x)}{\partial x_1} & \cdots & \dfrac{\partial \boldsymbol{\Phi}_n(x)}{\partial x_n}\end{bmatrix} \tag{2-14}$$

在点 $x=x_0$ 非奇异,则在包含 x_0 的某个适当开子集 U^0 上,$\boldsymbol{\Phi}(x)$ 为一个局部微分同胚。

6. 干扰解耦问题

考虑如下仿射非线性系统:

$$\begin{aligned}\dot{x}&=f(x)+\sum_{i=1}^{m} g_i(x)u_i+\sum_{j=1}^{s} p_j(x)\omega_j\\ y&=h(x)\end{aligned} \tag{2-15}$$

式中:u_i 为系统的控制输入;ω_j 为系统的干扰输入。

仿射非线性系统的局部干扰解耦问题可叙述如下。

定义 2.14:式(2-15)在 x_0 点邻域的局部干扰解耦问题指的是:在 x_0 的一个邻域 U 上寻找一个反馈律

$$u=\alpha(x)+\beta(x)v \tag{2-16}$$

这里 $\alpha\in C_m^{\infty}(U)$,$\beta\in Gl(m,C_m^{\infty}(U))$,以及存在一个局部坐标 $z=(z_1,z_2)$,使得在 z 坐标下反馈系统具有如下形式:

$$\begin{cases}\dot{z}^1=f^1(z^1)+\sum_{i=1}^{m} g_i^1(z^1)v_i+\sum_{j=1}^{s} p_j(z^1)\omega_i\\ \dot{z}^2=f^2(z^2)+\sum_{i=1}^{m} g_i^2(z^2)v_i\\ y=h(z^2)\end{cases} \tag{2-17}$$

从式(2-17)可以看出,给出的反馈控制使得干扰 ω_j 不影响输出 y,这就是干扰解耦的物理意义。

2.2 鲁棒控制理论

2.2.1 H_∞ 控制问题

对于图 2-1 所示的典型反馈系统，d 表示不确定外干扰信号，由 r 到 e 的传递函数，即 y 对 d 的灵敏度函数为

$$S=\frac{1}{1+GK} \tag{2-18}$$

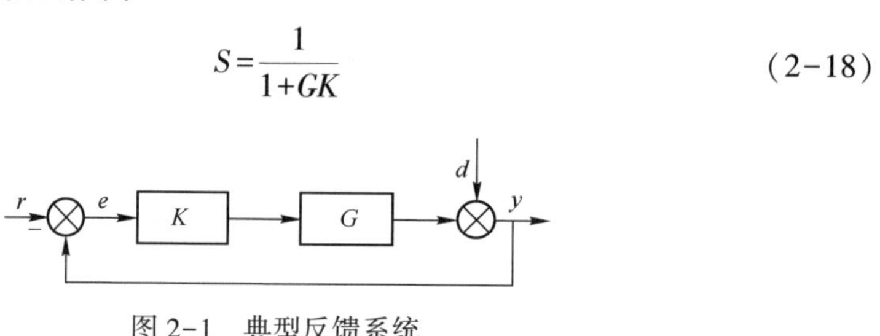

图 2-1 典型反馈系统

假设系统受到的不确定外干扰信号不是一个固定信号，而是属于某已知信号集合：

$$\{d:d=Wx,x\in H^2,\ \|x\|_2\leqslant 1\} \tag{2-19}$$

其中 $W,W^{-1}\in H_\infty$。设计要求：在式(2-19)中最坏的干扰 d 的作用下，在控制器的控制下系统的输出能量 $\|y\|_2$ 最小。因为 $y=Sd=WSx$，所以这一要求等价于

$$\inf_K\sup\{\ \|WSx\|_2:x\in H^2,\ \|x\|_2\leqslant 1\} \tag{2-20}$$

进而等价于

$$\inf_K\|WS\|_\infty \tag{2-21}$$

即转变为使加权灵敏度函数的 H_∞ 范数极小化。

此外，灵敏度函数 S 也是开环特性的相对偏差到闭环特性相对偏差的传递函数，因此极小化 S 也可使闭环特性的偏差抑制在尽量小的范围内。

在实际设计的过程中，权函数 W 作为设计参数供设计者调节，权函数 W 的选取既与干扰的频率特性有关，也与系统的性能要求有关，设计者可通过调整权函数 W 来达到对灵敏度函数成形的目的。

概括一下，H_∞ 灵敏度极小化问题是指：设计控制器 K，使得闭环系统稳定且加权灵敏度函数 WS 的 H_∞ 范数极小化。

H_∞ 灵敏度极小化问题可化作 H_∞ 标准控制问题进行求解，相应的变换关系见图 2-2。相应的广义对象 $\boldsymbol{P}$ 为

$$\boldsymbol{P}=\begin{bmatrix} W & -WG \\ I & -G \end{bmatrix} \tag{2-22}$$

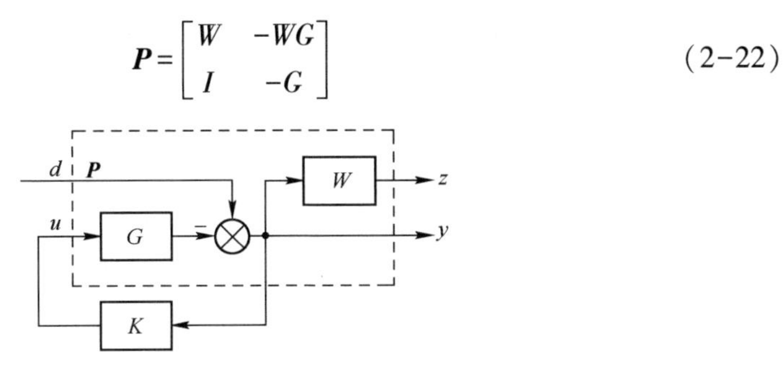

图 2-2　灵敏度极小化问题化作 H_∞ 标准控制

2.2.2　LMI 设计

凸优化问题是一类广泛研究的优化问题,其优化解具有全局性与唯一性,即使优化问题的规模很大,也容易由数值方法求解,因此具有很强的实用性。LMI 广泛用于控制系统的分析与综合,其根本在于 LMI 约束的优化问题是凸优化问题。

定义 2.15:给定对称阵 $\boldsymbol{F}_i \in R^{n\times n}, i=0,1,\cdots,m$,对于优化向量 $\boldsymbol{x} \in R^m$,关于优化向量 $\boldsymbol{x}$ 的 LMI 定义为

$$\boldsymbol{F}(x)=\boldsymbol{F}_0+\sum_{i=1}^{m}\boldsymbol{x}_i\boldsymbol{F}_i>0 \tag{2-23}$$

其中,$\boldsymbol{F}(x)>0$ 表示 $\boldsymbol{F}(x)$ 是正定阵,即

$$\boldsymbol{u}^{\mathrm{T}}\boldsymbol{F}(x)\boldsymbol{u}>0,\ \forall \boldsymbol{u}\in R^n, \boldsymbol{u}\neq \boldsymbol{0}$$

定理 2.2:LMI 约束式(2-23)是凸约束,即优化向量 $\boldsymbol{x}$ 的定义域 C 为凸集。

证明:若 LMI 约束式(2-23)不可行,则优化向量 $\boldsymbol{x}$ 的定义域为空集,空集为凸集。若 LMI 约束式(2-23)有可行解,任取两个解 $\boldsymbol{x}_1,\boldsymbol{x}_2\in C$(可以相同),则对于所有的凸组合 $\boldsymbol{x}=\lambda\boldsymbol{x}_1+(1-\lambda)\boldsymbol{x}_2, \forall\lambda\in(0,1)$,有 $\boldsymbol{F}(\boldsymbol{x})=\lambda\boldsymbol{F}(\boldsymbol{x}_1)+(1-\lambda)\boldsymbol{F}(\boldsymbol{x}_2)>0$。

即说明 $\boldsymbol{x}\in C$,由 $\boldsymbol{x}_1,\boldsymbol{x}_2$ 的任意性可知 C 是凸集,证毕。

显然,对于给定的向量 $\boldsymbol{c}\in R^m$,由 LMI(式(2-23))约束的优化问题

$$\begin{aligned} &\min\ c^{\mathrm{T}}\boldsymbol{x} \\ &\text{s. t.}\ \ \text{LMI} \end{aligned} \tag{2-24}$$

是一个凸优化问题,因其目标函数 $\boldsymbol{c}^{\mathrm{T}}\boldsymbol{x}$ 是凸函数,且 $\boldsymbol{x}$ 的定义域为凸集。

为书写方便且意义明显,常见的 LMI 一般不能直接写成式(2-23)的形式,例如,若给定常数矩阵 $\boldsymbol{A}\in R^{n\times n}$,

$$\boldsymbol{A}^{\mathrm{T}}\boldsymbol{P}^{\mathrm{T}}+\boldsymbol{PA}<0 \tag{2-25}$$

是一个关于矩阵变量 $\boldsymbol{P}$ 的 LMI,因其可按如下方法化为不等式(2-25)的形式。

式(2-25)是最明显的LMI,但常见的矩阵不等式一般含有非线性项,例如,与Ricatti方程相关的LMI:

$$\boldsymbol{A}^{\mathrm{T}}\boldsymbol{P}+\boldsymbol{P}\boldsymbol{A}+\boldsymbol{P}\boldsymbol{B}\boldsymbol{R}^{-1}\boldsymbol{B}^{\mathrm{T}}\boldsymbol{P}+\boldsymbol{Q}<0 \tag{2-26}$$

式中:$\boldsymbol{P}>0$为优化变量;$\boldsymbol{R}>0$,$\boldsymbol{Q}\geqslant 0$;其余为适当维数的矩阵。为将形如式(2-26)的一类矩阵不等式化为LMI,需要用到如下重要的Schur补引理。

引理2.2:对于对称分块矩阵

$$\boldsymbol{S}=\begin{bmatrix}\boldsymbol{S}_{11} & \boldsymbol{S}_{12}\\ \boldsymbol{S}_{21} & \boldsymbol{S}_{22}\end{bmatrix} \tag{2-27}$$

式中:分块$\boldsymbol{S}_{11}$,$\boldsymbol{S}_{22}$为方阵。则有下述3个条件是等价的:

(1) $\boldsymbol{S}<0$;

(2) $\boldsymbol{S}_{11}<0,\boldsymbol{S}_{22}-\boldsymbol{S}_{12}^{\mathrm{T}}\boldsymbol{S}_{11}^{-1}\boldsymbol{S}_{12}<0$;

(3) $\boldsymbol{S}_{22}<0,\boldsymbol{S}_{11}-\boldsymbol{S}_{12}\boldsymbol{S}_{11}^{-1}\boldsymbol{S}_{12}^{\mathrm{T}}<0$。

考虑到非线性项$\boldsymbol{P}\boldsymbol{B}\boldsymbol{R}^{-1}\boldsymbol{B}^{\mathrm{T}}\boldsymbol{P}$的拆分方式,可将式(2-26)化为与其等价的LMI:

$$\begin{bmatrix}\boldsymbol{A}^{\mathrm{T}}\boldsymbol{P}+\boldsymbol{P}\boldsymbol{A}+\boldsymbol{Q} & \boldsymbol{P}\boldsymbol{B}\\ \boldsymbol{B}^{\mathrm{T}}\boldsymbol{P} & -\boldsymbol{R}\end{bmatrix}<0 \tag{2-28}$$

下面介绍本章节常用的一个结果。

引理2.3:给定一个行向量$\boldsymbol{f}_0\in R^{1\times n}$与正定阵$\boldsymbol{P}\in R^{n\times n}$,则$E(P,1)\subset L(f_0)$等价于下面不等式成立:

$$\boldsymbol{f}_0\boldsymbol{P}^{-1}\boldsymbol{f}_0^{\mathrm{T}}\leqslant 1\Leftrightarrow\begin{bmatrix}1 & \boldsymbol{f}_0\boldsymbol{P}^{-1}\\ \boldsymbol{P}^{-1}\boldsymbol{f}_0^{\mathrm{T}} & \boldsymbol{P}^{-1}\end{bmatrix}\geqslant 0 \tag{2-29}$$

2.2.3 μ设计与鲁棒性能

对于船舶运动中的不确定性,船舶控制系统的设计者早有共识,一直在努力追求设计鲁棒性强的控制系统。为了设计具有鲁棒性的船舶控制系统,需要对船体运动的不确定性有所了解。如将不确定性因素处理为加性或乘性不确定性,或直接将系数处理成某些变量(如遭遇角和波浪频率)的函数。

本章节中将系数的不确定性视为实参数的摄动,即将航向控制系统的设计问题化作参数摄动系统的鲁棒设计问题进行研究。这样处理的好处在于:

通用性强,对于不同的船舶,只需根据经验公式估算出系数的变化范围,或根据切片理论计算出海浪能量集中的频段内各系数的变化范围,无须大量实验针对不同船型分析摄动模型,也避免了将系数处理为某些变的函数而增加系统设计的复杂性;符合船舶实际运动情形,直接基于参数的不确定性进行系统设计将会获得具有鲁棒性的船舶控制系统。

显然，这样处理模型得到的不确定性是具有结构特征的，而目前针对结构不确定性模型进行鲁棒控制的强有力的方法就是 μ 综合方法。

考虑如图 2-3 所示的不确定系统，当 $\boldsymbol{\Delta}$ 具有块对角结构时，仍采用小增益定理分析系统的鲁棒性，是保守的。为了不保守地分析和综合具有结构不确定性的系统，引入了结构奇异值 μ 的概念。

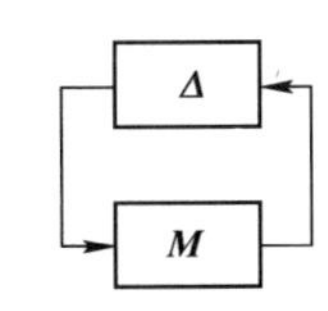

图 2-3　不确定系统

一般地，结构式不确定性可用下面的块对角矩阵集合来表示：

$$\hat{\boldsymbol{\Delta}}=\{\operatorname{diag}[\delta_1 I_{r1},\cdots,\delta_s I_{rs},\Delta_1,\cdots,\Delta_F]:\delta_i\in C,\Delta_j\in C^{m_j\times m_j},1\leqslant i\leqslant s,1\leqslant j\leqslant F\}$$

设 $\deg \boldsymbol{M}=n$，显然有 $\sum_{i=1}^{s} r_i+\sum_{j=1}^{F} m_j=n$。

定义 2.16：对于 $\boldsymbol{M}\in C^{n\times n}$，给定的不确定性 $\boldsymbol{\Delta}\in\hat{\boldsymbol{\Delta}}$ 时，$\boldsymbol{M}$ 的奇异值 $\mu_{\boldsymbol{\Delta}}(\boldsymbol{M})$ 定义为

$$\mu_{\boldsymbol{\Delta}}(\boldsymbol{M}):=\frac{1}{\min\{\overline{\sigma}(\boldsymbol{\Delta}):\boldsymbol{\Delta}\in\hat{\boldsymbol{\Delta}},\det(I-\boldsymbol{M\Delta})=0\}} \tag{2-30}$$

若无 $\boldsymbol{\Delta}\in\hat{\boldsymbol{\Delta}}$ 使得 $\det(\boldsymbol{I}-\boldsymbol{M\Delta})=0$，则 $\mu_{\boldsymbol{\Delta}}(\boldsymbol{M})=0$。

应用结构奇异值 μ 可以使得对系统的鲁棒稳定性和鲁棒性能的分析统一起来。

考虑图 2-4 所示的一般鲁棒控制问题，其中的广义对象 $\boldsymbol{P}$ 是吸收了各种权函数（包括反映模型不确定性的权函数和反映鲁棒性能的权函数）后得到的广义控制对象，不确定性 $\boldsymbol{\Delta}\in B_{\boldsymbol{\Delta}}$，$B_{\boldsymbol{\Delta}}:=\{\boldsymbol{\Delta}\in\hat{\boldsymbol{\Delta}}:\overline{\sigma}(\boldsymbol{\Delta})\leqslant 1\}$，$\omega$ 是系统的外部输入，z 是反映系统控制目标的性能评价信号，u 是控制输入，y 是测量信号，δ_u、δ_y 是由于系统中存在的不确定性而引起的附加输入与输出，K 是控制器。

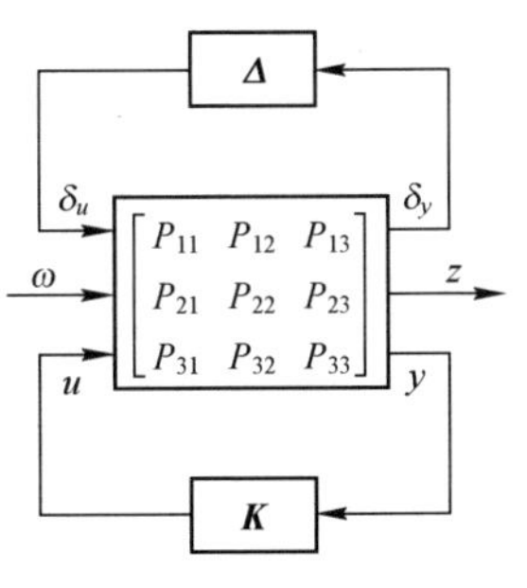

图 2-4　一般鲁棒控制问题

当忽略不确定性，只考虑系统的标称性能时，只需对标称对象 $\boldsymbol{G}_0=\begin{bmatrix}P_{22} & P_{23}\\ P_{32} & P_{33}\end{bmatrix}$ 进行讨论，见图 2-5。

当分析系统的鲁棒稳定性时，要对 $\boldsymbol{G}_1=\begin{bmatrix}P_{11} & P_{13}\\ P_{31} & P_{33}\end{bmatrix}$ 进行讨论，参见图 2-6。此时 $\delta_y=\boldsymbol{M}_1\delta_u$，其中：

$$M_1 = F_l(G_1, K) = P_{11} + P_{13}K(I - P_{33}K)^{-1}P_{31} \tag{2-31}$$

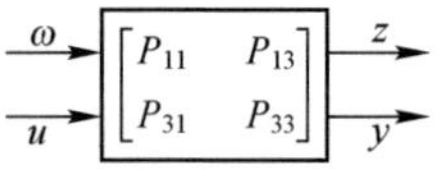

图 2-5　标称对象 G_0

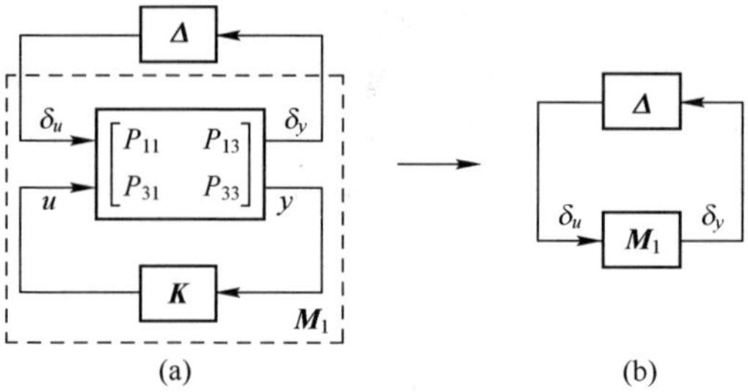

图 2-6　鲁棒稳定性分析示意图

定理 2.3：对于图 2-6(b)所示的闭环系统，$M(s) \in RH_\infty^{n\times n}$，$\Delta \in B_\Delta$，该系统鲁棒稳定的充要条件是

$$\mu_c = \sup_{\omega \in R} \mu_\Delta(M(j\omega)) < 1 \tag{2-32}$$

当分析系统的鲁棒性能时，要对 $G_2 = P = \begin{bmatrix} P_{11} & P_{22} & P_{13} \\ P_{21} & P_{22} & P_{23} \\ P_{31} & P_{32} & P_{33} \end{bmatrix}$ 进行讨论，参见图 2-7。

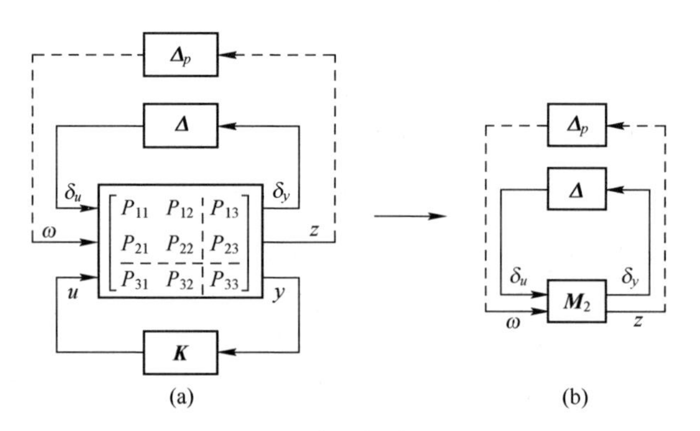

图 2-7　鲁棒性能分析示意图

此时 $[\delta_y, z]^{\mathrm{T}} = M_2[\delta_u, \omega]^{\mathrm{T}}$，其中，

$$M_2 = F_l(P, K) = G_{11} + G_{12}K(I - P_{33}K)^{-1}G_{21} \tag{2-33}$$

式中：$G_{11} = \begin{bmatrix} P_{11} & P_{12} \\ P_{21} & P_{22} \end{bmatrix}$，$G_{12} = \begin{bmatrix} P_{13} \\ P_{23} \end{bmatrix}$，$G_{21} = [P_{31} \quad P_{32}]$。

在图 2-7 鲁棒性能分析示意图中，Δ 是系统模型本身含有的不确定性，而 Δ_p

是一个假想的不确定性块，通过 $\boldsymbol{\Delta}_p$ 使得对系统的鲁棒性能的要求转变成了鲁棒稳定性的要求。

定理 2.4：令 $\boldsymbol{\Delta}'=[\boldsymbol{\Delta},\boldsymbol{\Delta}_p]$，$\boldsymbol{\Delta}'\in B_{\boldsymbol{\Delta}'}$，则图 2-7 所示的系统具有鲁棒性能的充要条件为

$$\mu_{\boldsymbol{\Delta}'}(\boldsymbol{M}_2)<1 \tag{2-34}$$

μ 综合就是要寻找正则控制器 $\boldsymbol{K}$，使得式(2-35)和式(2-36)成立：

$$\boldsymbol{M}_2=F_l(\boldsymbol{P},\boldsymbol{K})\in RH_\infty \tag{2-35}$$

$$\mu_{\boldsymbol{\Delta}'}(\boldsymbol{M}_2)=\mu_{\boldsymbol{\Delta}'}(F_l(\boldsymbol{P},\boldsymbol{K}))<1,\ \forall\omega\in R \tag{2-36}$$

考虑图 2.3，$\boldsymbol{\Delta}\in\hat{\boldsymbol{\Delta}}$，定义尺度矩阵集合 $\hat{\boldsymbol{D}}$：$\hat{\boldsymbol{D}}=\{\mathrm{diag}[D_1,\cdots,D_s,d_1\boldsymbol{I}_{m_1},\cdots,d_F\boldsymbol{I}_{m_F}]$ $D_i\in C^{r_i\times r_i},D_i=D_i^*>0,d_j\in R,d_j>0\}$。

可以证明：

$$\mu_{\boldsymbol{\Delta}}(\boldsymbol{M})\leqslant\inf_{\boldsymbol{D}\in\hat{\boldsymbol{D}}}\bar{\sigma}(\boldsymbol{DMD}^{-1}) \tag{2-37}$$

D*–*K 迭代法求解 μ 综合问题就是依据式(2-37)，通过迭代求解 $\boldsymbol{D}$ 和 $\boldsymbol{K}$，来求解：

$$\min_{\boldsymbol{K}}\inf_{\boldsymbol{D},\boldsymbol{D}^{-1}\in H_\infty}\|\boldsymbol{D}F_l(\boldsymbol{P},\boldsymbol{K})\boldsymbol{D}^{-1}\|_\infty \tag{2-38}$$

即
$$\min_{K}\sup_{\omega}\inf_{D_\omega\in\hat{D}}\bar{\sigma}[\boldsymbol{D}_\omega F_l(\boldsymbol{P},\boldsymbol{K})(j\omega)\boldsymbol{D}_\omega^{-1}] \tag{2-39}$$

对于给定的标定传递函数矩阵 $\boldsymbol{D}$，$\min\limits_{\boldsymbol{K}}\|\boldsymbol{D}F_l(\boldsymbol{P},\boldsymbol{K})\boldsymbol{D}^{-1}\|_\infty$ 是一个标准的 H_∞ 最优化问题，而对于给定的镇定控制器 $\boldsymbol{K}$，$\inf\limits_{\boldsymbol{D},\boldsymbol{D}^{-1}\in H_\infty}\|\boldsymbol{D}F_l(\boldsymbol{P},\boldsymbol{K})\boldsymbol{D}^{-1}\|_\infty$ 是一个标准的凸优化问题，通过迭代求解 H_∞ 最优化问题和一个凸优化问题，求得控制器 $\boldsymbol{K}$，但是，不能保证获得全局最优解。

综上所述，μ 综合针对具有结构不确定性的系统，是对控制对象进行鲁棒控制的、有效的综合方法，并依据系统结构奇异值的上界计算，可利用 ***D*–*K*** 迭代法进行求解。

2.3　非线性控制理论

2.3.1　滑模控制

如果系统的初始点 $x(0)$ 不在 $s=0$ 附近，而是在状态空间的任意位置，此时要求系统的运动必须趋向于切换面 $s=0$，即必须满足可达性条件，否则系统无法启动滑模（滑动模态）运动。由于滑模变结构控制的控制策略多种多样，对于系统可达

性条件的实现形式也不尽相同,滑动模态存在的数学表达式为

$$\lim_{s\to 0^+}\dot{s}<0,\lim_{s\to 0^-}\dot{s}>0 \tag{2-40}$$

式(2-40)意味着在切换面邻域内,运动轨线将于有限时间内到达切换面,所以也称为局部到达条件。到达条件的等价形式为

$$s\dot{s}<0 \tag{2-41}$$

其中,切换函数 $s(x)$ 应满足以下条件:

(1) 可微;

(2) 过原点,即 $s(0)=0$。

由于状态 x 可以取任意值,即 x 离开切换面可以任意远,故到达条件(式(2-41))也称为全局到达条件。为了保证在有限时间到达,避免渐进趋近,可对式(2-41)进行修正:

$$s\dot{s}<-\delta \tag{2-42}$$

其中,$\delta>0$,δ 可以取得任意小。

通常将式(2-41)表达成李雅普诺夫函数型的到达条件:

$$\dot{V}(x)<0,V(x)=\frac{1}{2}s^2 \tag{2-43}$$

式中:$V(x)$ 为定义的李雅普诺夫函数。

设系统的状态方程为

$$\dot{x}=f(x,u,t),\quad x\in R^n,u\in R \tag{2-44}$$

式中:u 为控制输入;t 为时间。

如果达到理想的滑动模态控制,则 $\dot{s}=0$,即

$$\dot{s}=\frac{\partial s}{\partial x}\times\frac{\partial x}{\partial t}=0\ 或\ \frac{\partial s}{\partial x}f(x,u,t)=0 \tag{2-45}$$

将式(2-45)中 u 的解 u_{eq}(如果存在)称为系统在滑动模态区内的等效控制。等效控制往往是针对确定性系统在无外加干扰情况下进行设计的。

例如,对于线性系统:

$$\dot{x}=Ax+bu,\quad x\in R^n,u\in R \tag{2-46}$$

取切换函数

$$s(x)=\boldsymbol{c}x=\sum_{i=1}^{n}c_ix_i=\sum_{i=1}^{n-1}c_ix_i+x_n \tag{2-47}$$

式中:$x_i=x^{(i-1)}(i=1,2,\cdots,n)$ 为系统状态及其各阶导数。选取常数 $c_1,c_2,\cdots,c_{n-1}$,使得多项式 $p^{n-1}+c_{n-1}p^{n-2}+\cdots+c_2p+c_1$ 为 Hurwitz 稳定,p 为拉普拉斯算子。

设系统进入滑动模态后的等效控制为 u_{eq},由式(2-47)有

$$\dot{s}=\boldsymbol{c}\dot{x}=\boldsymbol{c}(Ax+bu_{eq})=0 \tag{2-48}$$

若矩阵[$\boldsymbol{cb}$]满秩,则可解出等效控制

$$u_{eq}=-[\boldsymbol{cb}]^{-1}\boldsymbol{c}Ax \tag{2-49}$$

针对带有不确定性和外加干扰的系统,一般采用的控制律为等效控制加切换控制,即

$$u=u_{eq}+u_{vss} \tag{2-50}$$

其中,切换控制 u_{vss} 实现对不确定性和外加干扰的鲁棒控制。所设计的控制律 u 需要满足滑模稳定条件。

有了等效控制后,可写出滑动模态运动方程。将等效控制 u_{eq} 代入系统的状态方程式(2-44),可得

$$\begin{aligned}\dot{x}=f(x,u_{eq},t),\quad x\in R^n,u\in R\\ s(x)=0\end{aligned} \tag{2-51}$$

将式(2-49)代入式(2-46)所示的线性系统,有

$$\begin{cases}\dot{x}=[\boldsymbol{I}-\boldsymbol{b}[\boldsymbol{cb}]^{-1}\boldsymbol{c}]Ax\\ s(x)=\boldsymbol{c}x=0\end{cases} \tag{2-52}$$

式中:$\boldsymbol{I}$ 为单位阵。

滑动模态运动是系统沿切换面 $s(x)=0$ 上的运动,到达理想终点时,满足 $s=0$ 及 $\dot{s}=0$,同时切换开关必须是理想开关,这是一种理想的极限情况。实际上,系统运动点沿切换面上下穿行。所以式(2-52)是滑模变结构控制系统在滑动模态附近的平均运动方程,这种平均运动方程描述了系统在滑动模态下的主要动态特性。通常希望这个动态特性既是渐近稳定的,又具有优良的动态品质。从式(2-52)中可以看出,滑动模态运动的渐近稳定性和动态品质取决于切换函数 s 及其参数的选择。

滑模控制的突出优点是可以实现滑动模态与系统的外干扰和参数摄动完全无关,这种性质称为滑动模态的不变性,这也是滑模变结构控制受到重视的主要原因。但对于一般线性系统,不变性的成立是有条件的,需要满足滑动模态匹配条件。分以下三种情况进行讨论。

(1) 系统受外干扰时:

$$\dot{x}=\boldsymbol{A}x+\boldsymbol{B}u+\boldsymbol{D}f \tag{2-53}$$

式中:$\boldsymbol{D}f$ 为系统所受的外干扰。

滑动模态不受干扰 f 影响的充分必要条件为

$$\mathrm{rank}[\boldsymbol{B},\boldsymbol{D}]=\mathrm{rank}\boldsymbol{B} \tag{2-54}$$

如果满足式(2-54),则系统可化为

$$\dot{x}=\boldsymbol{A}x+\boldsymbol{B}(u+\widetilde{\boldsymbol{D}}f) \tag{2-55}$$

其中，$\widetilde{\boldsymbol{D}}=\boldsymbol{B}^{-1}\boldsymbol{D}$，则通过设计控制律 u 可实现对干扰的完全补偿。条件式(2-54)称为干扰和系统的完全匹配条件。

(2) 系统存在不确定性时：

$$\dot{x}=\boldsymbol{A}x+\boldsymbol{B}u+\Delta\boldsymbol{A}x \tag{2-56}$$

滑动模态与 $\Delta\boldsymbol{A}$ 不确定性无关的充分必要条件为

$$\mathrm{rank}[\boldsymbol{B},\Delta\boldsymbol{A}]=\mathrm{rank}\boldsymbol{B} \tag{2-57}$$

如果满足式(2-57)，则系统可化为

$$\dot{x}=\boldsymbol{A}x+\boldsymbol{B}(u+\Delta\widetilde{\boldsymbol{A}}x) \tag{2-58}$$

其中 $\Delta\boldsymbol{A}=\boldsymbol{B}\Delta\widetilde{\boldsymbol{A}}$，则通过设计控制律 u 可实现对不确定性的完全补偿。条件式(2-57)称为不确定性和系统的完全匹配条件。

(3) 对于同时存在外干扰和参数摄动的系统：

$$\dot{x}=\boldsymbol{A}x+\Delta\boldsymbol{A}x+\boldsymbol{B}+\boldsymbol{D}f \tag{2-59}$$

如满足匹配条件式(2-54))和式(2-57)，则系统可化为

$$\dot{x}=\boldsymbol{A}x+\boldsymbol{B}(u+\Delta\widetilde{\boldsymbol{A}}x+\widetilde{\boldsymbol{D}}f) \tag{2-60}$$

设计滑模控制器的基本步骤包括两个相对独立的部分：

① 设计切换函数 $s(x)$，使它所确定的滑动模态渐近稳定且具有良好的动态品质；

② 设计滑动模态控制律 $u^{\pm}(x)$，使到达条件得到满足，从而在切换面上形成滑动模态区。

一旦切换函数 $s(x)$ 和滑动模态控制律 $u^{\pm}(x)$ 都得到了，滑动模态控制系统就能完全建立起来。

常规滑模变结构控制有以下几种设计方法。

(1) 常值切换控制：

$$u=u_0\mathrm{sgn}(s(x)) \tag{2-61}$$

式中：u_0 为待求的常数；sgn 为符号函数。求滑模变结构控制就是求 u_0。

(2) 函数切换控制：

$$u=u_{\mathrm{eq}}+u_0\mathrm{sgn}(s(x)) \tag{2-62}$$

这是以等效控制 u_{eq} 为基础的形式。

(3) 比例切换控制：

$$u=\sum_{i=1}^{k}\psi_i x_i,\quad k<n$$

$$\psi_i=\begin{cases}\alpha_i & x_i s<0\\ \beta_i & x_i s>0\end{cases}\alpha_i,\beta_i \text{ 为常数} \tag{2-63}$$

设位置状态方程为

$$\dot{x}=Ax+Bu \tag{2-64}$$

设位置指令信号为 r,将系统的位置误差 e 和速度误差 $\dot{e}$ 作为状态变量,即

$$\begin{cases} e=r-x(1) \\ \dot{e}=\dot{r}-x(2) \end{cases} \tag{2-65}$$

则切换函数为

$$s=ce+\dot{e} \tag{2-66}$$

根据比例切换控制方法,控制律取为

$$u=(\alpha|e|+\beta\dot{e})\operatorname{sgn}(s) \tag{2-67}$$

式中:α 和 β 为大于零的常数。

2.3.2　反步法

第一步:设 $\boldsymbol{\eta}_d=[\psi_d,\phi_d]^{\mathrm{T}}$,则系统跟踪误差为

$$\boldsymbol{e}_1=\boldsymbol{\eta}-\boldsymbol{\eta}_d \tag{2-68}$$

设计虚拟控制

$$\boldsymbol{\Gamma}_1=-c_1\boldsymbol{e}_1+\dot{\boldsymbol{\eta}}_d \tag{2-69}$$

其中,$c_1\in R^+$。

为了避免在第二步中直接计算虚拟控制量的导数导致所谓“微分爆炸”现象,引入如下二阶滤波器:

$$\begin{cases} \dot{\boldsymbol{\Gamma}}^c_{1,1}=\omega_1\boldsymbol{\Gamma}^c_{1,2} \\ \dot{\boldsymbol{\Gamma}}^c_{1,2}=-2\zeta_1\omega_1\boldsymbol{\Gamma}^c_{1,2}-\omega_1^2(\boldsymbol{\Gamma}^c_{1,1}-\boldsymbol{\Gamma}_1) \end{cases} \tag{2-70}$$

式中:$\boldsymbol{\Gamma}^c_{1,1}$ 和 $\boldsymbol{\Gamma}^c_{1,2}$ 为虚拟控制律 $\boldsymbol{\Gamma}_1$ 及其微分信号 $\dot{\boldsymbol{\Gamma}}_1$ 的通过该二阶滤波器的估计值。设置相应的滤波的初值为 $\boldsymbol{\Gamma}^c_{1,1}(t_0)=\boldsymbol{\Gamma}_1(t_0)$,$\boldsymbol{\Gamma}^c_{1,2}(t_0)=[0,0]^{\mathrm{T}}$。

由于二阶滤波器的存在,会使系统产生二次误差。为了消除滤波误差对系统跟踪控制的影响,设计如下形式的跟踪误差补偿器:

$$\begin{cases} \boldsymbol{\sigma}_1=\boldsymbol{e}_1-\boldsymbol{\xi}_1 \\ \dot{\boldsymbol{\xi}}_1=-c_1\boldsymbol{\xi}_1+(\boldsymbol{\Gamma}^c_{1,1}-\boldsymbol{\Gamma}_1)+\boldsymbol{\xi}_2 \end{cases} \tag{2-71}$$

式中:参数 $\boldsymbol{\xi}_1$,$\boldsymbol{\xi}_2$ 的初值选取为 $\boldsymbol{\xi}_1(t_0)=[0,0]^{\mathrm{T}}$,$\boldsymbol{\xi}_2(t_0)=[0,0]^{\mathrm{T}}$。

第二步:设跟踪误差 $\boldsymbol{e}_2$ 为

$$\boldsymbol{e}_2=\boldsymbol{\upsilon}-\boldsymbol{\Gamma}^c_{1,1} \tag{2-72}$$

联合线性扩张状态观测器对集总干扰的估计,可以得到基于反馈线性化的控

制律

$$u_{FL}=-c_2\boldsymbol{e}_2+\boldsymbol{\Gamma}_{1,2}^c-\boldsymbol{\sigma}_1-\hat{z}_2 \tag{2-73}$$

其中，$c_2\in R^+$。

取 $\boldsymbol{\sigma}_2=\boldsymbol{e}_2$，则补偿跟踪误差系统的动态方程可以表示成如下形式：

$$\begin{cases}\dot{\boldsymbol{\sigma}}_1=-c_1\boldsymbol{\sigma}_1+\boldsymbol{\sigma}_2\\ \dot{\boldsymbol{\sigma}}_2=-c_2\boldsymbol{\sigma}_2-\boldsymbol{\sigma}_1+(d-\hat{z}_2)\end{cases} \tag{2-74}$$

由式(2-74)可以看出，$\boldsymbol{\sigma}_i$ 与跟踪误差 $\boldsymbol{e}_i$ 是微分同胚映射，因此对 $\boldsymbol{\sigma}_i$ 与 $\boldsymbol{e}_i$ 的镇定效果是等价的。而且由于在 $\boldsymbol{\sigma}_i$ 的定义中引入了滤波器跟差信号 $\boldsymbol{\xi}_i$，因此，基于 $\boldsymbol{\sigma}_i$ 进行的相关稳定性分析过程能够将 $\boldsymbol{e}_i$ 的动态特性和 $\boldsymbol{\xi}_i$ 纳入统一的框架进行考虑，使得相关分析结论更强。

综合以上设计过程，可以得到以下系统实际控制律：

$$u=\overline{\boldsymbol{B}}^{-1}(-F(\eta,\boldsymbol{v})-c_2\boldsymbol{e}_2+\boldsymbol{\Gamma}_{1,2}^c-\boldsymbol{\sigma}_1-\hat{z}_2) \tag{2-75}$$

2.4 状态估计理论

2.4.1 最小方差估计

衡量一个估计量的优劣，应该通过研究其估计误差的全部统计规律，而均方误差阵正是表征估计误差在零附近密集程度的一个标志。最小方差估计是使估计均方误差阵最小的估计。

估计均方误差阵为

$$\begin{aligned}E\widetilde{\boldsymbol{X}}\widetilde{\boldsymbol{X}}^{\mathrm{T}}&=E[\boldsymbol{X}-\hat{\boldsymbol{X}}(\boldsymbol{Z})][\boldsymbol{X}-\hat{\boldsymbol{X}}(\boldsymbol{Z})]^{\mathrm{T}}\\&=\int_{-\infty}^{+\infty}f(z)\,\mathrm{d}z\int_{-\infty}^{+\infty}[x-\hat{x}(z)][x-\hat{x}(z)]^{\mathrm{T}}f(x\mid z)\,\mathrm{d}x\end{aligned} \tag{2-76}$$

式中：$\hat{\boldsymbol{X}}(\boldsymbol{Z})$ 为 $\boldsymbol{X}$ 的估计量，是 $\boldsymbol{Z}$ 的函数；$f(z)$ 为 $\boldsymbol{Z}$ 的概率密度函数；$f(x\mid z)$ 为给定 $\boldsymbol{Z}=z$ 的条件下，$\boldsymbol{X}$ 的条件密度函数。

最小方差估计就是使式(2-76)取极小的估计。使 $E\widetilde{\boldsymbol{X}}\widetilde{\boldsymbol{X}}^{\mathrm{T}}$ 取极小实际上是使 $E\widetilde{\boldsymbol{X}}^{\mathrm{T}}\widetilde{\boldsymbol{X}}$ 极小。

令

$$\begin{aligned}J_0(\hat{\boldsymbol{X}})&=E\widetilde{\boldsymbol{X}}^{\mathrm{T}}\widetilde{\boldsymbol{X}}\\&=\int_{-\infty}^{+\infty}f(z)\,\mathrm{d}z\int_{-\infty}^{+\infty}[x-\hat{x}(z)]^{\mathrm{T}}[x-\hat{x}(z)]f(x\mid z)\,\mathrm{d}x\end{aligned} \tag{2-77}$$

因为$f(z)$是非负的,所以式(2-77)取极小等价于下式取极小:

$$
\begin{aligned}
J(\hat{\boldsymbol{X}}) &= \int_{-\infty}^{+\infty} [x - \hat{x}(z)]^{\mathrm{T}}[x - \hat{x}(z)]f(x \mid z)\mathrm{d}x \\
&= E(\boldsymbol{X}^{\mathrm{T}}\boldsymbol{X} \mid \boldsymbol{Z}) - 2\hat{\boldsymbol{X}}^{\mathrm{T}}(\boldsymbol{Z})E(\boldsymbol{X} \mid \boldsymbol{Z}) + \hat{\boldsymbol{X}}^{\mathrm{T}}(\boldsymbol{Z})\hat{\boldsymbol{X}}(\boldsymbol{Z})
\end{aligned} \tag{2-78}
$$

令

$$
\frac{\partial J(\hat{\boldsymbol{X}})}{\partial \hat{\boldsymbol{X}}} = 0
$$

得

$$
-2E(\boldsymbol{X} \mid \boldsymbol{Z}) + 2\hat{\boldsymbol{X}}(\boldsymbol{Z}) = 0
$$

即

$$
\hat{\boldsymbol{X}}(\boldsymbol{Z}) = E(\boldsymbol{X} \mid \boldsymbol{Z}) \tag{2-79}
$$

式(2-79)表明:最小方差估计等于在给定 $\boldsymbol{Z}=z$ 的条件下,$\boldsymbol{X}$ 的条件均值。

此外,还有

$$
\begin{aligned}
E[\hat{\boldsymbol{X}}(\boldsymbol{Z})] &= \int_{-\infty}^{+\infty} E(\boldsymbol{X} \mid \boldsymbol{Z})f(z)\mathrm{d}z \\
&= \int_{-\infty}^{+\infty} \left\{\int_{-\infty}^{+\infty} xf(x \mid z)\mathrm{d}xf(z)\mathrm{d}z\right\} f(z)\mathrm{d}z \\
&= \int_{-\infty}^{+\infty} x\left\{\int_{-\infty}^{+\infty} f(x \mid z)f(z)\mathrm{d}z\right\}\mathrm{d}x \\
&= \int_{-\infty}^{+\infty} x\left\{\int_{-\infty}^{+\infty} f(x,z)\mathrm{d}z\right\}\mathrm{d}x \\
&= \int_{-\infty}^{+\infty} xf(x)\mathrm{d}x \\
&= E\boldsymbol{X}
\end{aligned} \tag{2-80}
$$

显然,最小方差估计还是无偏估计。

一般来说,最小方差估计的误差方差阵要小于线性最小方差估计的误差方差阵。但是,最小方差估计需要知道被估计量 $\boldsymbol{X}$ 及测量量 $\boldsymbol{Z}$ 的联合概率分布,但这一点在很多情况下做不到。当 $\boldsymbol{X}$ 和 $\boldsymbol{Z}$ 的联合分布服从正态分布时,最小方差估计 $\hat{\boldsymbol{X}}(\boldsymbol{Z})=E(\boldsymbol{X} \mid \boldsymbol{Z})$将是 $\boldsymbol{Z}$ 的线性函数。在这种情况下,最小方差估计就是线性最小方差估计。由于无偏最小方差估计未必是线性估计,因此,线性无偏最小方差估计一般不是均方意义下的最优估计。

线性最小方差估计是指估计量是测量量的线性函数,并使估计的均方误差达到极小的估计,即估计量具有如下形式:

$$\hat{\boldsymbol{X}}=\boldsymbol{a}+\boldsymbol{BZ} \tag{2-81}$$

式中:$\boldsymbol{a}$ 为与被估计量 $\boldsymbol{X}$ 同维数的随机向量;$\boldsymbol{B}$ 为行数等于被估计量 $\boldsymbol{X}$ 的维数、列数等于测量量 $\boldsymbol{Z}$ 的维数的矩阵。

性能指标为均方误差阵

$$\begin{aligned}J(\hat{\boldsymbol{X}})&=E[\boldsymbol{X}-\hat{\boldsymbol{X}}][\boldsymbol{X}-\hat{\boldsymbol{X}}]^{\mathrm{T}}\\&=E[\boldsymbol{X}-\boldsymbol{a}-\boldsymbol{BZ}][\boldsymbol{X}-\boldsymbol{a}-\boldsymbol{BZ}]^{\mathrm{T}}\end{aligned} \tag{2-82}$$

假设使 $J(\hat{\boldsymbol{X}})$ 取极小的 $\boldsymbol{a}$ 和 $\boldsymbol{B}$ 分别为 $\boldsymbol{a}_L$ 和 $\boldsymbol{B}_L$,由极值理论可求得 $\boldsymbol{a}_L=EX-\mathrm{cov}(X,Z)[\mathrm{Var}(Z)]^{-1}EZ$,$\boldsymbol{B}_L=\mathrm{cov}(\boldsymbol{X},\boldsymbol{Z})[\mathrm{Var}(\boldsymbol{Z})]^{-1}$。

从而得线性最小方差估计:

$$\begin{aligned}\hat{\boldsymbol{X}}_L&=\boldsymbol{a}_L+\boldsymbol{B}_L\boldsymbol{Z}\\&=E\boldsymbol{X}+\mathrm{cov}(\boldsymbol{X},\boldsymbol{Z})[\mathrm{Var}(\boldsymbol{Z})]^{-1}(\boldsymbol{Z}-E\boldsymbol{Z})\end{aligned} \tag{2-83}$$

$$\begin{aligned}E\hat{\boldsymbol{X}}_L&=\boldsymbol{a}_L+\boldsymbol{B}_L\boldsymbol{Z}\\&=E\boldsymbol{X}+\mathrm{cov}(\boldsymbol{X},\boldsymbol{Z})[\mathrm{Var}(\boldsymbol{Z})]^{-1}(E\boldsymbol{Z}-E\boldsymbol{Z})\\&=E\boldsymbol{X}\end{aligned} \tag{2-84}$$

式(2-84)说明,线性最小方差估计是无偏估计。

线性最小方差估计的估计误差为

$$\boldsymbol{X}-\hat{\boldsymbol{X}}_L=(\boldsymbol{X}-E\boldsymbol{X})-\mathrm{cov}(\boldsymbol{X},\boldsymbol{Z})[\mathrm{Var}(\boldsymbol{Z})]^{-1}(\boldsymbol{Z}-E\boldsymbol{Z}) \tag{2-85}$$

继而得估计误差与测量残差的协方差:

$$\begin{aligned}&E(\boldsymbol{X}-\hat{\boldsymbol{X}}_L)(\boldsymbol{Z}-E\boldsymbol{Z})^{\mathrm{T}}\\&=E(\boldsymbol{X}-E\boldsymbol{X})(\boldsymbol{Z}-E\boldsymbol{Z})^{\mathrm{T}}-\mathrm{cov}(\boldsymbol{X},\boldsymbol{Z})[\mathrm{Var}(\boldsymbol{Z})]^{-1}E(\boldsymbol{Z}-E\boldsymbol{Z})(\boldsymbol{Z}-E\boldsymbol{Z})^{\mathrm{T}}\\&=\mathrm{cov}(\boldsymbol{X},\boldsymbol{Z})-\mathrm{cov}(\boldsymbol{X},\boldsymbol{Z})(\mathrm{Var}\boldsymbol{Z})^{-1}\mathrm{Var}\boldsymbol{Z}\\&=\mathrm{cov}(\boldsymbol{X},\boldsymbol{Z})-\mathrm{cov}(\boldsymbol{X},\boldsymbol{Z})=0\end{aligned} \tag{2-86}$$

式(2-86)说明,随机向量 $\widetilde{\boldsymbol{X}}_L=\boldsymbol{X}-\hat{\boldsymbol{X}}_L$ 与 $\boldsymbol{Z}$ 是不相关的。从几何的角度看,不相关即正交。于是,$\widetilde{\boldsymbol{X}}_L$ 和 $\boldsymbol{Z}$ 是正交的,可以说 $\widetilde{\boldsymbol{X}}_L$ 是 $\boldsymbol{X}$ 在由 $\boldsymbol{Z}$ 的各个分量所张成的线性子空间上的投影。

线性最小方差估计的均方误差阵为

$$\begin{aligned}J(\hat{\boldsymbol{X}}_L)&=E(\boldsymbol{X}-\hat{\boldsymbol{X}}_L)(\boldsymbol{X}-\hat{\boldsymbol{X}}_L)^{\mathrm{T}}\\&=\mathrm{Var}(\boldsymbol{X})-\mathrm{cov}(\boldsymbol{X},\boldsymbol{Z})-\mathrm{cov}(\boldsymbol{X},\boldsymbol{Z})(\mathrm{Var}\boldsymbol{Z})^{-1}\mathrm{cov}(\boldsymbol{Z},\boldsymbol{X})\end{aligned} \tag{2-87}$$

例 对某一未知随机向量 $\boldsymbol{X}$ 的测量是线性的,即测量方程为 $\boldsymbol{Z}=\boldsymbol{HX}+\boldsymbol{V}$,且有 $E\boldsymbol{X}=\mu_x$,$E\boldsymbol{V}=0$,$\mathrm{Var}(\boldsymbol{X})=P$,$\mathrm{cov}(\boldsymbol{X},\boldsymbol{V})=0$,试求 $\boldsymbol{X}$ 的线性最小方差估计。

解 $E\boldsymbol{Z}=\boldsymbol{H}E\boldsymbol{X}=\boldsymbol{H}\mu_x$

$$\begin{aligned}\mathrm{Var}(\boldsymbol{Z}) &= E[\boldsymbol{Z}-E\boldsymbol{Z}][\boldsymbol{Z}-E\boldsymbol{Z}]^{\mathrm{T}} \\ &= E[\boldsymbol{H}(\boldsymbol{X}-\mu_x)+\boldsymbol{V}][\boldsymbol{H}(\boldsymbol{X}-\mu_x)+\boldsymbol{V}]^{\mathrm{T}} \\ &= \boldsymbol{H}E(\boldsymbol{X}-\mu_x)(\boldsymbol{X}-\mu_x)^{\mathrm{T}}\boldsymbol{H}^{\mathrm{T}}+E\boldsymbol{V}\boldsymbol{V}^{\mathrm{T}} \\ &= \boldsymbol{H}\boldsymbol{P}\boldsymbol{H}^{\mathrm{T}}+\boldsymbol{R}\end{aligned} \tag{2-88}$$

$$\begin{aligned}\mathrm{cov}(\boldsymbol{X},\boldsymbol{Z}) &= E(\boldsymbol{X}-\mu_x)(\boldsymbol{Z}-E\boldsymbol{Z})^{\mathrm{T}} \\ &= E(\boldsymbol{X}-\mu_x)[\boldsymbol{H}(\boldsymbol{X}-\mu_x)+\boldsymbol{V}]^{\mathrm{T}} \\ &= \boldsymbol{P}\boldsymbol{H}^{\mathrm{T}}\end{aligned} \tag{2-89}$$

于是得 $\boldsymbol{X}$ 的线性最小方差估计为

$$\begin{aligned}\hat{\boldsymbol{X}}_L &= E\boldsymbol{X}+\mathrm{cov}(\boldsymbol{X},\boldsymbol{Z})[\mathrm{Var}(\boldsymbol{Z})]^{-1}(\boldsymbol{Z}-E\boldsymbol{Z}) \\ &= \mu_x+\boldsymbol{P}\boldsymbol{H}^{\mathrm{T}}[\boldsymbol{H}\boldsymbol{P}\boldsymbol{H}^{\mathrm{T}}+\boldsymbol{R}]^{-1}[\boldsymbol{Z}-\boldsymbol{H}\mu_x]\end{aligned} \tag{2-90}$$

均方误差阵为

$$\begin{aligned}E\widetilde{\boldsymbol{X}}_L\widetilde{\boldsymbol{X}}_L^{\mathrm{T}} &= E[\boldsymbol{X}-\hat{\boldsymbol{X}}_L][\boldsymbol{X}-\hat{\boldsymbol{X}}_L]^{\mathrm{T}} \\ &= \boldsymbol{P}-\boldsymbol{P}\boldsymbol{H}^{\mathrm{T}}[\boldsymbol{H}\boldsymbol{P}\boldsymbol{H}^{\mathrm{T}}+\boldsymbol{R}]^{-1}\boldsymbol{H}\boldsymbol{P} \\ &= [\boldsymbol{P}^{-1}+\boldsymbol{H}^{\mathrm{T}}\boldsymbol{R}^{-1}\boldsymbol{H}]^{-1}\end{aligned} \tag{2-91}$$

在讨论加权最小二乘估计时,已经得到结论:如取加权阵 $\boldsymbol{W}=\boldsymbol{R}^{-1}$,则所得均方误差最小。由于 $\boldsymbol{P}$ 为非负定阵,故线性最小方差估计比加权最小二乘估计及最小二乘估计需要更多的信息。

线性最小方差估计也可以递推实现。假设被估计量 X 的线性最小方差估计的递推公式为

$$\hat{\boldsymbol{X}}_{k+1} = \hat{\boldsymbol{X}}_k+\boldsymbol{K}_{k+1}[\boldsymbol{z}_{k+1}-\boldsymbol{C}_{k+1}\hat{\boldsymbol{X}}_k] \tag{2-92}$$

式中:$\boldsymbol{K}_{k+1}$ 为待定的增益矩阵;$\boldsymbol{z}_{k+1}$ 为第 $k+1$ 次测量值,且有

$$\boldsymbol{z}_{k+1} = \boldsymbol{C}_{k+1}\boldsymbol{X}+\boldsymbol{v}_{k+1} \tag{2-93}$$

式中,$\boldsymbol{C}_{k+1}$ 为已知的向量;$\boldsymbol{v}_{k+1}$ 为测量误差。考虑到每次测量值之间的独立性,故认为 $\boldsymbol{v}_n, n=0,1,2,\cdots$ 为白色序列。

由式(2-93)得估计误差:

$$\begin{aligned}\widetilde{\boldsymbol{X}}_{k+1} &= \boldsymbol{X}-\hat{\boldsymbol{X}}_{k+1} \\ &= \boldsymbol{X}-\hat{\boldsymbol{X}}_k-\boldsymbol{K}_{k+1}[\boldsymbol{z}_{k+1}-\boldsymbol{C}_{k+1}\hat{\boldsymbol{X}}_k] \\ &= \boldsymbol{X}-\hat{\boldsymbol{X}}_k-\boldsymbol{K}_{k+1}[\boldsymbol{C}_{k+1}\boldsymbol{X}+\boldsymbol{v}_{k+1}-\boldsymbol{C}_{k+1}\hat{\boldsymbol{X}}_k] \\ &= [\boldsymbol{I}-\boldsymbol{K}_{k+1}\boldsymbol{C}_{k+1}][\boldsymbol{X}-\hat{\boldsymbol{X}}_k]+\boldsymbol{K}_{k+1}\boldsymbol{v}_{k+1} \\ &= [\boldsymbol{I}-\boldsymbol{K}_{k+1}\boldsymbol{C}_{k+1}]\widetilde{\boldsymbol{X}}_k+\boldsymbol{K}_{k+1}\boldsymbol{v}_{k+1}\end{aligned} \tag{2-94}$$

$$\widetilde{\boldsymbol{X}}_{k+1}\widetilde{\boldsymbol{X}}_{k+1}^{\mathrm{T}} = [\boldsymbol{I}-\boldsymbol{K}_{k+1}\boldsymbol{C}_{k+1}]\widetilde{\boldsymbol{X}}_k\widetilde{\boldsymbol{X}}_k^{\mathrm{T}}[\boldsymbol{I}-\boldsymbol{K}_{k+1}\boldsymbol{C}_{k+1}]^{\mathrm{T}}$$

$$
\begin{aligned}
&-\boldsymbol{K}_{k+1}\boldsymbol{v}_{k+1}\widetilde{\boldsymbol{X}}_k^{\mathrm{T}}[\boldsymbol{I}-\boldsymbol{K}_{k+1}\boldsymbol{C}_{k+1}]^{\mathrm{T}}\\
&-[\boldsymbol{I}-\boldsymbol{K}_{k+1}\boldsymbol{C}_{k+1}]\widetilde{\boldsymbol{X}}_k\boldsymbol{v}_{k+1}^{\mathrm{T}}\boldsymbol{K}_{k+1}\\
&+\boldsymbol{K}_{k+1}\boldsymbol{v}_{k+1}\boldsymbol{v}_{k+1}^{\mathrm{T}}\boldsymbol{K}_{k+1}^{\mathrm{T}}
\end{aligned}
\tag{2-95}
$$

因为 $\boldsymbol{v}_n$ 为白色序列，所以有 $E\{\boldsymbol{K}_{k+1}\boldsymbol{v}_{k+1}\widetilde{\boldsymbol{X}}_k^{\mathrm{T}}[\boldsymbol{I}-\boldsymbol{K}_{k+1}\boldsymbol{C}_{k+1}^{\mathrm{T}}]\}=0$，$E\{[\boldsymbol{I}-\boldsymbol{K}_{k+1}\boldsymbol{C}_{k+1}]\widetilde{\boldsymbol{X}}_k\boldsymbol{v}_{k+1}^{\mathrm{T}}\boldsymbol{K}_{k+1}^{\mathrm{T}}\}=0$。

于是，估计误差均方误差阵为

$$
\begin{aligned}
\boldsymbol{P}_{k+1}&=E\widetilde{\boldsymbol{X}}_{k+1}\widetilde{\boldsymbol{X}}_{k+1}^{\mathrm{T}}\\
&=[\boldsymbol{I}-\boldsymbol{K}_{k+1}\boldsymbol{C}_{k+1}]E\widetilde{\boldsymbol{X}}_k\widetilde{\boldsymbol{X}}_k^{\mathrm{T}}[\boldsymbol{I}-\boldsymbol{K}_{k+1}\boldsymbol{C}_{k+1}]^{\mathrm{T}}\\
&\quad+\boldsymbol{K}_{k+1}E\boldsymbol{v}_{k+1}\boldsymbol{v}_{k+1}^{\mathrm{T}}\boldsymbol{K}_{k+1}^{\mathrm{T}}\\
&=[\boldsymbol{I}-\boldsymbol{K}_{k+1}\boldsymbol{C}_{k+1}]\boldsymbol{P}_k[\boldsymbol{I}-\boldsymbol{K}_{k+1}\boldsymbol{C}_{k+1}]^{\mathrm{T}}+\boldsymbol{K}_{k+1}\boldsymbol{R}_{k+1}\boldsymbol{K}_{k+1}^{\mathrm{T}}
\end{aligned}
\tag{2-96}
$$

选择合适的增益矩阵 $\boldsymbol{K}_{k+1}$，使估计误差$\widetilde{\boldsymbol{X}}_{k+1}$的每个分量的方差都达到最小值，这相当于使矩阵 $\boldsymbol{P}$ 的对角线的每个元素都达到最小值。

将式(2-96)展开，同时加减 $\boldsymbol{P}_k\boldsymbol{C}_{k+1}^{\mathrm{T}}[\boldsymbol{C}_{k+1}\boldsymbol{P}_k\boldsymbol{C}_{k+1}^{\mathrm{T}}+\boldsymbol{R}_{k+1}]^{-1}\boldsymbol{C}_{k+1}\boldsymbol{P}_k$，再对结果进行整理得

$$
\begin{aligned}
\boldsymbol{P}_{k+1}=\boldsymbol{P}_k&-\boldsymbol{P}_k\boldsymbol{C}_{k+1}^{\mathrm{T}}[\boldsymbol{C}_{k+1}\boldsymbol{P}_k\boldsymbol{C}_{k+1}^{\mathrm{T}}+\boldsymbol{R}_{k+1}]^{-1}\boldsymbol{C}_{k+1}\boldsymbol{P}_k\\
&+[\boldsymbol{K}_{k+1}-\boldsymbol{P}_k\boldsymbol{C}_{k+1}^{\mathrm{T}}(\boldsymbol{C}_{k+1}\boldsymbol{P}_k\boldsymbol{C}_{k+1}^{\mathrm{T}}+\boldsymbol{R}_{k+1})^{-1}][\boldsymbol{C}_{k+1}\boldsymbol{P}_k\boldsymbol{C}_{k+1}^{\mathrm{T}}+\boldsymbol{R}_{k+1}]\\
&\cdot[\boldsymbol{K}_{k+1}-\boldsymbol{P}_k\boldsymbol{C}_{k+1}^{\mathrm{T}}(\boldsymbol{C}_{k+1}\boldsymbol{P}_k\boldsymbol{C}_{k+1}^{\mathrm{T}}+\boldsymbol{R}_{k+1})^{-1}]
\end{aligned}
\tag{2-97}
$$

式(2-97)中，为使 $\boldsymbol{P}_{k+1}$ 最小，只需选择 $\boldsymbol{K}_{k+1}$，使 $\boldsymbol{K}_{k+1}-\boldsymbol{P}_k\boldsymbol{C}_{k+1}^{\mathrm{T}}(\boldsymbol{C}_{k+1}\boldsymbol{P}_k\boldsymbol{C}_{k+1}^{\mathrm{T}}+\boldsymbol{R}_{k+1})^{-1}=0$，即

$$
\boldsymbol{K}_{k+1}=\boldsymbol{P}_k\boldsymbol{C}_{k+1}^{\mathrm{T}}(\boldsymbol{C}_{k+1}\boldsymbol{P}_k\boldsymbol{C}_{k+1}^{\mathrm{T}}+\boldsymbol{R}_{k+1})^{-1}
\tag{2-98}
$$

将式(2-98)代入式(2-97)，得

$$
\begin{aligned}
\boldsymbol{P}_{k+1}&=\boldsymbol{P}_k-\boldsymbol{P}_k\boldsymbol{C}_{k+1}^{\mathrm{T}}[\boldsymbol{C}_{k+1}\boldsymbol{P}_k\boldsymbol{C}_{k+1}^{\mathrm{T}}+\boldsymbol{R}_{k+1}]^{-1}\boldsymbol{C}_{k+1}\boldsymbol{P}_k\\
&=\boldsymbol{P}_k-\boldsymbol{K}_{k+1}\boldsymbol{C}_{k+1}\boldsymbol{P}_k\\
&=[\boldsymbol{I}-\boldsymbol{K}_{k+1}\boldsymbol{C}_{k+1}]\boldsymbol{P}_k
\end{aligned}
\tag{2-99}
$$

综上，线性最小方差的递推估计公式为

$$
\begin{cases}
\hat{\boldsymbol{X}}_{k+1}=\hat{\boldsymbol{X}}_k+\boldsymbol{K}_{k+1}[\boldsymbol{z}_{k+1}-\boldsymbol{C}_{k+1}\hat{\boldsymbol{X}}_k]\\
\boldsymbol{K}_{k+1}=\boldsymbol{P}_k\boldsymbol{C}_{k+1}^{\mathrm{T}}[\boldsymbol{C}_{k+1}\boldsymbol{P}_k\boldsymbol{C}_{k+1}^{\mathrm{T}}+\boldsymbol{R}_{k+1}]^{-1}\\
\boldsymbol{P}_{k+1}=[\boldsymbol{I}-\boldsymbol{K}_{k+1}\boldsymbol{C}_{k+1}]\boldsymbol{P}_k
\end{cases}
\tag{2-100}
$$

即在获得新的测量值时，原有估计$\hat{\boldsymbol{X}}_k$ 与差值 $\boldsymbol{z}_{k+1}-\boldsymbol{C}_{k+1}\hat{\boldsymbol{X}}_k$ 的加权和(权值为增益矩阵 $\boldsymbol{K}_{k+1}$)构成反馈校正项。因此，随着测量次数的增多，在线估计值$\hat{\boldsymbol{X}}_{k+1}$的准确度会越来越高。

2.4.2　极大似然估计与极大验后估计

极大似然估计是以观测值出现的概率最大作为估计准则，是一种普通的参数估计方法。

设 z 是一维连续随机变量，其概率密度函数为 $p(z,\theta_1,\theta_2,\cdots,\theta_n)$，含有 n 个未知参数 $\theta_1,\theta_2,\cdots,\theta_n$。把 k 个独立观测值 $z_1,z_2,\cdots,z_k$ 分别代入 $p(z,\theta_1,\theta_2,\cdots,\theta_n)$ 中的 z，则得 $p(z_i,\theta_1,\theta_2,\cdots,\theta_n)$，$i=1,2,\cdots,k$。将所得的 k 个概率密度函数相乘，得

$$L(z_1,z_2,\cdots,z_k;\theta_1,\theta_2,\cdots,\theta_n)=\prod_{i=1}^{k}p(z_i,\theta_1,\theta_2,\cdots,\theta_n) \tag{2-101}$$

称函数 L_1 为似然函数。当 $z_1,z_2,\cdots,z_k$ 固定时，L_1 是 $\theta_1,\theta_2,\cdots,\theta_n$ 的函数。极大似然估计的实质是求出使 L_1 达到极大时，$\theta_1,\theta_2,\cdots,\theta_n$ 的估值 $\hat{\theta}_1,\hat{\theta}_2,\cdots,\hat{\theta}_n$。从式(2-101)可以看出，$\hat{\theta}_1,\hat{\theta}_2,\cdots,\hat{\theta}_n$ 是观测值 $z_1,z_2,\cdots,z_k$ 的函数。

为了便于求出使 L 达到极大的 $\hat{\theta}_1,\hat{\theta}_2,\cdots,\hat{\theta}_n$，对式(2-101)左右两端取对数，得

$$\ln L_1=\prod_{i=1}^{k}\ln p(z_i,\theta_1,\theta_2,\cdots,\theta_n) \tag{2-102}$$

由于对数函数是单调递增函数，因此当 L 取极大时，将式(2-102)分别对 θ_1，$\theta_2,\cdots,\theta_n$ 求偏导数，令偏导数等于零，可得下列方程组：

$$\begin{cases}\dfrac{\partial}{\partial\theta_1}\ln L_1=0\\ \vdots\\ \dfrac{\partial}{\partial\theta_n}\ln L_1=0\end{cases} \tag{2-103}$$

解上述方程组，即可得使 L 达到极大时的 $\hat{\theta}_1,\hat{\theta}_2,\cdots,\hat{\theta}_n$。

可以看出，按极大似然法确定 $\hat{\theta}_1,\hat{\theta}_2,\cdots,\hat{\theta}_n$，$z_1,z_2,\cdots,z_k$ 最优可能出现，并不需要 $\theta_1,\theta_2,\cdots,\theta_n$ 的验前知识，即无须了解 $\theta_1,\theta_2,\cdots,\theta_n$ 的概率密度函数和一、二阶矩。

设 $\boldsymbol{z}$ 为 m 维随机变量，$\boldsymbol{x}$ 为 n 维未知参数，假定已知 $\boldsymbol{z}$ 的条件概率密度函数 $p(\boldsymbol{z}\mid\boldsymbol{x})$，现得到 k 组 $\boldsymbol{z}$ 的观测值 $z_1,z_2,\cdots,z_k$，且各观测值相互独立。为确定使 z_1，$z_2,\cdots,z_k$ 出现可能性最大时的参数 $\boldsymbol{x}$，首先确定似然函数

$$L_1(\boldsymbol{z},\boldsymbol{x})=p(z_1\mid\boldsymbol{x})p(z_2\mid\boldsymbol{x})\cdots p(z_k\mid\boldsymbol{x})=p(z\mid\boldsymbol{x}) \tag{2-104}$$

或

$$\ln L_1(\boldsymbol{z},\boldsymbol{x})=\ln p(\boldsymbol{z}\mid\boldsymbol{x}) \tag{2-105}$$

求出使 L 极大的 $\boldsymbol{x}$ 值，令

$$\frac{\partial L}{\partial \boldsymbol{x}}=0 \text{ 或 } \frac{\partial \ln L_1}{\partial \boldsymbol{x}}=0 \tag{2-106}$$

解之,可得 $\boldsymbol{x}$ 的估值$\hat{x}$。

注意,L 取极大值的充分条件是

$$\frac{\partial^2 L_1}{\partial \boldsymbol{x}^2}=0 \text{ 或 } \frac{\partial^2 \ln L_1}{\partial \boldsymbol{x}^2}=0 \tag{2-107}$$

因此,用极大似然法时,应先求似然函数 L,再用微分法求出使似然函数 L 极大时 $\boldsymbol{x}$ 的估值$\hat{x}$。

设有一随机线性观测系统

$$\boldsymbol{z}=h(\boldsymbol{x},\boldsymbol{v})=\boldsymbol{H}\boldsymbol{x}+\boldsymbol{v} \tag{2-108}$$

式中:$\boldsymbol{z}$ 为 m 维观测值;$\boldsymbol{x}$ 为 n 维位置参数;$\boldsymbol{v}$ 为 m 维测量误差,是零均值的高斯过程,且方差为 $E(\boldsymbol{v}\boldsymbol{v}^R)=\boldsymbol{R}$。假设 $\boldsymbol{x}$ 与 $\boldsymbol{v}$ 独立,求 $\boldsymbol{x}$ 的极大似然估计。

首先定义似然函数

$$L_1(\boldsymbol{z},\boldsymbol{x})=p(\boldsymbol{z}\mid\boldsymbol{x})=\frac{p(\boldsymbol{x},\boldsymbol{z})}{p(\boldsymbol{x})} \tag{2-109}$$

考虑到 $\boldsymbol{x}$ 与 $\boldsymbol{v}$ 相互独立,可得

$$p(x,z)=p[x,(Hx+v)]=p(x,v)p(v) \tag{2-110}$$

$$L_1(\boldsymbol{z},\boldsymbol{x})=\frac{p(\boldsymbol{x})p(\boldsymbol{v})}{p(\boldsymbol{x})}=p(\boldsymbol{v})=p(\boldsymbol{z}-\boldsymbol{H}x) \tag{2-111}$$

令

$$\frac{\partial L_1(\boldsymbol{z},\boldsymbol{x})}{\partial \boldsymbol{x}}=\frac{\partial p(\boldsymbol{z}-\boldsymbol{H}\boldsymbol{x})}{\partial \boldsymbol{x}}=0 \tag{2-112}$$

已知

$$p(\boldsymbol{v})=\frac{1}{(\sqrt{2\pi})^m\ |\boldsymbol{R}|^{\frac{1}{2}}}\mathrm{e}^{-\frac{1}{2}\boldsymbol{v}^{\mathrm{T}}\boldsymbol{R}^{-1}\boldsymbol{v}} \tag{2-113}$$

将 $\boldsymbol{v}=\boldsymbol{z}-\boldsymbol{H}\boldsymbol{x}$ 代入式(2-113),得

$$L(\boldsymbol{z},\boldsymbol{x})=p(\boldsymbol{z}-\boldsymbol{H}\boldsymbol{x})=c\cdot\mathrm{e}^{-\frac{1}{2}(\boldsymbol{z}-\boldsymbol{H}\boldsymbol{x})^{\mathrm{T}}\boldsymbol{R}^{-1}(\boldsymbol{z}-\boldsymbol{H}\boldsymbol{x})} \tag{2-114}$$

其中,

$$c=\frac{1}{(\sqrt{2\pi})^m\ |\boldsymbol{R}|^{\frac{1}{2}}} \tag{2-115}$$

求 $\boldsymbol{x}$,使 $L(\boldsymbol{z},\boldsymbol{x})=p(\boldsymbol{z}-\boldsymbol{H}\boldsymbol{x})$ 最大,即

$$J=\frac{1}{2}(\boldsymbol{z}-\boldsymbol{H}\boldsymbol{x})^{\mathrm{T}}\boldsymbol{R}^{-1}(\boldsymbol{z}-\boldsymbol{H}\boldsymbol{x})=\min \tag{2-116}$$

求 J 对 $\boldsymbol{x}$ 的偏导数,令偏导数等于零,即

$$\frac{\partial J}{\partial \boldsymbol{x}}=-\boldsymbol{H}^{\mathrm{T}}\boldsymbol{R}^{-1}z+\boldsymbol{H}^{\mathrm{T}}\boldsymbol{R}^{-1}\boldsymbol{H}\boldsymbol{x}=0 \tag{2-117}$$

可得

$$\boldsymbol{H}^{\mathrm{T}}\boldsymbol{R}^{-1}\boldsymbol{H}\boldsymbol{x}=\boldsymbol{H}^{\mathrm{T}}\boldsymbol{R}^{-1}z \tag{2-118}$$

求得 $\boldsymbol{x}$ 的估值$\hat{x}$:

$$\hat{x}=(\boldsymbol{H}^{\mathrm{T}}\boldsymbol{R}^{-1}\boldsymbol{H})^{-1}\boldsymbol{H}^{\mathrm{T}}\boldsymbol{R}^{-1}z \tag{2-119}$$

如果给出 n 维随机变量 $\boldsymbol{x}$ 的条件概率密度 $p(\boldsymbol{x}\mid z)$,即验后概率密度,如何求 $\boldsymbol{x}$ 的最优估值$\hat{x}$这种情况下,可以采用极大验后估计准则:使 $\boldsymbol{x}$ 的验后概率密度 $p(\boldsymbol{x}\mid z)$ 达到最大的那个 $\boldsymbol{x}$ 值为极大验后估计$\hat{x}$。

极大验后估计法是以了解 $p(\boldsymbol{x}\mid z)$ 为前提的。如果只知道 $p(\boldsymbol{x}\mid z)$,可按下式计算 $p(\boldsymbol{x}\mid z)$:

$$p(\boldsymbol{x}\mid z)=\frac{p(z\mid \boldsymbol{x})p(\boldsymbol{x})}{p(z)} \tag{2-120}$$

式中:$p(\boldsymbol{x})$ 为 $\boldsymbol{x}$ 的验前概率密度函数;$p(z)$ 为观测值 z 的概率密度;$p(\boldsymbol{x}\mid z)$ 可用计算方法或实验方法求得。为了计算 $p(\boldsymbol{x}\mid z)$ 需要知道 $p(\boldsymbol{x})$。在 $\boldsymbol{x}$ 没有验前知识可供利用时,可假定 $\boldsymbol{x}$ 在很大范围内变化。在这种情况下,可把 $\boldsymbol{x}$ 的验前概率密度函数 $p(\boldsymbol{x})$ 近似地看作方差矩阵趋于无限大的正态分布密度函数,即

$$p(\boldsymbol{x})=\frac{1}{(\sqrt{2\pi})^{m}\ |\boldsymbol{R}|^{\frac{1}{2}}}\mathrm{e}^{-\frac{1}{2}(\boldsymbol{x}-m_x)^{\mathrm{T}}\boldsymbol{P}^{-1}(\boldsymbol{x}-m_x)} \tag{2-121}$$

式中:$\boldsymbol{P}$ 为 $\boldsymbol{x}$ 的方差矩阵,$\boldsymbol{P}\to\infty$,$\boldsymbol{P}^{-1}\to\boldsymbol{0}$,于是

$$\ln p(\boldsymbol{x})=-\ln[(\sqrt{2\pi})^{\frac{n}{2}}|p|^{\frac{1}{2}}]-\frac{1}{2}(\boldsymbol{x}-m_x)^{\mathrm{T}}\boldsymbol{P}^{-1}(\boldsymbol{x}-m_x)$$

$$\frac{\partial}{\partial x}\ln p(\boldsymbol{x})=-\boldsymbol{P}^{-1}(\boldsymbol{x}-m_x) \tag{2-122}$$

当 $\boldsymbol{P}^{-1}\to\boldsymbol{0}$ 时,有

$$\frac{\partial}{\partial x}\ln p(\boldsymbol{x})=0 \tag{2-123}$$

当缺乏 $\boldsymbol{x}$ 的验前概率密度时,极大验后估计与极大似然估计是等同的,证明如下。对于极大似然估计,为了求得 $\boldsymbol{x}$ 的最优估值$\hat{x}$,令

$$\frac{\partial \ln p(z\mid \boldsymbol{x})}{\partial \boldsymbol{x}}=0 \tag{2-124}$$

根据式(2-124),得

$$\ln p(\boldsymbol{x}\mid z)=\ln p(z\mid \boldsymbol{x})+\ln p(\boldsymbol{x})-\ln p(z)$$

$$\frac{\partial \ln p(\boldsymbol{x} \mid z)}{\partial \boldsymbol{x}}=\frac{\partial \ln p(z \mid \boldsymbol{x})}{\partial \boldsymbol{x}}+\frac{\partial \ln p(\boldsymbol{x})}{\partial \boldsymbol{x}}-\frac{\partial \ln p(z)}{\partial \boldsymbol{x}}=0 \tag{2-125}$$

考虑到 $p(z)$ 不是 $\boldsymbol{x}$ 的函数,同时考虑到式(2-125),可得

$$\frac{\partial \ln p(\boldsymbol{x} \mid z)}{\partial \boldsymbol{x}}=\frac{\partial \ln p(z \mid \boldsymbol{x})}{\partial \boldsymbol{x}} \tag{2-126}$$

一般来说,由于计算似然函数比计算验后概率密度较为简单,极大似然估计法比极大验后估计法应用普遍。

2.4.3 卡尔曼滤波

假设系统模型为离散线性系统,简化为

$$x_k=\boldsymbol{\Phi}_{k,k-1}x_{k-1}+\boldsymbol{\Gamma}_{k,k-1}w \tag{2-127}$$

$$z_k=\boldsymbol{H}_k x_k+\boldsymbol{v}_k \tag{2-128}$$

其中,过程噪声 $\boldsymbol{w}_k$ 和观测噪声 $\boldsymbol{v}_k$ 的统计特性为

$$E[\boldsymbol{w}_k]=0, R_{ww}(k,j)=Q_k\delta_{kj} \tag{2-129}$$

$$E[\boldsymbol{v}_k]=0, R_{vv}(k,j)=R_k\delta_{kj} \tag{2-130}$$

$$R_{wv}(k,j)=0 \tag{2-131}$$

初始状态 x_0 的统计特性为

$$Ex_0=\bar{x}_0, \quad \operatorname{var}(x_0)=P_0 \tag{2-132}$$

x_0 与 $\boldsymbol{w}_k$ 和 $\boldsymbol{v}_k$ 均无关,即

$$R_{xw}(0,k)=Ex_0\boldsymbol{w}_k^{\mathrm{T}}=0 \tag{2-133}$$

$$R_{xv}(0,k)=Ex_0\boldsymbol{v}_k^{\mathrm{T}}=0 \tag{2-134}$$

假设在 k 时刻已经获得 k 次测量值 $z_1,z_2,\cdots,z_{k-1},z_k$,并且得到 x_{k-1} 的最优线性估计 $\hat{x}_{k-1|k-1}$(即 $\hat{x}_{k-1|k-1}$ 是 $z_1,z_2,\cdots,z_{k-1}$ 的线性函数),因为 $\boldsymbol{w}_{k-1}$ 是零均值的白噪声,所以直观的想法是以

$$\tilde{z}_{k|k-1}=z_k-\hat{z}_{k|k-1}=z_k-\boldsymbol{H}_k\hat{x}_{k|k-1} \tag{2-135}$$

作为 $\hat{x}_{k|k-1}$ 的预测估计。因为 $\boldsymbol{v}_k$ 是零均值的白噪声,所以对 k 时刻系统测量值的 z_k 的预测估计为

$$\hat{z}_{k|k-1}=\boldsymbol{H}_k\hat{x}_{k|k-1} \tag{2-136}$$

在得到 k 时刻测量值 z_k 后,可计算出它与预测估计之差:

$$\tilde{z}_{k|k-1}=z_k-\hat{z}_{k|k-1}=z_k-\boldsymbol{H}_k\hat{\boldsymbol{x}}_{k|k-1} \tag{2-137}$$

产生这一偏差的原因是:预测估计 $z_1,z_2,\cdots,z_{k-1}$ 与测量值 z_k 都有偏差。为了得到 k 时刻 x_k 的滤波值,自然想到可以用预测偏差 $\tilde{z}_{k|k-1}$ 来修正状态预测估计 $\hat{x}_{k|k-1}$,即

$$\hat{x}_{k|k}=\hat{x}_{k|k-1}+\boldsymbol{K}_k[z_k-\boldsymbol{H}_k\hat{x}_{k|k-1}] \tag{2-138}$$

式中：$\boldsymbol{K}_k$ 为待定的增益矩阵。以下的问题是如何按照目标函数

$$J=E\tilde{\boldsymbol{x}}_{k|k}\tilde{\boldsymbol{x}}_{k|k}^{\mathrm{T}} \tag{2-139}$$

最小的要求确定最优滤波增益矩阵，定义

$$\tilde{\boldsymbol{x}}_{k|k-1}=x_k-\hat{x}_{k|k-1} \text{ 和 } \tilde{\boldsymbol{x}}_{k|k}=x_k-\hat{x}_{k|k} \tag{2-140}$$

它们分别表示获得测量值 z_k 之前和之后对 x_k 的估计误差，因此有

$$\begin{aligned}\tilde{\boldsymbol{x}}_{k|k}&=x_k-\hat{x}_{k|k}\\&=\tilde{\boldsymbol{x}}_{k|k-1}-\boldsymbol{K}_k[\boldsymbol{H}_kx_k+\boldsymbol{v}_k-\boldsymbol{H}_k\hat{x}_{k|k-1}]\\&=\tilde{\boldsymbol{x}}_{k|k-1}-\boldsymbol{K}_k[\boldsymbol{H}_k\tilde{\boldsymbol{x}}_{k|k-1}+\boldsymbol{v}_k]\\&=[\boldsymbol{I}-\boldsymbol{K}_k\boldsymbol{H}_k]\tilde{\boldsymbol{x}}_{k|k-1}-\boldsymbol{K}_k\boldsymbol{v}_k\end{aligned} \tag{2-141}$$

因为$\tilde{\boldsymbol{x}}_{k|k-1}$是 $z_1,z_2,\cdots,z_{k-1}$的线性函数，且测量误差是不相关的，所以根据向量投影的知识有

$$E\tilde{\boldsymbol{x}}_{k|k-1}\boldsymbol{v}_k^{\mathrm{T}}=0 \text{ 和 } E\boldsymbol{v}_k\tilde{\boldsymbol{x}}_{k|k-1}^{\mathrm{T}}=0 \tag{2-142}$$

从而

$$\begin{aligned}E\tilde{\boldsymbol{x}}_{k|k}\tilde{\boldsymbol{x}}_{k|k}^{\mathrm{T}}&=\{[\boldsymbol{I}-\boldsymbol{K}_k\boldsymbol{H}_k]\tilde{\boldsymbol{x}}_{k|k-1}-\boldsymbol{K}_k\boldsymbol{v}_k\}\\&\quad\cdot\{\tilde{\boldsymbol{x}}_{k|k-1}^{\mathrm{T}}[\boldsymbol{I}-\boldsymbol{K}_k\boldsymbol{H}_k]^{\mathrm{T}}-\boldsymbol{v}_k^{\mathrm{T}}\boldsymbol{K}_k^{\mathrm{T}}\}\\&=[\boldsymbol{I}-\boldsymbol{K}_k\boldsymbol{H}_k]\tilde{\boldsymbol{x}}_{k|k-1}\tilde{\boldsymbol{x}}_{k|k-1}^{\mathrm{T}}[\boldsymbol{I}-\boldsymbol{K}_k\boldsymbol{H}_k]^{\mathrm{T}}\\&\quad-\boldsymbol{K}_k\boldsymbol{v}_k\tilde{\boldsymbol{x}}_{k|k-1}^{\mathrm{T}}[\boldsymbol{I}-\boldsymbol{K}_k\boldsymbol{H}_k]^{\mathrm{T}}\\&\quad-[\boldsymbol{I}-\boldsymbol{K}_k\boldsymbol{H}_k]\tilde{\boldsymbol{x}}_{k|k-1}\boldsymbol{v}_k^{\mathrm{T}}\boldsymbol{K}_k^{\mathrm{T}}+\boldsymbol{K}_k\boldsymbol{v}_k\boldsymbol{v}_k^{\mathrm{T}}\boldsymbol{K}_k^{\mathrm{T}}\end{aligned} \tag{2-143}$$

于是，滤波误差协方差矩阵为

$$\begin{aligned}\boldsymbol{P}_{k|k}&=E\tilde{\boldsymbol{x}}_{k|k}\tilde{\boldsymbol{x}}_{k|k}^{\mathrm{T}}\\&=[\boldsymbol{I}-\boldsymbol{K}_k\boldsymbol{H}_k]\boldsymbol{P}_{k|k-1}[\boldsymbol{I}-\boldsymbol{K}_k\boldsymbol{H}_k]^{\mathrm{T}}+\boldsymbol{K}_k\boldsymbol{R}_k\boldsymbol{K}_k^{\mathrm{T}}\end{aligned} \tag{2-144}$$

其中，$\boldsymbol{P}_{k|k-1}=E[\tilde{\boldsymbol{x}}_{k|k-1}\tilde{\boldsymbol{x}}_{k|k-1}^{\mathrm{T}}]$。

以下确定增益矩阵 $\boldsymbol{K}_k$，选择 $\boldsymbol{K}_k$ 的原则是使误差协方差矩阵 $\boldsymbol{P}_{k|k}$的对角元素加权标量和最小。因此选择代价函数

$$J_k=\mathrm{trace}\boldsymbol{P}_{k|k}$$

这等价于使估计误差向量的长度最短。为了求得使 J_k 最小的 $\boldsymbol{K}_k$ 值，只需将 J_k 对 $\boldsymbol{K}_k$ 的偏导数为零。其中，利用了公式

$$\frac{\partial}{\partial\boldsymbol{A}}[\mathrm{trace}(\boldsymbol{ABA}^{\mathrm{T}})]=2\boldsymbol{AB}$$

此时，误差协方差矩阵为

$$\boldsymbol{P}_{k|k}=\boldsymbol{P}_{k|k-1}-\boldsymbol{P}_{k|k-1}\boldsymbol{H}_k^{\mathrm{T}}(\boldsymbol{H}_k\boldsymbol{P}_{k|k-1}\boldsymbol{H}_k^{\mathrm{T}}+\boldsymbol{R}_k)^{-1}\boldsymbol{H}_k\boldsymbol{P}_{k|k-1} \tag{2-145}$$

或

$$\boldsymbol{P}_{k|k}=[\boldsymbol{I}-\boldsymbol{K}_k\boldsymbol{H}_k]\boldsymbol{P}_{k|k-1} \tag{2-146}$$

因此,式(2-145)和式(2-146)是 $\boldsymbol{P}_{k|k}$ 的两种不同的形式。

而且有

$$\begin{aligned}\tilde{\boldsymbol{x}}_{k|k-1}&=x_k-\hat{x}_{k|k-1}\\&=\boldsymbol{\Phi}_{k,k-1}x_{k-1}+\boldsymbol{\Gamma}_{k,k-1}\boldsymbol{w}_{k-1}-\boldsymbol{\Phi}_{k,k-1}\hat{\boldsymbol{x}}_{k-1|k-1}\\&=\boldsymbol{\Phi}_{k,k-1}\tilde{\boldsymbol{x}}_{k-1|k-1}+\boldsymbol{\Gamma}_{k,k-1}\boldsymbol{w}_{k-1}\end{aligned} \tag{2-147}$$

$$\begin{aligned}\tilde{\boldsymbol{x}}_{k|k-1}\tilde{\boldsymbol{x}}_{k|k-1}^{\mathrm{T}}&=[\boldsymbol{\Phi}_{k,k-1}\tilde{\boldsymbol{x}}_{k-1|k-1}+\boldsymbol{\Gamma}_{k,k-1}\boldsymbol{w}_{k-1}]\\&\quad\cdot[\boldsymbol{\Phi}_{k,k-1}\tilde{\boldsymbol{x}}_{k-1|k-1}+\boldsymbol{\Gamma}_{k,k-1}\boldsymbol{w}_{k-1}]^{\mathrm{T}}\\&=\boldsymbol{\Phi}_{k,k-1}\tilde{\boldsymbol{x}}_{k-1|k-1}\tilde{\boldsymbol{x}}_{k-1|k-1}^{\mathrm{T}}\boldsymbol{\Phi}_{k,k-1}^{\mathrm{T}}\\&\quad+\boldsymbol{\Gamma}_{k,k-1}\boldsymbol{w}_{k-1}\tilde{\boldsymbol{x}}_{k-1|k-1}^{\mathrm{T}}\boldsymbol{\Phi}_{k,k-1}^{\mathrm{T}}\\&\quad+\boldsymbol{\Gamma}_{k,k-1}\boldsymbol{w}_{k-1}\boldsymbol{w}_{k-1}^{\mathrm{T}}\boldsymbol{\Gamma}_{k,k-1}^{\mathrm{T}}\\&\quad+\boldsymbol{\Phi}_{k,k-1}\tilde{\boldsymbol{x}}_{k-1|k-1}\boldsymbol{w}_{k-1}^{\mathrm{T}}\boldsymbol{\Gamma}_{k,k-1}^{\mathrm{T}}\end{aligned} \tag{2-148}$$

因

$$E[\boldsymbol{\Phi}_{k,k-1}\tilde{\boldsymbol{x}}_{k-1|k-1}\boldsymbol{w}_{k-1}^{\mathrm{T}}\boldsymbol{\Gamma}_{k,k-1}^{\mathrm{T}}]=0$$

$$E[\boldsymbol{\Gamma}_{k,k-1}\boldsymbol{w}_{k-1}\tilde{x}_{k-1|k-1}^{\mathrm{T}}\boldsymbol{\Phi}_{k,k-1}^{\mathrm{T}}]=0$$

于是,有

$$\begin{aligned}\boldsymbol{P}_{k|k-1}&=E[\boldsymbol{\Phi}_{k,k-1}\tilde{\boldsymbol{x}}_{k-1|k-1}+\boldsymbol{\Gamma}_{k,k-1}\boldsymbol{w}_{k-1}]\\&\quad\cdot[\boldsymbol{\Phi}_{k,k-1}\tilde{\boldsymbol{x}}_{k-1|k-1}+\boldsymbol{\Gamma}_{k,k-1}\boldsymbol{w}_{k-1}]^{\mathrm{T}}\\&=\boldsymbol{\Phi}_{k,k-1}\boldsymbol{P}_{k-1|k-1}\boldsymbol{\Phi}_{k,k-1}^{\mathrm{T}}+\boldsymbol{\Gamma}_{k,k-1}\boldsymbol{Q}_{k-1}\boldsymbol{\Gamma}_{k,k-1}^{\mathrm{T}}\end{aligned} \tag{2-149}$$

至此,完成了离散卡尔曼滤波器所有公式的推导,将它们集中在表 2-1 中给出。图 2-8 是这些方程的方块图表示。其中,虚线部分为系统和测量过程的数学模型,虚框之外为滤波器的实现。

表 2-1　离散卡尔曼滤波器方程一览表

系统模型 测量模型	$\boldsymbol{x}_k=\boldsymbol{\Phi}_{k,k-1}x_{k-1}+\boldsymbol{\Gamma}_{k,k-1}\boldsymbol{w}_{k-1}$,　$\boldsymbol{w}_k\sim N(0,Q_k)$ $\boldsymbol{z}_k=\boldsymbol{H}_k\boldsymbol{x}_k+\boldsymbol{v}_k$,　$\boldsymbol{v}_k\sim N(0,\boldsymbol{R}_k)$
初始条件 其他规定	$E[\boldsymbol{x}(0)]=\hat{\boldsymbol{x}}_0,E[(\boldsymbol{x}(0)-\hat{\boldsymbol{x}}_0)(X(0)-\hat{\boldsymbol{x}}_0)^{\mathrm{T}}]=P_0$ $E[w_j\boldsymbol{v}_k^{\mathrm{T}}]=0$ 对所有的 j,k
状态预测 误差协方差预测	$\hat{\boldsymbol{x}}_{k|k-1}=\boldsymbol{\Phi}_{k,k-1}\hat{\boldsymbol{x}}_{k-1|k-1}$ $\boldsymbol{P}_{k|k-1}=\boldsymbol{\Phi}_{k,k-1}P_{k-1|k-1}\boldsymbol{\Phi}_{k,k-1}^{\mathrm{T}}+\boldsymbol{\Gamma}_{k,k-1}Q_{k-1}\boldsymbol{\Gamma}_{k,k-1}^{\mathrm{T}}$
状态估计/校正 误差协方差估计/校正 卡尔曼增益	$\hat{\boldsymbol{x}}_{k|k}=\hat{\boldsymbol{x}}_{k|k-1}+\boldsymbol{K}_k[\boldsymbol{z}_k-\boldsymbol{H}_k\hat{\boldsymbol{x}}_{k|k-1}]$ $\boldsymbol{P}_{k|k}=[\boldsymbol{I}-\boldsymbol{K}_k\boldsymbol{H}_k]\boldsymbol{P}_{k|k-1}$ $\boldsymbol{K}_k=\boldsymbol{P}_{k|k-1}\boldsymbol{H}_k^{\mathrm{T}}[\boldsymbol{H}_k\boldsymbol{P}_{k|k-1}\boldsymbol{H}_k^{\mathrm{T}}+\boldsymbol{R}_k]^{-1}$

由于卡尔曼滤波是一种递推滤波，需要考虑如何确定初值$\hat{x}_0$及方差阵$\boldsymbol{P}_0$。$\hat{x}_0$可以凭经验给出，但$\boldsymbol{P}_0$无法直接获得，只能由初始的若干测量经统计方法得到。不过，只要滤波是稳定的，或者说只要系统满足一定的条件，那么递推滤波将不依赖于$\hat{x}_0$和$\boldsymbol{P}_0$的选取。关于滤波的稳定性问题，将在后面详细介绍。

由卡尔曼滤波公式可知，卡尔曼滤波在进行滤波估计的同时还产生了估计误差方差阵$\boldsymbol{P}_{k|k}$，用于计算估计精度，即滤波器在进行估计的同时还给出了误差分析。

在线性离散卡尔曼滤波器中，计算协方差的目的主要是求出$\boldsymbol{K}_k$，然后利用$\boldsymbol{K}_k$计算估计值$\hat{x}_{k|k}$。从状态方程到协方差方程没有反馈。

图 2-8 所示是系统模型和离散卡尔曼滤波器。图 2-9 所示为离散卡尔曼滤波器信息流程图。

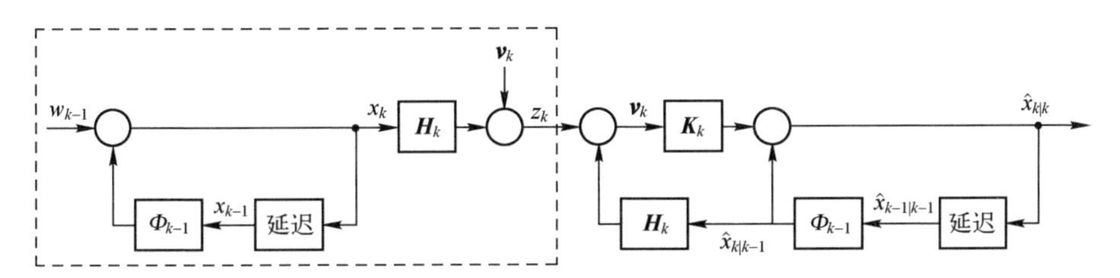

图 2-8　系统模型和离散卡尔曼滤波器

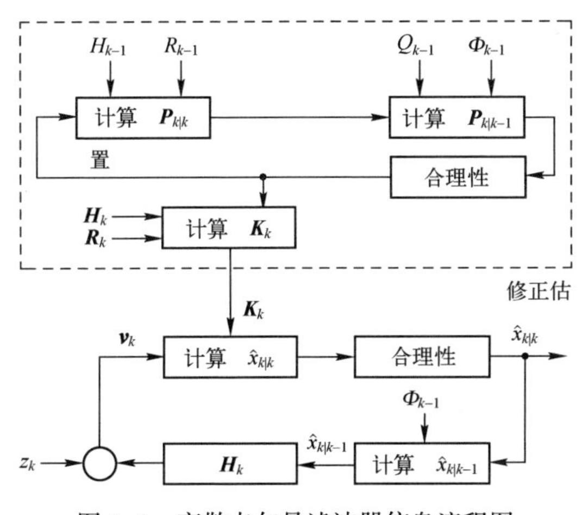

图 2-9　离散卡尔曼滤波器信息流程图

简单形式的$\boldsymbol{K}_k$利用矩阵求逆公式，对于式(2-146)中的$\boldsymbol{P}_{k|k}$和$\boldsymbol{P}_{k|k-1}$，可表示为

$$\boldsymbol{P}_{k|k}^{-1}=\boldsymbol{P}_{k|k-1}^{-1}+\boldsymbol{H}_k^{\mathrm{T}}\boldsymbol{R}_k^{-1}\boldsymbol{H}_k \tag{2-150}$$

其实,只需注意到 $\boldsymbol{P}_{k|k}\boldsymbol{P}_{k|k}^{-1}=\boldsymbol{I}$,即可证明式(2-150)。利用此结果,可以将 $\boldsymbol{K}_k$ 化为如下形式:

$$\begin{aligned}\boldsymbol{K}_k&=[\boldsymbol{P}_{k|k}\boldsymbol{P}_{k|k}^{-1}]\boldsymbol{P}_{k|k-1}\boldsymbol{H}_k^{\mathrm{T}}[\boldsymbol{H}_k\boldsymbol{P}_{k|k-1}\boldsymbol{H}_k^{\mathrm{T}}+\boldsymbol{R}_k]^{-1}\\&=\boldsymbol{P}_{k|k}[\boldsymbol{P}_{k|k-1}^{-1}+\boldsymbol{H}_k^{\mathrm{T}}\boldsymbol{R}_k^{-1}\boldsymbol{H}_k]\boldsymbol{P}_{k|k-1}\boldsymbol{H}_k^{\mathrm{T}}[\boldsymbol{H}_k\boldsymbol{P}_{k|k-1}\boldsymbol{H}_k^{\mathrm{T}}+\boldsymbol{R}_k]^{-1}\end{aligned} \tag{2-151}$$

将式(2-151)展开并化简,得

$$\begin{aligned}\boldsymbol{K}_k&=\boldsymbol{P}_{k|k}\boldsymbol{H}_k^{\mathrm{T}}[\boldsymbol{I}+\boldsymbol{R}_k^{-1}\boldsymbol{H}_k\boldsymbol{P}_{k|k-1}\boldsymbol{H}_k^{\mathrm{T}}][\boldsymbol{H}_k\boldsymbol{P}_{k|k-1}\boldsymbol{H}_k^{\mathrm{T}}+\boldsymbol{R}_k]^{-1}\\&=\boldsymbol{P}_{k|k}\boldsymbol{H}_k^{\mathrm{T}}\boldsymbol{R}_k^{-1}\end{aligned} \tag{2-152}$$

进而,进行卡尔曼滤波。

第3章

现代高性能水翼船建模研究

3.1 船舶运动参考坐标系

为了研究船舶等海洋航行器的六自由度运动的动态特性，需要建立描述船舶运动的参考坐标系。以下几种地心参考坐标系与地理参考坐标系为船舶运动学问题与动力学问题的分析求解过程提供了坐标参考依据。

1. 地心参考坐标系

1）地心惯性坐标系(the earth-centered inertial frame, ECI frame)

地心惯性坐标系$\{i\}=(x_i, y_i, z_i)$是一种用于地面导航与制导的惯性坐标系，不参与地球的旋转运动，坐标原点位于地球中心位置，x轴指向春分点，z轴指向北极，y轴位于赤道平面内，与x轴正半轴垂直，如图3-1所示。

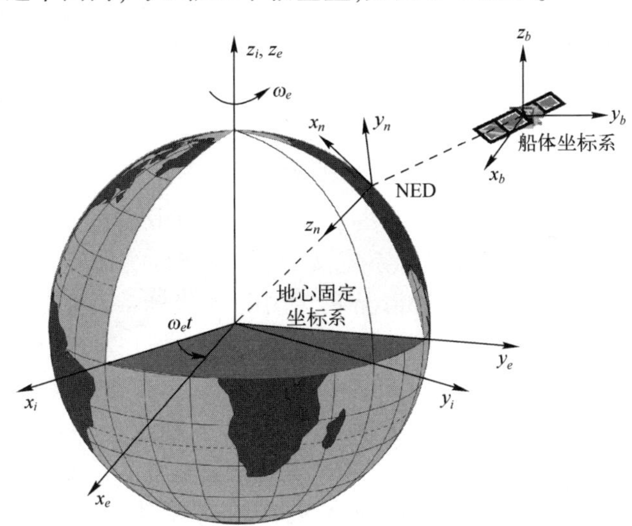

图3-1 地心惯性坐标系与地心固定坐标系北东坐标系和船体坐标系相互关系

2）地心固定坐标系（the earth-centered earth-fixed frame，ECEF frame）

地心固定坐标系$\{e\}=(x_e,y_e,z_e)$以地心为原点，坐标轴相对于地心惯性坐标系以一定角速度旋转，旋转角速度$\omega_e=7.2921\times10^{-5}$rad/s。对于航行速度相对较低的船舶与海洋航行器来讲，地球自转角速度可以忽略不计，因此$\{e\}$坐标系也可被认为是惯性坐标系。$\{e\}$坐标系通常用于全球范围内的导航、制导与控制，例如用来描述在不同大陆之间航行的船舶运动控制问题。

2. 地理参考坐标系

1）北东坐标系（the north-east-down coordinate system，NED frame）

北东坐标系是相对于1984世界大地坐标系统（world geodetic system，1984，WGS-84）定义的。设坐标系原点为o_n，北东坐标系可以表示为$\{n\}=(x_n,y_n,z_n)$。这个坐标系是人们生活中最常见的坐标系，它通常被定义为随船舶移动所产生的地球表面上的切平面。与固连在船舶并随之运动的船体坐标系的不同之处在于两者的坐标轴指向。对于北东坐标系而言，x轴、y轴和z轴分别指向正北、正东和地球表面的法线。北东坐标系$\{n\}$相对于地心固定坐标系$\{e\}$的位置可以用经度l和纬度μ两个参量来表示。

北东坐标系以大地作为参考系，故也称为地面坐标系、惯性坐标系、固定坐标系或者静坐标系。对于航行于局部海域的船舶与海洋航行器，可以假设经度与纬度保持恒定，从而在地球表面生成一个切平面用于建立坐标系进行船舶的导航、制导与控制。可以将北东坐标系建立在海面上，原点选择海面上任意一点，其N轴和E轴置于该切平面内，N轴指向正北方向，E轴指向正东方向，D轴垂直于切平面。对于船舶航迹引导与控制类力学过程，一般可以假设北东坐标系是惯性参考系，符合牛顿运动定律及相关力学定理的适用范围。

2）船体坐标系（the body-fixed reference frame，BODY frame）

船体坐标系是相对于惯性坐标系定义的，其设计目的是便于分析船体与流体的相互作用力与相对运动，在这种情况下，利用固定坐标系表征船体力学特性参数存在诸多不便，因此有必要在动坐标系中分析这些力学过程。设坐标系原点为o_b，船体坐标系可表示为$\{b\}=(x_b,y_b,z_b)$。原点o_b一般选在船中某一点，定义为CO。船体坐标系坐标轴的方向与惯性主轴方向一致，纵轴o_bx_b平行于船舶横摇轴并指向船首，横轴o_by_b平行于纵摇轴并指向右舷，垂直轴o_bz_b指向船底，如图3-2所示。为了分析问题方便，一般把原点o_b取在船舶重心G上，并认为坐标轴o_bx_b、o_by_b和o_bz_b分别为船舶的横摇轴、纵摇轴和艏摇轴。值得注意的是，$\{b\}$坐标系不是惯性坐标系。船舶的六自由度运动可以利用表3-1中相关标量符号进行描述。

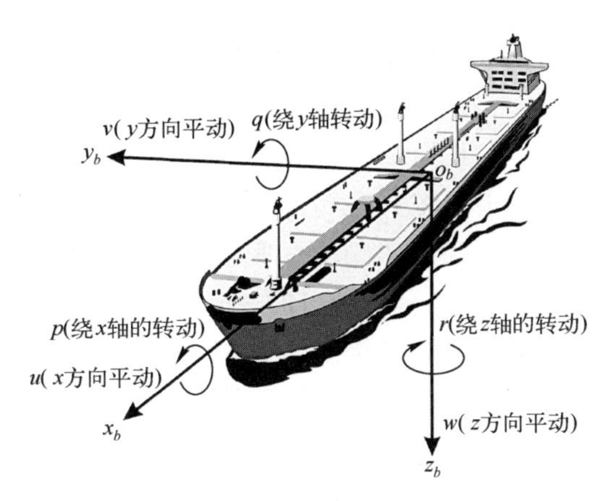

图 3-2　船体坐标系下的船舶六自由度运动示意图

依据国际造船和轮机工程协会相关标准中对船舶基本运动状态变量的定义，可以将表 3-1 中的标量状态整理成以下形式的状态向量：

$$\boldsymbol{\eta}=[\boldsymbol{\eta}_1^{\mathrm{T}},\boldsymbol{\eta}_2^{\mathrm{T}}]^{\mathrm{T}},\boldsymbol{\eta}_1=[x,y,z]^{\mathrm{T}},\boldsymbol{\eta}_2=[\phi,\theta,\psi]^{\mathrm{T}} \tag{3-1}$$

$$\boldsymbol{v}=[\boldsymbol{v}_1^{\mathrm{T}},\boldsymbol{v}_2^{\mathrm{T}}]^{\mathrm{T}},\boldsymbol{v}_1=[u,v,w]^{\mathrm{T}},\boldsymbol{v}_2=[p,q,r]^{\mathrm{T}} \tag{3-2}$$

$$\boldsymbol{\tau}=[\boldsymbol{\tau}_1^{\mathrm{T}},\boldsymbol{\tau}_2^{\mathrm{T}}]^{\mathrm{T}},\boldsymbol{\tau}_1=[X,Y,Z]^{\mathrm{T}},\boldsymbol{\tau}_2=[K,M,N] \tag{3-3}$$

式中：$\boldsymbol{\eta}$ 为地面坐标系下船舶的位置和姿态变量；$\boldsymbol{v}$ 为船体坐标系下船舶关于各坐标轴的线速度与角速度变量；$\boldsymbol{\tau}$ 为船体坐标系中船舶关于各坐标轴所受水动力与水动力矩。

表 3-1　船舶六自由度运动基本状态变量

自由度	运　　动	力和力矩	线速度和角速度	位置和欧拉角
1	x 方向平动(surge)	X	u(surge velocity)	x(position x)
2	y 方向平动(sway)	Y	v(sway velocity)	y(position y)
3	z 方向平动(heave)	Z	w(heave velocity)	z(position z)
4	绕 x 轴的转动(roll)	K	p(rolling rate)	ϕ(roll angle)
5	绕 y 轴的转动(pitch)	M	q(pitching rate)	θ(pitch angle)
6	绕 z 轴的转动(yaw)	N	r(yaw rate)	ψ(yaw angle)

船舶在海上任意一点的位置和姿态，可以用船体坐标系原点 o_b 在地面坐标系上的坐标值(x_{ob},y_{ob},z_{ob})以及船体坐标系相对于地面坐标系的三个姿态角来确定，这三个姿态角分别称为横摇角 ϕ、纵摇角 θ 和艏摇角 ψ。它们的定义如下：

横摇角 ϕ 是 $x_b o_b z_b$ 平面与通过 $o_b x_b$ 轴的垂直平面 $x_b o_b z_n$ 之间的夹角(设地面坐标系与船体坐标系的原点重合);

纵摇角 θ 是 $o_b x_b$ 轴与水平面 $x_n o_n y_n$ 之间的夹角;

艏摇角 ψ 是 $o_b x_b$ 轴在水平面 $x_n o_n y_n$ 上的投影与 $o_n x_n$ 轴之间的夹角。

在船舶运动研究中,所利用的船舶动力学方程是在船体坐标系中建立的,而在地面坐标系中定义的位置变量与姿态变量的一阶微分需要转换到船体坐标系下才能与动力学方程中的水动力/力矩和控制力/力矩相匹配。因此需要建立两个坐标系之间的坐标变换关系。地面坐标系下定义的位置变量的一阶微分 $\dot{\boldsymbol{\eta}}_1$ 与船体坐标系下定义的线速度变量 $\boldsymbol{v}_1$ 之间存在如下变换关系:

$$\dot{\boldsymbol{\eta}}_1 = \boldsymbol{J}_1(\boldsymbol{\eta}_2)\boldsymbol{v}_1 \tag{3-4}$$

式中:$\boldsymbol{J}_1(\boldsymbol{\eta}_2)$ 为坐标转换矩阵,为惯性坐标系下所定义的欧拉角的函数,且满足 $\boldsymbol{J}_1^{-1}(\boldsymbol{\eta}_2) = \boldsymbol{J}_1^{\mathrm{T}}(\boldsymbol{\eta}_2)$,$\boldsymbol{J}_1(\boldsymbol{\eta}_2)$ 具体定义为

$$\boldsymbol{J}_1(\boldsymbol{\eta}_2) = \begin{bmatrix} \cos\psi\cos\theta & -\sin\psi\cos\phi+\cos\psi\sin\phi\sin\theta & \sin\psi\sin\theta+\cos\psi\cos\phi\sin\theta \\ \sin\psi\cos\theta & \cos\psi\cos\phi+\sin\psi\sin\theta\sin\phi & -\cos\psi\sin\phi+\sin\psi\cos\phi\sin\theta \\ -\sin\theta & \sin\phi\cos\theta & \cos\phi\cos\theta \end{bmatrix} \tag{3-5}$$

同理,可以得到式(3-6)所述的地面坐标系下描述船舶姿态的欧拉角的一阶微分与船体坐标系下船体角速度的坐标转换关系:

$$\dot{\boldsymbol{\eta}}_2 = \boldsymbol{J}_2(\boldsymbol{\eta}_2)\boldsymbol{v}_2 \tag{3-6}$$

其中,坐标转换矩阵 $\boldsymbol{J}_2(\boldsymbol{\eta}_2)$ 可表示为

$$\boldsymbol{J}_2(\boldsymbol{\eta}_2) = \begin{bmatrix} 1 & \sin\phi\tan\theta & \cos\phi\tan\theta \\ 0 & \cos\phi & -\sin\phi \\ 0 & \dfrac{\sin\phi}{\cos\theta} & \dfrac{\cos\phi}{\cos\theta} \end{bmatrix} \tag{3-7}$$

根据式(3-5)与式(3-7),可以得出如下船舶运动学方程的归一化表达式:

$$\begin{bmatrix} \dot{\boldsymbol{\eta}}_1 \\ \dot{\boldsymbol{\eta}}_2 \end{bmatrix} = \begin{bmatrix} \boldsymbol{J}_1(\boldsymbol{\eta}_2) & \boldsymbol{0}_{3\times3} \\ \boldsymbol{0}_{3\times3} & \boldsymbol{J}_2(\boldsymbol{\eta}_2) \end{bmatrix} \begin{bmatrix} \boldsymbol{v}_1 \\ \boldsymbol{v}_2 \end{bmatrix} \Leftrightarrow \dot{\boldsymbol{\eta}} = \boldsymbol{J}(\boldsymbol{\eta})\boldsymbol{v} \tag{3-8}$$

注:当 $\theta = \pm 90°$ 时,基于欧拉角的坐标转换矩阵存在奇异的情况,即 $\boldsymbol{J}_2^{-1}(\boldsymbol{\eta}_2) \neq \boldsymbol{J}_2^{\mathrm{T}}(\boldsymbol{\eta}_2)$。但是针对船舶这类海洋航行器的实际运动情况,由于恢复力/力矩的存在,正常航行下的船舶,其纵摇角不可能达到 $\theta = \pm 90°$。如果确实有必要考虑纵摇角 $\theta = \pm 90°$ 的情况,可用四元数法与修正罗德里格参数法来描述船舶运动学模型。

3.2　水翼理论及随机海浪模型

3.2.1　水翼理论

水翼在水翼船控制中起到关键性的作用，因此首先对水翼的特性进行研究。典型的水翼几何外形如图 3-3 所示。

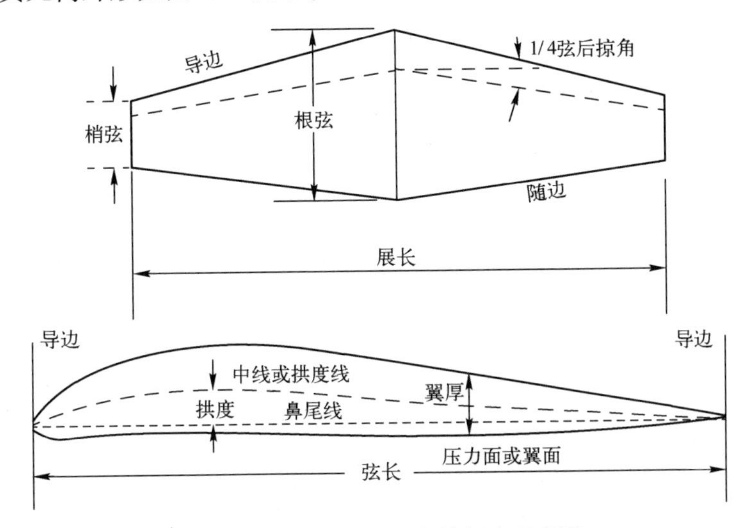

图 3-3　水翼外形图及相关概念示意图

当水流绕过水翼的时候，在水翼上的作用力 F_H 有两个分力：升力 L 与来流方向垂直；阻力 D 与来流方向平行阻止物体运动。二者之间的相互关系见图 3-4。

在流体力学中，水翼系统的水动力特征参数主要包括升力系数 C_L、阻力系数 C_D、力矩系数 C_M 和升阻比 K。水翼升力与阻力的基本定义可由以下公式表示：

$$L=\frac{1}{2}C_l\rho v^2 S_1 \tag{3-9}$$

$$D=\frac{1}{2}C_D\rho v^2 S_1 \tag{3-10}$$

式中：L 为水翼升力；D 为水翼阻力；ρ 为流体密度；v 为来流速度；S_1 为水翼系统平面面积；即水翼在零迎角时沿升力方向的投影面积；C_L 为升力系数；C_D 为阻力系数。

升阻比 K 定义为水翼系统升力与阻力的比值。通过升阻比可以判断水翼水动力性能的好坏。

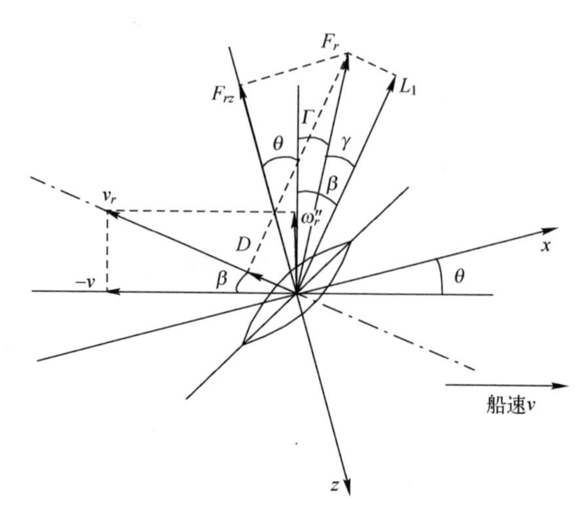

图 3-4　水翼系统产生的升力和阻力

$$K=\frac{L}{D}=\frac{C_L}{C_D} \tag{3-11}$$

在水翼系统设计中,阻力力矩的力臂显然远小于升力的力臂,而且通常情况下升力是阻力的 10 多倍,因此可以近似认为水翼系统产生的阻力及其力矩可以忽略不计,而仅考虑水翼系统所产生的升力 L。

据图 3-3 可知,翼型剖面的拱度 $\eta_f(x)$ 是相对于鼻尾线定义的。$\eta_f(x)$ 的最大值 f 为物理拱度。如果用抛物线来表示拱度,而翼型相对于鼻尾线的迎角为 α,翼型的中线可表示为

$$\eta=-\alpha x+f\left[1-\left(\frac{x}{0.5c}\right)^2\right] \tag{3-12}$$

据图 3-4 可知,基于线性理论来分析,迎角 α 和拱度影响可以分开考虑。因此,首先假定 $\alpha=0$。利用线性理论方法可以计算升力为

$$L=\frac{16\rho U^2 f}{c^2}\int_{-0.5c}^{0.5c}\xi\left(\frac{0.5c+\xi}{0.5c-\xi}\right)^{\frac{1}{2}}\mathrm{d}\xi \tag{3-13}$$

引入变量 θ,由于 $\xi=0.5c\sin\theta$,因此可以得出

$$L=4\rho U^2 f\int_{-0.5\pi}^{0.5\pi}\sin\theta(1+\sin\theta)\,\mathrm{d}\theta=2\rho U^2 f\pi \tag{3-14}$$

于是可以得出升力系数为

$$C_L=\frac{L}{0.5\rho U^2 c}=4\pi\frac{f}{c} \tag{3-15}$$

这意味着当迎角为零时,较小的拱度比就能引起一个较大的升力系数。

同时考虑迎角 α 和拱度的影响，得到升力为

$$L=\rho U^2 c\pi\left(\alpha+2\frac{f}{c}\right) \tag{3-16}$$

式(3-16)说明，当 $\alpha=\alpha_0=-2\dfrac{f}{c}$ 时出现了零升力。抛物线拱度不影响力矩的结果，抛物线拱度引起的压力大小，在翼型各处都是有限的。

对于如图 3-5 所示的具有襟翼的翼型。翼型的拱度为零。襟翼的迎角为 α_f，长度为 rc，此处 c 为包括襟翼在内的弦长。翼型其他部分的迎角为零。水翼升力可以表示为

$$L=2\rho U^2\alpha_f\int_{0.5c-rc}^{0.5c}\frac{\mathrm{d}\eta}{\mathrm{d}\xi}\left[\frac{0.5c+\xi}{0.5c-\xi}\right]^{\frac{1}{2}}\mathrm{d}\xi \tag{3-17}$$

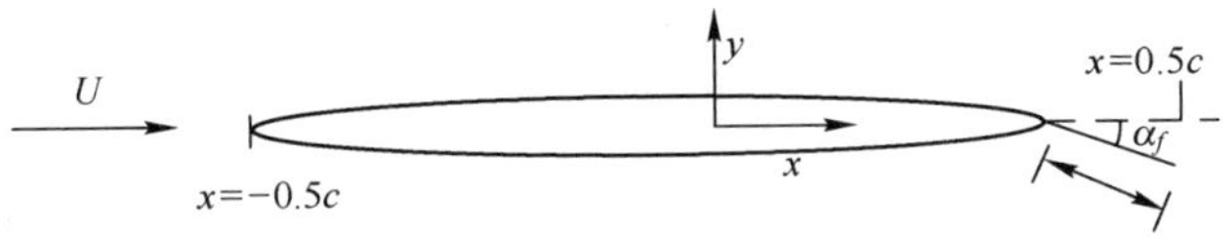

图 3-5　带有襟翼的水翼翼型

利用相似的方法，引入 θ 作为积分变量，当 $\xi=0.5c-rc$ 时，对应的角度 θ 为 $0.5\pi-\theta_f$，即 $0.5c-rc=0.5c\sin(0.5\pi-\theta_f)$，因此有

$$r=0.5(1-\cos\theta_f) \tag{3-18}$$

进而，式(3-17)可表示为

$$L=\rho U^2\alpha_f c\int_{0.5\pi-\theta_f}^{0.5\pi}(1+\sin\theta)\,\mathrm{d}\theta=\rho U^2\alpha_f c(\theta_f+\sin\theta_f) \tag{3-19}$$

由式(3-18)可知，对于很小的 r，有 $r\approx0.25\theta_f^2$，因此式(3-19)可近似表示为

$$L\approx4\rho U^2 c r^{\frac{1}{2}}\alpha_f \tag{3-20}$$

引入效率系数 η_f 来表示翼型相对于具有迎角 α_f 的平板提供升力的能力。基于线性水翼理论有 $L=\rho U^2 c\pi\alpha$，结合式(3-19)，可以得出

$$\eta_f=\frac{\rho U^2\alpha_f c(\theta_f+\sin\theta_f)}{\rho U^2\alpha_f c\pi}=\frac{\theta_f+\sin\theta_f}{\pi} \tag{3-21}$$

应用式(3-20)，可以得出

$$\eta_f=\frac{4}{\pi}r^{\frac{1}{2}} \tag{3-22}$$

式(3-21)和式(3-22)的结果如图 3-6 所示。从图 3-6 中可以看出，当 r 约小于 0.2 时，式(3-22)是一个合理的近似。此外，当 $r=0.15$ 时，精确解和近似公式

的结果分别为 0.48 和 0.49。这表明襟翼可以有效地提高翼型的升力。当襟翼的长度小于$\frac{1}{4}$弦长时,有可能引起零升力,因此不能用 Weissinger 函数的$\frac{1}{4}\sim\frac{3}{4}$弦长近似理论来描述这种情况下襟翼对水翼升力的影响。

关于 $x=0$ 的水动力矩为

$$M=-2\rho U^2\alpha_f\int_{0.5\pi-\theta_f}^{0.5\pi}[(0.5c)^2-\xi^2]^{\frac{1}{2}}\mathrm{d}\xi \tag{3-23}$$

再次引入 θ 作为积分变量,得

$$M=-0.5\rho U^2\alpha_f c^2\int_{0.5\pi-\theta_f}^{0.5\pi}\cos^2\theta\mathrm{d}\theta=-0.25\rho U^2\alpha_f c^2[\theta_f-0.5\sin(2\theta_f)] \tag{3-24}$$

假定 θ_f 很小,并利用 θ_f 与 r 之间的关系,有

$$\theta_f-0.5\sin(2\theta_f)\approx\theta_f-0.5\left[2\theta_f-\frac{(2\theta_f)^3}{6}\right]=\frac{4^2}{3}r^{\frac{3}{2}} \tag{3-25}$$

即

$$M=-\frac{4}{3}\rho U^2c^2r^{\frac{3}{2}}\alpha_f \tag{3-26}$$

压力中心 x_{CP} 为

$$x_{CP}=\frac{M}{L}=-\frac{rc}{3} \tag{3-27}$$

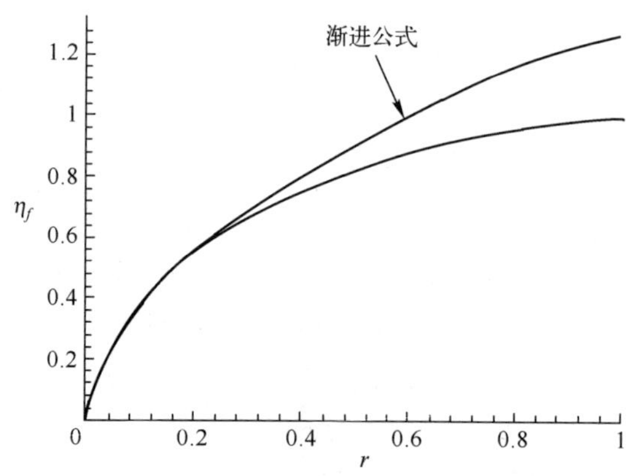

图 3-6　襟翼效率 η_f 随襟翼长度与弦长比值 r 的变化

由于假定 rc 很小,因此 x_{CP} 靠近 $x=0$。这表明,不能简单地将襟翼看成是翼型其余部分的一个独立的附加翼。对于无拱度的襟翼,当用作独立的附加翼来时,其压力中心将出现在离附加翼的随边 0.75rc 的位置。

3.2.2 随机海浪模型

水翼船在海上行驶过程中的摇摆情况主要是海中的波浪引起的,固定点波的海浪模型对研究水翼艇的操纵与控制是十分必要的。皮尔逊(Pierson)在 1952 年最先利用谱来描述海浪并提出固定点波面的一种运动模型,即海浪模型,认为固定点波面的运动规律是

$$\xi(t) = \sum_{n=1}^{\infty} \sqrt{2\int_{\omega_{n-1}}^{\omega_n} S(\omega)\,\mathrm{d}\omega} \cos(\omega_n t + \varepsilon_n) \tag{3-28}$$

式中:ω_n 为角频率;ε_n 为随机相位且 $\varepsilon_n \in (-\pi, \pi)$;$S(\omega)$为海浪功率谱密度函数。

随后,在 1957 年朗格-希金斯也提出相似的海浪模型:

$$\xi(t)=\xi_n\cos(\omega_n t+\varepsilon_n) \tag{3-29}$$

式中:ξ_n 为随机变量且 $E\xi_n=0$, $E\xi_n^2 = 0 = \int_{\omega_{n-1}}^{\omega_n} S(\omega)\mathrm{d}\omega$, ε_n 为$(-\pi,\pi)$上均匀分布的随机变量。

上述的海浪模型虽在近代海浪研究及船舶操纵控制中得到了广泛的引用,但从理论上深入研究上述模型仍然是有必要的。进而基于平稳随机过程谱分解理论,给出了上述海浪模型的理论证明及两种模型的联系,导出了海浪模型的误差公式。

在近代的海浪研究中,通常认为固定点波面的海浪运动规律是平稳正态随机过程,于是可根据一般的平稳随机过程理论来讨论。首先引进如下引理。

引理 3.1:设$\{X(t), -\infty<t<+\infty\}$为均方连续的平稳随机过程,且 $EX(t)=0$,并假定功率谱密度函数 $S_X(\omega)$存在(双侧谱),则 $X(t)$必可表述为

$$X(t) = \int_{-\infty}^{+\infty} \mathrm{e}^{\mathrm{j}\omega t}\mathrm{d}\xi_x(\mathrm{j}\omega) \tag{3-30}$$

式中:$\{\xi_x(\mathrm{j}\omega), -\infty<\omega<+\infty\}$为左连续正交增量过程,且 $E\{\mathrm{d}\xi_x(\mathrm{j}\omega)\}=0$,$E\{\mathrm{d}\xi_x(\mathrm{j}\omega_1)\overline{\mathrm{d}\xi_x(\mathrm{j}\omega_2)}\}=S_x(\omega_2)\mathrm{d}\omega\delta_K(\omega_2-\omega_1)$,$\delta_K(u)=\begin{cases}1, & u=0\\0, & u\neq 0\end{cases}$。

利用上述引理可推得如下定理。

定理 3.1:设 $S_\xi(\omega)$为零均值复平稳随机过程$\{\xi(t), -\infty<t<+\infty\}$的功率谱密度,则该过程的模拟过程$\hat{\xi}(t)$可取为

$$\hat{\xi}(t) = \sum_{n=-\infty}^{+\infty} C_n \mathrm{e}^{\mathrm{j}\hat{\omega}_n t} \tag{3-31}$$

式中:$C_n, n=0,\pm1,\cdots$为零均值互不相关的随机变量序列,且 $EC_n=0$, $EC_n\overline{C}_m = \int_{\omega_{n-1}}^{\omega_n} S_\xi(\omega)\mathrm{d}\omega\delta_d(m-n)$, $n,m=0,\pm1,\cdots$

$\xi(t)$的功率谱密度函数为

$$S_{\xi}(\omega)=\sum_{n=-\infty}^{+\infty}\int_{\omega_{n-1}}^{\omega_n}S_{\xi}(\omega)\mathrm{d}\omega\delta_d(\omega-\omega_n) \tag{3-32}$$

$\delta_d(\cdot)$为狄拉克δ函数,定义模拟过程的误差为$e_{\xi}(t)=\xi(t)-\hat{\xi}(t)$,于是有

$$E\{e_{\xi}(t)\}=0 \tag{3-33}$$

$$\sigma_e^2(t)=E\{|\xi(t)-\hat{\xi}(t)|^2\}=2\sum_{n=-\infty}^{+\infty}\int_{\omega_{n-1}}^{\omega_n}S_{\xi}(\omega)[1-\cos(\omega-\hat{\omega}_n)t]\mathrm{d}\omega \tag{3-34}$$

其中,$\omega_n=\frac{1}{2}(\omega_n+\omega_{n-1}),n=0,\pm1,\cdots$

证明:由引理 3.1 有$\xi(t)=\sum_{n=-\infty}^{+\infty}\int_{\omega_{n-1}}^{\omega_n}\mathrm{e}^{\mathrm{j}\omega t}\mathrm{d}\xi_{\xi}(\mathrm{j}\omega)$,于是可取模拟过程$\hat{\xi}(t)$为

$$\begin{aligned}\hat{\xi}(t)&=\sum_{n=-\infty}^{+\infty}\mathrm{e}^{\mathrm{j}\hat{\omega}_n t}\int_{\omega_{n-1}}^{\omega_n}\mathrm{d}\xi_{\xi}(\mathrm{j}\omega)\\&=\sum_{n=-\infty}^{+\infty}C_n\mathrm{e}^{\mathrm{j}\hat{\omega}_n t}\end{aligned} \tag{3-35}$$

其中,$\hat{\omega}_n=\frac{1}{2}(\omega_n+\omega_{n-1})$,$C_n=\int_{\omega_{n-1}}^{\omega_n}\mathrm{d}\xi_{\xi}(\mathrm{j}\omega)$。

由$E\{\mathrm{d}\xi_x(\mathrm{j}\omega)\}=0$可知$EC_n=0$,由式(3-34)得

$$\begin{aligned}EC_n\overline{C}_m&=E\int_{\omega_{n-1}}^{\omega}\mathrm{d}\xi_{\xi}(\mathrm{j}\omega)\int_{0_{m-1}}^{\omega_m}\mathrm{d}\xi_{\xi}(\mathrm{j}\lambda)\\&=\int_{\omega_{n-1}}^{\omega_n}\int_{\omega_{m-1}}^{\omega_m}S_{\xi}(\lambda)\mathrm{d}\lambda\delta_K(\lambda-\omega)\delta_K(m-n)\mathrm{d}\omega\\&=\int_{\omega_{n-1}}^{\omega_n}S_{\xi}(\omega)\mathrm{d}\omega\delta_K(m-n)\end{aligned} \tag{3-36}$$

于是$EC_n\overline{C}_m=\int_{\omega_{n-1}}^{\omega_n}S_{\xi}(\omega)\mathrm{d}\omega\delta_d(m-n)$得证。进一步,$\hat{\xi}(t)$的相关函数为

$$\begin{aligned}B_{\hat{\xi}}(\tau)&=E\xi(t+\tau)\overline{\xi(t)}=E\sum_{n=-\infty}^{+\infty}C_n\mathrm{e}^{\mathrm{j}\hat{\omega}_n(t+\tau)}\sum_{m=-\infty}^{+\infty}\overline{C}_m\mathrm{e}^{-\mathrm{j}\hat{\omega}_m t}\\&=\sum_{n=-\infty}^{+\infty}\sum_{m=-\infty}^{+\infty}\mathrm{e}^{\mathrm{j}\hat{\omega}_n(t+\tau)}\mathrm{e}^{-\mathrm{j}\hat{\omega}_m t}\int_{\omega_{n-1}}^{\omega_n}S_{\xi}(\omega)\mathrm{d}\omega\delta_b(m-n)\\&=\sum_{n=-\infty}^{+\infty}\left[\int_{\omega_{n-1}}^{\omega_n}S_{\xi}(\omega)\mathrm{d}\omega\right]\mathrm{e}^{\mathrm{j}\hat{\omega}_n\tau}\end{aligned} \tag{3-37}$$

$\hat{\xi}(t)$的功率谱密度函数为

$$S_{\hat{\xi}}(\omega)=\frac{1}{2\pi}\int_{-\infty}^{+\infty}B_{\hat{\xi}}(\tau)\mathrm{e}^{-\mathrm{j}\omega\tau}\mathrm{d}\tau=\sum_{n=-\infty}^{+\infty}\int_{\omega_{n-1}}^{\omega_n}S_{\xi}(\omega)\mathrm{d}\omega\frac{1}{2\pi}\int_{-\infty}^{+\infty}\mathrm{e}^{-\mathrm{j}(\omega-\hat{\omega}_n)\tau}\mathrm{d}\tau$$

$$=\sum_{n=-\infty}^{+\infty}\int_{\omega_{n-1}}^{\omega_n}S_{\xi}(\omega)\mathrm{d}\omega\delta_d(\omega-\omega_n) \tag{3-38}$$

若记模拟过程$\hat{\xi}(t)$与过程$\xi(t)$的误差为$e_{\xi}(t)=\xi(t)-\hat{\xi}(t)$，则误差$e_{\xi}(t)$的均值为$Ee_{\xi}(t)=0$，方差为

$$\sigma_e^2=E|\xi(t)-\hat{\xi}(t)|^2=E|\xi(t)|^2-E\xi(t)\overline{\hat{\xi}(t)}-E\hat{\xi}(t)\overline{\xi(t)}+E|\hat{\xi}(t)|^2 \tag{3-39}$$

又因

$$E|\hat{\xi}(t)|^2=\int_{-\infty}^{+\infty}S_{\hat{\xi}}(\omega)\mathrm{d}\omega=\int_{-\infty}^{+\infty}\sum_{n=-\infty}^{+\infty}\int_{\omega_{n-1}}^{\omega_n}S_{\xi}(\omega)\mathrm{d}\omega\delta_d(\omega-\hat{\omega}_n)\mathrm{d}\omega$$

$$=\int_{-\infty}^{+\infty}S_{\xi}(\omega)\mathrm{d}\omega=E|\xi(t)|^2 \tag{3-40}$$

$$E\xi(t)\overline{\hat{\xi}(t)}=E\xi(t)\sum_{n=-\infty}^{+\infty}\overline{C}_n\mathrm{e}^{-\mathrm{j}\hat{\omega}_nt}=\sum_{n=-\infty}^{+\infty}\mathrm{e}^{-\mathrm{j}\hat{\omega}_nt}E\int_{-\infty}^{+\infty}\mathrm{e}^{\mathrm{j}\omega t}\mathrm{d}\xi_{\xi}(\mathrm{j}\omega)\int_{\omega_{n-1}}^{\omega_n}\overline{\mathrm{d}\xi_{\xi}(\mathrm{j}\lambda)}$$

$$=\sum_{n=-\infty}^{\infty}\int_{\omega_{n-1}}^{\omega_n}S_{\xi}(\omega)\mathrm{e}^{\mathrm{j}(\omega-\hat{\omega}_n)t}\mathrm{d}\omega \tag{3-41}$$

$$E\hat{\xi}(t)\overline{\xi(t)}=\sum_{n=-\infty}^{+\infty}\int_{\omega_{n-1}}^{\omega_n}S_{\xi}(\omega)\mathrm{e}^{-\mathrm{j}(\omega-\hat{\omega}_n)t}\mathrm{d}\omega \tag{3-42}$$

将式(3-40)~(3-42)代入式(3-39)，得

$$\sigma_e^2=2\int_{-\infty}^{+\infty}S_{\xi}(\omega)\mathrm{d}\omega-\sum_{n=-\infty}^{+\infty}\int_{\omega_{n-1}}^{\omega_n}2S_{\xi}(\omega)\cos[(\omega-\hat{\omega}_n)t]\mathrm{d}\omega$$

$$=\sum_{n=-\infty}^{+\infty}\int_{\omega_{n-1}}^{\omega_n}2S_{\xi}(\omega)[1-\cos(\omega-\hat{\omega}_n)t]\mathrm{d}\omega \tag{3-43}$$

定理证毕。

若按等间隔划分频率，即$\Delta\omega=\omega_n-\omega_{n-1}$为常数时，则有如下简单表示。

设$S_{\xi}(\omega)$为零均值复平稳随机过程$\{\xi(t),-\infty<t<+\infty\}$的功率谱密度函数，则该过程的模拟过程$\hat{\xi}(t)$可取为$\hat{\xi}(t)=\sum_{n=-\infty}^{+\infty}C_n\mathrm{e}^{\mathrm{j}n\Delta\omega t}$，其中$\{C_n,n=0,\pm1,\cdots\}$为零均值互不相关的随机变量序列，且$EC_n=0$，$EC_n\overline{C_m}=\int_{\left(n-\frac{1}{2}\right)\Delta\omega}^{\left(n+\frac{1}{2}\right)\Delta\omega}S_{\xi}(\omega)\mathrm{d}\omega\delta_K(m-n)$。

$\hat{\xi}(t)$的功率谱密度函数为

$$S_{\hat{\xi}}(\omega)=\sum_{n=-\infty}^{+\infty}\int_{\left(n-\frac{1}{2}\right)\Delta\omega}^{\left(n+\frac{1}{2}\right)\Delta\omega}S_{\xi}(\omega)\mathrm{d}\omega\delta_d(\omega-n\Delta\omega) \tag{3-44}$$

对于模拟过程$\hat{\xi}(t)$的误差$e_{\xi}(t)=\xi(t)-\hat{\xi}(t)$，有$Ee_{\xi}(t)=0$，$\sigma_e^2=\sum_{n=-\infty}^{+\infty}2\int_{\left(n-\frac{1}{2}\right)\Delta\omega}^{\left(n+\frac{1}{2}\right)\Delta\omega}S_{\xi}(\omega)[1-\cos(\omega-n\Delta\omega)t]\mathrm{d}\omega$。

通常,固定点波面海浪随机过程是实值平稳过程,而且功率谱函数 $S(\omega)$ 是以单侧谱表示的,即

$$S(\omega)=\begin{cases}0, & \omega<0\\ 2S_{\xi}(\omega), & \omega\geqslant 0\end{cases} \tag{3-45}$$

进而,由定理 3.1 可导出如下结论。

定理 3.2:设 $S(\omega)$ 为零均值实平稳随机过程 $\{\xi(t),-\infty<t<+\infty\}$ 的功率谱密度函数,且 $S(\omega)=0,\omega<0$,则该过程的模拟过程可取为

$$\hat{\xi}(t)=\sum_{n=1}^{\infty}2\xi_n\cos(\hat{\omega}_n t+\varepsilon_n) \tag{3-46}$$

其中,$\{\xi_n,n=1,2,\cdots\}$ 和 $\{\varepsilon_n,n=1,2,\cdots\}$ 均为随机变量序列,且 $E(2\xi_n)^2J^2=2\int_{\omega_{n-1}}^{\omega_n}S(\omega)\mathrm{d}\omega$。而 ε_n 是取值于 $(-\pi,\pi)$ 上的随机变量。对于模拟过程 $\hat{\xi}(t)$ 的误差 $e_{\xi}(t)=\xi(t)-\hat{\xi}(t)$,有 $Ee_{\xi}(t)=0$,$\sigma_e^2=\sum_{n=1}^{\infty}\int_{\omega_{n-1}}^{\omega_n}2S(\omega)[1-\cos(\omega-\hat{\omega}_n)t]\mathrm{d}\omega$。

证明:根据定理 3.1 并规定 $C_n=\mathrm{Re}(C_n)-\mathrm{jIm}(C_n)$,则有

$$\begin{aligned}\hat{\xi}(t)&=\sum_{n=-\infty}^{+\infty}(\mathrm{Re}(C_n)-\mathrm{jIm}(C_n))(\cos\hat{\omega}_n t+\mathrm{j}\sin\hat{\omega}_n t)\\&=\sum_{n=1}^{+\infty}2\mathrm{Re}(C_n)\cos\hat{\omega}_n t+2\mathrm{Im}(C_n)\sin\hat{\omega}_n t=\sum_{n=1}^{\infty}2\xi_n\cos(\hat{\omega}_n t+\varepsilon_n)\end{aligned} \tag{3-47}$$

其中,$\mathrm{Re}(C_n)=\mathrm{Re}\left\{\int_{\omega_{n-1}}^{\omega_n}\mathrm{e}\mathrm{d}\xi_{\xi}\mathrm{j}\omega\right\}$,$\mathrm{Im}(C_n)=\mathrm{Im}\left\{\int_{\omega_{n-1}}^{\omega_n}\mathrm{d}\xi_{\xi}(\mathrm{j}\omega)\right\}$,$\xi_n=\sqrt{\mathrm{Re}^2(C_n)+\mathrm{Im}^2(C_n)}$,$\varepsilon_n=\arctan\dfrac{\mathrm{Im}(C_n)}{\mathrm{Re}(C_n)}$。根据定理 3.1 并考虑到式(3-45),有

$$E\mathrm{Re}^2(C_n)+E\mathrm{Im}^2(C_n)=E|C_n|^2=\int_{\omega_{n-1}}^{\omega_n}\frac{1}{2}S(\omega)\mathrm{d}\omega \tag{3-48}$$

进一步由实平稳随机过程理论又知 $E\mathrm{Re}^2(C_n)=E\mathrm{Im}^2(C_n)=\dfrac{1}{4}\int_{\omega_{n-1}}^{\omega_n}S(\omega)\mathrm{d}\omega$,于是得出

$$\sqrt{E(2\xi_n)^2}=\sqrt{2\int_{\omega_{n-1}}^{\omega_n}S(\omega)\mathrm{d}\omega} \tag{3-49}$$

定理证毕。

由定理 3.2 可以看出,皮尔逊海浪模型式实际上只是窄频带能量等效的海浪模型。又因固定点波面的海浪运动规律通常可以认为是平稳正态随机过程,于是,由定理 3.2 可推得朗格-希金斯海浪模型。

定理 3.3:设 $S(\omega)$ 为零均值实平稳正态随机过程 $\{\xi(t),-\infty<t<+\infty\}$ 的功率谱

密度函数,且 $S(\omega)=0,\omega<0$,则该过程的模拟过程为

$$\hat{\xi}(t)=\sum_{n=1}^{\infty}2\xi_n\cos(\hat{\omega}_n t+\varepsilon_n) \tag{3-50}$$

式中:ξ_n 为瑞利分布的随机变量序列, $E\xi_n=0,E|2\xi_n|^2=2\int_{\omega_{n-1}}^{\omega_n}S(\omega)\mathrm{d}\omega$,$\varepsilon_n$ 为 $(-\pi,\pi)$ 上均匀分布的随机变量序列,且 ξ_n 与 ε_n 相互独立。

对于误差过程 $e_\xi(t)=\xi(t)-\hat{\xi}(t)$,仍有 $Ee_\xi(t)=0$, $\sigma_e^2=\sum_{n=1}^{\infty}\int_{\omega_{n-1}}^{\omega_n}2S(\omega)[1-\cos(\omega-\hat{\omega}_n)t]\mathrm{d}\omega$。

证明:根据定理3.2结论并考虑到过程的正态性,由概率论知 ξ_n 与 ε_n 相互独立且 ξ_n 服从瑞利分布,其密度函数为 $f(x)=\frac{x}{\sigma_0^2}\mathrm{e}^{-\frac{x^2}{2\sigma_0}}$,其中 $\sigma_0^2=\frac{1}{4}\int_{\omega_{n-1}}^{\omega_n}S(\omega)\mathrm{d}\omega$,于是可求出

$$E|2\xi_n|^2=4\int_0^{\infty}x^2f(x)\mathrm{d}x=2\int_{\omega_{n-1}}^{\omega_n}S(\omega)\mathrm{d}\omega \tag{3-51}$$

且 ε_n 为 $(-\pi,\pi)$ 上均匀分布的随机变量。

定理证毕。

若从能量等效观点,将 $E|2\xi_n|^2=2\int_{\omega_{n-1}}^{\omega_n}S(\omega)\mathrm{d}\omega$ 代入式(3-50),即得平稳正态海浪过程的皮尔逊模型:

$$\hat{\xi}(t)=\sum_{n=1}^{\infty}\sqrt{2\int_{\omega_{n-1}}^{\omega_n}S(\omega)\mathrm{d}\omega}\cos(\hat{\omega}_n t+\varepsilon_n) \tag{3-52}$$

进而考虑随机海浪模型,海面上的海浪形成的主要原因是风的作用,日月潮汐和海底板块运动产生的海啸是形成海浪的次要原因。风的作用将风能转化成为海浪所拥有的动能,长时间的作用就形成了海浪。海浪的运动呈现出在时间上和空间上无规则性。然而海浪受到风长时间的作用,其所携带的能量已经达到平稳,整个波浪可以认为是一个平稳随机过程。因而,其具有平稳的各态遍历的特点,可知海浪的波高服从正态分布,波幅属于瑞利分布。将无数个波幅、波长和初始相位随机且相互独立的微幅余弦叠加起来,形成随机海浪:

$$\zeta(t)=\sum_{i=1}^{N}\zeta_{ai}\cos(k_i\xi-\omega_i t+\varepsilon_i) \tag{3-53}$$

式中:$\zeta(t)$ 为随机海浪波幅;ζ_{ai} 为第 i 次谐波的波幅;N 为足够大的正数;k_i 为波数;ε_i 为在 $(0,2\pi)$ 随机产生的第 i 次初始相位,$k_i=\frac{2\pi}{\lambda_i}$。

考虑到随机海浪的能量有限,随机海浪不能一直增加,因此定义单位面积内的谐波波能为

$$E=\frac{1}{2}\rho g\zeta_{a}^{2} \tag{3-54}$$

式中:ζ_a 为谐波波幅。

随机海浪是由无数个微幅余弦波叠加而成,基于谐波叠加理论,定义频率在 $[\omega,\omega+\Delta\omega]$ 范围内的随机波能量为

$$E_{\Delta\omega}=\frac{1}{2}\rho g\sum_{\omega}^{\omega+\Delta\omega}\zeta_{a}^{2} \tag{3-55}$$

其中,定义函数

$$S_{\zeta}(\omega)\triangleq\frac{E_{\Delta\omega}}{\rho g\Delta\omega}=\frac{\frac{1}{2}\sum_{\omega}^{\omega+\Delta\omega}\zeta_{a}^{2}}{\Delta\omega} \tag{3-56}$$

由式(3-56)可知,$S_{\zeta}(\omega)$ 与 $[\omega,\omega+\Delta\omega]$ 频率内各谐波的波能成正比,则 $S_{\zeta}(\omega)$ 称为波能谱密度。

水翼船在以一定航向在随机海面上高速航行时,水翼船航行时遇到的随机海浪频率与随机海浪频率不一致。水翼双体船所受到的海浪的频率为遭遇频率,遭遇频率和海浪频率之间的关系为

$$\omega_{e}=\omega-\frac{\omega^{2}}{g}V\cos\mu_{e} \tag{3-57}$$

式中:μ_e 为遭遇角,μ_e 变化范围为 $0\sim2\pi$。

根据海浪遭遇频率,得到波能谱密度函数为

$$S_{\xi}(\omega_{e})=\frac{S_{\xi}(\omega)}{1+2\omega V\cos\frac{\mu_{e}}{g}} \tag{3-58}$$

本书应用第十二届国际船模水池会议(ITTC)推荐的 Pierson-Moscowitz 谱(P-M 谱)来模拟海浪谱,其波能谱密度具有如下形式:

$$S_{\zeta}(\omega)=\frac{A}{\omega^{5}}e^{-\frac{B}{\omega^{4}}} \tag{3-59}$$

式中:$A=8.1\times10^{-3}(g^{2})$;$B=\frac{3.11}{H_{\frac{1}{3}}^{2}}$,$H_{\frac{1}{3}}$ 为有义波高。

3.3 现代高性能穿浪水翼双体船数学模型

3.3.1 穿浪水翼双体船系统结构分析

本书研究的穿浪水翼双体船的每个片体首部加装一套水翼系统，水翼上附加可控式襟尾翼；在每个片体的尾部加装一套可控式尾压浪板。通过对襟尾翼和尾压浪板实施自控，从而产生与波浪干扰力相反的力，以抵消或减轻波浪的干扰所引起的穿浪水翼双体船纵摇/升沉运动，保证穿浪水翼双体船在风浪中平稳地航行，其襟尾翼/尾压浪板安装示意图如图 3-7 所示。此外，采用通过控制电机驱动襟尾翼自由转动的 T 形翼。T 形翼结构包括水平固定翼、柱翼和可控制转动角度的襟尾翼，上方是起支撑、固定作用的支架，起到主轴作用的电气缸固定于支架上，电气缸的下部通过滑块与伸缩杆相连接，伸缩杆的另一端与水平方向的襟尾翼主轴固连，左右两个襟尾翼由一根水平主轴相连，同步转动。其整体结构和传动机构关系如图 3-8 所示。

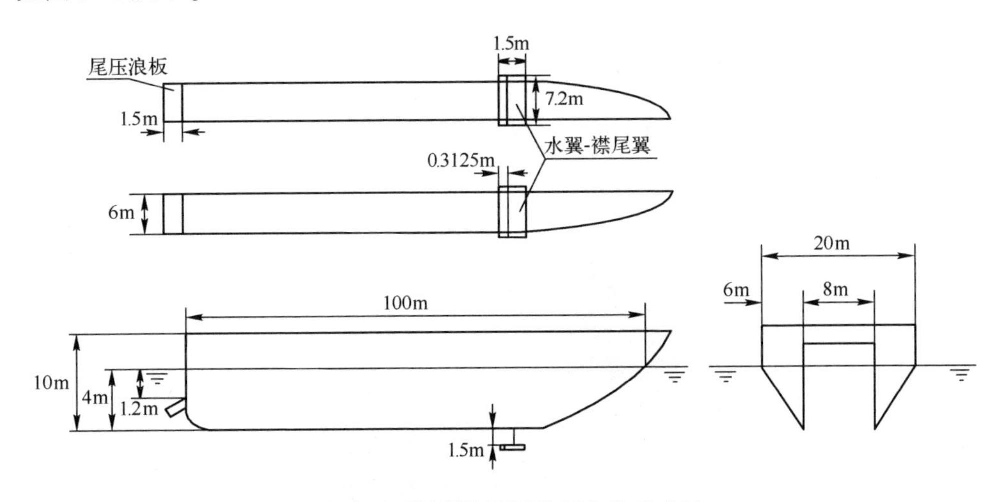

图 3-7 襟尾翼/尾压浪板安装示意图

如图 3-8 所示，电气缸通过伸缩带动滑块在垂直方向的滑道上滑动，滑块垂直滑动带动伸缩杆与之连接的一端垂直运动，使得伸缩杆绕与襟尾翼主轴固连的一端转动，伸缩杆通过伸缩来调节长度，以适应其转动时两端之间距离的变化。由于伸缩杆与襟尾翼主轴固连，因此伸缩杆转动带动襟尾翼主轴转动，从而使得两个襟尾翼绕主轴同步转动。为了实现襟尾翼的高精度位置控制,可以将位置传感器(如光栅传感器)安装在电气缸上,以实现全闭环控制。

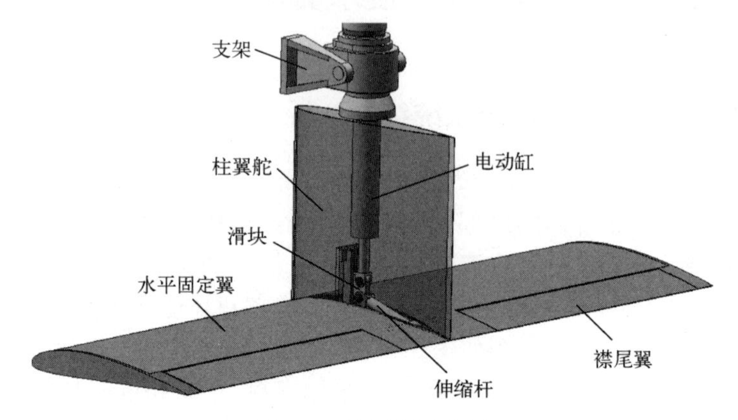

图 3-8　襟尾翼结构图

由于电动机能够进行平滑的调速,以满足襟尾翼/尾压浪板升力变化的需要,因此襟尾翼/尾压浪板的伺服系统选用电伺服系统,而永磁同步电动机的机械结构简单,质量体积比较小,永磁材料利用率高,低速性能非常良好;同时可以进行弱磁高速控制,调速范围很宽,具有良好的动态特性、优良的可靠性,功率因数和运行效率很高。可考虑选用永磁同步电动机作为电动伺服系统的执行机构。

尾压浪板结构方案如图 3-9 所示,其整体结构和传动机构关系与襟尾翼系统相似不再累述。

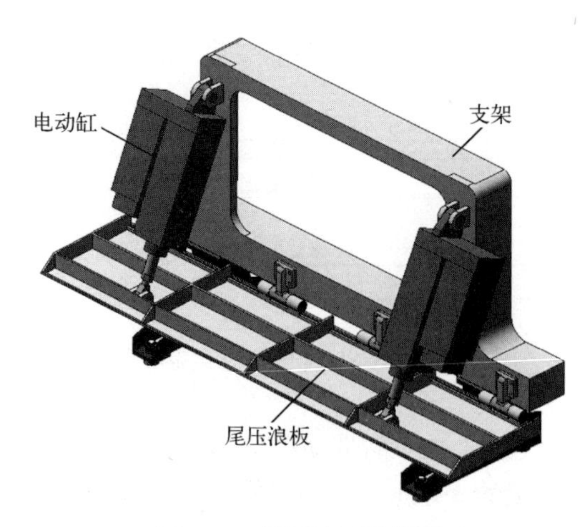

图 3-9　尾压浪板结构图

3.3.2　穿浪水翼双体船参数对航行性能的影响

随着穿浪水翼双体船航速的提高，其航行姿态会随着海水动升力和作用位置的变化而变化，导致其吃水深度、片体水线长、升沉位移及纵摇角也随着穿浪水翼双体船航速的变化而变化。通常采用片体长度弗劳德数 Fr 或者片体容积弗劳德数 Fr_∇ 来衡量穿浪水翼双体船的相对航速。图 3-10 给出了舰船航行姿态与艏、艉吃水的关系，$Fr_\nabla=1$ 和 $Fr_\nabla=3$ 为两个典型不同航行姿态的临界位置，表示舰船吃水从量变发生质变。

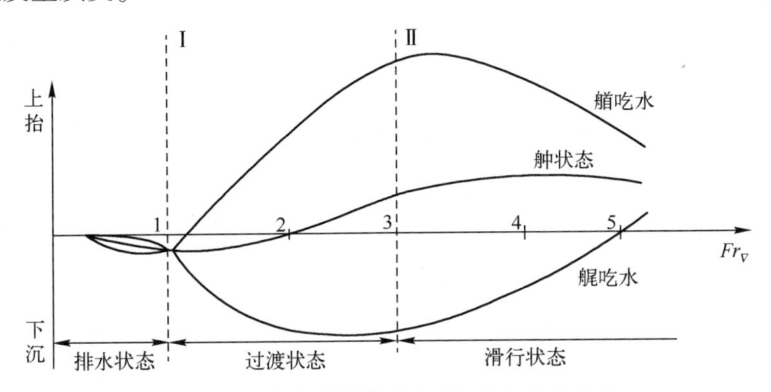

图 3-10　舰船航行姿态与艏、艉吃水的关系

对于穿浪水翼双体船，其 $Fr=0.8\sim1.1$，$Fr_\nabla=2.0\sim3.0$，处于这个航速范围内，穿浪水翼双体船在过渡航行姿态的高速段。穿浪水翼双体船的长度系数 $\psi=\dfrac{L}{\nabla^{\frac{1}{3}}}$ 对航行阻力的影响比较敏感，在一定的范围内，穿浪水翼双体船的 ψ 值越大则航行阻力越小。但当 Fr_∇ 在 3.0 附近取值时，ψ 对航行阻力的影响将变得不敏感。设计穿浪水翼双体船时首先要根据实际海域的海情和设计航速等，综合考虑各种因素后才能确定主要船型参数，以使得穿浪水翼双体船具有出色的航行性能。

1. 穿浪水翼双体船耐波性与船型参数的关系

根据 N. K. Bales 提出的耐波性最优化模型，该模型通过定义耐波性品级指标 R 与舰船重要船型参数的简单公式来直接反映舰船耐波性能的好坏，R 的定义如下：

$$R=8.422+45.104C_{\mathrm{WF}}+10.078C_{\mathrm{WA}}-378.465\frac{\mathrm{d}}{L}+1.273\frac{C}{L}-23.501C_{\mathrm{VPF}}-15.875C_{\mathrm{VPA}} \tag{3-60}$$

式中：C_{WF}为船体中部前水线面面积系数；C_{WA}为船体中部后水线面面积系数；L为双体船水线长；d为吃水深度；C为龙骨截止点至首垂线的距离；C_{VPF}为船体中部前垂向菱形系数；C_{VPA}为船体中部后垂向菱形系数。

由式(3-60)可知，穿浪水翼双体船耐波性主要与C_{WF}、C_{WA}、C_{VPF}、C_{VPA}、$\frac{L}{d}$等船型参数有关。

因此，在尽可能不影响穿浪水翼双体船快速性的条件下，一般是通过以下几种方法来提高其耐波性：①适当使片体水线长增大，使ψ值得以提高；②采用深V型横剖面，使片体底部横向斜升角加大；③使穿浪水翼双体船的排水体积和重心位置靠近船尾一侧，形成尖舭形船体；④一定程度增大穿浪水翼双体船首部干舷，提高适航性能等。

2. 片体的长度系数和长宽比对性能的影响

普通双体船与单体船最明显的特点是具有宽敞的甲板面积，因此在通常情况下，最小船长的确定首先不考虑总布置等其他因素的条件。除具有特殊功能的双体船外，最佳船长主要从最小总阻力的角度来选择。因此，穿浪水翼双体船的主要尺度应该从设计航速的Fr或Fr_{∇}来进行确定，然后再核准其他性能要求是否可以满足，由于ψ和长宽比与阻力关系密切。ψ可写为

$$\psi=\frac{L}{\nabla^{\frac{1}{3}}}=\sqrt[3]{\frac{LLL}{C_{b}LBd}}=\sqrt[3]{\frac{1}{C_{b}}\left(\frac{L}{B}\right)\left(\frac{L}{d}\right)} \tag{3-61}$$

当ψ和$\frac{L}{d}$确定之后，$\frac{L}{B}$也可确定下来。根据单位排水量的总阻力或功率系数与Fr_{∇}和ψ的关系曲线可知，在$Fr_{\nabla}<3.0$的过渡航态范围，随着ψ增大对减小阻力越有利，并且$\frac{L}{B}$值也随着增大。但是若$\frac{L}{B}$太大，对于摩擦阻力和黏性干扰阻力是不利的。因此从阻力的观点选择船长时，必须先考虑长度系数ψ，从而取得最佳的船长。一般来说，当穿浪水翼双体船$Fr_{\nabla}=2.0\sim3.0$，$\psi=7.5\sim8.5$时，具有较好的阻力性能。

3. 横剖面的选择对性能的影响

跟普通采用圆舭型横剖面的船舶相比，横剖面采用深V型的船舶的纵向运动性能都有所改善，其船首和船尾的纵向加速度也随着改善。随着航速的提高，横剖面采用深V型的船舶的纵向运动性能优势会越显突出，因此穿浪水翼双体船的单体一般是采用尖舭深V船型。穿浪水翼双体船底部横剖面与常规深V船型类似，主要有单折角线和双折角线两种类型，为了增大单体船尾底部的横向斜升角，大部分情况都选用船尾部龙骨下沉的方式。对于要求有较大的舱容积和较小的巡航弗

劳德数要求的穿浪水翼双体船，适合采用双折角线形式；对于要求较小的排水量及较大巡航弗劳德数的穿浪水翼双体船，适合采用单折角线形式。然而对于舯剖面形状的选取并没有明确的规定，因为其他的性能或总布置的要求可能起主要作用，所以一些情况下高速船也可采用双折角线形式。

4. 艉端形状对性能的影响

深 V 型船按照底部线型有深凸 V 型、深凹 V 型和深 V 型三种。穿浪水翼双体船的横剖面采用尖舭深 V 型，为了使其航速达到很高，通常采用喷水推进方式，所以艉部通常需设计成方尾。排水量小、航速较高的小型穿浪水翼双体船更适合采用方尾。方尾的特征参数包括艉端收缩系数即$\frac{A_T}{A_M}$、方尾的浸深 H_1 和尾压浪板的升高 $h_0=k\delta k$、横剖面斜升角χ，如图 3-11(b)、(c)和(d)所示。对于弗劳德数越小的穿浪水翼双体船，则$\frac{A_T}{A_M}$值越小；对于弗劳德数较小或者在某种特殊的使用条件下，一般采用较大的$\frac{A_T}{A_M}$值，当取 1 或接近于 1 时，对穿浪水翼双体船的水动力是比较有利的。对于航速较高的小型穿浪水翼双体船，可以从阻力和耐波性能角度确定其艉底横剖面斜升角χ。一般情况下，当χ 取较小时，可以获得较大的虚长度和动升力，并提高穿浪水翼双体船的快速性和更适合采用喷水推进装置。由于船的质量是与其线尺度的立方关系成比例，而升力则是与线尺度的平方关系成比例，因此，对于航速较低、排水量较大的穿浪水翼双体船，χ 值过小反而对阻力性能不利，并且会使穿浪水翼双体船的耐波性能恶化，同时会牺牲较好的航向稳定性和侧滑特性，使艉部的垂向加速度增大。因此，对于航速较低的穿浪水翼双体船，可以采用较小的$\frac{A_T}{A_M}$值和χ 值。

5. 艏端形状对性能的影响

为了增大穿浪水翼双体船的纵摇阻尼，防止穿浪水翼双体船首底部出水，减小波浪的拍击程度，以增加艏部横剖面的深 V 程度或形成 SSB 型艏。水线半进角$\frac{\delta}{2}$在船型一致的穿浪水翼双体船片体艏端横剖面一般为深 V 型，采用艏部龙骨下沉到基线以下的方式能够反映穿浪水翼双体船片体的长宽比的大小，长宽比越大，$\frac{\delta}{2}$越小，其艏部兴波越小。考虑结构方面和 Fr 条件的允许情况下，水线半进角$\frac{\delta}{2}$应该越小越好。对于穿浪水翼双体船,水线半进角一般情况下取为$\frac{\delta}{2}=7°\sim11°$。对于小型高速穿浪水翼双体船,为了使其丰满的型线从船体中部周围开始,以得到相对较小的 C_b,其水线半进角$\frac{\delta}{2}$可减小到 6°以下。穿浪水翼双体船的耐波性能和艏端形状有很大的关系,在船舶设计阶段要充分进行考虑。

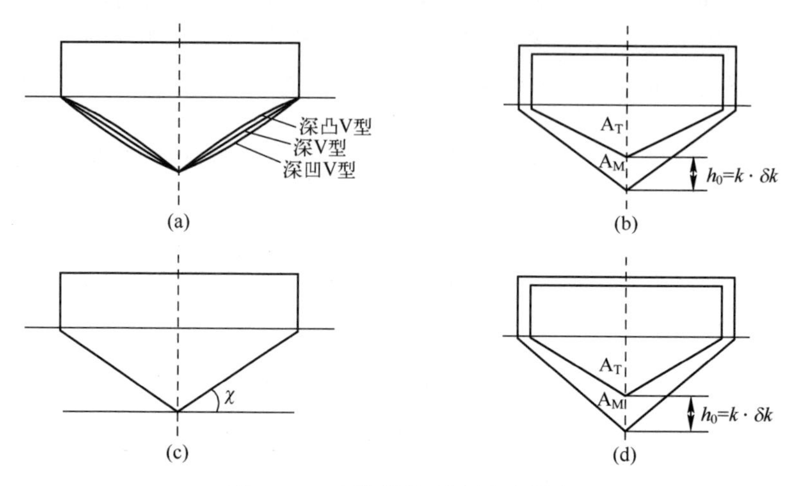

图 3-11　双体船船型特征示意图

6. 浮心纵向位置对性能的影响

浮心纵向位置(LCB)对穿浪水翼双体船剩余阻力的影响很大,LCB 接近艏部,使其艏部变得肥大,对减小兴波阻力不利,LCB 接近艉部,使其艉部变得肥大,对减小黏压阻力不利。而且 LCB 位置的确定与穿浪水翼双体船的设计航速有关,随着弗劳德数变小,LCB 的位置越接近艏部。通常情况下,对于 Fr 很大的穿浪水翼双体船,其 LCB 位置距尾压浪板的距离取为 $0.32L\sim0.38L$。对于大型穿浪水翼双体船,LCB 位置距尾压浪板的距离可增大到 $0.4L\sim0.48L$;而对于 Fr 很大的小型穿浪水翼双体船,LCB 位置距尾压浪板距离可小到 $0.28L$。LCB 位置在穿浪水翼双体船设计中要与全船的总布置情况和重量重心的分布一起考虑,针对穿浪水翼双体船的使用速度范围,选择一个较理想的 LCB 位置,使穿浪水翼双体船在静水中的尾倾控制在 0.5°左右。通过在船尾部安装可控式尾压浪板,调节尾压浪板的角度,可以改变 LCB 的位置,使穿浪水翼双体船获得更好的航行姿态。

7. 片体间距对性能的影响

跟普通高速双体船相同,可以用三种方法来描述穿浪水翼双体船的相对片体间距:①片体中心距离 $2C_0$ 与水线长 L 之比;②片体内侧间距 C 与两个片体水线宽

$2B_d$ 之比;③片体中心距离 $2C_0$ 与片体水线宽 B_d 之比等,如图 3-12 所示。穿浪水翼双体船的片体间距是影响各个片体之间相互干扰的主要因素,当两个片体产生的横波及散波遇到另一个片体后,反射会相互叠加,产生有利或不利的阻力干扰,结果是加剧了阻力曲线的凹凸性。片体间距增大会使片体间相互干扰作用减小,影响穿浪水翼双体船的静水阻力和耐波性能。1988 年,澳大利亚的双体船设计公司所做的水池模型试验表明片体间距是影响穿浪水翼双体船耐波性能的主要因素,片体间距增大可使穿浪水翼双体船在横波中的横向和纵向运动加速度大幅度减小。此外,穿浪水翼双体船的片体中心距离增大可使甲板面积增大,有利于舱室布置和甲板卸货。因此,高速穿浪水翼双体船的片体中心距离比常规双体船要大。穿浪水翼双体船的相对片体中心距离 $\overline{C}_0$ 一般接近于无干扰的片体中心距离 $(\overline{C}_0)_{\min}$,$\overline{C}_0=2\dfrac{C_0}{B_d}\approx(\overline{C}_0)_{\min}$。一般 $(\overline{C}_0)_{\min}=5\sim8$,取决于片体的 $\dfrac{L}{B}$。大型穿浪水翼双体船由于相对速度低,因此会有较大的 $(\overline{C}_0)_{\min}$。但是相关试验结果表明,片体中心距离一般不超过片体宽度的 10 倍,过大的片体中心距离对穿浪水翼双体船的阻力和运动性能效果不明显,反而会对船体的横向强度不利,并使穿浪水翼双体船的结构质量增加很多。

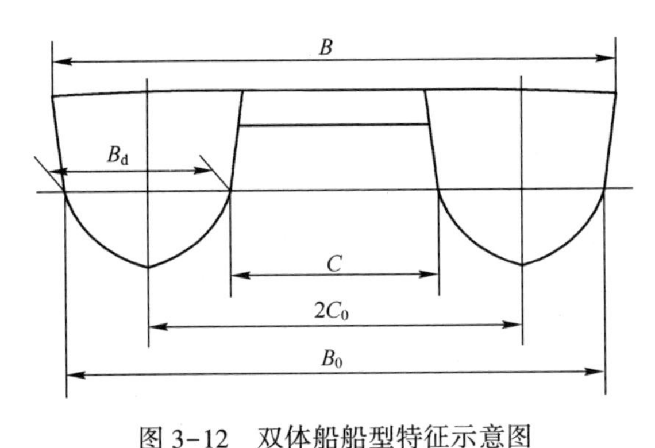

图 3-12 双体船船型特征示意图

3.3.3 穿浪水翼双体船纵向运动数学模型

为了分析问题方便,一般把附体坐标系的原点取在穿浪水翼双体船的重心 G 上。目前,船舶运动建模方面的研究主要存在两大主流学派:一派是以 Abkowitz 等人所提倡的整体性模型,称为欧美学派;另一派是以小川等人所提倡的分离型模型,称为 MMG 学派。本书采用 MMG 学派的分离型模型对穿浪水翼双体船纵向运动进行非线性建模,建立如图 3-13 所示的穿浪水翼双体船附体坐标系。

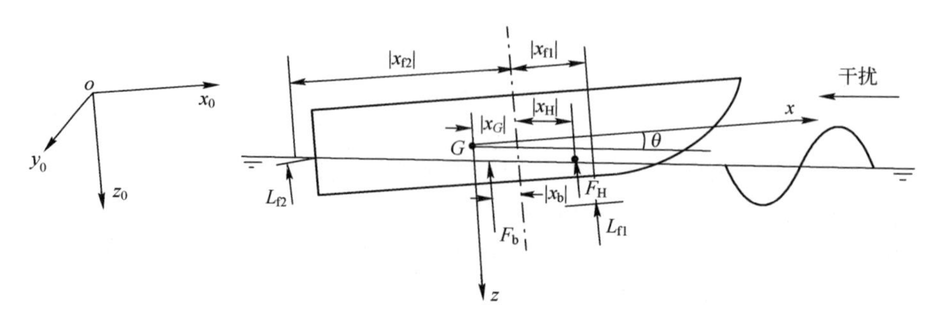

图 3-13　穿浪水翼双体船附体坐标系

将穿浪水翼双体船船体视为刚体,其纵摇/升沉运动主要受船体产生的作用力和力矩,水翼产生的作用力和力矩,襟尾翼和尾压浪板产生的控制力和力矩,随机海浪产生的干扰力和力矩等的影响,并考虑穿浪水翼双体船纵摇和随机海浪对穿浪水翼双体船运动的影响。基于刚体运动动量定理和相对于刚体运动的动量矩定理,得到穿浪水翼双体船纵向运动控制系统的数学模型为

$$\begin{cases} m_1(\dot{w} - qu) = 2\sum_{i=1}^{2} F_{fi} + 2F_{fp} + 2F_{H} + F_{b}\cos\theta + m_1 g\cos\theta + Z_1 \\ I_{yy}\dot{q} = -2\sum_{i=1}^{2}(x_{fi} - x_G)F_{fi} - 2(x_{fp} - x_G)F_{fp} - 2(x_H - x_G)F_H - \\ \quad (x_b - x_G)F_b\cos\theta + M_1 \end{cases} \tag{3-62}$$

式中:m_1 为穿浪水翼双体船的质量;w 为穿浪水翼双体船在 z 方向的速度;q 为纵摇角速度;u 为 x 轴方向的前进速度;θ 为穿浪水翼双体船的纵摇角;I_{yy} 为穿浪水翼双体船的相对于 y 轴的转动惯量;F_{f1} 为水翼系统产生的力;F_{f2} 为尾压浪板产生的控制力;F_{fp} 为前襟尾翼产生的控制力;F_H 为穿浪水翼双体船产生的升力;F_b 为穿浪水翼双体船的浮力;Z_1,M_1 分别为随机海浪产生的升沉干扰力和纵摇干扰力矩;g 为重力加速度;$|x_{f1}|$,$|x_{fp}|$,$|x_{f2}|$,$|x_G|$,$|x_H|$,$|x_b|$ 分别为水翼、襟尾翼、尾压浪板、穿浪水翼双体船重心、穿浪水翼双体船的升力作用点和船体浮力作用点到船体中部的距离。我们规定 x_{f1}、x_{f2}、x_G、x_H 和 x_b 的符号:取“+”号时表示该力的作用点在船体中部之前。

穿浪水翼双体船在附体坐标系中的升沉速度 w 和纵摇角速度 q 两自由度运动可以通过坐标变换转换到惯性坐标系中成为关于升沉量的导数 $\dot{z}_0$ 和穿浪水翼双体船纵摇角的导数 $\dot{\theta}$,并且忽略横摇和艏摇的影响,它们之间的关系为

$$\dot{z}_0 = -\sin(\theta u) + \cos(\theta w) \tag{3-63}$$

$$\dot{\theta} = q \tag{3-64}$$

1. 水翼系统所产生的作用力

加装在穿浪水翼双体船的水翼系统可看作为一种具有特殊形状的支承面,随穿浪水翼双体船在海面运动时,一方面能产生抵消穿浪水翼双体船重量的升力,通过对襟尾翼的控制,也能产生改善穿浪水翼双体船纵摇/升沉运动性能的力和力矩;另一方面也产生阻碍穿浪水翼双体船运动的阻力。水翼系统的升力和阻力主要影响因素有:穿浪水翼双体船的航行速度、海水密度、黏性系数、水翼系统的翼型、几何特性参数、水翼的安装迎角以及水翼系统的浸没深度等。

在穿浪水翼双体船的纵向运动控制系统非线性数学模型中,水翼系统产生的力主要为升力和惯性力,即 $F_{f1}=L_1+F_a$。

将穿浪水翼双体船看作刚体在海水中运动时,船体本身会产生惯性力,还需考虑四周海水对其作用的惯性力。由于穿浪水翼双体船的运动对其周围海水质点产生相应的扰动作用,使海水也相应地运动。因此,海水做变速运动所表现出来的惯性体现在穿浪水翼双体船的反作用力上,这个来自海水的作用力称为惯性力,其大小与穿浪水翼双体船正比于运动加速度而方向相反,可用下式表示:

$$F_a=-m_f[\dot{w}-(x_{f1}-x_G)\ddot{\theta}-\ddot{\zeta}_1] \tag{3-65}$$

式中:m_f 为水翼系统的附加质量;$\ddot{\zeta}_1$ 为水翼系统周围海浪质点垂直运动加速度。考虑海水的密度比空气大很多,m_f 可根据下式计算:

$$m_f=\frac{1}{4}\rho\pi c_1^2 b_1\mu \tag{3-66}$$

$$\mu=\frac{\lambda_1}{\sqrt{1+\lambda_1^2}}\left(1-0.425\frac{\lambda_1}{1+\lambda_1^2}\right) \tag{3-67}$$

2. 穿浪水翼双体船船体产生的作用力

在穿浪水翼双体船纵向运动控制系统非线性数学模型(式(3-62))中,浮力 F_b 和升力 F_H 是由穿浪水翼双体船两个片体所产生的作用力。

1) 浮力 F_b 的计算

$$F_b=-2\rho g\int_{-l_A}^{l_F}A(x)\mathrm{d}x \tag{3-68}$$

式中:$A(x)$ 为穿浪水翼双体船单个片体水下部分横剖面面积;l_F 和 l_A 分别为水线面前、后与船体中部之间的距离。

2) 升力 F_H 的计算

将穿浪水翼双体船的每个片体看成以片体宽为展长、水线长为弦长的机翼(展弦比一般很小),所以穿浪水翼双体船高速航行时产生的 z 轴负向的升力 F_H 可表示为

$$F_{\mathrm{H}}=-\frac{1}{2}\rho V^2 A_w C_{L\mathrm{H}}\theta \tag{3-69}$$

式中:C_{LH}为穿浪水翼双体船单个片体升力系数的斜率,可根据下式进行计算:

$$C_{L\mathrm{H}}=\frac{1}{2}\times\frac{\pi}{2}\times\lambda_{\mathrm{H}},\lambda_{\mathrm{H}}=\frac{B_{\max}^2}{A_w} \tag{3-70}$$

式中:A_w 为穿浪水翼双体船单个片体的水线面面积;λ_{H} 为穿浪水翼双体船单体片体的展现比;$B_{\max}$为穿浪水翼双体船单体片体的水线面最大宽度。

穿浪水翼双体船船体所产生的升力作用点与船体中部之间的距离为

$$x_{\mathrm{H}}=0.75L-\frac{\mathrm{L.\ O.\ A.}}{2} \tag{3-71}$$

式中:L 为穿浪水翼双体船片体的水线长;L. O. A. 为穿浪水翼双体船片体的总长度。

3. 襟尾翼产生的控制力

本书采用永磁同步电动机伺服系统对襟尾翼进行控制。通过电伺服系统控制附加 T 形翼上的襟尾翼角度来改善穿浪水翼双体船纵向运动,襟尾翼产生的控制力为

$$F_{\mathrm{fp}}=\frac{1}{2}\rho A_{\mathrm{fp}} V^2 C_{\mathrm{fp}\_L}\alpha \tag{3-72}$$

式中:A_{fp}为襟尾翼有效升力面积;C_{fp_L}为襟尾翼的升力系数;α 为襟尾翼的迎角。

C_{fp_L}的计算方法与水翼系统计算方法类似,这里不再重复。本书中对襟尾翼电伺服系统提供的最大角度限定为 10°,最大角速度限定为 10(°)/s。

4. 尾压浪板产生的控制力

在襟尾翼/尾压浪板联合作用下,穿浪水翼双体船的吃水和纵摇角都会发生改变。因此尾压浪板迎角 β 与穿浪水翼双体船的纵摇角的关系为

$$\beta=\beta_0+\theta \tag{3-73}$$

$$\beta_{\mathrm{e}}=\frac{(\beta+\beta_{\mathrm{y}})}{2} \tag{3-74}$$

式中:β_{y} 为尾压浪板与穿浪水翼双体船纵舯剖面的夹角;β_0 为尾压浪板伺服系统输出角度;θ 为穿浪水翼双体船的纵摇角。因此尾压浪板产生的控制力为

$$F_{\mathrm{f2}}=\frac{1}{2}C_{L1}\rho V^2 S_2\beta \tag{3-75}$$

式中:C_{L1}为尾压浪板的升力系数;S_2 为尾压浪板有效面积。

同样对尾压浪板电伺服系统提供的最大角度限定为 10°,最大角速度限定为 10(°)/s。

5. 随机海浪产生的干扰力与力矩

随机海浪是引起穿浪水翼双体船纵摇/升沉运动的主要扰动，因此本书只考虑随机海浪对穿浪水翼双体船纵向运动的影响。剧烈的纵摇/升沉运动导致所配备的设备产生故障，损坏船上所装载的货物，更有甚者能够危及船舶的航行安全；剧烈的纵摇/升沉运动还会使船上工作人员的正常生活受到影响，大大降低他们的工作效率；对于作为军事用途的穿浪水翼双体船，剧烈的纵摇/升沉运动导致武器装备无法正常使用，舰载机不能正常起降，大大降低武器命中率等。长期以来，学者们对船舶在随机海浪中所受的干扰力和干扰力矩进行了较深入的研究。考虑海浪是一个很复杂的随机过程，且穿浪水翼双体船的结构也很复杂。因此，随机海浪对穿浪水翼双体船纵向运动的扰动力和扰动力矩也是很复杂的。

一般所说的随机海浪是由风形成的，也就是风浪。对于充分成长的随机海浪，在船舶航行姿态控制中，可以认为是一个平稳随机过程。随机海浪可以认为是由无数个波幅、波长与初始相位随机且相互独立的微幅余弦波叠加而成：

$$\zeta(t) = \sum_{i=1}^{N} \zeta_{ai}\cos(k_i\xi - \omega_i t + \varepsilon_i) \tag{3-76}$$

式中：$\zeta(t)$为随机海浪波幅；N为足够大的正数；ζ_{ai}为第i次谐波的波幅；k_i为波数，$k_i=\dfrac{2\pi}{\lambda_i}$；$\varepsilon_i$为第$i$次初始相位，在$(0,2\pi)$随机产生。

首先考虑在穿浪水翼双体船单个片体任意航向和任意航速下规则波产生的升沉干扰力和纵摇干扰力矩，假设穿浪水翼双体船的存在不会改变规则波的压力分布。在规则波中，其动压力分布可以表示为

$$\Delta p(\xi,\zeta,t) = -\rho g\zeta_a e^{-k\zeta}\cos(k\xi-\omega t) \tag{3-77}$$

将式(3-77)转化在穿浪水翼双体船附体坐标系中，有

$$\Delta p(x,z,t) = -\rho g\zeta_a e^{-kz}\cos(kx\cos\mu_e-ky\sin\mu_e-\omega_e t) \tag{3-78}$$

在规则波中，作用在穿浪水翼双体船上的升沉干扰力和纵摇干扰力矩是由Δp引起的。作用在穿浪水翼双体船上的流体动力和力矩为

$$\boldsymbol{N} = -\iint_s \Delta p\boldsymbol{n}\mathrm{d}s \tag{3-79}$$

$$\boldsymbol{M} = -\iint_s \Delta p(\boldsymbol{n}\times\boldsymbol{r})\mathrm{d}s \tag{3-80}$$

式中：s为穿浪水翼双体船的水下部分单个片体的面积；$\boldsymbol{n}$为s的单位外法线向量。

根据高斯定理，式(3-79)和式(3-80)可以转化成体积分的形式。在穿浪水翼双体船单个片体上取体积微元，如图3-14所示。规则波作用单个片体上的升沉干扰力和纵摇干扰力矩为

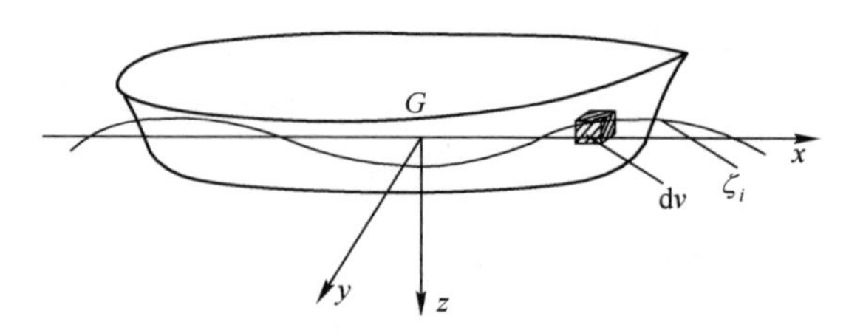

图 3-14 片体上的体积微元

$$Z_1 = -\iiint_v \frac{\partial \Delta p}{\partial z} \mathrm{d}v \tag{3-81}$$

$$M_1 = -\iiint_v \frac{\partial \Delta p}{\partial z} x \mathrm{d}v \tag{3-82}$$

根据式(3-78),有

$$\frac{\partial \Delta p}{\partial z} = \rho g \zeta_a k \mathrm{e}^{-kz} \cos(kx\cos\mu_e - ky\sin\mu_e - \omega_e t) \tag{3-83}$$

则

$$\begin{aligned} Z_1 &= -\rho g \zeta_a k \iiint_v \mathrm{e}^{-kz} \cos(kx\cos\mu_e - ky\sin\mu_e - \omega_e t)\mathrm{d}v \\ &= -\rho g \zeta_a k \Big[\int_L \cos(kx\cos\mu_e - \omega_e t)\mathrm{d}x \iint_A \mathrm{e}^{-kz}\cos(ky\sin\mu_e)\mathrm{d}A \\ &\quad + \sin(kx\cos\mu_e - \omega_e t)\iint_A \mathrm{e}^{-kz}\sin(ky\sin\mu_e)\mathrm{d}A\Big] \end{aligned} \tag{3-84}$$

$$\begin{aligned} M_1 &= -\rho g \zeta_a k \iiint_v \mathrm{e}^{-kz} \cos(kx\cos\mu_e - ky\sin\mu_e - \omega_e t)x\mathrm{d}v \\ &= -\rho g \zeta_a k \Big[\int_L \cos(kx\cos\mu_e - \omega_e t)x\mathrm{d}x \iint_A \mathrm{e}^{-kz}\cos(ky\sin\mu_e)\mathrm{d}A \\ &\quad + \int_L \sin(kx\cos\mu_e - \omega_e t)\mathrm{d}x\iint_A \mathrm{e}^{-kz}\sin(ky\sin\mu_e)\mathrm{d}A\Big] \end{aligned} \tag{3-85}$$

进而可得到

$$\iint_A \mathrm{e}^{-kz}\cos(ky\sin\mu_e)\mathrm{d}A = \frac{\sin\left(k\dfrac{B(x)}{2}\sin\mu_e\right)}{k\dfrac{B(x)}{2}\sin\mu_e}\mathrm{e}^{-kd(x)}A(x) \tag{3-86}$$

$$\iint_A \mathrm{e}^{-kz}\sin(ky\sin\mu_e)\mathrm{d}A = 0 \tag{3-87}$$

式中:$A(x)$为单个片体横切面的面积;$B(x)$为单个片体横切面的宽度;$\mathrm{d}(x)$为单个片体横切面的吃水深度。

将式(3-86)和式(3-87)代入式(3-84)和式(3-85)中,可得到单个片体规则波的升沉干扰力和纵摇干扰力矩：

$$Z_1 = -\rho g \zeta_a k \int_L \frac{\sin\left(k\dfrac{B(x)}{2}\sin\mu_e\right)}{k\dfrac{B(x)}{2}\sin\mu_e} e^{-kd(x)} A(x)\cos(kx\cos\mu_e - \omega_e t)\,dx \tag{3-88}$$

$$M_1 = -\rho g \zeta_a k \int_L \frac{\sin\left(k\dfrac{B(x)}{2}\sin\mu_e\right)}{k\dfrac{B(x)}{2}\sin\mu_e} e^{-kd(x)} A(x)\cos(kx\cos\mu_e - \omega_e t)\,x\,dx \tag{3-89}$$

穿浪水翼双体船航行在不规则波浪的海面上时，受到的是随机升沉干扰力和纵摇干扰力矩，采用余弦序列权重系数法计算随机海浪作用在穿浪水翼双体船上的随机干扰力和力矩。

考虑由 P-M 谱生成的波浪，沿 ξ 方向移动的随机波浪在穿浪水翼双体船附体坐标系中的波面方程为

$$\begin{aligned}\zeta(t) &= \sum_{i=1}^{N} \sqrt{2S_\zeta(\omega_i)\Delta\omega}\cos\left[\frac{\omega_i^2}{g}x\cos\mu_e - \left(\omega_i - \frac{\omega_i^2}{g}V\cos\mu_e\right)t + \varepsilon_i\right] \\ &= \sum_{i=1}^{N} E_i\cos\left[\frac{\omega_i^2}{g}x\cos\mu_e - \left(\omega_i - \frac{\omega_i^2}{g}V\cos\mu_e\right)t + \varepsilon_i\right]\end{aligned} \tag{3-90}$$

将式(3-66)和式(3-67)改写成如下形式：

$$Z_1 = -\rho g \int_L F(x)A(x)\cos(kx\cos\mu_e - \omega_e t + \varepsilon)\,dx \tag{3-91}$$

$$M_1 = -\rho g \int_L F(x)A(x)\,x\cos(kx\cos\mu_e - \omega_e t + \varepsilon)\,dx \tag{3-92}$$

其中，$F(x)=\zeta_a k \dfrac{\sin\left(k\dfrac{B(x)}{2}\sin\mu_e\right)}{k\dfrac{B(x)}{2}\sin\mu_e} e^{-kd(x)}$。

将式(3-90)代入式(3-91)和式(3-92)，并整理得

$$\begin{aligned}Z_1 = -\rho g \sum_{i=1}^{N} E_i \frac{\omega_i^2}{g}\Bigg\{ & A_i\cos\left[\left(\omega_i - \frac{\omega_i^2}{g}V\cos\mu_e\right)t + \varepsilon_i\right] \\ & + B_i\sin\left[\left(\omega_i - \frac{\omega_i^2}{g}V\cos\mu_e\right)t + \varepsilon_i\right]\Bigg\}\end{aligned} \tag{3-93}$$

$$M_1 = -\rho g \sum_{i=1}^{N} E_i \frac{\omega_i^2}{g}\Bigg\{ C_i\cos\left[\left(\omega_i - \frac{\omega_i^2}{g}V\cos\mu_e\right)t + \varepsilon_i\right]$$

$$+D_i\sin\left[\left(\omega_i-\frac{\omega_i^2}{g}V\cos\mu_e\right)t+\varepsilon_i\right]\Big\} \tag{3-94}$$

其中，$A_i=\int_L F_i(x)A(x)\cos\left(\frac{\omega_i^2}{g}x\cos\mu_e\right)\mathrm{d}x$，$B_i=\int_L F_i(x)A(x)\sin\left(\frac{\omega_i^2}{g}x\cos\mu_e\right)\mathrm{d}x$

$$C_i=\int_L F_i(x)A(x)x\cos\left(\frac{\omega_i^2}{g}x\cos\mu_e\right)\mathrm{d}x,\ D_i=\int_L F_i(x)A(x)x\sin\left(\frac{\omega_i^2}{g}x\cos\mu_e\right)\mathrm{d}x$$

$$F_i(x)=\frac{\sin\left(\frac{\omega_i^2}{g}\times\frac{B(x)}{2}\sin\mu_e\right)}{\frac{\omega_i^2}{g}\times\frac{B(x)}{2}\sin\mu_e}\mathrm{e}^{-\frac{\omega_i^2}{g}\mathrm{d}(x)}$$，一般取 $N=20\sim40$

式(3-93)和式(3-94)需要知道穿浪水翼双体船的单个片体的一些基本参数，如水线长、吃水、船宽和线型图。根据每个片体每段的局部吃水 $\mathrm{d}(x)$ 和局部船宽 $B(x)$，则可得到随机海浪对穿浪水翼双体船的单个片体的升沉干扰力和纵摇干扰力矩。随机海浪整个穿浪水翼双体船的升沉干扰力和纵摇干扰力矩为

$$Z_2=2Z_1 \tag{3-95}$$

$$M_2=2M_1 \tag{3-96}$$

3.3.4 穿浪水翼双体船在随机海浪中纵向运动特性

在穿浪水翼双体船纵摇角不是很大的情况下，有 $\sin\theta\approx\theta$，$\cos\theta\approx1$，则式(3-63)可变为 $w=\dot{z}_0+\theta u$，并且将 $w=\dot{z}_0+\theta u$ 代入式(3-62)中。根据穿浪水翼双体船所受力的计算方法，对式(3-30)进行整理，可得

$$\begin{cases}(m_2+2m_{f1})\ddot{z}_0-2m_{f1}(x_{f1}-x_G)\ddot{\theta}=2L_1+2F_{f2}+2F_{fp}+2F_H+\\ \qquad F_b\cos\theta+m_2g\cos\theta-2m_{f1}(\dot{\theta}V-\ddot{\zeta}_1)+Z_1\\ -2m_{f1}(x_{f1}-x_G)\ddot{z}_0+[I_{yy}+2m_{f1}(x_{f1}-x_G)^2]\ddot{\theta}=-2(x_{f1}-x_G)(L_1+F_{fp})-\\ 2(x_{f2}-x_G)F_{f2}+2m_{f1}(\dot{\theta}V-\ddot{\zeta}_1)(x_{f1}-x_G)-2(x_H-x_G)F_H-(x_b-x_G)F_b\cos\theta+M_1\end{cases} \tag{3-97}$$

设 $K_1=(m_2+2m_{f1})$，$T_1=-2m_{f1}(x_{f1}-x_G)$

$$N_1=2L_1+2F_H+F_b\cos\theta+m_2g\cos\theta-2m_{f1}(\dot{\theta}V-\ddot{\zeta}_1)+Z_1,\ F_{z_0}=2F_{f2}+2F_{fp}$$

$$K_2=-2m_{f1}(x_{f1}-x_G),\ T_2=I_{yy}+2m_{f1}(x_{f1}-x_G)^2$$

$$N_2=-2(x_{f1}-x_G)L_1+2m_{f1}(\dot{\theta}V-\ddot{\zeta}_1)(x_{f1}-x_G)-2(x_H-x_G)F_H-(x_b-x_G)F_b\cos\theta+M_1$$

$$F_\theta=-2(x_{f1}-x_G)F_{fp}-2(x_{f2}-x_G)F_{f2}$$

则式(3-97)变为

$$\begin{cases}K_1\ddot{z}+T_1\ddot{\theta}=N_1+F_{z0}\\K_2\ddot{z}+T_2\ddot{\theta}=N_2+F_{\theta}\end{cases}\tag{3-98}$$

式(3-98)可写成如下 MIMO 的形式：

$$\begin{cases}\dot{\boldsymbol{x}}=\boldsymbol{f}(\boldsymbol{x})+\boldsymbol{g}(\boldsymbol{x})\boldsymbol{u}\\y_1=z_0\\y_2=\theta\end{cases}\tag{3-99}$$

式中：$\boldsymbol{x}=[z_0\quad \dot{z}_0\quad \theta\quad \dot{\theta}]^{\mathrm{T}}$；$\boldsymbol{u}=[u_1\quad u_2]^{\mathrm{T}}$，$u_1=F_{z0}$，$u_2=F_{\theta}$；$F_{z0}$为襟尾翼与尾压浪板产生的升沉矫正力；$F_{\theta}$为襟尾翼与尾压浪板产生的纵摇矫正力矩，$\boldsymbol{y}=[z_0\quad \theta]$为输出量；

$$\boldsymbol{f}(\boldsymbol{x})=\begin{bmatrix}\dot{z}_0\\\dfrac{N_1T_2-N_2T_1}{K_1T_2-K_2T_1}\\\dot{\theta}\\\dfrac{N_2K_1-N_1K_2}{K_1T_2-K_2T_1}\end{bmatrix},\boldsymbol{g}(\boldsymbol{x})=\begin{bmatrix}0&0\\\dfrac{T_2}{K_1T_2-K_2T_1}&\dfrac{-T_1}{K_1T_2-K_2T_1}\\0&0\\\dfrac{-K_2}{K_1T_2-K_2T_1}&\dfrac{K_1}{K_1T_2-K_2T_1}\end{bmatrix}\tag{3-100}$$

在不考虑襟尾翼和尾压浪板作用下，即当 $F_{z0}=0$，$F_{\theta}=0$，对穿浪水翼双体船在不同海况和不同航速下的纵向运动特性进行仿真研究。穿浪水翼双体船的基本参数为：水线长 $L_2=100\mathrm{m}$，型宽 $B=20\mathrm{m}$，片体型宽 $B_{\mathrm{d}}=6\mathrm{m}$，型深 $D=10\mathrm{m}$，吃水 $d=4\mathrm{m}$，排水量 $\Delta=1800\mathrm{t}$，最高航速 $v=35\mathrm{kn}$。仿真航速分别选 20kn、30kn 和 35kn，仿真海况分别选：有义波高为 3m，遭遇角分别为 0°、30°、60°、90°、120°和 150°。表 3-2～表 3-4 给出了仿真结果的统计值，其中，纵摇角 θ 的量纲为(°)，升沉位移 z_0 的量纲为 m，$E(\cdot)$表示均值，$\mathrm{STD}(\cdot)$表示标准差，仿真中采样时间为 0.1s。

表 3-2　航速为 20kn 时仿真结果统计

遭遇角	统计值							
	$E(z)$	$\mathrm{STD}(z)$	$E(\theta)$	$\mathrm{STD}(\theta)$	$E(\ddot{z})$	$\mathrm{STD}(\ddot{z})$	$E(\ddot{\theta})$	$\mathrm{STD}(\ddot{\theta})$
0°	−0.1640	0.2374	0.3658	0.8196	6.8×10^{-4}	0.0908	−0.0020	0.2228
30°	−0.1532	0.2652	0.2004	0.7387	-9.0×10^{-4}	0.1184	0.0015	0.2764
60°	−0.1431	0.2298	0.1888	0.4951	6.6×10^{-4}	0.0621	-7.7×10^{-4}	0.1167
90°	−0.2501	0.1594	0.2271	0.3826	0.0012	0.1274	−0.0011	0.1841
120°	−0.2444	0.2706	0.2265	0.2606	7.6×10^{-4}	0.2798	9.7×10^{-4}	0.1855
150°	−0.2464	0.3366	0.2395	0.6815	2.5×10^{-4}	0.2992	−0.0034	0.3499

表 3-3 航速为 30kn 时仿真结果统计

遭遇角	统计值							
	$E(z)$	STD(z)	$E(\theta)$	STD(θ)	$E(\ddot{z})$	STD($\ddot{z}$)	$E(\ddot{\theta})$	STD($\ddot{\theta}$)
0°	0.2938	0.3311	0.6989	0.8766	0.0014	0.1776	−0.0051	0.3929
30°	0.3062	0.3249	0.7673	0.7685	-3.4×10^{-4}	0.1967	0.0030	0.2862
60°	0.3054	0.2885	0.6582	0.6651	4.1×10^{-4}	0.1537	0.0011	0.2516
90°	0.2370	0.1906	0.5934	0.5623	1.8×10^{-4}	0.0960	-7.7×10^{-4}	0.2681
120°	0.2341	0.2692	0.5860	0.7755	−0.0022	0.1408	0.0058	0.3552
150°	0.2272	0.3666	0.5949	0.6018	−0.0049	0.3599	0.0022	0.5551

表 3-4 航速为 35kn 时仿真结果统计

遭遇角	统计值							
	$E(z)$	STD(z)	$E(\theta)$	STD(θ)	$E(\ddot{z})$	STD($\ddot{z}$)	$E(\ddot{\theta})$	STD($\ddot{\theta}$)
0°	0.6188	0.4307	1.0628	1.1440	-2.5×10^{-4}	0.2468	9.0×10^{-4}	0.4516
30°	0.5277	0.4516	1.0704	1.1934	0.0013	0.2541	−0.0045	0.5142
60°	0.3555	0.3662	0.8588	0.9345	7.4×10^{-4}	0.1332	8.6×10^{-4}	0.3343
90°	0.2630	0.3256	0.8589	0.9025	7.5×10^{-4}	0.1668	3.3×10^{-4}	0.4076
120°	0.2602	0.3402	0.8515	0.9620	−0.0014	0.1876	0.0060	0.5083
150°	0.2735	0.4614	0.8930	1.2268	0.0020	0.3703	−0.0059	0.7225

由上述仿真结果可以看出：对于没有附加襟尾翼/尾压浪板联合控制系统的穿浪水翼双体船，其纵摇/升沉运动随着航速的提高变得愈加剧烈。航速为 20kn 时，其升沉位移统计标准差最大达到 0.3366m，纵摇角统计标准差最大达到 0.8196°，升沉位移加速度统计标准差最大达到 0.2992m/s^2，纵摇角加速度统计标准差最大达到 0.3499(°)/s^2；航速为 30kn 时，其升沉位移统计标准差最大达到 0.3666m，纵摇角统计标准差最大达到 0.8766°，升沉位移加速度统计标准差最大达到 0.3599m/s^2，纵摇角加速度统计标准差最大达到 0.5551(°)/s^2；航速为 35kn 时，其升沉位移统计标准差最大达到 0.4614m，纵摇角统计标准差最大达到 1.2268°，升沉位移加速度统计标准差最大达到 0.3703m/s^2，纵摇角加速度统计标准差最大达到 0.7225(°)/s^2。严重的纵摇/升沉直接影响穿浪水翼双体船的适航性，甚至会影响穿浪水翼双体船的航行安全，因此必须采取有效措施来改善穿浪水翼双体船纵向运动性能，这说明本书所提出的襟尾翼/尾压浪板联合控制以提高穿浪水翼双体船适航性的合理性。在相同有义波高、遭遇角小于 90°时，角度越小，纵摇/升沉运

动越剧烈;遭遇角大于 90°时,角度越大,纵摇/升沉运动越剧烈。这说明穿浪水翼双体船在迎浪或顺浪航行时,受随机海浪的干扰更加严重,其适航性变差。

3.4　现代高性能高速水翼双体船数学模型

3.4.1　高速水翼双体船系统结构分析

本书所研究的高速水翼双体船具有两个片体,并且在固定式水翼上附加可控式襟尾翼的结构,通过对襟尾翼的转角进行控制,产生可以抵消随机海浪干扰的力和力矩,达到减小纵摇/升沉的目的。两片体呈深 V 型,并具有如利剑似的非常尖和高的侧影。两片体顶部由甲板连接,底部由两副水翼系统连接。前水翼安装在高速水翼双体船船长的$\frac{1}{3}$处,后水翼安装在高速水翼双体船尾部。水翼系统呈 π 型结构,由固定式水翼和对称安装在固定水翼两端的水翼支柱组成。水翼系统通过两侧的水翼支柱与两片体连接。高速水翼双体船整体呈现出左右对称结构。图 3-15 是高速水翼双体船三维结构图。

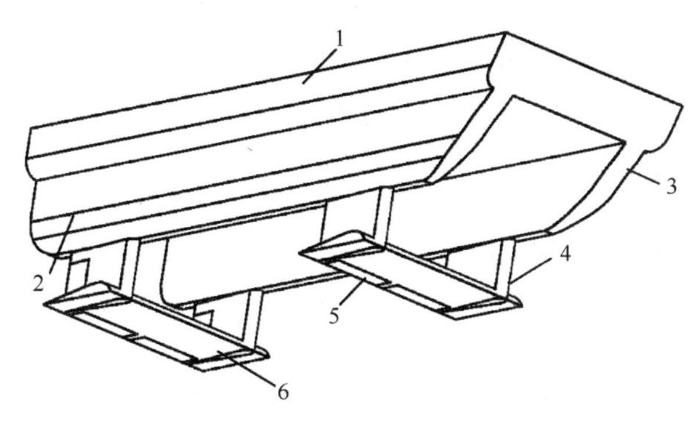

图 3-15　高速水翼双体船三维结构图

在图 3-15 中,1 是高速水翼双体船的甲板,因为高速水翼双体船由两个单体组成,所以它有更宽阔的甲板,可以在甲板上停放飞机或运送更多的货物;2,3 分别是两个单体,因为高速水翼双体船在高速航行时,水翼会将船体向上抬出水面,所以船体的阻力应该尽可能小,为此高速水翼双体船的每个单体都是尖瘦的形状,以减小阻力;4,6 是在高速水翼双体船的底部安装的前、后水翼;5 是襟翼,为了增加高速水翼双体船的可控性,在前、后水翼上附加可控式襟尾翼,襟尾翼可以根据给定信号进行转动。

为了实现对高速水翼双体船姿态的控制，在前、后固定水翼上加装对称分布的可控襟尾翼，在后水翼的支柱上安装对称可控的柱翼舵。通过对襟尾翼和柱翼舵的联合控制，从而实现对高速水翼双体船艏摇/横摇和回转/横倾运动的控制。

前后水翼提供了支撑船舶大部分重量的动升力。由于水翼的存在，船舶高速航行时，船体的吃水明显减小，船舶阻力明显降低，从而显著地提升了船舶的航行速度。前、后水翼系统的襟尾翼主要用于对高速水翼双体船横向摇摆姿态进行控制。通过对两侧襟尾翼的差动控制可以控制机动回转时船体的横倾运动，同时也可以减小船体的横摇运动。当高速水翼双体船柱翼舵失效时，可以通过对襟尾翼的控制实现船舶的机动回转。即使柱翼舵未失效，也可以用来协调船舶的回转运动。为了实现高速水翼双体船由体航到翼航的快速转换，可以增大襟尾翼的迎角，从而缩短起飞过渡时间。通过对双柱翼舵的控制可实现高速水翼双体船的机动回转，同时也可减小船舶的艏摇运动。

对于本书设计的高速水翼双体船，不但可以实现高速的直线航向，还可以进行快速的回转运动。具体来说，利用襟尾翼及后水翼上的柱翼舵可以实现在纵摇/升沉、回转/横倾四个自由度上的控制，本书主要研究纵摇/升沉运动及控制方法。

在直线航行时，当有很大的海浪干扰时，高速水翼双体船会有剧烈的升沉运动，当高速水翼双体船的上升位移和上升速度较大时，可以同时同步减小襟尾翼的角度，使升沉的变化量变小；相反，如果高速水翼双体船处于海浪的峰值位置，会有快速下坠的可能，此时，则需要同步增大襟尾翼的角度。同样海浪会引起高速水翼双体船剧烈的纵摇运动，当船首向上纵摇时，需要同步减小前侧襟尾翼的角度，同时增大后侧襟尾翼的角度；相反，当船首向下转时需要同步增大前侧襟尾翼的角度，同时减小后侧襟尾翼的角度。由于控制纵摇和升沉运动时，襟尾翼的转角是相反的，所以需要协调控制襟尾翼的转角，才能达到理想的效果。

高速水翼双体船双体设计的主要思想是如何减小航行时的阻力，并尽量减小船的重量，因为双体船的排水量会比单体船大很多。对于双体船，其阻力的来源不仅仅是每个单体自身的阻力，还要考虑两个单体之间的干扰阻力，所以双体部分通常是细小而狭长，不但可以减小阻力，还可以降低海浪对它的冲击，而且这种船型的稳定性也很好。并且在设计两个片体时，应对称地进行设计，这样也能减小阻力，对称的双体部分比非对称的双体部阻力要小得多。

3.4.2 高速水翼双体船纵向运动数学模型

现在应用比较多的船舶建模方法有两种，包括整体法思想建模和分离法思想建模。整体法建立的数学模型比较准确，与真实模型相比误差相对较小，但是整体法思想建模时对数据的要求严格，每项数据必须通过实船实验得到，成本较高，应用起来比较麻烦；而分离法思想建模就要容易很多，只需将船的各个部分分开考虑，再进行建模，此方法主要利用牛顿定律，运用起来简单方便。本书就是采用分离法对高速水翼双体船及海浪干扰进行数学模型的建立。高速水翼双体船在存在外界干扰时的受力分析如图 3-16 所示，坐标系选取为船体坐标系。

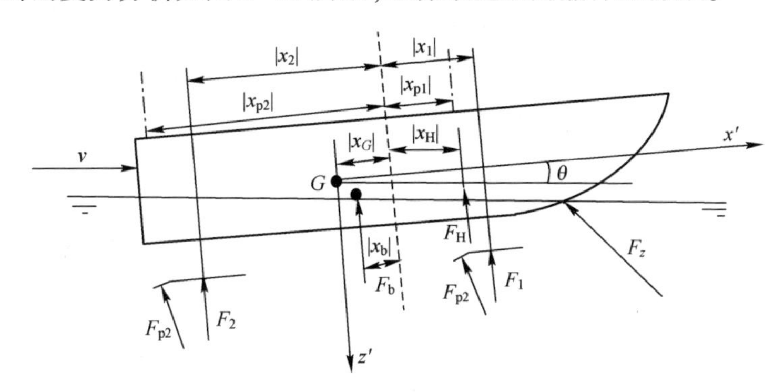

图 3-16 高速水翼双体船所受外力

根据高速水翼双体船的受力分析图，并将高速水翼双体船整体视为一个刚体，在考虑垂向运动时忽略其与横向运动可能存在的耦合关系，认为垂向与横向彼此独立。在纵轴方向上建立纵摇/升沉的力和力矩方程，可以得到如下的数学模型：

$$
\begin{cases}
(m_3+\Delta m)(\ddot{z}+v\dot{\theta})=\sum_{i=1}^{2}(F_i+F_{pi})+2F_{\mathrm{H}}\cos\theta+F_{\mathrm{b}}\cos\theta+ \\
\qquad (m_3+\Delta m)g\cos\theta+F_z \\
(I_{yy}+\Delta I_{yy})\ddot{\theta}=-\sum_{i=1}^{2}(x_i-x_G)(F_i+F_{pi})-2(x_{\mathrm{H}}-x_G)F_{\mathrm{H}}\cos\theta- \\
\qquad (x_{\mathrm{b}}-x_G)F_{\mathrm{b}}\cos\theta+M_z
\end{cases}
\tag{3-101}
$$

式中：m_3 为高速水翼双体船的质量；Δm 为高速水翼双体船的附加质量；θ 为纵摇角；v 为 x'轴方向的前进速度；I_{yy}为高速水翼双体船相对于 y'轴的转动惯量；ΔI_{yy}为高速水翼双体船相对于 y 轴的附加转动惯量；F_i 为水翼系统产生的力；F_{pi}为襟翼产生的力；F_{H} 为高速水翼双体船单个片体产生的升力；F_{b} 为高速水翼双体船的浮力；F_z，M_z 分别为海浪产生的升沉干扰力和纵摇干扰力矩；g 为重力加速度；$|x_i|$，$|x_{pi}|$，$|x_G|$，$|x_{\mathrm{H}}|$，$|x_{\mathrm{b}}|$为水翼、襟尾翼、高速水翼双体船重心、高速水翼双体船的升力作用点和船体浮力作用点到船中的距离。为计算方便，规定以高速水翼双体船船体中线为相对零点，在中线前的力的作用点，作用距离为正，在中线后的力的作

用点,作用距离为负。对于高速水翼双体船的升沉 z,选取向下为正,纵摇角 θ 选取船首向上为正。

为了设计控制器的需要,要将非线性的数学模型转化成线性的状态空间形式,这样可以更加清楚直观地寻找到各个状态量的关系。对于可导的连续函数,可以用泰勒级数将其在某点展开,本书利用泰勒级数将高速水翼双体船纵摇/升沉的非线性数学模型在静水中的平衡点处展开。

首先,将高速水翼双体船没有外界干扰的纵摇/升沉运动数学模型表示成如下形式:

$$\begin{cases} f_A(\ddot{z},\dot{z},z;\ddot{\theta},\dot{\theta},\theta) = -(m_3+2m_f+\Delta m)\ddot{z} + \sum_{i=1}^{2} m_f(x_i - x_G)\ddot{\theta} + \\ \quad \sum_{i=1}^{2}(F_i + F_{pi}) - 2m_f V\dot{\theta} + F_H\cos\theta + F_b\cos\theta + m_3 g\cos\theta = 0 \\ f_B(\ddot{z},\dot{z},z;\ddot{\theta},\dot{\theta},\theta) = \sum_{i=1}^{2} m_f(x_i - x_G)\ddot{z} - \left[I_{yy} + I_y + \sum_{i=1}^{2} m_f(x_i - x_G)^2\right]\ddot{\theta} - \\ \quad \sum_{i=1}^{2}(x_{fi} - x_G)(F_i + F_{pi}) + \sum_{i=1}^{2} m_f V\dot{\theta}(x_i - x_G) - \\ \quad 2(x_H - x_G)F_H\cos\theta - (x_b - x_G)F_b\cos\theta = 0 \end{cases} \tag{3-102}$$

将式(3-102)写成线性化的数学模型的方程为

$$\begin{cases} A_{11}\ddot{z} + A_{12}\dot{z} + A_{13}z + A_{14}\ddot{\theta} + A_{15}\dot{\theta} + A_{16}\theta = Z_1\alpha_1 + Z_2\alpha_2 \\ B_{11}\ddot{z} + B_{12}\dot{z} + B_{13}z + B_{14}\ddot{\theta} + B_{15}\dot{\theta} + B_{16}\theta = M_1\alpha_1 + M_2\alpha_2 \end{cases} \tag{3-103}$$

式中:$\boldsymbol{A}_{1i}$,$\boldsymbol{B}_{1j}$($i,j=1,2,\cdots,6$)分别为相应状态量的线性化系数矩阵;α_1,α_2 分别为前、后襟翼的转动角度,是状态方程中的控制输入量。式(3-103)中还忽略了泰勒级数展开时二阶以上的高阶小量,并且不考虑模型中的参数不确定项,得到的为标准参数模型。

对于线性化数学模型的方程,我们还做了这样的一个处理。对于任意时刻的状态量,可以表示为($\ddot{z}_1,\dot{z}_1,z_1;\ddot{\theta}_1,\dot{\theta}_1,\theta_1$),在平衡点处的状态量为($\ddot{z}_0,\dot{z}_0,z_0;\ddot{\theta}_0,\dot{\theta}_0,\theta_0$),而在模型中用到的($\ddot{z},\dot{z},z;\ddot{\theta},\dot{\theta},\theta$)是上述两个状态量的差值,即$\ddot{z}=\ddot{z}_1-\ddot{z}_0$,$\dot{z}=\dot{z}_1-\dot{z}_0$,$z=z_1-z_0$,$\ddot{\theta}=\ddot{\theta}_1-\ddot{\theta}_0$,$\dot{\theta}=\dot{\theta}_1-\dot{\theta}_0$,$\theta=\theta_1-\theta_0$。

对线性化的数学模型(式(3-103))进一步变换,得到

$$\begin{bmatrix}1&0&0&0\\0&A_{11}&0&A_{14}\\0&0&1&0\\0&B_{11}&0&B_{14}\end{bmatrix}\begin{bmatrix}\dot{z}\\\ddot{z}\\\dot{\theta}\\\ddot{\theta}\end{bmatrix}=-\begin{bmatrix}0&-1&0&0\\A_{13}&A_{12}&A_{16}&A_{15}\\0&0&0&-1\\B_{13}&B_{12}&B_{16}&B_{15}\end{bmatrix}\begin{bmatrix}z\\\dot{z}\\\theta\\\dot{\theta}\end{bmatrix}+\begin{bmatrix}0&0\\Z_1&Z_2\\0&0\\M_1&M_2\end{bmatrix}\begin{bmatrix}\alpha\\\alpha_2\end{bmatrix}\quad(3-104)$$

令 $\boldsymbol{x}=[z\quad \dot{z}\quad \theta\quad \dot{\theta}]^{\mathrm{T}}$,则状态方程式(3-104)最终可以写成下面形式:

$$\dot{\boldsymbol{x}}=\boldsymbol{A}\boldsymbol{x}+\boldsymbol{B}\boldsymbol{u}\quad(3-105)$$

其中,$\boldsymbol{A}=-\begin{bmatrix}1&0&0&0\\0&A_{11}&0&A_{14}\\0&0&1&0\\0&B_{11}&0&B_{14}\end{bmatrix}^{-1}\begin{bmatrix}0&-1&0&0\\A_{13}&A_{12}&A_{16}&A_{15}\\0&0&0&-1\\B_{13}&B_{12}&B_{16}&B_{15}\end{bmatrix}$,$\boldsymbol{B}=\begin{bmatrix}1&0&0&0\\0&A_{11}&0&A_{14}\\0&0&1&0\\0&B_{11}&0&B_{14}\end{bmatrix}^{-1}\begin{bmatrix}0&0\\Z_1&Z_2\\0&0\\M_1&M_2\end{bmatrix}$

利用泰勒级数展开的方法,将含有相应状态量的公式对各个参量求取偏导数,系数矩阵中的参数具体求解公式展开如下:

$$\begin{bmatrix}A_{11}&A_{14}\\B_{11}&B_{14}\end{bmatrix}=\begin{bmatrix}m_2+2m_{\mathrm{f}}+\Delta m & -\sum_{i=1}^{2}m_{\mathrm{f}}(x_i-x_G)\\-\sum_{i=1}^{2}m_{\mathrm{f}}(x_i-x_G) & I_{yy}+I_y+\sum_{i=1}^{2}m_{\mathrm{f}}(x_i-x_G)^2\end{bmatrix}$$

$$\begin{bmatrix}A_{13}&A_{12}\\B_{13}&B_{12}\end{bmatrix}=\frac{1}{2}\rho V^2\begin{bmatrix}\sum_{i=1}^{2}\left(S\frac{\partial C_{Li}}{\partial z}\right)+\frac{\partial F_{\mathrm{b}}(z)}{\partial z}2\rho^{-1}V^{-2} & \sum_{i=1}^{2}\left(S\frac{\partial C_{Li}}{\partial \dot{z}}\right)\\-\sum_{i=1}^{2}\left(S\frac{\partial C_{Li}}{\partial z}(x_i-x_G)\right)+\frac{\partial F_{\mathrm{b}}(z)}{\partial z}(x_{\mathrm{b}}-x_G) & -\sum_{i=1}^{2}\left(S\frac{\partial C_{Li}}{\partial \dot{z}}(x_i-x_G)\right)\end{bmatrix}$$

$$\begin{bmatrix}A_{16}&A_{15}\\B_{16}&B_{15}\end{bmatrix}=\frac{1}{2}\rho V^2\begin{bmatrix}\sum_{i=1}^{2}\left(S\frac{\partial C_{Li}}{\partial \theta}\right) & \sum_{i=1}^{2}\left(S\frac{\partial C_{Li}}{\partial \dot{\theta}}\right)+4m_{\mathrm{f}i}\rho^{-1}V^{-1}\\-\sum_{i=1}^{2}\left[S\frac{\partial C_{Li}}{\partial \theta}(x_i-x_G)\right] & \sum_{i=1}^{2}S\frac{\partial C_{Li}}{\partial \dot{\theta}}(x_i-x_G)-2\rho\sum_{i=1}^{2}m_{\mathrm{f}}V^3(x_i-x_G)\end{bmatrix}$$

$$\begin{bmatrix}Z_1&Z_2\\M_1&M_2\end{bmatrix}=\frac{1}{2}\rho V^2\begin{bmatrix}S_1\frac{\partial C_{L\mathrm{p}1}(\alpha_{\mathrm{p}1})}{\partial \alpha_{\mathrm{p}1}} & S_1\frac{\partial C_{L\mathrm{p}2}(\alpha_{\mathrm{p}2})}{\partial \alpha_{\mathrm{p}2}}\\-S_1\frac{\partial C_{L\mathrm{p}1}}{\partial \alpha_{\mathrm{p}1}}(x_{\mathrm{p}1}-x_G) & -S_1\frac{\partial C_{L\mathrm{p}2}}{\partial \alpha_{\mathrm{p}2}}(x_{\mathrm{p}2}-x_G)\end{bmatrix}\quad(3-106)$$

将仿真得到的高速水翼双体船在没有干扰时的平衡点的值代入上述的公式中,即可求得状态方程的系数矩阵,这些矩阵都是不考虑参数可能存在摄动及不确定项时的结果,设计控制器时,会需要考虑不确定模型的矩阵,在第6章中会继续研究。

在考虑高速水翼双体船的纵摇/升沉运动时,暂时忽略它与横向运动的耦合。对所建立的纵摇/升沉数学模型中的参数进行计算,同时建立不规则海浪对高速水翼双体船的纵摇/升沉运动干扰的力和力矩方程,方便第 6 章的控制器设计和仿真分析。

高速水翼双体船在建立数学模型时,需要计算多个水动力参数及随机海浪对它的干扰力和力矩,例如:高速水翼双体船的吃水体积和海浪干扰力的数值都需要三次积分才可求得,即便知道具体参数和计算公式,计算起来也是很烦琐的,所以这里采用切片方法进行简化计算。高速水翼双体船的双体部分都是由很窄的细长船体构成,而且在高速航行时,船体的吃水也会变小,因此满足切片方法的要求。

利用切面方法时,首先应将船体进行切割,分解成可以计算的小块,分块时要注意合理性,就是将形状相近的区域划分到一块中,本书的高速水翼双体船船长为 38.08m,为了计算需要和方便考虑,将船体沿纵向切割成 10 块。计算高速水翼双体船任意时刻的吃水体积:假设高速水翼双体船的吃水深度 $d(n)$ 和此吃水深度的宽度 $B_\delta(n)$ 的关系为

$$B_\delta(n)=a_0+a_1d(n)+a_2d^2(n)+a_3d^3(n) \tag{3-107}$$

式中:n 为切割的小块序号。

根据式(3-107)得到每一小块面积:

$$S_\alpha(n)=\sum_{i=1}^{20}B_\delta(n)\Delta d(n) \tag{3-108}$$

式中:$\Delta d(n)$ 为吃水在垂向上等距离分割成 20 段后的长度。

得到每块的横剖面面积后,沿纵向进行积分,就可以得到高速水翼双体船的瞬时吃水体积:

$$V_y=\sum_{n=1}^{10}\Delta LS_\alpha(n) \tag{3-109}$$

式中:ΔL 为切割的每块纵向的宽度。

同样可以得到任意时刻的水线面面积:

$$A_s=\Delta LB_\delta(n) \tag{3-110}$$

从上面的计算能够看出,利用切片方法计算高速水翼双体船的某些参数是非常简便的,而且这种方法在分析时也比较容易理解,将一些很复杂的问题简单化。

高速水翼双体船的数学模型中,有许多力需要根据船型来进行计算,如船体的转动惯量、吃水的体积、浮心的位置等,而计算不规则海浪对高速水翼双体船的力和力矩也需要给出船体的参数。有些文献采用经验公式进行求解,但对于高速水

翼双体船,其动态变化量在随机海浪干扰下,很难进行准确的估计,只有在线时得到的量才能保证计算的准确。首先给出高速水翼双体船的三维视图以及基本的尺寸,然后通过船体的横剖面,得到高速水翼双体船单个片体水下部分型线图,如图 3-17 和图 3-18 所示。

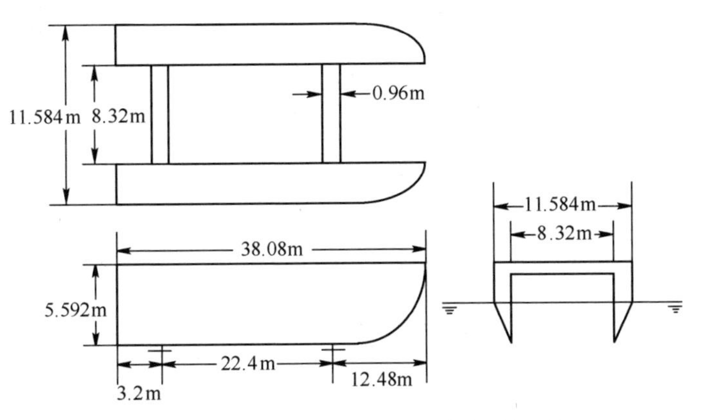

图 3-17　高速水翼双体船的三维视图尺寸图

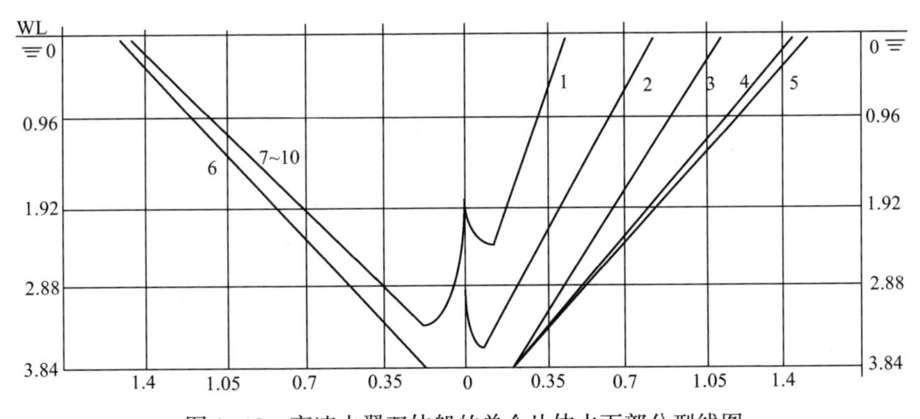

图 3-18　高速水翼双体船的单个片体水下部分型线图

高速水翼双体船的两个片体呈对称分布,且每个片体的形状相同,所以此处只给出一个单体的型线图,简化计算过程。从型线图可以看出,从片体的船头至船尾共分解成了 10 块,可以读出每块在不同吃水处的片体宽度,但这些只是一个个离散的对应关系,需要转化成可以计算的方程,本书利用最小二乘方法将任意小块的吃水与此时的船体宽度拟合成三次曲线,这样可以方便地进行后续的计算。设有如下方程:

$$B_{\delta}(n)=a_0+a_1d(n)+a_2d^2(n)+a_3d^3(n) \tag{3-111}$$

式中：$B_\delta(n)$为每块吃水宽度；$d(n)$为每块任意时刻的吃水深度。式（3-111）中的每个权值如表3-5所示。

表3-5 公式中的权值

分块编号	a_0	a_1	a_2	a_3
1	0.4414	-0.0900	-0.0882	0.0349
2	0.7709	-0.2751	0.0296	-0.0019
3	1.0871	-0.2937	-0.0074	0.0060
4	1.3440	-0.3000	-0.0000	0.0000
5	1.4715	-0.3607	0.0397	-0.0090
6	1.4715	-0.3607	0.0397	-0.0090
7	1.4425	-0.355	0.0620	-0.0198
8	1.4425	-0.355	0.0620	-0.0198
9	1.4425	-0.355	0.0620	-0.0198
10	1.4425	-0.355	0.0620	-0.0198

根据拟合后的曲线，船体的许多参数都可以进行计算。

1）高速水翼双体船船体升力的计算

船体自身的升力是指船在水中航行时，水对船体的作用力，可用如下公式计算：

$$F_{\mathrm{H}}=-\frac{1}{2}\rho v^2 A_{\mathrm{s}} C_{LH} \tag{3-112}$$

式中：C_{LH}为船体的升力系数的导数，$C_{LH}=\frac{1}{2}\times\frac{\pi}{2}\times\frac{B_{\max}^2}{A_{\mathrm{s}}}$；$A_{\mathrm{s}}$为单个片体的水线面面积，$A_{\mathrm{s}}=\int_{-l_{\mathrm{h}}}^{l_{\mathrm{q}}} B(x)\mathrm{d}(x)$，$B(x)$表示船体任意一点与水面相交处的宽度，$l_{\mathrm{h}}$和$l_{\mathrm{q}}$分别为水线面的首、尾到船中的距离。

对于高速水翼双体船升力的作用点，可用如下经验公式计算：

$$x_{\mathrm{H}}=0.75L_4-0.5L_\gamma \tag{3-113}$$

式中：L_4为每个片体的水线长度；L_γ为船体的总长。

2）高速水翼双体船浮力的计算

浮力与高速水翼双体船的水下体积有着密切的关系，用如下公式计算：

$$F_{\mathrm{b}}=-2\rho g V_{\mathrm{y}}=-2\rho g\sum_{n=1}^{10} V_\theta(n) \tag{3-114}$$

式中：V_{y}为高速水翼双体船吃水体积；$V_\theta(n)$为每个片体每块在水中吃水的体积。

高速水翼双体船浮力的作用点，是指其高速水翼双体船吃水体积的中心位置，根据下列公式计算：

$$x_{\mathrm{b}}=\frac{\int_{-l_{\mathrm{h}}}^{l_{\mathrm{q}}} xA(x)\,\mathrm{d}x}{V_{\mathrm{y}}}=\frac{\int_{-l_{\mathrm{h}}}^{l_{\mathrm{q}}} xA(x)\,\mathrm{d}x}{\sum_{n=1}^{10} V(n)} \tag{3-115}$$

式中：$A(x)$为船体由船首到船尾任意位置处的水下横剖面面积。

3）高速水翼双体船重心位置的计算

重心可以利用浮心进行计算，因为船在静止时，其重力和浮力是相等的，所以有如下方程组：

$$\begin{cases} m_2 g=F_{\mathrm{b}} \\ x_{\mathrm{b}}=x_G \end{cases} \tag{3-116}$$

利用上面方程组即可得到高速水翼双体船的重心。

4）高速水翼双体船的转动惯量的计算

把高速水翼双体船视作刚体，根据刚体绕平行轴转动定律得到

$$I_{yy}=2\int (z^2+x^2)\,\mathrm{d}m \tag{3-117}$$

进一步根据高速水翼双体船已被分割成 10 个小块得到

$$I_{yy}=2\sum_{n=1}^{10}(I_{yyn}+m_n k_n^2)=2\sum_{n=1}^{10}\left(\iiint_{M_n}\rho_1 r_n\,\mathrm{d}x\mathrm{d}y\mathrm{d}z+\iiint_{M_n}\rho_1 r_n\,\mathrm{d}x\mathrm{d}y\mathrm{d}z k_n^2\right) \tag{3-118}$$

式中：I_{yyn}为每小块到重心的转动惯量；r_n 为片体的第 n 块的质量微元与此块质心的距离；ρ_1 为高速水翼双体船船体材料的密度；k_n 为片体的第 n 块的质心到高速水翼双体船重心的距离。

高速水翼双体船的附加转动惯量

$$\Delta I_{yy}=0.055\frac{\rho}{g}B^2L^3\frac{\alpha^2}{(3-2\alpha)(3-\alpha)} \tag{3-119}$$

式中：B 为船宽；α 为水线面系数。

附加质量的计算公式为

$$\Delta m=\frac{\pi}{2}\times\frac{1}{4}Sb\rho \tag{3-120}$$

5）水翼和襟尾翼系统的特性及相关力的计算

水翼在水中运动时会对周围的水有冲击，这种冲击便转化为力的形式反作用于水翼，由于水翼的惯性力在各个方向都存在，为计算简单，这里只取与水翼升力方向相同的力，计算公式如下：

$$F_L=-m_f[\ddot{z}+V\dot{\theta}-(x_i-x_G)\ddot{\theta}] \tag{3-121}$$

式中：m_f为水翼产生的附加质量。水翼在运动时，由于流体具有黏性，水翼上存在附加质量，计算公式如下：

$$m_f=\frac{1}{8}\rho\pi c^2 b \tag{3-122}$$

式中：c 为弦长；b 为展长。

襟尾翼的原理与水翼相似，在计算襟尾翼的升力时可以参考水翼的升力计算方法，直接给出襟尾翼升力的计算公式：

$$F_{pi}=-\frac{1}{2}\rho S_1 V^2 C_{Lpi}\alpha_{pi} \tag{3-123}$$

式中：S_1为襟尾翼的投影面积；C_{Lpi}为襟尾翼的升力系数；α_{pi}为襟尾翼的转角。根据伺服系统的输出能力，规定襟尾翼的最大转角幅值不超过 20°，输出的最大角速度不超过 15(°)/s。

3.4.3 高速水翼双体船在随机海浪中纵向运动特性

高速水翼双体船在海上航行时，会受到外界的多种干扰，而海浪干扰是最直接且影响最大的一种。研究如何增强海上运动物体的稳定性，其实就是在寻找减小海浪对运动体的干扰的方法。海浪对船体的力主要是船体在海上航行时，船体与波浪的相互运动，导致波浪对船体产生瞬时的局部压力，如果是持续的波浪冲击，就会产生具有一定形式持续的力的作用。

对于高速水翼双体船，水翼的面积与船体相比要小得多，所以海浪的冲击也会较小，在计算高速水翼双体船所受到的干扰力时，通常只计算双体部分的受力。假设在双体之间的两个侧体没有流体的相互作用，并且每个片体的水下形状也是一样的，则只需计算一个单体的受力，再乘以相应的倍数。

双体船受到的 z'轴方向的力和力矩是海浪对船体单位体积上的冲击的总和，在这里认为海浪的冲击力是均匀分布的，可以得到单位体积上的载荷为

$$\Delta V(x,z,t)=-\rho g\xi_a e^{-kz}\cos(kx\cos\varphi_e-ky\sin\varphi_e-\omega_e t) \tag{3-124}$$

根据积分学的知识，可以得到在 z'轴上的力和力矩表达式：

$$Z_0=-\rho g\xi_a k\iiint_v e^{-kz}\cos(kx\cos\varphi_e-ky\sin\varphi_e-\omega_e t)\,dv \tag{3-125}$$

$$M_0=-\rho g\xi_a k\iiint_v e^{-kz}\cos(kx\cos\varphi_e-ky\sin\varphi_e-\omega_e t)\,x\,dv \tag{3-126}$$

将式(3-125)、式(3-126)中体积积分展开成线积分和面积分，有

$$Z_0 = -\rho g\xi_a k\left[\int_L \cos(kx\cos\varphi_e - \omega_e t)\mathrm{d}x\iint_A \mathrm{e}^{-kz}\cos(ky\sin\varphi_e)\mathrm{d}A + \int_L \sin(kx\cos\varphi_e - \omega_e t)\mathrm{d}x\iint_A \mathrm{e}^{-kz}\sin(ky\sin\varphi_e)\mathrm{d}A\right] \tag{3-127}$$

$$M_0 = -\rho g\xi_a k\left[\int_L \cos(kx\cos\varphi_e - \omega_e t)x\mathrm{d}x\iint_A \mathrm{e}^{-kz}\cos(ky\sin\varphi_e)\mathrm{d}A + \int_L \sin(kx\cos\varphi_e - \omega_e t)\mathrm{d}x\iint_A \mathrm{e}^{-kz}\sin(ky\sin\varphi_e)\mathrm{d}A\right] \tag{3-128}$$

在计算上述积分时，假设船体在 y'轴上呈对称分布，于是有

$$\iint_A \mathrm{e}^{-kz}\sin(ky\sin\varphi_e)\mathrm{d}A = 0 \tag{3-129}$$

$$\iint_A \mathrm{e}^{-kz}\cos(ky\sin\varphi_e)\mathrm{d}A_\alpha = \frac{\sin\left(k\dfrac{B_\alpha(x)}{2}\sin\varphi_e\right)}{k\dfrac{B_\alpha(x)}{2}\sin\varphi_e}\mathrm{e}^{-kd(x)}A_\alpha(x) \tag{3-130}$$

式中：$A_\alpha(x)$为双体船片体的横剖面面积；$B_\alpha(x)$为每个片体横剖面在水下的宽度。$\mathrm{d}(x)$为任意时刻片体的吃水深度。

将式(3-129)、式(3-130)分别代入式(3-127)、式(3-128)，得到化简后力和力矩的数学方程：

$$Z_0 = -\rho g\int_L F(x)A_\alpha(x)\cos(kx\cos\varphi_e - \omega_e t + \varepsilon)\mathrm{d}x = -\rho g\begin{bmatrix}\int_L F(x)A_\alpha(x)\cos(kx\cos\varphi_e)\mathrm{d}x\cos(\omega_e t + \varepsilon) \\ -\int_L F(x)A_\alpha(x)\sin(kx\cos\varphi_e)\mathrm{d}x\sin(\omega_e t + \varepsilon)\end{bmatrix} \tag{3-131}$$

$$M_0 = -\rho g\int_L F(x)A_\alpha(x)x\cos(kx\cos\varphi_e - \omega_e t + \varepsilon)\mathrm{d}x = -\rho g\begin{bmatrix}\int_L F(x)A_\alpha(x)x\cos(kx\cos\varphi_e)\mathrm{d}x\cos(\omega_e t + \varepsilon) \\ -\int_L F(x)A_\alpha(x)x\sin(kx\cos\varphi_e)\mathrm{d}x\sin(\omega_e t + \varepsilon)\end{bmatrix} \tag{3-132}$$

其中，

$$F(x) = \xi_a k\frac{\sin(kB'_\alpha(x)\sin\varphi_e)}{kB'_\alpha(x)\sin\varphi_e}\mathrm{e}^{-kd(x)}, B'_\alpha(x) = \frac{B_\alpha(x)}{2}$$

上述的推导过程都是针对规则海浪的波形，得到的公式也是规则海浪对双体船的 z'方向的干扰力和力矩。本书需要得到不规则海浪对双体船的作用力，所以对于波面方程需要进行如下处理。

假设沿 ξ 方向的规则波面运动方程可以用如下式子表示：

$$\zeta(\xi,t)=a\cos(k\xi-\omega t+\varepsilon) \tag{3-133}$$

式中：a 为规则波的波幅。

采用余弦序列权重系数法，可以得到波面与波能谱密度函数之间的关系：

$$\zeta(t_j)=\sum_{n=1}^{m}\sqrt{2S(\omega_n)}\,\Delta\omega\cos(k\xi-\overline{\omega}_n t+\varepsilon_j),\quad j=0,1,\cdots,N \tag{3-134}$$

式中：m 为所取余弦序列数目；$S(\omega_n)$ 为离散波能谱密度；$\Delta\omega=\dfrac{(\omega_{\max}-\omega_{\min})}{m}$，$\omega_{\max}$ 和 $\omega_{\min}$ 根据图 3-5 中的海浪谱密度分布曲线得到；ε_j 为随机相位，其取值范围为 0～2π；$\omega_n=\omega_{\min}+(i-1)\Delta\omega$；$\overline{\omega}_n=\omega_n+\sigma\omega(t)$，$\sigma\omega(t)$ 为频率的随机抖动，值为 $\left[-\Delta\dfrac{\omega}{M},\Delta\dfrac{\omega}{M}\right]$ 之间的均匀随机数，M 一般为 20～40 的整数。

将式(3-134)写成在船体坐标系下的波面方程：

$$\begin{aligned}\zeta(t)&=\sum_{i=1}^{N}\sqrt{2S_\zeta(\omega_i)}\,\Delta\omega\cos\left[\frac{\omega_i^2}{g}x\cos\mu_{\mathrm{e}}-\left(\omega_i-\frac{\omega_i^2}{g}V\cos\mu_{\mathrm{e}}\right)t+\varepsilon_i\right]\\&=\sum_{i=1}^{N}E_i\cos\left[\frac{\omega_i^2}{g}x\cos\mu_{\mathrm{e}}-(\omega_i-\frac{\omega_i^2}{g}V\cos\mu_{\mathrm{e}})t+\varepsilon_i\right]\end{aligned} \tag{3-135}$$

利用此波面方程代替规则波的波面方程，得到随机海浪对高速水翼双体船的一个船体的纵摇干扰力矩和升沉干扰力：

$$Z_{\mathrm{d}}=-\rho g\sum_{i=1}^{N}E_i k\{A_i\cos[(\omega_i-kV\cos\chi)t+\varepsilon_i]+B_i\sin[(\omega_i-kV\cos\chi)t+\varepsilon_i]\} \tag{3-136}$$

$$M_{\mathrm{d}}=-\rho g\sum_{i=1}^{N}E_i k\{C_i\cos[(\omega_i-kV\cos\chi)t+\varepsilon_i]+D_i\sin[(\omega_i-kV\cos\chi)t+\varepsilon_i]\} \tag{3-137}$$

其中，$A_i=\int_L F_i(x)A(x)\cos(kx\cos\chi)\mathrm{d}x$，$B_i=\int_L F_i(x)A(x)\sin(kx\cos\chi)\mathrm{d}x$

$$C_i=\int_L F_i(x)A(x)x\cos(kx\cos\chi)\mathrm{d}x,\quad D_i=\int_L F_i(x)A(x)x\sin(kx\cos\chi)\mathrm{d}x$$

$$F_i(x)=\frac{\sin\left(k\dfrac{B(x)}{2}\sin\chi\right)}{k\dfrac{B(x)}{2}\sin\chi}\mathrm{e}^{-kd(x)},\quad k=\frac{\omega_i^2}{g}$$

因此高速水翼双体船在 z 轴方向上的力和力矩表示为

$$F_Z=2Z_{\mathrm{d}} \tag{3-138}$$

$$F_M = 2M_d \tag{3-139}$$

根据上述高速水翼双体船受力的表达式,代入模型中整理,可以得到

$$\begin{cases}(m_2+2m_f+\Delta m)\ddot{z}-\sum_{i=1}^{2}m_f(x_i-x_G)\ddot{\theta}=\sum_{i=1}^{2}(F_i+F_{pi})-2m_fV\dot{\theta}+F_H\cos\theta \\ \qquad +F_b\cos\theta+m_2g\cos\theta+F_Z \\ -\sum_{i=1}^{2}m_f(x_i-x_G)\ddot{z}+\left[I_{yy}+I_y+\sum_{i=1}^{2}m_f(x_i-x_G)^2\right]\ddot{\theta}=-\sum_{i=1}^{2}(x_{fi}-x_G)(F_i+F_{pi}) \\ +\sum_{i=1}^{2}m_fV\dot{\theta}(x_i-x_G)-2(x_H-x_G)F_H\cos\theta-(x_b-x_G)F_b\cos\theta+F_M\end{cases} \tag{3-140}$$

对上述二自由度方程进行求解得

$$\ddot{z}=\frac{a_{22}C_1-a_{12}C_2}{a_{11}a_{22}-a_{21}a_{12}},\quad \ddot{\theta}=\frac{a_{11}C_2-a_{21}C_1}{a_{11}a_{22}-a_{21}a_{12}} \tag{3-141}$$

$$a_{11}=(m_2+\Delta m+2m_f),a_{12}=a_{21}=-\sum_{i=1}^{2}m_f(x_{fi}-x_G),$$

$$a_{22}=I_{yy}+I_y+\sum_{i=1}^{2}m_f(x_{fi}-x_G)^2$$

$$C_1=\sum_{i=1}^{2}F_{fi}-2m_fV\dot{\theta}+F_b\cos\theta+m_2g\cos\theta+2F_H\cos\theta+F_Z$$

$$C_2=-\sum_{i=1}^{2}F_{fi}(x_{fi}-x_G)-\sum_{i=1}^{2}m_fV\dot{\theta}(x_{fi}-x_G)+mg\cos\theta+$$
$$F_b\cos\theta(x_b-x_G)+2F_H(x_H-x_G)\cos\theta+F_M$$

将式(3-140)的结果写成状态空间的表达形式

$$\begin{cases}\dot{\boldsymbol{x}}=\boldsymbol{f}(\boldsymbol{x})\\ \boldsymbol{y}=\boldsymbol{h}(\boldsymbol{x})\end{cases} \tag{3-142}$$

其中,状态量$\boldsymbol{x}=[z\quad \dot{z}\quad \theta\quad \dot{\theta}]^{\mathrm{T}}$,输出量为$\boldsymbol{y}=[z\quad \theta]^{\mathrm{T}}$,

$$\boldsymbol{f}(\boldsymbol{x})=\begin{bmatrix}\dot{z}\\ \dfrac{a_{22}C_1-a_{12}C_2}{a_{11}a_{22}-a_{21}a_{12}}\\ \dot{\theta}\\ \dfrac{a_{11}C_2-a_{21}C_1}{a_{11}a_{22}-a_{21}a_{12}}\end{bmatrix},\boldsymbol{h}(\boldsymbol{x})=[z\quad \theta]^{\mathrm{T}} \tag{3-143}$$

利用上面的化简公式,对高速水翼双体船在随机海浪下的干扰进行仿真,观察在干扰下高速水翼双体船纵摇/升沉运动的仿真曲线。海情为有义波高 2.5m,遭遇角分别设定为 30°、60°、90°、120°、150°,航速选取典型工作状态为 30kn,仿真结果如表 3-6 所示。

表 3-6 航速为 30kn 时纵摇/升沉仿真结果统计

遭遇角	统计值							
	$E(z)$	$\mathrm{STD}(z)$	$E(\theta)$	$\mathrm{STD}(\theta)$	$\mathrm{STD}(\dot{z})$	$\mathrm{STD}(\dot{\theta})$	$\mathrm{STD}(\ddot{z})$	$\mathrm{STD}(\ddot{\theta})$
30°	0.2644	0.2357	0.0539	0.3499	0.1055	0.2259	0.0844	0.2137
60°	0.3506	0.2904	0.1434	0.3478	0.0878	0.1604	0.0565	0.1420
90°	0.3225	0.1900	0.1077	0.4409	0.1621	0.3915	0.1461	0.3681
120°	0.3212	0.1199	0.1028	0.3407	0.1437	0.4400	0.1958	0.6410
150°	0.3198	0.0732	0.0984	0.2360	0.1149	0.4042	0.2199	0.8351

高速水翼双体船在随机海浪的干扰下,其纵摇/升沉运动是比较剧烈的,升沉位移幅值变化最大能够超过 1m,纵摇角度幅值变化在 2°左右。而且双体船的航行速度越高,纵摇/升沉运动越剧烈。在随机海浪与双体船的遭遇角小于 90°时,双体船的纵摇/升沉运动的幅值比较大,但是船体的运动频率较低,而且角度越小纵摇/升沉运动频率越低;但当遭遇角大于 90°时,双体船的纵摇/升沉运动的幅值反而变小了,而船体的运动频率却增加了,而且遭遇角越大,纵摇/升沉运动的抖动频率越快,这也符合迎浪时遭遇频率高,顺浪时遭遇频率低的特点。

3.4.4 高速水翼双体船回转/横倾运动数学模型

高速水翼双体船在海上航行时,主要受到流体动力、主动力(控制力如水翼升力、推进器推力等)和外力(环境干扰力如风浪流)三种力的作用。按照流体动力产生的原因可将其分为体现在附加质量或附加转动惯量方面的流体惯性力 F_I 和体现在摩擦阻力方面的黏性流体动力 F_H。为了实现对船舶预期操纵运动的控制,需要安装相应的控制装置如推进器等来产生控制力,本书主要考虑螺旋桨的推力 F_{P}、柱翼舵的转船力 F_{R} 和襟尾翼的操纵力 F_{F}。环境干扰力可分为阵风干扰、随机海浪干扰和洋流干扰 F_{D}。

综上可知,作用于高速水翼双体船上的合力和合力矩可表示为如下形式:

$$\begin{cases} \sum X = X_I + X_H + X_{\mathrm{P}} + X_{\mathrm{R}} + X_{\mathrm{F}} + X_{\mathrm{D}} \\ \sum Y = Y_I + Y_H + Y_{\mathrm{P}} + Y_{\mathrm{R}} + Y_{\mathrm{F}} + Y_{\mathrm{D}} \\ \sum N = N_I + N_H + N_{\mathrm{P}} + N_{\mathrm{R}} + N_{\mathrm{F}} + N_{\mathrm{D}} \\ \sum L = L_I + L_H + L_{\mathrm{P}} + L_{\mathrm{R}} + L_{\mathrm{F}} + L_{\mathrm{D}} \end{cases} \tag{3-144}$$

式中：I 代表流体惯性；H 代表流体黏性；P 代表螺旋桨；R 代表柱翼舵；F 代表襟尾翼；D 代表环境干扰。其附体坐标系下高速水翼双体船的四自由度操纵方程为

$$\begin{cases} m(\dot{u}-rv)=X_I+X_H+X_{\mathrm{P}}+X_{\mathrm{R}}+X_{\mathrm{F}}+X_{\mathrm{D}} \\ m(\dot{v}+ru)=Y_I+Y_H+Y_{\mathrm{P}}+Y_{\mathrm{R}}+Y_{\mathrm{F}}+Y_{\mathrm{D}} \\ I_{zz}\dot{r}=N_I+N_H+N_{\mathrm{P}}+N_{\mathrm{R}}+N_{\mathrm{F}}+N_{\mathrm{D}} \\ I_{xx}\dot{p}=L_I+L_H+L_{\mathrm{P}}+L_{\mathrm{R}}+L_{\mathrm{F}}+L_{\mathrm{D}} \end{cases} \tag{3-145}$$

1. 流体惯性力的计算

利用片体绕垂直于两个片体的中心的连线运动时，动能的已知解来确定双体船的附加质量和附加转动惯量，因此高速水翼双体船的附加质量和附加转动惯量与片体附加质量和附加转动惯量之间的关系可由下式给出：

$$\begin{cases} m_x=2m_{1x}\left[1+\dfrac{3}{16}\left(\dfrac{0.5e}{c}\right)^3\right] \\ m_y=m_{1y}\left[1+\dfrac{3}{8}\left(\dfrac{d}{c}\right)^3\right] \\ J_{zz}=2m_{1x}\left[1+\dfrac{3}{16}\left(\dfrac{0.5e}{c}\right)^3\right]c^2+J_{1zz}\left[1+\dfrac{3}{8}\left(\dfrac{d}{c}\right)^3\right] \end{cases} \tag{3-146}$$

式中：e 为片体宽；d 为单片体的吃水；c 为两个片体在高速水翼双体船纵舯剖面中的横向距离；m_{1x}，m_{1y} 为单片体的附加质量；J_{1zz} 为单片体的附加惯性矩。

利用 Ю. А. 涅茨维塔耶夫推荐的公式可近似得到高速水翼双体船绕 x 轴的附加惯性矩 J_{xx}。

$$J_{xx}=4m_{1z}C_{\Pi}^2 \tag{3-147}$$

式中：C_{Π} 为高速水翼双体船纵舯轴线和片体纵舯轴线之间的横向距离；m_{1z} 为单片体升沉附加质量，可利用 Г. Е. 巴甫连科提出的式（3-148）计算：

$$m_{1z}=0.85\,\frac{\pi}{4}\times\frac{\gamma}{g}LB^2\,\frac{\alpha^2}{1+\alpha} \tag{3-148}$$

式中：L 为计算船长；B_0 为单片体的宽度；α 为水线面面积系数。

计算横摇惯性矩时，如果没有重量载荷，可利用杜阿依埃尔提出的式（3-149）计算：

$$I_{xx}=\frac{D}{12g}(B_0^2+4z_g^2) \tag{3-149}$$

式中：D 为高速水翼双体船的静止排水量；B_0 为双体船的水线宽；z_g 为双体船重心垂向坐标。

高速水翼双体船艏摇惯性矩为

$$I_{zz}=\frac{J_{zz}}{k_z} \tag{3-150}$$

2. 黏性流体动力计算

黏性流体动力的计算模型有很多种,目前较为常用的有井上模型和贵岛模型。本书采用贵岛模型来估算高速水翼双体船的黏性流体动力:

$$\begin{cases}X_H=X_{uu}u^2+X_{vv}v^2+X_{vr}vr+X_{rr}r^2\\Y_H=Y_v v+Y_r r+Y_{v|v|}v\,|\,v\,|+Y_{r|r|}r\,|\,r\,|+Y_{vvr}v^2r+Y_{vrr}vr^2\\N_H=N_v v+N_r r+N_\phi\phi+N_{v|v|}v\,|\,v\,|+N_{r|r|}r\,|\,r\,|+N_{v|\phi|}v\,|\,\phi\,|\\\qquad +N_{r|\phi|}r\,|\,\phi\,|+N_{vvr}v^2r+N_{vrr}vr^2\\L_H=-2N_{\dot\phi}\,\dot\phi-D_c h\phi-Y_H z_H\end{cases} \tag{3-151}$$

式中:$X_.$,$Y_.$,$N_.$ 为黏性水动力导数;N_ϕ 为横摇阻尼力矩;$D_c h$ 为横摇恢复力矩;h 为横稳心高;z_H 为横向作用力 Y_H 的作用中心在附体坐标系 z 轴上的坐标(船舶重心为附体坐标系的原点)。

3. 螺旋桨控制力计算

螺旋桨因具有较高的低速推进效率、适用面广等特点得到了广泛的应用。本书研究的高速水翼双体船采用双螺旋桨推进结构,螺旋桨为荷兰的 B 型四叶螺旋桨。

在沉深比和装载一定时,敞水螺旋桨推力可由下式计算得到:

$$T=\rho n^2D_{\mathrm{P}}^4k_T \tag{3-152}$$

式中:n 为螺旋桨转速;D_{P} 为螺旋桨直径;k_T 为推力系数。

4. 柱翼舵转船力和力矩的计算

由于柱翼舵处于船体尾部,因此柱翼舵不仅受到螺旋桨的影响,还受到船体伴流的影响,这样有利于提高柱翼舵的转船力和力矩。在计算柱翼舵的转船力和力矩时,需要考虑船体和螺旋桨对柱翼舵的干扰作用,船舶的横漂和回转运动也会影响柱翼舵的作用效果。高速水翼双体船双柱翼舵水动力模型计算公式为

$$\begin{cases}X_{\mathrm{R}}=(1+t_{\mathrm{R}})(F_{\mathrm{Nl}}\sin\delta_{\mathrm{Rl}}+R_{\mathrm{Nr}}\sin\delta_{\mathrm{Rr}})\\Y_{\mathrm{R}}=(1+a_{\mathrm{H}})(F_{\mathrm{Nl}}\cos\delta_{\mathrm{Rl}}+F_{\mathrm{Nr}}\cos\delta_{\mathrm{Rr}})\\N_{\mathrm{R}}=-(1-t_{\mathrm{R}})C_{\mathrm{PP}}(F_{\mathrm{Nl}}\sin\delta_{\mathrm{Rl}}-F_{\mathrm{Nr}}\sin\delta_{\mathrm{Rr}})\\\qquad +(x_{\mathrm{R}}+a_{\mathrm{H}}x_{\mathrm{H}})(F_{\mathrm{Nl}}\cos\delta_{\mathrm{Rl}}+F_{\mathrm{Nr}}\cos\delta_{\mathrm{Rr}})\\L_{\mathrm{R}}=-(z_{\mathrm{R}}+a_{\mathrm{H}}z_{\mathrm{H}})(F_{\mathrm{Nl}}\cos\delta_{\mathrm{Rl}}+F_{\mathrm{Nr}}\cos\delta_{\mathrm{Rr}})\end{cases} \tag{3-153}$$

式中：F_{Nl}，F_{Nr}分别为左柱翼舵和右柱翼舵的正压力；δ_{Rl}，δ_{Rr}分别为柱翼舵的左舵角、右舵角；t_R 为柱翼舵阻力减额系数；a_H 为考虑操舵诱导船体横向力的影响后对柱翼舵受力大小的修正因子；x_R 为柱翼舵舵力作用中心沿 x 轴投影的坐标，一般可取为 $x_R=-0.5L$；z_R 为柱翼舵舵力作用中心沿 z 轴投影的坐标，可用 $z_R=z_g-\frac{H_R}{2}$计算得到；x_H 为因操舵诱导的船体横向力作用中心沿 x 轴投影的坐标，该值基本不会随船型变化而变化，可用公式 $x_H=-(0.4+0.1C_b)L$ 计算得到；z_H 为操舵诱导船体横向力作用中心沿 z 轴投影的坐标，通常选取 $z_H\approx z_R$；C_{PP}为两柱翼舵之间距离的$\frac{1}{2}$。

以水翼双体船右柱翼舵为例，柱翼舵正压力可由下式得到：

$$F_{Nr}=-\frac{1}{2}\rho A_R U_R^2 f_\alpha \sin\alpha_R \tag{3-154}$$

式中：A_R 为柱翼舵舵叶侧投影面积，该面积的大小对船舶的操纵性能有较大影响；f_α 为柱翼舵在冲角为零时升力系数的斜率值；U_R 为流入柱翼舵的有效流速；α_R 为流入柱翼舵的有效冲角。

5. 水翼/襟尾翼控制力和力矩的计算

本书提出于固定水翼上加装对称可控襟尾翼，通过船体两侧襟尾翼角的差动控制来控制和调节船体的横倾（横摇）角度，增强水翼双体船的机动回转性能和耐波性能。由于直接对水翼系统进行建模具有一定的难度，为了简化研究对象，本书忽略水翼在高速运行时，所产生的阻力、阻力矩和水翼与襟尾翼之间的影响，则水翼/襟尾翼对水翼双体船的水动力表达式为

$$\begin{cases} X_{HY}=\sum_{i=1}^{2}L_{HYi}\sin\theta \\ Y_{HY}=-\sum_{i=1}^{2}L_{HYi}\cos\theta\sin\phi \\ N_{HY}=-\sum_{i=1}^{2}x_i L_{HYi}\cos\theta\sin\phi \\ L_{HY}=2\sum_{i=1}^{2}|y_i|L_{fpi}\cos\theta \end{cases} \tag{3-155}$$

式中：θ 为来流方向角；ϕ 为横倾角；x_i，$i=1,2$ 分别为前后水翼升力作用中心在 x 轴

上的坐标;$y_i,i=1,2$ 分别为左右两侧襟尾翼升力作用中心在 y 轴上的坐标;L_{HYi},$i=1,2$ 分别表示前水翼和后水翼提供的升力;$L_{fpi},i=1,2$ 分别表示左右两侧襟尾翼提供的升力。

3.4.5 高速水翼双体船在随机海浪中回转/横倾运动特性

本书将水翼双体船两片体分别作为独立个体进行干扰分析,利用叠加定理计算水翼双体船的海浪干扰力和力矩。假设波浪的压力分布不受船舶的影响,则深水规则波的动压力分布可由下式表示:

$$\Delta p(x,z,t)=-\rho g a \mathrm{e}^{-kz}\cos(kx\cos\chi-ky\sin\chi-\omega_e t) \tag{3-156}$$

运用高斯定理,可得波浪作用在船上的四个自由度的干扰力或力矩如下:

$$\begin{cases} X_D=-\iiint\limits_V \dfrac{\partial(\Delta p)}{\partial x}\mathrm{d}V \\ Y_D=-\iiint\limits_V \dfrac{\partial(\Delta p)}{\partial y}\mathrm{d}V \\ N_D=\iiint\limits_V \left[\dfrac{\partial(\Delta p)}{\partial x}y-\dfrac{\partial(\Delta p)}{\partial y}x\right]\mathrm{d}V \\ L_D=\iiint\limits_V \left[\dfrac{\partial(\Delta p)}{\partial y}z-\dfrac{\partial(\Delta p)}{\partial z}y\right]\mathrm{d}V \end{cases} \tag{3-157}$$

经过适当的简化处理可得

$$\begin{cases} X_D=4\sum\limits_{i=1}^{n}R_{i1}B_{\mathrm{m}}\left(\dfrac{\sin R_{i2}\sin R_{i3}}{R_{i3}}\right)\zeta_{ai}\sin(\omega_{ei}t+\varepsilon_{xi}) \\ Y_D=-4\sum\limits_{i=1}^{n}R_{i1}L\left(\dfrac{\sin R_{i2}\sin R_{i3}}{R_{i2}}\right)\zeta_{ai}\sin(\omega_{ei}t+\varepsilon_{yi}) \\ N_D=2\sum\limits_{i=1}^{n}R_{i1}\left[\dfrac{B_{\mathrm{m}}^2\sin R_{i2}(R_{i3}\cos R_{i3}-\sin R_{i3})}{R_{i3}^2}\right. \\ \qquad\left.-\dfrac{2L^2\sin R_{i3}(R_{i2}\cos R_{i2}-\sin R_{i2})}{R_{i2}^2}\right]\zeta_{ai}\cos(\omega_{ei}t+\varepsilon_{ni}) \\ L_D=2\sum\limits_{i=1}^{n}[K_{i1}\zeta_{ai}\cos(\omega_{ei}t+\varepsilon_i)+K_{i2}\zeta_{ai}\sin(\omega_{ei}t+\varepsilon_i)] \end{cases} \tag{3-158}$$

$$
\begin{cases}
R_{i1}=\rho g\dfrac{(1-\mathrm{e}^{-k_i d_\mathrm{m}})}{k_i}\\
R_{i2}=\left(\dfrac{k_i L}{2}\right)\cos\mu_\mathrm{e}\\
R_{i3}=\left(\dfrac{k_i B_\mathrm{m}}{2}\right)\sin\mu_\mathrm{e}\\
K_{i1}=-\rho g\left(\dfrac{2\pi}{\lambda_1}\right)\mathrm{e}^{-\left(\frac{\pi}{\lambda_1}\right)d_\mathrm{m}}\sin\mu_\mathrm{e}B_\mathrm{m}d_\mathrm{m}\left[zL+\mathrm{e}^{-\left(\frac{\pi}{\lambda_1}\right)d_\mathrm{m}}\dfrac{\left(\dfrac{d_\mathrm{m}}{2}-\dfrac{B_\mathrm{m}^2}{d_\mathrm{m}}\right)\sin\left(\dfrac{2\pi L\cos\mu_\mathrm{e}}{\lambda_1}\right)}{\left(\dfrac{2\pi\cos\mu_\mathrm{e}}{\lambda_1}\right)}\right]\\
K_{i2}=-\rho g\left(\dfrac{2\pi}{\lambda_1}\right)\mathrm{e}^{-\left(\frac{\pi}{\lambda_1}\right)d_\mathrm{m}}\sin\mu_\mathrm{e}B_\mathrm{m}d_\mathrm{m}\left\{zL+\mathrm{e}^{-\left(\frac{\pi}{\lambda_1}\right)d_\mathrm{m}}\dfrac{\left(\dfrac{d_\mathrm{m}}{2}-\dfrac{B_\mathrm{m}^2}{d_\mathrm{m}}\right)\left[1-\cos\left(\dfrac{2\pi L\cos\mu_\mathrm{e}}{\lambda_1}\right)\right]}{\left(\dfrac{2\pi\cos\mu_\mathrm{e}}{\lambda_1}\right)}\right\}
\end{cases}
\tag{3-159}
$$

式中:L 为片体水线长;B_m 为片体最大宽度;d_m 为片体平均吃水;z 为片体重心与水线面之间的距离;λ_i 为谐波的波长;k_i 为波数;μ_e 为遭遇角;ε_i 为第 i 次谐波的初相位。

3.5 现代高性能全浸式水翼艇数学模型

3.5.1 全浸式水翼艇系统结构分析

本书以美国 PCH-1“高点”号水翼艇为参考船型,开展翼航状态下全浸式水翼艇横向和纵向运动建模与控制的相关工作。PCH-1 全浸式水翼艇是由美国海军立项,波音公司海事系统事业部设计与制造的一艘具有里程碑意义的全浸式水翼艇。其总排水量 120t,动力装置为两台 3900hp 的劳斯莱斯船用燃气轮机,在后水翼翼舱设计了螺旋桨推进系统,利用 Z 形驱动装置进行不同轴系的机械传动,设计航速超过 45kn。

PCH-1 水翼艇水翼系统总体布置方式采用鸭式布局。艏水翼选用单个小展弦比 T 形翼,翼梢后缘安装有可控襟翼作为升降舵。后水翼采用一体式大展弦比水翼,翼梢后缘内侧布置两套同步控制的襟尾翼,配合前水翼的升降舵实现全浸式水翼艇的纵向运动控制;翼梢后缘外侧布置两套差动控制的副翼,用以作为横向运动的控制面,后水翼两个支柱的翼面末端安装有可控柱翼舵,两套副翼配合柱翼舵作为全浸式水翼艇横向运动控制的控制翼面,也即本书所研究全浸式水翼艇横向运动姿态鲁棒控制问题的控制输入。水翼的具体布置情况如图 3-19 所示。

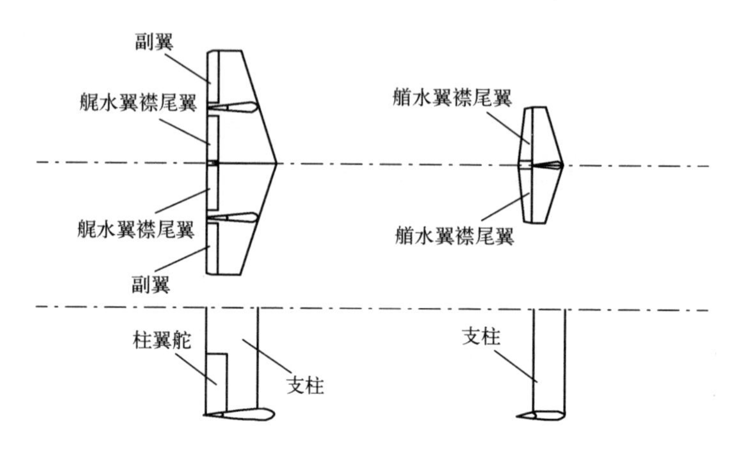

图 3-19　鸭式布局的水翼系统示意图

3.5.2　全浸式水翼艇纵向运动数学模型

船舶在海流和海风下的运动方程可以通过牛顿欧拉定理和拉格朗日方程得到。方程适用于高速船舶、水下航行器,以及水面漂浮结构等。全浸式水翼艇为一刚体,因而基于刚体的动力学和运动学理论对全浸式水翼艇的纵向运动进行建模。首先考虑水翼艇的动量定理:

$$m\left(\frac{\mathrm{d}\boldsymbol{V}_G}{\mathrm{d}t}\right)=\boldsymbol{F} \tag{3-160}$$

式中:m 为艇体的质量;$\boldsymbol{V}_G$为水翼艇重心的速度;$\boldsymbol{F}$ 为作用于艇体的合外力。若动坐标系原点不在重心 G 处,有 $\boldsymbol{V}_G=\boldsymbol{V}_0+\boldsymbol{\Omega}\times\boldsymbol{R}_G$,代入到式(3-160)可得到

$$m[\dot{\boldsymbol{V}}+\boldsymbol{\Omega}\times\boldsymbol{V}+\dot{\boldsymbol{\Omega}}\times\boldsymbol{R}_G+\boldsymbol{\Omega}\times(\boldsymbol{\Omega}\times\boldsymbol{R}_G)]=\boldsymbol{F} \tag{3-161}$$

将上述方程在动坐标系下展开,并用各自的分量进行表示,则向量方程可展开成如下的形式:

$$\begin{cases}m[\dot{u}-vr+wq-x_G(q^2+r^2)+y_G(pq-\dot{r})+z_G(pr+\dot{q})]=X\\m[\dot{v}-wp+ur-y_G(r^2+p^2)+z_G(qr-\dot{p})+x_G(pq+\dot{r})]=Y\\m[\dot{w}-uq+vp-z_G(p^2+q^2)+x_G(rp-\dot{q})+y_G(rq+\dot{p})]=Z\end{cases} \tag{3-162}$$

下面考虑动量矩的变化与外力矩的关系。对于刚体的重心来说,在惯性坐标系下有如下的动量矩定理:

$$\left(\frac{\mathrm{d}\boldsymbol{L}_G}{\mathrm{d}t}\right)=\boldsymbol{M}_G \tag{3-163}$$

如果动坐标系的原点 o 不在重心处,应该有如下的转换关系:

$$\boldsymbol{M}=\boldsymbol{M}_G+\boldsymbol{R}_G\times\boldsymbol{F} \tag{3-164}$$

动量矩在动坐标系下可表示成

$$\boldsymbol{L}_G=\boldsymbol{I}_X p\boldsymbol{X}+\boldsymbol{I}_Y q\boldsymbol{Y}+\boldsymbol{I}_Z r\boldsymbol{Z} \tag{3-165}$$

其中,

$$\begin{cases}\boldsymbol{I}_X=\boldsymbol{I}_{XG}+m(y_G^2+z_G^2)\\ \boldsymbol{I}_Y=\boldsymbol{I}_{YG}+m(z_G^2+x_G^2)\\ \boldsymbol{I}_Z=\boldsymbol{I}_{ZG}+m(y_G^2+x_G^2)\end{cases} \tag{3-166}$$

将式(3-162)、式(3-164)和式(3-165)代入到式(3-163)并考虑到单位矢量的求导公式,可得

$$\boldsymbol{I}\dot{\boldsymbol{w}}+\boldsymbol{\Omega}\boldsymbol{I}\boldsymbol{w}+\dot{\boldsymbol{R}}_G(\dot{\boldsymbol{V}}+\boldsymbol{\Omega}\boldsymbol{V})m=\boldsymbol{M} \tag{3-167}$$

其中,$\boldsymbol{I}=\begin{bmatrix}\boldsymbol{I}_X & -\boldsymbol{I}_{XY} & -\boldsymbol{I}_{XZ}\\ -\boldsymbol{I}_{XY} & \boldsymbol{I}_Y & -\boldsymbol{I}_{YZ}\\ -\boldsymbol{I}_{ZX} & -\boldsymbol{I}_{ZY} & \boldsymbol{I}_Z\end{bmatrix}$,$\boldsymbol{w}=\begin{bmatrix}p\\ q\\ r\end{bmatrix}$,$\boldsymbol{M}=\begin{bmatrix}K\\ M\\ N\end{bmatrix}$,$\boldsymbol{R}_G=\begin{bmatrix}0 & -z_G & y_G\\ z_G & 0 & -x_G\\ -y_G & x_G & 0\end{bmatrix}$

式中:$\boldsymbol{I}_X,\boldsymbol{I}_Y,\boldsymbol{I}_Z$为水翼艇的质量对 ox,oy,oz 轴的惯性矩;$\boldsymbol{I}_{XY},\boldsymbol{I}_{YZ},\boldsymbol{I}_{XZ}$为水翼艇的质量对 xoy,xoz,yoz 平面的惯性积。

水翼艇在小扰动的外力和力矩作用下,以速度 $\boldsymbol{V}_e+\boldsymbol{V}$ 和角速度 w_e+w 运动,此时有

$$m[\dot{\boldsymbol{V}}_e+\dot{\boldsymbol{V}}+(\boldsymbol{\Omega}_e+\boldsymbol{\Omega})(\boldsymbol{V}_e+\boldsymbol{V})+(\dot{\boldsymbol{\Omega}}_e+\dot{\boldsymbol{\Omega}})r_G+(\boldsymbol{\Omega}_e+\boldsymbol{\Omega})^2 r_G]=\boldsymbol{F}_e+\boldsymbol{F} \tag{3-168}$$

$$\boldsymbol{I}(\dot{\boldsymbol{w}}_e+\dot{\boldsymbol{w}})+(\boldsymbol{\Omega}_e+\boldsymbol{\Omega})\boldsymbol{I}(\boldsymbol{w}_e+\boldsymbol{w})+\dot{\boldsymbol{R}}_G[\dot{\boldsymbol{V}}_e+\dot{\boldsymbol{V}}+(\boldsymbol{\Omega}_e+\boldsymbol{\Omega})(\boldsymbol{V}_e+\boldsymbol{V})]m=\boldsymbol{M}_e+\boldsymbol{M} \tag{3-169}$$

基于上面的假设,微扰力 $\boldsymbol{F}$ 及其力矩 $\boldsymbol{M}$ 由两部分组成,一部分是水动力及其力矩,另一部分是由不规则海浪引起的波浪力及其力矩,可写成:

$$\boldsymbol{F}=\left(\frac{\partial \boldsymbol{F}}{\partial \boldsymbol{V}}\right)\boldsymbol{V}+\left(\frac{\partial \boldsymbol{F}}{\partial \dot{\boldsymbol{V}}}\right)\dot{\boldsymbol{V}}+\left(\frac{\partial \boldsymbol{F}}{\partial \boldsymbol{w}}\right)\boldsymbol{w}+\left(\frac{\partial \boldsymbol{F}}{\partial \dot{\boldsymbol{w}}}\right)\dot{\boldsymbol{w}}+\left(\frac{\partial \boldsymbol{F}}{\partial \boldsymbol{g}}\right)\boldsymbol{g}+\left(\frac{\partial \boldsymbol{F}}{\partial Z}\right)Z+\left(\frac{\partial \boldsymbol{F}}{\partial \delta}\right)\delta+\boldsymbol{F}_S \tag{3-170}$$

$$\boldsymbol{M}=\left(\frac{\partial \boldsymbol{M}}{\partial \boldsymbol{V}}\right)\boldsymbol{V}+\left(\frac{\partial \boldsymbol{M}}{\partial \dot{\boldsymbol{V}}}\right)\dot{\boldsymbol{V}}+\left(\frac{\partial \boldsymbol{M}}{\partial \boldsymbol{w}}\right)\boldsymbol{w}+\left(\frac{\partial \boldsymbol{M}}{\partial \dot{\boldsymbol{w}}}\right)\dot{\boldsymbol{w}}+\left(\frac{\partial \boldsymbol{M}}{\partial \boldsymbol{g}}\right)\boldsymbol{g}+\left(\frac{\partial \boldsymbol{M}}{\partial Z}\right)Z+\left(\frac{\partial \boldsymbol{M}}{\partial \delta}\right)\delta+\boldsymbol{M}_S \tag{3-171}$$

$$\frac{\partial \boldsymbol{F}}{\partial \boldsymbol{V}}=\begin{bmatrix} X_u & X_v & X_w \\ Y_u & Y_v & Y_w \\ Z_u & Z_v & Z_w \end{bmatrix},\frac{\partial \boldsymbol{F}}{\partial \dot{\boldsymbol{V}}}=\begin{bmatrix} X_{\dot{u}} & X_{\dot{v}} & X_{\dot{w}} \\ Y_{\dot{u}} & Y_{\dot{v}} & Y_{\dot{w}} \\ Z_{\dot{u}} & Z_{\dot{v}} & Z_{\dot{w}} \end{bmatrix},\frac{\partial \boldsymbol{F}}{\partial \boldsymbol{w}}=\begin{bmatrix} X_p & X_q & X_r \\ Y_p & Y_q & Y_r \\ Z_p & Z_q & Z_r \end{bmatrix}$$

$$\frac{\partial \boldsymbol{F}}{\partial \dot{\boldsymbol{w}}}=\begin{bmatrix} X_{\dot{p}} & X_{\dot{q}} & X_{\dot{r}} \\ Y_{\dot{p}} & Y_{\dot{q}} & Y_{\dot{r}} \\ Z_{\dot{p}} & Z_{\dot{q}} & Z_{\dot{r}} \end{bmatrix},\frac{\partial \boldsymbol{F}}{\partial \boldsymbol{g}}=\begin{bmatrix} X_\phi & X_\theta & X_\psi \\ Y_\phi & Y_\theta & Y_\psi \\ Z_\phi & Z_\theta & Z_\psi \end{bmatrix},\boldsymbol{g}=\begin{bmatrix} \phi \\ \theta \\ \psi \end{bmatrix},\frac{\partial \boldsymbol{F}}{\partial \delta}=\begin{bmatrix} X_\delta \\ Y_\delta \\ Z_\delta \end{bmatrix},\frac{\partial \boldsymbol{F}}{\partial Z}=\begin{bmatrix} X_Z \\ Y_Z \\ Z_Z \end{bmatrix}$$

δ 代表柱翼舵角，$X_u=\dfrac{\partial x}{\partial \boldsymbol{u}}$表示水动力在 x 轴方向关于速度 $\boldsymbol{u}$ 的导数；$\dfrac{\partial \boldsymbol{M}}{\partial \boldsymbol{V}},\dfrac{\partial \boldsymbol{M}}{\partial \dot{\boldsymbol{V}}},\dfrac{\partial \boldsymbol{M}}{\partial \boldsymbol{w}},\dfrac{\partial \boldsymbol{M}}{\partial \dot{\boldsymbol{w}}},\dfrac{\partial \boldsymbol{M}}{\partial \boldsymbol{g}},\dfrac{\partial \boldsymbol{M}}{\partial \boldsymbol{Z}},\dfrac{\partial \boldsymbol{M}}{\partial \delta}$与前述各矩阵的符号相类似，所不同的是表示力矩关于各量的导数。$\boldsymbol{F}_S=[X_S \quad Y_S \quad Z_S]^{\mathrm{T}}$及$\boldsymbol{M}_S=[K_S \quad M_S \quad N_S]^{\mathrm{T}}$均为船舶所受的随机力及力矩，它是由海浪、海流和海风等随机干扰引起的力和力矩。

将式(3-170)及式(3-171)代入式(3-168)及式(3-169)可得船舶运动在微扰状态下的水翼艇运动方程为

$$m[\dot{\boldsymbol{V}}+\boldsymbol{\Omega}\boldsymbol{V}_{\mathrm{e}}+\dot{\boldsymbol{\Omega}}r_G]=\left(\frac{\partial \boldsymbol{F}}{\partial \boldsymbol{V}}\right)\boldsymbol{V}+\left(\frac{\partial \boldsymbol{F}}{\partial \dot{\boldsymbol{V}}}\right)\dot{\boldsymbol{V}}+\left(\frac{\partial \boldsymbol{F}}{\partial \boldsymbol{w}}\right)\boldsymbol{w}+\left(\frac{\partial \boldsymbol{F}}{\partial \dot{\boldsymbol{w}}}\right)\dot{\boldsymbol{w}}$$
$$+\left(\frac{\partial \boldsymbol{F}}{\partial \boldsymbol{g}}\right)\boldsymbol{g}+\left(\frac{\partial \boldsymbol{F}}{\partial Z}\right)Z+\left(\frac{\partial \boldsymbol{F}}{\partial \delta}\right)\delta+\boldsymbol{F}_S \tag{3-172}$$

$$\boldsymbol{I}\dot{\boldsymbol{w}}+\boldsymbol{R}_G[\dot{\boldsymbol{V}}+\boldsymbol{\Omega}\boldsymbol{V}_{\mathrm{e}}]\boldsymbol{m}=\left(\frac{\partial \boldsymbol{M}}{\partial \boldsymbol{V}}\right)\boldsymbol{V}+\left(\frac{\partial \boldsymbol{M}}{\partial \dot{\boldsymbol{V}}}\right)\dot{\boldsymbol{V}}+\left(\frac{\partial \boldsymbol{M}}{\partial \boldsymbol{w}}\right)\boldsymbol{w}+\left(\frac{\partial \boldsymbol{M}}{\partial \dot{\boldsymbol{w}}}\right)\dot{\boldsymbol{w}}$$
$$+\left(\frac{\partial \boldsymbol{M}}{\partial \boldsymbol{g}}\right)\boldsymbol{g}+\left(\frac{\partial \boldsymbol{M}}{\partial Z}\right)Z+\left(\frac{\partial \boldsymbol{M}}{\partial \delta}\right)\delta+\boldsymbol{M}_S \tag{3-173}$$

对式(3-172)、式(3-173)进行展开，得到垂直面运动方程，由坐标系的转换关系，进而可得水翼艇在匀速巡航状态下纵向运动方程为

$$(Z_{\dot{w}}-m)\dot{w}+Z_w w+Z_z z+Z_{\dot{q}}\dot{q}+(Z_q+U_{\mathrm{e}}m)q+Z_\theta\theta=-Z_{\delta_{\mathrm{e}}}\delta_{\mathrm{e}}-Z_{\delta_{\mathrm{f}}}\delta_{\mathrm{f}}-Z_S \tag{3-174}$$

$$M_{\dot{w}}\dot{w}+M_w w+M_z z+(M_{\dot{q}}-I_y)\dot{q}+M_q q+M_\theta\theta=-M_{\delta_{\mathrm{e}}}\delta_{\mathrm{e}}-M_{\delta_{\mathrm{f}}}\delta_{\mathrm{f}}-M_S \tag{3-175}$$

式中：m 为全浸式水翼艇的艇体质量；U_{e}为水翼艇航行速度；z 为水翼艇垂向位移；w 为全浸式水翼艇垂向运动速度；θ 为全浸式水翼艇纵摇角度；q 为全浸式水翼艇纵摇角速度；Z 和 M 分别为沿 z 轴的力和沿 y 轴的力矩；$Z_{\dot{w}}-m,Z_{\dot{q}},M_{\dot{w}},M_{\dot{q}}-I_y$为全浸式水翼艇沿 z 轴做垂向运动和绕 y 轴转动的惯性矩阵；Z_z,M_z和 Z_θ,M_θ分别为全浸式水翼艇的恢复力和恢复力矩；Z_w,M_w和 Z_q,M_q分别为全浸式水翼艇的阻尼力和阻尼力矩；$Z_{\delta_{\mathrm{e}}},Z_{\delta_{\mathrm{f}}}$和 $M_{\delta_{\mathrm{e}}},M_{\delta_{\mathrm{f}}}$分别为全浸式水翼艇襟尾翼转角产生的控制力和控

制力矩；Z_S，M_S分别为随机海浪在全浸式水翼艇上产生的干扰力和干扰力矩；δ_e，δ_f分别为前水翼襟尾翼和后水翼襟尾翼的控制转角；Z_w为 z 轴的水动力关于垂向位移速度的导数，即 $Z_w=\dfrac{\mathrm{d}Z}{\mathrm{d}w}$；$M_w$为 y 轴的水动力力矩关于垂向位移速度的导数，即 $M_w=\dfrac{\mathrm{d}M}{\mathrm{d}w}$；其他的参数 $Z_{\dot{w}}$，Z_z，$Z_{\dot{q}}$，Z_q，Z_θ，$M_{\dot{w}}$，M_z，$M_{\dot{q}}$，M_q，M_θ定义方法类似。

为方便后续控制器设计，将方程转换为状态空间方程形式。通过等式变换进而得到

$$\dot{w}+\frac{Z_w}{(Z_{\dot{w}}-m)}w+\frac{Z_z}{(Z_{\dot{w}}-m)}z+\frac{Z_{\dot{q}}}{(Z_{\dot{w}}-m)}\dot{q}+\frac{(Z_q+U_e m)}{(Z_{\dot{w}}-m)}q+\frac{Z_\theta}{(Z_{\dot{w}}-m)}\theta=\frac{-Z_{\delta_e}}{(Z_{\dot{w}}-m)}\delta_e-\frac{Z_{\delta_f}}{(Z_{\dot{w}}-m)}\delta_f-Z'_S \tag{3-176}$$

$$\frac{M_{\dot{w}}}{(M_{\dot{q}}-I_y)}\dot{w}+\frac{M_w}{(M_{\dot{q}}-I_y)}w+\frac{M_z}{(M_{\dot{q}}-I_y)}z+\dot{q}+\frac{M_q}{(M_{\dot{q}}-I_y)}q+\frac{M_\theta}{(M_{\dot{q}}-I_y)}\theta=\frac{-M_{\delta_e}}{(M_{\dot{q}}-I_y)}\delta_e-\frac{M_{\delta_f}}{(M_{\dot{q}}-I_y)}\delta_f-M'_S \tag{3-177}$$

定义：$a_1=\dfrac{Z_w}{(Z_{\dot{w}}-m)}$，$a_2=\dfrac{Z_z}{(Z_{\dot{w}}-m)}$，$a_3=\dfrac{Z_{\dot{q}}}{(Z_{\dot{w}}-m)}$，$a_4=\dfrac{(Z_q+U_e m)}{(Z_{\dot{w}}-m)}$

$$a_5=\frac{Z_\theta}{(Z_{\dot{w}}-m)},a_6=\frac{Z_{\delta_e}}{(Z_{\dot{w}}-m)},a_7=\frac{Z_{\delta_f}}{(Z_{\dot{w}}-m)},a_8=1$$

$$b_1=\frac{M_{\dot{w}}}{(M_{\dot{q}}-I_y)},b_2=\frac{M_w}{(M_{\dot{q}}-I_y)},b_3=\frac{M_z}{(M_{\dot{q}}-I_y)},b_4=\frac{M_q}{(M_{\dot{q}}-I_y)}$$

$$b_5=\frac{M_\theta}{(M_{\dot{q}}-I_y)},b_6=\frac{M_{\delta_e}}{(M_{\dot{q}}-I_y)},b_7=\frac{M_{\delta_f}}{(M_{\dot{q}}-I_y)},b_8=1$$

进而式(3-176)、式(3-177)可以转化为

$$\dot{w}+a_1w+a_2z+a_3\dot{q}+a_4q+a_5\theta=a_6\delta_e-a_7\delta_f-a_8Z'_S$$

$$b_1\dot{w}+b_2w+b_3z+\dot{q}+b_4q+b_5\theta=b_6\delta_e-b_7\delta_f-b_8M'_S$$

通过定义系统输入、输出和状态变量，进一步将上式转换为状态空间方程的形式。则全浸式水翼艇纵向运动二阶非线性模型表示为

$$\dot{\boldsymbol{x}}_1=\boldsymbol{x}_2 \tag{3-178}$$

$$\dot{\boldsymbol{x}}_2=\boldsymbol{f}_1(\boldsymbol{x}_1,\boldsymbol{x}_2)+\boldsymbol{f}_2(\boldsymbol{x}_1,\boldsymbol{x}_2)+\boldsymbol{Bu}+\boldsymbol{DW} \tag{3-179}$$

式中：$\boldsymbol{x}_1=[z,\theta]^{\mathrm{T}}$；控制输入 $\boldsymbol{u}=[\delta_e,\delta_f]^{\mathrm{T}}\in R^2$；$\boldsymbol{f}_1(\boldsymbol{x}_1,\boldsymbol{x}_2)\in R^{2\times2}$，$\boldsymbol{f}_2(\boldsymbol{x}_1,\boldsymbol{x}_2)\in R^{2\times2}$为化简后的非线性项；$\boldsymbol{W}=[Z_S,M_S]^{\mathrm{T}}$为外界干扰。其中非线性项表示为

$$
\boldsymbol{f}_1=\begin{bmatrix}\left(\dfrac{a_3b_3-a_2}{1-a_3b_1}\right)z-\left(\dfrac{a_3b_5-a_5}{1-a_3b_1}\right)\theta-\dfrac{1}{\cos\theta}\left(\dfrac{a_3b_2-a_1}{1-a_3b_1}\right)\dot{z}-\left(\dfrac{a_3b_4-a_4}{1-a_3b_1}\right)\dot{\theta}\\ \left(\dfrac{a_2b_1-b_3}{1-a_3b_1}\right)z-\left(\dfrac{a_5b_1-b_5}{1-a_3b_1}\right)\theta-\dfrac{1}{\cos\theta}\left(\dfrac{a_1b_1-b_2}{1-a_3b_1}\right)\dot{z}-\left(\dfrac{a_4b_1-b_4}{1-a_3b_1}\right)\dot{\theta}\end{bmatrix}
$$

$$
\boldsymbol{f}_2=\left[\left(\frac{a_3b_2-a_1}{1-a_3b_1}\right)U_{\mathrm{e}}\tan\theta\quad\left(\frac{a_1b_1-b_2}{1-a_3b_1}\right)U_{\mathrm{e}}\tan\theta\right]^{\mathrm{T}}
$$

3.5.3 全浸式水翼艇在随机海浪中纵向运动受扰计算

对于水翼艇而言,最主要的海浪干扰是由海浪运动轨迹和水翼的迎角变化引起的水翼升力和纵摇力矩的变化。通常情况下,由水翼引起的垂向力比水翼引起的水平力大 10 倍以上,因此海浪干扰力对水翼艇的运动姿态的影响主要是前后水翼升力的变化,所以,对海浪诱导水翼产生的垂向力和力矩进行计算分析。由前后水翼迎角引起的垂向力为

$$
\begin{aligned}Z_L=L_{\mathrm{b}}+L_{\mathrm{f}}&=\frac{1}{2}\rho U_{\mathrm{R}}^2\left[A_{\mathrm{fb}}\left(\frac{\partial C_L}{\partial\alpha}\right)_b\alpha_{\mathrm{fb}}+A_{\mathrm{ff}}\left(\frac{\partial C_L}{\partial\alpha}\right)_{\mathrm{f}}\alpha_{\mathrm{ff}}\right]\\&=U_{\mathrm{R}}^2\left[K_{\mathrm{b}}\alpha_{\mathrm{fb}}+K_{\mathrm{f}}\alpha_{\mathrm{ff}}\right]\end{aligned}\tag{3-180}
$$

式中:L_{b}为前水翼产生的升力;L_{f}为后水翼产生的升力;α_{ff}为前水翼相对迎角;A_{ff}为前水翼的水翼面积;U_{R}为航行速度;α_{fb}为后水翼迎角;A_{fb}为后水翼的水翼面积;$\left(\frac{\partial C_L}{\partial\alpha}\right)_{\mathrm{f}}$为前水翼水动力系数;$\left(\frac{\partial C_L}{\partial\alpha}\right)_{\mathrm{b}}$为后水翼的水动力系数。

$$
K_{\mathrm{b}}=\frac{1}{2}\rho U_{\mathrm{R}}^2A_{\mathrm{fb}}\left(\frac{\partial C_L}{\partial\alpha}\right)_{\mathrm{b}}\tag{3-181}
$$

$$
K_{\mathrm{f}}=\frac{1}{2}\rho U_{\mathrm{R}}^2A_{\mathrm{ff}}\left(\frac{\partial C_L}{\partial\alpha}\right)_{\mathrm{f}}\tag{3-182}
$$

由前水翼和后水翼引起的纵摇力矩为

$$
M_L=M_{\mathrm{b}}+M_{\mathrm{f}}=U_{\mathrm{R}}^2\left[-X_{\mathrm{b}}K_{\mathrm{b}}\alpha_{\mathrm{fb}}+(L_{\mathrm{s}}-X_{\mathrm{b}})K_{\mathrm{f}}\alpha_{\mathrm{ff}}\right]\tag{3-183}
$$

式中:X_{b}为艇体重心到前水翼的水平距离;L_{s}为两个水翼之间的距离。

垂向力和纵摇力矩为

$$
\begin{aligned}Z_S=\frac{2\pi U_{\mathrm{R}}Ac}{\lambda}\mathrm{e}^{-2\pi\frac{z}{\lambda}}&\left[(K_{\mathrm{b}}\cos\psi_{\mathrm{b}}+K_{\mathrm{f}}\cos\psi_{\mathrm{f}})\sin(\omega_{\mathrm{e}}t)\right.\\&\left.+(K_{\mathrm{b}}\sin\psi_{\mathrm{b}}+K_{\mathrm{f}}\sin\psi_{\mathrm{f}})\cos(\omega_{\mathrm{e}}t)\right]\end{aligned}\tag{3-184}
$$

$$
\begin{aligned}M_S=\frac{2\pi U_{\mathrm{R}}Ac}{\lambda}\mathrm{e}^{-2\pi\frac{z}{\lambda}}&\left\{\left[-X_{\mathrm{b}}K_{\mathrm{b}}\cos\psi_{\mathrm{b}}+(L_{\mathrm{s}}-X_{\mathrm{b}})K_{\mathrm{f}}\cos\psi_{\mathrm{f}}\right]\sin(\omega_{\mathrm{e}}t)\right.\\&\left.+\left[-X_{\mathrm{b}}K_{\mathrm{b}}\sin\psi_{\mathrm{b}}+(L_{\mathrm{s}}-X_{\mathrm{b}})K_{\mathrm{f}}\sin\psi_{\mathrm{f}}\right]\cos(\omega_{\mathrm{e}}t)\right\}\end{aligned}\tag{3-185}
$$

在不规则海浪下，由海浪理论，将式(3-184)和式(3-185)写成如下形式：

$$Z_S = \sum_{i=1}^{n} F_{zi}\cos(\omega_{ei}t + \phi_{zi} + \varepsilon_i) \tag{3-186}$$

$$M_S = \sum_{i=1}^{n} M_{ei}\cos(\omega_{ei}t + \phi_{Mi} + \varepsilon_i) \tag{3-187}$$

其中：

$$F_{zi} = \frac{2\pi U_R a_i c_i}{\lambda_i} e^{-2\pi\frac{z}{\lambda_i}}\left[(K_b\cos\psi_{bi}+K_f\cos\psi_{fi})^2+(K_b\sin\psi_{bi}+K_f\sin\psi_{fi})^2\right]^{\frac{1}{2}} \tag{3-188}$$

$$\phi_{zi} = \arctan\left\{-\left[\frac{K_b\cos\psi_{bi}+K_f\cos\psi_{fi}}{K_b\sin\psi_{bi}+K_f\sin\psi_{fi}}\right]\right\} \tag{3-189}$$

$$M_{ei} = \frac{2\pi U_R a_i c_i}{\lambda_i} e^{-2\pi\frac{z}{\lambda_i}}\left[(-X_b K_b\cos\psi_{bi}+(L_s-X_b)K_f\cos\psi_{fi})^2+\right.$$

$$\left.(-X_b K_b\sin\psi_{bi}+(L_s-X_b)K_f\sin\psi_{fi})^2\right]^{\frac{1}{2}} \tag{3-190}$$

$$\phi_{Mi} = \arctan\left\{-\frac{[-X_b K_b\cos\psi_{bi}+(L_s-X_b)K_f\cos\psi_{fi})]}{[-X_b K_b\sin\psi_{bi}+(L_s-X_b)K_f\sin\psi_{fi}]}\right\} \tag{3-191}$$

$$\psi_{bi} = \left(2\pi\frac{X_b}{\lambda_i}\right)\cos\chi \tag{3-192}$$

$$\psi_{fi} = \left(-\frac{2\pi}{\lambda_i}\right)(L_s-X_b)\cos\chi \tag{3-193}$$

式中：ψ_{bi}，ψ_{fi}，ϕ_{zi}，ϕ_{Mi}，F_{zi}，M_{ei}均为海浪频率ω的函数，ϕ_{zi}，ϕ_{Mi}为关于重心处波面的相对相角。

PCH-1水翼艇模型参数如表3-7所示。

表3-7 PCH-1水翼艇模型参数

模型参数	参数值	单 位	模型参数	参数值	单 位
Length(长度)	35.1	m	$K_{p\|p\|}$	-19.0883×10^5	kg·m²/s
Beam(宽度)	9.45	m	N_p	-0.2182×10^5	kg·m²/s
u_0	23.15	m/s	N_r	-1.3818×10^5	kg·m²/s
m	1.22×10^5	kg	$N_{r\|r\|}$	0.9261×10^5	kg·m²/s
I_x	1.5947×10^5	kg·m²	K_{δ_R}	-2.217×10^5	kg·m²/s
I_z	8.4352×10^6	kg·m²	K_{δ_A}	9.344×10^5	kg·m²/s
$\overline{GM_T}$	0.025	m	N_{δ_R}	3.532×10^5	kg·m²/s
K_p	-13.0354×10^5	kg·m²/s	N_{δ_A}	-2.054×10^5	kg·m²/s
K_r	-2.4864×10^5	kg·m²/s			

3.5.4 全浸式水翼艇横向运动数学模型

全浸式水翼艇在海上的操纵运动是复杂的六自由度运动,本书主要研究全浸式水翼艇横向运动控制问题,因此在操纵运动分析时暂不考虑纵摇和升沉运动特性,在此基础上建立了全浸式水翼艇横向运动操纵运动数学模型,由 3.5.3 节内容可知全浸式水翼艇四自由度运动学关系为

$$\begin{cases}\dot{x}=u\cos\psi-v\cos\phi\sin\psi\\ \dot{y}=u\sin\psi-v\cos\phi\cos\psi\\ \dot{\psi}=r\cos\phi\\ \dot{\phi}=p\end{cases} \tag{3-194}$$

假设全浸式水翼艇水动力与频率无关,不考虑船舶的纵摇和升沉运动。将全浸式水翼艇的重心选为附体坐标系的原点,根据刚体运动力学,可得如下船舶四自由度动力学方程:

$$\begin{cases}m(\dot{u}-rv)=\sum X\\ m(\dot{v}+ru)=\sum Y\\ I_z\dot{r}=\sum N\\ I_x\dot{p}=\sum K\end{cases} \tag{3-195}$$

式中:m 为全浸式水翼艇艇体质量;u,v,r 和 p 分别为全浸式水翼艇的纵荡速度、横荡速度、艏摇速度和横摇角速度;I_z,I_x 分别为对应轴的转动惯量;X,Y,N 和 K 分别为纵荡、横荡、艏摇和横摇自由度的合力/力矩。

全浸式水翼艇在海上航行时,主要受到来自流体动力/力矩、控制力/力矩和环境干扰力/力矩三方面的影响。因此,可以将式(3-195)中等式右边作用于全浸式水翼艇上每个自由度的合力/力矩表示成不同来源的力与力矩的叠加形式:

$$\begin{cases}\sum X=X_I+X_H+X_{\mathrm{P}}+X_{\mathrm{R}}+X_{\mathrm{A}}+X_{\mathrm{D}}\\ \sum Y=Y_I+Y_H+Y_{\mathrm{P}}+Y_{\mathrm{R}}+Y_{\mathrm{A}}+Y_{\mathrm{D}}\\ \sum N=N_I+N_H+N_{\mathrm{P}}+N_{\mathrm{R}}+N_{\mathrm{A}}+N_{\mathrm{D}}\\ \sum K=K_I+K_H+K_{\mathrm{P}}+K_{\mathrm{R}}+K_{\mathrm{A}}+K_{\mathrm{D}}\end{cases} \tag{3-196}$$

式中:各个自由度上与流体惯性相关的力/力矩变量用下标 I 来表示;与流体黏性相关的力/力矩变量用下标 H 来表示;与推进系统相关的力/力矩用下标 P 来表示;与柱翼舵相关的力/力矩用下标 R 来表示;与副翼相关的力/力矩用下标 A 来

表示,环境干扰力/力矩用下标 D 来表示。

将式(3-196)代入式(3-195),可得附体坐标系下全浸式水翼艇的四自由度操纵方程,如下式所示:

$$\begin{cases} m(\dot{u}-rv)=X_I+X_H+X_{\mathrm{P}}+X_{\mathrm{R}}+X_{\mathrm{A}}+X_{\mathrm{D}} \\ m(\dot{v}+ru)=Y_I+Y_H+Y_{\mathrm{P}}+Y_{\mathrm{R}}+Y_{\mathrm{A}}+Y_{\mathrm{D}} \\ I_z\dot{r}=N_I+N_H+N_{\mathrm{P}}+N_{\mathrm{R}}+N_{\mathrm{A}}+N_{\mathrm{D}} \\ I_x\dot{p}=K_I+K_H+K_{\mathrm{P}}+K_{\mathrm{R}}+K_{\mathrm{A}}+K_{\mathrm{D}} \end{cases} \tag{3-197}$$

将全浸式水翼艇的流体动力学模型代入式(3-197),则全浸式水翼艇四自由度动力学模型可表示为

$$\begin{cases} m(\dot{u}-vr)=X_{\dot{u}}\dot{u}+X(u,v,p,r)+T+\tau_{d_X} \\ m(\dot{v}+ur)=Y_{\dot{v}}\dot{v}+Y(v,\phi,p,r)+Y_{\delta_{\mathrm{R}}}\delta_{\mathrm{R}}+\tau_{d_Y} \\ I_z\dot{r}=N_{\dot{v}}\dot{v}+N_{\dot{p}}\dot{p}+N_{\dot{r}}\dot{r}+N(v,\phi,p,r)+N_{\delta_{\mathrm{R}}}\delta_{\mathrm{R}}+N_{\delta_{\mathrm{A}}}\delta_{\mathrm{A}}+\tau_{d_N} \\ I_x\dot{p}=K_{\dot{v}}\dot{v}+K_{\dot{p}}\dot{p}+K_{\dot{r}}\dot{r}+K(v,\phi,p,r)+K_{\delta_{\mathrm{R}}}\delta_{\mathrm{R}}+K_{\delta_{\mathrm{A}}}\delta_{\mathrm{A}}+\tau_{d_K} \end{cases} \tag{3-198}$$

式中:m 为水翼艇艇体质量;$X_{\dot{u}}$,$Y_{\dot{v}}$ 为附加质量,$\boldsymbol{K}_{\dot{v}}$,$\boldsymbol{K}_{\dot{r}}$,$\boldsymbol{K}_{\dot{p}}$,$\boldsymbol{N}_{\dot{v}}$,$\boldsymbol{N}_{\dot{r}}$ 和 $N_{\dot{p}}$ 为附加惯矩;$X(u,v,p,r)$,$Y(v,\phi,p,r)$,$N(v,\phi,p,r)$ 和 $K(v,\phi,p,r)$ 为包含高阶非线性水动力阻尼的水动力和力矩;$N_{\delta_{\mathrm{R}}}$,$N_{\delta_{\mathrm{A}}}$,$K_{\delta_{\mathrm{R}}}$ 和 $K_{\delta_{\mathrm{A}}}$ 分别为艏摇与横摇自由度关于柱翼舵与副翼角的控制力矩系数;δ_{R} 和 δ_{A} 分别为柱翼舵角与后水翼副翼角;τ_{d_X},τ_{d_Y},τ_{d_N} 和 τ_{d_K} 分别为纵荡、横荡、艏摇和横摇自由度所受环境干扰力和力矩。

根据全浸式水翼艇艏摇/横摇控制系统与航迹跟随控制系统的任务特点对公式(3-197)所述四自由度动力学模型进行简化处理,以便得到用于控制器设计的全浸式水翼艇艏摇/横摇二自由度动力学模型。通常情况下,根据刚体动力学系统的力学特性,对动力学系统进行归一化的参数描述能够简化系统的表达形式,从而利于控制策略的设计与分析。根据挪威科技大学 Thor I. Fossen 教授的相关研究,可以将全浸式水翼艇的艏摇/横摇动力学模型用向量形式的微分方程进行描述,如下式所示:

$$\boldsymbol{M}\dot{\boldsymbol{v}}+\boldsymbol{N}(u_0)\boldsymbol{v}+\boldsymbol{G}(\boldsymbol{\eta})=\boldsymbol{b}\boldsymbol{u}+\boldsymbol{\tau}_{\mathrm{d}} \tag{3-199}$$

式中:$\boldsymbol{\eta}=[\psi,\phi]^{\mathrm{T}}$ 为惯性坐标系下全浸式水翼艇艏摇/横摇角姿态向量,ψ 和 ϕ 分别为全浸式水翼艇的艏摇角与横摇角;$\boldsymbol{v}=[r,p]^{\mathrm{T}}$ 为船体坐标系下全浸式水翼艇艏摇/横摇角速度向量,r 和 p 分别为全浸式水翼艇艏摇角速度与横摇角速度;$\boldsymbol{J}=\begin{bmatrix}\cos\phi & 0\\ 0 & 1\end{bmatrix}$ 为船体坐标系到惯性坐标系的坐标转换矩阵;$\boldsymbol{M}=\begin{bmatrix}I_z-N_{\dot{r}} & -N_{\dot{p}}\\ -K_{\dot{r}} & I_x-K_{\dot{p}}\end{bmatrix}$ 为

包含附加质量的质量与惯性矩阵；$\boldsymbol{N}(u_0)$为水动力阻尼矩阵，$\boldsymbol{N}(u_0)=N_{\mathrm{L}}+N_{\mathrm{NL}}$，$\boldsymbol{N}_{\mathrm{L}}=\begin{bmatrix}-N_r & -N_p\\ -K_r & -K_p\end{bmatrix}$为水动力阻尼的线性部分，$\boldsymbol{N}_{\mathrm{NL}}=\begin{bmatrix}-N_{r|r|}|r| & 0\\ 0 & -K_{p|p|}|p|\end{bmatrix}$为水动力阻尼的高阶非线性部分；$\boldsymbol{G}(\boldsymbol{\eta})=[0,W\overline{GM_T}]^{\mathrm{T}}$为重力矩阵，$W=mg$为船体重力，$\overline{GM_T}$为横稳性高；$\boldsymbol{b}=\begin{bmatrix}N_{\delta_{\mathrm{R}}} & N_{\delta_{\mathrm{A}}}\\ K_{\delta_{\mathrm{R}}} & K_{\delta_{\mathrm{A}}}\end{bmatrix}$为系统控制矩阵；$\boldsymbol{u}=[\delta_{\mathrm{R}},\delta_{\mathrm{A}}]^{\mathrm{T}}$为控制输入，其中，$\delta_{\mathrm{R}}$和$\delta_{\mathrm{A}}$分别为柱翼舵角与副翼角；$\tau_d\in R^2$为风浪流引起的艏摇/横摇复合干扰向量。其水翼作用力的分析参考水翼理论的相关内容。后续章节将以此模型为基础展开全浸式水翼艇横向运动姿态控制策略的设计与分析。

3.5.5 全浸式水翼艇在随机海浪中横向运动受扰计算

设波粒子相对于全浸式水翼艇的瞬时速度为U_{R}，由于支柱尺寸远远小于有义波长，因此可以认为波粒子在支柱上的瞬时速度为常数。设α_{s}为支柱迎角，则有

$$\sin\alpha_{\mathrm{s}}\approx\frac{v_p}{U_{\mathrm{R}}}\tag{3-200}$$

由于$\alpha_{\mathrm{s}}\ll 1$，则式(3-200)可进一步近似成

$$\alpha_{\mathrm{s}}\approx\frac{v_p}{U_{\mathrm{R}}}\tag{3-201}$$

则支柱所受横向力为

$$D_{\mathrm{s}}=\frac{1}{2}\rho U_{\mathrm{R}}^2A_{\mathrm{s}}\frac{\partial C_D}{\partial\alpha}\alpha_{\mathrm{s}}\tag{3-202}$$

式中：ρ为海水密度；A_{s}为支柱浸湿面积；$\dfrac{\partial C_D}{\partial\alpha}$为单位面积所受横向力相对于支柱迎角$\alpha_{\mathrm{s}}$的斜率，此处假设其为常数。

则对于单个支柱，在规则波作用下的横向干扰力可根据下式计算：

$$D_{\mathrm{s}}=\frac{1}{2}\rho U_{\mathrm{R}}^2A_{\mathrm{s}}\left(\frac{\partial C_D}{\partial\alpha}\right)\alpha_{\mathrm{s}}\tag{3-203}$$

设A_{se}和A_{sf}分别为前、后支柱浸湿面积，则

$$A_{\mathrm{se}}=\left(d_{\mathrm{e}}-\frac{Z_{SK}}{2}-\eta_{\mathrm{e}}\right)C_{\mathrm{se}}\tag{3-204}$$

$$A_{\mathrm{sf}}=\left(d_{\mathrm{f}}-\frac{Z_{SK}}{2}-\eta_{\mathrm{f}}\right)C_{\mathrm{sf}}\tag{3-205}$$

设 Q_{e} 和 Q_{f} 分别为前、后支柱的展弦比,则

$$Q_{\mathrm{e}}=\left[d_{\mathrm{e}}-\frac{Z_{SK}}{2}-\eta_{\mathrm{e}}\right]\frac{1}{C_{\mathrm{se}}} \tag{3-206}$$

$$Q_{\mathrm{f}}=\left[d_{\mathrm{f}}-\frac{Z_{SK}}{2}-\eta_{\mathrm{f}}\right]\frac{1}{C_{\mathrm{sf}}} \tag{3-207}$$

对于前后支柱来说,单位面积受力关于迎角 α_{s} 的斜率为

$$\left(\frac{\partial C_D}{\partial \alpha}\right)_{\mathrm{se}}=\left(\frac{\partial C_D}{\partial \alpha}\right)_{10}\left(\frac{Q_{\mathrm{e}}}{Q_{\mathrm{e}}+3}\right) \tag{3-208}$$

$$\left(\frac{\partial C_D}{\partial \alpha}\right)_{\mathrm{sf}}=\left(\frac{\partial C_D}{\partial \alpha}\right)_{10}\left(\frac{Q_{\mathrm{f}}}{Q_{\mathrm{f}}+3}\right) \tag{3-209}$$

其中,$\left(\frac{\partial C_D}{\partial \alpha}\right)_{10}$ 是从实验结果中得到的。

按照水翼受力的计算方法可得前后支柱所受的横向力及其力矩为

$$Y_1=D_{\mathrm{se}}+D_{\mathrm{sf}}=U_{\mathrm{R}}^2(K_{\mathrm{se}}\alpha_{\mathrm{se}}+K_{\mathrm{sf}}\alpha_{\mathrm{sf}}) \tag{3-210}$$

$$N_1=D_{\mathrm{se}}X_{\mathrm{e}}-(L_{\mathrm{s}}-X_{\mathrm{e}})D_{\mathrm{sf}}=U_{\mathrm{R}}^2[X_{\mathrm{e}}K_{\mathrm{se}}\alpha_{\mathrm{se}}-(L_{\mathrm{s}}-X_{\mathrm{e}})K_{\mathrm{sf}}\alpha_{\mathrm{sf}}] \tag{3-211}$$

$$K_1=-D_{\mathrm{se}}Z_{\mathrm{e}}-D_{\mathrm{sf}}Z_{\mathrm{f}}=-U_{\mathrm{R}}^2[K_{\mathrm{se}}Z_{\mathrm{e}}\alpha_{\mathrm{se}}+K_{\mathrm{sf}}Z_{\mathrm{f}}\alpha_{\mathrm{sf}}] \tag{3-212}$$

其中,

$$K_{\mathrm{se}}=\frac{1}{2}\rho A_{\mathrm{se}}\left(\frac{\partial C_D}{\partial \alpha}\right)_{\mathrm{se}} \tag{3-213}$$

$$K_{\mathrm{sf}}=\frac{1}{2}\rho A_{\mathrm{sf}}\left(\frac{\partial C_D}{\partial \alpha}\right)_{\mathrm{sf}} \tag{3-214}$$

$$Z_{\mathrm{e}}=\frac{1}{4}Z_{SK}+\frac{1}{2}\eta_{\mathrm{e}}+\frac{3}{4}d_{\mathrm{e}} \tag{3-215}$$

$$Z_{\mathrm{f}}=\frac{1}{4}Z_{SK}+\frac{1}{2}\eta_{\mathrm{f}}+\frac{3}{4}d_{\mathrm{f}} \tag{3-216}$$

综上所述,可得横向力 Y_1 为

$$\begin{aligned}Y_1=&\left(\frac{U_{\mathrm{R}}2\pi ac}{\lambda}\right)\mathrm{e}^{-2\pi\frac{z}{\lambda}}\sin\chi\\&[(K_{\mathrm{se}}\sin\psi_{\mathrm{se}}+K_{\mathrm{sf}}\sin\psi_{\mathrm{sf}})\sin(\omega_{\mathrm{e}}t)-(K_{\mathrm{se}}\cos\psi_{\mathrm{se}}+K_{\mathrm{sf}}\cos\psi_{\mathrm{sf}})\cos(\omega_{\mathrm{e}}t)]\\\triangleq&F_\gamma\cos(\omega_{\mathrm{e}}t+\Phi_\gamma)\end{aligned} \tag{3-217}$$

其中,

$$F_{\gamma}=\frac{U_{\mathrm{R}}2\pi ac}{\lambda}\mathrm{e}^{-2\pi\frac{z}{\lambda}}\sin\chi$$

$$[(K_{\mathrm{se}}\sin\psi_{\mathrm{se}}+K_{\mathrm{sf}}\sin\psi_{\mathrm{sf}})^{2}+(K_{\mathrm{se}}\cos\psi_{\mathrm{se}}+K_{\mathrm{sf}}\cos\psi_{\mathrm{sf}})^{2}]^{\frac{1}{2}} \tag{3-218}$$

$$\Phi_{\gamma}=\arctan\left\{\frac{(K_{\mathrm{se}}\sin\psi_{\mathrm{se}}+K_{\mathrm{sf}}\sin\psi_{\mathrm{sf}})}{(K_{\mathrm{se}}\cos\psi_{\mathrm{se}}+K_{\mathrm{sf}}\cos\psi_{\mathrm{sf}})}\right\} \tag{3-219}$$

艏摇力矩 N_1 为

$$\begin{aligned}N_{1}=&\left(\frac{U_{\mathrm{R}}2\pi ac}{\lambda}\right)\mathrm{e}^{-2\pi\frac{z}{\lambda}}\sin\chi\\&\{[X_{\mathrm{e}}K_{\mathrm{se}}\sin\psi_{\mathrm{se}}-(L_{\mathrm{s}}-X_{\mathrm{e}})K_{\mathrm{sf}}\sin\psi_{\mathrm{sf}}]\sin(\omega_{\mathrm{e}}t)\\&-[X_{\mathrm{e}}K_{\mathrm{se}}\cos\psi_{\mathrm{se}}-(L_{\mathrm{s}}-X_{\mathrm{e}})K_{\mathrm{sf}}\cos\psi_{\mathrm{sf}}]\cos(\omega_{\mathrm{e}}t)\}\\&\triangleq N_{\psi}\cos(\omega_{\mathrm{e}}t+\Phi_{N})\end{aligned} \tag{3-220}$$

其中,

$$N_{\psi}=\left(\frac{U_{\mathrm{R}}2\pi ac}{\lambda}\right)\mathrm{e}^{-2\pi\frac{z}{\lambda}}\sin\chi\{[X_{\mathrm{e}}K_{\mathrm{se}}\sin\psi_{\mathrm{se}}-(L_{\mathrm{s}}-X_{\mathrm{e}})K_{\mathrm{sf}}\sin\psi_{\mathrm{sf}}]^{2}+$$

$$[X_{\mathrm{e}}K_{\mathrm{se}}\cos\psi_{\mathrm{se}}-(L_{\mathrm{s}}-X_{\mathrm{e}})K_{\mathrm{sf}}\cos\psi_{\mathrm{sf}}]^{2}\}^{\frac{1}{2}} \tag{3-221}$$

$$\Phi_{N}=\arctan\left[\frac{X_{\mathrm{e}}K_{\mathrm{se}}\sin\psi_{\mathrm{se}}-(L_{\mathrm{s}}-X_{\mathrm{e}})K_{\mathrm{sf}}\sin\psi_{\mathrm{sf}}}{X_{\mathrm{e}}K_{\mathrm{se}}\cos\psi_{\mathrm{se}}-(L_{\mathrm{s}}-X_{\mathrm{e}})K_{\mathrm{sf}}\cos\psi_{\mathrm{sf}}}\right] \tag{3-222}$$

横摇力矩 K_1 为

$$\begin{aligned}K_{1}=&-\left(\frac{U_{\mathrm{R}}2\pi ac}{\lambda}\right)\mathrm{e}^{-2\pi\frac{z}{\lambda}}\sin\chi\\&[(Z_{\mathrm{e}}K_{\mathrm{se}}\sin\psi_{\mathrm{se}}+K_{\mathrm{sf}}Z_{\mathrm{f}}\sin\psi_{\mathrm{sf}})\sin(\omega_{\mathrm{e}}t)-(K_{\mathrm{se}}Z_{\mathrm{e}}\cos\psi_{\mathrm{se}}+K_{\mathrm{sf}}Z_{\mathrm{f}}\cos\psi_{\mathrm{sf}})\cos(\omega_{\mathrm{e}}t)]\\&\triangleq K_{\psi}\cos(\omega_{\mathrm{e}}t+\Phi_{K})\end{aligned} \tag{3-223}$$

其中,

$$K_{\psi}=\left(\frac{U_{\mathrm{R}}2\pi ac}{\lambda}\right)\mathrm{e}^{-2\pi\frac{z}{\lambda}}\sin\chi$$

$$[(Z_{\mathrm{e}}K_{\mathrm{se}}\sin\psi_{\mathrm{se}}+K_{\mathrm{sf}}Z_{\mathrm{f}}\sin\psi_{\mathrm{sf}})^{2}+(K_{\mathrm{se}}Z_{\mathrm{e}}\cos\psi_{\mathrm{se}}+K_{\mathrm{sf}}Z_{\mathrm{f}}\cos\psi_{\mathrm{sf}})^{2}]^{\frac{1}{2}} \tag{3-224}$$

$$\Phi_{K}=\arctan\frac{(K_{\mathrm{se}}Z_{\mathrm{e}}\sin\psi_{\mathrm{se}}+K_{\mathrm{sf}}Z_{\mathrm{f}}\sin\psi_{\mathrm{sf}})}{(K_{\mathrm{se}}Z_{\mathrm{e}}\cos\psi_{\mathrm{se}}+K_{\mathrm{sf}}Z_{\mathrm{f}}\cos\psi_{\mathrm{sf}})} \tag{3-225}$$

$$\psi_{\mathrm{se}}=\left(2\pi\frac{X_{\mathrm{e}}}{\lambda}\right)\cos\chi \tag{3-226}$$

$$\psi_{sf}=\left(-\frac{2\pi}{\lambda}\right)(L_s-X_e)\cos\chi \tag{3-227}$$

在不规则海浪下，由支柱引起的全浸式水翼艇横向平面的随机干扰力/力矩可以表示为

$$Y_s = \sum_{i=1}^{n} F_{Yi}\cos(\omega_{ei}t + \varepsilon_i + \Phi_{\gamma i}) \tag{3-228}$$

$$N_s = \sum_{i=1}^{n} N_{\psi i}\cos(\omega_{ei}t + \varepsilon_i + \Phi_{Ni}) \tag{3-229}$$

$$K_s = \sum_{i=1}^{n} K_{\psi i}\cos(\omega_{ei}t + \varepsilon_i + \Phi_{Ki}) \tag{3-230}$$

其中，

$$F_{Yi}=\left(\frac{U_R 2\pi a_i c}{\lambda_i}\right)e^{-2\pi\frac{z}{\lambda_i}}\sin\chi$$

$$[(K_{se}\sin\psi_{sei}+K_{sf}\sin\psi_{sfi})^2+(K_{se}\cos\psi_{sei}+K_{sf}\cos\psi_{sfi})^2]^{\frac{1}{2}} \tag{3-231}$$

$$\Phi_{\gamma i}=\arctan\left[\frac{(K_{se}\sin\psi_{sei}+K_{sf}\sin\psi_{sfi})}{(K_{se}\cos\psi_{sei}+K_{sf}\cos\psi_{sfi})}\right] \tag{3-232}$$

$$K_{\psi i}=\left(\frac{U_R 2\pi a_i c}{\lambda}\right)e^{-2\pi\frac{z}{\lambda_i}}\sin\chi$$

$$[(Z_e K_{se}\sin\psi_{sei}+K_{sf}Z_f\sin\psi_{sfi})^2+(K_{se}Z_e\cos\psi_{sei}+K_{sf}Z_f\cos\psi_{sfi})^2]^{\frac{1}{2}}$$

$$N_{\psi i}=\left(\frac{U_R 2\pi a_i c}{\lambda_i}\right)e^{-2\pi\frac{z}{\lambda_i}}\sin\chi \tag{3-233}$$

$$\{[X_e K_{se}\sin\psi_{sei}-(L_s-X_e)K_{sf}\cos\psi_{sfi}]^2+[X_e K_{se}\cos\psi_{sei}-(L_s-X_e)K_{sf}\cos\psi_{sfi}]^2\}^{\frac{1}{2}} \tag{3-234}$$

$$\Phi_{Ni}=\arctan\left[\frac{X_e K_{se}\sin\psi_{sei}-(L_s-X_e)K_{sf}\sin\psi_{sfi}}{X_e K_{se}\cos\psi_{sei}-(L_s-X_e)K_{sf}\cos\psi_{sfi}}\right] \tag{3-235}$$

$$K_{\phi i}=\left(\frac{U_R 2\pi a_i c}{\lambda_i}\right)e^{-2\pi\frac{z}{\lambda_i}}\sin\chi$$

$$[(K_{se}Z_e\sin\psi_{sei}+K_{sf}Z_f\sin\psi_{sfi})^2+(K_{se}Z_e\cos\psi_{sei}+K_{sf}\cos\psi_{sfi})^2]^{\frac{1}{2}} \tag{3-236}$$

$$\Phi_{Ki}=\arctan\frac{[(K_{se}Z_e\sin\psi_{sei}+K_{sf}Z_f\sin\psi_{sfi})]}{[(K_{se}Z_e\cos\psi_{sei}+K_{sf}\cos\psi_{sfi})]} \tag{3-237}$$

仿真环境参数为：全浸式水翼艇翼航航速 45kn，有义波高 $H_{\frac{1}{3}}$ 为 3.8m，遭遇角分别为 0°、30°、60°、90°、120°、150°和 180°。系统仿真初值为 $[\psi,\phi,r,p]^T=[0,0,0,0]^T$，仿真结果如表 3-8 所示。

表 3-8 有义波高 3.8m 下艏摇/横摇状态仿真统计结果

统计值	遭遇角						
	0°	30°	60°	90°	120°	150°	180°
$E(\psi)$	-3.7545	6.9061	3.3914	-7.4588	1.5771	-9.6448	-2.1991
$STD(\psi)$	3.8920	3.9447	1.8299	4.3712	3.1887	8.4760	5.2591
$E(\phi)$	0.0507	0.1530	0.0116	-0.1677	0.0239	-0.4443	0.1492
$STD(\phi)$	4.0182	3.9698	1.1153	3.9271	3.1660	3.4812	2.7427
$E(r)$	0.0218	0.0125	0.0225	-0.0067	0.0131	0.0205	0.0091
$STD(r)$	0.0157	0.3976	0.2721	0.6817	0.0141	0.7177	0.4763
$E(p)$	-0.0248	-0.0497	0.0010	-0.0272	0.0036	0.0038	0.0186
$STD(p)$	0.7031	3.5298	0.9034	3.5868	2.7035	2.7805	2.4203

由仿真结果统计数据可知,艏摇角均值绝对值最大可达 9.6448°,艏摇角标准差最大可达 8.4760°;横摇角均值绝对值最大值为 0.4443°,横摇角最大标准差可达 4.0182°。从仿真统计数据也能看出无控制输入状态下的全浸式水翼艇在五级海情的状态下适航性极差,在随机海浪干扰力矩的作用下呈随波逐流的状态,剧烈的姿态振荡不仅不适合人员乘坐,也对艇载电子设备与武备系统的正常工作产生极其负面的影响。

第 4 章

现代高性能穿浪水翼双体船纵摇/升沉姿态-水翼/尾压浪板控制

4.1 穿浪水翼双体船纵摇/升沉姿态-水翼/尾压浪板控制系统体系结构

穿浪水翼双体船纵向运动襟尾翼/尾压浪板联合控制系统原理结构图如图 4-1 所示，穿浪水翼双体船纵向运动襟尾翼/尾压浪板联合控制系统由纵摇/升沉运动全工作域自适应调节器、襟尾翼/尾压浪板角智能分配器、两套襟尾翼及伺服系统、两套尾压浪板及伺服系统、状态观测器、襟尾翼及尾压浪板同步控制器等组成。

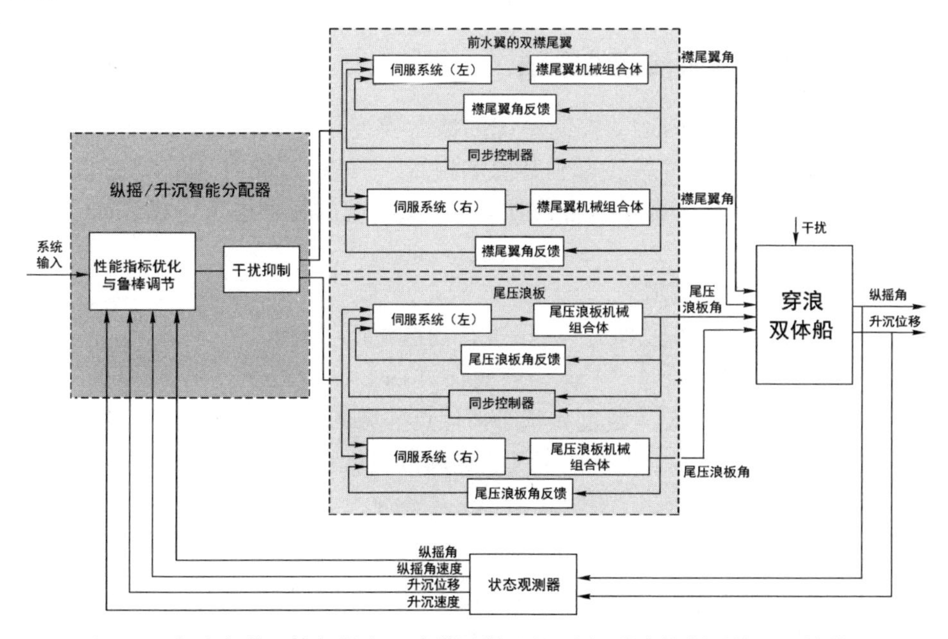

图 4-1　穿浪水翼双体船纵向运动襟尾翼/尾压浪板联合控制系统原理结构图

穿浪水翼双体船纵摇/升沉运动是在其自身和来自海浪、流、海风的干扰力综合作用下产生的。纵摇/升沉运动全工作域自适应调节器根据纵摇升沉状态观测器得到的纵摇角、纵摇角速度、升沉位移、升沉速度 4 个状态变量计算出所需的纵摇扶正控制力矩和升沉扶正力,经襟尾翼/尾压浪板智能分配器计算后给出两套襟尾翼伺服系统的控制信号和两套尾压浪板伺服系统的控制信号,驱动襟尾翼和尾压浪板按照期望的运动规律转动,完成穿浪水翼双体船纵向运动控制过程,保证穿浪水翼双体船的安全性、稳定性和适航性。襟尾翼和尾压浪板同步控制器使两套襟尾翼伺服系统和两套尾压浪板伺服系统保持同步运动,并保持在控制精度内。

对于穿浪水翼双体船,在不同速度点航行姿态发生较大变化将导致穿浪水翼双体船纵向运动控制系统参数发生变化,采用智能控制理论设计一种适合穿浪水翼双体船全工作域的控制器,使其在全工作域都有稳定的输出。穿浪水翼双体船经常航行在具有随机干扰作用的海平面,加之测量仪器中也不可避免地存在着测量噪声,甚至部分状态还难以直接测量,采用状态观测器技术和信息融合技术,对不可测状态进行估计和对误差信号进行剔除。

4.2 穿浪水翼双体船纵摇/升沉运动状态估计

4.2.1 扩展卡尔曼滤波算法

穿浪水翼双体船纵向运动控制系统的数学模型是一个连续时变非线性系统,而进行状态观测器设计时需要得到其离散模型。所以,首先将连续时变非线性系统进行离散化,将穿浪水翼双体船纵向运动控制系统的数学模型考虑成如下形式:

$$\dot{\boldsymbol{x}} = \boldsymbol{f}(\boldsymbol{x}, \boldsymbol{u}, t) + \boldsymbol{w}(t) \tag{4-1}$$

式中:$\boldsymbol{w}(t)$ 为系统随机噪声。

采用四阶龙格-库塔法对式(4-1)进行离散化后,得到

$$\boldsymbol{x}_{k+1} = \boldsymbol{f}(\boldsymbol{x}_k, \boldsymbol{u}_k) + \boldsymbol{w}_k \tag{4-2}$$

扩展卡尔曼滤波(EKF)通过在状态估计点邻域的一阶泰勒展开实现对系统非线性函数进行线性化,考虑非线性系统经过离散化后得到的模型为

$$\begin{cases} \boldsymbol{x}_{k+1} = \boldsymbol{f}(\boldsymbol{x}_k, \boldsymbol{u}_k) + \boldsymbol{w}_k \\ \boldsymbol{z}_k = \boldsymbol{h}(\boldsymbol{x}_k) + \boldsymbol{v}_k \end{cases} \tag{4-3}$$

式中:$\boldsymbol{x}_{k+1} \in \boldsymbol{R}^{n_x \times 1}$ 为非线性系统状态向量;$\boldsymbol{z}_k \in \boldsymbol{R}^{n_z \times 1}$ 为测量向量;$\boldsymbol{w}_k \in R^{n_w \times 1}$ 为非线性系统随机噪声向量;$\boldsymbol{v}_k \in R^{n_v \times 1}$ 为测量随机噪声向量;$f(\cdot)$ 为非线性函数;$h(\cdot)$ 为非线

性测量函数。假设 $\boldsymbol{w}_k$ 和 $\boldsymbol{v}_k$ 是相互独立、且均值为零的高斯白噪声，有 $E(\boldsymbol{w}_k\boldsymbol{w}_k^{\mathrm{T}})=Q_k$ 和 $E(\boldsymbol{v}_k\boldsymbol{v}_k^{\mathrm{T}})=R_k$。

在 $\hat{\boldsymbol{x}}_k$ 的邻域对系统非线性函数进行一阶泰勒展开，忽略二阶以上的高次项以实现对非线性函数的线性化。并且，非线性系统经过近似线性化后的状态仍服从高斯分布，然后可以应用卡尔曼滤波的全套公式对穿浪水翼双体船纵向运动控制系统进行状态观测器设计。

在 $\hat{\boldsymbol{x}}_k$ 的邻域对 $\boldsymbol{f}(\boldsymbol{x}_k,\boldsymbol{u}_k)$ 进行泰勒展开，略去二阶以上的高次项，有

$$\boldsymbol{f}(\boldsymbol{x}_k,\boldsymbol{u}_k)=\boldsymbol{f}(\hat{\boldsymbol{x}}_k,\boldsymbol{u}_k)+\left.\frac{\partial \boldsymbol{f}}{\partial \boldsymbol{x}}\right|_{\hat{\boldsymbol{x}}_k}\cdot(\boldsymbol{x}_k-\hat{\boldsymbol{x}}_k) \tag{4-4}$$

在 $\hat{\boldsymbol{x}}_{k|k-1}$ 的邻域对 $\boldsymbol{h}(\hat{\boldsymbol{x}}_k)$ 进行泰勒展开，略去二阶以上的高阶项，有

$$\boldsymbol{h}(\boldsymbol{x}_k)=h(\hat{\boldsymbol{x}}_{k|k-1})+\left.\frac{\partial \boldsymbol{h}}{\partial \boldsymbol{x}}\right|_{\hat{\boldsymbol{x}}_{k|k-1}}\cdot(\boldsymbol{x}_k-\hat{\boldsymbol{x}}_{k|k-1}) \tag{4-5}$$

则近似线性化后的系统模型变为

$$\begin{cases}\boldsymbol{x}_{k+1}=\boldsymbol{\phi}_k\boldsymbol{x}_k+\boldsymbol{M}_k+\boldsymbol{w}_k\\ z_k=\boldsymbol{C}_k\boldsymbol{x}_k+\boldsymbol{N}_k+\boldsymbol{v}_k\end{cases} \tag{4-6}$$

其中，

$$\left.\frac{\partial \boldsymbol{f}}{\partial \boldsymbol{x}}\right|_{\hat{\boldsymbol{x}}_k}=\boldsymbol{\phi}_k,\boldsymbol{f}(\hat{\boldsymbol{x}}_k,\boldsymbol{u}_k)-\left.\frac{\partial \boldsymbol{f}}{\partial \boldsymbol{x}}\right|_{\hat{\boldsymbol{x}}_k}\cdot\hat{\boldsymbol{x}}_k=\boldsymbol{M}_k$$

$$\left.\frac{\partial \boldsymbol{h}}{\partial \boldsymbol{x}}\right|_{\hat{\boldsymbol{x}}_{k|k-1}}=\boldsymbol{C}_k,\boldsymbol{h}(\hat{\boldsymbol{x}}_{k|k-1})-\left.\frac{\partial \boldsymbol{h}}{\partial \boldsymbol{x}}\right|_{\hat{\boldsymbol{x}}_{k|k-1}}\cdot\hat{\boldsymbol{x}}_{k|k-1}=\boldsymbol{N}_k$$

利用传统卡尔曼滤波公式，整理得到非线性系统（式(4-3)）的 EKF 系列公式：

$$\hat{\boldsymbol{x}}_{k+1|k}=\boldsymbol{f}(\hat{\boldsymbol{x}}_k,\boldsymbol{u}_k) \tag{4-7}$$

$$\hat{z}_{k+1}=\boldsymbol{h}(\hat{\boldsymbol{x}}_{k+1|k}) \tag{4-8}$$

$$\hat{\boldsymbol{x}}_{k+1}=\hat{\boldsymbol{x}}_{k+1|k}+\boldsymbol{K}_{k+1}(z_{k+1}-\hat{z}_{k+1}) \tag{4-9}$$

$$\boldsymbol{P}_{k+1|k}=\boldsymbol{\phi}_{k+1}\boldsymbol{P}_k\boldsymbol{\phi}_{k+1}^{\mathrm{T}}+\boldsymbol{Q}_{k+1} \tag{4-10}$$

$$\boldsymbol{K}_{k+1}=\boldsymbol{P}_{k+1|k}\boldsymbol{C}_{k+1}^{\mathrm{T}}\cdot(\boldsymbol{C}_{k+1}\boldsymbol{P}_{k+1|k}\boldsymbol{C}_{k+1}^{\mathrm{T}}+\boldsymbol{R}_{k+1})^{-1} \tag{4-11}$$

$$\boldsymbol{P}_{k+1}=(\boldsymbol{I}-\boldsymbol{K}_{k+1}\boldsymbol{C}_{k+1})\boldsymbol{P}_{k+1|k} \tag{4-12}$$

从式(4-7)~式(4-12)知，$\boldsymbol{M}_k$ 和 $\boldsymbol{N}_k$ 并没有在公式中直接出现。EKF 算法的基本过程是：通过 k 时刻估计所得到的 $\hat{\boldsymbol{x}}_k$ 预测 $k+1$ 时刻的 $\hat{\boldsymbol{x}}_{k+1|k}$ 和 $\hat{z}_{k+1}$，然后计算 $\boldsymbol{P}_{k+1|k}$，根据 $k+1$ 时刻的实测值 z_{k+1} 来修正系统状态的预测值及方差阵，得到 $k+1$ 时刻系统状态 $\hat{\boldsymbol{x}}_{k+1}$ 及其 $\boldsymbol{P}_{k+1}$。

4.2.2 无迹卡尔曼滤波算法

UKF 算法是基于有限的确定性采样点来逼近高斯状态变量。这些确定性采样点通过实际的非线性方程计算和更新后的均值和方差经过传递后的采样点进行加权计算。它采用无迹变换(UT)对非线性高斯系统随机状态的统计信息进行近似,因此可应用于任何非线性系统。

无迹变换是基于"近似非线性方程的高斯分布比近似任意非线性方程更容易"的思想。它选择一组离散的 Sigma 采样点来逼近非线性系统的状态变量的分布,对所有 Sigma 点单独进行非线性变换,加权后得到系统状态的统计特性。

当选择对称采样方法时,对于 n 维随机变量 $\boldsymbol{x}\sim N(\bar{x},\boldsymbol{P}_x)$,产生的 $2n+1$ 个 Sigma 点$\tilde{\boldsymbol{x}}$为

$$\begin{cases}\tilde{x}_i=\bar{x}, & i=0\\ \tilde{x}_i=\bar{x}-[\sqrt{(n+k)\boldsymbol{P}_x}]_i, & i=1,2,\cdots,n\\ \tilde{x}_i=\bar{x}+[\sqrt{(n+k)\boldsymbol{P}_x}]_i, & i=n+1,n+2,\cdots,2n\end{cases} \tag{4-13}$$

式中:$[\sqrt{(n+k)\boldsymbol{P}_x}]_i$为矩阵$(n+k)\boldsymbol{P}_x$的平方根矩阵的第 i 行或第 i 列(设 $\boldsymbol{P}$ 的平方根矩阵取为 $\boldsymbol{A}$,当 $\boldsymbol{P}=\boldsymbol{A}^{\mathrm{T}}\boldsymbol{A}$ 时,$(\sqrt{\boldsymbol{P}})_i$取 $\boldsymbol{A}$ 的第 i 行;当 $\boldsymbol{P}=\boldsymbol{A}\boldsymbol{A}^{\mathrm{T}}$时,$(\sqrt{\boldsymbol{P}})_i$取 $\boldsymbol{A}$ 的第 i 列)。

每个 Sigma 点均值和误差协方差加权所对应的权值分别为

$$\begin{cases}W_i^m=W_i^c=\dfrac{k}{n+k}, & i=0\\ W_i^m=W_i^c=\dfrac{1}{2(n+k)}, & i\neq 0\end{cases} \tag{4-14}$$

式中:k 为自由参数,用于调节每个 Sigma 点到均值的距离,它与系统非线性函数的均值和协方差的估计效果直接相关。为了使$[\sqrt{(n+k)\boldsymbol{P}_x}]_i$为半定矩阵,选择 $k\geqslant 0$,一般情况下,在状态变量估计时 $k=0$,在参数估计时 $k=3-n$。W_i^m 和 W_i^c 满足 $\sum W_i^m=\sum W_i^c=1$。

通过非线性函数 $y=f(\boldsymbol{x})$ 计算上述各个 Sigma 点的变换点,得到传递结果为

$$y_i=f(\tilde{\boldsymbol{x}}_i),\quad i=0,1,\cdots,2n \tag{4-15}$$

计算 y 的均值和协方差的公式如下:

$$\bar{y}=\sum_{i=0}^{2n}W_i^m y_i \tag{4-16}$$

$$\boldsymbol{P}_y=\sum_{i=0}^{2n}W_i^c(y_i-\bar{y})(y_i-\bar{y})^{\mathrm{T}} \tag{4-17}$$

Julier 提出了 Scaled UT(SUT)来解决当系统的维数增大时,每个 Sigma 点到均值的距离增大,虽然依旧具有随机变量的统计特性,但不再是局部样本这一问题。SUT 通过引入额外的调节参数来实现对任意分布的 Sigma 点进行尺度变换。SUT 选择的 Sigma 点为

$$\begin{cases}\tilde{x}_i=\bar{x}, & i=0\\ \tilde{x}_i=\bar{x}-[\sqrt{(n+\lambda)\boldsymbol{P}_x}]_i, & i=1,2,\cdots,n\\ \tilde{x}_i=\bar{x}+[\sqrt{(n+\lambda)\boldsymbol{P}_x}]_i, & i=n+1,n+2,\cdots,2n\end{cases} \tag{4-18}$$

$$\begin{cases}W_i^m=\dfrac{\lambda}{n+\lambda}, & i=0\\ W_i^c=\dfrac{\lambda}{n+\lambda}+(1-\alpha^2+\beta), & i=0\\ W_i^m=W_i^c=\dfrac{\lambda}{2(n+\lambda)}, & i\neq 0\end{cases} \tag{4-19}$$

其中:$\lambda=\alpha^2(n+k)-n$ 为尺度参数;α 决定了每个 Sigma 点到均值的距离,改变 α 能使高阶项对系统的影响最小,一般情况下取一个很小的正数;β 用来匹配随机状态变量 x 的先验信息,对于高斯状态分布,$\beta=2$ 效果是最好的;k 为比例因子,当 $n>3$ 时,$k=0$,当 $n\leqslant 3$ 时,$k=3-n$;W_i^m 和 W_i^c 分别为 x 的均值和误差协方差相应的权值。

因此,有

$$y_i=f(\tilde{\boldsymbol{x}}_i),\quad i=0,1,\cdots,2n \tag{4-20}$$

$$\bar{y}=\sum_{i=0}^{2n}W_i^m y_i \tag{4-21}$$

$$\boldsymbol{P}_y=\sum_{i=0}^{2n}W_i^c(y_i-\bar{y})(y_i-\bar{y})^{\mathrm{T}} \tag{4-22}$$

当非线性系统的测量方程为线性时,可以对 UKF 算法进行相应的简化,简化后的 UKF 算法能够减少重采样、求解测量预测方程与测量预测方差等烦琐步骤。

在估计问题中,一般不考虑系统的控制输入的作用,且系统噪声和测量噪声都为高斯白噪声,当其具有简单可加性时,非线性系统(式(4-3))可简化为

$$\begin{cases}\boldsymbol{x}_{k+1}=f(\boldsymbol{x}_k)+\boldsymbol{w}_k\\ \boldsymbol{z}_k=h(\boldsymbol{x}_k)+\boldsymbol{v}_k\end{cases} \tag{4-23}$$

UKF 算法的具体实现步骤如下:

1. 初始化

$$\bar{x}_0=E[x_0]$$

$$P_0=E[(\boldsymbol{x}_0-\bar{x}_0)(\boldsymbol{x}_0-\bar{x}_0)^{\mathrm{T}}] \tag{4-24}$$

2. 循环迭代

1）计算每个 Sigma 点及其相应的权值

$$\widetilde{\boldsymbol{x}}_k=[\bar{x}_k \quad \bar{x}_k+[\sqrt{(n_x+\lambda)\boldsymbol{P}_k}]_k \quad \bar{x}_k-[\sqrt{(n_x+\lambda)\boldsymbol{P}_k}]_k] \tag{4-25}$$

$$\begin{cases} W_i^m=\dfrac{\lambda}{n_x+\lambda}, & i=0 \\ W_i^c=\dfrac{\lambda}{n_x+\lambda}+(1-\alpha^2+\beta), & i=0 \\ W_i^m=W_i^c=\dfrac{\lambda}{2(n_x+\lambda)}, & i\neq 0 \end{cases} \tag{4-26}$$

2）时间更新

状态一步预测：

$$\widetilde{\boldsymbol{x}}_{k+1|k}=f(\widetilde{\boldsymbol{x}}_k) \tag{4-27}$$

$$\hat{\boldsymbol{x}}_{k+1,k}=\sum_{i=0}^{2n_x} W_i^m \widetilde{\boldsymbol{x}}_{i,k+1|k} \tag{4-28}$$

方差阵一步预测：

$$\boldsymbol{P}_{k+1,k}=\sum_{i=0}^{2n_x} W_i^c[\widetilde{\boldsymbol{x}}_{i,k+1|k}^x-\hat{\boldsymbol{x}}_{k+1,k}][\widetilde{\boldsymbol{x}}_{i,k+1|k}^x-\hat{\boldsymbol{x}}_{k+1,k}]^{\mathrm{T}}+Q_k \tag{4-29}$$

基于上述预测结果，利用 SUT，得到新的 Sigma 点：

$$\widetilde{\boldsymbol{x}}_{k+1,k}=[\hat{\boldsymbol{x}}_{k+1,k} \quad \hat{\boldsymbol{x}}_{k+1,k}+(\sqrt{(n_x+\lambda)\boldsymbol{P}_{k+1,k}})_k \quad \hat{\boldsymbol{x}}_{k+1,k}-(\sqrt{(n_x+\lambda)\boldsymbol{P}_{k+1,k}})_k] \tag{4-30}$$

测量一步预测：

$$\boldsymbol{z}_{k+1|k}=h(\widetilde{\boldsymbol{x}}_{k+1,k}) \tag{4-31}$$

$$\hat{\boldsymbol{z}}_{k+1,k}=\sum_{i=0}^{2n_x} W_i^m \boldsymbol{z}_{i,k+1|k} \tag{4-32}$$

3）量测更新

求解协方差阵：

$$\boldsymbol{P}_{x_k z_k}=\sum_{i=0}^{2n_x} W_i^c[\widetilde{\boldsymbol{x}}_{i,k+1|k}-\hat{\boldsymbol{x}}_{k+1,k}][\boldsymbol{z}_{i,k+1|k}-\hat{\boldsymbol{z}}_{k+1,k}]^{\mathrm{T}} \tag{4-33}$$

求解非线性系统输出量的方差阵：

$$\boldsymbol{P}_{z_k z_k}=\sum_{i=0}^{2n_x} W_i^c[\boldsymbol{z}_{i,k+1|k}-\hat{\boldsymbol{z}}_{k+1,k}][\boldsymbol{z}_{i,k+1|k}-\hat{\boldsymbol{z}}_{k+1,k}]^{\mathrm{T}}+R_k \tag{4-34}$$

计算滤波增益阵：

$$\boldsymbol{K}_k=\boldsymbol{P}_{x_k z_k}\boldsymbol{P}_{z_k z_k}^{-1} \tag{4-35}$$

更新状态估计：

$$\hat{\boldsymbol{x}}_{k+1}=\hat{\boldsymbol{x}}_{k+1,k}+\boldsymbol{K}_{k+1}(z_{k+1}-\hat{z}_{k+1,k}) \tag{4-36}$$

更新误差方差阵：

$$\boldsymbol{P}_{k+1}=\boldsymbol{P}_{k+1,k}-\boldsymbol{K}_{k+1}\boldsymbol{P}_{z_k z_k}\boldsymbol{K}_{k+1}^{\mathrm{T}} \tag{4-37}$$

根据以上步骤可知，UKF 算法是通过当前时刻非线性系统状态的估计值，选择出一组离散的 Sigma 采样点，然后对它们进行非线性变换，根据变换后得到的离散点来预测下一时刻非线性系统状态值。与 EKF 算法相比，UKF 算法不必求解雅可比矩阵，减小了由线性化所带来的误差。所以，UKF 算法不依赖于非线性系统中的非线性函数，算法比较独立，对所有形式的非线性系统都适用。

4.2.3　改进的粒子滤波算法

基于贝叶斯滤波框架，虽然传统的卡尔曼滤波能够给出最优估计，但是其只能用于线性系统；虽然 EKF 算法可以应用于非线性系统中，但在高度非线性的系统中，滤波不稳定，误差较大甚至发散；UKF 算法要求精确知道噪声的先验统计知识和研究对象的数学模型，但是，穿浪水翼双体船航行在实际环境当中，其纵向运动控制系统受内外部不确定因素的影响，噪声统计特性也极易发生变化，很难用一个准确的统计特性来描述控制系统噪声。基于不确定的数学模型和噪声统计特性所得到的滤波器，会导致较大的误差，甚至会造成滤波发散。粒子滤波是一种非参数的方法，条件分布无须满足高斯假设，利用序贯蒙特卡罗方法来逼近整个条件概率分布。因此粒子滤波不仅同时解决了上述问题，而且还实现全局近似最优滤波。但是蒙特卡罗方法对后验概率分布的采样比较困难，而且要求对从 0 时刻到当前时刻的所有状态进行固定分布采样，这显然有很高的冗余性，随着时间的增长算法将变得特别复杂。粒子滤波引入序贯重要性采样，可克服上述问题，本节将从重要性采样和序贯重要性采样原理推导粒子滤波的基本算法，介绍粒子滤波存在的问题和解决途径。

1. 重要性采样

重要性采样从一个较容易采样的分布中抽取随机样本，避开了直接抽样困难的这一问题。考虑蒙特卡罗方法中求 $g(\boldsymbol{x}_{0:k})$ 的期望问题。

$$E(g(\boldsymbol{x}_{0:k})\mid \boldsymbol{z}_{1:k})=\int g(\boldsymbol{x}_{0:k})p(\boldsymbol{x}_{0:k}\mid z_{1:k})\mathrm{d}\boldsymbol{x}_{0:k} \tag{4-38}$$

由于对后验概率分布 $p(\boldsymbol{x}_{0:k}\mid \boldsymbol{z}_{1:k})$ 直接采样是很困难的，所以引进一个较容易采样的概率分布 $q(\boldsymbol{x}_{0:k}\mid \boldsymbol{z}_{1:k})$，$q(\boldsymbol{x}_{0:k}\mid \boldsymbol{z}_{1:k})$ 称为重要性分布或重要性函数。从 $q(\boldsymbol{x}_{0:k}\mid \boldsymbol{z}_{1:k})$ 中采样，则式(4-38)变为

$$
\begin{aligned}
E(g(\boldsymbol{x}_{0:k})) &= \int g(\boldsymbol{x}_{0:k}) \frac{p(\boldsymbol{x}_{0:k} \mid z_{1:k})}{q(\boldsymbol{x}_{0:k} \mid z_{1:k})} q(\boldsymbol{x}_{0:k} \mid z_{1:k}) \mathrm{d}\boldsymbol{x}_{0:k} \\
&= \int g(\boldsymbol{x}_{0:k}) \frac{p(z_{1:k} \mid \boldsymbol{x}_{0:k}) p(\boldsymbol{x}_{0:k})}{p(z_{1:k}) q(\boldsymbol{x}_{0:k} \mid z_{1:k})} q(\boldsymbol{x}_{0:k} \mid z_{1:k}) \mathrm{d}\boldsymbol{x}_{0:k} \\
&= \int g(\boldsymbol{x}_{0:k}) \frac{w_k(\boldsymbol{x}_{0:k})}{p(z_{1:k})} q(\boldsymbol{x}_{0:k} \mid z_{1:k}) \mathrm{d}\boldsymbol{x}_{0:k}
\end{aligned} \tag{4-39}
$$

式中：$w_k(\boldsymbol{x}_{0:k})$为描述重要性的权重。

又由于

$$
\begin{aligned}
p(z_{1:k}) &= \int p(z_{1:k}, \boldsymbol{x}_{0:k}) \mathrm{d}\boldsymbol{x}_{0:k} \\
&= \int \frac{p(z_{1:k} \mid \boldsymbol{x}_{0:k}) p(\boldsymbol{x}_{0:k}) q(\boldsymbol{x}_{0:k} \mid z_{1:k})}{q(\boldsymbol{x}_{0:k} \mid z_{1:k})} \mathrm{d}\boldsymbol{x}_{0:k} \\
&= \int w_k(\boldsymbol{x}_{0:k}) q(\boldsymbol{x}_{0:k} \mid z_{1:k}) \mathrm{d}\boldsymbol{x}_{0:k}
\end{aligned} \tag{4-40}
$$

将式(4-40)代入式(4-39)，有

$$
E(g(\boldsymbol{x}_{0:k})) = \frac{\int g(\boldsymbol{x}_{0:k}) w_k(\boldsymbol{x}_{0:k}) q(\boldsymbol{x}_{0:k} \mid z_{1:k}) \mathrm{d}\boldsymbol{x}_{0:k}}{\int w_k(\boldsymbol{x}_{0:k}) q(\boldsymbol{x}_{0:k} \mid z_{1:k}) \mathrm{d}\boldsymbol{x}_{0:k}} \tag{4-41}
$$

从 $q(\boldsymbol{x}_{0:k} \mid z_{1:k})$ 中采样后，式(4-41)的期望可近似表示为

$$
\overline{E(g(\boldsymbol{x}_{0:k}))} = \frac{\frac{1}{N}\sum_{i=1}^{N} g(\boldsymbol{x}_{0:k}^{i}) w_k(\boldsymbol{x}_{0:k}^{i})}{\frac{1}{N}\sum_{i=1}^{N} w_k(\boldsymbol{x}_{0:k}^{i})} = \sum_{i=1}^{N} g(\boldsymbol{x}_{0:k}^{i}) \widetilde{w}_k(\boldsymbol{x}_{0:k}^{i}) \tag{4-42}
$$

式中：$\widetilde{w}_k(\boldsymbol{x}_{0:k}^{i})$为归一化权值；$\boldsymbol{x}_{0:k}^{i}$为从 $q(\boldsymbol{x}_{0:k} \mid z_{1:k})$ 采样的粒子。

2. 序贯重要性采样

重要性采样解决了 $p(\boldsymbol{x}_{0:k} \mid z_{1:k})$ 采样难的问题，但它同样是对所有状态进行采样，无法进行递推运算，随着时间的增加算法将变得非常复杂。序贯重要性采样算法能解决这一问题，能得到递推的蒙特卡罗方法，即粒子滤波。

假设选取的 $q(\boldsymbol{x}_{0:k} \mid z_{1:k})$ 能分解成如下形式：

$$
q(\boldsymbol{x}_{0:k} \mid z_{1:k}) = q(\boldsymbol{x}_{0:k-1} \mid z_{1:k-1}) q(\boldsymbol{x}_k \mid \boldsymbol{x}_{0:k-1}, z_{1:k}) \tag{4-43}
$$

或者

$$
q(\boldsymbol{x}_{0:k} \mid z_{1:k}) = q(\boldsymbol{x}_0) \prod_{t=1}^{k} q(\boldsymbol{x}_t \mid z_{0:t-1}, z_{1:t}) \tag{4-44}
$$

说明系统的测量模型具有马尔可夫性，当前时刻的 $q(\boldsymbol{x}_{0:k} \mid z_{1:k})$ 由前一时刻的

分布和 $q(\boldsymbol{x}_k|\boldsymbol{x}_{0:k-1},\boldsymbol{z}_{1:k})$ 决定,因此有

$$w_k=\frac{p(\boldsymbol{z}_{1:k}|\boldsymbol{x}_{0:k})p(\boldsymbol{x}_{0:k})}{q(\boldsymbol{x}_{0:k-1}|\boldsymbol{z}_{1:k-1})q(\boldsymbol{x}_k|\boldsymbol{x}_{0:k-1},\boldsymbol{z}_{1:k})} \tag{4-45}$$

又由于

$$w_{k-1}=\frac{p(\boldsymbol{z}_{1:k-1}|\boldsymbol{x}_{0:k-1})p(\boldsymbol{x}_{0:k-1})}{q(\boldsymbol{x}_{0:k-1}|\boldsymbol{z}_{1:k-1})} \tag{4-46}$$

因此可以得到

$$\begin{aligned}w_k&=w_{k-1}\frac{p(\boldsymbol{z}_{1:k}|\boldsymbol{x}_{0:k})p(\boldsymbol{x}_{0:k})}{p(\boldsymbol{z}_{1:k-1}|\boldsymbol{x}_{0:k-1})p(\boldsymbol{x}_{0:k-1})q(\boldsymbol{x}_k|\boldsymbol{x}_{0:k-1},\boldsymbol{z}_{1:k})}\\&=w_{k-1}\frac{p(\boldsymbol{z}_k|\boldsymbol{x}_k)p(\boldsymbol{x}_k|\boldsymbol{x}_{k-1})}{q(\boldsymbol{x}_k|\boldsymbol{x}_{0:k-1},\boldsymbol{z}_{1:k})}\end{aligned} \tag{4-47}$$

假设重要性分布还满足

$$q(\boldsymbol{x}_k|\boldsymbol{x}_{0:k-1},\boldsymbol{z}_{1:k})=q(\boldsymbol{x}_k|\boldsymbol{x}_{k-1},\boldsymbol{z}_k) \tag{4-48}$$

此时 $q(\boldsymbol{x}_{0:k}|\boldsymbol{z}_{1:k})$ 只取决于 $\boldsymbol{x}_{k-1}$ 和 $\boldsymbol{z}_k$,并且不用保存滤波过程中历史状态和观测值,可得到粒子的权重更新公式为

$$w_k^i=w_{k-1}^i\frac{p(\boldsymbol{z}_k|\boldsymbol{x}_k^i)p(\boldsymbol{x}_k^i|\boldsymbol{x}_{k-1}^i)}{q(\boldsymbol{x}_k^i|\boldsymbol{x}_{k-1}^i,\boldsymbol{z}_k)} \tag{4-49}$$

后验概率分布 $p(\boldsymbol{x}_k|\boldsymbol{z}_{1:k})$ 可近似为

$$p(\boldsymbol{x}_k|\boldsymbol{z}_{1:k})\approx\sum_{i=1}^{N}w_k^i\delta(\boldsymbol{x}_k-\boldsymbol{x}_k^i) \tag{4-50}$$

式中:$\boldsymbol{x}_k^i$ 为从 $p(\boldsymbol{x}_k|\boldsymbol{x}_{1:k-1},\boldsymbol{z}_{1:k})$ 中采样的粒子;N 为粒子个数,当 $N\to\infty$ 时,式(4-50)逼近实际的后验概率分布 $p(\boldsymbol{x}_k|\boldsymbol{z}_{1:k})$。

因此可以得到序贯重要性采样算法的步骤如下:

$$[\{\boldsymbol{x}_k^i,w_k^i\}_{i=1}^N]=PF[\{\boldsymbol{x}_{k-1}^i,w_{k-1}^i\}_{i=1}^N,\boldsymbol{z}_k]$$

(1) 取初始状态 $\boldsymbol{x}_0^i\sim p(\boldsymbol{x}_0)$, $w_0=\dfrac{1}{N}$, $i=1,2,\cdots,N$,其中 $p(\boldsymbol{x}_0)$ 为已知的先验分布;

(2) 对当前状态进行采样 $\boldsymbol{x}_k^i\sim p(\boldsymbol{x}_k|\boldsymbol{x}_{k-1}^i,\boldsymbol{z}_k)$, $i=1,2,\cdots,N$,根据式(4-49)计算 w_k^i;

(3) 归一化权重,令

$$\widetilde{w}_k^i=\frac{w_k^i}{\sum\limits_{i=1}^{N}w_k^i} \tag{4-51}$$

根据式(4-50)近似计算后验概率分布 $p(\boldsymbol{x}_k|z_{1:k})$,得到$\boldsymbol{x}_k$的估计值为

$$\hat{\boldsymbol{x}}_k = E(\boldsymbol{x}_k) = \sum_{i=1}^{N} \boldsymbol{x}_k^i \widetilde{w}_k^i \tag{4-52}$$

1) EKF 粒子滤波算法

EKF算法主要通过对系统的非线性函数进行一阶泰勒近似,对非线性函数近似线性化,再根据传统的卡尔曼滤波算法进行状态估计,具体算法在本章已进行讨论。EKF结合最新的观测值,通过更新后验概率分布的高斯近似来实现递推估计。任一时刻的后验概率分布可以根据如下方式进行近似:

$$p(\boldsymbol{x}_k|z_{1:k}) \approx N(\hat{\boldsymbol{x}}_k, \boldsymbol{P}_k) \tag{4-53}$$

EKF粒子滤波算法将EKF与粒子滤波相结合,主要利用EKF引入最新的观测值,将前一时刻的粒子通过EKF滤波后得到新的状态值,将得到的近似后验概率分布作为重要性分布,进行该时刻粒子采样,即

$$q(\boldsymbol{x}_k|\boldsymbol{x}_{1:k-1}, \boldsymbol{z}_{1:k}) \approx N(\hat{\boldsymbol{x}}_k, \boldsymbol{P}_k) \tag{4-54}$$

EKF粒子滤波算法步骤如下:

(1) 初始化:令 $k=0, i=1,2,\cdots,N$,根据先验分布 $p(\boldsymbol{x}_0)$ 和初始状态进行采样,得到 N 个初始粒子 $\boldsymbol{x}_0^i$。其中,

$$w_0^i = \frac{1}{N}$$

(2) EKF 滤波:令 $k=1,2,\cdots,n; i=1,2,\cdots,N$。

$$\begin{aligned}
\overline{\boldsymbol{x}}_{k|k-1}^{(i)} &= f(\hat{\boldsymbol{x}}_{k-1}^{(i)}, \boldsymbol{u}_{k-1}^{(i)}) \\
\overline{\boldsymbol{z}}_k^{(i)} &= h(\hat{\boldsymbol{x}}_{k|k-1}^{(i)}) \\
\overline{\boldsymbol{x}}_k^{(i)} &= \overline{\boldsymbol{x}}_{k|k-1}^{(i)} + \boldsymbol{K}_k(z_k - \overline{z}_k^{(i)}) \\
\boldsymbol{P}_{k|k-1}^{(i)} &= \boldsymbol{\phi}_k^{(i)} \boldsymbol{P}_{k-1}^{(i)} \boldsymbol{\phi}_k^{\mathrm{T}(i)} + Q_k \\
\boldsymbol{K}_k &= \boldsymbol{P}_{k|k-1}^{(i)} \boldsymbol{C}_k^{\mathrm{T}(i)} \cdot (\boldsymbol{C}_k^{(i)} \boldsymbol{P}_{k|k-1}^{(i)} \boldsymbol{C}_k^{\mathrm{T}(i)} + R_k)^{-1} \\
\boldsymbol{P}_k^{(i)} &= (\boldsymbol{I} - \boldsymbol{K}_k \boldsymbol{C}_k^{(i)}) \boldsymbol{P}_{k|k-1}^{(i)}
\end{aligned} \tag{4-55}$$

(3) 重要性采样:令 $i=1,2,\cdots,N$,建立重要性分布$\hat{\boldsymbol{x}}_k^{(i)} \sim q(\boldsymbol{x}_k^{(i)}|\boldsymbol{x}_{1:k}^{(i)}, \boldsymbol{z}_k^{(i)}) = N(\overline{\boldsymbol{x}}_k^{(i)}, \boldsymbol{P}_k^{(i)})$,采样当前状态粒子,并计算各个粒子的权值$w_k^{(i)}$。

(4) 归一化权值 $\widetilde{w}_k^{(i)} = \dfrac{w_k^{(i)}}{\sum_{j=1}^{N} w_k^{(j)}}$。 (4-56)

(5) 基于残差采样法对粒子进行重采样,根据权值(大的保留)对粒子进行复制,重新分配粒子的权值$w_k^{(i)} = \dfrac{1}{N}$。

返回第(2)步,重复以上步骤。

2) UKF 粒子滤波算法

UKF 粒子滤波算法是 UKF 与粒子滤波两者之间的结合。其主要目的是利用 UKF 引入最新的观测值,将前一时刻的粒子通过 UKF 滤波后得到新的状态值,将得到的近似后验概率分布作为重要性分布,进行该时刻粒子采样。

UKF 粒子滤波算法步骤如下:

(1) 初始化:设 $k=0, i=1,2,\cdots,N$,根据先验分布 $p(\boldsymbol{x}_0)$ 和初始状态进行采样,得到 N 个初始粒子 $\boldsymbol{x}_0^i$。其中,

$$w_0^i=\frac{1}{N}$$

(2) 令 $k=1,2,\cdots,n; i=1,2,\cdots,N$,计算 Sigma 点:

$$\tilde{\boldsymbol{x}}_{k-1}^{(i)}=\left[\bar{x}_{k-1}^{(i)} \quad \bar{x}_{k-1}^{(i)}+\left(\sqrt{(n_x+\lambda)\boldsymbol{P}_{k-1}^{(i)}}\right)_{k-1} \quad \bar{x}_{k-1}^{(i)}-\left(\sqrt{(n_x+\lambda)\boldsymbol{P}_{k-1}^{(i)}}\right)_{k-1}\right] \tag{4-57}$$

时间更新:

$$\tilde{\boldsymbol{x}}_{k|k-1}^{x(i)}=f(\tilde{\boldsymbol{x}}_{k-1}^{(i)})$$

$$\bar{\boldsymbol{x}}_{k,k-1}^{(i)}=\sum_{j=0}^{2n_x} W_j^m \tilde{\boldsymbol{x}}_{j,k|k-1}^{(i)}$$

$$\boldsymbol{P}_{k,k-1}^{(i)}=\sum_{j=0}^{2n_x} W_i^c\left[\tilde{\boldsymbol{x}}_{j,k-1|k}^{x(i)}-\bar{\boldsymbol{x}}_{k,k-1}^{(i)}\right]\left[\tilde{\boldsymbol{x}}_{j,k+1|k}^{x(i)}-\bar{\boldsymbol{x}}_{k,k-1}^{(i)}\right]^{\mathrm{T}}+Q_k$$

$$\boldsymbol{z}_{k|k-1}^{(i)}=h(\tilde{\boldsymbol{x}}_{k|k-1}^{x(i)})$$

$$\bar{\boldsymbol{z}}_{k,k-1}^{(i)}=\sum_{j=0}^{2n_x} W_j^m \boldsymbol{z}_{j,k|k-1}^{(i)}$$

$$\boldsymbol{P}_{x_k z_k}=\sum_{j=0}^{2n_x} W_j^c\left[\tilde{\boldsymbol{x}}_{j,k|k-1}^{(i)}-\bar{\boldsymbol{x}}_{k,k-1}^{(i)}\right]\left[\boldsymbol{z}_{j,k|k-1}^{(i)}-\bar{\boldsymbol{z}}_{k,k-1}^{(i)}\right]^{\mathrm{T}}$$

$$\boldsymbol{P}_{z_k z_k}=\sum_{j=0}^{2n_x} W_j^c\left[\boldsymbol{z}_{j,k|k-1}^{(i)}-\bar{\boldsymbol{z}}_{k,k-1}^{(i)}\right]\left[\boldsymbol{z}_{j,k|k-1}^{(i)}-\bar{\boldsymbol{z}}_{k,k-1}^{(i)}\right]^{\mathrm{T}}+R_k$$

$$\boldsymbol{K}_k=\boldsymbol{P}_{x_k z_k}\boldsymbol{P}_{z_k z_k}^{-1}$$

$$\bar{\boldsymbol{x}}_k^{(i)}=\bar{\boldsymbol{x}}_{k,k-1}^{(i)}+\boldsymbol{K}_k(z_k-\bar{z}_{k,k-1}^{(i)})$$

$$\boldsymbol{P}_k^{(i)}=\boldsymbol{P}_{k|k-1}^{(i)}-\boldsymbol{K}_k\boldsymbol{P}_{z_k z_k}\boldsymbol{K}_k^{\mathrm{T}} \tag{4-58}$$

得到重要性分布为 $q(\hat{\boldsymbol{x}}_k^i|\boldsymbol{x}_{k-1}^i,\boldsymbol{z}_k^i)=N(\bar{\boldsymbol{x}}_k^i,\boldsymbol{P}_k^i)$,采样粒子 $\boldsymbol{x}_k^i\sim N(\bar{\boldsymbol{x}}_k^i,\boldsymbol{P}_k^i)$,并计算各个粒子的权值 w_k^i。

(3) 归一化权值 $\tilde{w}_k^i=\dfrac{w_k^i}{\sum_{j=1}^{N} w_k^j}$。 (4-59)

(4) 基于残差采样法对粒子进行重采样,根据权值(大的保留)对粒子进行复制,重新分配粒子的权值$w_k^i=\dfrac{1}{N}$。

返回第(2)步,重复以上步骤。

为了增强粒子的质量和提高粒子滤波效果,EKF 粒子滤波和 UKF 粒子滤波都通过引入最新的观测值,使重要性分布中可以包含最新观测值信息。但 EKF 粒子滤波和 UKF 粒子滤波还存在一些问题。EKF 粒子滤波算法的缺点在于:泰勒展开只适合在小扰动下应用,因此 EKF 粒子滤波算法应用在弱非线性系统中时能取得较好的效果,而应用在强非线性系统中效果却不理想。虽然 EKF 粒子滤波引入了最新的观测值,但由于 EKF 只保留了泰勒级数展开的一阶项,造成了线性化误差,随着递推的进行,可能会引起滤波的发散,滤波效果将大大降低。虽然 UKF 粒子滤波效果优于 EKF,但 UKF 是基于无迹变换的,无迹变换有很多参数是不可确定的,使得比较难选择 UKF 粒子滤波算法中各个控制参数,而这些参数与滤波性能密切相关。并且,在同等条件下,EKF 粒子滤波算法比 UKF 粒子滤波算法能节省一定的运算时间。因此,本节考虑一种补偿方法来降低 EKF 线性化误差,提高 EKF 粒子滤波的滤波性能。

3) 补偿 EKF 粒子滤波算法

EKF 算法中,用$\hat{\boldsymbol{x}}_{k|k-1}$对$\hat{\boldsymbol{x}}_k$进行估计,使预测误差变得显著,再加上测量方程的非线性,这将使状态估计性能变得不可接受。用最大后验估计更新的状态是解决这一问题的方法,在给定测量向量$\boldsymbol{z}_{1:k}$的前提下,后验概率分布可估计为

$$\begin{aligned} p(\boldsymbol{x}_k|\boldsymbol{z}_{1:k}) &= p(\boldsymbol{x}_k|\boldsymbol{z}_k,\boldsymbol{z}_{1:k}) \\ &= \frac{1}{c}p(\boldsymbol{z}_k|\boldsymbol{x}_k)p(\boldsymbol{x}_k|\boldsymbol{z}_{1:k-1}) \\ &= \frac{1}{c}N(\hat{\boldsymbol{z}}_k,\boldsymbol{R}_k)N(\hat{\boldsymbol{x}}_{k|k-1},\boldsymbol{P}_{k|k-1}) \end{aligned} \tag{4-60}$$

式中:c 为归一化函数。在实际应用中,随着时间的增长,$\boldsymbol{z}_k$和$\hat{\boldsymbol{z}}_k$之间的均方差通过归一化不断累积,其值可表示为如下的代价函数:

$$\boldsymbol{J}(\boldsymbol{x}_k)=\frac{1}{2}[\boldsymbol{z}_k-\hat{\boldsymbol{z}}_k]^{\mathrm{T}}\boldsymbol{R}_k^{-1}[\boldsymbol{z}_k-\hat{\boldsymbol{z}}_k]+[\boldsymbol{x}_k-\hat{\boldsymbol{x}}_{k|k-1}]^{\mathrm{T}}\boldsymbol{P}_{k|k-1}^{-1}[\boldsymbol{x}_k-\hat{\boldsymbol{x}}_{k|k-1}] \tag{4-61}$$

找到一种方法使式(4-61)的值最小,即将最大化概率分布的问题转换成最小化(式(4-61))的代价函数问题:找到一个使代价函数最小的$\boldsymbol{x}_k$,这个$\boldsymbol{x}_k$就是对状态的一个估计:

$$\boldsymbol{J}(\hat{\boldsymbol{x}}_k)=\min\boldsymbol{J}(\boldsymbol{x}_k) \tag{4-62}$$

$\boldsymbol{x}_k^0$为初始点(相当于 EKF 算法中的$\hat{\boldsymbol{x}}_{k|k-1}$),梯度方向为使代价函数最小化的方

向。$\Delta \boldsymbol{x}_k^0$为沿着梯度方向对 $\boldsymbol{x}_k^0$的补偿，由非线性系统状态方程和测量方程的线性化近似表示。$\boldsymbol{\Omega}$ 为代价函数取最小值的理想点。为此，沿着梯度方向，找到一点 $\boldsymbol{x}_k^1$替代 $\boldsymbol{x}_k^0$作为估计点。

通常情况下，非线性系统的代价函数的一阶导数也是非线性的。对于 EKF 算法，代价函数的理想点 $\boldsymbol{\Omega}$ 和 $\boldsymbol{x}_k^1$之间的误差比 $\boldsymbol{\Omega}$ 和 $\boldsymbol{x}_k^0$之间的误差要小。对于高度非线性的代价函数，$\boldsymbol{x}_k^1$偏离使代价函数最小的理想点 Ω，因此将 $\boldsymbol{x}_k^1$作为估计代入代价函数，会使代价函数自身产生误差，当再用此点与代价函数来估计下一时刻的点时，将产生误差累积，导致更大的误差。

可以采用一种补偿的方法来弥补由线性化带来的误差，提高 EKF 精度，基本的过程如图 4–2 所示。从图 4–2 中看到，因为线性化误差的存在，初始点 $\boldsymbol{x}_k^0$经过 $\Delta \boldsymbol{x}_k^0$补偿后到达$\nabla$点，但没有到达使代价函数取最小值的理想点 Ω。因此可以将 $\Delta \boldsymbol{x}_k^0$调整成 $\sigma\Delta \boldsymbol{x}_k^0$，其中 σ 为补偿因子。使代价函数沿着 $\sigma\Delta \boldsymbol{x}_k^0$的方向得到一个取值更小的点 $\boldsymbol{x}_k^1$，并将其作为系统的估计点。显然，经过补偿后估计点 $\boldsymbol{x}_k^1$比没有补偿的点∇要更接近理想点 Ω。这就是补偿 EKF 算法的基本原理。

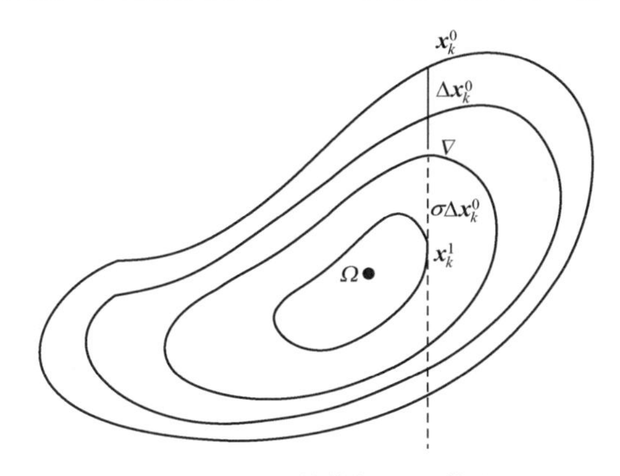

图 4–2　基于补偿的 EKF 算法

EKF 算法中，补偿后的更新方程变为

$$\hat{\boldsymbol{x}}_k = \hat{\boldsymbol{x}}_{k|k-1} + \sigma \boldsymbol{K}_k(z_k - h(\hat{\boldsymbol{x}}_{k|k-1})) \tag{4-63}$$

补偿后的协方差计算公式变为

$$\boldsymbol{P}_k = (\boldsymbol{I} - \varsigma^2 \boldsymbol{K}_k \boldsymbol{C}_k)\boldsymbol{P}_{k|k-1} \tag{4-64}$$

一般情况下，为了防止滤波算法发散，一般取补偿因子 $0 \leqslant \sigma \leqslant 2$，$\varsigma$定义域为 $0 \leqslant \varsigma \leqslant 1$，则

$$\varsigma = \begin{cases} \sigma, & 0 \leqslant \sigma \leqslant 1 \\ 2-\sigma, & 1 \leqslant \sigma \leqslant 2 \end{cases} \tag{4-65}$$

通过以上分析,可以得到补偿 EKF 粒子滤波算法的步骤为。

(1) 初始化:令 $k=0, i=1,2,\cdots,N$,根据先验分布 $p(\boldsymbol{x}_0)$ 和初始状态进行采样,得到 N 个初始粒子 $\boldsymbol{x}_0^i$。

其中,
$$w_0^i=\frac{1}{N}$$

(2) 补偿 EKF 滤波:令 $k=1,2,\cdots,n; i=1,2,\cdots,N$,根据补偿 EKF 算法计算出 $\boldsymbol{P}_{k|k-1}^i$,并得到 $\boldsymbol{x}_{k|k-1}^i$,然后计算 k 时刻各个粒子的 $\boldsymbol{K}_k^i$ 和协方差矩阵 $\boldsymbol{P}_k^i$,并更新状态 $\hat{\boldsymbol{x}}_k^i$。

(3) 重要性采样:令 $i=1,2,\cdots,N$,建立重要性分布 $\boldsymbol{x}_k^i \sim q(\boldsymbol{x}_k^i \mid \boldsymbol{x}_{k-1}^i, \boldsymbol{z}_k^i)=N(\hat{\boldsymbol{x}}_k^i, \boldsymbol{P}_k^i)$,采样当前状态粒子,并计算各个粒子的权值 w_k^i。

(4) 归一化权值 $\tilde{w}_k^i=\dfrac{w_k^i}{\sum_{j=1}^{N} w_k^j}$。 (4-66)

(5) 基于残差采样法对粒子进行重采样,根据权值(大的保留)对粒子进行复制,重新分配粒子的权值 $w_k^i=\dfrac{1}{N}$。

(6) 返回第(2)步,重复以上步骤。

选用 3DM-GX1 型角速度陀螺仪作为穿浪水翼双体船的纵摇角速度的测量传感器,主要技术指标如下:

量程为±300(°)/s;A/D 分辨率为 16bits;陀螺线性度为 0.2%;磁强计线性度为 0.4%;方向分辨率小于 0.1°;重复性为 0.20°;精度为±0.5°(静态),±2°(动态);输出格式为 Euler,Quaternon,Matrx;串口数字输出格式为 RS-232 和 RS-485(通过软件可选);模拟输出范围(可选)为 0~5V(pitch±90°,roll±180°,yaw 360°);带宽三个角度值带宽(yaw,pitch,roll)为 100Hz;串口数据速率为 19.2/38.4/115.2kb,软件可编;供应电压为 5.2(最小)~12V(最大);供应电流为 65mA;操作温度为-40~+70℃(带外壳封装),-40~+85℃(不带外壳)。

选用 FEA 系列加速度计作为穿浪水翼双体船的升沉位移速度的测量传感器,主要技术指标如下:

量程为±25g;分辨率为 5μg;标度因素稳定性为 30ppm;二阶非线性系数不大于±10μg/g²;二阶非线性系数月稳定性为 8μg/g²;偏值温度系数不大于±30μg/℃;标度因素标度温度系数不大于±30ppm/℃;工作温度为-45~80℃;工作电压为±15V。

为了保证穿浪水翼双体船纵摇角速度和升沉位移速度测量精度,一般将角速度陀螺仪和加速度计安装在穿浪水翼双体船的重心。

为了验证本章所提出算法的有效性,本节采用不考虑襟尾翼和尾压浪板作用下穿浪水翼双体船在不同海况和不同航速下的纵向运动动态系统模型进行仿真研究。根据第 3 章建立的控制系统非线性数学模型,在不考虑襟尾翼和尾压浪板作用下,即当$F_{z_0}=0, F_\theta=0$,得到穿浪水翼双体船纵向运动控制系统的状态方程和观测方程分别为

$$\begin{cases}\dot{\boldsymbol{x}}=\boldsymbol{f}(\boldsymbol{x})+\boldsymbol{w}(t)\\ \boldsymbol{y}=\boldsymbol{h}(\boldsymbol{x})+\boldsymbol{v}_k\end{cases} \tag{4-67}$$

式中:$\boldsymbol{x}=[z_0\quad \dot{z}_0\quad \theta\quad \dot{\theta}]^{\mathrm{T}}$;$\boldsymbol{y}=\boldsymbol{h}(\boldsymbol{x})=[\dot{z}_0\quad \dot{\theta}]$为系统输出量;$\boldsymbol{w}(t)$为系统噪声;$\boldsymbol{v}_k$为系统观测噪声向量。

$$\boldsymbol{f}(\boldsymbol{x})=\begin{bmatrix}\dot{z}_0\\ \dfrac{N_1T_2-N_2T_1}{K_1T_2-K_2T_1}\\ \dot{\theta}\\ \dfrac{N_2K_1-N_1K_2}{K_1T_2-K_2T_1}\end{bmatrix},\quad \boldsymbol{w}(t)=\begin{bmatrix}0\\ \dfrac{Z_1T_2-M_1T_1}{K_1T_2-K_2T_1}\\ 0\\ \dfrac{M_1K_1-Z_1K_2}{K_1T_2-K_2T_1}\end{bmatrix},\quad K_1=(m+2m_{\mathrm{f1}})$$

$$\begin{gathered}T_1=-2m_{\mathrm{f1}}(x_{\mathrm{f1}}-x_G),\quad N_1=2L_1+2F_{\mathrm{H}}+F_{\mathrm{b}}\cos\theta+mg\cos\theta-2m_{\mathrm{f1}}(\dot{\theta}V-\ddot{\zeta}_1)\\ K_2=-2m_{\mathrm{f1}}(x_{\mathrm{f1}}-x_G),\quad T_2=I_{yy}+2m_{\mathrm{f1}}(x_{\mathrm{f1}}-x_G)^2\\ N_2=-2(x_{\mathrm{f1}}-x_G)L_1+2m_{\mathrm{f1}}(\dot{\theta}V-\ddot{\zeta}_1)(x_{\mathrm{f1}}-x_G)-2(x_{\mathrm{H}}-x_G)F_{\mathrm{H}}-(x_{\mathrm{b}}-x_G)F_{\mathrm{b}}\cos\theta\end{gathered} \tag{4-68}$$

式中:Z_1和M_1分别为随机海浪产生的升沉干扰力和纵摇干扰力矩。

在进行仿真研究之前,首先要采用四阶龙格-库塔法对穿浪水翼双体船纵向运动控制系统的状态方程和观测方程进行离散化。

考虑到空气的密度比海水的密度小很多,穿浪水翼双体船在随机海浪中高速航行时,受到的干扰主要是随机海浪产生的干扰,因此穿浪水翼双体船纵向运动控制系统的系统噪声主要由随机海浪引起。纵摇角速度测量传感器和升沉位移速度测量传感器的内部噪声,如高频热噪声、低频噪声、电阻器的噪声、集成电路的噪声等;外部干扰,如电源的干扰、地线的干扰、信号通道的干扰、空间电磁波的干扰等都可以采用有效的抗干扰措施进行抑制或补偿。测量传感器的系统误差可经过离线的方法进行补偿。因此,本书只考虑纵摇角速度测量传感器和升沉位移速度测量传感器的随机误差,并认为服从零均值的正态分布。测量噪声可由下式实现:

$$\begin{cases} v_{k1} = \sqrt{-2\sigma_1^2 \ln X_1} \cos(2\pi X_2) \\ v_{k2} = \sqrt{-2\sigma_2^2 \ln X_1} \sin(2\pi X_2) \end{cases} \tag{4-69}$$

式中：v_{k1}与v_{k2}相互独立，且为$N(0,\sigma_1^2)$和$N(0,\sigma_2^2)$分布的随机变量，其中$\sigma_1=0.1$，$\sigma_2=0.0052$；X_1与X_2相互独立，且为[0 1]均匀分布的随机变量。

随机状态估计器主要参数为：粒子个数50个，仿真时间为200s，仿真中采样时间为0.1s。为了便于比较EKF粒子滤波、UKF粒子滤波和补偿EKF粒子滤波3种滤波算法的性能，本书采用相同的先验概率分布产生初始的粒子和相同的重采样方法。穿浪水翼双体船的基本参数为：水线长$L=100$m，型宽$B=20$m，片体型宽$B_d=6$m，型深$D=10$m，吃水$d=4$m，排水量$\Delta=1800$t，最高航速$v=35$kn。仿真航速分别选：20kn、30kn和35kn。仿真海况分别选：有义波高为3m，遭遇角分别为0°、30°、60°、90°、120°和150°。限于篇幅，图4-3～图4-5给出了穿浪水翼双体船在遭遇角30°，航速为20kn下EKF粒子滤波、UKF粒子滤波和补偿EKF粒子滤波3种滤波算法纵摇角速度/升沉位移速度滤波结果、纵摇角速度/升沉位移速度滤波估计误差和纵摇角/升沉位移估计结果。表4-1～表4-3给出了3种滤波方法在不同条件下的纵摇角速度/升沉位移速度滤波误差统计值，其中：纵摇角速度$\dot{\theta}$的量纲为(°)/s，升沉位移速度$\dot{z}_0$的量纲为m/s，err(·)表示滤波误差，E(·)表示均值，STD(·)表示标准差。

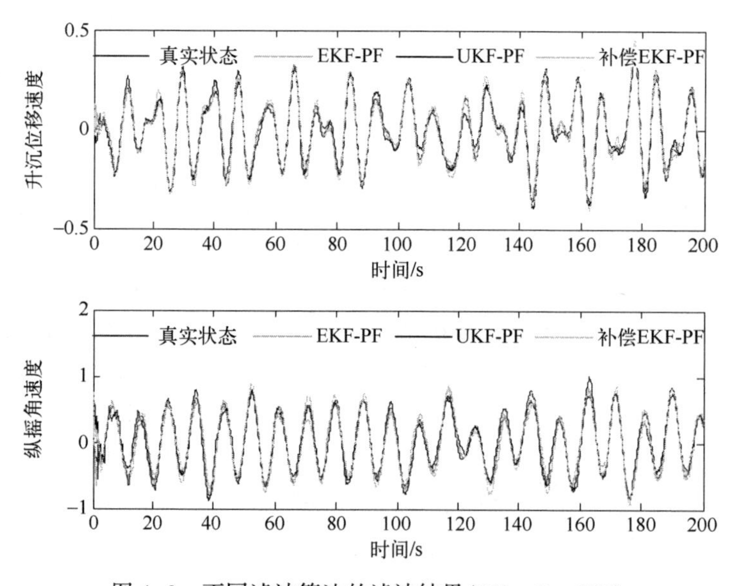

图4-3 不同滤波算法的滤波结果(20kn,3m,30°)

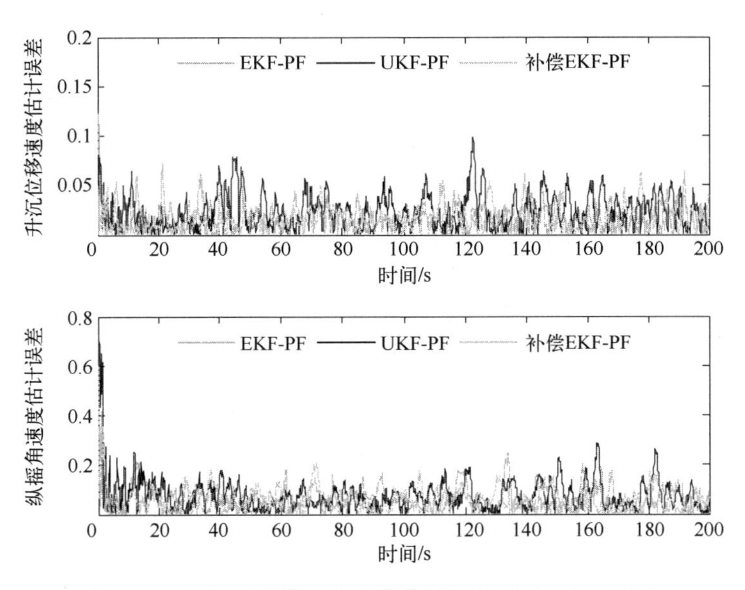

图 4-4 不同滤波算法的滤波估计误差(20kn,3m,30°)

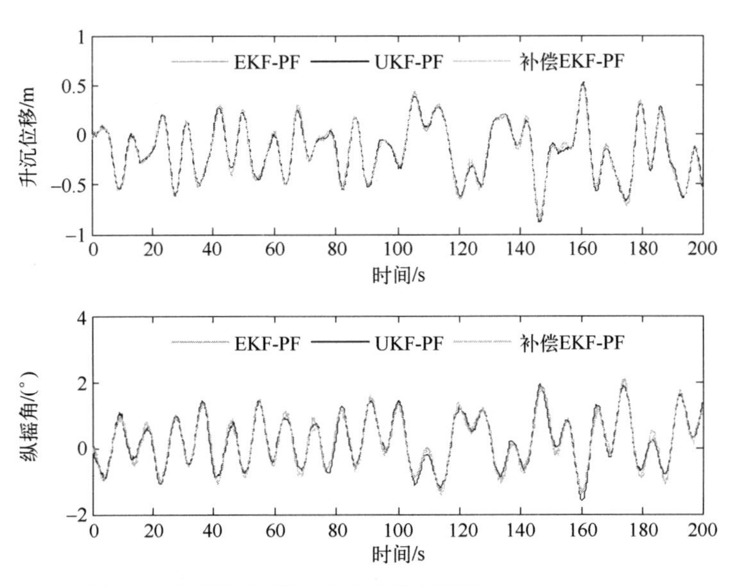

图 4-5 不同滤波算法的状态估计结果(20kn,3m,30°)

表 4-1 航速为 20kn 时仿真结果统计

滤波方法	统计值	遭遇角					
		0°	30°	60°	90°	120°	150°
EKF-PF	$E(\mathrm{err}(\dot{z}))$	0.0185	0.0183	0.0186	0.0180	0.0195	0.0162
	$STD(\mathrm{err}(\dot{z}))$	0.0157	0.0133	0.0148	0.0139	0.0171	0.0128
	$E(\mathrm{err}(\dot{\theta}))$	0.0645	0.0641	0.0701	0.0681	0.0556	0.0565
	$STD(\mathrm{err}(\dot{\theta}))$	0.0616	0.0515	0.0638	0.0554	0.0458	0.0534
UKF-PF	$E(\mathrm{err}(\dot{z}))$	0.0211	0.0238	0.0211	0.0240	0.0225	0.0230
	$STD(\mathrm{err}(\dot{z}))$	0.0158	0.0174	0.0169	0.0201	0.0193	0.0168
	$E(\mathrm{err}(\dot{\theta}))$	0.0658	0.0761	0.0681	0.0767	0.0764	0.0745
	$STD(\mathrm{err}(\dot{\theta}))$	0.0707	0.0681	0.0703	0.0923	0.0726	0.0858
补偿 EKF-PF	$E(\mathrm{err}(\dot{z}))$	0.0127	0.0151	0.0143	0.0131	0.0142	0.0147
	$STD(\mathrm{err}(\dot{z}))$	0.0092	0.0106	0.0110	0.0103	0.0110	0.0116
	$E(\mathrm{err}(\dot{\theta}))$	0.0493	0.0560	0.0572	0.0472	0.0484	0.0524
	$STD(\mathrm{err}(\dot{\theta}))$	0.0446	0.0484	0.0485	0.0442	0.0446	0.0537

表 4-2 航速为 30kn 时仿真结果统计

滤波方法	统计值	遭遇角					
		0°	30°	60°	90°	120°	150°
EKF-PF	$E(\mathrm{err}(\dot{z}))$	0.0182	0.0189	0.0191	0.0206	0.0174	0.0205
	$STD(\mathrm{err}(\dot{z}))$	0.0157	0.0150	0.0163	0.0152	0.0141	0.0156
	$E(\mathrm{err}(\dot{\theta}))$	0.0745	0.0816	0.0824	0.0821	0.0713	0.0791
	$STD(\mathrm{err}(\dot{\theta}))$	0.0691	0.0663	0.0753	0.0735	0.0552	0.0634
UKF-PF	$E(\mathrm{err}(\dot{z}))$	0.0230	0.0252	0.0217	0.0235	0.0197	0.0261
	$STD(\mathrm{err}(\dot{z}))$	0.0167	0.0195	0.0182	0.0209	0.0160	0.0191
	$E(\mathrm{err}(\dot{\theta}))$	0.0724	0.0769	0.0752	0.0795	0.0708	0.0785
	$STD(\mathrm{err}(\dot{\theta}))$	0.0832	0.0773	0.0879	0.0747	0.0703	0.0751
补偿 EKF-PF	$E(\mathrm{err}(\dot{z}))$	0.0151	0.0165	0.0155	0.0180	0.0152	0.0160
	$STD(\mathrm{err}(\dot{z}))$	0.0122	0.0121	0.0119	0.0144	0.0116	0.0124
	$E(\mathrm{err}(\dot{\theta}))$	0.0604	0.0564	0.0638	0.0556	0.0547	0.0511
	$STD(\mathrm{err}(\dot{\theta}))$	0.0601	0.0539	0.0532	0.0583	0.0468	0.0420

表 4-3　航速为 35kn 时仿真结果统计

滤波方法	统计值	遭遇角					
		0°	30°	60°	90°	120°	150°
EKF-PF	$E(\mathrm{err}(\dot{z}))$	0.0223	0.0216	0.0190	0.0210	0.0205	0.0280
	$\mathrm{STD}(\mathrm{err}(\dot{z}))$	0.0187	0.0170	0.0148	0.0154	0.0150	0.0206
	$E(\mathrm{err}(\dot{\theta}))$	0.0721	0.0804	0.0724	0.0719	0.0773	0.0826
	$\mathrm{STD}(\mathrm{err}(\dot{\theta}))$	0.0676	0.0624	0.0680	0.0648	0.0638	0.0762
UKF-PF	$E(\mathrm{err}(\dot{z}))$	0.0259	0.0272	0.0257	0.0251	0.0238	0.0295
	$\mathrm{STD}(\mathrm{err}(\dot{z}))$	0.0210	0.0213	0.0212	0.0222	0.0218	0.0250
	$E(\mathrm{err}(\dot{\theta}))$	0.0773	0.0728	0.0738	0.0752	0.0762	0.0933
	$\mathrm{STD}(\mathrm{err}(\dot{z}))$	0.0824	0.0742	0.0690	0.0682	0.0728	0.0912
补偿 EKF-PF	$E(\mathrm{err}(\dot{z}))$	0.0175	0.0164	0.0144	0.0149	0.0157	0.0205
	$\mathrm{STD}(\mathrm{err}(\dot{z}))$	0.0141	0.0138	0.0119	0.0117	0.0107	0.0152
	$E(\mathrm{err}(\dot{\theta}))$	0.0557	0.0528	0.0619	0.0668	0.0532	0.0617
	$\mathrm{STD}(\mathrm{err}(\dot{\theta}))$	0.0566	0.0575	0.0546	0.0531	0.0500	0.0518

由上述仿真结果可以看出:本书所提出的补偿 EKF 粒子滤波算法对近似线性化带来的误差进行补偿,在滤波时间相当的条件下,补偿 EKF 粒子滤波算法的滤波精度比 EKF 粒子滤波算法与 UKF 粒子滤波算法滤波精度有明显提高。本节的仿真结果验证了算法的有效性。

4.3　穿浪水翼双体船纵摇/升沉姿态模型参考自适应控制

4.3.1　模糊树模型

由于穿浪水翼双体船高速航行于随机海面上,受到随机海浪等外界干扰,再加上穿浪水翼双体船纵向运动控制系统数学建模不准确,使得模型中参数也存在不确定性,这将使反馈线性化方法所设计的控制器产生较大的误差。对于具有不确定性非线性控制系统,自适应控制是一种有效的方法。本书提出一种基于模糊树的多参考模型自适应控制方法对穿浪水翼双体船纵向运动进行控制,其结构如图 4-6 所示。

多参考模型用于描述穿浪水翼双体船纵向运动控制系统的性能指标,“多”的意思是所选择的参考模型的零点由穿浪水翼双体船纵向运动控制系统的内部动态模型所决定,极点可以在穿浪水翼双体船纵向运动控制系统的允许范围内进行任意选取,所选择参考模型的相对阶应该与系统调节输出一样。基于模糊树模型与多参考模型的自适应控制方法对穿浪水翼双体船纵向运动控制系统中存在的随机海浪等外界干扰、数学建模不准确和参数不确定性所导致反馈线性化控制时引起的误差进行逼近和补偿。

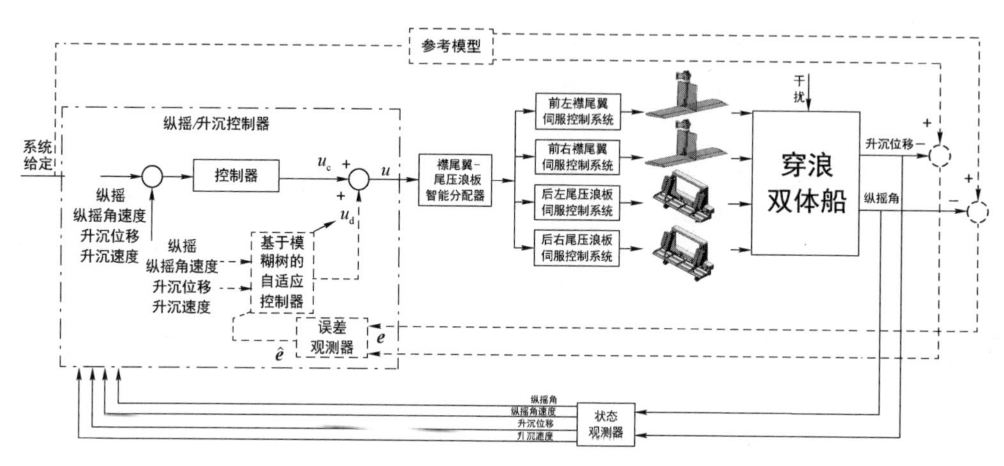

图 4-6　基于模糊树模型的任意模型参考自适应控制结构图

基本思想为:根据穿浪水翼双体船纵向运动控制系统的性能指标,设计一个参考模型。设计一个满足全部所希望性能指标的参考模型。采用自适应模糊树控制器u_d修正纵向运动控制系统反馈线性化控制器u_e,从而达到补偿数学建模不准确、参数不确定和穿浪水翼双体船受到的随机海浪等外界干扰所引起的误差的目的。控制器的输出 u 可表示为

$$u=u_e+u_d \tag{4-70}$$

模糊树模型通过对数据空间进行自适应划分,从而获得基于 T-S 模型的模糊规则。克服了模糊推理建模中数据空间划分的复杂性,解决了高维系统"规则爆炸"的问题,并且对自适应划分得到的子空间运用线性模型对非线性函数进行加权逼近,使得在整个输入空间上得到一个连续、光滑的非线性映射函数。首先介绍几个关于模糊树模型对有限数据空间进行自适应划分的几个定义和引理。

定义 4.1:二叉树由正整数的有限非空集 T 和函数 $l(\cdot)$ 和 $r(\cdot)$ 组成,且具有两个性质:① $\forall t\in T, l(t)=r(t)$ 或 $l(t)>t, r(t)>t$ 成立;② $\forall t\in T$,除了 T 中最小的整数,必存在唯一 $s\in T$ 使得 $t=l(s)$ 或 $t=r(s)$。

其中:称 T 中最小整数为根节点,记 root(T)。如果 $s,t\in T$,且 $t=l(s)$ 或 $t=r(s)$,则称 s 为 t 的父节点,t 为 s 的子节点,记为 $s=p(t)$。若 $s=p(t)$ 或 $s=p(p(t))$,

则称 s 为 t 的祖先。如果 s 为 t 的祖先,则称 t 为 s 的子孙。节点 t 的祖先数定义为 t 的深度。T 中节点的最大深度定义为 T 的深度。如果 t 不是父节点,则称为终节点,即 $l(t)=r(t)=0$。定义 $\widetilde{T}\subseteq T$ 为 T 的终节点集合。

引理 4.1:对 n 维空间中任意有限闭集 $\boldsymbol{\kappa}$,称二叉树终节点的集合为对 $\boldsymbol{\kappa}$ 的划分,即终节点集合中对应每个元素 $x\in\boldsymbol{\kappa}$ 属于同一等价类。

定义 4.2:模糊二叉树由二叉树和隶属度函数 $\{\mu_j(x)\}$,$j\in T$ 组成。$\forall t\in T, x\in\boldsymbol{\kappa}, \mu_t(x)$ 为 $\boldsymbol{\kappa}\in t$ 的隶属度。

引理 4.2:对 n 维空间中任意有限闭集 $\boldsymbol{\kappa}$,称模糊二叉树的终节点的集合为对 $\boldsymbol{\kappa}$ 的模糊划分,即终节点集合中对应每个元素属于同一模糊等价类。

目前,大部分对有限闭集的划分方法都是对输入的各维方向进行划分的,从而一次形成对有限闭集的划分。而模糊树对有限闭集的划分只将一个子空间划分为两个更小的子空间,从而逐次形成对有限闭集的一个划分。这种划分方法还可以对线性逼近误差大和对应函数关系复杂的地方划分精细,在其他地方可划分粗糙,从而使用这种方法可大大提高精度和计算效率。

模糊空间划分完后,采用一组基于 T-S 模型的模糊规则:

$$R^l:\text{If } x \text{ is } N_{t_l}(t_l\in\widetilde{T}),\text{then } y_{t_l}=\boldsymbol{c}_{t_l}^{\mathrm{T}}\widetilde{x} \tag{4-71}$$

式中:$\boldsymbol{c}_{t_l}^{\mathrm{T}}=[c_0^{t_l},c_1^{t_l},\cdots,c_n^{t_l}]^{\mathrm{T}}$ 为线性参数;$t_l\in\widetilde{T}$ 为终节点集合,定义 N_{t_l} 为 χ_{t_l}(模糊子空间)上的模糊集合;$N_{t_l}(x)$ 为相应的隶属度函数。归一化 N_{t_l},记为 $\mu_{t_l}(x)=\dfrac{N_{t_l}(x)}{\sum\limits_{t_l\in\widetilde{T}}N_{t_l}(x)}$,则模糊树模型输出为

$$\hat{y}_{t_l}=\sum_{t_l\in\widetilde{T}}\mu_{t_l}(x)\,\boldsymbol{c}_{t_l}^{\mathrm{T}}\widetilde{x} \tag{4-72}$$

定义模糊二叉树各个节点的隶属度函数为:

对于根节点,

$$N_{r(T)}(x)\equiv 1 \tag{4-73}$$

对于非根节点,

$$N_t(x)=N_{p(t)}(x)\widetilde{N}_t(x) \tag{4-74}$$

式中:$p(t)$ 为 t 的父节点;

$$\widetilde{N}_t(x)=\frac{1}{1+\mathrm{e}^{[-\alpha_t(\boldsymbol{c}_{p(t)}^{\mathrm{T}}\widetilde{x}-\theta_{p(t)})]}} \tag{4-75}$$

为 t 的辅助隶属度函数,且

$$\theta_{p(t)}=\frac{\sum_{i=1}^{M}N_{p(t)}(x^i)(\boldsymbol{c}_{p(t)}^{\mathrm{T}}\ \widetilde{\boldsymbol{x}}^i)}{\sum_{i=1}^{M}N_{p(t)}(x^i)} \tag{4-76}$$

其中：$\theta_{p(t)}$为父节点的数据中心；$|\alpha_t|$为模糊带的宽度。首先应选择一个数$\alpha>0$，左节点$\alpha_t=-\alpha$，右节点$\alpha_t=\alpha$。x^i是输入样本空间，$i=1,2,\cdots,M$。

假设L为终节点数，即$\widetilde{T}=\{t_1,t_2,\cdots,t_L\}$。记$\boldsymbol{c}_{\widetilde{T}}=[\boldsymbol{c}_{t_1}^{\mathrm{T}},\boldsymbol{c}_{t_2}^{\mathrm{T}},\cdots,\boldsymbol{c}_{t_L}^{\mathrm{T}}]^{\mathrm{T}}$，可采用递推最小二乘法来求解$\boldsymbol{c}_{\widetilde{T}}$。

$$\begin{cases}\widetilde{c}_{\widetilde{T}}^{i+1}=\boldsymbol{c}_{\widetilde{T}}^{i}+\boldsymbol{S}_{i+1}\widetilde{\boldsymbol{X}}^{i+1}(y^{i+1}-(\widetilde{\boldsymbol{X}}^{i+1})^{\mathrm{T}}\boldsymbol{c}_{\widetilde{T}}^{i})\\ \boldsymbol{S}_{i+1}=\boldsymbol{S}_i-\dfrac{\boldsymbol{S}_i\widetilde{\boldsymbol{X}}^{i+1}(\widetilde{\boldsymbol{X}}^{i+1})^{\mathrm{T}}\boldsymbol{S}_i}{1+(\widetilde{\boldsymbol{X}}^{i+1})^{\mathrm{T}}\boldsymbol{S}_i\widetilde{\boldsymbol{X}}^{i+1}}\end{cases} \tag{4-77}$$

$i=1,2,\cdots,M-1$，其中，$\boldsymbol{c}_{\widetilde{T}}^{0}=0$，$\boldsymbol{S}_0=\widetilde{\lambda}\boldsymbol{I}$，$\widetilde{\lambda}$是相当大的一个正数，$\boldsymbol{I}$为单位阵。

$$\widetilde{\boldsymbol{X}}^i=\left[\frac{N_{t_1}(x^i)}{\sum_{t_l\in\widetilde{T}}N_{t_l}(x^i)}(\widetilde{\boldsymbol{x}}^i)^{\mathrm{T}},\cdots,\frac{N_{t_L}(x^i)}{\sum_{t_l\in\widetilde{T}}N_{t_l}(x^i)}(\widetilde{\boldsymbol{x}}^i)^{\mathrm{T}}\right]^{\mathrm{T}} \tag{4-78}$$

模糊树模型具体算法步骤如下：

(1) 获得输入输出样本空间(x^i,y^i)，$i=1,2,\cdots,M$，$x^i\in\boldsymbol{R}^n$，$y^i\in\boldsymbol{R}$，以及给定期望误差σ_e与最大终节点数L。

(2) 选择一个$\alpha>0$的数。初始化根节点，假设$N_1(x)\equiv1$，深度$d=0$。由式(4-77)、式(4-78)解得根节点上的c_1。

(3) 对当前深度d上的各个节点进行逐个处理：划分该节点，由式(4-73)和式(4-74)获得所产生的左右节点上的隶属度函数，再由式(4-77)解得所有叶节点上的线性参数。根据式(4-72)计算得到全部输入样本空间经划分后的输出$\hat{y}^i$，$i=1,2,\cdots,M$。由下式计算均方根误差σ：

$$\sigma=\sqrt{\frac{\sum_{i=1}^{M}(\hat{y}^i-y^i)^2}{M}} \tag{4-79}$$

当经划分后的σ小于划分前的σ，则保留这次划分，否则，放弃这次划分，划分当前层的下一个节点。

(4) 当前层全部划分完后，当$\sigma<\sigma_e$或者叶节点数大于L时，算法结束；否则，$d=d+1$，重新回到第(3)步，继续算法。

表4-4给出了模糊树方法与Mamdani方法的跟踪精度比较结果。

表 4-4　跟踪精度比较

方　　法	$x(0)=[\pi/60,0]^{\mathrm{T}}$	$x(0)=[-\pi/60,0]^{\mathrm{T}}$
模糊树方法	4.29×10^{-4}	3.12×10^{-4}
Mamdani 方法	5.16×10^{-4}	4.58×10^{-4}

4.3.2　穿浪水翼双体船纵摇/升沉姿态模糊树模型参考自适应控制策略

由于穿浪水翼双体船纵向运动控制系统存在一定的建模误差和随机海浪等外界干扰,使得控制系统非线性数学模型存在参数不确定性。设计一个参考模型,使其各个性能指标满足实际系统所希望的性能,并且是稳定的、完全能控与能观的。参考模型表示成输入输出的形式为

$$y_{\mathrm{m}}^{(n)}(t)=-\sum_{i=0}^{n-1}a_{\mathrm{m}i}\,y_{\mathrm{m}}^{(i)}(t)+by_{\mathrm{ref}}(t) \tag{4-80}$$

式中:y_{ref}为系统参考输入;y_{m}为参考模型输出。

写成状态方程的形式为

$$\begin{cases}\dot{x}_{\mathrm{m}}(t)=A_{\mathrm{m}}x_{\mathrm{m}}(t)+b_{\mathrm{m}}y_{\mathrm{ref}}\\ y_{\mathrm{m}}(t)=C_{\mathrm{m}}x_{\mathrm{m}}(t)\end{cases} \tag{4-81}$$

穿浪水翼双体船纵向运动控制系统动态输出可表示为

$$\boldsymbol{y}^{(n)}(t)=\boldsymbol{h}(\boldsymbol{x},u)=-\sum_{i=0}^{n-1}a_{\mathrm{m}i}\,\boldsymbol{y}^{(i)}(t)+b(y_{\mathrm{ref}}+u_{\mathrm{d}}-\Delta) \tag{4-82}$$

式中:$h(x,u)$为线性反馈化后的系统输出线性化形式;Δ 为实际系统建模和随机海浪等外界干扰所引起的误差。

定义实际系统误差 $\boldsymbol{e}=y_{\mathrm{m}}-\boldsymbol{y}$,根据式(4-80)和式(4-81)得实际系统的动态误差为

$$\dot{\boldsymbol{e}}=-\sum_{i=0}^{n-1}a_{\mathrm{m}i}\,\boldsymbol{e}^{(i)}(t)+b(\Delta-u_{\mathrm{d}}) \tag{4-83}$$

写成状态空间的形式为

$$\begin{cases}\dot{E}=A_{\mathrm{m}}E+b(\Delta-u_{\mathrm{d}})\\ \boldsymbol{e}=C_{\mathrm{m}}E\end{cases} \tag{4-84}$$

我们的目的是设计自适应控制器u_{d}来抵消实际系统建模和随机海浪等外界干扰所引起的误差 Δ。

对于有 L 个终节点的模糊树模型的输入输出关系可以整理为

$$\hat{y}(\boldsymbol{x})=\sum_{t_l\in\tilde{T}}\mu_{t_l}(\boldsymbol{x})\,\boldsymbol{c}_{t_l}^{\mathrm{T}}\tilde{x}=\sum_{l=1}^{L}\mu_{t_l}(\boldsymbol{x})\sum_{i=0}^{n}c_i^{t_l}x_i=\sum_{l=1}^{L}\sum_{i=0}^{n}\mu_{t_l}(\boldsymbol{x})\,x_i\,c_i^{t_l}$$

$$=\sum_{l=1}^{L}\sum_{i=0}^{n}\hat{\mu}_{l_i}(\boldsymbol{x})\ c_i^{t_l}=\sum_{k=1}^{(n+1)L}\theta_k\boldsymbol{\Phi}_k(\boldsymbol{x})=\boldsymbol{\theta}^{\mathrm{T}}\boldsymbol{\Phi}(\boldsymbol{x}) \tag{4-85}$$

其中，$x_0\equiv1,\theta_k=c_i^{t_l},\boldsymbol{\Phi}_k(\boldsymbol{x})=\hat{\mu}_{l_i}(\boldsymbol{x})=\mu_{t_l}(\boldsymbol{x})x_i$。$k,l,i$ 满足 $k=n(l-1)+l+i;i=0,1,2,\cdots,n;l=1,2,\cdots,L$。

将穿浪水翼双体船纵向运动控制系统数学模型写成如下形式：

$$\begin{cases}\dot{x}_{i1}=x_{i2}\\ \dot{x}_{i2}=f_i(\boldsymbol{x})+g_i(\boldsymbol{x})\boldsymbol{u}_{\mathrm{d}i}\quad i=1,2\\ \boldsymbol{y}=\boldsymbol{h}(\boldsymbol{x})\end{cases} \tag{4-86}$$

其中，$\boldsymbol{x}=[x_{11}\quad x_{12}\quad x_{21}\quad x_{22}]^{\mathrm{T}}=[z_0\quad \dot{z}_0\quad \boldsymbol{\theta}\quad \dot{\boldsymbol{\theta}}]^{\mathrm{T}},u_{\mathrm{d}}=[u_{\mathrm{d}1}\quad u_{\mathrm{d}2}]^{\mathrm{T}},f_i(\boldsymbol{x})$ 和 $g_i(\boldsymbol{x})$ 的表达式见本书第 3 章，$\boldsymbol{y}=\boldsymbol{h}(\boldsymbol{x})=[z_0\quad \boldsymbol{\theta}]$ 为系统输出量，$\boldsymbol{e}=[e_1\quad e_2]^{\mathrm{T}},\boldsymbol{e}_1=[e_{11}\quad \dot{e}_{11}],\boldsymbol{e}_2=[e_{22}\quad \dot{e}_{22}],\boldsymbol{y}_{ri}=[y_{i\mathrm{ref}}\quad \dot{y}_{i\mathrm{ref}}]^{\mathrm{T}}$ 且有 $\|\boldsymbol{y}_{ri}\|_2\leqslant \boldsymbol{M}_{yi}$。

本书采用模糊树模型 $\hat{f}_i(\boldsymbol{x}\mid\boldsymbol{\theta}_{i1})=\boldsymbol{\theta}_{i1}^{\mathrm{T}}\boldsymbol{\Phi}_{i1}(\boldsymbol{x}),\hat{g}_i(\boldsymbol{x}\mid\boldsymbol{\theta}_{i2})=\boldsymbol{\theta}_{i2}^{\mathrm{T}}\boldsymbol{\Phi}_{i2}(\boldsymbol{x})$ 逼近系统（式(4-86)）中的非线性函数 $f_i(\boldsymbol{x})$ 和 $g_i(\boldsymbol{x})$。设计基于模糊树的自适应控制器 $\boldsymbol{u}_{\mathrm{d}i}$ 来近似消除 Δ 的影响。首先假设 $\boldsymbol{u}_{\mathrm{d}i}$ 存在的充分条件及唯一性，并且已知 $f_i(\boldsymbol{x})$ 和 $g_i(\boldsymbol{x})$ 的相关先验信息：对于 $x\in U_{\mathrm{c}}$，满足 $0<g_{i\min}(\boldsymbol{x})\leqslant g_i(\boldsymbol{x})\leqslant g_{i\max}(\boldsymbol{x}),|f_i(\boldsymbol{x})|\leqslant f_{i\max}(\boldsymbol{x})<\infty$。

假设 $\boldsymbol{u}_{\mathrm{d}i}(\boldsymbol{x},\boldsymbol{\theta}_i)=u_{\mathrm{c}i}(\boldsymbol{x},\boldsymbol{\theta}_i)+u_{\mathrm{s}i}(\boldsymbol{x},\boldsymbol{\theta}_i)$，$u_{\mathrm{c}i}(\boldsymbol{x},\boldsymbol{\theta}_i)$ 为基本控制器，取为

$$u_{\mathrm{c}i}(\boldsymbol{x},\boldsymbol{\theta}_i)=\frac{1}{\hat{g}_i(\boldsymbol{x}\mid\boldsymbol{\theta}_{i2})}(-\hat{f}_i(\boldsymbol{x}\mid\boldsymbol{\theta}_{i1})+\ddot{y}_{i\mathrm{ref}}+\boldsymbol{k}_i^{\mathrm{T}}\boldsymbol{e}_i) \tag{4-87}$$

代入式(4-86)，误差方程变为

$$\begin{aligned}\dot{\boldsymbol{e}}_i=\boldsymbol{A}_{\mathrm{c}i}\boldsymbol{e}_i+\boldsymbol{b}_{\mathrm{c}}[&(\hat{f}_i(\boldsymbol{x}\mid\boldsymbol{\theta}_{i1})-f_i(\boldsymbol{x}))+(\hat{g}_i(\boldsymbol{x}\mid\boldsymbol{\theta}_{i2})-\\&g_i(\boldsymbol{x}))u_{\mathrm{c}i}(\boldsymbol{x},\boldsymbol{\theta}_i)-g_i(\boldsymbol{x})u_{\mathrm{s}i}(\boldsymbol{x},\boldsymbol{\theta}_i)]\end{aligned} \tag{4-88}$$

其中，$\boldsymbol{A}_{\mathrm{c}i}=\begin{bmatrix}0&1\\-k_{i2}&-k_{i1}\end{bmatrix},\boldsymbol{b}_{\mathrm{c}}=\begin{bmatrix}0\\1\end{bmatrix},\boldsymbol{k}_i=\begin{bmatrix}k_{i1}\\k_{i2}\end{bmatrix}$ 使 $\boldsymbol{A}_{\mathrm{c}i}$ 的全部特征值都有负实部。

选择 $V_{ei}=\dfrac{1}{2}\boldsymbol{e}_i^{\mathrm{T}}\boldsymbol{P}_i\boldsymbol{e}_i$，其中，$\boldsymbol{P}_i$ 为李雅普诺夫方程 $\boldsymbol{A}_{\mathrm{c}i}^{\mathrm{T}}\boldsymbol{P}_i+\boldsymbol{P}_i\boldsymbol{A}_{\mathrm{c}i}=-\boldsymbol{Q}_i$ 的解，则智能分配器取为

$$\begin{aligned}u_{\mathrm{s}i}(x,\boldsymbol{\theta}_i)=I^*\operatorname{sgn}(\boldsymbol{e}_i^{\mathrm{T}}\boldsymbol{P}_i\boldsymbol{b}_{\mathrm{c}})\frac{1}{\hat{g}_i(\boldsymbol{x}\mid\boldsymbol{\theta}_{i2})}[&|\hat{f}_i(\boldsymbol{x}\mid\boldsymbol{\theta}_{i1})|+f_{i\max}(\boldsymbol{x})+\\&|\hat{g}_i(\boldsymbol{x}\mid\boldsymbol{\theta}_{i2})u_{\mathrm{c}i}(\boldsymbol{x},\boldsymbol{\theta}_i)|+|g_{i\max}(\boldsymbol{x})u_{\mathrm{c}i}(\boldsymbol{x},\boldsymbol{\theta}_i)|]\end{aligned} \tag{4-89}$$

其中：$I^*=\begin{cases}0,V_{ei}\leqslant\bar{V}\\1,V_{ei}>\bar{V}\end{cases}$，$\bar{V}$ 为设计参数，规定了实际控制系统内部状态的界，$\operatorname{sgn}(\cdot)$ 为符号函数。

模糊树模型的自适应控制律取为

$$\dot{\boldsymbol{\theta}}_{i1}=\begin{cases}-\gamma_{i1}\boldsymbol{e}_i^{\mathrm{T}}\boldsymbol{P}_i\boldsymbol{b}_{\mathrm{c}}\boldsymbol{\Phi}_{i1}(\boldsymbol{x}), & \|\boldsymbol{\theta}_{i1}\|_2<M_{i1}\text{或}\|\boldsymbol{\theta}_{i1}\|_2=M_{i1},\boldsymbol{e}_i^{\mathrm{T}}\boldsymbol{P}_i\boldsymbol{b}_{\mathrm{c}}\boldsymbol{\theta}_{i1}^{\mathrm{T}}\boldsymbol{\Phi}_{i1}(\boldsymbol{x})\geqslant 0\\ \boldsymbol{P}_i(-\gamma_{i1}\boldsymbol{e}_i^{\mathrm{T}}\boldsymbol{P}_i\boldsymbol{b}_{\mathrm{c}}\boldsymbol{\Phi}_{i1}(\boldsymbol{x})), & \|\boldsymbol{\theta}_{i1}\|_2=M_{i1},\boldsymbol{e}_i^{\mathrm{T}}\boldsymbol{P}_i\boldsymbol{b}_{\mathrm{c}}\boldsymbol{\theta}_{i1}^{\mathrm{T}}\boldsymbol{\Phi}_{i1}(\boldsymbol{x})<0\end{cases}\tag{4-90}$$

$$\dot{\boldsymbol{\theta}}_{i2}=\begin{cases}-\gamma_{i2}\boldsymbol{e}_i^{\mathrm{T}}\boldsymbol{P}_i\boldsymbol{b}_{\mathrm{c}}\boldsymbol{\Phi}_{i2}(\boldsymbol{x})u_{\mathrm{c}i}, & \|\boldsymbol{\theta}_{i2}\|_2<M_{i2}\text{或}\|\boldsymbol{\theta}_{i2}\|_2=M_{i2},\boldsymbol{e}_i^{\mathrm{T}}\boldsymbol{P}_i\boldsymbol{b}_{\mathrm{c}}\boldsymbol{\theta}_{i2}^{\mathrm{T}}\boldsymbol{\Phi}_{i2}(\boldsymbol{x})u_{\mathrm{c}i}\geqslant 0\\ \boldsymbol{P}_i(-\gamma_{i2}\boldsymbol{e}_i^{\mathrm{T}}\boldsymbol{P}_i\boldsymbol{b}_{\mathrm{c}}\boldsymbol{\Phi}_{i2}(\boldsymbol{x}))u_{\mathrm{c}i}, & \|\boldsymbol{\theta}_{i2}\|_2=M_{i2},\boldsymbol{e}_i^{\mathrm{T}}\boldsymbol{P}_i\boldsymbol{b}_{\mathrm{c}}\boldsymbol{\theta}_{i2}^{\mathrm{T}}\boldsymbol{\Phi}_{i2}(\boldsymbol{x})u_{\mathrm{c}i}<0\end{cases}\tag{4-91}$$

式中：$\gamma_{i1}>0,\gamma_{i2}>0$ 为学习率；M_{i1},M_{i2} 为模糊树模型寻优空间的界，一般令其取足够大。

$$\boldsymbol{P}_i(-\gamma_{i1}\boldsymbol{e}_i^{\mathrm{T}}\boldsymbol{P}_i\boldsymbol{b}_{\mathrm{c}}\boldsymbol{\Phi}_{i1}(\boldsymbol{x}))=-\gamma_{i1}\boldsymbol{e}_i^{\mathrm{T}}\boldsymbol{P}_i\boldsymbol{b}_{\mathrm{c}}\boldsymbol{\Phi}_{i1}(\boldsymbol{x}))+\gamma_{i1}\boldsymbol{e}_i^{\mathrm{T}}\boldsymbol{P}_i\boldsymbol{b}_{\mathrm{c}}\frac{\boldsymbol{\theta}_{i1}\boldsymbol{\theta}_{i1}^{\mathrm{T}}\boldsymbol{\Phi}_{i1}(\boldsymbol{x})}{\|\boldsymbol{\theta}_{i1}\|_2^2}\tag{4-92}$$

$$\boldsymbol{P}_i(-\gamma_{i2}\boldsymbol{e}_i^{\mathrm{T}}\boldsymbol{P}_i\boldsymbol{b}_{\mathrm{c}}\boldsymbol{\Phi}_{i1}(\boldsymbol{x})u_{\mathrm{c}i})=-\gamma_{i2}\boldsymbol{e}_i^{\mathrm{T}}\boldsymbol{P}_i\boldsymbol{b}_{\mathrm{c}}\boldsymbol{\Phi}_{i1}(\boldsymbol{x})u_{\mathrm{c}i}+\gamma_{i2}\boldsymbol{e}_i^{\mathrm{T}}\boldsymbol{P}_i\boldsymbol{b}_{\mathrm{c}}\frac{\boldsymbol{\theta}_{i2}\boldsymbol{\theta}_{i2}^{\mathrm{T}}\boldsymbol{\Phi}_{i2}(\boldsymbol{x})}{\|\boldsymbol{\theta}_{i2}\|_2^2}u_{\mathrm{c}i}\tag{4-93}$$

自适应控制器具体算法步骤为：

（1）根据系统要求，选择参数$\boldsymbol{k}_i$、M_{i1}、M_{i2}及$\bar{V}$；选择一个正定阵$\boldsymbol{Q}_i$，求解李雅普诺夫方程$\boldsymbol{A}_{\mathrm{c}i}^{\mathrm{T}}\boldsymbol{P}_i+\boldsymbol{P}_i\boldsymbol{A}_{\mathrm{c}i}=-\boldsymbol{Q}_i$，得到矩阵$\boldsymbol{P}_i$。

（2）根据获得的样本数据，利用模糊树模型离线辨识非线性函数$f_i(x)$和$g_i(x)$，建立如式(4-87)和式(4-89)的初始控制器。

（3）确定参数M_{i1}、M_{i2}、γ_{i1}及γ_{i2}。根据实际系统情况假设$M_{i1}\geqslant\|\boldsymbol{\theta}_{i1}(0)\|_2$及$M_{i2}\geqslant\|\boldsymbol{\theta}_{i2}(0)\|_2$，根据自适应调节律（式(4-90)和式(4-91)）在线调节模糊树模型的参数。

由定理 4.1，对于控制器采用式(4-87)和式(4-89)、参数自适应调节律采用式(4-90)和式(4-91)的穿浪水翼双体船纵向运动控制系统满足下列性能：

（1）对$\forall t\leqslant 0$，$\|\boldsymbol{\theta}_{i1}(t)\|_2\leqslant M_{i1}$，$\|\boldsymbol{\theta}_{i2}(t)\|_2\leqslant M_{i2}$；

（2）$\exists T\geqslant 0$，当$t\geqslant T$时，有

$$\|x_i(t)\|_2\leqslant M_{yi}+\sqrt{\frac{2\bar{V}}{\boldsymbol{\lambda}_{i\min}}},\text{其中},\boldsymbol{\lambda}_{i\min}=\min\boldsymbol{\lambda}(\boldsymbol{P}_i)\tag{4-94}$$

（3）对$\forall t\geqslant 0$，存在常数m_i，n_i及函数$w_i(t)$，满足

$$\int_0^t\|\boldsymbol{e}_i(\tau)\|_2^2\mathrm{d}\tau\leqslant m_i+n_i\int_0^t|w_i(\tau)|^2\mathrm{d}\tau\tag{4-95}$$

（4）如果$\hat{g}_i(x\mid\boldsymbol{\theta}_{i2})\geqslant\varepsilon_i>0$，$w_i(t)$平方可积，有

$$\lim_{t\to+\infty}|\boldsymbol{e}_i(t)|=0 \tag{4-96}$$

证明：

（1）记$V_{i1}=\frac{1}{2}\boldsymbol{\theta}_{i1}^{\mathrm{T}}\boldsymbol{\theta}_{i1}$，有$\|\boldsymbol{\theta}_{i1}(0)\|_2\leqslant M_{i1}$。

对$\forall t\leqslant 0$，由本书所得到的自适应调节律，当$\|\boldsymbol{\theta}_{i1}(0)\|_2=M_{i1}$时，如果$\boldsymbol{e}_i^{\mathrm{T}}\boldsymbol{P}_i\boldsymbol{b}_{\mathrm{c}}\boldsymbol{\Phi}_{i1}(\boldsymbol{x})\geqslant 0$，则$\dot{V}=\boldsymbol{\theta}_{i1}^{\mathrm{T}}\dot{\boldsymbol{\theta}}_{i1}=-\gamma_{i1}\boldsymbol{e}_i^{\mathrm{T}}\boldsymbol{P}_i\boldsymbol{b}_{\mathrm{c}}\boldsymbol{\theta}_{i1}^{\mathrm{T}}\boldsymbol{\Phi}_{i1}(x)\leqslant 0$；如果$\boldsymbol{e}_i^{\mathrm{T}}\boldsymbol{P}_i\boldsymbol{b}_{\mathrm{c}}\boldsymbol{\Phi}_{i1}(x)<0$，则$\dot{V}=\boldsymbol{\theta}_{i1}^{\mathrm{T}}\boldsymbol{P}_i(-\gamma_{i1}\boldsymbol{e}_i^{\mathrm{T}}\boldsymbol{P}_i\boldsymbol{b}_{\mathrm{c}}\boldsymbol{\Phi}_{i1}(x))<0$。因此总有$\dot{V}\leqslant 0$成立。因此$\forall t\leqslant 0$，$\|\boldsymbol{\theta}_{i1}(t)\|_2\leqslant M_{i1}$。

同理可证对$\forall t\leqslant 0$，$\|\boldsymbol{\theta}_{i2}(t)\|_2\leqslant M_{i2}$。

（2）沿式(4-88)的解对V_{ei}求导：

$$\begin{aligned}\dot{V}_{ei}=&-\frac{1}{2}\boldsymbol{e}_i^{\mathrm{T}}\boldsymbol{Q}_i\boldsymbol{e}_i+\boldsymbol{e}_i^{\mathrm{T}}\boldsymbol{P}_i\boldsymbol{b}_{\mathrm{c}}[(\hat{f}_i(\boldsymbol{x}\mid\boldsymbol{\theta}_{i1})-f_i(\boldsymbol{x}))+(\hat{g}_i(\boldsymbol{x}\mid\boldsymbol{\theta}_{i2})-\\&g_i(\boldsymbol{x}))u_{\mathrm{c}i}(\boldsymbol{x},\boldsymbol{\theta}_i)-g_i(\boldsymbol{x})u_{\mathrm{s}i}(\boldsymbol{x},\boldsymbol{\theta}_i)]\leqslant\\&-\frac{1}{2}\boldsymbol{e}_i^{\mathrm{T}}\boldsymbol{Q}_i\boldsymbol{e}_i+|\boldsymbol{e}_i^{\mathrm{T}}\boldsymbol{P}_i\boldsymbol{b}_{\mathrm{c}}|[|\hat{f}_i(\boldsymbol{x}\mid\boldsymbol{\theta}_{i1})|+|f_i(\boldsymbol{x})|+(|\hat{g}_i(\boldsymbol{x}\mid\boldsymbol{\theta}_{i2})|+\\&|g_i(\boldsymbol{x})|)u_{\mathrm{c}i}(\boldsymbol{x},\boldsymbol{\theta}_i)]-\boldsymbol{e}_i^{\mathrm{T}}\boldsymbol{P}_i\boldsymbol{b}_{\mathrm{c}}g_i(\boldsymbol{x})u_{\mathrm{s}i}(\boldsymbol{x},\boldsymbol{\theta}_i)\end{aligned} \tag{4-97}$$

对$\forall t\geqslant 0$，当$V_{ei}>\bar{V}$时，

$$\dot{V}_{ei}\leqslant-\frac{1}{2}\boldsymbol{e}_i^{\mathrm{T}}\boldsymbol{Q}_i\boldsymbol{e}_i+|\boldsymbol{e}_i^{\mathrm{T}}\boldsymbol{P}_i\boldsymbol{b}_{\mathrm{c}}|[|f_i(\boldsymbol{x})|-|f_{i\max}(\boldsymbol{x})|+(|g_i(\boldsymbol{x})|-|g_{i\max}(\boldsymbol{x})|)|u_{\mathrm{c}i}(\boldsymbol{x},\boldsymbol{\theta}_i)|]\leqslant 0 \tag{4-98}$$

因此，$\exists T\geqslant 0$，对$t\geqslant T$，$V_{ei}\leqslant\bar{V}<\infty$。又因为$V_{ei}=\frac{1}{2}\boldsymbol{e}_i^{\mathrm{T}}\boldsymbol{P}_i\boldsymbol{e}_i\geqslant\frac{1}{2}\lambda_{i\min}\|\boldsymbol{e}_i\|_2^2$，当$t\geqslant T$时，$\frac{1}{2}\lambda_{i\min}\|\boldsymbol{e}_i\|_2^2\leqslant\bar{V}$，即$\|\boldsymbol{e}_i\|_2<\sqrt{\frac{2\bar{V}}{\lambda_{i\min}}}$。又因为$x_i=y_{ri}-\boldsymbol{e}_i$，所以$\|x_i(t)\|_2\leqslant\|y_{ri}\|_2+\|\boldsymbol{e}_i\|_2\leqslant M_{yi}+\sqrt{\frac{2\bar{V}}{\lambda_{i\min}}}$。

（3）定义最优参数：

$$\boldsymbol{\theta}_{i1}^{*}=\arg\min_{\boldsymbol{\theta}_{i1}\in\boldsymbol{\Omega}_{i1}}\{\sup|(\hat{f}_i(\boldsymbol{x}\mid\boldsymbol{\theta}_{i1})-f_i(\boldsymbol{x})|\} \tag{4-99}$$

$$\boldsymbol{\theta}_{i2}^{*}=\arg\min_{\boldsymbol{\theta}_{i2}\in\boldsymbol{\Omega}_{i2}}\{\sup|(\hat{g}_i(\boldsymbol{x}\mid\boldsymbol{\theta}_{i2})-g_i(\boldsymbol{x})|\} \tag{4-100}$$

式中：$\boldsymbol{\Omega}_{i1}$和$\boldsymbol{\Omega}_{i2}$为模糊树模型参数寻优空间，有$\boldsymbol{\Omega}_{i1}=\{\boldsymbol{\theta}_{i1}\mid\|\boldsymbol{\theta}_{i1}\|_2\leqslant M_{i1}\}$，$\boldsymbol{\Omega}_{i2}=\{\boldsymbol{\theta}_{i2}\mid||\boldsymbol{\theta}_{i2}\|_2\leqslant M_{i2}\}$。

由于

$$\dot{\boldsymbol{e}}_i=\boldsymbol{A}_{\mathrm{c}i}\boldsymbol{e}_i+\boldsymbol{b}_{\mathrm{c}}[(\hat{f}_i(\boldsymbol{x}\mid\boldsymbol{\theta}_{i1})-f_i(\boldsymbol{x}))+(\hat{g}_i(\boldsymbol{x}\mid\boldsymbol{\theta}_{i2})-g_i(\boldsymbol{x}))u_{\mathrm{c}i}(\boldsymbol{x},\boldsymbol{\theta}_i)-g_i(\boldsymbol{x})u_{\mathrm{s}i}(\boldsymbol{x},\boldsymbol{\theta}_i)]$$

$$=\boldsymbol{A}_{ci}\boldsymbol{e}_i+\boldsymbol{b}_c[\tilde{\boldsymbol{\theta}}_{i1}^{T}\boldsymbol{\Phi}_{i1}(\boldsymbol{x})+\tilde{\boldsymbol{\theta}}_{i2}^{T}\boldsymbol{\Phi}_{i2}(\boldsymbol{x})u_{ci}(\boldsymbol{x},\boldsymbol{\theta}_i)]-\boldsymbol{b}_c g_i(\boldsymbol{x})u_{si}(\boldsymbol{x},\boldsymbol{\theta}_i)+\boldsymbol{b}_c w_i(t) \quad (4-101)$$

式中：$\tilde{\boldsymbol{\theta}}_{i1}=\boldsymbol{\theta}_{i1}-\boldsymbol{\theta}_{i1}^*$；$\tilde{\boldsymbol{\theta}}_{i2}=\boldsymbol{\theta}_{i2}-\boldsymbol{\theta}_{i2}^*$；$\hat{f}_i(\boldsymbol{x}\mid\boldsymbol{\theta}_{i1}^*)$ 和 $\hat{g}_i(\boldsymbol{x}\mid\boldsymbol{\theta}_{i2}^*)$ 为最优逼近模糊树模型；$w_i(t)=\hat{f}_i(\boldsymbol{x}\mid\boldsymbol{\theta}_{i1}^*)-f_i(\boldsymbol{x})+(\hat{g}_i(\boldsymbol{x}\mid\boldsymbol{\theta}_{i2}^*)-g_i(\boldsymbol{x}))u_{ci}(\boldsymbol{x},\boldsymbol{\theta}_i)$。

选取如下李雅普诺夫函数

$$V_i=\frac{1}{2}\boldsymbol{e}_i^{T}\boldsymbol{P}_i\boldsymbol{e}_i+\frac{1}{2\gamma_{i1}}\tilde{\boldsymbol{\theta}}_{i1}^{T}\tilde{\boldsymbol{\theta}}_{i1}+\frac{1}{2\gamma_{i2}}\tilde{\boldsymbol{\theta}}_{i2}^{T}\tilde{\boldsymbol{\theta}}_{i2} \quad (4-102)$$

V_i 对时间求导，有

$$\dot{V}_i=-\frac{1}{2}\boldsymbol{e}_i^{T}\boldsymbol{Q}_i\boldsymbol{e}_i+\frac{1}{\gamma_{i1}}\tilde{\boldsymbol{\theta}}_{i1}^{T}[\dot{\boldsymbol{\theta}}_{i1}+\gamma_{i1}\boldsymbol{e}_i^{T}\boldsymbol{P}_i\boldsymbol{b}_c\boldsymbol{\Phi}_{i1}(x)]+\frac{1}{\gamma_{i2}}\tilde{\boldsymbol{\theta}}_{i2}^{T}[\dot{\boldsymbol{\theta}}_{i2}+$$

$$\gamma_{i2}\boldsymbol{e}_i^{T}\boldsymbol{P}_i\boldsymbol{b}_c\boldsymbol{\Phi}_{i2}(\boldsymbol{x})u_{ci}(\boldsymbol{x},\boldsymbol{\theta}_i)]-g_i(\boldsymbol{x})\boldsymbol{e}_i^{T}\boldsymbol{P}_i\boldsymbol{b}_c u_{si}(\boldsymbol{x},\boldsymbol{\theta}_i)+\boldsymbol{e}_i^{T}\boldsymbol{P}_i\boldsymbol{b}_c w_i(t) \quad (4-103)$$

将自适应调节律重新写为

$$\dot{\boldsymbol{\theta}}_{i1}=-\gamma_{i1}\boldsymbol{e}_i^{T}\boldsymbol{P}_i\boldsymbol{b}_c\boldsymbol{\Phi}_{i1}(\boldsymbol{x})+I_1^*\gamma_{i1}\boldsymbol{e}_i^{T}\boldsymbol{P}_i\boldsymbol{b}_c\frac{\boldsymbol{\theta}_{i1}\boldsymbol{\theta}_{i1}^{T}\boldsymbol{\Phi}_{i1}(\boldsymbol{x})}{\|\boldsymbol{\theta}_{i1}\|_2^2} \quad (4-104)$$

$$\dot{\boldsymbol{\theta}}_{i2}=-\gamma_{i2}\boldsymbol{e}_i^{T}\boldsymbol{P}_i\boldsymbol{b}_c\boldsymbol{\Phi}_{i2}(\boldsymbol{x})u_{ci}(\boldsymbol{x},\boldsymbol{\theta}_i)+I_2^*\gamma_{i2}\boldsymbol{e}_i^{T}\boldsymbol{P}_i\boldsymbol{b}_c\frac{\boldsymbol{\theta}_{i2}\boldsymbol{\theta}_{i2}^{T}\boldsymbol{\Phi}_{i2}(\boldsymbol{x})}{\|\boldsymbol{\theta}_{i2}\|_2^2}u_{ci}(\boldsymbol{x},\boldsymbol{\theta}_i) \quad (4-105)$$

其中，

$$I_1^*=\begin{cases}0, & \|\boldsymbol{\theta}_{i1}\|_2<M_{i1}\text{或}\|\boldsymbol{\theta}_{i1}\|_2=M_{i1},\boldsymbol{e}_i^{T}\boldsymbol{P}_i\boldsymbol{b}_c\boldsymbol{\theta}_{i1}^{T}\boldsymbol{\Phi}_{i1}(x)\geqslant 0\\ 1, & \|\boldsymbol{\theta}_{i1}\|_2=M_{i1},\boldsymbol{e}_i^{T}\boldsymbol{P}_i\boldsymbol{b}_c\boldsymbol{\theta}_{i1}^{T}\boldsymbol{\Phi}_{i1}(\boldsymbol{x})<0\end{cases}$$

$$I_2^*=\begin{cases}0, & \|\boldsymbol{\theta}_{i2}\|_2<M_{i2}\text{或}\|\boldsymbol{\theta}_{i2}\|_2=M_{i2},\boldsymbol{e}_i^{T}\boldsymbol{P}_i\boldsymbol{b}_c\boldsymbol{\theta}_{i2}^{T}\boldsymbol{\Phi}_{i2}(\boldsymbol{x})u_{ci}(\boldsymbol{x},\boldsymbol{\theta}_i)\geqslant 0\\ 1, & \|\boldsymbol{\theta}_{i2}\|_2=M_{i2},\boldsymbol{e}_i^{T}\boldsymbol{P}_i\boldsymbol{b}_c\boldsymbol{\theta}_{i2}^{T}\boldsymbol{\Phi}_{i2}(\boldsymbol{x})u_{ci}(\boldsymbol{x},\boldsymbol{\theta}_i)<0\end{cases}$$

代入式(4-103)，有

$$\dot{V}_i=-\frac{1}{2}\boldsymbol{e}_i^{T}\boldsymbol{Q}_i\boldsymbol{e}_i+I_1^*\tilde{\boldsymbol{\theta}}_{i1}^{T}\boldsymbol{e}_i^{T}\boldsymbol{P}_i\boldsymbol{b}_c\frac{\boldsymbol{\theta}_{i1}\boldsymbol{\theta}_{i1}^{T}\boldsymbol{\Phi}_{i1}(\boldsymbol{x})}{\|\boldsymbol{\theta}_{i1}\|_2^2}+I_2^*\tilde{\boldsymbol{\theta}}_{i2}^{T}\boldsymbol{e}_i^{T}\boldsymbol{P}_i\boldsymbol{b}_c\frac{\boldsymbol{\theta}_{i2}\boldsymbol{\theta}_{i2}^{T}\boldsymbol{\Phi}_{i2}(\boldsymbol{x})}{\|\boldsymbol{\theta}_{i2}\|_2^2}u_{ci}(\boldsymbol{x},\boldsymbol{\theta}_i)-$$

$$g_i(\boldsymbol{x})\boldsymbol{e}_i^{T}\boldsymbol{P}_i\boldsymbol{b}_c u_{si}(\boldsymbol{x},\boldsymbol{\theta}_i)+\boldsymbol{e}_i^{T}\boldsymbol{P}_i\boldsymbol{b}_c w_i(t) \quad (4-106)$$

当 $I_1^*=1$ 时，有 $\|\boldsymbol{\theta}_{i1}\|_2=M_{i1}$ 和 $\boldsymbol{e}_i^{T}\boldsymbol{P}_i\boldsymbol{b}_c\boldsymbol{\theta}_{i1}^{T}\boldsymbol{\Phi}_{i1}(\boldsymbol{x})<0$。$\tilde{\boldsymbol{\theta}}_{i1}^{T}\boldsymbol{\theta}_{i1}=(\boldsymbol{\theta}_{i1}-\boldsymbol{\theta}_{i1}^*)^{T}\boldsymbol{\theta}_{i1}=\frac{1}{2}[\|\boldsymbol{\theta}_{i1}\|_2^2+\|\boldsymbol{\theta}_{i1}-\boldsymbol{\theta}_{i1}^*\|_2^2-\|\boldsymbol{\theta}_{i1}^*\|_2^2]\geqslant 0$，有 $\tilde{\boldsymbol{\theta}}_{i1}^{T}\boldsymbol{e}_i^{T}\boldsymbol{P}_i\boldsymbol{b}_c\frac{\boldsymbol{\theta}_{i1}\boldsymbol{\theta}_{i1}^{T}\boldsymbol{\Phi}_{i1}(\boldsymbol{x})}{\|\boldsymbol{\theta}_{i1}\|_2^2}=\tilde{\boldsymbol{\theta}}_{i1}^{T}\boldsymbol{\theta}_{i1}\frac{\boldsymbol{e}_i^{T}\boldsymbol{P}_i\boldsymbol{b}_c\boldsymbol{\theta}_{i1}^{T}\boldsymbol{\Phi}_{i1}(\boldsymbol{x})}{\|\boldsymbol{\theta}_{i1}\|_2^2}\leqslant 0$。

同理，当 $I_2^*=1$ 时，有

$$\tilde{\boldsymbol{\theta}}_{i2}^{T}\boldsymbol{e}_i^{T}\boldsymbol{P}_i\boldsymbol{b}_c\frac{\boldsymbol{\theta}_{i2}\boldsymbol{\theta}_{i2}^{T}\boldsymbol{\Phi}_{i2}(\boldsymbol{x})}{\|\boldsymbol{\theta}_{i2}\|_2^2}u_{ci}(\boldsymbol{x},\boldsymbol{\theta}_i)\leqslant 0 \quad (4-107)$$

由$u_{si}(\boldsymbol{x},\boldsymbol{\theta}_i)$的定义可知，$g_i(\boldsymbol{x})\boldsymbol{e}_i^{\mathrm{T}}\boldsymbol{P}_i\boldsymbol{b}_c u_{si}(\boldsymbol{x},\boldsymbol{\theta}_i)\geqslant 0$，因此，有

$$\dot{V}\leqslant -\frac{1}{2}\boldsymbol{e}_i^{\mathrm{T}}\boldsymbol{Q}_i\boldsymbol{e}_i+\boldsymbol{e}_i^{\mathrm{T}}\boldsymbol{P}_i\boldsymbol{b}_c w_i(t)\leqslant -\frac{\lambda_{i\min}(\boldsymbol{Q}_i)-1}{2}\|\boldsymbol{e}_i\|_2^2+\frac{1}{2}\|\boldsymbol{P}_i\boldsymbol{b}_c\|_2^2|w_i(t)|^2 \tag{4-108}$$

选择$\boldsymbol{Q}_i$使$\lambda_{i\min}(\boldsymbol{Q}_i)>1$，从0到$t$积分，有$\int_0^t\|e_i(\tau)\|_2^2\mathrm{d}\tau\leqslant m_i+n_i\int_0^t|w_i(\tau)|^2\mathrm{d}\tau$。

其中，$m_i=\dfrac{2}{\lambda_{i\min}(\boldsymbol{Q}_i)-1}(|V_i(0)|+\sup_{t>0}|V_i(t)|)$，$n_i=\dfrac{1}{\lambda_{i\min}(\boldsymbol{Q}_i)-1}$

(4) 如果$w_i(t)$满足$\int_0^{+\infty}|w_i(\tau)|^2\mathrm{d}\tau<+\infty$，根据(3)知，$\boldsymbol{e}_i$也满足$\int_0^{+\infty}|\boldsymbol{e}_i(\tau)|^2\mathrm{d}\tau<+\infty$。

根据$\hat{g}_i(\boldsymbol{x}\mid\boldsymbol{\theta}_{i2})\geqslant\varepsilon_i>0$，因此$|u_{ci}(\boldsymbol{x},\boldsymbol{\theta}_i)|\leqslant\dfrac{1}{\varepsilon_i}(|\hat{f}_i(\boldsymbol{x}\mid\boldsymbol{\theta}_{i1})|+|\ddot{\boldsymbol{y}}_{i\mathrm{ref}}|+\|\boldsymbol{k}_i\|_2+\|\boldsymbol{e}_i\|_2)$，又由于

$$\hat{f}_i(\boldsymbol{x}\mid\boldsymbol{\theta}_{i1})\leqslant\left|\sum_{t_l\in\tilde{T}}\boldsymbol{\mu}_{t_l}(x)\,\boldsymbol{c}_{t_l}^{\mathrm{T}}\tilde{x}\right|\leqslant\left|\sum_{t_l\in\tilde{T}}\boldsymbol{c}_{t_l}^{\mathrm{T}}\tilde{x}\right|\leqslant\left|\sum_{t_l\in\tilde{T}}\|\boldsymbol{c}_{t_l}\|_2\|\tilde{x}\|_2\right| \tag{4-109}$$

由步骤(2)知，$\exists T\geqslant 0$，当$t\geqslant T$时，有$\|x_i(t)\|_2\leqslant M_{yi}+\sqrt{\dfrac{2\bar{V}}{\lambda_{i\min}}}$，因此$\|\tilde{x}_i\|_2<+\infty$。再根据步骤(1)，$\|\boldsymbol{\theta}_{i1}(t)\|_2\leqslant M_{i1}$，知$\hat{f}_i(\boldsymbol{x}\mid\boldsymbol{\theta}_{i1})$有界，进而得到$u_{ci}(\boldsymbol{x},\boldsymbol{\theta}_i)$和$u_{si}(\boldsymbol{x},\boldsymbol{\theta}_i)$也有界。

因此可得式(4-109)的全部变量都有界，所以$\dot{\boldsymbol{e}}_i\in L_\infty(0,+\infty)$。根据Barbalat定理，有$\lim\limits_{t\to+\infty}\boldsymbol{e}_i(t)=0$。

4.4 穿浪水翼双体船纵摇/升沉姿态模糊树模型参考自适应控制系统仿真

为了验证本章分析和设计穿浪水翼双体船纵向运动全工作域控制策略的有效性，对穿浪水翼双体船纵向运动襟尾翼/尾压浪板联合控制系统进行仿真研究。穿浪水翼双体船纵向运动控制系统数学模型为

$$\begin{cases}\dot{\boldsymbol{x}}_{i1}=\boldsymbol{x}_{i2}\\ \dot{\boldsymbol{x}}_{i2}=\boldsymbol{f}_i(\boldsymbol{x})+\boldsymbol{g}_i(\boldsymbol{x})\boldsymbol{u}_{di}\quad i=1,2\\ \boldsymbol{y}=\boldsymbol{h}(\boldsymbol{x})\end{cases} \tag{4-110}$$

其中，$\boldsymbol{x}=[x_{11} \quad x_{12} \quad x_{21} \quad x_{22}]^{\mathrm{T}}=[z_0 \quad \dot{z}_0 \quad \theta \quad \dot{\theta}]^{\mathrm{T}}$，$\boldsymbol{u}_{di}=[u_{d1} \quad u_{d2}]^{\mathrm{T}}$为控制器产生的控制量，$\boldsymbol{y}=\boldsymbol{h}(\boldsymbol{x})=[z_0 \quad \theta]$为系统输出量，

$$\boldsymbol{f}_1(\boldsymbol{x})=\begin{bmatrix} \dot{z}_0 \\ \dfrac{N_1T_2-N_2T_1}{K_1T_2-K_2T_1} \end{bmatrix},\ \boldsymbol{f}_2(\boldsymbol{x})=\begin{bmatrix} \dot{\theta} \\ \dfrac{N_2K_1-N_1K_2}{K_1T_2-K_2T_1} \end{bmatrix},\ \boldsymbol{g}_1(\boldsymbol{x})=\begin{bmatrix} 0 & 0 \\ \dfrac{T_2}{K_1T_2-K_2T_1} & \dfrac{-T_1}{K_1T_2-K_2T_1} \end{bmatrix},$$

$$\boldsymbol{g}_2(\boldsymbol{x})=\begin{bmatrix} 0 & 0 \\ \dfrac{-K_2}{K_1T_2-K_2T_1} & \dfrac{K_1}{K_1T_2-K_2T_1} \end{bmatrix},K_1=(m+2m_{f1}),T_1=-2m_{f1}(x_{f1}-x_G),$$

$$N_1=2L_1+2F_{\mathrm{H}}+F_{\mathrm{b}}\cos\theta+mg\cos\theta-2m_{f1}(\dot{\theta}V-\ddot{\zeta}_1)+Z_1,F_{z_0}=2F_{f2}+2F_{fp},$$

$$K_2=-2m_{f1}(x_{f1}-x_G),T_2=I_{yy}+2m_{f1}(x_{f1}-x_G)^2,$$

$$N_2=-2(x_{f1}-x_G)L_1+2m_{f1}(\dot{\theta}V-\ddot{\zeta}_1)(x_{f1}-x_G)-2(x_{\mathrm{H}}-x_G)F_{\mathrm{H}}-(x_{\mathrm{b}}-x_G)F_{\mathrm{b}}\cos\theta+M_1$$

$$F_\theta=-2(x_{f1}-x_G)F_{fp}-2(x_{f2}-x_G)F_{f2}。\tag{4-111}$$

穿浪水翼双体船的基本参数为：水线长 $L=100$m，型宽 $B=20$m，片体型宽$B_{\mathrm{d}}=6$m，型深 $D=10$m，吃水 $d=4$m，排水量 $\Delta=1800$t，最高航速 $v=35$kn。襟尾翼参数：展长 7.2m，弦长 0.3125m，展弦比$\lambda_1=23$，相对浸深为 1m，翼型为 NACA4412。尾压浪板参数为：展长 6m，弦长为 1.5m，展弦比$\lambda_1=4$，安装高度 0.8m，水翼与尾压浪板之间距离 85m。

控制器的输出 u 可表示为

$$\boldsymbol{u}=\boldsymbol{u}_{\mathrm{e}}+\boldsymbol{u}_{\mathrm{d}}$$

$$\begin{aligned}\boldsymbol{u}_{e1}&=-k_{11}(y_1-y_{1\mathrm{ref}})-k_{12}(\dot{y}_1-\dot{y}_{1\mathrm{ref}})+\ddot{y}_{1\mathrm{ref}}\\&=-k_{11}(z_0-z_{0\mathrm{ref}})-k_{12}(\dot{z}_0-\dot{z}_{0\mathrm{ref}})+\ddot{z}_{0\mathrm{ref}}\end{aligned}\tag{4-112}$$

$$\begin{aligned}\boldsymbol{u}_{e2}&=-k_{21}(y_2-y_{2\mathrm{ref}})-k_{22}(\dot{y}_2-\dot{y}_{2\mathrm{ref}})+\ddot{y}_{2\mathrm{ref}}\\&=-k_{21}(\theta-\theta_{\mathrm{ref}})-k_{22}(\dot{\theta}-\dot{\theta}_{\mathrm{ref}})+\ddot{\theta}_{\mathrm{ref}}\end{aligned}\tag{4-113}$$

$$\begin{cases}\boldsymbol{u}_{di}(\boldsymbol{x},\boldsymbol{\theta}_i)=\boldsymbol{u}_{ci}(\boldsymbol{x},\boldsymbol{\theta}_i)+u_{si}(\boldsymbol{x},\boldsymbol{\theta}_i)\\ \boldsymbol{u}_{ci}(\boldsymbol{x},\boldsymbol{\theta}_i)=\dfrac{1}{\hat{\boldsymbol{g}}_i(\boldsymbol{x}\mid\boldsymbol{\theta}_{i2})}(-\hat{\boldsymbol{f}}_i(\boldsymbol{x}\mid\boldsymbol{\theta}_{i1})+\ddot{y}_{i\mathrm{ref}}+\boldsymbol{k}_i^{\mathrm{T}}\boldsymbol{e}_i)\\ \boldsymbol{u}_{si}(\boldsymbol{x},\boldsymbol{\theta}_i)=I^*\,\mathrm{sgn}(\boldsymbol{e}_i^{\mathrm{T}}\boldsymbol{P}_i\boldsymbol{b}_{\mathrm{c}})\dfrac{1}{\hat{\boldsymbol{g}}_i(\boldsymbol{x}\mid\boldsymbol{\theta}_{i2})}[\,|\hat{\boldsymbol{f}}_i(\boldsymbol{x}\mid\boldsymbol{\theta}_{i1})|+\boldsymbol{f}_{i\max}(\boldsymbol{x})+\\ |\hat{\boldsymbol{g}}_i(\boldsymbol{x}\mid\boldsymbol{\theta}_{i2})\boldsymbol{u}_{ci}(\boldsymbol{x},\boldsymbol{\theta}_i)|+|\boldsymbol{g}_{i\max}(\boldsymbol{x})\boldsymbol{u}_{ci}(\boldsymbol{x},\boldsymbol{\theta}_i)|\,]\end{cases}\quad i=1,2$$

(4-114)

由于期望穿浪水翼双体船在不同航速及不同海情下，其纵摇/升沉量均为零，因此系统给定为$z_{0\mathrm{ref}}=\dot{z}_{0\mathrm{ref}}=\ddot{z}_{0\mathrm{ref}}=\theta_{\mathrm{ref}}=\dot{\theta}_{\mathrm{ref}}=\ddot{\theta}_{\mathrm{ref}}=0$，参考模型的输出也为0。控制器参数为$k_{11}=k_{21}=8$，$k_{12}=k_{22}=1$，$k_1=k_2=1$。首先分别用6条模糊规则的模糊树模型离线辨识穿浪水翼双体船纵向运动控制系统数学模型中的非线性函数$f_1(x)$、$f_2(x)$、$g_1(x)$和$g_2(x)$，其中随机产生非线性函数中的状态量来得到辨识所需样本数据，令$\boldsymbol{Q}_1=\boldsymbol{Q}_2=\begin{bmatrix}2&0\\0&2\end{bmatrix}$，$V_1=0.7$，$V_2=0.2$，参数学习率$\gamma_{11}=\gamma_{21}=0.0001$，$\gamma_{12}=\gamma_{22}=0.005$，$M_{11}=M_{21}=20$，$M_{12}=M_{22}=13$，初始状态取$\boldsymbol{x}_0=[0\quad 0\quad 0\quad 0]^{\mathrm{T}}$。

仿真航速分别选20kn、30kn和35kn；仿真海况分别选有义波高为3m，遭遇角分别为0°、30°、60°、90°、120°和150°。限于篇幅，图4-7~图4-9只给出了穿浪水翼双体船在遭遇角30°、航速为30kn情况下，在襟尾翼/尾压浪板联合控制下纵摇/升沉仿真曲线、襟尾翼/尾压浪板角仿真曲线和纵摇/升沉加速度仿真曲线。表4-5和表4-6分别给出了纵摇/升沉和襟尾翼/尾压浪板角仿真结果的统计值，纵摇角θ的量纲为(°)，升沉位移z_0的量纲为m，$E(\cdot)$表示均值，STD$(\cdot)$表示标准差，仿真中采样时间为0.1s。

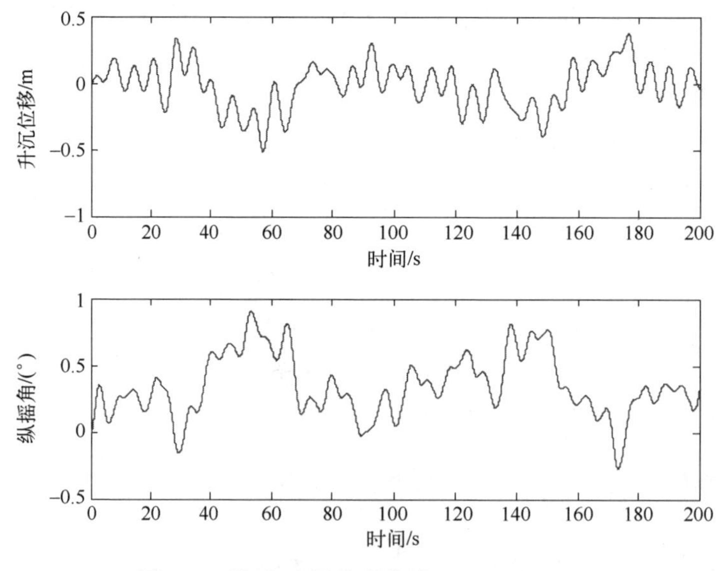

图4-7　纵摇/升沉仿真曲线(30kn,3m,30°)

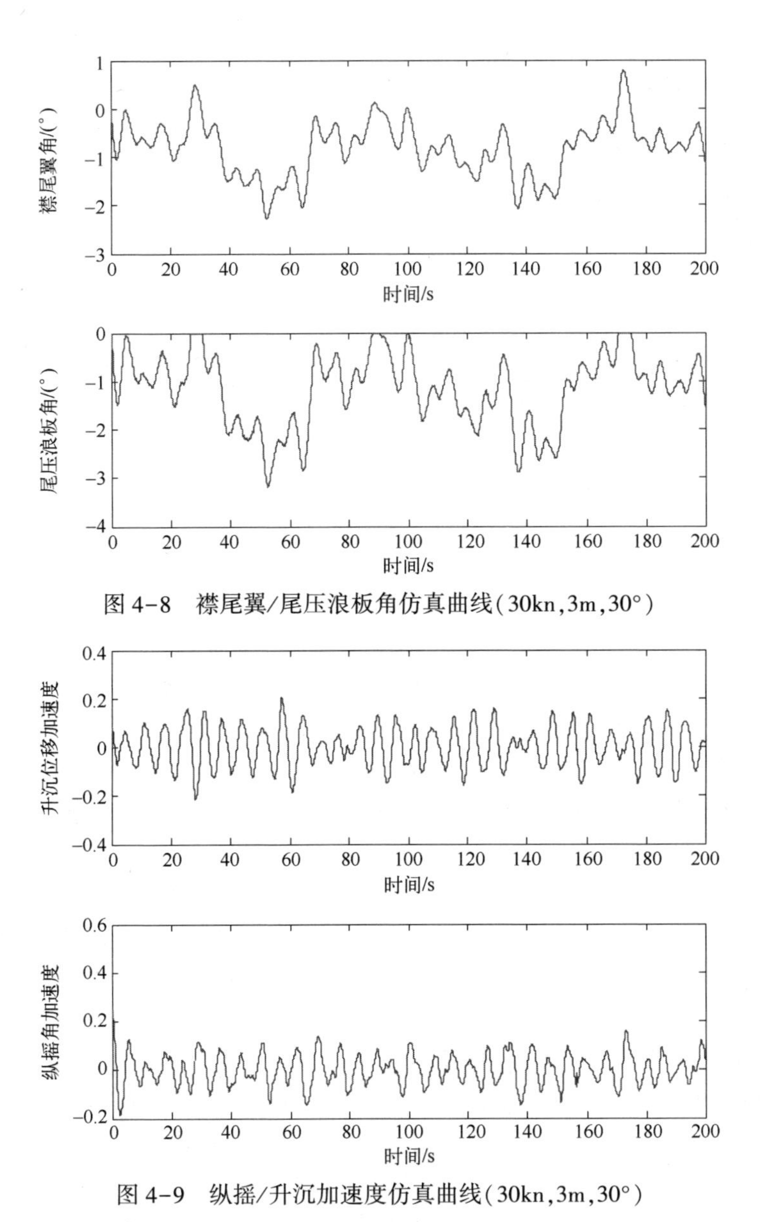

图 4-8　襟尾翼/尾压浪板角仿真曲线(30kn,3m,30°)

图 4-9　纵摇/升沉加速度仿真曲线(30kn,3m,30°)

表 4-5　航速为 30kn 时纵摇/升沉仿真结果统计

遭遇角	统计值							
	$E(z)$	$\mathrm{STD}(z)$	$E(\theta)$	$\mathrm{STD}(\theta)$	$E(\ddot{z})$	$\mathrm{STD}(\ddot{z})$	$E(\ddot{\theta})$	$\mathrm{STD}(\ddot{\theta})$
0°	0. 0072	0. 1319	0. 3317	0. 1277	-1.1×10^{-4}	0. 0835	4.0×10^{-4}	0. 0568
30°	0. 0160	0. 1674	0. 3472	0. 2311	-4.0×10^{-4}	0. 0822	5.3×10^{-4}	0. 0641

续表

遭遇角	统计值							
	$E(z)$	$STD(z)$	$E(\theta)$	$STD(\theta)$	$E(\ddot{z})$	$STD(\ddot{z})$	$E(\ddot{\theta})$	$STD(\ddot{\theta})$
60°	0.0704	0.1451	0.3003	0.2077	-1.9×10^{-4}	0.0391	3.7×10^{-4}	0.0407
90°	0.0284	0.0743	0.2670	0.1348	-2.0×10^{-4}	0.0676	-5.6×10^{-4}	0.1229
120°	0.0347	0.0812	0.4323	0.1433	-6.5×10^{-4}	0.0702	-1.1×10^{-4}	0.1135
150°	0.0837	0.1239	0.0976	0.1464	-5.2×10^{-4}	0.1278	0.0012	0.3076

表 4-6 航速为 30kn 时襟尾翼/尾压浪板角仿真结果统计

遭遇角	统计值			
	$E(\alpha)$	$STD(\alpha)$	$E(\beta)$	$STD(\beta)$
0°	-0.7857	0.3327	-1.0953	0.4642
30°	-0.8228	0.5639	-1.1703	0.7385
60°	-0.7091	0.5021	-1.0243	0.6299
90°	-0.6342	0.4313	-0.9058	0.5538
120°	-1.0218	0.4348	-1.4219	0.6046
150°	-0.2405	0.6257	-0.5414	0.6063

由上述仿真结果可以看出：

（1）对于穿浪水翼双体船纵向运动控制系统，航速为 30kn 时，在无襟尾翼/尾压浪板联合控制下，其升沉位移统计标准差最大达到 0.3666m，纵摇统计标准差最大达到 0.8766°，升沉位移加速度统计标准差最大达到 0.3599m/s^2，纵摇角加速度统计标准差最大达到 0.5551(°)/s^2；在本书所设计的控制器作用下，升沉位移标准差减小到 0.1239m，纵摇角标准差减小到 0.1277°，升沉位移加速度标准差减小到 0.1278m/s^2，纵摇角加速度标准差减小到 0.3076(°)/s^2，升沉位移降低了 66%，纵摇角降低了 85%，升沉位移加速度降低了 64%，纵摇角加速度降低了 44%，对应的襟尾翼角标准差最大值为 0.6257°，尾压浪板角标准差最大值为 0.7385°。随着航速的提高，纵摇角、纵摇角加速度、升沉位移和升沉位移加速度的改善效果变得越来越好。说明本书所设计的全工作域控制器在穿浪水翼双体船整个航速范围都有稳定的输出，并且取得了良好的减纵摇/升沉效果。

（2）与 Mamdani 模糊模型和 T-S 模糊模型相比，本书所用模糊树模型可以用较小的模糊规则达到较高的逼近精度，为本书所设计控制器进一步工程化实现奠定了基础。

(3) 采用遗传算法优化襟尾翼/尾压浪板角,对于纵摇/升沉全工作域自适应调节器给定的纵摇扶正力矩和升沉扶正力,优化时间在 0.04~0.07s 范围之间,小于 0.1s。因此,遗传算法可以满足穿浪水翼双体船纵向运动控制系统的实时性要求。通过襟尾翼/尾压浪板角的在线寻优,可以实现襟尾翼/尾压浪板角伺服系统能耗最小。

4.5　穿浪水翼双体船纵摇/升沉姿态 T-S 模糊鲁棒控制策略

4.5.1　模糊模型构建

基于 T-S 模糊模型来设计控制系统的控制器,要求所设计出来的控制器在满足李雅普诺夫意义上稳定的同时,能够达到对闭环系统所提出的性能要求。

采用 T-S 模糊模型来描述非线性动态系统时,T-S 模糊模型的第 i 条 IF-THEN 语句规则是:

Plant Rule i:

IF $z_1(t)$ is M_{i1} and…and $z_p(t)$ is M_{ip},

THEN $sx(t)=(A_i+\Delta A_i)x(t)+(B_{2i}+\Delta B_{2i})u(t)+B_{1i}w_i(t),i=1,2,\cdots,r$。

上述规则中,Rule i 表示系统的第 i 条模糊规则,$M_{ij}(j=1,2,\cdots,p)$ 为系统的模糊集,r 是 IF-THEN 规则的数目,$x(t)\in R^n$ 是状态变量,$u(t)\in R^m$ 是输入变量,$A_i\in R^{m\times n}$,$B_i\in R^{n\times m}$,$z_1(t),\cdots,z_p(t)$ 表示规则的前件变量,每条规则的后件部分 $sx(t)=(A_i+\Delta A_i)x(t)+(B_{2i}+\Delta B_{2i}+B_{1i}w_i(t)$ 是线性状态空间方程,也称作子系统。

根据以上 T-S 模糊模型,模糊系统的最后输出为

$$\dot{x}(t)=\frac{\sum_{i=1}^{r} w_i(z(t))[(A_i+\Delta A_i)x(t)+(B_{2i}+\Delta B_{2i})u(t)+B_{1i}\omega_i(t)]}{\sum_{i=1}^{r} w_i(z(t))} \tag{4-115}$$

其中,$z(t)=[z_1(t)\quad z_2(t)\quad\cdots\quad z_p(t)]$,$w_i(z(t))=\prod_{j=1}^{p}\mu_{ij}(z(t))$,$\mu_{ij}(z(t))$ 是 $z(t)$ 在模糊集 M_{ij} 上的隶属函数,满足下面的条件:

$$\sum_{i=1}^{r} w_i(z(t))>0,\ w_i(z(t))\geqslant 0,\ i=1,2,\cdots,r$$

令
$$h_i(z(t))=\frac{w_i(z(t))}{\sum_{i=1}^{r}w_i(z(t))}$$

于是式(4-115)可以重新写作

$$\dot{x}(t)=\sum_{i=1}^{r}h_i(z(t))[(A_i+\Delta A_i)x(t)+(B_{2i}+\Delta B_{2i})u(t)+B_{1i}\omega_i(t)] \tag{4-116}$$

而且在所有时刻 t,均有

$$\sum_{i=1}^{r}h_i(z(t))=1,h_i(z(t))\geqslant 0,i=1,2,\cdots,r \tag{4-117}$$

利用 T-S 模糊模型设计H_∞鲁棒模糊控制器,对于其中的每一条 IF-THEN 模糊模型规则,其对应的控制器规则为

controller rule i:IF $z_1(t)$ M_{i1} and⋯and $z_p(t)$ M_{ip},

THEN $u(t)=K_i x(t),i=1,2,\cdots,r$

在 IF-THEN 规则的后件结论部分,控制规则具有线性的状态反馈增益,则设计的控制器表达式为

$$u(t)=\frac{\sum_{i=1}^{r}w_i(z(t))K_i x(t)}{\sum_{i=1}^{r}w_i(z(t))}=-\sum_{i=1}^{r}h_i(z(t))K_i x(t) \tag{4-118}$$

4.5.2 穿浪水翼双体船纵摇/升沉姿态 H_∞ 鲁棒模糊控制策略

下面首先介绍本书要用到的几个引理、定义。

引理 4.3:(Schur Completement,Schur 补)对于分块对称阵

$$\boldsymbol{X}=\begin{bmatrix}\boldsymbol{X}_{11} & \boldsymbol{X}_{12}\\ \boldsymbol{X}_{12}^{\mathrm{T}} & \boldsymbol{X}_{22}\end{bmatrix} \tag{4-119}$$

以下命题成立。

(1) $\boldsymbol{X}>0$ 成立的充要条件是下列条件①或条件②成立:

① $\boldsymbol{X}_{11}>0$,且$\boldsymbol{X}_{22}-\boldsymbol{X}_{12}^{\mathrm{T}}\boldsymbol{X}_{11}^{-1}\boldsymbol{X}_{12}>0$;

② $\boldsymbol{X}_{22}>0$,且$\boldsymbol{X}_{11}-\boldsymbol{X}_{12}\boldsymbol{X}_{22}^{-1}\boldsymbol{X}_{12}^{\mathrm{T}}>0$。

(2) 当$\boldsymbol{X}_{22}\geqslant 0$ 时,$\boldsymbol{X}\geqslant 0$ 成立的充要条件是 $N(\boldsymbol{X}_{22})\subseteq N(\boldsymbol{X}_{12})$,且

$$\boldsymbol{X}_{11}-\boldsymbol{X}_{12}\boldsymbol{X}_{22}^{-1}\boldsymbol{X}_{12}^{\mathrm{T}}\geqslant 0$$

(3) 当$\boldsymbol{X}_{11}\geqslant 0$ 时,$\boldsymbol{X}\geqslant 0$ 成立的充要条件是 $N(\boldsymbol{X}_{11})\subseteq N(\boldsymbol{X}_{12})$,且

$$X_{22}-X_{12}^{\mathrm{T}}X_{11}^{-1}X_{12}\geqslant 0$$

其中,$N(\cdot)$表示矩阵的核空间。

该引理对于求解矩阵不等式非常有效,如

$$\boldsymbol{A}^{\mathrm{T}}\boldsymbol{P}+\boldsymbol{P}\boldsymbol{A}+\boldsymbol{P}\boldsymbol{B}\boldsymbol{R}^{-1}\boldsymbol{B}^{\mathrm{T}}\boldsymbol{P}+\boldsymbol{Q}<0 \tag{4-120}$$

其中,给定的矩阵 $\boldsymbol{A},\boldsymbol{B},\boldsymbol{Q}=\boldsymbol{Q}^{\mathrm{T}}>0,\boldsymbol{R}=\boldsymbol{R}^{\mathrm{T}}>0$ 是具有适当维数的常值矩阵,$\boldsymbol{P}$ 是对称阵,则根据引理 4.3,式(4-120)的可行性问题可转化为下面的矩阵不等式

$$\begin{bmatrix}\boldsymbol{A}^{\mathrm{T}}\boldsymbol{P}+\boldsymbol{P}\boldsymbol{A}+\boldsymbol{Q} & \boldsymbol{P}\boldsymbol{B}\\ \boldsymbol{B}^{\mathrm{T}}\boldsymbol{P} & -\boldsymbol{R}\end{bmatrix}<0 \tag{4-121}$$

的可行性问题,后者是一个关于矩阵变量 $\boldsymbol{P}$ 的线性矩阵不等式。而线性矩阵不等式计算起来简单方便,目前市场上已有不少求解线性矩阵不等式的专业工具软件,本书就是利用 MATLAB 的 LMI Toolbox 求解线性矩阵不等式的。

考虑形如式(4-122)的不确定性系统:

$$\begin{cases}\dot{x}(t)=(\boldsymbol{A}+\Delta\boldsymbol{A}(t))x(t)+\boldsymbol{B}_1\omega(t)+(\boldsymbol{B}_2+\Delta\boldsymbol{B}_2(t))u(t)\\ \boldsymbol{z}(t)=\boldsymbol{C}x(t)+\boldsymbol{D}u(t)\end{cases} \tag{4-122}$$

其中,$x(t)\in R^n,u(t)\in R^p,\omega(t)\in R^r,z(t)\in R^m,\boldsymbol{A},\boldsymbol{B}_1,\boldsymbol{B}_2,\boldsymbol{C},\boldsymbol{D}$ 为控制系统的常值矩阵,本书系统中 $\boldsymbol{D}=0$;$\Delta\boldsymbol{A},\Delta\boldsymbol{B}$ 是 $\boldsymbol{A},\boldsymbol{B}$ 参数摄动:

$$[\Delta\boldsymbol{A}(t)\quad \Delta\boldsymbol{B}_2(t)]=\boldsymbol{E}\boldsymbol{\Sigma}(t)[F_a\quad F_b] \tag{4-123}$$

其中,$\boldsymbol{\Sigma}(t)$满足

$$\boldsymbol{\Sigma}^{\mathrm{T}}(t)\boldsymbol{\Sigma}(t)\leqslant\boldsymbol{I} \tag{4-124}$$

控制系统采用如下状态反馈:

$$u(t)=-\sum_{i=1}^{r}h_i(\boldsymbol{z}(t))K_i x(t) \tag{4-125}$$

式中,$K\in R^{m\times n}$为设计的控制器增益,使得控制系统在满足稳定性的前提下同时满足H_∞鲁棒性能要求:

$$\|\boldsymbol{z}(t)\|_2<\gamma^2\|\boldsymbol{\omega}(t)\|_2 \tag{4-126}$$

定义 4.3:如果存在常数 $\alpha>0$ 和矩阵 $\boldsymbol{P}$($\boldsymbol{P}$ 为正定阵,且满足 $\boldsymbol{P}=\boldsymbol{P}^{\mathrm{T}}$),对系统的任意不确定性,李雅普诺夫函数 $V(x,t)$的一阶导数满足条件

$$\dot{V}(x,t)\leqslant-\alpha\|x(t)\|^2 \tag{4-127}$$

则称系统($\omega(t)=0$)是二次稳定的。

引理 4.4:对任意维数适当的矩阵 $\boldsymbol{H},\boldsymbol{F}(t),\boldsymbol{E}$,其中 $\boldsymbol{F}(t)$满足$\boldsymbol{F}^{\mathrm{T}}(t)\boldsymbol{F}(t)\leqslant\boldsymbol{I}$,则对任意 $\varepsilon>0$,下面的不等式成立:

$$\boldsymbol{H}\boldsymbol{F}(t)\boldsymbol{E}+\boldsymbol{E}^{\mathrm{T}}\boldsymbol{F}^{\mathrm{T}}(t)\boldsymbol{H}^{\mathrm{T}}\leqslant\varepsilon^{-1}\boldsymbol{H}\boldsymbol{H}^{\mathrm{T}}+\varepsilon\boldsymbol{E}^{\mathrm{T}}\boldsymbol{E} \tag{4-128}$$

下面给出不确定性系统式(4-116)在状态反馈控制器 $u(t)=-\sum_{i=1}^{r}h_i(z(t))K_ix(t)$ 作用下稳定所需满足的关系式。

定理 4.1:在零干扰条件下,如果对称正定矩阵 $\boldsymbol{P}$ 存在,使得下述的矩阵不等式成立:

$$\begin{bmatrix} \boldsymbol{A}_i^{\mathrm{T}}\boldsymbol{P}+\boldsymbol{P}\boldsymbol{A}_i+\boldsymbol{K}_i^{\mathrm{T}}\boldsymbol{B}_{2i}^{\mathrm{T}}\boldsymbol{P}+\boldsymbol{P}\boldsymbol{B}_{2i}\boldsymbol{K}_i & (F_{ai}+F_{bi}\boldsymbol{K}_i)^{\mathrm{T}} & \boldsymbol{P}\boldsymbol{E}_i \\ (F_{ai}+F_{bi}\boldsymbol{K}_i) & \boldsymbol{\varepsilon}^{-2}\boldsymbol{I} & \boldsymbol{0} \\ \boldsymbol{E}_i^{\mathrm{T}}\boldsymbol{P} & \boldsymbol{0} & \boldsymbol{\varepsilon}^2\boldsymbol{I} \end{bmatrix}<0 \tag{4-129}$$

$$\begin{bmatrix} \boldsymbol{\Xi} & (F_{ai}+F_{bi}\boldsymbol{K}_j)^{\mathrm{T}} & (F_{aj}+F_{bj}\boldsymbol{K}_i)^{\mathrm{T}} & \boldsymbol{P}\boldsymbol{E}_i & \boldsymbol{P}\boldsymbol{E}_j \\ (F_{ai}+F_{bi}\boldsymbol{K}_j) & \boldsymbol{\varepsilon}_{ij}^{-2}\boldsymbol{I} & \boldsymbol{0} & \boldsymbol{0} & \boldsymbol{0} \\ (F_{aj}+F_{bj}\boldsymbol{K}_i) & \boldsymbol{0} & \boldsymbol{\varepsilon}_{ij}^{-2}\boldsymbol{I} & \boldsymbol{0} & \boldsymbol{0} \\ \boldsymbol{E}_i^{\mathrm{T}}\boldsymbol{P} & \boldsymbol{0} & \boldsymbol{0} & \boldsymbol{\varepsilon}_{ij}^2\boldsymbol{I} & \boldsymbol{0} \\ \boldsymbol{E}_j^{\mathrm{T}}\boldsymbol{P} & \boldsymbol{0} & \boldsymbol{0} & \boldsymbol{0} & \boldsymbol{\varepsilon}_{ij}^2\boldsymbol{I} \end{bmatrix}<0 \tag{4-130}$$

式中,$\boldsymbol{\Xi}=\boldsymbol{A}_i^{\mathrm{T}}\boldsymbol{P}+\boldsymbol{P}\boldsymbol{A}_i+\boldsymbol{K}_j^{\mathrm{T}}\boldsymbol{B}_{2i}^{\mathrm{T}}\boldsymbol{P}+\boldsymbol{P}\boldsymbol{B}_{2i}\boldsymbol{K}_j+\boldsymbol{A}_j^{\mathrm{T}}\boldsymbol{P}+\boldsymbol{P}\boldsymbol{A}_j+\boldsymbol{K}_i^{\mathrm{T}}\boldsymbol{B}_{2j}^{\mathrm{T}}\boldsymbol{P}+\boldsymbol{P}\boldsymbol{B}_{2j}\boldsymbol{K}_i$,那么闭环控制系统(式(4-116))是稳定的。

证明:将控制输入式(4-125)代入到控制系统式(4-116)中,有

$$\begin{aligned} \dot{\boldsymbol{x}}(t) &= \sum_{i=1}^{r} h_i(z(t))[(\boldsymbol{A}_i+\Delta\boldsymbol{A}_i)\boldsymbol{x}(t)+(\boldsymbol{B}_{2i}+\Delta\boldsymbol{B}_{2i})u(t)] \\ &= \sum_{i=1}^{r}\sum_{j=1}^{r} h_i(z(t))h_j(z(t))[\boldsymbol{A}_i+\boldsymbol{B}_{2i}\boldsymbol{K}_j+\boldsymbol{E}\boldsymbol{\Sigma}(F_{ai}+F_{bi}\boldsymbol{K}_j)]\boldsymbol{x}(t) \end{aligned} \tag{4-131}$$

定义李雅普诺夫函数为

$$\boldsymbol{V}(\boldsymbol{x},t)=\boldsymbol{x}^{\mathrm{T}}(t)\boldsymbol{P}\boldsymbol{x}(t) \tag{4-132}$$

于是,

$$\begin{aligned} \dot{\boldsymbol{V}}(\boldsymbol{x},t) &= \boldsymbol{L}(\boldsymbol{x},t)=\dot{\boldsymbol{x}}^{\mathrm{T}}(t)\boldsymbol{P}\boldsymbol{x}(t)+\boldsymbol{x}^{\mathrm{T}}(t)\boldsymbol{P}\dot{\boldsymbol{x}}(t) \\ &= \sum_{i=1}^{r}\sum_{j=1}^{r} h_i(z(t))h_j(z(t))\boldsymbol{x}^{\mathrm{T}}(t)\{[\boldsymbol{A}_i+\Delta\boldsymbol{A}_i+(\boldsymbol{B}_{2i}+\Delta\boldsymbol{B}_{2i})\boldsymbol{K}_j]^{\mathrm{T}}\boldsymbol{P} \\ &\quad +\boldsymbol{P}[\boldsymbol{A}_i+\Delta\boldsymbol{A}_i+(\boldsymbol{B}_{2i}+\Delta\boldsymbol{B}_{2i})\boldsymbol{K}_j]\}\boldsymbol{x}(t) \end{aligned}$$

$$=\sum_{i=1}^{r} h_i^2(z(t))\boldsymbol{x}^{\mathrm{T}}(t)\{[\boldsymbol{A}_i+\Delta\boldsymbol{A}_i+(\boldsymbol{B}_{2i}+\Delta\boldsymbol{B}_{2i})\boldsymbol{K}_i]^{\mathrm{T}}\boldsymbol{P}+\boldsymbol{P}[\boldsymbol{A}_i+\Delta\boldsymbol{A}_i+(\boldsymbol{B}_{2i}+\Delta\boldsymbol{B}_{2i})\boldsymbol{K}_i]\}\boldsymbol{x}(t)$$

$$+\sum_{i<j}^{r} h_i(z(t))h_j(z(t))\boldsymbol{x}^{\mathrm{T}}(t)\{[\boldsymbol{A}_i+\Delta\boldsymbol{A}_i+(\boldsymbol{B}_{2i}+\Delta\boldsymbol{B}_{2i})\boldsymbol{K}_j+\boldsymbol{A}_j+\Delta\boldsymbol{A}_j+(\boldsymbol{B}_{2j}+\Delta\boldsymbol{B}_{2j})\boldsymbol{K}_i]^{\mathrm{T}}\boldsymbol{P}$$

$$+\boldsymbol{P}[\boldsymbol{A}_i+\Delta\boldsymbol{A}_i+(\boldsymbol{B}_{2i}+\Delta\boldsymbol{B}_{2i})\boldsymbol{K}_j+\boldsymbol{A}_j+\Delta\boldsymbol{A}_j+(\boldsymbol{B}_{2j}+\Delta\boldsymbol{B}_{2j})\boldsymbol{K}_i]\}\boldsymbol{x}(t) \tag{4-133}$$

根据引理4.2,有

$$\begin{aligned}&[\boldsymbol{A}_i+\Delta\boldsymbol{A}_i+(\boldsymbol{B}_{2i}+\Delta\boldsymbol{B}_{2i})\boldsymbol{K}_i]^{\mathrm{T}}\boldsymbol{P}+\boldsymbol{P}[\boldsymbol{A}_i+\Delta\boldsymbol{A}_i+(\boldsymbol{B}_{2i}+\Delta\boldsymbol{B}_{2i})\boldsymbol{K}_i]\\&=\boldsymbol{A}_i^{\mathrm{T}}\boldsymbol{P}+\boldsymbol{P}\boldsymbol{A}_i+\boldsymbol{K}_i^{\mathrm{T}}\boldsymbol{B}_{2i}^{\mathrm{T}}\boldsymbol{P}+\boldsymbol{P}\boldsymbol{B}_{2i}\boldsymbol{K}_i+(F_{ai}+F_{bi}\boldsymbol{K}_i)^{\mathrm{T}}\boldsymbol{\Sigma}^{\mathrm{T}}\boldsymbol{E}_i^{\mathrm{T}}\boldsymbol{P}+\boldsymbol{P}\boldsymbol{E}_i\boldsymbol{\Sigma}(F_{ai}+F_{bi}\boldsymbol{K}_i)\\&\leqslant\boldsymbol{A}_i^{\mathrm{T}}\boldsymbol{P}+\boldsymbol{P}\boldsymbol{A}_i+\boldsymbol{K}_i^{\mathrm{T}}\boldsymbol{B}_{2i}^{\mathrm{T}}\boldsymbol{P}+\boldsymbol{P}\boldsymbol{B}_{2i}\boldsymbol{K}_i+\varepsilon^{-1}\boldsymbol{P}\boldsymbol{E}_i\boldsymbol{E}_i^{\mathrm{T}}\boldsymbol{P}+\varepsilon(F_{ai}+F_{bi}\boldsymbol{K}_i)^{\mathrm{T}}(F_{ai}+F_{bi}\boldsymbol{K}_i)\end{aligned} \tag{4-134}$$

$$\begin{aligned}&[\boldsymbol{A}_i+\Delta\boldsymbol{A}_i+(\boldsymbol{B}_{2i}+\Delta\boldsymbol{B}_{2i})\boldsymbol{K}_j+\boldsymbol{A}_j+\Delta\boldsymbol{A}_j+(\boldsymbol{B}_{2j}+\Delta\boldsymbol{B}_{2j})\boldsymbol{K}_i]^{\mathrm{T}}\boldsymbol{P}\\&+\boldsymbol{P}[\boldsymbol{A}_i+\Delta\boldsymbol{A}_i+(\boldsymbol{B}_{2i}+\Delta\boldsymbol{B}_{2i})\boldsymbol{K}_j+\boldsymbol{A}_j+\Delta\boldsymbol{A}_j+(\boldsymbol{B}_{2j}+\Delta\boldsymbol{B}_{2j})\boldsymbol{K}_i]\\&=\boldsymbol{A}_i^{\mathrm{T}}\boldsymbol{P}+\boldsymbol{P}\boldsymbol{A}_i+\boldsymbol{K}_j^{\mathrm{T}}\boldsymbol{B}_{2i}^{\mathrm{T}}\boldsymbol{P}+\boldsymbol{P}\boldsymbol{B}_{2i}\boldsymbol{K}_j+(F_{ai}+F_{bi}\boldsymbol{K}_j)^{\mathrm{T}}\boldsymbol{\Sigma}^{\mathrm{T}}\boldsymbol{E}_i^{\mathrm{T}}\boldsymbol{P}+\boldsymbol{P}\boldsymbol{E}_i\boldsymbol{\Sigma}(F_{ai}+F_{bi}\boldsymbol{K}_j)\\&+\boldsymbol{A}_j^{\mathrm{T}}\boldsymbol{P}+\boldsymbol{P}\boldsymbol{A}_j+\boldsymbol{K}_i^{\mathrm{T}}\boldsymbol{B}_{2j}^{\mathrm{T}}\boldsymbol{P}+\boldsymbol{P}\boldsymbol{B}_{2j}\boldsymbol{K}_i+(F_{aj}+F_{bj}\boldsymbol{K}_i)^{\mathrm{T}}\boldsymbol{\Sigma}^{\mathrm{T}}\boldsymbol{E}_j^{\mathrm{T}}\boldsymbol{P}+\boldsymbol{P}\boldsymbol{E}_j\boldsymbol{\Sigma}(F_{aj}+F_{bj}\boldsymbol{K}_i)\\&\leqslant\boldsymbol{A}_i^{\mathrm{T}}\boldsymbol{P}+\boldsymbol{P}\boldsymbol{A}_i+\boldsymbol{K}_j^{\mathrm{T}}\boldsymbol{B}_{2i}^{\mathrm{T}}\boldsymbol{P}+\boldsymbol{P}\boldsymbol{B}_{2i}\boldsymbol{K}_j+\boldsymbol{A}_j^{\mathrm{T}}\boldsymbol{P}+\boldsymbol{P}\boldsymbol{A}_j+\boldsymbol{K}_i^{\mathrm{T}}\boldsymbol{B}_{2j}^{\mathrm{T}}\boldsymbol{P}+\boldsymbol{P}\boldsymbol{B}_{2j}\boldsymbol{K}_i+\varepsilon_{ij}^{-1}\boldsymbol{P}\boldsymbol{E}_i\boldsymbol{E}_i^{\mathrm{T}}\boldsymbol{P}\\&+\varepsilon_{ij}(F_{ai}+F_{bi}\boldsymbol{K}_j)^{\mathrm{T}}(F_{ai}+F_{bi}\boldsymbol{K}_j)+\varepsilon_{ij}^{-1}\boldsymbol{P}\boldsymbol{E}_j\boldsymbol{E}_j^{\mathrm{T}}\boldsymbol{P}+\varepsilon_{ij}(F_{aj}+F_{bj}\boldsymbol{K}_i)^{\mathrm{T}}(F_{aj}+F_{bj}\boldsymbol{K}_i)\end{aligned} \tag{4-135}$$

于是可以得到

$$\begin{aligned}\dot{\boldsymbol{V}}(x,t)\leqslant&\sum_{i=1}^{r}h_i^2(z(t))\boldsymbol{x}^{\mathrm{T}}(t)[\boldsymbol{A}_i^{\mathrm{T}}\boldsymbol{P}+\boldsymbol{P}\boldsymbol{A}_i+\boldsymbol{K}_i^{\mathrm{T}}\boldsymbol{B}_{2i}^{\mathrm{T}}\boldsymbol{P}+\boldsymbol{P}\boldsymbol{B}_{2i}\boldsymbol{K}_i+\varepsilon^{-1}\boldsymbol{P}\boldsymbol{E}_i\boldsymbol{E}_i^{\mathrm{T}}\boldsymbol{P}\\&+\varepsilon(F_{ai}+F_{bi}\boldsymbol{K}_i)^{\mathrm{T}}(F_{ai}+F_{bi}\boldsymbol{K}_i)]\boldsymbol{x}(t)+\sum_{i<j}^{r}h_i(z(t))h_j(z(t))\boldsymbol{x}^{\mathrm{T}}(t)[\boldsymbol{A}_i^{\mathrm{T}}\boldsymbol{P}+\boldsymbol{P}\boldsymbol{A}_i\\&+\boldsymbol{K}_j^{\mathrm{T}}\boldsymbol{B}_{2i}^{\mathrm{T}}\boldsymbol{P}+\boldsymbol{P}\boldsymbol{B}_{2i}\boldsymbol{K}_j+\boldsymbol{A}_j^{\mathrm{T}}\boldsymbol{P}+\boldsymbol{P}\boldsymbol{A}_j+\boldsymbol{K}_i^{\mathrm{T}}\boldsymbol{B}_{2j}^{\mathrm{T}}\boldsymbol{P}+\boldsymbol{P}\boldsymbol{B}_{2j}\boldsymbol{K}_i+\varepsilon_{ij}^{-1}\boldsymbol{P}\boldsymbol{E}_i\boldsymbol{E}_i^{\mathrm{T}}\boldsymbol{P}+\varepsilon_{ij}(F_{ai}+F_{bi}\boldsymbol{K}_j)^{\mathrm{T}}\\&(F_{ai}+F_{bi}\boldsymbol{K}_j)+\varepsilon_{ij}^{-1}\boldsymbol{P}\boldsymbol{E}_j\boldsymbol{E}_j^{\mathrm{T}}\boldsymbol{P}+\varepsilon_{ij}(F_{aj}+F_{bj}\boldsymbol{K}_i)^{\mathrm{T}}(F_{aj}+F_{bj}\boldsymbol{K}_i)]\boldsymbol{x}(t)\end{aligned} \tag{4-136}$$

令

$$\begin{aligned}\boldsymbol{Q}_1=&\sum_{i=1}^{r}h_i^2(z(t))[\boldsymbol{A}_i^{\mathrm{T}}\boldsymbol{P}+\boldsymbol{P}\boldsymbol{A}_i+\boldsymbol{K}_i^{\mathrm{T}}\boldsymbol{B}_{2i}^{\mathrm{T}}\boldsymbol{P}+\boldsymbol{P}\boldsymbol{B}_{2i}\boldsymbol{K}_i+\varepsilon^{-1}\boldsymbol{P}\boldsymbol{E}_i\boldsymbol{E}_i^{\mathrm{T}}\boldsymbol{P}+\\&\varepsilon(F_{ai}+F_{bi}\boldsymbol{K}_i)^{\mathrm{T}}(F_{ai}+F_{bi}\boldsymbol{K}_i)]\end{aligned} \tag{4-137}$$

$$\begin{aligned}\boldsymbol{Q}_2=&\sum_{i<j}^{r}h_i(z(t))h_j(z(t))[\boldsymbol{A}_i^{\mathrm{T}}\boldsymbol{P}+\boldsymbol{P}\boldsymbol{A}_i+\boldsymbol{K}_j^{\mathrm{T}}\boldsymbol{B}_{2i}^{\mathrm{T}}\boldsymbol{P}+\boldsymbol{P}\boldsymbol{B}_{2i}\boldsymbol{K}_j+\boldsymbol{A}_j^{\mathrm{T}}\boldsymbol{P}+\boldsymbol{P}\boldsymbol{A}_j+\boldsymbol{K}_i^{\mathrm{T}}\boldsymbol{B}_{2j}^{\mathrm{T}}\boldsymbol{P}+\boldsymbol{P}\boldsymbol{B}_{2j}\boldsymbol{K}_i\\&+\varepsilon_{ij}^{-1}\boldsymbol{P}\boldsymbol{E}_i\boldsymbol{E}_i^{\mathrm{T}}\boldsymbol{P}+\varepsilon_{ij}(F_{ai}+F_{bi}\boldsymbol{K}_j)^{\mathrm{T}}(F_{ai}+F_{bi}\boldsymbol{K}_j)+\varepsilon_{ij}^{-1}\boldsymbol{P}\boldsymbol{E}_j\boldsymbol{E}_j^{\mathrm{T}}\boldsymbol{P}+\varepsilon_{ij}(F_{aj}+F_{bj}\boldsymbol{K}_i)^{\mathrm{T}}(F_{aj}+F_{bj}\boldsymbol{K}_i)]\end{aligned} \tag{4-138}$$

则$\boldsymbol{Q}_1<0,\boldsymbol{Q}_2<0$等价于

$$\begin{bmatrix}\boldsymbol{A}_i^{\mathrm{T}}\boldsymbol{P}+\boldsymbol{P}\boldsymbol{A}_i+\boldsymbol{K}_i^{\mathrm{T}}\boldsymbol{B}_{2i}^{\mathrm{T}}\boldsymbol{P}+\boldsymbol{P}\boldsymbol{B}_{2i}\boldsymbol{K}_i & \boldsymbol{P}\boldsymbol{E}_i & (F_{ai}+F_{bi}\boldsymbol{K}_i)^{\mathrm{T}}\\ \boldsymbol{E}_i^{\mathrm{T}}\boldsymbol{P} & -\varepsilon_{ij}^{-1}\boldsymbol{I} & \boldsymbol{0}\\ (F_{ai}+F_{bi}\boldsymbol{K}_i) & \boldsymbol{0} & -\varepsilon_{ij}\boldsymbol{I}\end{bmatrix}<0 \tag{4-139}$$

$$\begin{bmatrix} \boldsymbol{\Xi} & \boldsymbol{PE}_i & \boldsymbol{PE}_j & (F_{ai}+F_{bi}\boldsymbol{K}_j)^{\mathrm{T}} & (F_{aj}+F_{bj}\boldsymbol{K}_i)^{\mathrm{T}} \\ \boldsymbol{E}_i^{\mathrm{T}}\boldsymbol{P} & -\varepsilon_{ij}^{-1}\boldsymbol{I} & \boldsymbol{0} & \boldsymbol{0} & \boldsymbol{0} \\ \boldsymbol{E}_j^{\mathrm{T}}\boldsymbol{P} & \boldsymbol{0} & \varepsilon_{ij}^{-1}\boldsymbol{I} & \boldsymbol{0} & \boldsymbol{0} \\ (F_{ai}+F_{bi}\boldsymbol{K}_j) & \boldsymbol{0} & \boldsymbol{0} & -\varepsilon_{ij}\boldsymbol{I} & \boldsymbol{0} \\ (F_{aj}+F_{bj}\boldsymbol{K}_i) & \boldsymbol{0} & \boldsymbol{0} & \boldsymbol{0} & -\varepsilon_{ij}\boldsymbol{I} \end{bmatrix}<0 \quad (4-140)$$

其中，$\boldsymbol{\Xi}=\boldsymbol{A}_i^{\mathrm{T}}\boldsymbol{P}+\boldsymbol{P}\boldsymbol{A}_i+\boldsymbol{K}_j^{\mathrm{T}}\boldsymbol{B}_{2i}^{\mathrm{T}}\boldsymbol{P}+\boldsymbol{P}\boldsymbol{B}_{2i}\boldsymbol{K}_j+\boldsymbol{A}_j^{\mathrm{T}}\boldsymbol{P}+\boldsymbol{P}\boldsymbol{A}_j+\boldsymbol{K}_i^{\mathrm{T}}\boldsymbol{B}_{2j}^{\mathrm{T}}\boldsymbol{P}+\boldsymbol{P}\boldsymbol{B}_{2j}\boldsymbol{K}_i$

根据式(4-131)和式(4-132)，$\boldsymbol{Q}_1<0$，$\boldsymbol{Q}_2<0$ 成立，则有

$$\dot{V}(\boldsymbol{x},t)<0 \quad (4-141)$$

命题得证。

下面给出控制系的H_∞鲁棒性能约束条件。

定理 4.2：对于控制系统式(4-116)，如果存在正定对称矩阵 $\boldsymbol{P}$，使下式成立：

$$\begin{bmatrix} \boldsymbol{A}_i^{\mathrm{T}}\boldsymbol{P}+\boldsymbol{P}\boldsymbol{A}_i+\boldsymbol{K}_i^{\mathrm{T}}\boldsymbol{B}_{2i}^{\mathrm{T}}\boldsymbol{P}+\boldsymbol{P}\boldsymbol{B}_{2i}\boldsymbol{K}_i & \boldsymbol{PE}_i & (F_{ai}+F_{bi}\boldsymbol{K}_i)^{\mathrm{T}} \\ \boldsymbol{E}_i^{\mathrm{T}}\boldsymbol{P} & -\varepsilon_{ij}^{-1}\boldsymbol{I} & \boldsymbol{0} \\ (F_{ai}+F_{bi}\boldsymbol{K}_i) & \boldsymbol{0} & -\varepsilon_{ij}\boldsymbol{I} \end{bmatrix}<0 \quad (4-142)$$

$$\begin{bmatrix} \boldsymbol{\Xi} & \boldsymbol{PE}_i & \boldsymbol{PE}_j & \boldsymbol{PB}_1 & (F_{ai}+F_{bi}\boldsymbol{K}_j)^{\mathrm{T}} & (F_{aj}+F_{bj}\boldsymbol{K}_i)^{\mathrm{T}} & \boldsymbol{C}^{\mathrm{T}} \\ \boldsymbol{E}_i^{\mathrm{T}}\boldsymbol{P} & -\varepsilon_{ij}^{-1}\boldsymbol{I} & \boldsymbol{0} & \boldsymbol{0} & \boldsymbol{0} & \boldsymbol{0} & \boldsymbol{0} \\ \boldsymbol{E}_j^{\mathrm{T}}\boldsymbol{P} & \boldsymbol{0} & -\varepsilon_{ij}^{-1}\boldsymbol{I} & \boldsymbol{0} & \boldsymbol{0} & \boldsymbol{0} & \boldsymbol{0} \\ \boldsymbol{B}_1^{\mathrm{T}}\boldsymbol{P} & \boldsymbol{0} & \boldsymbol{0} & -\gamma^{-2}\boldsymbol{I} & \boldsymbol{0} & \boldsymbol{0} & \boldsymbol{0} \\ (F_{ai}+F_{bi}\boldsymbol{K}_j) & \boldsymbol{0} & \boldsymbol{0} & \boldsymbol{0} & -\varepsilon_{ij}\boldsymbol{I} & \boldsymbol{0} & \boldsymbol{0} \\ (F_{aj}+F_{bj}\boldsymbol{K}_i) & \boldsymbol{0} & \boldsymbol{0} & \boldsymbol{0} & \boldsymbol{0} & -\varepsilon_{ij}\boldsymbol{I} & \boldsymbol{0} \\ \boldsymbol{C} & \boldsymbol{0} & \boldsymbol{0} & \boldsymbol{0} & \boldsymbol{0} & \boldsymbol{0} & -\boldsymbol{I} \end{bmatrix}<0$$

(4-143)

其中，$\boldsymbol{\Xi}=\boldsymbol{A}_i^{\mathrm{T}}\boldsymbol{P}+\boldsymbol{P}\boldsymbol{A}_i+\boldsymbol{K}_j^{\mathrm{T}}\boldsymbol{B}_{2i}^{\mathrm{T}}\boldsymbol{P}+\boldsymbol{P}\boldsymbol{B}_{2i}\boldsymbol{K}_j+\boldsymbol{A}_j^{\mathrm{T}}\boldsymbol{P}+\boldsymbol{P}\boldsymbol{A}_j+\boldsymbol{K}_i^{\mathrm{T}}\boldsymbol{B}_{2j}^{\mathrm{T}}\boldsymbol{P}+\boldsymbol{P}\boldsymbol{B}_{2j}\boldsymbol{K}_i$，$\gamma>0$，则控制系统输出 $z(t)$ 满足H_∞鲁棒性能：

$$\|z(t)\|_2<\gamma^2\|\boldsymbol{\omega}(t)\|_2$$

证明：令

$$J=\int_0^\infty [z^{\mathrm{T}}(t)z(t)-\gamma^2\boldsymbol{\omega}^{\mathrm{T}}(t)\boldsymbol{\omega}(t)]\mathrm{d}t \quad (4-144)$$

因为控制系统是稳定的，有

$$J=\int_0^\infty [z^{\mathrm{T}}(t)z(t)-\gamma^2\boldsymbol{\omega}^{\mathrm{T}}(t)\boldsymbol{\omega}(t)+\frac{\mathrm{d}}{\mathrm{d}t}V(\boldsymbol{x},t)]\mathrm{d}t-V(\infty)+V(0)$$

$$\leqslant \int_0^\infty [\boldsymbol{x}^{\mathrm{T}}(t)\boldsymbol{C}^{\mathrm{T}}\boldsymbol{C}\boldsymbol{x}(t) - \gamma^2\boldsymbol{\omega}^{\mathrm{T}}(t)\boldsymbol{\omega}(t) + L(\boldsymbol{x},t)]\mathrm{d}t \tag{4-145}$$

而通过定理 4.1 的推导过程可以得到

$$L(\boldsymbol{x},t) \leqslant \boldsymbol{x}^{\mathrm{T}}(t)(\boldsymbol{Q}_1+\boldsymbol{Q}_2)\boldsymbol{x}(t)+\boldsymbol{x}^{\mathrm{T}}(t)\boldsymbol{P}\boldsymbol{B}_1\boldsymbol{\omega}(t)+\boldsymbol{\omega}^{\mathrm{T}}(t)\boldsymbol{B}_1\boldsymbol{P}\boldsymbol{x}(t) \tag{4-146}$$

根据引理 4.4 有

$$\boldsymbol{x}^{\mathrm{T}}(t)\boldsymbol{P}\boldsymbol{B}_1\boldsymbol{\omega}(t)+\boldsymbol{\omega}^{\mathrm{T}}(t)\boldsymbol{B}_1\boldsymbol{P}\boldsymbol{x}(t) \leqslant \gamma^{-2}\boldsymbol{x}^{\mathrm{T}}(t)\boldsymbol{P}\boldsymbol{B}_1\boldsymbol{B}_1^{\mathrm{T}}\boldsymbol{P}\boldsymbol{x}(t)+\gamma^2\boldsymbol{\omega}^{\mathrm{T}}(t)\boldsymbol{\omega}(t) \tag{4-147}$$

于是

$$\begin{aligned} J &\leqslant \int_0^\infty \boldsymbol{x}^{\mathrm{T}}(t)[\boldsymbol{Q}_1+\boldsymbol{Q}_2+\boldsymbol{C}^{\mathrm{T}}\boldsymbol{C}+\gamma^{-2}\boldsymbol{P}\boldsymbol{B}_1\boldsymbol{B}_1^{\mathrm{T}}\boldsymbol{P}]\boldsymbol{x}(t)\mathrm{d}t \\ &= \int_0^\infty \boldsymbol{x}^{\mathrm{T}}(t)\boldsymbol{T}\boldsymbol{x}(t)\mathrm{d}t \end{aligned} \tag{4-148}$$

其中，$T=\boldsymbol{Q}_1+\boldsymbol{Q}_2+\boldsymbol{C}^{\mathrm{T}}\boldsymbol{C}+\gamma^{-2}\boldsymbol{P}\boldsymbol{B}_1\boldsymbol{B}_1^{\mathrm{T}}\boldsymbol{P}$，由给定条件可知，$T\leqslant 0$，所以

$$J<0$$

即 $\|\boldsymbol{z}(t)\|_2<\gamma^2\|\boldsymbol{\omega}(t)\|_2$，控制系统的输出 $\boldsymbol{z}(t)$ 达到了 H_∞ 鲁棒性能要求。

下面给出控制系统式(4-116)在状态反馈控制式(4-125)作用下的 LMI 求解方法。

定理 4.3：给定常数 $\gamma>0$，如果存在正定对称矩阵 $\boldsymbol{X}$、矩阵 $\boldsymbol{Z}$，使得下式成立：

$$\begin{bmatrix} \boldsymbol{X}\boldsymbol{A}_i^{\mathrm{T}}+\boldsymbol{A}_i\boldsymbol{X}+\boldsymbol{Z}_i^{\mathrm{T}}\boldsymbol{B}_{2i}^{\mathrm{T}}+\boldsymbol{B}_{2i}\boldsymbol{Z}_i & \boldsymbol{E}_i & (F_{ai}\boldsymbol{X}+F_{bi}\boldsymbol{Z}_i)^{\mathrm{T}} \\ \boldsymbol{E}_i^{\mathrm{T}} & -\varepsilon_{ij}^{-1}\boldsymbol{I} & \boldsymbol{0} \\ (F_{ai}\boldsymbol{X}+F_{bi}\boldsymbol{Z}_i) & \boldsymbol{0} & -\varepsilon_{ij}\boldsymbol{I} \end{bmatrix}<0 \tag{4-149}$$

$$\begin{bmatrix} \boldsymbol{\Xi} & \boldsymbol{E}_i & \boldsymbol{E}_j & \boldsymbol{B}_1 & (\boldsymbol{X}F_{ai}+F_{bi}\boldsymbol{Z}_j)^{\mathrm{T}} & (\boldsymbol{X}F_{aj}+F_{bj}\boldsymbol{Z}_i)^{\mathrm{T}} & \boldsymbol{X}\boldsymbol{C}^{\mathrm{T}} \\ \boldsymbol{E}_i^{\mathrm{T}} & -\varepsilon_{ij}^{-1}\boldsymbol{I} & \boldsymbol{0} & \boldsymbol{0} & \boldsymbol{0} & \boldsymbol{0} & \boldsymbol{0} \\ \boldsymbol{E}_j^{\mathrm{T}} & \boldsymbol{0} & -\varepsilon_{ij}^{-1}\boldsymbol{I} & \boldsymbol{0} & \boldsymbol{0} & \boldsymbol{0} & \boldsymbol{0} \\ \boldsymbol{B}_1^{\mathrm{T}} & \boldsymbol{0} & \boldsymbol{0} & -\gamma^{-2}\boldsymbol{I} & \boldsymbol{0} & \boldsymbol{0} & \boldsymbol{0} \\ (F_{ai}\boldsymbol{X}+F_{bi}\boldsymbol{Z}_j) & \boldsymbol{0} & \boldsymbol{0} & \boldsymbol{0} & -\varepsilon_{ij}\boldsymbol{I} & \boldsymbol{0} & \boldsymbol{0} \\ (F_{aj}\boldsymbol{X}+F_{bj}\boldsymbol{Z}_i) & \boldsymbol{0} & \boldsymbol{0} & \boldsymbol{0} & \boldsymbol{0} & -\varepsilon_{ij}\boldsymbol{I} & \boldsymbol{0} \\ \boldsymbol{C}\boldsymbol{X} & \boldsymbol{0} & \boldsymbol{0} & \boldsymbol{0} & \boldsymbol{0} & \boldsymbol{0} & -\boldsymbol{I} \end{bmatrix}<0 \tag{4-150}$$

式(4-150)中，$\boldsymbol{\Xi}=\boldsymbol{X}\boldsymbol{A}_i^{\mathrm{T}}+\boldsymbol{A}_i\boldsymbol{X}+\boldsymbol{Z}_j^{\mathrm{T}}\boldsymbol{B}_{2i}^{\mathrm{T}}+\boldsymbol{B}_{2i}\boldsymbol{Z}_j+\boldsymbol{X}\boldsymbol{A}_j^{\mathrm{T}}+\boldsymbol{A}_j\boldsymbol{X}+\boldsymbol{Z}_i^{\mathrm{T}}\boldsymbol{B}_{2j}^{\mathrm{T}}+\boldsymbol{B}_{2j}\boldsymbol{Z}_i$，则控制输入 $u(t)=-\sum_{i=1}^{r}h_i(\boldsymbol{z}(t))\boldsymbol{K}_i\boldsymbol{x}(t)$ 中的反馈矩阵 $\boldsymbol{K}_i=\boldsymbol{Z}_i\boldsymbol{X}^{-1}$，且满足系统鲁棒性能要求。

证明:对定理 4.2 中的矩阵不等式(4-142)和式(4-143)同时左乘和右乘 $diag(\boldsymbol{P}^{-1},\boldsymbol{I},\boldsymbol{I})$、$diag(\boldsymbol{P}^{-1},\boldsymbol{I},\boldsymbol{I},\boldsymbol{I},\boldsymbol{I},\boldsymbol{I},\boldsymbol{I})$,令

$$\boldsymbol{\Xi}=\boldsymbol{X}\boldsymbol{A}_i^{\mathrm{T}}+\boldsymbol{A}_i\boldsymbol{X}+\boldsymbol{Z}_j^{\mathrm{T}}\boldsymbol{B}_{2i}^{\mathrm{T}}+\boldsymbol{B}_{2i}\boldsymbol{Z}_j+\boldsymbol{X}\boldsymbol{A}_j^{\mathrm{T}}+\boldsymbol{A}_j\boldsymbol{X}+\boldsymbol{Z}_i^{\mathrm{T}}\boldsymbol{B}_{2j}^{\mathrm{T}}+\boldsymbol{B}_{2j}\boldsymbol{Z}_i,\boldsymbol{Z}_i=\boldsymbol{K}_i\boldsymbol{P}^{-1},\boldsymbol{X}=\boldsymbol{P}^{-1} \tag{4-151}$$

可以得到式(4-149)、式(4-150),而根据定理 4.3 可知控制系统式(4-122)在满足稳定同时,也满足H_∞鲁棒性能要求,其中,

$$\boldsymbol{K}_i=\boldsymbol{Z}_i\boldsymbol{X}^{-1} \tag{4-152}$$

4.5.3 穿浪水翼双体船纵摇/升沉姿态模糊 H_∞ 鲁棒控制策略

根据前面的理论,首先把穿浪水翼双体船的非线性运动数学模型表示成 T-S 模糊模型,然后设计H_∞鲁棒模糊控制器。

穿浪水翼双体船的 T-S 模糊模型的第 i 条规则具有如下形式:

Plant Rule i:

IF V is about V_i,THEN $\dot{x}(t)=(A_i+\Delta A_i)x(t)+(B_{2i}+\Delta B_{2i})u(t)+B_{1i}\omega_i(t)$

其中:V 是规则前件部分的语言变量,表示的含义是穿浪水翼双体船的速度;V_i 是语言的值,是穿浪水翼双体船的第 i 个工作点,例如U_1的含义表示"about 25 knots",U_2的含义表示"about 30 knots",U_3的含义表示"about 35 knots",以穿浪水翼双体船的航速为论域。本书利用雅可比线性化得到的 T-S 模糊模型的局部线性模型,在 25kn、30kn 和 35kn 航速下,其子系统的系数矩阵为

$$\boldsymbol{A}_1=\begin{bmatrix}0 & 1 & 0 & 0\\ -5.5 & -0.8 & -4.5074 & -0.0466\\ 0 & 0 & 0 & 1\\ -3 & 0 & -149.8266 & -22.6961\end{bmatrix},\ \boldsymbol{B}_{21}=\begin{bmatrix}0 & 0\\ -1.3181 & -7.2552\\ 0 & 0\\ 12.6979 & -9.7916\end{bmatrix}$$

$$\boldsymbol{A}_2=\begin{bmatrix}0 & 1 & 0 & 0\\ -6.1 & -0.78 & -3.3132 & -0.0399\\ 0 & 0 & 0 & 1\\ -1.2 & -0.5 & -64.17845 & -11.66973\end{bmatrix},\ \boldsymbol{B}_{21}=\begin{bmatrix}0 & 0\\ -0.9285 & -4.7333\\ 0 & 0\\ 8.9454 & -6.388\end{bmatrix}$$

$$\boldsymbol{A}_3=\begin{bmatrix}0 & 1 & 0 & 0\\ -6.1 & -0.33 & -1.4757 & -0.0268\\ 0 & 0 & 0 & 1\\ -1 & -0.15 & -48.9636 & -12.9692\end{bmatrix},\ \boldsymbol{B}_{31}=\begin{bmatrix}0 & 0\\ -0.3941 & -1.8213\\ 0 & 0\\ 3.7967 & -2.458\end{bmatrix}$$

模型参数摄动以 0.3 倍系数矩阵为上界,随机加到控制系统方程中,利用H_∞鲁棒模糊设计系统控制器得到

$$\boldsymbol{K}_1=\begin{bmatrix}0.7661 & 0.5423 & -3.7759 & -3.4480\\ 0.8847 & 2.1262 & 3.7695 & 3.3556\end{bmatrix}$$

$$\boldsymbol{K}_2=\begin{bmatrix}1.2128 & 0.9383 & -11.3905 & -10.7726\\ 1.5035 & 3.9090 & -14.9438 & -12.8063\end{bmatrix}$$

$$\boldsymbol{K}_3=\begin{bmatrix}0.1128 & 0.1385 & -13.4056 & -10.7801\\ 0.6738 & 0.3588 & -13.8951 & -10.6654\end{bmatrix}$$

4.6　穿浪水翼双体船纵摇/升沉姿态模糊 H_∞ 鲁棒控制系统仿真

根据前面给出的穿浪水翼双体船纵摇/升沉运动理论分析和数学推导，利用MATLAB工具对其纵向运动进行控制前后仿真及对比。穿浪水翼双体船船体的基本参数为：水线长105m，型宽30m，片体型宽8m，型深10m，吃水4.5m，排水量2100t，最高航速35kn。

为了验证本章分析和设计穿浪水翼双体船纵向运动控制策略的有效性，对穿浪水翼双体船纵向运动襟尾翼/尾压浪板联合控制后的控制系统进行仿真研究。下面给出穿浪水翼双体船在襟尾翼/尾压浪板联合控制的情况下，其纵向运动的仿真曲线图，而且为方便比较，将控制前后的曲线放置在一起进行对比。仿真航速30kn。仿真海况选择：有义波高为3m，遭遇角分别为0°、30°、60°、90°、120°、150°和180°。限于篇幅，图4-10～图4-15给出了穿浪水翼双体船在遭遇角30°在襟尾翼/尾压浪板联合控制下纵摇/升沉仿真曲线。仿真中采样时间为0.1s。

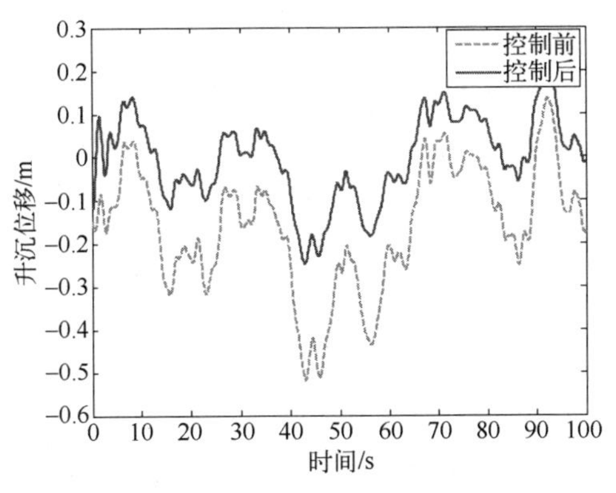

图4-10　航速30kn、遭遇角30°升沉曲线

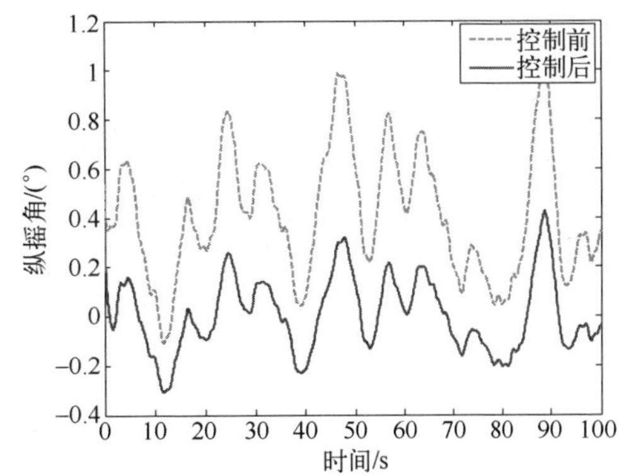

图4-11　航速30kn、遭遇角30°纵摇角曲线

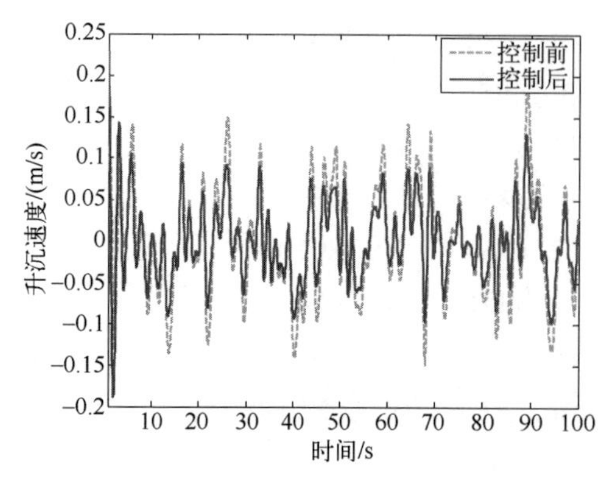

图 4-12　航速 30kn、
遭遇角 30°升沉速度曲线

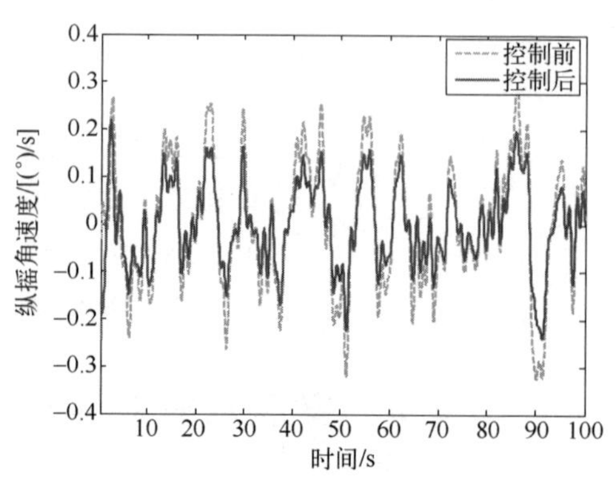

图 4-13　航速 30kn、
遭遇角 30°纵摇角速度曲线

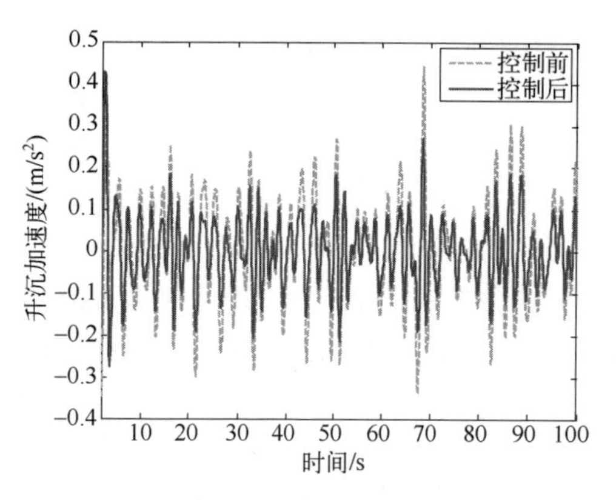

图 4-14　航速 30kn、
遭遇角 30°升沉加速度曲线

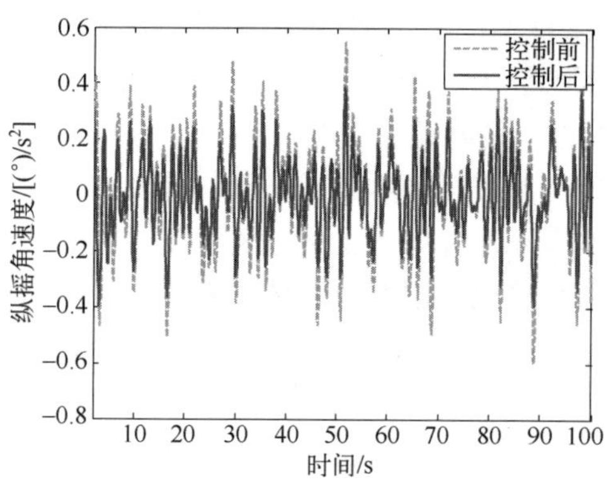

图 4-15　航速 30kn、
遭遇角 30°纵摇角加速度曲线

根据穿浪水翼双体船的纵摇/升沉运动仿真结果,可以求得其纵摇/升沉运动数据的统计值。表 4-7 给出了不同航速、不同遭遇角下的纵摇/升沉及其速度、加速度的统计值。表中 θ 为纵摇角,量纲为(°),z 是升沉位移,量纲为 m,$E(\cdot)$ 表示均值,STD(·)表示标准差。

表 4-7　航速为 30kn 时控制后纵摇/升沉仿真结果统计

遭遇角	统计值							
	$E(z)$	STD(z)	STD($\dot{z}$)	STD($\ddot{z}$)	$E(\theta)$	STD(θ)	STD($\dot{\theta}$)	STD($\ddot{\theta}$)
0°	0.0626	0.0990	0.0507	0.1047	0.1972	0.1632	0.1002	0.1932
30°	−0.0066	0.1003	0.0455	0.0833	0.0143	0.1572	0.0884	0.1361

续表

遭遇角	统计值							
	$E(z)$	$STD(z)$	$STD(\dot{z})$	$STD(\ddot{z})$	$E(\theta)$	$STD(\theta)$	$STD(\dot{\theta})$	$STD(\ddot{\theta})$
60°	0.0377	01532	0.0366	0.0809	0.0490	0.1811	0.1091	0.1008
90°	0.0106	0.3056	0.3811	0.5548	0.1418	0.1408	0.1933	0.3236
120°	0.0049	0.2378	0.4517	0.8423	0.1391	0.2455	0.5943	1.6442
150°	0.0085	0.1600	0.3213	0.6034	0.1431	0.2010	0.4968	1.2869
180°	0.0107	0.1391	0.2880	0.5592	0.1447	0.1825	0.4530	1.2184

分析对比数据结果，在30kn航速下，控制后的升沉最大降低幅度达35.16%，升沉速度最大降低34.91%，升沉加速度最大降低44.67%，纵摇角最大降低44.51%，纵摇角速度最大降低37.10%，纵摇角加速度最大降低39.53%。由此可见，本书所设计的控制器控制取得了良好的减纵摇降升沉效果。

图4-16~图4-19分别给出了在襟尾翼/尾压浪板联合控制下，穿浪水翼双体船在航速30kn、海浪遭遇角30°情况下的襟尾翼角/尾压浪板角及其速度的仿真曲线，考虑工程实际情况，仿真过程中设定襟尾翼角/尾压浪板角不超过15°，角速度不超过15(°)/s。

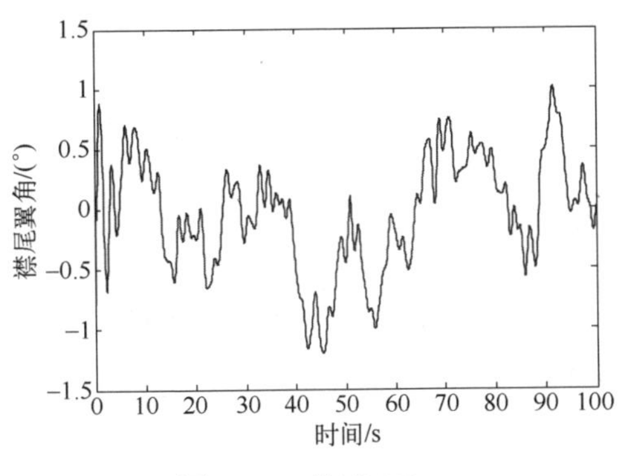

图4-16 航速30kn、30°遭遇角襟尾翼角曲线

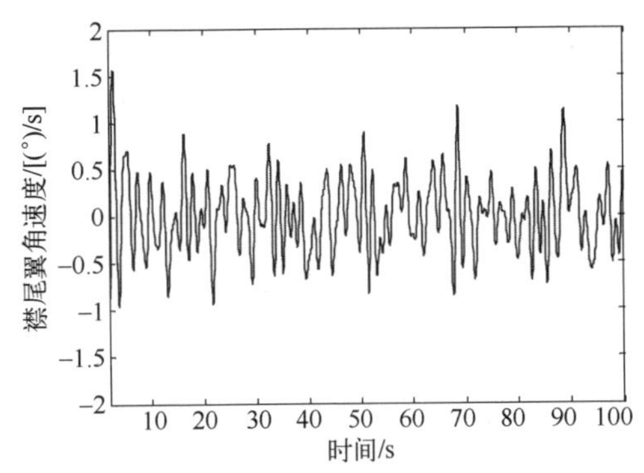

图4-17 航速30kn、30°遭遇角襟尾翼角速度曲线

根据襟尾翼角/尾压浪板角及其角速度的仿真结果，分别计算相对应的统计值如表4-8所示，其中α表示襟尾翼角，单位为(°)，β表示尾压浪板角，单位为(°)，$\dot{\alpha}$表示襟尾翼角速度，$\dot{\beta}$表示尾压浪板角速度，角速度单位(°)/s，同理$E(\cdot)$表示均值，STD(·)表示标准差值。

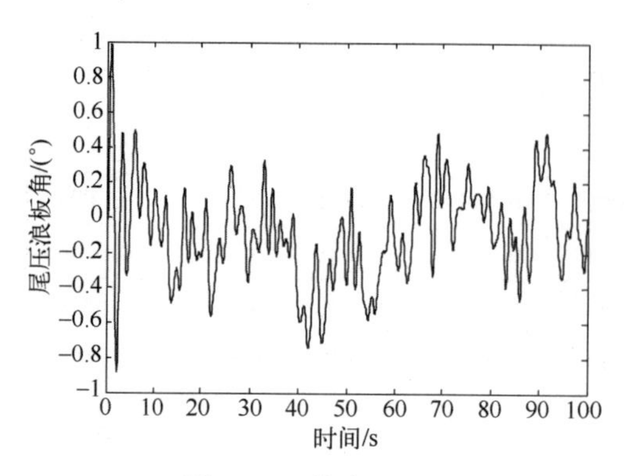

图 4-18　航速 30kn、
30°遭遇角尾压浪板角曲线

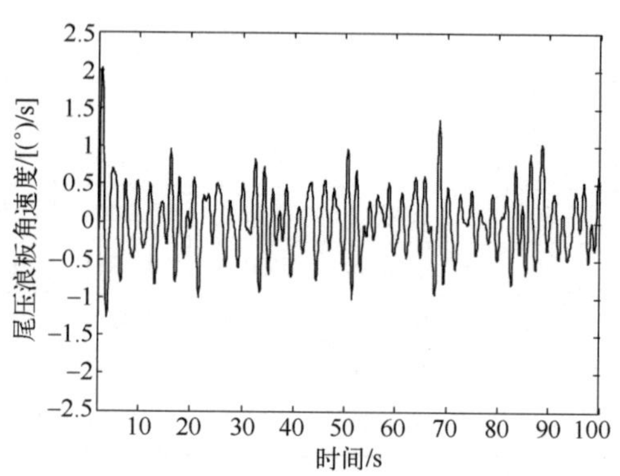

图 4-19　航速 30kn、
30°遭遇角尾压浪板角速度曲线

表 4-8　航速为 30kn 时襟尾翼/尾压浪板角仿真结果统计

遭遇角	统计值					
	$E(\alpha)$	STD(α)	STD($\dot{\alpha}$)	$E(\beta)$	STD(β)	STD($\dot{\beta}$)
0°	0. 0652	0. 4361	0. 4544	−0. 0455	0. 2611	0. 5100
30°	−0. 0568	0. 4737	0. 3795	−0. 0949	0. 2579	0. 4110
60°	0. 0814	0. 5505	0. 2763	−0. 0340	0. 3029	0. 2767
90°	−0. 0723	1. 5162	2. 3319	−0. 1072	2. 6324	4. 6024
120°	−0. 0960	1. 7019	3. 7978	−0. 1171	1. 9012	4. 0189
150°	−0. 0770	1. 2655	2. 8088	−0. 0972	1. 3689	2. 9700
180°	−0. 0531	1. 1318	2. 6358	−0. 0833	1. 2266	2. 7789

从表 4-8 可以看出不同海况下,穿浪水翼双体船在加装水翼与尾压浪板后,在襟尾翼、尾压浪板的主动控制下,纵摇和升沉运动统计值明显小于裸船体的运动统计值,说明了穿浪水翼双体船在加装水翼与尾压浪板后纵摇和升沉运动都得到了一定的改善。随着航速的改变,纵摇角、纵摇角加速度、升沉位移和升沉位移加速度的改善效果依然有效。说明本书所设计的控制器在穿浪水翼双体船整个航速范围都有稳定的输出,并且取得了良好的减纵摇/升沉效果。

第5章

现代高性能高速水翼双体船艏摇/横摇-水翼/柱翼控制

5.1 高速水翼双体船水翼/柱翼控制系统体系结构

本书所研究的水翼/柱翼联合控制系统包括两种模式:航向保持控制模式和航向改变控制模式。针对这两种船舶航行模式的特点分别设计了艏摇/横摇控制器和回转/横倾控制器。

图 5-1 给出了水翼双体船水翼/柱翼联合控制系统整体结构框图。高速水翼双体船水翼/柱翼联合控制系统主要由控制器、分配器、执行机构、被控对象、检测装置和状态估计器 6 部分组成。本书设计的高速水翼双体船水翼/柱翼联合控制器按功能可分为艏摇/横摇控制器和回转/横倾控制器;分配器主要用于对控制量进行分配,可综合考虑航行目的、航线可行性、节能等问题,一般采用智能分配,为了研究高速水翼双体船水翼/柱翼的联合控制问题,因此将分配器固定为平均分配。执行机构主要由电机伺服机构、传动机构、襟尾翼和柱翼舵组成的机械组合体、襟尾翼转角和柱翼舵转角反馈测量装置等组成,通常船舶的执行机构具有多种非线性特性。被控对象为高速水翼双体船;检测包括航向检测、横倾角检测、艏摇角检测和横摇角检测,常用的检测装置有罗经、角速度陀螺仪和横向加速度仪。当控制模式为航向保持模式时,传感器检测量、状态观测器估计量和反馈量为艏摇角和横摇角;当控制模式为航向改变模式时,传感器检测量、状态观测器估计量和反馈量为回转角和横倾角。

5.1.1 高速水翼双体船艏摇/横摇姿态-水翼/柱翼联合控制系统

本书所研究的高速水翼双体船艏摇/横摇控制较传统的航向保持不同之处在于:①航向保持控制考虑了艏摇和横摇的耦合效应;②作为航向控制装置的柱翼舵是以水翼为载体,对称安装在后水翼支柱上,并且是双柱翼舵结构;③作为横摇控制装置的襟尾翼对称安装在前后固定水翼的尾部,故也称为襟尾翼。通过柱翼舵和襟尾翼的联合控制实现高速水翼双体船的艏摇/横摇运动控制,从而达到高速水翼双体船的航向保持控制目的。

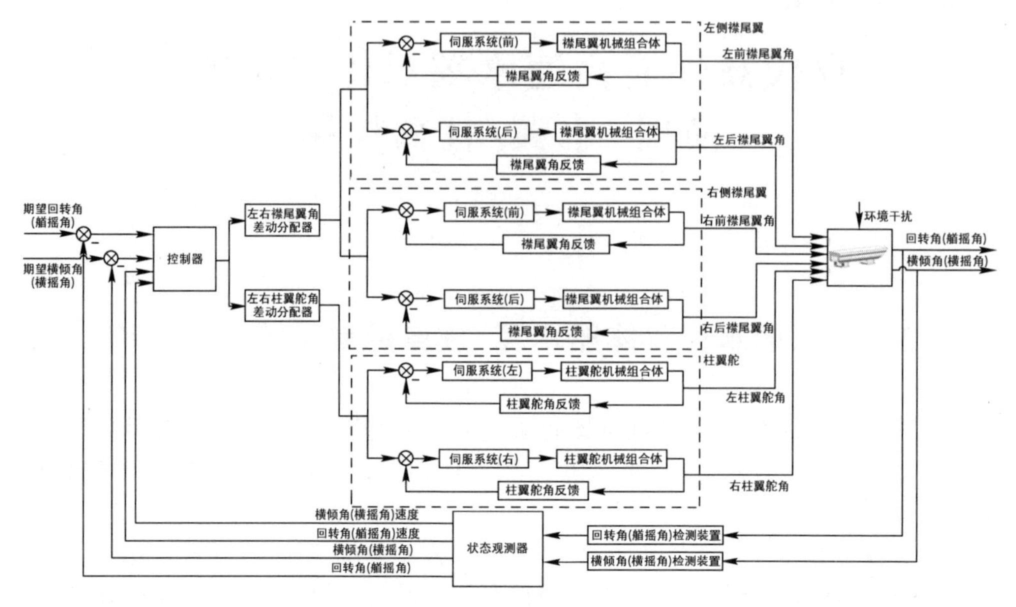

图 5-1　高速水翼双体船水翼/柱翼联合控制系统

航向保持运动的特点:船舶以某一航速做直线运动,因此可以忽略纵摇和升沉运动,专注于艏摇/横摇的耦合运动。根据小偏差线性化原理,将高速水翼双体船运动模型在艏摇角和横摇角的零点展开,从而得到高速水翼双体船艏摇/横摇运动的线性化模型。

由于海洋环境的影响,高速水翼双体船不仅会受到外界随机干扰的影响,而且自身运行参数也会发生一定的摄动,也就是说高速水翼双体船艏摇/横摇运动模型中存在外界随机干扰和模型参数不确定性。本书利用鲁棒控制方法,设计了高速水翼双体船混合H_2/H_∞鲁棒控制器,解决了模型中同时存在外界随机干扰和自身模型参数不确定的问题,并且该鲁棒H_2/H_∞控制器将微分方程中的微分不确定项作为范数有界独立项进行处理,从而降低了因微分不确定项的存在而带来的解的保守性问题。

航向保持模式下,船舶控制系统可简化为如图 5-2 所示的控制系统,图中期望艏摇角和期望横摇角均为零,控制量为襟尾翼角和柱翼舵角,被控对象为随机海浪干扰下的高速水翼双体船。利用艏摇和横摇检测装置检测出船舶状态信息,通过状态观测器估计出船舶横摇角和艏摇角,利用船舶状态信息来设计混合H_2/H_∞鲁棒控制器,计算出襟尾翼角和柱翼舵角,襟尾翼和柱翼舵角度的改变使得作用于船体的控制力和力矩发生变化,最终实现对高速水翼双体船航向保持运动的有效控制。

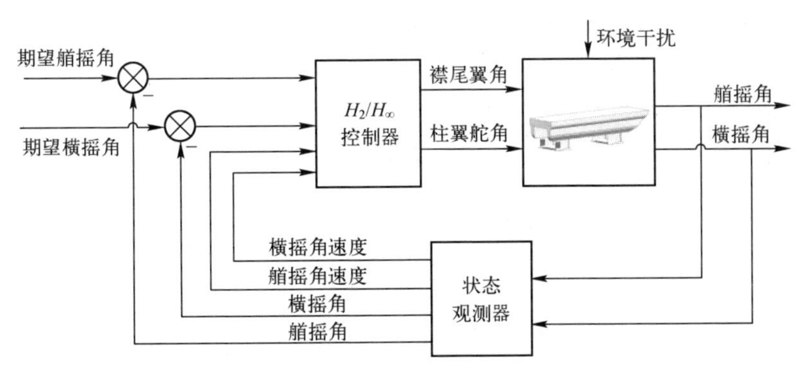

图 5-2　高速水翼双体船艏摇/横摇-水翼/柱翼联合控制系统

5.1.2　高速水翼双体船回转/横倾姿态-水翼/柱翼联合控制系统

高速水翼双体船的四自由度运动模型为高阶、高度耦合的非线性模型。由于船舶机动回转时,无法应用小偏差线性化原理对其进行简化处理,利用高速水翼双体船回转/横倾运动特点对四自由度运动模型进行简化处理,得到三自由度回转/横倾非线性运动模型。通过高速水翼双体船航行操纵试验对比了四自由度和化简后得到的三自由度模型,发现经过简化后的三自由度航向改变运动模型仍保留着系统的各项重要信息,不会造成系统动态和稳态信息的缺失。

航向改变控制系统主要目的:在忽略海洋环境影响的前提下,设计回转/横倾控制器,从而协调机动回转时高速水翼双体船的回转直径和横倾角。该控制器是基于李雅普诺夫法和模糊方法设计的,分别针对柱翼舵角和襟尾翼角设计了舵角控制器和襟尾翼角控制规律。本书设计的舵角控制器是基于李雅普诺夫法设计的变系数非线性控制器,襟尾翼角控制器是利用模糊方法设计的。通过对柱翼舵角的控制,改变高速水翼双体船的横向控制力和力矩,实现航向的改变。通过对襟尾翼角的控制,改变高速水翼双体船左右弦升力的大小,从而实现对横倾角的控制。

航向改变控制系统的反馈量为横向速度、回转角速度、横倾角速度、横倾角和航向角,舵角控制器的输入为横向速度、回转角速度、横倾角偏差和航向角偏差信号,输出为柱翼舵角;襟尾翼角控制器的输入为横倾角速度和横倾角偏差信号,输出为襟尾翼角。此外,水翼系统后水翼两侧柱翼舵同时加入同一柱翼舵角指令,通过两侧柱翼舵共同作用,从而实现高速水翼双体船回转运动的控制。水翼系统前后水翼同侧襟尾翼为一组,襟尾翼角控制指令分别加到 4 个襟尾翼上,若左侧襟尾

翼转角指令为 δ_F,则右侧襟尾翼转角指令为 $-\delta_F$。这样,使左右两组襟尾翼协同工作,共同提供控制力矩,最终实现对高速水翼双体船横倾角度的控制。通过襟尾翼/柱翼舵的联合控制可实现高速水翼双体船的回转/横倾的联合控制。高速水翼双体船回转/横倾联合控制系统框图如图 5-3 所示。

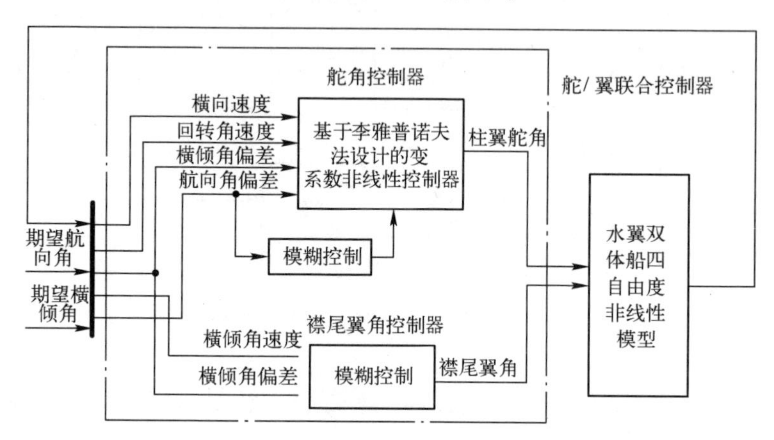

图 5-3　高速水翼双体船回转/横倾联合控制系统框图

5.2　高速水翼双体船艏摇/横摇姿态 H_2/H_∞ 鲁棒控制

5.2.1　含微分不确定项的非线性系统 H_2/H_∞ 鲁棒控制策略

考虑如式(5-1)所示的非线性系统:

$$\dot{x}(t)=(\boldsymbol{A}+\Delta\boldsymbol{A})x(t)+(\boldsymbol{B}+\Delta\boldsymbol{B})u(t)+\boldsymbol{E}w(t)+\boldsymbol{F}\boldsymbol{f}(t)+\boldsymbol{G}\dot{e}(t) \tag{5-1}$$

式中:$x(t)$ 为状态变量;$w(t)$ 为外界干扰输入;$\dot{e}(t)$ 为微分不确定项;$\boldsymbol{f}(t)$ 为非线性向量函数,表示系统非线性不确定项;$u(t)$ 为控制输入;$\boldsymbol{A},\boldsymbol{B},\boldsymbol{E},\boldsymbol{F},\boldsymbol{G}$ 为适当维数的常数矩阵;$\Delta\boldsymbol{A},\Delta\boldsymbol{B}$ 为系统参数的不确定项。

假设 5.1:系统参数不确定项 $\Delta\boldsymbol{A}$、$\Delta\boldsymbol{B}$ 满足

$$[\Delta\boldsymbol{A} \quad \Delta\boldsymbol{B}]=\boldsymbol{L}\boldsymbol{F}_\Delta(t)[\boldsymbol{N}_A \quad \boldsymbol{N}_B] \tag{5-2}$$

式中:$\boldsymbol{L},\boldsymbol{N}_A,\boldsymbol{N}_B$ 为适当维数的常数矩阵,$\boldsymbol{F}_\Delta^{\mathrm{T}}\boldsymbol{F}_\Delta \leqslant \boldsymbol{I}$。

假设 5.2:系统非线性不确定项 $\boldsymbol{f}(t)$ 满足

$$\|\boldsymbol{f}(t)\| \leqslant \|\boldsymbol{U}_1 x\| \tag{5-3}$$

式中:$\boldsymbol{U}_1$ 为适当维数的常数矩阵。

假设 5.3:系统微分不确定项 $\dot{e}(t)$ 满足

$$\|\dot{e}(t)\| \leqslant \|\boldsymbol{U}_2\dot{x}(t)\| \tag{5-4}$$

式中：$\boldsymbol{U}_2$ 为适当维数的常数矩阵。

系统参考输出为

$$\begin{cases} z_2(t)=\boldsymbol{C}_2x(t)+\boldsymbol{D}_2u(t) \\ z_\infty(t)=\boldsymbol{C}_\infty x(t)+\boldsymbol{D}_\infty u(t) \end{cases} \tag{5-5}$$

式中：$z_2(t)$ 和 $z_\infty(t)$ 分别为控制输出和干扰系统的输入；$\boldsymbol{C}_2$，$\boldsymbol{D}_2$，$\boldsymbol{C}_\infty$ 和 $\boldsymbol{D}_\infty$ 分别为适当维数的常值矩阵。

设计状态反馈控制器 $u(t)=Kx(t)$，使系统满足H_2/H_∞性能，即满足如下指标函数：

$$\begin{cases} J_2=\int_0^\infty \|z_2\|^2\mathrm{d}t \\ J_\infty=\int_0^\infty (\|z_\infty\|^2-\gamma^2\|w\|^2)\mathrm{d}t \end{cases} \tag{5-6}$$

闭环系统的状态方程为

$$\sum:\begin{cases} \dot{x}(t)=(\bar{\boldsymbol{A}}+\Delta\bar{\boldsymbol{A}})x(t)+\boldsymbol{E}w(t)+\boldsymbol{F}\boldsymbol{f}(x(t))+\boldsymbol{G}\dot{e}(t) \\ z_2(t)=\bar{\boldsymbol{C}}_2x(t) \\ z_\infty(t)=\bar{\boldsymbol{C}}_\infty x(t) \end{cases} \tag{5-7}$$

式中：$\bar{\boldsymbol{A}}=\boldsymbol{A}+\boldsymbol{B}K$；$\Delta\bar{\boldsymbol{A}}=\Delta\boldsymbol{A}+\Delta\boldsymbol{B}K$；$\bar{\boldsymbol{C}}_2=\boldsymbol{C}_2+\boldsymbol{D}_2K$；$\bar{\boldsymbol{C}}_\infty=\boldsymbol{C}_\infty+\boldsymbol{D}_\infty K$。

5.2.2　含微分不确定项的非线性系统H_2/H_∞控制器存在定理

定理 5.1：对于给定参数 λ_1 和 λ_2，存在状态反馈控制器 $u=Kx$，使得闭环系统 $\sum$ 渐进稳定，并且满足混合鲁棒H_2/H_∞性能，充分条件是存在方阵 $\boldsymbol{P}$ 和标量 ε_1、ε_2 和 ε_3，满足如下不等式：

$$\begin{cases} \boldsymbol{P}=\boldsymbol{P}^{\mathrm{T}},\boldsymbol{P}>0 \\ \varepsilon_1,\varepsilon_2,\varepsilon_3>0 \\ \boldsymbol{\Phi}=\begin{bmatrix} \boldsymbol{\Phi}_1 & \boldsymbol{\Phi}_2 \\ * & \boldsymbol{\Phi}_3 \end{bmatrix}<0 \end{cases} \tag{5-8}$$

其中，

$$\boldsymbol{\Phi}_1=\begin{bmatrix} \boldsymbol{\Phi}_{11} & \boldsymbol{\Phi}_{12} & \boldsymbol{\Phi}_{13} & \boldsymbol{\Phi}_{14} & \boldsymbol{\Phi}_{15} \\ * & \boldsymbol{\Phi}_{16} & \boldsymbol{\Phi}_{17} & \boldsymbol{\Phi}_{18} & \boldsymbol{\Phi}_{19} \\ * & * & \boldsymbol{\Phi}_{110} & \boldsymbol{\Phi}_{111} & \boldsymbol{\Phi}_{112} \\ * & * & * & \boldsymbol{\Phi}_{113} & \boldsymbol{\Phi}_{114} \\ * & * & * & * & \boldsymbol{\Phi}_{115} \end{bmatrix},\ \boldsymbol{\Phi}_2=\begin{bmatrix} \lambda_1\boldsymbol{U}_1 & 0 & 0 & 0 & 0 \\ \lambda_2(N_A+N_BK) & 0 & 0 & 0 & 0 \\ N_A+N_BK & 0 & 0 & 0 & 0 \\ \bar{\boldsymbol{C}}_\infty & 0 & 0 & 0 & 0 \\ \bar{\boldsymbol{C}}_2 & 0 & 0 & 0 & 0 \end{bmatrix}$$

$$\boldsymbol{\Phi}_3=\mathrm{diag}\{-\lambda_1,-\varepsilon_2^{-1},-\varepsilon_1,-\boldsymbol{I},-\boldsymbol{I}\},\ \boldsymbol{\Phi}_{11}=\boldsymbol{P}\overline{\boldsymbol{A}}+\overline{\boldsymbol{A}}^{\mathrm{T}}\boldsymbol{P}+\varepsilon_1\boldsymbol{PLL}^{\mathrm{T}}\boldsymbol{P}$$

$$\boldsymbol{\Phi}_{12}=\boldsymbol{PF}+\lambda_2\overline{\boldsymbol{A}}^{\mathrm{T}}\boldsymbol{U}_2^{\mathrm{T}}\boldsymbol{U}_2\boldsymbol{F},\boldsymbol{\Phi}_{13}=\boldsymbol{PG}+\lambda_2\overline{\boldsymbol{A}}^{\mathrm{T}}\boldsymbol{U}_2^{\mathrm{T}}\boldsymbol{U}_2\boldsymbol{G},\boldsymbol{\Phi}_{14}=\boldsymbol{PE}+\lambda_2\overline{\boldsymbol{A}}^{\mathrm{T}}\boldsymbol{U}_2^{\mathrm{T}}\boldsymbol{U}_2\boldsymbol{E}$$

$$\boldsymbol{\Phi}_{15}=\lambda_2\overline{\boldsymbol{A}}^{\mathrm{T}}\boldsymbol{U}_2^{\mathrm{T}},\ \boldsymbol{\Phi}_{16}=-\lambda_1+\lambda_2\boldsymbol{F}^{\mathrm{T}}\boldsymbol{U}_2^{\mathrm{T}}\boldsymbol{U}_2\boldsymbol{F}+\varepsilon_2^{-1}\boldsymbol{F}^{\mathrm{T}}\boldsymbol{U}_2^{\mathrm{T}}\boldsymbol{U}_2\boldsymbol{LL}^{\mathrm{T}}\boldsymbol{U}_2^{\mathrm{T}}\boldsymbol{U}_2\boldsymbol{F}$$

$$\boldsymbol{\Phi}_{17}=\lambda_2\boldsymbol{F}^{\mathrm{T}}\boldsymbol{U}_2^{\mathrm{T}}\boldsymbol{U}_2\boldsymbol{G}+\varepsilon_2^{-1}\boldsymbol{F}^{\mathrm{T}}\boldsymbol{U}_2^{\mathrm{T}}\boldsymbol{U}_2\boldsymbol{LL}^{\mathrm{T}}\boldsymbol{U}_2^{\mathrm{T}}\boldsymbol{U}_2\boldsymbol{G}$$

$$\boldsymbol{\Phi}_{18}=\lambda_2\boldsymbol{F}^{\mathrm{T}}\boldsymbol{U}_2^{\mathrm{T}}\boldsymbol{U}_2\boldsymbol{E}+\varepsilon_2^{-1}\boldsymbol{F}^{\mathrm{T}}\boldsymbol{U}_2^{\mathrm{T}}\boldsymbol{U}_2\boldsymbol{LL}^{\mathrm{T}}\boldsymbol{U}_2^{\mathrm{T}}\boldsymbol{U}_2\boldsymbol{E},\ \boldsymbol{\Phi}_{19}=\varepsilon_2^{-1}\boldsymbol{F}^{\mathrm{T}}\boldsymbol{U}_2^{\mathrm{T}}\boldsymbol{U}_2\boldsymbol{LL}^{\mathrm{T}}\boldsymbol{U}_2^{\mathrm{T}}$$

$$\boldsymbol{\Phi}_{110}=-\lambda_2+\lambda_2\boldsymbol{G}^{\mathrm{T}}\boldsymbol{U}_2^{\mathrm{T}}\boldsymbol{U}_2\boldsymbol{G}+\varepsilon_2^{-1}\boldsymbol{G}^{\mathrm{T}}\boldsymbol{U}_2^{\mathrm{T}}\boldsymbol{U}_2\boldsymbol{LL}^{\mathrm{T}}\boldsymbol{U}_2^{\mathrm{T}}\boldsymbol{U}_2\boldsymbol{G}$$

$$\boldsymbol{\Phi}_{111}=\lambda_2\boldsymbol{G}^{\mathrm{T}}\boldsymbol{U}_2^{\mathrm{T}}\boldsymbol{U}_2\boldsymbol{E}+\varepsilon_2^{-1}\boldsymbol{G}^{\mathrm{T}}\boldsymbol{U}_2^{\mathrm{T}}\boldsymbol{U}_2\boldsymbol{LL}^{\mathrm{T}}\boldsymbol{U}_2^{\mathrm{T}}\boldsymbol{U}_2\boldsymbol{E},\ \boldsymbol{\Phi}_{112}=\varepsilon_2^{-1}\boldsymbol{G}^{\mathrm{T}}\boldsymbol{U}_2^{\mathrm{T}}\boldsymbol{U}_2\boldsymbol{LL}^{\mathrm{T}}\boldsymbol{U}_2^{\mathrm{T}}$$

$$\boldsymbol{\Phi}_{113}=-\gamma^2+\lambda_2\boldsymbol{E}^{\mathrm{T}}\boldsymbol{U}_2^{\mathrm{T}}\boldsymbol{U}_2\boldsymbol{E}+\varepsilon_2^{-1}\boldsymbol{E}^{\mathrm{T}}\boldsymbol{U}_2^{\mathrm{T}}\boldsymbol{U}_2\boldsymbol{LL}^{\mathrm{T}}\boldsymbol{U}_2^{\mathrm{T}}\boldsymbol{U}_2\boldsymbol{E},\ \boldsymbol{\Phi}_{114}=\varepsilon_2^{-1}\boldsymbol{E}^{\mathrm{T}}\boldsymbol{U}_2^{\mathrm{T}}\boldsymbol{U}_2\boldsymbol{LL}^{\mathrm{T}}\boldsymbol{U}_2^{\mathrm{T}}$$

$$\boldsymbol{\Phi}_{115}=-\lambda_2+\varepsilon_2^{-1}\boldsymbol{U}_2\boldsymbol{LL}^{\mathrm{T}}\boldsymbol{U}_2^{\mathrm{T}}$$

证明:定义如下李雅普诺夫函数:

$$\boldsymbol{V}(t)=\boldsymbol{x}^{\mathrm{T}}(t)\boldsymbol{P}\boldsymbol{x}(t)+\lambda_1\int_0^t(\|\boldsymbol{U}_1\boldsymbol{x}(\tau)\|^2-\|\boldsymbol{f}\|^2)\mathrm{d}\tau+\lambda_2\int_0^t(\|\boldsymbol{U}_2\boldsymbol{x}(\tau)\|^2-\|\dot{\boldsymbol{e}}\|^2)\mathrm{d}\tau \tag{5-9}$$

首先证明引入静态状态反馈控制器后,闭环系统Σ在$\boldsymbol{w}(t)=0$条件下是李雅普诺夫稳定的。

$$\begin{aligned}\dot{\boldsymbol{V}}(t)&=2\boldsymbol{x}^{\mathrm{T}}\boldsymbol{P}\{(\overline{\boldsymbol{A}}+\Delta\overline{\boldsymbol{A}})\boldsymbol{x}+\boldsymbol{F}\boldsymbol{f}+\boldsymbol{G}\dot{\boldsymbol{e}}\}+\lambda_1\boldsymbol{x}^{\mathrm{T}}\boldsymbol{U}_1^{\mathrm{T}}\boldsymbol{U}_1\boldsymbol{x}-\lambda_1\boldsymbol{f}^{\mathrm{T}}\boldsymbol{f}+\lambda_2\dot{\boldsymbol{x}}^{\mathrm{T}}\boldsymbol{U}_2^{\mathrm{T}}\boldsymbol{U}_2\dot{\boldsymbol{x}}-\lambda_2\dot{\boldsymbol{e}}^{\mathrm{T}}\dot{\boldsymbol{e}}\\&=2\boldsymbol{x}^{\mathrm{T}}\boldsymbol{P}(\overline{\boldsymbol{A}}+\Delta\overline{\boldsymbol{A}})\boldsymbol{x}+2\boldsymbol{x}^{\mathrm{T}}\boldsymbol{P}\{\boldsymbol{F}\boldsymbol{f}+\boldsymbol{G}\dot{\boldsymbol{e}}\}+\lambda_1\boldsymbol{x}^{\mathrm{T}}\boldsymbol{U}_1^{\mathrm{T}}\boldsymbol{U}_1\boldsymbol{x}-\boldsymbol{\lambda}_1\boldsymbol{f}^{\mathrm{T}}\boldsymbol{f}\\&\quad+\lambda_2\{\boldsymbol{x}^{\mathrm{T}}(\overline{\boldsymbol{A}}+\Delta\overline{\boldsymbol{A}})^{\mathrm{T}}\boldsymbol{U}_2^{\mathrm{T}}\boldsymbol{U}_2(\overline{\boldsymbol{A}}+\Delta\overline{\boldsymbol{A}})\boldsymbol{x}+\boldsymbol{f}^{\mathrm{T}}\boldsymbol{F}^{\mathrm{T}}\boldsymbol{U}_2^{\mathrm{T}}\boldsymbol{U}_2\boldsymbol{F}\boldsymbol{f}+\dot{\boldsymbol{e}}^{\mathrm{T}}\boldsymbol{G}^{\mathrm{T}}\boldsymbol{U}_2^{\mathrm{T}}\boldsymbol{U}_2\boldsymbol{G}\dot{\boldsymbol{e}}\\&\quad+2\boldsymbol{x}^{\mathrm{T}}(\overline{\boldsymbol{A}}+\Delta\overline{\boldsymbol{A}})^{\mathrm{T}}\boldsymbol{U}_2^{\mathrm{T}}\boldsymbol{U}_2(\boldsymbol{F}\boldsymbol{f}+\boldsymbol{G}\dot{\boldsymbol{e}})+2\boldsymbol{f}^{\mathrm{T}}\boldsymbol{F}^{\mathrm{T}}\boldsymbol{U}_2^{\mathrm{T}}\boldsymbol{U}_2\boldsymbol{G}\dot{\boldsymbol{e}}\}-\lambda_2\dot{\boldsymbol{e}}^{\mathrm{T}}\dot{\boldsymbol{e}}\end{aligned} \tag{5-10}$$

令$\boldsymbol{\xi}_0=[\boldsymbol{x}^{\mathrm{T}}\quad \boldsymbol{f}^{\mathrm{T}}\quad \dot{\boldsymbol{e}}^{\mathrm{T}}]^{\mathrm{T}}$,易得

$$\dot{\boldsymbol{V}}(t)\leqslant\boldsymbol{\xi}_0^{\mathrm{T}}\boldsymbol{\Phi}_0\boldsymbol{\xi}_0 \tag{5-11}$$

其中,

$$\boldsymbol{\Phi}_0=\begin{bmatrix}\boldsymbol{\Pi}_1 & \boldsymbol{\Pi}_2 & \boldsymbol{\Pi}_3\\ * & \boldsymbol{\Pi}_4 & \boldsymbol{\Pi}_5\\ * & * & \boldsymbol{\Pi}_6\end{bmatrix}$$

$$\boldsymbol{\Pi}_1=\boldsymbol{P}(\overline{\boldsymbol{A}}+\Delta\overline{\boldsymbol{A}})+(\overline{\boldsymbol{A}}+\Delta\overline{\boldsymbol{A}})^{\mathrm{T}}\boldsymbol{P}+\lambda_1\boldsymbol{U}_1^{\mathrm{T}}\boldsymbol{U}_1+\lambda_2(\overline{\boldsymbol{A}}+\Delta\overline{\boldsymbol{A}})^{\mathrm{T}}\boldsymbol{U}_2^{\mathrm{T}}\boldsymbol{U}_2(\overline{\boldsymbol{A}}+\Delta\overline{\boldsymbol{A}})$$

$$\boldsymbol{\Pi}_2=\boldsymbol{PF}+\lambda_2(\overline{\boldsymbol{A}}+\Delta\overline{\boldsymbol{A}})^{\mathrm{T}}\boldsymbol{U}_2^{\mathrm{T}}\boldsymbol{U}_2\boldsymbol{F},\ \boldsymbol{\Pi}_3=\boldsymbol{PG}+\lambda_2(\overline{\boldsymbol{A}}+\Delta\overline{\boldsymbol{A}})^{\mathrm{T}}\boldsymbol{U}_2^{\mathrm{T}}\boldsymbol{U}_2\boldsymbol{G}$$

$$\boldsymbol{\Pi}_4=-\lambda_1+\lambda_2\boldsymbol{F}^{\mathrm{T}}\boldsymbol{U}_2^{\mathrm{T}}\boldsymbol{U}_2\boldsymbol{F},\ \boldsymbol{\Pi}_5=\lambda_2\boldsymbol{F}^{\mathrm{T}}\boldsymbol{U}_2^{\mathrm{T}}\boldsymbol{U}_2\boldsymbol{G},\ \boldsymbol{\Pi}_6=-\lambda_2+\lambda_2\boldsymbol{G}^{\mathrm{T}}\boldsymbol{U}_2^{\mathrm{T}}\boldsymbol{U}_2\boldsymbol{G}$$

由式(5-11)可得$\boldsymbol{\Phi}_0<0$,即闭环系统Σ是李雅普诺夫稳定的。

为验证闭环系统Σ满足H_∞鲁棒性能,定义如下辅助函数:

$$\boldsymbol{V}_\infty(t)=\boldsymbol{V}(t)+\int_0^t(\|z_\infty\|^2-\gamma^2\|\boldsymbol{w}\|^2)\mathrm{d}\tau \tag{5-12}$$

沿闭环系统状态方程进行微分,可得

$$\dot{\boldsymbol{V}}_\infty=2\boldsymbol{x}^{\mathrm{T}}\boldsymbol{P}((\overline{\boldsymbol{A}}+\Delta\overline{\boldsymbol{A}})\boldsymbol{x}+\boldsymbol{E}\boldsymbol{w}+\boldsymbol{F}\boldsymbol{f}+\boldsymbol{G}\dot{\boldsymbol{e}})+\lambda_1\boldsymbol{x}^{\mathrm{T}}\boldsymbol{U}_1^{\mathrm{T}}\boldsymbol{U}_1\boldsymbol{x}-\lambda_1\boldsymbol{f}^{\mathrm{T}}\boldsymbol{f}+\lambda_2\dot{\boldsymbol{x}}^{\mathrm{T}}\boldsymbol{U}_2^{\mathrm{T}}\boldsymbol{U}_2\dot{\boldsymbol{x}}-\lambda_2\dot{\boldsymbol{e}}^{\mathrm{T}}\dot{\boldsymbol{e}}$$

$$
\begin{aligned}
&+\boldsymbol{x}^{\mathrm{T}}\overline{\boldsymbol{C}}_{\infty}^{\mathrm{T}}\overline{\boldsymbol{C}}_{\infty}\boldsymbol{x}-\gamma^{2}\boldsymbol{w}^{\mathrm{T}}\boldsymbol{w}\\
=&2\boldsymbol{x}^{\mathrm{T}}\boldsymbol{P}((\overline{\boldsymbol{A}}+\Delta\overline{\boldsymbol{A}})\boldsymbol{x}+\boldsymbol{E}\boldsymbol{w}+\boldsymbol{F}\boldsymbol{f}+\boldsymbol{G}\dot{\boldsymbol{e}})+\lambda_{1}\boldsymbol{x}^{\mathrm{T}}\boldsymbol{U}_{1}^{\mathrm{T}}\boldsymbol{U}_{1}\boldsymbol{x}-\lambda_{1}\boldsymbol{f}^{\mathrm{T}}\boldsymbol{f}\\
&+\lambda_{2}(\boldsymbol{x}^{\mathrm{T}}(\overline{\boldsymbol{A}}+\Delta\overline{\boldsymbol{A}})^{\mathrm{T}}\boldsymbol{U}_{2}^{\mathrm{T}}\boldsymbol{U}_{2}(\overline{\boldsymbol{A}}+\Delta\overline{\boldsymbol{A}})\boldsymbol{x}+\boldsymbol{f}^{\mathrm{T}}\boldsymbol{F}^{\mathrm{T}}\boldsymbol{U}_{2}^{\mathrm{T}}\boldsymbol{U}_{2}\boldsymbol{F}\boldsymbol{f}+\boldsymbol{w}^{\mathrm{T}}\boldsymbol{E}^{\mathrm{T}}\boldsymbol{U}_{2}^{\mathrm{T}}\boldsymbol{U}_{2}\boldsymbol{E}\boldsymbol{w}\\
&+\dot{\boldsymbol{e}}^{\mathrm{T}}\boldsymbol{G}^{\mathrm{T}}\boldsymbol{U}_{2}^{\mathrm{T}}\boldsymbol{U}_{2}\boldsymbol{G}\dot{\boldsymbol{e}}+2\boldsymbol{x}^{\mathrm{T}}(\overline{\boldsymbol{A}}+\Delta\overline{\boldsymbol{A}})^{\mathrm{T}}\boldsymbol{U}_{2}^{\mathrm{T}}\boldsymbol{U}_{2}(\boldsymbol{E}\boldsymbol{w}+\boldsymbol{F}\boldsymbol{f}+\boldsymbol{G}\dot{\boldsymbol{e}})+2\boldsymbol{f}^{\mathrm{T}}\boldsymbol{F}^{\mathrm{T}}\boldsymbol{U}_{2}^{\mathrm{T}}\boldsymbol{U}_{2}(\boldsymbol{G}\dot{\boldsymbol{e}}+\boldsymbol{E}\boldsymbol{w})\\
&+2\dot{\boldsymbol{e}}^{\mathrm{T}}\boldsymbol{G}^{\mathrm{T}}\boldsymbol{U}_{2}^{\mathrm{T}}\boldsymbol{U}_{2}\boldsymbol{G}\boldsymbol{E}\boldsymbol{w})-\lambda_{2}\dot{\boldsymbol{e}}^{\mathrm{T}}\dot{\boldsymbol{e}}+\boldsymbol{x}^{\mathrm{T}}\overline{\boldsymbol{C}}_{\infty}^{\mathrm{T}}\overline{\boldsymbol{C}}_{\infty}\boldsymbol{x}-\gamma^{2}\boldsymbol{w}^{\mathrm{T}}\boldsymbol{w}
\end{aligned}
\tag{5-13}
$$

整理得

$$
\dot{\boldsymbol{V}}_{\infty}(t)\leqslant\boldsymbol{\xi}^{\mathrm{T}}\boldsymbol{\Phi}_{\infty}\boldsymbol{\xi}
\tag{5-14}
$$

其中，

$$
\boldsymbol{\xi}=[\boldsymbol{x}^{\mathrm{T}}\quad \boldsymbol{f}^{\mathrm{T}}\quad \dot{\boldsymbol{e}}^{\mathrm{T}}\quad \boldsymbol{w}^{\mathrm{T}}]^{\mathrm{T}},\ \boldsymbol{\Phi}_{\infty}=\begin{bmatrix}\boldsymbol{\Phi}_{\infty 1} & \boldsymbol{\Phi}_{\infty 2}\\ * & \boldsymbol{\Phi}_{\infty 3}\end{bmatrix}
$$

$$
\boldsymbol{\Phi}_{\infty 1}=\boldsymbol{\Phi}_{0}+\begin{bmatrix}\overline{\boldsymbol{C}}_{\infty}^{\mathrm{T}}\overline{\boldsymbol{C}}_{\infty} & 0 & 0\\ * & 0 & 0\\ * & * & 0\end{bmatrix},\ \boldsymbol{\Phi}_{\infty 2}=[\boldsymbol{\Pi}_{\infty 21}^{\mathrm{T}}\quad \boldsymbol{\Pi}_{\infty 22}^{\mathrm{T}}\quad \boldsymbol{\Pi}_{\infty 23}^{\mathrm{T}}]^{\mathrm{T}}
$$

$$
\boldsymbol{\Pi}_{\infty 21}=\boldsymbol{P}\boldsymbol{F}+\lambda_{2}(\overline{\boldsymbol{A}}+\Delta\overline{\boldsymbol{A}})^{\mathrm{T}}\boldsymbol{U}_{2}^{\mathrm{T}}\boldsymbol{U}_{2}\boldsymbol{E},\ \boldsymbol{\Pi}_{\infty 22}=\lambda_{2}\boldsymbol{F}^{\mathrm{T}}\boldsymbol{U}_{2}^{\mathrm{T}}\boldsymbol{U}_{2}\boldsymbol{E}
$$

$$
\boldsymbol{\Pi}_{\infty 23}=\lambda_{2}\boldsymbol{G}^{\mathrm{T}}\boldsymbol{U}_{2}^{\mathrm{T}}\boldsymbol{U}_{2}\boldsymbol{E},\ \boldsymbol{\Phi}_{\infty 3}=-\gamma^{2}+\lambda_{2}\boldsymbol{E}^{\mathrm{T}}\boldsymbol{U}_{2}^{\mathrm{T}}\boldsymbol{U}_{2}\boldsymbol{E}
$$

为验证闭环系统 $\sum$ 可以满足 H_2 性能，定义如下辅助函数：

$$
\boldsymbol{V}_{2}(t)=\boldsymbol{V}(t)+\int_{0}^{t}\|z_{2}\|^{2}\mathrm{d}\tau
\tag{5-15}
$$

由于篇幅限制，略去证明过程，给出主要结果：

$$
\dot{\boldsymbol{V}}_{2}(t)\leqslant\boldsymbol{\xi}_{0}^{\mathrm{T}}\left(\boldsymbol{\Phi}_{0}+\begin{bmatrix}\overline{\boldsymbol{C}}_{2}^{\mathrm{T}}\overline{\boldsymbol{C}}_{2} & 0 & 0\\ * & 0 & 0\\ * & * & 0\end{bmatrix}\right)\boldsymbol{\xi}_{0}
\tag{5-16}
$$

由式(5-8)分别得到 $\boldsymbol{\Phi}_2<0$ 和 $\boldsymbol{\Phi}_\infty<0$，即满足式(5-8)的反馈增益 K 可以满足系统 $\sum$ 闭环渐进稳定，并且具有式(5-6)表示的 H_∞ 干扰衰减约束和 H_2 性能指标。

5.2.3　高速水翼双体船艏摇/横摇姿态 H_2/H_∞ 鲁棒控制策略

根据船舶运动原理，可知船舶航向保持(艏摇/横摇)运动方程可表示如下：

$$
\begin{aligned}
&(I_{zz}+J_{zz})\ddot{s}+\alpha_{11}\dot{s}+J_{zx}\ddot{\phi}+\alpha_{12}\dot{\phi}+b_{1}\phi=K_{1r}+K_{1w}\\
&(I_{xx}+J_{xx})\ddot{\phi}+\alpha_{22}\dot{\phi}+b_{2}\phi+J_{xz}\ddot{s}+\alpha_{21}\dot{s}=K_{2r}+K_{2f}+K_{2w}
\end{aligned}
\tag{5-17}
$$

式中：I_{zz} 和 I_{xx} 分别为船体自身绕 z 轴和 x 轴的转动惯量，J_{zz}，J_{zx}，J_{xx} 和 J_{xz} 分别为船体附加转动惯量；α_{11}，α_{12}，α_{21} 和 α_{22} 分别为船舶速度阻尼力矩系数；b_1 和 b_2 分别为船舶艏摇和横摇恢复力矩系数；K_{1r} 和 K_{2r} 分别为柱翼舵的稳定力矩；K_{1f}，K_{2f} 分别为襟

尾翼的稳定力矩；K_{1w}和K_{2w}分别为海浪干扰力矩。

作用于柱翼舵和襟尾翼上的流体动力模型：

$$\begin{aligned}K_{1r}&=k_{1r}\delta_{\mathrm{R}}\\K_{2r}&=k_{2r}\delta_{\mathrm{R}}\\K_{1f}&=k_{1f}\delta_{\mathrm{F}}\\K_{2f}&=k_{2f}\delta_{\mathrm{F}}\end{aligned}\tag{5-18}$$

式中：k_{1r}，k_{1f}，k_{2r}和k_{2f}分别为柱翼舵/襟尾翼在艏摇和横摇中的系数；δ_{R}为柱翼舵角度；δ_{F}襟尾翼角度。

根据船舶动力学方程可知，船舶偏航运动没有自稳性，需加入适当的控制系统如自动舵，对于横摇而言，在一定范围内具有自稳性，为了提升船舶减摇效果，船舶会配备各种减摇装置。

由于船舶在运动过程中受到风浪流的外界随机干扰和船舶自身重量的变化等各种影响，船舶动力学运动方程发生变化，因此船舶模型存在大量结构性摄动。为不失一般性，考虑该模型中存在微分不确定项（即附加转动惯量不确定）、未建模动态、阻尼力矩系数不确定性、恢复力矩系数不确定性和柱翼舵/襟尾翼流体动力系数不确定性：

$$\begin{aligned}&J_{ij}=\bar{J}_{ij}+\Delta J_{ij}\delta_{ij}(t),\quad i,j=x,z\\&\alpha_{ij}=\bar{\alpha}_{ij}+\Delta\alpha_{ij}\delta_{ij}(t),\quad i,j=1,2\\&b_i=\bar{b}_i+\Delta b_i\delta_{bi}(t),\quad i=1,2\\&k_{ij}=\bar{k}_{ij}+\Delta k_{ij}\delta_{ij}(t),\quad i=1,2\text{ 且 }j=r,f\end{aligned}\tag{5-19}$$

式中：$\bar{J}_{ij}$，$\bar{\alpha}_{ij}$，$\bar{b}$和$\bar{k}_{ij}$分别为附加惯量、阻尼力矩系数、恢复力矩系数和柱翼舵/襟尾翼流体动力系数的标称值；ΔJ_{ij}，$\Delta\alpha_{ij}$，Δb_i和Δk_{ij}分别为附加惯量、阻尼力矩系数、恢复力矩系数和柱翼舵/襟尾翼流体动力系数变化的最大值，ΔJ_{ij}为本节重点研究的微分不确定项。

$\delta_{ij}(t)$和$\delta_k(t)$表示随时间变化的不确定性系数，并且满足如下条件：

$$\begin{aligned}&|\delta_{ij}(t)|\leqslant 1,\quad i,j=x,z,1,2\\&|\delta_k(t)|\leqslant 1,\quad k=b\\&|\delta_{ij}(t)|\leqslant 1,\quad i=1,2\text{ 且 }j=r,f\end{aligned}\tag{5-20}$$

将式(5-18)代入式(5-17)，并考虑模型中含有未建模动态f_1、f_2，令

$$\boldsymbol{p}=\begin{bmatrix}s\\\phi\end{bmatrix},\ \boldsymbol{u}=\begin{bmatrix}\delta_{\mathrm{R}}\\\delta_{\mathrm{F}}\end{bmatrix},\ \boldsymbol{w}=\begin{bmatrix}K_{1w}\\K_{2w}\end{bmatrix},\ \boldsymbol{f}=\begin{bmatrix}f_1\\f_2\end{bmatrix}$$

可将其写为如下形式：

$$\boldsymbol{M}_1\ddot{\boldsymbol{p}}(t)+\boldsymbol{M}_2\dot{\boldsymbol{p}}(t)+\boldsymbol{M}_3\boldsymbol{p}(t)=\boldsymbol{B}_u\boldsymbol{u}(t)+\boldsymbol{B}_w\boldsymbol{w}(t)+\boldsymbol{B}_f\boldsymbol{f}(\boldsymbol{p}(t),\dot{\boldsymbol{p}}(t))\tag{5-21}$$

其中，

$$M_1=\begin{bmatrix} I_{zz}+J_{zz} & J_{zx} \\ J_{xz} & I_{xx}+J_{xx} \end{bmatrix},\ M_2=\begin{bmatrix} \alpha_{11} & \alpha_{12} \\ \alpha_{21} & \alpha_{22} \end{bmatrix},\ M_3=\begin{bmatrix} 0 & b_1 \\ 0 & b_2 \end{bmatrix}$$

$$B_u=\begin{bmatrix} k_{1r} & k_{1f} \\ k_{2r} & k_{2f} \end{bmatrix}$$

$$B_w=B_f=\begin{bmatrix} 1 & 0 \\ 0 & 1 \end{bmatrix},\ \|f\|\leqslant\left\|U_1\begin{bmatrix} p(t) \\ \dot{p}(t) \end{bmatrix}\right\|$$

因船舶运动参数的不确定性引起式(5-21)中变量的系数矩阵变化如下：

$$M_1=\overline{M}_1+\Delta M_1,\ M_2=\overline{M}_2+\Delta M_2,\ M_3=\overline{M}_3+\Delta M_3,\ B_u=\overline{B}_u+\Delta B_u \tag{5-22}$$

其中，

$$\overline{M}_1=\begin{bmatrix} I_{zz}+\overline{J}_{zz} & \overline{J}_{zx} \\ \overline{J}_{xz} & I_{xx}+\overline{J}_{xx} \end{bmatrix},\ \overline{M}_2=\begin{bmatrix} \overline{\alpha}_{11} & \overline{\alpha}_{12} \\ \overline{\alpha}_{21} & \overline{\alpha}_{22} \end{bmatrix},\ \overline{M}_3=\begin{bmatrix} 0 & \overline{b}_1 \\ 0 & \overline{b}_2 \end{bmatrix}$$

$$\overline{B}_u=\begin{bmatrix} \overline{k}_{1r} & \overline{k}_{1f} \\ \overline{k}_{2r} & \overline{k}_{2f} \end{bmatrix}$$

$$\Delta M_1=\begin{bmatrix} \Delta J_{zz}\delta_{zz}(t) & \Delta J_{zx}\delta_{zx}(t) \\ \Delta J_{xz}\delta_{xz}(t) & \Delta J_{xx}\delta_{xx}(t) \end{bmatrix}=M_{1E}M_{1F}(t)M_{1H}$$

$$\Delta M_2=\begin{bmatrix} \Delta\alpha_{11}\delta_{11}(t) & \Delta\alpha_{12}\delta_{12}(t) \\ \Delta\alpha_{21}\delta_{21}(t) & \Delta\alpha_{22}\delta_{22}(t) \end{bmatrix}$$

$$\Delta M_3=\begin{bmatrix} 0 & \Delta b_1\delta_{b1}(t) \\ 0 & \Delta b_2\delta_{b2}(t) \end{bmatrix},\ \Delta B_u=\begin{bmatrix} \Delta k_{1r}\delta_{1r}(t) & \Delta k_{1f}\delta_{1f}(t) \\ \Delta k_{2r}\delta_{2r}(t) & \Delta k_{2f}\delta_{2f}(t) \end{bmatrix},\ M_{1E}=\begin{bmatrix} 1 & 1 & 0 & 0 \\ 0 & 0 & 1 & 1 \end{bmatrix}$$

$$M_{1F}(t)=\begin{bmatrix} \delta_{zz}(t) & 0 & 0 & 0 \\ 0 & \delta_{zx}(t) & 0 & 0 \\ 0 & 0 & \delta_{xz}(t) & 0 \\ 0 & 0 & 0 & \delta_{xx}(t) \end{bmatrix},\ M_{1H}=\begin{bmatrix} \Delta J_{zz} & 0 & \Delta J_{xz} & 0 \\ 0 & \Delta J_{zx} & 0 & \Delta J_{xx} \end{bmatrix}^{\mathrm{T}}$$

船舶艏摇/横摇状态空间模型为

$$\dot{x}(t)=(A+\Delta A)x(t)+(B+\Delta B)u(t)+Ew(t)+Ff(t)+G\dot{e}(t) \tag{5-23}$$

其中，

$$x(t)=\begin{bmatrix} p(t) \\ \dot{p}(t) \end{bmatrix},\ A=-\begin{bmatrix} 0 & 1 \\ \overline{M}_1^{-1}\overline{M}_3 & \overline{M}_1^{-1}\overline{M}_2 \end{bmatrix},\ B=\begin{bmatrix} 0 \\ \overline{M}_1^{-1}\overline{B}_u \end{bmatrix}$$

$$E=\begin{bmatrix} 0 \\ \overline{M}_1^{-1}B_w \end{bmatrix},\ F=\begin{bmatrix} 0 \\ \overline{M}_1^{-1}B_f \end{bmatrix},\ G=\begin{bmatrix} 0 \\ \overline{M}_1^{-1} \end{bmatrix},\ M_4=[1\quad 0]$$

$$\Delta\boldsymbol{A}=-\begin{bmatrix}0 & 0\\ \overline{\boldsymbol{M}}_1^{-1}\Delta\boldsymbol{M}_3 & \overline{\boldsymbol{M}}_1^{-1}\Delta\boldsymbol{M}_2\end{bmatrix}=\boldsymbol{L}\boldsymbol{F}_\Delta(t)\boldsymbol{N}_A,\ \Delta\boldsymbol{B}=\begin{bmatrix}0\\ \overline{\boldsymbol{M}}_1^{-1}\Delta\boldsymbol{B}_u\end{bmatrix}=\boldsymbol{L}\boldsymbol{F}_\Delta(t)\boldsymbol{N}_B$$

$$\boldsymbol{L}=\begin{bmatrix}0\\ \overline{\boldsymbol{M}}_1^{-1}\end{bmatrix}\begin{bmatrix}1&0&1&1&0&0&1&1&0&0\\0&1&0&0&1&1&0&0&1&1\end{bmatrix}$$

$$\boldsymbol{N}_A=-\begin{bmatrix}0&0&0&0&0&0&0&0&0&0\\ \Delta b_1&\Delta b_2&0&0&0&0&0&0&0&0\\ 0&0&\Delta\alpha_{11}&0&\Delta\alpha_{21}&0&0&0&0&0\\ 0&0&0&\Delta\alpha_{12}&0&\Delta\alpha_{22}&0&0&0&0\end{bmatrix}^{\mathrm{T}}$$

$$\boldsymbol{N}_B=\begin{bmatrix}0&0&0&0&0&0&\Delta k_{1r}&0&\Delta k_{2r}&0\\ 0&0&0&0&0&0&0&\Delta k_{1f}&0&\Delta k_{2f}\end{bmatrix}^{\mathrm{T}}$$

$$\boldsymbol{F}_\Delta(t)=\mathrm{diag}\{\delta_{b1}(t),\delta_{b2}(t),\delta_{11}(t),\delta_{12}(t),\delta_{21}(t),\delta_{22}(t),\delta_{1r}(t),\delta_{1f}(t),\delta_{2r}(t),\delta_{2f}(t)\}$$

显然有 $\boldsymbol{F}_\Delta^{\mathrm{T}}(t)\boldsymbol{F}_\Delta(t)\leqslant\boldsymbol{I}$，$\|\boldsymbol{f}(t)\|\leqslant\|\boldsymbol{U}_1\boldsymbol{x}\|$，$\|\dot{\boldsymbol{e}}(t)\|\leqslant\|\boldsymbol{U}_2\dot{\boldsymbol{x}}(t)\|$，其中 $\boldsymbol{U}_2=\boldsymbol{M}_{1E}\boldsymbol{M}_{1H}$。

定理 5.2：使得闭环系统∑渐进稳定，并且满足混合H_2/H_∞性能，即满足式(5-6)的状态反馈控制器为

$$\boldsymbol{K}=\boldsymbol{Q}\boldsymbol{R}^{-1}\tag{5-24}$$

其中，$\boldsymbol{R}=P^{-1}$，$\boldsymbol{Q}=\boldsymbol{K}\boldsymbol{R}$。

证明：为求取控制器增益$\boldsymbol{K}$，需对式(5-8)进行进一步变换，引入辅助矩阵$\boldsymbol{\chi}$。

$$\boldsymbol{\chi}=\mathrm{diag}\{\boldsymbol{P}^{-1}\quad\boldsymbol{I}\quad\boldsymbol{I}\quad\boldsymbol{I}\quad\boldsymbol{I}\quad\boldsymbol{I}\quad\boldsymbol{I}\quad\boldsymbol{I}\}\tag{5-25}$$

式(5-8)分别左乘右乘$\boldsymbol{\chi}$，可得

$$\boldsymbol{\Xi}=\begin{bmatrix}\boldsymbol{\Xi}_1&\boldsymbol{\Xi}_2\\ *&\boldsymbol{\Phi}_{22}\end{bmatrix}<0\tag{5-26}$$

其中，

$$\boldsymbol{\Xi}_1=\begin{bmatrix}\boldsymbol{\Xi}_{11}&\boldsymbol{\Xi}_{12}&\boldsymbol{\Xi}_{13}&\boldsymbol{\Xi}_{14}&\boldsymbol{\Xi}_{15}\\ *&\boldsymbol{\Phi}_{16}&\boldsymbol{\Phi}_{17}&\boldsymbol{\Phi}_{18}&\boldsymbol{\Phi}_{19}\\ *&*&\boldsymbol{\Phi}_{110}&\boldsymbol{\Phi}_{111}&\boldsymbol{\Phi}_{112}\\ *&*&*&\boldsymbol{\Phi}_{113}&\boldsymbol{\Phi}_{114}\\ *&*&*&*&\boldsymbol{\Phi}_{115}\end{bmatrix},\ \boldsymbol{\Xi}_2=\begin{bmatrix}\lambda_1\boldsymbol{U}_1\boldsymbol{R}&0&0&0&0\\ \lambda_2(\boldsymbol{N}_A\boldsymbol{R}+\boldsymbol{N}_B\boldsymbol{Q})&0&0&0&0\\ \boldsymbol{N}_A\boldsymbol{R}+\boldsymbol{N}_B\boldsymbol{Q}&0&0&0&0\\ \boldsymbol{C}_\infty\boldsymbol{R}+\boldsymbol{D}_\infty\boldsymbol{Q}&0&0&0&0\\ \boldsymbol{C}_2\boldsymbol{R}+\boldsymbol{D}_\infty\boldsymbol{Q}&0&0&0&0\end{bmatrix}^{\mathrm{T}}$$

$$\boldsymbol{\Xi}_{11}=\boldsymbol{A}\boldsymbol{R}+\boldsymbol{R}\boldsymbol{A}^{\mathrm{T}}+\boldsymbol{B}\boldsymbol{Q}+\boldsymbol{Q}^{\mathrm{T}}\boldsymbol{B}^{\mathrm{T}}+\varepsilon_1\boldsymbol{L}\boldsymbol{L}^{\mathrm{T}},\ \boldsymbol{\Xi}_{12}=\boldsymbol{F}+\lambda_2\boldsymbol{R}\boldsymbol{A}^{\mathrm{T}}\boldsymbol{U}_2^{\mathrm{T}}\boldsymbol{U}_2\boldsymbol{F}+\lambda_2\boldsymbol{Q}^{\mathrm{T}}\boldsymbol{B}^{\mathrm{T}}\boldsymbol{U}_2^{\mathrm{T}}\boldsymbol{U}_2\boldsymbol{F}$$

$$\boldsymbol{\Xi}_{13}=\boldsymbol{G}+\lambda_2\boldsymbol{R}\boldsymbol{A}^{\mathrm{T}}\boldsymbol{U}_2^{\mathrm{T}}\boldsymbol{U}_2\boldsymbol{G}+\lambda_2\boldsymbol{Q}^{\mathrm{T}}\boldsymbol{B}^{\mathrm{T}}\boldsymbol{U}_2^{\mathrm{T}}\boldsymbol{U}_2\boldsymbol{G},\ \boldsymbol{\Xi}_{14}=\boldsymbol{E}+\lambda_2\boldsymbol{R}\boldsymbol{A}^{\mathrm{T}}\boldsymbol{U}_2^{\mathrm{T}}\boldsymbol{U}_2\boldsymbol{E}+\lambda_2\boldsymbol{Q}^{\mathrm{T}}\boldsymbol{B}^{\mathrm{T}}\boldsymbol{U}_2^{\mathrm{T}}\boldsymbol{U}_2\boldsymbol{E}$$

$$\boldsymbol{\Xi}_{15}=\lambda_2\boldsymbol{R}\boldsymbol{A}^{\mathrm{T}}\boldsymbol{U}_2^{\mathrm{T}}+\lambda_2\boldsymbol{Q}^{\mathrm{T}}\boldsymbol{B}^{\mathrm{T}}\boldsymbol{U}_2^{\mathrm{T}}$$

则对于系统(式(5-7)),满足渐进稳定并且满足式(5-8)表示的混合 H_2/H_∞ 性能,鲁棒控制器反馈增益 $\boldsymbol{K}=\boldsymbol{Q}\boldsymbol{R}^{-1}$。

5.3　高速水翼双体船艏摇/横摇姿态H_2/H_∞鲁棒控制系统仿真

高速水翼双体船航向保持(即直线航行)特点为 $u=u_0$、$v=0$。因此可将船舶四自由度非线性方程简化为二自由度非线性方程,根据船舶直线航行平衡点:$r=0$、$s=0$、$p=0$、$q=0$,则二自由度非线性方程可进一步简化为二自由度标称线性方程:

$$\begin{cases}\dot{s}=r\\ \dot{\phi}=p\\ \dot{r}=-2.177r-0.136q+0.797\delta_{\mathrm{R}}\\ \dot{p}=-40.217r-2.382p-15.514\phi+17.299\delta_{\mathrm{R}}+19.939\delta_{\mathrm{F}}\end{cases}\tag{5-27}$$

取参数摄动 10%,则

$$\boldsymbol{A}=\begin{bmatrix}0&0&1&0\\0&0&0&1\\0&-0.1363&-2.177&0\\0&-15.514&-40.217&-2.382\end{bmatrix},\ \boldsymbol{B}=\begin{bmatrix}0&0\\0&0\\0.797&0\\17.229&19.481\end{bmatrix}$$

$$\boldsymbol{E}=\begin{bmatrix}0&0\\0&0\\0.356&0\\0&0.650\end{bmatrix},\ \boldsymbol{F}=\begin{bmatrix}0&0\\0&0\\1&0\\0&1\end{bmatrix},\ \boldsymbol{G}=\begin{bmatrix}0&0\\0&0\\-0.437&0\\0&-0.201\end{bmatrix}$$

$$\boldsymbol{U}_1=\begin{bmatrix}0&1&1&0\\0&1&1&1\end{bmatrix}\times0.1,\ \boldsymbol{U}_2=\begin{bmatrix}0&0&1&0\\0&0&0&1\end{bmatrix}\times0.1,\ D_\infty=0,\ \lambda_1=10,\ \lambda_2=10$$

$$\boldsymbol{L}=\begin{bmatrix}0&0&0&0&0&0&0\\0&0&0&0&0&0&0\\1&1&0&0&0&1&0\\0&0&1&1&1&0&1\end{bmatrix},\ \boldsymbol{N}_A=\begin{bmatrix}0&-2.177&0&0\\0&0&-0.163&0\\0&-40.217&0&0\\0&0&-15.514&0\\0&0&0&-2.382\\0&0&0&0\\0&0&0&0\end{bmatrix}\times0.1$$

$$N_B=\begin{bmatrix}0&0\\0&0\\0&0\\0&0\\0&0\\0.797&0\\17.229&19.481\end{bmatrix}\times 0.1,\ C_2=\begin{bmatrix}1&0&0&0\\0&1&0&0\\0&0&1&0\\0&0&0&1\\0&0&0&0\\0&0&0&0\end{bmatrix},\ D_2=\begin{bmatrix}0&0\\0&0\\0&0\\0&0\\1&0\\0&1\end{bmatrix},\ C_\infty=\begin{bmatrix}1&0&0&0\\0&1&0&0\end{bmatrix}$$

应用 MATLAB 软件的 LMI Tool Box 对式(5-24)进行求解,期间会用到 mincx 函数,得到状态反馈增益为

$$K=\begin{bmatrix}-6.4640&0.0116&-4.6195&0.0728\\5.6574&-1.04&4.0432&-3.38\end{bmatrix}$$

利用上面设计的船舶艏摇/横摇鲁棒控制器,进行四自由度非线性模型柱翼舵/襟尾翼联合控制,即航向保持并减横摇仿真。仿真海情为:有义波高 3.8m,航速 40kn,仿真时间为 200s,图 5-4~图 5-11 为遭遇角为 90°时的仿真曲线。图 5-4~图 5-9 对比了不加控制和加入含微分不确定项的混合H_2/H_∞鲁棒控制器对船舶姿态的影响。从仿真曲线可知,该高速水翼双体船由于具有双体结构,因此艏摇稳定性良好,且具有较小的横摇角;加入控制之后艏摇角、艏摇角速度、艏摇角加速度、横摇角度、横摇角速度和横摇角加速度都有明显改观,航向具有了稳定性,艏摇角下降了 93.2%,横摇角下降了 78.1%。图 5-10、图 5-11 给出了在本书设计的控制器下,柱翼舵角和襟尾翼角的仿真控制曲线,从图中可知柱翼舵角不超过 0.5°,襟尾翼角不超过 8°。基于H_2/H_∞优化的将微分不确定项作为独立项进行处理的船舶艏摇/横摇控制具有良好的鲁棒稳定性和系统性能。

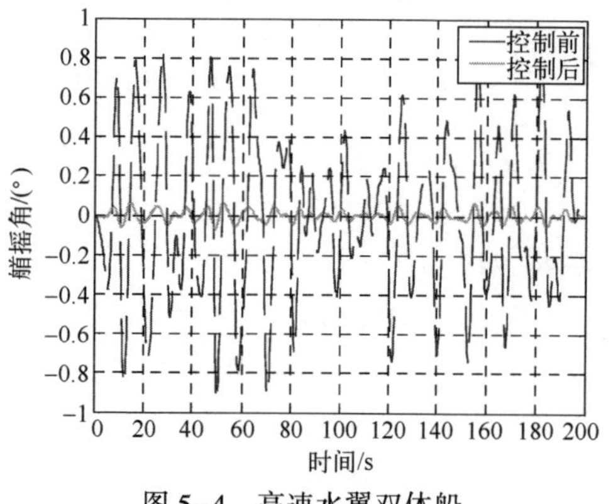

图 5-4 高速水翼双体船控制前后艏摇角对比

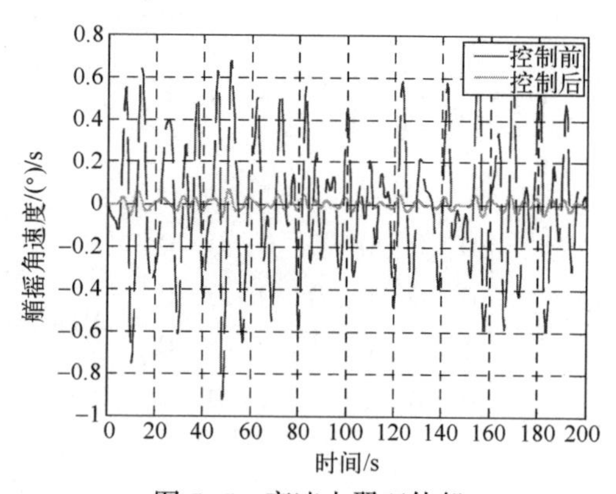

图 5-5 高速水翼双体船控制前后艏摇角速度对比

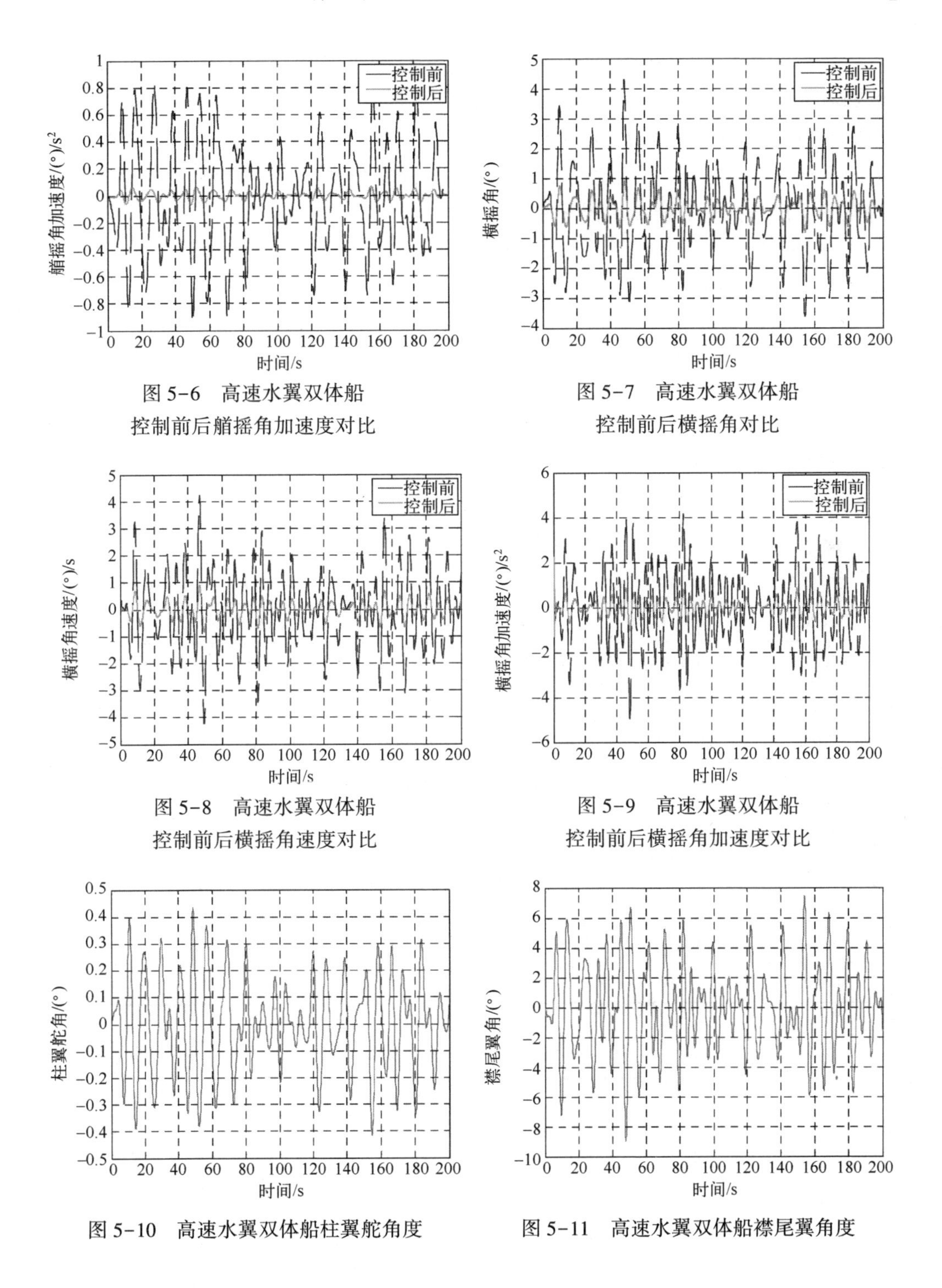

图 5-6　高速水翼双体船控制前后艏摇角加速度对比

图 5-7　高速水翼双体船控制前后横摇角对比

图 5-8　高速水翼双体船控制前后横摇角速度对比

图 5-9　高速水翼双体船控制前后横摇角加速度对比

图 5-10　高速水翼双体船柱翼舵角度

图 5-11　高速水翼双体船襟尾翼角度

针对海浪干扰具有随机性，并且在遭遇角不同时，外界随机干扰对船舶系统的影响有很大不同，因此表5-1给出了在不同遭遇角情况下基于H_2/H_∞优化的船舶艏摇/横摇控制统计结果。$E(\cdot)$为均值；STD$(\cdot)$为均方差，从表5-1中可知对于不同情况下的海浪干扰，该控制器具有很好的控制效果。表5-2给出了不同遭遇角下的艏摇减摇率和横摇减摇率的统计值。

表5-1 仿真结果统计

统计值	遭遇角				
	30°	60°	90°	120°	150°
$E(s)$	0.0019	0.0022	−0.0003	−0.0010	0.0004
STD(s)	0.1442	0.1623	0.0272	0.1589	0.1028
$E(r)$	−0.0016	0.0057	0.0001	0.0005	−0.0041
STD(r)	0.1978	0.1314	0.0241	0.3172	0.2263
$E(\dot{r})$	0.0013	0.0162	−0.0001	0.0101	−0.0020
STD$(\dot{r})$	0.3319	0.2180	0.0219	0.7954	0.6037
$E(\phi)$	0.0145	−0.0012	0.0013	−0.0029	−0.0028
STD(ϕ)	0.1767	0.3285	0.3282	0.2756	0.1708
$E(p)$	−0.0024	0.0124	0.0008	−0.0096	0.0005
STD(p)	0.1249	0.1674	0.2890	0.3928	0.3187
$E(\dot{p})$	−0.0335	0.1549	0.0124	−0.0345	0.0338
STD$(\dot{p})$	0.6084	1.9249	0.3899	1.3777	1.6482
$E(\delta_R)$	−0.0122	−0.0059	0.0017	0.0035	−0.0031
STD(δ_R)	0.7978	0.9569	0.1776	0.8097	0.5125
$E(\delta_F)$	−0.0448	−0.0293	−0.0073	0.0382	0.0170
STD(δ_F)	1.3299	1.8602	3.1563	2.9344	1.7749

表5-2 仿真结果统计

统计值/%	遭遇角				
	30°	60°	90°	120°	150°
横摇减摇率	82.8	91.6	93.2	55.5	48.9
艏摇减摇率	69.4	65.3	78.1	78.6	78.7

5.4　高速水翼双体船回转/横倾姿态模糊控制

5.4.1　高速水翼双体船回转/横倾姿态李雅普诺夫直接法控制策略

考虑如下微分方程：

$$\begin{cases}\dot{r}=-0.06v-2.18r-0.14\phi_0-3.6r|r|+0.7vr^2-0.6v^2r+0.79\delta_R\\ \dot{\psi}=r\end{cases}\tag{5-28}$$

式中：ϕ_0 为船舶横倾角与期望横倾角之间的偏差。

本小节的目的是设计航向跟踪控制器 δ_R，使得高速水翼双体船的航向角能渐进跟踪给定的阶跃信号 ψ_0，即 $\lim\limits_{t\to\infty}\psi=\psi_0$，$\lim\limits_{t\to\infty}r=0$。

首先将航向跟踪问题转换为船舶航向误差镇定问题，令 $e=\psi-\psi_0$，可得式(5-29)。

$$\begin{cases}\dot{r}=-0.06v-2.18r-0.14\phi_0-3.6r|r|+0.7vr^2-0.6v^2r+0.79\delta_R\\ \dot{e}=r\end{cases}\tag{5-29}$$

选取李雅普诺夫预选函数：

$$V_1=(\alpha r^2+\beta e^2)/2\tag{5-30}$$

式中：α，β 均大于零。

沿式(5-29)对式(5-30)进行求导，得

$$\dot{V}_1=\alpha r(-0.06v-2.18r-0.14\phi_0-3.6r|r|+0.7vr^2-0.6v^2r+0.79\delta_R)+\beta er$$

设计柱翼舵角控制规律如下：

$$\delta_R=(0.06v+0.14q-0.7vr^2-ke)/0.79\tag{5-31}$$

其中，$k=\dfrac{\beta}{\alpha}$。

若不考虑 δ_R 有界，该控制器可满足 $\dot{V}\leqslant 0$，即该控制器可使式(5-29)全局李雅普诺夫稳定。

通过上面的分析可知，柱翼舵角控制器式(5-31)可使系统式(5-29)满足李雅普诺夫稳定，即 $\lim\limits_{t\to\infty}e=0$，$\lim\limits_{t\to\infty}r=0$。

5.4.2　高速水翼双体船回转/横倾姿态模糊控制策略

考虑如下横倾方程，选取合适襟尾翼角控制规律，使得横倾角在定常回转时尽可能等于期望横倾角 ϕ_e。

$$\begin{cases}\dot{p}=2.17v-40.26r-2.38p-15.5\phi_0+2.58v|v|-24.91v|r|+17.23\delta_R+19.48\delta_F\\ \dot{\phi}_0=p\end{cases}\tag{5-32}$$

将柱翼舵角控制式(5-31)规律代入横倾微分方程式(5-28),得

$$\begin{cases}\dot{p}=2.17v-40.26r-2.38p-15.5\phi_0+2.58v|v|-24.91v|r|+1.31rv+\\ \quad 3.05r\phi_0-15.27vr^3-21.81ker+19.48\delta_F\\ \dot{\phi}_0=p\end{cases}\tag{5-33}$$

式(5-30)中存在严重的耦合现象,应用李雅普诺夫直接法很难在不改变船舶运动趋势的情况下,实现横倾角跟踪期望的横倾角。

由船舶运动特点的分析可知,式(5-28)稳定。本书基于模糊控制方法,根据 p 和 ϕ_0 设计襟尾翼角控制规律,图 5-12 给出了本书所设计的 p、ϕ_0 和 δ_F 的隶属度函数,为了方便设计,这里的 p、ϕ_0 和 δ_F 的单位均为°。表 5-3 给出了船舶横倾控制规律表。

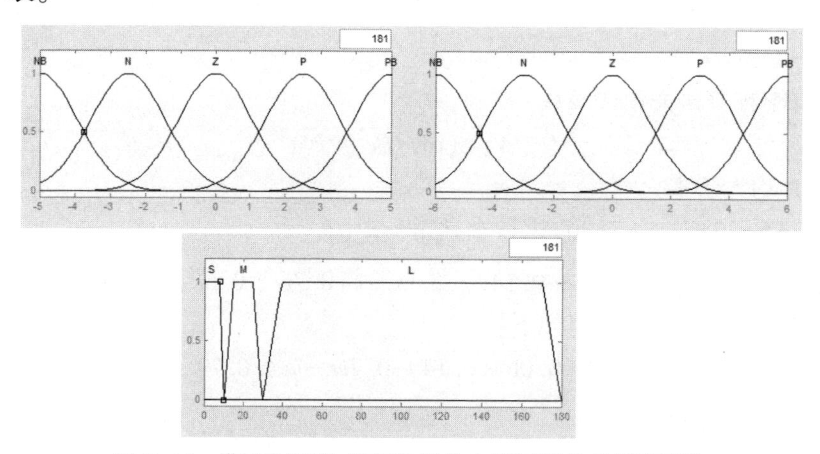

图 5-12　横摇角速度、横倾角偏差和襟尾翼角隶属度函数

表 5-3　船舶横倾控制规则表

δ_F	p				
	NB	N	Z	P	PB
ϕ_0	NB	PB	PB	PB	PM
	N	PB	PM	PM	PM
	Z	PM	PS	Z	NS
	P	NM	NM	NM	NM
	PB	NS	NM	NB	NB

当船舶横倾角大于最大静倾角时，船体横倾恢复力矩消失，故船舶此时无横倾自稳性。可通过控制襟尾翼，增加横倾恢复力矩，使得船舶在大角度横倾时，仍然具有稳定性。

将柱翼舵角控制规律式(5–31)代入横向微分方程，如下所示：

$$\begin{aligned}\dot{v}=&-0.45v-1.28r-3.22\phi_0-0.53v|v|+5.13v|r|-\\&2.67rv+0.63r\phi_0-3.17vr^3-4.48ker\end{aligned}\tag{5–34}$$

式(5–34)可整理为如下形式：

$$\dot{v}=-0.53v|v|-0.45v+k_2v+k_1\tag{5–35}$$

其中，$k_1=-1.28r-3.22\phi_0+0.63r\phi_0-4.48ker$，$k_2=5.13|r|-2.67r-3.17r^3$。

由于式(5–29)和式(5–32)分别稳定，即 $\lim\limits_{t\to\infty}e=0$，$\lim\limits_{t\to\infty}r=0$，$\lim\limits_{t\to\infty}q=0$，$\lim\limits_{t\to\infty}p=0$，且因实际系统对航向偏差、艏摇角速度、横倾角偏差和横摇角速度满足一定的限制条件，$|e|=e_{\max}$，$|r|=r_{\max}$，$|q|=q_{\max}$，$|\phi_0|=\phi_{0\max}$，因此，k_1 和 k_2 分别为一个有界函数，且 $\lim\limits_{t\to\infty}k_1=0$，$\lim\limits_{t\to\infty}k_2=0$，因此当 $t\to\infty$ 时，$\dot{v}=0$。

根据式(5–33)可知，随着航向偏差的减小，柱翼舵角也随之减小，航向修正力矩降低，使得船舶在航向角偏差较小时，柱翼舵角变化缓慢，船舶响应时间增长，船舶操纵性能降低。

通过调节柱翼舵角控制规律中的 k，实现柱翼舵角增益的调整，从而提高系统的灵敏度、减少调节时间。

根据仿真分析总结，将航向角偏差分为3个区域，$|e|<10°$、$10°<|e|<30°$ 和 $30°<|e|<180°$。e 隶属度函数采用航向角偏差的隶属度函数(图5–13)。

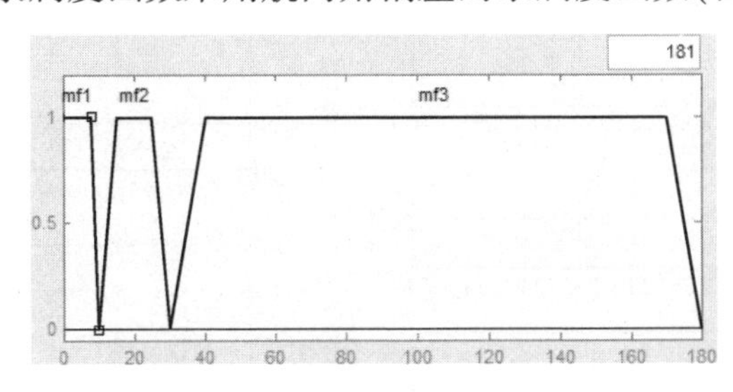

图5–13　航向角偏差的隶属度函数

5.5　高速水翼双体船回转/横倾姿态模糊控制系统仿真

本书针对高速水翼双体船回转/横倾运动模型进行仿真验证，利用MATLAB进行控制器数字仿真实验。仿真条件：船舶航速为40kn，柱翼舵角范围–30°～30°，襟尾翼角-20°~20°,仿真时间500s,本书还考虑了舵/翼控制装置的机械特性,舵机机械特性如下:$\delta_{\text{Rmax}} = 30°$,$\dot{\delta}_{\text{Rmax}} = 10(°)/\text{s}$。襟尾翼机械特性如下:$\delta_{\text{Fmax}} = 20°$,$\dot{\delta}_{\text{Fmax}} = 25(°)/\text{s}$,设定常回转时,期望横倾角绝对值为3°。本书暂未虑船舶受到航行环境如风浪流等的随机干扰的影响。图5-14~图5-18给出了针对高速水翼双体船的四自由度非线性模型的航向控制仿真结果。假设船舶在零时刻时,航行方向正北,在0~100s期望航向北偏西30°,在100~200s期望航向北偏东30°,在200~300s期望航向西偏南30°,在300~400s期望航向东偏北40°,期望航向曲线见图5-15中的虚线。

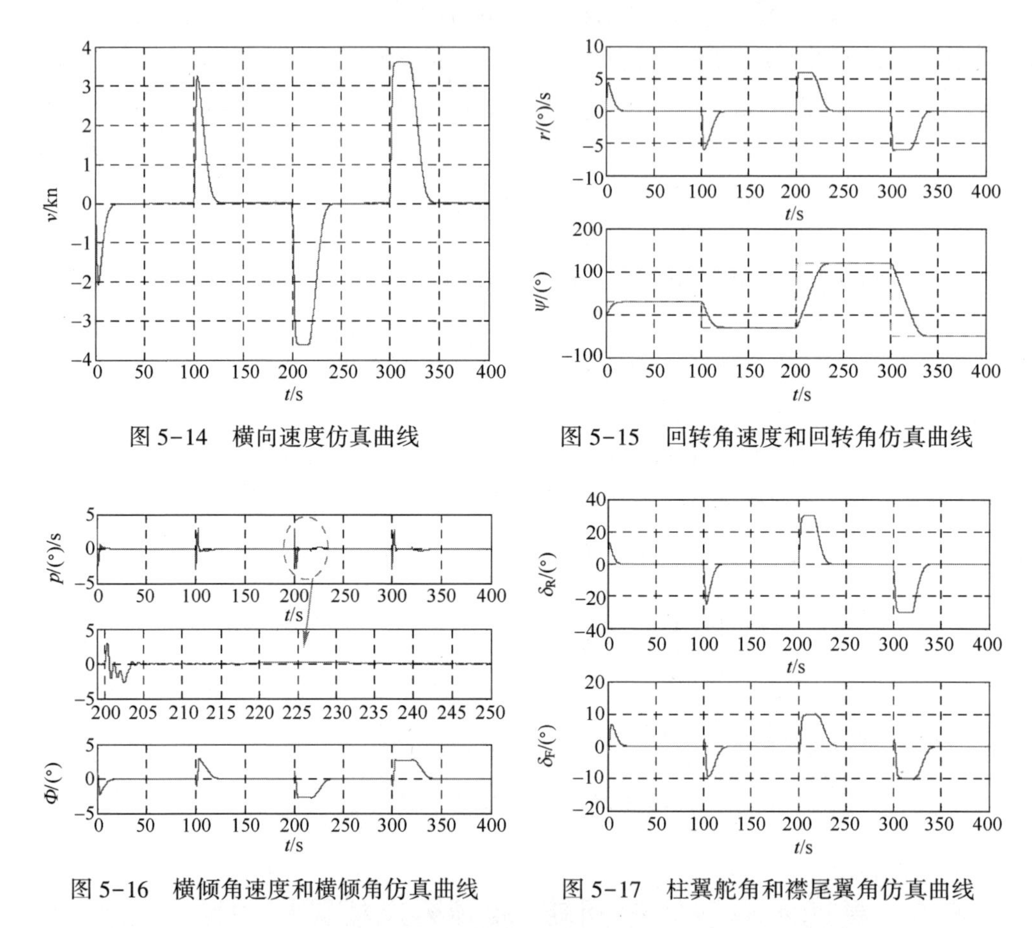

图5-14 横向速度仿真曲线

图5-15 回转角速度和回转角仿真曲线

图5-16 横倾角速度和横倾角仿真曲线

图5-17 柱翼舵角和襟尾翼角仿真曲线

如图5-18所示,本章所设计的控制器可实现航向跟踪,并且航向改变迅速,操舵合理。在航向偏差较小时,仍具有较大柱翼舵角。通过襟尾翼的控制可实现定常回转时船舶横倾角为期望横倾角度。航迹曲线显示了该控制器能实现船舶的快速转向(即机动性良好)。综上可知,利用该控制器可实现高速水翼双体船沿期望的航向角和横倾角运行,从而实现机动性和安全性的综合最优。

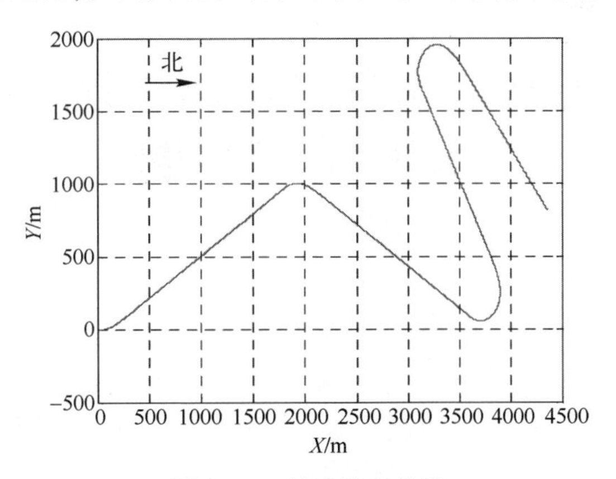

图 5-18　航迹仿真曲线

第6章

现代高性能高速水翼双体船纵摇/升沉姿态-水翼/水翼控制

高速水翼双体船在高速航行时,吃水与低速时相比要小很多,在随机海浪的干扰下,其纵摇/升沉运动变得剧烈,利用水翼附加可控式襟翼(襟尾翼)进行控制。非线性的数学模型在设计鲁棒控制器时,计算量很大,且计算方法复杂,不容易被工程人员掌握,本章根据高速水翼双体船在平衡点附近的运动状态,利用泰勒级数展开数学模型,化简成可以方便处理的状态空间形式。设计高速水翼双体船纵摇/升沉运动鲁棒控制器,要考虑系统的 H_∞ 性能,即要使闭环系统具有鲁棒性,同时还要使系统满足要求的性能指标,即 H_2 性能的要求,所以综合考虑采用鲁棒 H_2/H_∞ 混合控制的方法,基于李雅普诺夫稳定性分析方法,完成控制器的设计,并进行仿真分析。

6.1　高速水翼双体船纵摇/升沉姿态-水翼/水翼控制系统体系结构

水翼双体船纵摇/升沉前后襟翼协调控制系统的基本框图及设计框架如图 6-1 所示。在这套控制系统中主要由两个部分配合而成:前向通道和反馈通道。前向通道是这个系统的主体部分,由纵摇/升沉鲁棒调节器、模糊逻辑控制器、前后襟翼伺服系统及同步补偿器组成。在进行仿真分析时,前向通道中的水翼双体船及随机海浪干扰由数学模型代替,前后襟翼伺服系统近似用惯性环节表示。反馈通道主要是由传感器检测装置及滤波装置组成。

水翼双体船的控制系统在工作时,鲁棒调节控制器根据水翼双体船在海上航行时由传感器检测装置得到实时的升沉位移、纵摇角、升沉速度及纵摇角速度 4 个状态量得到减小纵摇/升沉运动需要的恢复力和力矩,然后设置前后襟翼的转动角度,使它们能够提供所需的力和力矩。水翼双体船在航行时,速度可能不会一直保持一个定值,基于模糊算法的增益调度控制器在可以实现速度变化时,仍然可以使襟翼对纵摇/升沉运动进行控制。得到前后襟翼的角度信号,传给伺服系统，执行机构开始工作，通过同步补偿器的调节使前、后水翼的两个襟翼能同步转动，这样一次的控制就结束了，控制系统能够实现根据运动状态的实时控制。

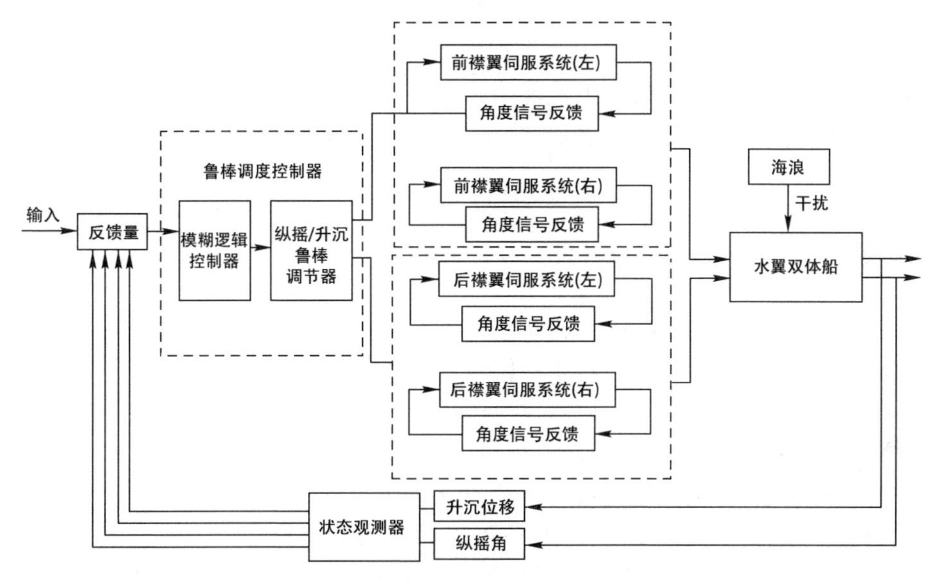

图6-1　水翼双体船纵摇/升沉控制框图

6.2　高速水翼双体船纵摇/升沉姿态H_2/H_∞鲁棒控制

在现代控制器的设计过程中，被控对象的许多性能指标都是可以利用系统的H_2和H_∞范数进行描述的。而本书设计的鲁棒H_2/H_∞控制器，就是根据这两种范数的综合性能指标要求来设计，然后根据李雅普诺夫稳定性理论推导得到鲁棒H_2/H_∞控制器，使加入控制器的闭环系统满足给定指标。

6.2.1　高速水翼双体船纵摇/升沉姿态动力学系统不确定性

系统的范数与性能指标是怎样建立联系的？假设存在如下的有干扰输入的系统：

$$\begin{cases}\dot{x}(t)=Ax(t)+B\omega(t)\\z(t)=Cx(t)+D\omega(t)\end{cases}\tag{6-1}$$

式中：$x(t)\in R^n$为系统的状态变量；$\omega(t)\in R^q$为系统的干扰输入；$z(t)\in R^r$为系统在干扰下的期望输出。对于上述系统，如果在干扰不变的情况下，期望的输出$z(t)$越小或者趋近于某一个小的量,则说明系统的抗干扰能力比较强,系统具有鲁棒性。

所以可以这样定义一个系统的抗干扰能力,引入信号比例系数

$$e=\sup_{\omega\neq 0}\frac{s(z)}{s(\omega)} \tag{6-2}$$

式中:$s(z)$,$s(\omega)$分别为期望输出和干扰输入的信号的大小。当系统的比例系数 e 越小,说明系统的性能越好,抗干扰能力越强。

而系统的信号可以用能量表示,定义信号 $s(t)$,满足

$$\|s\|_2=\sqrt{\left(\int_0^{\infty}\|s(t)\|^2\mathrm{d}t\right)} \tag{6-3}$$

范数$\|s\|_2$,对能量有限的信号记为L_2,满足

$$L_2=\left\{s:\int_0^{\infty}\|s(t)\|^2\mathrm{d}t<\infty\right\} \tag{6-4}$$

范数$\|s\|_{\infty}$也称为H_{∞}范数,对于幅值有界的能量信号记为L_{∞},满足

$$L_{\infty}=\{s:\|s(t)\|_{\infty}<\infty\} \tag{6-5}$$

由以上讨论可见,系统的性能指标可以用信号的H_2和H_{∞}范数来表示。

李雅普诺夫的稳定性理论可以解决许多非常复杂的非线性问题,它不但在稳定性的判定中起到至关重要的作用,还可以通过构造李雅普诺夫函数来设计一些控制器,本书就是采用李雅普诺夫理论推导鲁棒 H_2/H_{∞} 控制器,这种推导方法兼顾了系统的稳定性,所以推导结果比较精确、严谨。

对于应用较多的直接法,有以下几个常用定理。

定理 6.1:时变系统的稳定定理:存在这样一个非线性时变的连续系统

$$\dot{x}=f(x,t),t\geqslant 0,f(0,t)=0 \tag{6-6}$$

可以构造一个标量函数 $V(x,t)$,$V(0,t)=0$ 和对 x 具有一阶连续偏导数,如果满足下面 3 个条件:

(1) 当 $t\geqslant t_0$,$x\neq 0$ 时,有 $\alpha(\|x\|)\geqslant V(x,t)\geqslant\beta(\|x\|)>0$ 成立,其中 $V(x,t)$ 正定且有界,$\alpha(\|x\|)$ 和 $\beta(\|x\|)$ 为非减的标量函数且 $\alpha(0)=0$,$\beta(0)=0$;

(2) 当 $t\geqslant t_0$,$x\neq 0$ 时,有$\dot{V}(x,t)\leqslant -r(\|x\|)<0$ 成立,其中$\dot{V}(x,t)$ 负定且有界,$r(\|x\|)$为非减的标量函数且 $r(0)=0$;

(3) 当$\|x\|\to\infty$ 时,$\beta(\|x\|)\to\infty$,$V(x,t)\to\infty$。

则此系统是大范围渐进稳定的。

定理 6.2:定常系统稳定定理:对于定常系统

$$\dot{x}=f(x),t\geqslant 0 \tag{6-7}$$

存在标量函数 $V(x)$,$V(0)=0$,对于状态空间 X 中 $x\neq 0$ 的所有点,满足下面的条件:

(1) $V(x)$为正定;

(2) $\dot{V}(x)$为负半定;

(3) 对任意 $x \in X, \dot{V}(x(t;x_0,0)) \neq 0$;

(4) 当$\|x\| \to \infty$ 时 $V(x) \to \infty$ 。

则此系统是渐进稳定的。

上述定理的推导是单方向的,只给出了充分条件,如果构造的多个不同李雅普诺夫函数都不能使系统满足稳定的条件,就要考虑到此系统可能是不稳定的。

设计控制器要首先明确控制目标函数的表示方法,存在如式(6-8)所示状态空间方程表示的广义系统,并且系统是稳定的、时不变的。

$$\begin{cases} \dot{x} = Ax + B_1 u + B_2 \omega \\ z_\infty = C_\infty x + D_\infty u \\ z_2 = C_2 x + D_2 u \\ y = Cx + Du \end{cases} \tag{6-8}$$

式中:z_∞ 为H_∞ 控制性能的指标函数;z_2为H_2控制性能的指标函数。

系统的传递函数矩阵为 $\boldsymbol{G}(s)$,则它的H_2范数可以定义为

$$\|\boldsymbol{G}(s)\|_2 = \mathrm{tr}\left[\frac{1}{2\pi}\int_{-\infty}^{+\infty} \boldsymbol{G}^*(\mathrm{j}\omega)\boldsymbol{G}(\mathrm{j}\omega)\mathrm{d}\omega\right]^{\frac{1}{2}} \tag{6-9}$$

式中:$\boldsymbol{G}^*(\mathrm{j}\omega)$为 $\boldsymbol{G}(\mathrm{j}\omega)$的共轭转置矩阵;tr( )表示矩阵的迹。

如果假设系统的干扰输入 ω 为零均值的白噪声,在初始条件为零时,系统的H_2性能指标可以表示为

$$\Gamma_2 = \|\boldsymbol{G}_{z_2\omega}(s)\|_2^2 = \int_0^\infty z_2^{\mathrm{T}} z_2 \mathrm{d}t \leqslant \gamma_2 \tag{6-10}$$

系统的传递函数矩阵为 $\boldsymbol{G}(s)$,则它的H_∞ 范数可以定义为

$$\|\boldsymbol{G}(s)\|_\infty = \sup_\omega \sigma_{\max}[\boldsymbol{G}(\mathrm{j}\omega)] \tag{6-11}$$

对于平方可积的干扰输入 $\boldsymbol{\omega}(t)$和期望输出信号 $\boldsymbol{z}(t)$,可用下式表示:

$$\|\omega\|_2^2 = \int_0^\infty \boldsymbol{\omega}^{\mathrm{T}}(t)\boldsymbol{\omega}(t)\mathrm{d}t \tag{6-12}$$

$$\|z\|_2^2 = \int_0^\infty \boldsymbol{z}^{\mathrm{T}}(t)\boldsymbol{z}(t)\mathrm{d}t \tag{6-13}$$

而系统的H_∞ 范数还可以写为

$$\|G\|_\infty = \sup_{\omega \neq 0} \frac{\|z\|_2}{\|\boldsymbol{\omega}\|_2} \tag{6-14}$$

从 $\boldsymbol{\omega}(t)$到 $\boldsymbol{z}(t)$的H_∞ 性能需要传递函数 $\boldsymbol{G}(s)$满足

$$\|G\|_{\infty}^{2}=\sup_{\omega\neq 0}\frac{\|z\|_{2}^{2}}{\|\omega\|_{2}^{2}}\leqslant\gamma_{\infty} \tag{6-15}$$

即

$$\Gamma_{\infty}=\int_{0}^{\infty}(\|z_{\infty}\|_{2}^{2}-\gamma_{\infty}\|\omega\|_{2}^{2})\mathrm{d}t\leqslant 0 \tag{6-16}$$

6.2.2 高速水翼双体船纵摇/升沉姿态H_2/H_∞鲁棒控制策略

高速水翼双体船的实际运动情况用数学模型表示时,一定会存在各种各样的误差。这种误差通常表现为以下两种形式:第一是实际系统运行时,一定会受到来自外界的干扰,这些干扰很多是变化的、复杂的、不可预知的,所以很难精确确定;第二是模型内部的误差,真实与模拟的误差,还有参数的摄动不确定性,这种误差是影响比较大的。从以下几个方面阐述参数摄动的来源。

(1) 测量误差:就是在进行参数的测量时产生的误差,属于比较普遍的误差。由于技术的局限性,在测量高速水翼双体船的流体动力参数及船体本身的参数时,往往不能够很精确给出,需要近似测量得到。

(2) 计算误差:在处理高速水翼双体船的一些参数时,不容易直接测量得到,需要运用输入和输出的关系,根据运动的原理来计算得到,这种做法通常都是存在误差的,所以在计算参数时,尽量减少计算过程的步骤,避免误差的叠加。

(3) 非计算误差:这种误差通常是由于高速水翼双体船在运行过程中带来的。在长时间运行时,许多元件会有发热现象,这就使最初的元件特性发生变化;此外,一些器件长时间的工作会有磨损,导致性能下降,不能维持初始的参数性能;随着运行过程中的燃料消耗和武器装备的使用,会使船体的重心发生变化,这些都是不可忽略的误差。

(4) 模型处理误差:这些误差是为了计算方便,简化数学模型导致的。实际系统的模型有时是带有高阶项的,而且还会有很强的非线性,这在进行数学上的计算和控制器的设计等操作时很不方便,所以就人为地将数学模型简化,用近似的模型代替原来的数学模型。这种做法会使许多参数变得简单明了,而误差也就不可避免了。

对于模型中的不确定性项都可以根据标称数学模型利用有限个确定性参数来表示,可以称为不确定性项可参数化。这种表示方法可能会使原有系统的零极点分布情况发生改变,对系统的稳定性也会产生相应的影响,但系统的整体结构不会发生改变。

状态空间表示的非线性系统,含有不确定性项的矩阵可以这样描述:

$$\begin{cases}\dot{x}=f(x,\theta)+g(x,\theta)u\\ y=h(x)+d(x)u\end{cases} \tag{6-17}$$

式中：$x\in R^{n}$，$y\in R^{q}$，$u\in R^{m}$分别为系统的状态量、输出量及输入量；$f(x,\theta)$，$g(x,\theta)$分别为含有参数摄动的非线性函数形式；θ为不确定项的参数。

用状态空间表示的线性系统，有相似的写法：

$$\begin{cases}\dot{x}=(\boldsymbol{A}+\Delta\boldsymbol{A})x+(\boldsymbol{B}+\Delta\boldsymbol{B})u\\ y=\boldsymbol{C}x+\boldsymbol{D}u\end{cases} \tag{6-18}$$

式中：$\boldsymbol{A}\in R^{n\times n}$，$\boldsymbol{B}\in R^{n\times m}$，$\boldsymbol{C}\in R^{q\times n}$，$\boldsymbol{D}\in R^{q\times m}$分别为系统系数矩阵；$\Delta\boldsymbol{A}$，$\Delta\boldsymbol{B}$分别为状态量的参数摄动矩阵和输入量的参数摄动矩阵。

不确定性项不可参数化的模型是指模型中的不确定性项不都是独立的，有些参数摄动要用同一种结构来表示，也可叫作改变结构的不确定模型。所以这种描述不确定性项的方法一般会使系统的结构和零极点的分布同时发生改变，描述起来不是很方便。

然而，在实际的工程实践中，这种利用改变结构来描述不确定模型的方法却很实用。其优点主要体现在两个方面。第一，不确定性项可参数化是以系统的内部运行机制为基础，很难以系统的整体结构去考虑。而且实际的系统往往是不能够完全建模的，需要改变结构的不确定模型加以修正。第二，不确定性项可参数化对系统参数摄动要求比较严格，摄动的参数之间要彼此独立，如果不确定参数之间有耦合，再用这种方法处理就比较困难，需要引入改变结构的不确定模型实现。

对结构不确定的非线性模型，可以表示为

$$\begin{cases}\dot{x}=[f(x)+\Delta\boldsymbol{f}(x)]+[g(x)+\Delta\boldsymbol{g}(x)]u\\ y=h(x)+d(x)u\end{cases} \tag{6-19}$$

式中：$\Delta\boldsymbol{f}(x)$，$\Delta\boldsymbol{g}(x)$为不确定结构的非线性函数矩阵。

对于线性的状态空间方程，有如下表达式：

$$\begin{cases}\dot{x}=Ax+\Delta\boldsymbol{f}(x)+Bu+\Delta\boldsymbol{g}(x)u\\ y=Cx+Du\end{cases} \tag{6-20}$$

式中：$\Delta\boldsymbol{f}(x)$，$\Delta\boldsymbol{g}(x)$为不确定结构的函数矩阵，可以是线性的，也可能是非线性的。

根据上述理论，本书将高速水翼双体船运行时的不确定性视为参数的摄动，就是根据计算过程中可能会产生误差的系数和不确定参数能够用摄动的参数来表示，具体体现为以下几种摄动。

(1) 质量变化：质量包括船体及船上其他物品总质量和船体及水翼附加的质量，高速水翼双体船在航行时，由于燃料的消耗和武器装备的使用会使船体的质量发生变化，附加质量是由流体的黏性力产生，所以高速水翼双体船的运动姿态也会影响附加质量的变化,变化的系数用δ_{11},η_{11}分别表示。

(2) 转矩变化:转矩的摄动与质量相似,它也包括船体转矩和水翼转矩两部分,转矩的变化系数用δ_{14},η_{14}分别表示。

(3) 升力系数变化:升力系数的特性是研究高速水翼双体船最重要的参数,升力系数的变化是非线性的,在计算过程中要对其线性化,这样就带来了计算上的误差,而且升力系数关系着高速水翼双体船的升沉位移、纵摇角、升沉速度及纵摇角速度等多个状态量,所以用下列符号表示不同状态量对升力系数的不确定性变化的影响:δ_{12}和η_{12}表示升沉速度对升力系数影响的不确定系数;δ_{13}和η_{13}表示升沉位移对升力系数影响的不确定系数;δ_{15}和η_{15}表示纵摇角速度对升力系数影响的不确定系数;δ_{16}和η_{16}表示纵摇角对升力系数影响的不确定系数。

(4) 襟翼升力系数变化:襟翼升力系数的特性与水翼的相似,采用相同的分析方法,只是襟翼还会受到襟翼角的影响,用b_1和b_3表示前侧襟翼升力系数不确定系数,b_2和b_4表示后侧襟翼升力系数不确定系数。

根据对不确定参数的分析,不确定参数主要存在状态变量和控制输入变量中,对于随机海浪干扰自身就包含了不确定性。将方程表示成含有不确定矩阵的形式:

$$(\boldsymbol{p}_1+\Delta\boldsymbol{p}_1)\begin{bmatrix}\ddot{z}\\ \ddot{\theta}\end{bmatrix}+(\boldsymbol{p}_2+\Delta\boldsymbol{p}_2)\begin{bmatrix}\dot{z}\\ \dot{\theta}\end{bmatrix}+(\boldsymbol{p}_3+\Delta\boldsymbol{p}_3)\begin{bmatrix}z\\ \theta\end{bmatrix}=(\boldsymbol{m}+\Delta\boldsymbol{m})\begin{bmatrix}\alpha_1\\ \alpha_2\end{bmatrix} \tag{6-21}$$

其中,

$$\boldsymbol{p}_1=\begin{bmatrix}A_{11} & A_{14}\\ B_{11} & B_{14}\end{bmatrix},\ \Delta\boldsymbol{p}_1=\begin{bmatrix}\Delta A_{11}\delta_{11} & \Delta A_{14}\delta_{14}\\ \Delta B_{11}\eta_{11} & \Delta B_{14}\eta_{14}\end{bmatrix},\ \boldsymbol{p}_2=\begin{bmatrix}A_{12} & A_{15}\\ B_{12} & B_{15}\end{bmatrix},\ \Delta\boldsymbol{p}_2=\begin{bmatrix}\Delta A_{12}\delta_{12} & \Delta A_{15}\delta_{15}\\ \Delta B_{12}\eta_{12} & \Delta B_{15}\eta_{15}\end{bmatrix}$$

$$\boldsymbol{p}_3=\begin{bmatrix}A_{13} & A_{16}\\ B_{13} & B_{16}\end{bmatrix},\ \Delta\boldsymbol{p}_3=\begin{bmatrix}\Delta A_{13}\delta_{13} & \Delta A_{16}\delta_{13}\\ \Delta B_{13}\eta_{13} & \Delta B_{16}\eta_{16}\end{bmatrix},\ \boldsymbol{m}=\begin{bmatrix}Z_1 & Z_2\\ M_1 & M_2\end{bmatrix},\ \Delta\boldsymbol{m}=\begin{bmatrix}\Delta Z_1 b_1 & \Delta Z_2 b_2\\ \Delta M_1 b_3 & \Delta M_2 b_4\end{bmatrix}$$

其中:$\boldsymbol{p}_1$,$\boldsymbol{p}_2$,$\boldsymbol{p}_3$为状态量的标称矩阵;$\Delta\boldsymbol{p}_1$,$\Delta\boldsymbol{p}_2$,$\Delta\boldsymbol{p}_3$为含有摄动参数的矩阵;$\Delta\boldsymbol{A}_{1i}$,$\Delta\boldsymbol{B}_{1j}$($i,j=1,2,\cdots,6$)为状态量矩阵中参数的摄动量;$\delta_{1i}$,$\eta_{1j}$($i,j=1,2,\cdots,6$)表示摄动量的系数且满足如下的条件:

$$|\delta_{1i}|\leqslant 1,\quad i=1,2,\cdots,6 \tag{6-22}$$

$$|\eta_{1j}|\leqslant 1,\quad j=1,2,\cdots,6 \tag{6-23}$$

整理式(6-21)得到

$$\begin{bmatrix}\ddot{z}\\ \ddot{\theta}\end{bmatrix}=-\boldsymbol{p}_1^{-1}(\boldsymbol{p}_2+\Delta\boldsymbol{p}_2)\begin{bmatrix}\dot{z}\\ \dot{\theta}\end{bmatrix}-\boldsymbol{p}_1^{-1}(\boldsymbol{p}_3+\Delta\boldsymbol{p}_3)\begin{bmatrix}z\\ \theta\end{bmatrix}+\boldsymbol{p}_1^{-1}(\boldsymbol{m}+\Delta\boldsymbol{m})\begin{bmatrix}\alpha_1\\ \alpha_2\end{bmatrix}+\boldsymbol{T} \tag{6-24}$$

其中,$\boldsymbol{T}=-\boldsymbol{p}_1^{-1}\Delta\boldsymbol{p}_1\begin{bmatrix}\ddot{z}\\ \ddot{\theta}\end{bmatrix}$,为计算方便,将$\boldsymbol{T}$看作是外界干扰的一部分,在下面化

简时,暂时不需要考虑 $\boldsymbol{T}$。

将式(6-24)左右两边的状态量扩展成四维列向量,有

$$\begin{bmatrix}\ddot{z}\\ \ddot{\theta}\\ \dot{z}\\ \dot{\theta}\end{bmatrix}=\begin{bmatrix}\mathbf{0} & \mathbf{0}\\ -\boldsymbol{p}_1^{-1}(\boldsymbol{p}_2+\Delta\boldsymbol{p}_2) & -\boldsymbol{p}_1^{-1}(\boldsymbol{p}_3+\Delta\boldsymbol{p}_3)\end{bmatrix}\begin{bmatrix}\dot{z}\\ \dot{\theta}\\ z\\ \theta\end{bmatrix}+\begin{bmatrix}\mathbf{0}\\ \boldsymbol{p}_1^{-1}(\boldsymbol{m}+\Delta\boldsymbol{m})\end{bmatrix}\begin{bmatrix}\alpha_1\\ \alpha_2\end{bmatrix} \tag{6-25}$$

式(6-25)的状态方程中含有标准量和摄动量,分离后的形式为

$$\begin{bmatrix}\ddot{z}\\ \ddot{\theta}\\ \dot{z}\\ \dot{\theta}\end{bmatrix}=(\boldsymbol{A}+\Delta\boldsymbol{A})\begin{bmatrix}\dot{z}\\ \dot{\theta}\\ z\\ \theta\end{bmatrix}+(\boldsymbol{B}_1+\Delta\boldsymbol{B}_1)\begin{bmatrix}\alpha_1\\ \alpha_2\end{bmatrix} \tag{6-26}$$

其中,$\boldsymbol{A}=\begin{bmatrix}\mathbf{0} & \mathbf{0}\\ -\boldsymbol{p}_1^{-1}\boldsymbol{p}_2 & -\boldsymbol{p}_1^{-1}\boldsymbol{p}_3\end{bmatrix}$,$\boldsymbol{B}_1=\begin{bmatrix}\mathbf{0}\\ \boldsymbol{p}_1^{-1}\boldsymbol{m}\end{bmatrix}$,$\Delta\boldsymbol{A}=\begin{bmatrix}\mathbf{0} & \mathbf{0}\\ -\boldsymbol{p}_1^{-1}\Delta\boldsymbol{p}_2 & -\boldsymbol{p}_1^{-1}\Delta\boldsymbol{p}_3\end{bmatrix}$

$$\Delta\boldsymbol{B}_1=\begin{bmatrix}\mathbf{0}\\ \boldsymbol{p}_1^{-1}\Delta\boldsymbol{m}\end{bmatrix}$$

参数的摄动体现了系统的不确定性,而且有具体的表示形式,满足下面条件:

$$[\Delta\boldsymbol{A}\quad \Delta\boldsymbol{B}_1]=\boldsymbol{HF}[\boldsymbol{E}_1\quad \boldsymbol{E}_2]\text{且}\boldsymbol{F}^{\mathrm{T}}\boldsymbol{F}\leqslant\boldsymbol{I} \tag{6-27}$$

其中,$\boldsymbol{H}=\begin{bmatrix}0\\ -\boldsymbol{p}_1^{-1}\end{bmatrix}$,$\boldsymbol{F}=\begin{bmatrix}\delta_{13} & 0 & \delta_{16} & 0 & \delta_{12} & 0 & \delta_{15} & 0 & 0 & 0 & 0 & 0\\ 0 & \eta_{13} & 0 & \eta_{16} & 0 & \eta_{12} & 0 & \eta_{15} & 0 & 0 & 0 & 0\end{bmatrix}$

$$\boldsymbol{E}_1=\begin{bmatrix}\Delta A_{13} & \Delta B_{13} & 0 & 0 & 0 & 0 & 0 & 0 & 0 & 0 & 0 & 0\\ 0 & 0 & \Delta A_{16} & \Delta B_{16} & 0 & 0 & 0 & 0 & 0 & 0 & 0 & 0\\ 0 & 0 & 0 & 0 & \Delta A_{12} & \Delta B_{12} & 0 & 0 & 0 & 0 & 0 & 0\\ 0 & 0 & 0 & 0 & 0 & 0 & \Delta A_{15} & \Delta B_{15} & 0 & 0 & 0 & 0\end{bmatrix}^{\mathrm{T}}$$

$$\boldsymbol{E}_2=\begin{bmatrix}0 & 0 & 0 & 0 & 0 & 0 & 0 & 0 & \Delta Z_1 & \Delta M_1 & 0 & 0\\ 0 & 0 & 0 & 0 & 0 & 0 & 0 & 0 & 0 & 0 & \Delta Z_2 & \Delta M_2\end{bmatrix}^{\mathrm{T}}$$

本节比较详细地描述了高速水翼双体船运动过程中可能产生的不确定性,而且还推导得到不确定性参数矩阵的表达形式,为下一步控制器的设计及计算提供理论基础。

含有不确定性参数及海浪干扰的受控系统数学模型,表示如下:

$$\dot{\boldsymbol{x}}=(\boldsymbol{A}+\Delta\boldsymbol{A})\boldsymbol{x}+(\boldsymbol{B}_1+\Delta\boldsymbol{B}_1)\boldsymbol{u}+\boldsymbol{B}_2\boldsymbol{\omega}$$

$$\begin{cases} z_2 = \boldsymbol{C}_2\boldsymbol{x}+\boldsymbol{D}_2\boldsymbol{u} \\ z_\infty = \boldsymbol{C}_\infty \boldsymbol{x}+\boldsymbol{D}_\infty \boldsymbol{u} \\ \boldsymbol{y} = \boldsymbol{C}\boldsymbol{x}+\boldsymbol{D}\boldsymbol{u} \end{cases} \tag{6-28}$$

式中：$\boldsymbol{x} \in R^n$为系统的状态列向量；$\boldsymbol{u} \in R^m$为系统控制输入列向量；$\boldsymbol{\omega} \in R^p$为系统外界干扰的输入量；$z_2 \in R^q$为$H_2$性能指标期望输出；$\boldsymbol{z}_\infty \in R^r$为$H_\infty$性能指标期望输出；$\boldsymbol{A},\boldsymbol{B}_1,\boldsymbol{B}_2,\boldsymbol{C}_2,\boldsymbol{D}_2,\boldsymbol{C}_\infty,\boldsymbol{D}_\infty$为相应维数的系统系数矩阵；$\Delta\boldsymbol{A},\Delta\boldsymbol{B}_1$是系统中参数不确定性的信息。

本节针对式(6-28)的系统，研究含有H_2和H_∞混合控制指标的控制律：

$$u(t) = Kx(t) \tag{6-29}$$

使得在不确定参数摄动的允许范围内，闭环系统都满足以下几个性能指标：

(1) 闭环反馈系统是稳定的；

(2) 鲁棒H_2性能指标：当干扰 $\omega(t)$为一个白噪声信号且具有单位谱密度，定义这样的一个性能指标，满足

$$\Gamma_2 = \|z\|_2^2 = \int_0^\infty z^{\mathrm{T}}(t)z(t)\,\mathrm{d}t \leqslant \gamma_2 \tag{6-30}$$

(3) 鲁棒H_∞性能指标：当 $\omega(t)$为一个扰动信号且能量有界，从 $\omega(t)$到$z_\infty(t)$的闭环传递函数$\|G\|_\infty^2 \leqslant \gamma_\infty$，即

$$\Gamma_\infty = \int_0^\infty (\|\boldsymbol{z}_\infty\|_2^2 - \gamma_\infty \|\boldsymbol{\omega}\|_2^2)\,\mathrm{d}t \leqslant 0 \tag{6-31}$$

同时满足以上 3 条规律的控制器，就是鲁棒H_2/H_∞控制器。

本书通过李雅普诺夫直接法稳定性理论，构造恰当的李雅普诺夫函数，进行控制器的推导，利用下面几个定理完成鲁棒控制器的构造和推导。

定理 6.3：对给定的对称矩阵 $\boldsymbol{S}=\boldsymbol{S}^{\mathrm{T}} = \begin{bmatrix} \boldsymbol{S}_{11} & \boldsymbol{S}_{12} \\ \boldsymbol{S}_{12}^{\mathrm{T}} & \boldsymbol{S}_{22} \end{bmatrix}$，其中$\boldsymbol{S}_{11} \in R^{r\times r}$。以下 3 个条件是等价的：

(1) $\boldsymbol{S}<0$； (6-32)

(2) $\boldsymbol{S}_{11}<0,\boldsymbol{S}_{22}-\boldsymbol{S}_{12}^{\mathrm{T}}\boldsymbol{S}_{11}^{-1}\boldsymbol{S}_{12}<0$； (6-33)

(3) $\boldsymbol{S}_{22}<0,\boldsymbol{S}_{11}-\boldsymbol{S}_{12}\boldsymbol{S}_{22}^{-1}\boldsymbol{S}_{12}^{\mathrm{T}}<0$。 (6-34)

定理 6.4：定义变量 $\boldsymbol{x} \in R^p,\boldsymbol{y} \in R^q$，存在这样的两个常数矩阵 $\boldsymbol{D}$ 和 $\boldsymbol{E}$，如果矩阵 $\boldsymbol{F}$ 满足 $\boldsymbol{F}^{\mathrm{T}}\boldsymbol{F} \leqslant \boldsymbol{I}$，则有

$$2\boldsymbol{x}^{\mathrm{T}}\boldsymbol{DFEy} \leqslant \varepsilon \boldsymbol{x}^{\mathrm{T}}\boldsymbol{DD}^{\mathrm{T}}\boldsymbol{x}+\frac{1}{\varepsilon}\boldsymbol{y}^{\mathrm{T}}\boldsymbol{E}^{\mathrm{T}}\boldsymbol{Ey} \tag{6-35}$$

成立，其中 ε 为任意正整数。

定理 6.5:对于控制对象式(6-28),存在一个鲁棒 H_2/H_∞ 控制律的充分与必要条件,即存在常数 $\gamma>0,\varepsilon>0$ 及一个对称正定矩阵 $\boldsymbol{R}$ 和任意合适维数的对称矩阵 $\boldsymbol{Q}$,使得下面的矩阵不等式:

$$\begin{bmatrix} \boldsymbol{AR}+B_1\boldsymbol{Q}+(\boldsymbol{AR}+B_1\boldsymbol{Q})^{\mathrm{T}}+\varepsilon\boldsymbol{HH}^{\mathrm{T}} & B_2 & \boldsymbol{RE}_1^{\mathrm{T}}+\boldsymbol{Q}^{\mathrm{T}}\boldsymbol{E}_2^{\mathrm{T}} & \boldsymbol{RC}_\infty^{\mathrm{T}}+\boldsymbol{Q}^{\mathrm{T}}\boldsymbol{D}_\infty^{\mathrm{T}} & \boldsymbol{RC}_2^{\mathrm{T}}+\boldsymbol{Q}^{\mathrm{T}}\boldsymbol{D}_2^{\mathrm{T}} \\ * & -\gamma^2 & \boldsymbol{0} & \boldsymbol{0} & \boldsymbol{0} \\ * & * & -\varepsilon^{-1} & \boldsymbol{0} & \boldsymbol{0} \\ * & * & * & -\boldsymbol{I} & \boldsymbol{0} \\ * & * & * & * & -\boldsymbol{I} \end{bmatrix}<0 \tag{6-36}$$

成立,则控制律

$$\boldsymbol{u}(t)=\boldsymbol{QR}^{-1}\boldsymbol{x}(t) \tag{6-37}$$

即是此系统的鲁棒 H_2/H_∞ 控制器。

证明:构造李雅普诺夫函数 $\boldsymbol{V}(t)=\boldsymbol{x}(t)^{\mathrm{T}}\boldsymbol{Px}(t)$,不考虑干扰时对函数求导数,有

$$\begin{aligned}\dot{\boldsymbol{V}}(t)&=\dot{\boldsymbol{x}}^{\mathrm{T}}\boldsymbol{Px}+\boldsymbol{x}^{\mathrm{T}}\boldsymbol{P}\dot{\boldsymbol{x}}\\&=2\boldsymbol{x}^{\mathrm{T}}\boldsymbol{P}(\boldsymbol{\varphi}+\Delta\boldsymbol{\varphi})\boldsymbol{x}\\&=2\boldsymbol{x}^{\mathrm{T}}\boldsymbol{P\varphi x}+2\boldsymbol{x}^{\mathrm{T}}\boldsymbol{P}\Delta\boldsymbol{\varphi x}\end{aligned} \tag{6-38}$$

其中,$\boldsymbol{\varphi}=A+B_1\boldsymbol{K},\Delta\boldsymbol{\varphi}=\Delta A+\Delta B_1\boldsymbol{K}$。

将不确定参数矩阵代入式(6-38)中得到

$$\dot{\boldsymbol{V}}(t)=2\boldsymbol{x}^{\mathrm{T}}\boldsymbol{P\varphi x}+2\boldsymbol{x}^{\mathrm{T}}\boldsymbol{P}(\boldsymbol{HFE}_1+\boldsymbol{HFE}_2\boldsymbol{K})\boldsymbol{x} \tag{6-39}$$

根据定理 6.4,进一步得到

$$\begin{aligned}\dot{\boldsymbol{V}}(t)&\leqslant 2\boldsymbol{x}^{\mathrm{T}}\boldsymbol{P\varphi x}+\varepsilon^{-1}\boldsymbol{x}^{\mathrm{T}}\boldsymbol{PHH}^{\mathrm{T}}\boldsymbol{Px}+\varepsilon\boldsymbol{x}^{\mathrm{T}}(\boldsymbol{E}_1+\boldsymbol{E}_2\boldsymbol{K})^{\mathrm{T}}(\boldsymbol{E}_1+\boldsymbol{E}_2\boldsymbol{K})\boldsymbol{x}\\&\leqslant\boldsymbol{x}^{\mathrm{T}}[\boldsymbol{P\varphi}+\boldsymbol{\varphi}^{\mathrm{T}}\boldsymbol{P}+\varepsilon^{-1}\boldsymbol{PHH}^{\mathrm{T}}\boldsymbol{P}+\varepsilon(\boldsymbol{E}_1+\boldsymbol{E}_2\boldsymbol{K})^{\mathrm{T}}(\boldsymbol{E}_1+\boldsymbol{E}_2\boldsymbol{K})]\boldsymbol{x}\end{aligned} \tag{6-40}$$

当考虑系统中的 H_2 性能指标时,令 $\boldsymbol{\Phi}_2=\boldsymbol{C}_2+\boldsymbol{D}_2\boldsymbol{K}$,得到

$$\boldsymbol{V}_2(t)=\boldsymbol{V}(t)+\int_0^t\boldsymbol{x}^{\mathrm{T}}\boldsymbol{\Phi}_2^{\mathrm{T}}\boldsymbol{\Phi}_2\boldsymbol{x}\mathrm{d}\tau \tag{6-41}$$

$$\begin{aligned}\text{则}\ \dot{\boldsymbol{V}}_2(t)&=\dot{\boldsymbol{V}}(t)+\boldsymbol{x}^{\mathrm{T}}\boldsymbol{\Phi}_2^{\mathrm{T}}\boldsymbol{\Phi}_2\boldsymbol{x}\\&=\boldsymbol{x}^{\mathrm{T}}[\boldsymbol{P\varphi}+\boldsymbol{\varphi}^{\mathrm{T}}\boldsymbol{P}+\varepsilon^{-1}\boldsymbol{PHH}^{\mathrm{T}}\boldsymbol{P}+\varepsilon_1(\boldsymbol{E}_1+\boldsymbol{E}_2\boldsymbol{K})^{\mathrm{T}}(\boldsymbol{E}_1+\boldsymbol{E}_2\boldsymbol{K})+\boldsymbol{\Phi}_2^{\mathrm{T}}\boldsymbol{\Phi}_2]\boldsymbol{x}\end{aligned} \tag{6-42}$$

根据定理 6.3,上式可以写为矩阵的形式:

$$\dot{\boldsymbol{V}}_2(t)=\boldsymbol{x}^{\mathrm{T}}\begin{bmatrix}\boldsymbol{P\varphi}+\boldsymbol{\varphi}^{\mathrm{T}}\boldsymbol{P}+\varepsilon^{-1}\boldsymbol{PHH}^{\mathrm{T}}\boldsymbol{P} & (\boldsymbol{E}_1+\boldsymbol{E}_2\boldsymbol{K})^{\mathrm{T}} & \boldsymbol{\Phi}_2{}^{\mathrm{T}}\\ * & -\varepsilon^{-1} & 0\\ * & * & -\boldsymbol{I}\end{bmatrix}\boldsymbol{x} \tag{6-43}$$

当考虑系统中的 H_∞ 性能指标及干扰时，令 $\boldsymbol{\Phi}_\infty=\boldsymbol{C}_\infty+\boldsymbol{D}_\infty\boldsymbol{K}$，得到

$$\begin{aligned}\dot{\boldsymbol{V}}_\infty(t)&=\dot{\boldsymbol{V}}(t)+\boldsymbol{x}^{\mathrm{T}}\boldsymbol{\Phi}_\infty^{\mathrm{T}}\boldsymbol{\Phi}_\infty\boldsymbol{x}-\gamma^2\boldsymbol{\omega}^{\mathrm{T}}\boldsymbol{\omega}\\&=2\boldsymbol{x}^{\mathrm{T}}\boldsymbol{P}\boldsymbol{\varphi}\boldsymbol{x}+2\boldsymbol{x}^{\mathrm{T}}\boldsymbol{P}\Delta\boldsymbol{\varphi}\boldsymbol{x}+2\boldsymbol{x}^{\mathrm{T}}\boldsymbol{P}B_2\boldsymbol{\omega}+\boldsymbol{x}^{\mathrm{T}}\boldsymbol{\Phi}_\infty^{\mathrm{T}}\boldsymbol{\Phi}_\infty\boldsymbol{x}-\gamma^2\boldsymbol{\omega}^{\mathrm{T}}\boldsymbol{\omega}\\&=[\boldsymbol{x}^{\mathrm{T}}\quad\boldsymbol{\omega}^{\mathrm{T}}]\begin{bmatrix}\boldsymbol{P\varphi}+\boldsymbol{\varphi}^{\mathrm{T}}\boldsymbol{P}+\varepsilon^{-1}\boldsymbol{PHH}^{\mathrm{T}}\boldsymbol{P}+\varepsilon(\boldsymbol{E}_1+\boldsymbol{E}_2\boldsymbol{K})^{\mathrm{T}}(\boldsymbol{E}_1+\boldsymbol{E}_2\boldsymbol{K})+\boldsymbol{\Phi}_\infty^{\mathrm{T}}\boldsymbol{\Phi}_\infty & PB_2\\ * & -\gamma^2\end{bmatrix}\begin{bmatrix}\boldsymbol{x}\\\boldsymbol{\omega}\end{bmatrix}\end{aligned}\tag{6-44}$$

同样根据定理 6. 3，式(6-44)可以写为矩阵的形式：

$$\dot{\boldsymbol{V}}_\infty(t)=[\boldsymbol{x}^{\mathrm{T}}\quad\boldsymbol{\omega}^{\mathrm{T}}]\begin{bmatrix}\boldsymbol{P\varphi}+\boldsymbol{\varphi}^{\mathrm{T}}\boldsymbol{P}+\varepsilon^{-1}\boldsymbol{PHH}^{\mathrm{T}}\boldsymbol{P} & \boldsymbol{P}B_2 & (\boldsymbol{E}_1+\boldsymbol{E}_2\boldsymbol{K})^{\mathrm{T}} & \boldsymbol{\Phi}_\infty^{\mathrm{T}}\\ * & -\gamma^2 & 0 & 0\\ * & * & -\varepsilon^{-1} & 0\\ * & * & * & -\boldsymbol{I}\end{bmatrix}\begin{bmatrix}\boldsymbol{x}\\\boldsymbol{\omega}\end{bmatrix}\tag{6-45}$$

综合考虑 H_2 和 H_∞ 的性能指标，要求

$$\dot{\boldsymbol{V}}_{2/\infty}(t)=\dot{\boldsymbol{V}}_2(t)+\dot{\boldsymbol{V}}_\infty(t)\leqslant 0\tag{6-46}$$

也可以简化地表述为

$$\boldsymbol{L}_{2/\infty}=\boldsymbol{L}_2+\boldsymbol{L}_\infty<0\tag{6-47}$$

其中，

$$\boldsymbol{L}_2=\begin{bmatrix}\boldsymbol{P\varphi}+\boldsymbol{\varphi}^{\mathrm{T}}\boldsymbol{P}+\varepsilon^{-1}\boldsymbol{PHH}^{\mathrm{T}}\boldsymbol{P} & (\boldsymbol{E}_1+\boldsymbol{E}_2\boldsymbol{K})^{\mathrm{T}} & \boldsymbol{\Phi}_2^{\mathrm{T}}\\ * & -\varepsilon^{-1} & 0\\ * & * & -\boldsymbol{I}\end{bmatrix}$$

$$\boldsymbol{L}_\infty=\begin{bmatrix}\boldsymbol{P\varphi}+\boldsymbol{\varphi}^{\mathrm{T}}\boldsymbol{P}+\varepsilon^{-1}\boldsymbol{PHH}^{\mathrm{T}}\boldsymbol{P} & \boldsymbol{P}B_2 & (\boldsymbol{E}_1+\boldsymbol{E}_2\boldsymbol{K})^{\mathrm{T}} & \boldsymbol{\Phi}_\infty^{\mathrm{T}}\\ * & -\gamma^2 & \boldsymbol{0} & \boldsymbol{0}\\ * & * & -\varepsilon^{-1} & \boldsymbol{0}\\ * & * & * & -\boldsymbol{I}\end{bmatrix}$$

利用定理 6. 3，可以将式(6-47)写为

$$\boldsymbol{L}_{2/\infty}=\begin{bmatrix}\boldsymbol{P\varphi}+\boldsymbol{\varphi}^{\mathrm{T}}\boldsymbol{P}+\varepsilon^{-1}\boldsymbol{PHH}^{\mathrm{T}}\boldsymbol{P} & \boldsymbol{P}B_2 & (\boldsymbol{E}_1+\boldsymbol{E}_2\boldsymbol{K})^{\mathrm{T}} & \boldsymbol{\Phi}_\infty^{\mathrm{T}} & \boldsymbol{\Phi}_2^{\mathrm{T}}\\ * & -\gamma^2 & \boldsymbol{0} & \boldsymbol{0} & \boldsymbol{0}\\ * & * & -\varepsilon^{-1} & \boldsymbol{0} & \boldsymbol{0}\\ * & * & * & -\boldsymbol{I} & \boldsymbol{0}\\ * & * & * & * & -\boldsymbol{I}\end{bmatrix}<0\tag{6-48}$$

在式(6-48)的矩阵不等式中分别左乘和右乘对角阵 $\mathrm{diag}\{\boldsymbol{P}^{-1},\boldsymbol{I},\boldsymbol{I},\boldsymbol{I},\boldsymbol{I}\}$，并另 $\boldsymbol{P}^{-1}=\boldsymbol{R}$，$\boldsymbol{K}=\boldsymbol{QR}^{-1}$，可以得到下面的矩阵不等式：

$$\begin{bmatrix} AR+B_1Q+(AR+B_1Q)^{\mathrm{T}}+\varepsilon HH^{\mathrm{T}} & B_2 & RE_1^{\mathrm{T}}+Q^{\mathrm{T}}E_2^{\mathrm{T}} & RC_\infty^{\mathrm{T}}+Q^{\mathrm{T}}D_\infty^{\mathrm{T}} & RC_2^{\mathrm{T}}+Q^{\mathrm{T}}D_2^{\mathrm{T}} \\ * & -\gamma^2 & \mathbf{0} & \mathbf{0} & \mathbf{0} \\ * & * & -\varepsilon^{-1} & \mathbf{0} & \mathbf{0} \\ * & * & * & -I & \mathbf{0} \\ * & * & * & * & -I \end{bmatrix}<0 \tag{6-49}$$

所以定理 6.5 得证。

6.3　高速水翼双体船纵摇/升沉姿态 H_2/H_∞ 鲁棒控制系统仿真

将水翼双体船的参数,代入下式系统方程中,得到 30kn 下的参数矩阵。

$$\dot{x}=Ax+Bu \tag{6-50}$$

其中,$A=-\begin{bmatrix} 1 & 0 & 0 & 0 \\ 0 & A_{11} & 0 & A_{14} \\ 0 & 0 & 1 & 0 \\ 0 & B_{11} & 0 & B_{14} \end{bmatrix}^{-1}\begin{bmatrix} 0 & -1 & 0 & 0 \\ A_{13} & A_{12} & A_{16} & A_{15} \\ 0 & 0 & 0 & -1 \\ B_{13} & B_{12} & B_{16} & B_{15} \end{bmatrix}$,

$$B=\begin{bmatrix} 1 & 0 & 0 & 0 \\ 0 & A_{11} & 0 & A_{14} \\ 0 & 0 & 1 & 0 \\ 0 & B_{11} & 0 & B_{14} \end{bmatrix}^{-1}\begin{bmatrix} 0 & 0 \\ Z_1 & Z_2 \\ 0 & 0 \\ M_1 & M_2 \end{bmatrix}$$

可以得到

$$A=\begin{bmatrix} 0 & 1 & 0 & 0 \\ -0.1976 & -7.7110 & -185.5842 & -80.0012 \\ 0 & 0 & 0 & 1 \\ 0.01518 & -0.2794 & -6.8992 & -4.6867 \end{bmatrix},B_1=\begin{bmatrix} 0 & 0 \\ -14.4925 & -14.1929 \\ 0 & 0 \\ 1.8577 & -2.9225 \end{bmatrix} \tag{6-51}$$

$$E_1=\begin{bmatrix} 0.07 & 0.01 & 0 & 0 & 0 & 0 & 0 & 0 & 0 & 0 & 0 & 0 \\ 0 & 0 & -32.20 & -1.30 & 0 & 0 & 0 & 0 & 0 & 0 & 0 & 0 \\ 0 & 0 & 0 & 0 & -1.92 & -0.07 & 0 & 0 & 0 & 0 & 0 & 0 \\ 0 & 0 & 0 & 0 & 0 & 0 & -4.78 & -3.60 & 0 & 0 & 0 & 0 \end{bmatrix}^{\mathrm{T}} \tag{6-52}$$

$$E_2=\begin{bmatrix} 0 & 0 & 0 & 0 & 0 & 0 & 0 & 0 & -3.94 & 0.51 & 0 & 0 \\ 0 & 0 & 0 & 0 & 0 & 0 & 0 & 0 & 0 & 0 & 3.86 & 0.79 \end{bmatrix}^{\mathrm{T}} \tag{6-53}$$

将得到的参数矩阵代入公式(6-46)得到30kn航速下的鲁棒 H_2/H_∞ 控制器:

$$K_{30}=\begin{bmatrix}0.7863 & 0.4925 & -13.9359 & -6.0893\\ -0.2471 & -0.1578 & 4.8166 & 2.2096\end{bmatrix} \tag{6-54}$$

验证控制器效果时,选取海情的有义波高为2.5m,遭遇角分别设定为30°、60°、90°、120°、150°,航速选取典型工作状态为30kn。为了节省版面,每个工作点下给出30kn、120°的仿真波形。初始状态升沉位移取在 $z=0\text{m}$,纵摇角 $\theta=0°$,如图6-2~图6-6所示。纵摇/升沉仿真结果和襟翼角仿真结果由表6-1和表6-2给出。

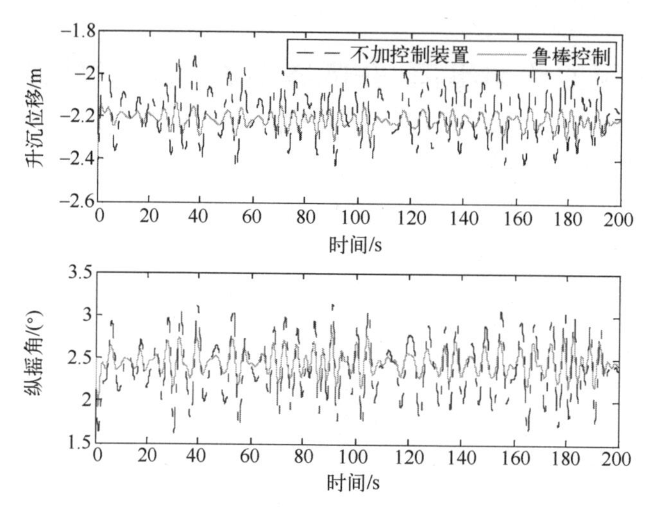

图6-2　高速水翼双体船控制前后纵摇/升沉比较曲线($H_{1/3}=2.5\text{m}$,遭遇角=120°,30kn)

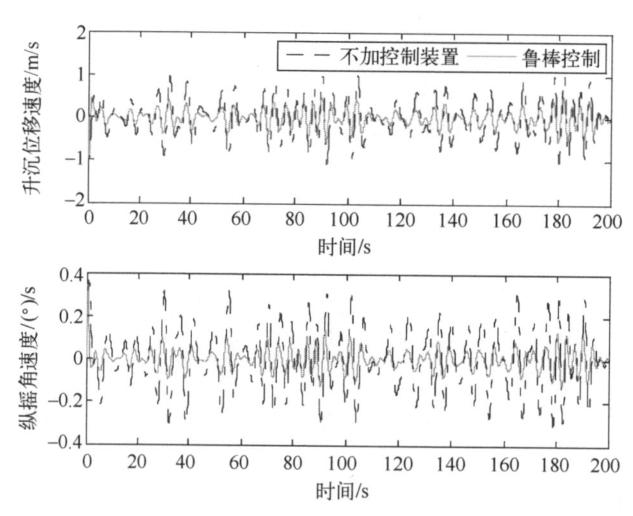

图6-3　高速水翼双体船控制前后纵摇/升沉速度比较曲线($H_{1/3}=2.5\text{m}$,遭遇角=120°,30kn)

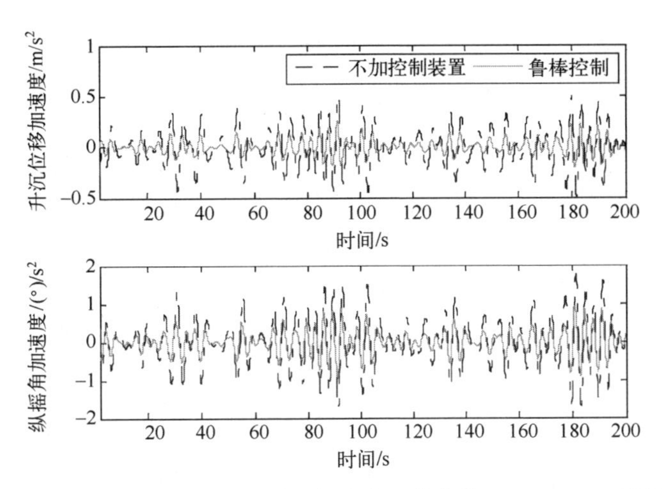

图 6-4 高速水翼双体船控制前后纵摇/升沉加速度比较曲线($H_{1/3}$=2.5m,遭遇角 120°,30kn)

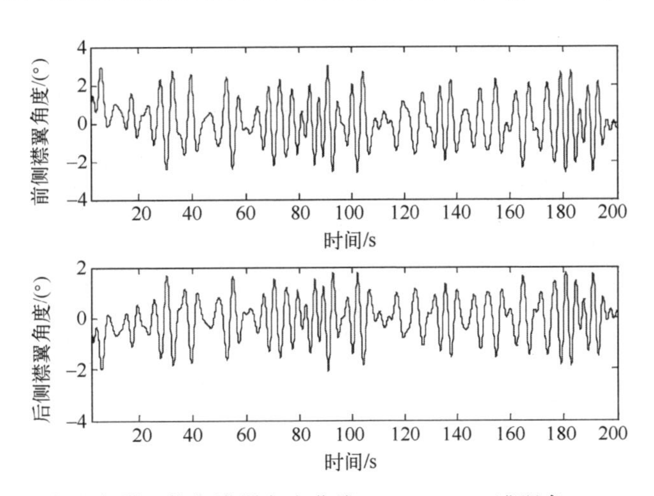

图 6-5 高速水翼双体船襟翼角度曲线($H_{1/3}$=2.5m,遭遇角=120°,30kn)

表 6-1 航速为 30kn 时鲁棒控制纵摇/升沉仿真结果统计

遭遇角	统计值							
	$E(z)$	STD(z)	$E(\theta)$	STD(θ)	STD($\dot{z}$)	STD($\dot{\theta}$)	STD($\ddot{z}$)	STD($\ddot{\theta}$)
30°	-2.5611	0.1072	2.4925	0.1388	0.0249	0.0820	0.0210	0.0856
60°	-2.5029	0.1476	2.4434	0.1546	0.0229	0.0633	0.0159	0.0693
90°	-2.5171	0.0411	2.4611	0.1372	0.0358	0.1255	0.0347	0.1240
120°	-2.5157	0.0362	2.4618	0.1382	0.0488	0.1979	0.0762	0.3154
150°	-2.5123	0.0290	2.4610	0.1199	0.0546	0.2374	0.1232	0.5451

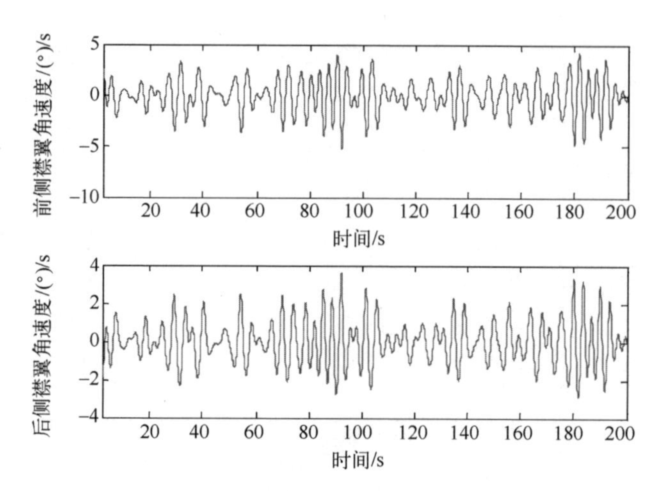

图 6-6 高速水翼双体船襟翼角速度曲线($H_{1/3}$=2.5m,遭遇角=120°,30kn)

表 6-2 航速为 30kn 时襟翼角仿真结果统计

遭遇角	统计值					
	$E(\alpha_1)$	$STD(\alpha_1)$	$E(\alpha_2)$	$STD(\alpha_2)$	$STD(\dot{\alpha}_1)$	$STD(\dot{\alpha}_2)$
30°	−0.9790	1.1153	0.3357	0.7643	1.3562	0.8680
60°	−0.9023	1.2287	0.2577	0.8369	1.6248	0.9534
90°	−0.8603	1.2360	0.2978	0.8532	2.2588	1.1797
120°	−0.8215	1.2117	0.2850	0.8364	3.4330	1.1849
150°	−0.5756	1.0251	0.4635	0.7076	4.0010	1.3809

由上述仿真结果可知,在航速为 30kn 时,在系统加入设计的鲁棒 H_2/H_∞ 控制器,对统计值中的均方根进行比较:升沉位移在遭遇角 30°时降低了 54.5%,纵摇角降低了 60.3%,升沉位移速度降低了 76.3%,纵摇角速度降低了 63.7%;升沉位移在遭遇角 60°时降低了 49.1%,纵摇角降低了 55.5%,升沉位移速度降低了 73.9%,纵摇角速度降低了 60.5%;升沉位移在遭遇角 90°时降低了 78.4%,纵摇角降低了 68.8%,升沉位移速度降低了 78.0%,纵摇角速度降低了 67.9%;升沉位移在遭遇角 120°时降低了 69.8%,纵摇角降低了 59.4%,升沉位移速度降低了 64.5%,纵摇角速度降低了 55.0%;升沉位移在遭遇角 150°时降低了 60.4%,纵摇角降低了 49.2%,升沉位移速度降低了 52.5%,纵摇角速度降低了 41.3%。从襟翼角统计值可以看出,襟翼的转角均值最大不超过 20°,转速不超过±10(°)/s,因此

设计的鲁棒 H_2/H_∞ 控制器能够满足要求。

通过统计值看出,当船速越高时,水翼的升沉位移越大,说明船速增大时,水翼受到的升力也会变大。同时遭遇角越大时,高速水翼双体船的运动频率会升高,在控制时,襟翼的转动频率也会随着增大。

从上面两个工作点的仿真情况可以看出,在高速水翼双体船航速越高时(不超过最大航速),对于襟翼的控制越容易,原因是在航速较高时,水翼会起到更大的作用,使得襟翼不需要再提供那么大的力,这个特点也体现了高速水翼双体船的高速适航性能。

6.4　高速水翼双体船纵摇/升沉姿态增益调度控制

6.4.1　高速水翼双体船纵摇/升沉姿态基于模糊规则的增益调度实现

简单地说,增益调度就是当某一参数变量或某几个参数变量在整个变量域内变化时,控制器的变化增益也随着变化,使控制器在整个工作域内都满足性能指标要求。这种方法是现在非线性控制领域内的主流方法之一,是用处理线性问题的思想来解决非线性问题,实验表明这种方法效果很好。

增益调度控制方法主要应用在可以线性化的非线性系统中,这种方法的优势在于利用成熟而且理论比较完善的线性控制理论为非线性的控制服务。增益调度方法通常先针对线性模型设计多个状态点的控制器,然后利用线性插值的方法或其他的增益规划算法完成增益参数调度。

图 6-7 为高速水翼双体船纵摇/升沉鲁棒调度控制结构框图,纵摇/升沉鲁棒智能控制器包括鲁棒 H_2/H_∞ 控制器和增益调度控制器。在切换工作状态时,根据输入的变量值增益调度控制器可以调节不同工作点的控制器权值,利用这些权值将鲁棒控制器进行组合,然后对不同工作点的控制器利用权值求和后,输送给襟翼的伺服系统,然后由伺服系统执行机构调整襟翼的转角,控制高速水翼双体船的纵摇/升沉运动。

本书利用模糊增益调度控制器的目的是实现不同速度之间的平滑过渡。通过模糊逻辑的推理在航速附近选择相应的模糊模型,对选出来的模糊模型计算得到鲁棒控制器的反馈增益,即为此时的控制器。模糊控制器与鲁棒控制器相互配合着使用,以提高控制器的控制范围和在过渡过程中的平滑性。

增益调度控制方法的关键在于利用什么手段实现控制器的调度,由于控制器

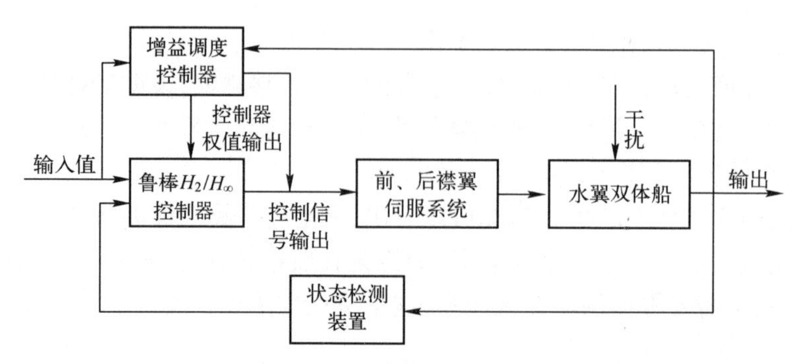

图 6-7　高速水翼双体船纵摇/升沉调度控制结构框图

在设计时也会呈现不同的方式,所以控制器调度方式也会随着控制器的表达方式而变化。增益调度的方法也有多种,如线性插值方法、切换方法及基于 LPV 系统的方法。无论采取哪种控制方法及表达方式,都要使增益调度控制器在不同状态点切换时,稳定而且平滑地过渡,针对本书的鲁棒控制器,采用模糊逻辑控制方法实现控制器的增益调度。

模糊逻辑的规则是基于人类的语言思维进行选取,所以实现过程比较容易理解,而且模糊逻辑控制系统的参数可以通过调整规则和论域实现,比一些传统的调节控制器的方法更加方便。模糊逻辑对系统的数学模型要求不是很高,对于一些复杂的模型可以通过模糊规则来修正;模糊逻辑在设计规则时就具有非线性,所以针对非线性问题有更好的控制效果,而且现代计算机技术的快速发展,使得模糊逻辑控制在实现上变得很容易,易于工程技术人员接受。

本书利用模糊逻辑的思想实现增益调度控制算法,传统的增益调度一般根据设计者的实践经验选择比较典型的工作点,根据典型的工作点设计控制器,然后用线性插值方法完成控制增益调度,这种方法虽然能够实现控制器在不同状态下的切换,但由于设计方法是线性的,所以在切换工作状态时不能够保证控制器的平滑过渡。模糊增益调度算法在设计模糊规则时就考虑了模型的非线性以及权值在变化时的非线性,因此当工作点变化时,模糊逻辑根据控制器的权重进行分配,整个过程都是平滑地变化,不会发生在不同工作点切换点处的突变现象。

增益调度方法在应用时还要关注一个重要指标的选取,就是增益变量的确定。增益调度的控制增益依赖增益变量进行变化,增益变量通常选取能够确定的某个参数值。在高速水翼双体船的纵摇/升沉增益调度控制器设计中,增益变量选取高速水翼双体船的航速,因为在高速水翼双体船航行时,航速可以确定,并且通过改变航速可以实现工作状态的变化。所以选择航速作为增益变量设计的控制器能够保证系统稳定运行。

根据增益调度控制算法的原理，高速水翼双体船纵摇/升沉运动的增益调度控制器可以由以下几个步骤进行设计：

（1）对高速水翼双体船的纵摇/升沉运动模型化简。本书在第 3 章已经建立了高速水翼双体船纵摇/升沉运动的数学模型，但是此数学模型是非线性的，利用泰勒级数在高速水翼双体船运动的平衡点进行线性化，得到了该数学模型的线性化形式。

（2）设计线性鲁棒控制器。根据得到的线性化数学模型，利用鲁棒 H_2/H_∞ 控制算法，得到在不同的典型速度点下的线性控制器。

（3）增益调度控制器设计。根据在典型工作状态下的线性模型得到的线性控制器，利用模糊逻辑规则寻找不同状态点下的控制器权重值，然后线性叠加得到任意状态下的非线性的控制器。

（4）对得到的智能控制器进行验证。将利用上述方法设计得到的控制器加入到高速水翼双体船的非线性数学模型中，组成闭环系统，利用计算机进行仿真，通过仿真曲线及统计值，验证设计的鲁棒智能控制器的效果。

6.4.2　高速水翼双体船纵摇/升沉姿态增益调度控制策略

模糊逻辑算法的使用增强了调度增益的合理性和可行性，根据输入的调度变量并赋予一定的模糊规则实现控制增益的智能控制，这种控制算法充分体现了非线性系统的运动特性。设计的关键在于根据离线状态得到的典型工作点处的线性模型和线性鲁棒控制器，然后利用模糊控制理论在线计算控制增益，实现快速准确的系数权重分配。这种直接在离线情况下对控制器的权值进行分配，相比于离线计算模型，然后在线得到控制器的方法要更加方便，而且离线计算时间比较短，反应迅速。

根据增益调度控制算法的流程图，证明该算法的可行性。高速水翼双体船纵摇/升沉运动的状态方程在不考虑干扰的情况下，可以表示为

$$\dot{x}=Ax+Bu \tag{6-55}$$

考虑在不同典型工作状态点的模型，有

$$\begin{cases}\dot{x}=A_1x+B_1u\\ \dot{x}=A_2x+B_2u\\ \qquad\vdots\\ \dot{x}=A_nx+B_nu\end{cases} \tag{6-56}$$

在 6.3 中得到鲁棒状态反馈控制律，并可以表示为

$$u=K_i x \quad (i=1,2,\cdots,n) \tag{6-57}$$

代入式(6-56)中得到

$$\begin{cases}\dot{x}=A_1x+B_1K_1x\\ \dot{x}=A_2x+B_2K_2x\\ \vdots\\ \dot{x}=A_nx+B_nK_nx\end{cases} \tag{6-58}$$

假设任意状态下的状态方程为

$$\dot{x}=A_tx+B_tu \tag{6-59}$$

其中,$A_t=\mu_1A_1+\mu_2A_2+\cdots+\mu_nA_n$,$B_t=\mu_1B_1+\mu_2B_2+\cdots+\mu_nB_n$,$\mu_1+\mu_2+\cdots+\mu_n=1$。

假设利用增益调度控制律设计的控制器在任意状态点都能做到有效控制,并且在任意时刻保证闭环系统有相同的极点;还要假设该闭环系统是可控的,并且将其转化成线性的可控标准型形式,得到如下结论:

$$\dot{x}=A_tx+B_tK_tx=A_1x+B_1Kx=A_2x+B_2Kx=\cdots=A_nx+B_nKx \tag{6-60}$$

$$B_t=B_1=B_2=\cdots=B_n \tag{6-61}$$

结合式(6-60)和式(6-61),任意状态下的方程可以写为

$$A_t+B_tK_t=\mu_1(A_1+B_1K_1)+\mu_2(A_2+B_2K_2)+\cdots+\mu_n(A_n+B_nK_n) \tag{6-62}$$

整理得到

$$K_t=\mu_1K_1+\mu_2K_2+\cdots+\mu_nK_n \tag{6-63}$$

由上面的理论推导得到了如式(6-63)所示的非线性控制器表达式,验证了利用增益调度的控制思想可以实现用线性系统的控制方法来控制非线性系统。对于式(6-63)中的系数,可以利用模糊逻辑针对某一隶属度函数设计模糊规则,完成增益的平滑调度。

模糊控制系统的核心部分是模糊逻辑控制器,这一部分包含了图 6-8 中前向通道的 4 个因素,通常模糊控制系统的控制性能指标,主要取决于上述这 4 个因素的相互配合程度,图 6-8 为一个模糊逻辑控制系统的结构框图。

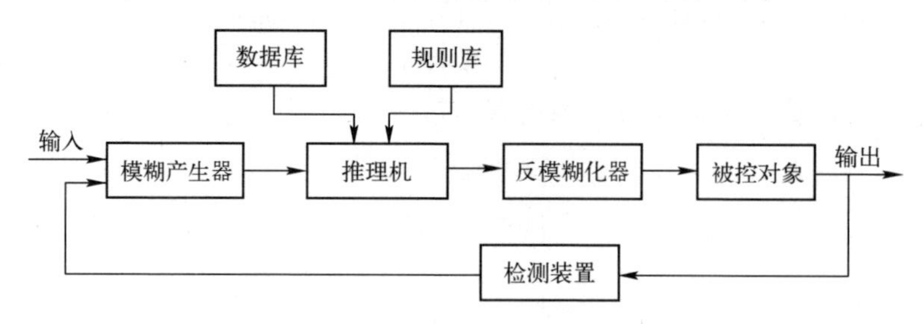

图 6-8　模糊规划方法的结构框图

基于上述框图总结模糊规划实现的计算步骤:

(1) 确定系统的输入变量、输出变量及状态变量,本系统的输入变量就是增益调度控制器中的调度变量;

(2) 定义论域或是变量的划分区间,将每个区间用相应的语言符号表示,构成模糊集合;

(3) 根据变量的特点确定一种隶属度函数;

(4) 由系统的输入变量和输出变量给每个模糊集合定义模糊规则;

(5) 标准化控制系统中的输入输出变量,使其在某一特定区间内,如[-1　1]等;

(6) 模糊化控制系统的输入变量;

(7) 根据模糊数据库和每条模糊规则得到系统的模糊输出结果;

(8) 由系统的反模糊化器将得到的模糊结果转化为确定的输出。

1. 模糊语言规则的理论和建立

自然语言可能是人类在解决问题或者进行推理时传递信息所需要的最有效方式,尽管自然语言在传递信息时含有不确定性和模糊性,但它依然是人类的通信方式,也是处理含有模糊性的一种数学理论基础。通常将带有模糊性概念的语言称为“模糊语言”,与许多表达方法类似都用“文字”符号来阐述思想和行动。

在众多的语言规则表示法中,通用的是将人类知识用自然语言表示:

$$\text{IF 前提(前件),THEN 结论(后件)} \tag{6-64}$$

式(6-64)可以称为“IF-THEN”规则,表示:如果给出一个前提或事实已经成立,那么可以推得另一个必然成立的事实或结论,也称为后件。它能够用比较简单的逻辑表达人类的经验知识,所以被广泛使用。

模糊语言是模糊规划系统的“大脑”,因此模糊语言的建立决定着模糊控制的准确程度。可以用下面一种或几种方法相互配合,寻找合适的模糊语言规则。

1) 以专家的经验为基础结合控制工程知识

模糊语言规则建立了条件的状态变量与结论的状态变量的关系,大部分信息的传递主要通过语义并非确定的数值,因此,模糊语言在运用上也比较自然。通常人们通过人类专家的经验,并加以合适的语言进行描述,得到最终的模糊语言规则。也可以通过咨询有经验的专家和专门的操作人员获得某一特定应用领域范围内的模糊语言规则,在上述的基础上再通过多次的实验和调整,得到最优的控制性能。

2) 基于输入/输出总结规则

在许多的、复杂的工业控制系统中,有时很难建立精确的数学模型或是根本无法建立模型,这种情况用基于模型设计控制器的方法是行不通的,但是有经验的工作人员能够设计性能优良的控制器。实际上,他们所使用的正是模糊控制方法,不需要数学模型的建立,只要根据输入/输出的数据,结合自己的经验,就能够得到控制系统的模糊语言规则。

3) 基于模糊模型

我们经常用定量的或是清晰化的模型来描述控制系统,如传递函数、微分方程及状态方程等方法。对于一些复杂的系统或是数学模型不精确的系统,也可以采用模糊语言的方式描述,称为模糊模型。基于模糊模型可以方便地找到模糊语言规则,对系统进行控制。这种方法的数学模型和控制规则都是基于模糊语言方法得到,对于理论的分析比较直观、简单。

如果模糊控制器有 m 个输入变量,并且每个输入都有 $n_1,n_2,\cdots,n_m$ 个模糊分级,则模糊规则最多为 $N_{\max}=n_1n_2\cdots n_m$。通常选取时应尽量减少规则的数量,计算时能够更加简便。模糊规则的获取主要根据经验,考虑要求的性能指标分析得到。

根据增益调度的理论,选取调度变量为高速水翼双体船的前进速度。根据模糊逻辑控制理论得到如下的控制规则:

Controller Rule i:

$$\text{IF } V(t) \text{ is about } V_i, \text{THEN } u(t)=-K_i x(t), i=1,2,\cdots,6 \tag{6-65}$$

式中:V_i表示调度变量,也就是高速水翼双体船的前进速度,考虑水翼在速度越高时作用效果越明显,选取的速度点分别为 $V_1=15\text{kn}$, $V_2=20\text{kn}$, $V_3=25\text{kn}$, $V_4=30\text{kn}$, $V_5=35\text{kn}$, $V_6=40\text{kn}$。

2. 隶属度函数的赋值方法

隶属度函数应该反映模糊现象的客观特点,包含了模糊集中的所有内容。给隶属度函数赋值就是进一步区分模糊集合,将模糊的概念尽量清晰化,赋值要符合一般的客观要求,不能随着主观思想随意改变。但由于概念上的模糊性,使得人们在确定隶属度函数时会采用不同的方法,常用的方法有以下几种。

1) 模糊统计法

模糊统计法的表示形式与概率的表达式相似,思想是对于论域 E 上的某一个确定元素 e_0,判断此元素是否属于可变的清晰集合 A_α,A_α在一个模糊集合上不断变化,但是元素 e_0是确定的,经过 n 次实验后,得到如下的模糊统计表达式:

$$e_0\text{对模糊集合的隶属概率}=f(n)=\frac{e_0\in A_\alpha\text{的次数}}{n} \tag{6-66}$$

2) 直觉法

这种方法是最简单最容易理解的,不需要复杂的理论计算,完全依靠人们的感官意识决定。假如我们讨论水温的隶属度函数,对于隶属度函数的界限,可以根据人的感觉分类为凉、适中、热、很热、烫。这种分类方法不是十分精确，但在实际中却很有应用价值。

3）经验方法

经验方法也称为专家经验法，通过经验或是实验数据、或是设计者在实践的基础上获得模糊信息的隶属度函数及其计算式，这种方法的精确度取决于专家的经验、实验的次数及实践时间等。

4）智能算法

近几年智能算法的应用越来越广泛，在各个领域人们都感受到了智能算法强大的解决复杂问题的能力。在模糊控制方法中，经常用神经网络来获取隶属度函数，神经网络可以根据输入/输出数据的关系，经过训练，寻找到这两个模糊集合的隶属关系。如果训练过程中能够得到满意的结果，那么神经网络得到的隶属度函数将具有令人满意的性能。

本书由于采用单输入/单输出的模糊控制，而且模糊规则也比较少，所以利用经验方法获得输入/输出的隶属度函数就可以满足要求。输入是由调度变量即速度确定，而研究高速水翼双体船的纵摇/升沉运动时，根据水翼的作用特点，输入速度变量的范围选取为[10~45kn]，输出控制律的范围经过量化后，范围选取为1~7。隶属度函数为

$$\mu(x)=\begin{cases}0, & x\leqslant a\\ \dfrac{1}{b-a}(x-a), & a\leqslant x<b\\ \dfrac{1}{b-c}(x-c), & b\leqslant x\leqslant c\\ 0, & c\leqslant x\end{cases} \tag{6-67}$$

采用上述的理论推导，利用MATLAB工具箱得到输出的隶属度函数曲线，如图6-9和图6-10所示。

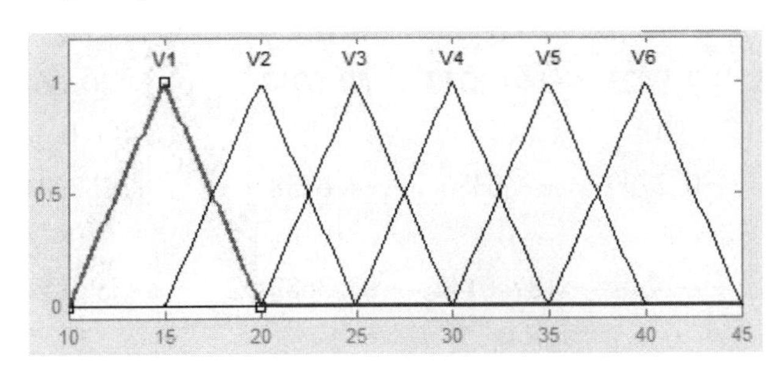

图6-9　增益调度输入隶属度函数曲线

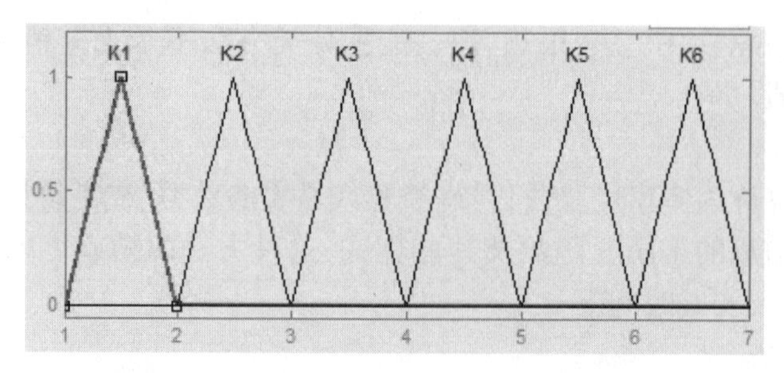

图 6-10　增益调度输出隶属度函数曲线

总结上述的理论分析，给出高速水翼双体船在 15kn，20kn，25kn，30kn，35kn，40kn 这 6 个典型工作点的参数矩阵及鲁棒 H_2/H_∞ 控制器，每个工作点都是一个独立的增益调度基准变量，利用这 6 个典型工作点经过模糊增益实现任意状态下的控制器求取。

$$\boldsymbol{A}_{15}=\begin{bmatrix}0 & 1 & 0 & 0\\ -0.0010 & -4.2338 & -32.6664 & -9.7990\\ 0 & 0 & 0 & 1\\ 0.0001 & -0.1365 & -1.0553 & 7.8709\end{bmatrix},\boldsymbol{B}_{15}=\begin{bmatrix}0 & 0\\ -3.6247 & -3.5498\\ 0 & 0\\ 0.4646 & -0.7309\end{bmatrix}$$

$$\boldsymbol{A}_{20}=\begin{bmatrix}0 & 1 & 0 & 0\\ -0.0094 & -5.0767 & -75.4307 & -52.3032\\ 0 & 0 & 0 & 1\\ 0.0002 & -0.1822 & -2.9168 & -3.1364\end{bmatrix},\boldsymbol{B}_{20}=\begin{bmatrix}0 & 0\\ -6.4439 & -6.3109\\ 0 & 0\\ 0.8260 & -1.2995\end{bmatrix}$$

$$\boldsymbol{A}_{25}=\begin{bmatrix}0 & 1 & 0 & 0\\ -0.0752 & -6.3239 & -108.2312 & -57.6212\\ 0 & 0 & 0 & 1\\ 0.0047 & -0.2296 & -4.6598 & -3.2690\end{bmatrix},\boldsymbol{B}_{25}=\begin{bmatrix}0 & 0\\ -10.0670 & -9.8586\\ 0 & 0\\ 1.2904 & -2.0301\end{bmatrix}$$

$$\boldsymbol{A}_{30}=\begin{bmatrix}0 & 1 & 0 & 0\\ -0.1653 & -7.9423 & -140.8713 & -60.0912\\ 0 & 0 & 0 & 1\\ 0.0360 & -0.2799 & -7.0386 & -4.6738\end{bmatrix},\boldsymbol{B}_{30}=\begin{bmatrix}0 & 0\\ -10.0670 & -9.8586\\ 0 & 0\\ 1.2904 & -2.0301\end{bmatrix}$$

$$\boldsymbol{A}_{35}=\begin{bmatrix}0 & 1 & 0 & 0\\ -0.9366 & -9.1498 & -187.6142 & -83.3683\\ 0 & 0 & 0 & 1\\ 0.0442 & -0.3339 & -9.6042 & -6.3032\end{bmatrix},\boldsymbol{B}_{35}=\begin{bmatrix}0 & 0\\ -19.7348 & -19.3269\\ 0 & 0\\ 2.5297 & -3.9796\end{bmatrix}$$

$$A_{40}=\begin{bmatrix}0 & 1 & 0 & 0\\ -2.1794 & -10.8002 & -236.8714 & -27.9223\\ 0 & 0 & 0 & 1\\ 0.1065 & -0.3929 & -14.7140 & -10.1385\end{bmatrix},B_{40}=\begin{bmatrix}0 & 0\\ -25.7712 & -25.2384\\ 0 & 0\\ 3.3035 & -5.1969\end{bmatrix}\tag{6-68}$$

利用上面给出的各个典型工作点的参数矩阵，计算得到鲁棒 H_2/H_∞ 控制器：

$$K_{15}=\begin{bmatrix}3.3706 & 1.7654 & -16.5487 & -24.9274\\ 0.1275 & 0.2057 & 12.2233 & 27.7308\end{bmatrix}$$

$$K_{20}=\begin{bmatrix}2.0988 & 1.1376 & -19.8475 & -13.8025\\ -0.7821 & -0.3578 & 9.3036 & 6.5214\end{bmatrix}$$

$$K_{25}=\begin{bmatrix}1.2024 & 0.7895 & -14.7583 & -8.1922\\ -0.2739 & -0.1535 & 4.6082 & 2.8084\end{bmatrix}$$

$$K_{30}=\begin{bmatrix}0.7863 & 0.4925 & -13.9359 & -6.0893\\ -0.2471 & -0.1578 & 4.8166 & 2.2096\end{bmatrix}$$

$$K_{35}=\begin{bmatrix}0.4441 & 0.4577 & -12.4828 & -5.5717\\ -0.1152 & -0.1385 & 3.4011 & 1.5435\end{bmatrix}$$

$$K_{40}=\begin{bmatrix}0.2587 & 0.6616 & -8.6366 & -0.9639\\ 0.2361 & 0.6679 & -0.5066 & -0.1250\end{bmatrix}\tag{6-69}$$

6.5　高速水翼双体船纵摇/升沉姿态增益调度控制系统仿真

对含有增益调度的鲁棒 H_2/H_∞ 控制器进行仿真，选取海情的有义波高为 2.5m，遭遇角分别设定为 30°、60°、90°、120°、150°，船速选取 33kn，给出 30°的仿真波形，如图 6-11～图 6-15 所示。并且表 6-3～表 6-5 给出统计结果。

表 6-3　航速为 33kn 时纵摇/升沉仿真结果统计

遭遇角	统计值							
	$E(z)$	STD(z)	$E(\theta)$	STD(θ)	STD($\dot{z}$)	STD($\dot{\theta}$)	STD($\ddot{z}$)	STD($\ddot{\theta}$)
30°	−2.4300	0.1987	2.2242	0.3267	0.1184	0.2682	0.1129	0.3068
60°	−2.4891	0.2659	2.2550	0.3141	0.0964	0.1973	0.0802	0.2188
90°	−2.4433	0.1547	2.2397	0.3487	0.1346	0.3149	0.1231	0.2989
120°	−2.4434	0.1172	2.2396	0.3293	0.1418	0.4251	0.1963	0.6339
150°	−2.4422	0.0667	2.2380	0.2144	0.1098	0.3788	0.2218	0.8450

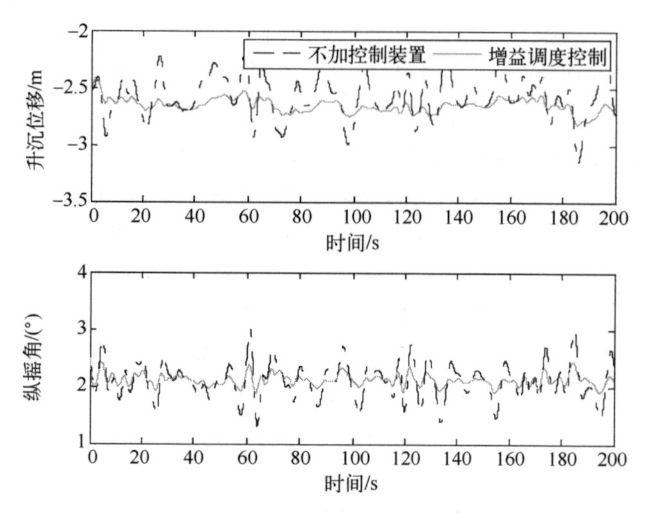

图 6-11 高速水翼双体船控制前后纵摇/升沉比较曲线
($H_{1/3}$=2.5m,遭遇角=30°,33kn)

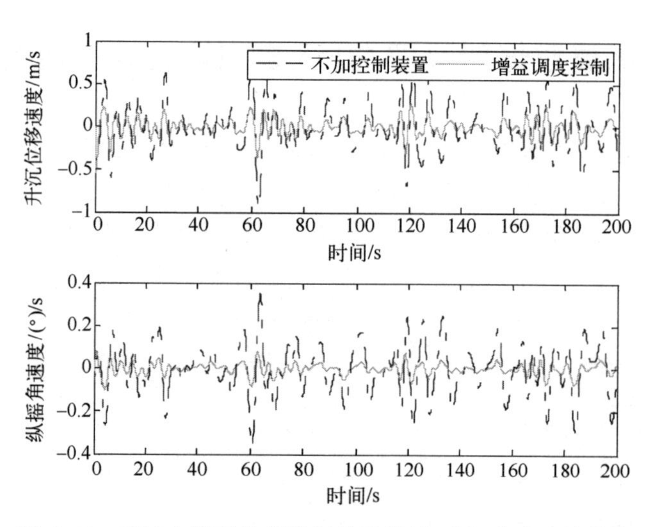

图 6-12 高速水翼双体船控制前后纵摇/升沉速度比较曲线
($H_{1/3}$=2.5m,遭遇角=30°,33kn)

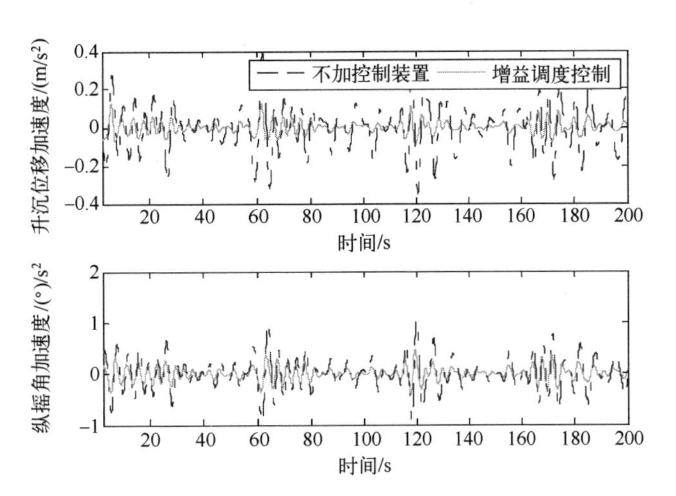

图 6-13　高速水翼双体船控制前后纵摇/升沉加速度比较曲线

($H_{1/3}$ = 2. 5m, 遭遇角 = 30°, 33kn)

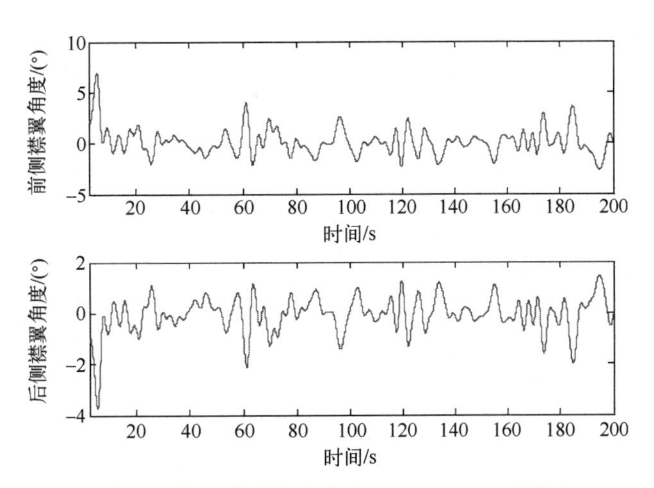

图 6-14　高速水翼双体船襟翼角度曲线($H_{1/3}$ = 2. 5m, 遭遇角 = 30°, 33kn)

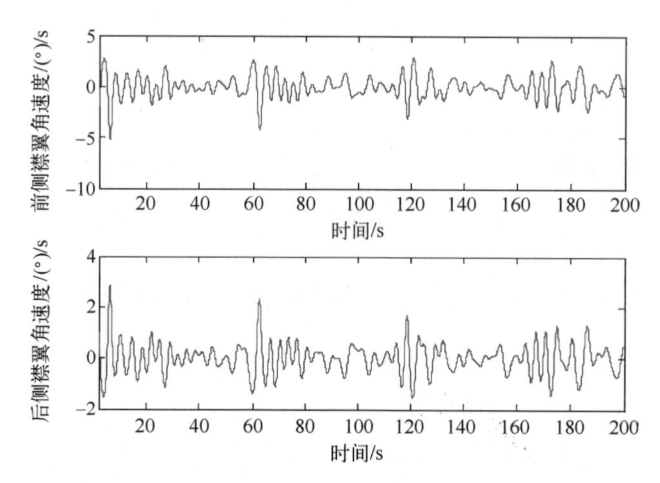

图 6-15 高速水翼双体船襟翼角速度曲线($H_{1/3}$=2.5m,遭遇角=30°,33kn)

表 6-4 航速为 33kn 时增益调度控制纵摇/升沉仿真结果统计

遭遇角	统计值							
	$E(z)$	STD(z)	$E(\theta)$	STD(θ)	STD($\dot{z}$)	STD($\dot{\theta}$)	STD($\ddot{z}$)	STD($\ddot{\theta}$)
30°	-2.4925	0.0521	2.2679	0.1015	0.0244	0.0916	0.0270	0.1252
60°	-2.5530	0.1058	2.2843	0.1198	0.0193	0.0698	0.0201	0.1058
90°	-2.5061	0.0243	2.2728	0.0833	0.0205	0.0767	0.0196	0.0744
120°	-2.5084	0.0279	2.2741	0.1078	0.0376	0.1607	0.0616	0.2674
150°	-2.5073	0.0242	2.2738	0.0981	0.0467	0.2128	0.1154	0.5329

表 6-5 航速为 33kn 时襟翼角仿真结果统计

遭遇角	统计值					
	$E(\alpha_1)$	STD(α_1)	$E(\alpha_2)$	STD(α_2)	STD($\dot{\alpha}_1$)	STD($\dot{\alpha}_2$)
30°	-0.3376	1.1291	0.7105	0.6150	1.9991	0.7446
60°	-0.4939	1.8791	0.1579	0.6418	0.9907	0.3417
90°	-0.0504	1.4269	0.0147	0.4922	1.3015	0.4492
120°	-0.0807	1.8068	0.0248	0.6234	2.6993	0.9212
150°	-0.0815	1.6088	0.0253	0.5551	3.4577	1.1926

在所设计的鲁棒 H_2/H_∞ 控制器作用下,对统计值得到的均方根进行统计:升沉位移在遭遇角 30° 时降低了 71.2%,纵摇角降低了 68.5%,升沉位移速度降低了

78.5%,纵摇角速度降低了 65.0%;升沉位移在遭遇角 60°时降低了 62.5%,纵摇角降低了 64.8%,升沉位移速度降低了 70.8%,纵摇角速度降低了 67.6%;升沉位移在遭遇角 90°时降低了 67.3%,纵摇角降低了 68.6%,升沉位移速度降低了 69.0%,纵摇角速度降低了 66.2%;升沉位移在遭遇角 120°时降低了 63.2%,纵摇角降低了 58.2%,升沉位移速度降低了 55.2%,纵摇角速度降低了 52.0%,升沉位移加速度降低了 53.4%;升沉位移在遭遇角 150°时降低了 54.2%,纵摇角降低了 50.7%,升沉位移速度降低了 50.7%,纵摇角速度降低了 50.0%。从襟翼统计值可以看出,襟翼的转角均值最大不超过 15°,转速不超过±10(°)/s。

第 7 章

现代高性能全浸式水翼艇艏摇/横摇姿态–副翼/柱翼控制

7.1 全浸式水翼艇艏摇/横摇姿态–副翼/柱翼控制系统体系结构

船舶航行时必须对船舶的艏向角进行控制使得船舶能以一定的航速作直线航行,即船舶的航向保持问题。当在预定航线上发现障碍物或跟随预定航迹时,必须改变航向,这就涉及了船舶航行的机动性问题。航向稳定性与机动性是衡量船舶操纵性好坏的标志。常规水面船舶利用自动舵系统来进行航向保持,自动舵控制系统是基于船舶操纵运动模型设计而来。全浸式水翼艇艏摇/横摇联合控制系统体系结构如图 7-1 所示。和传统水面船舶相比,全浸式水翼艇的航向保持问题更加复杂,其特点可以总结为以下几个方面。

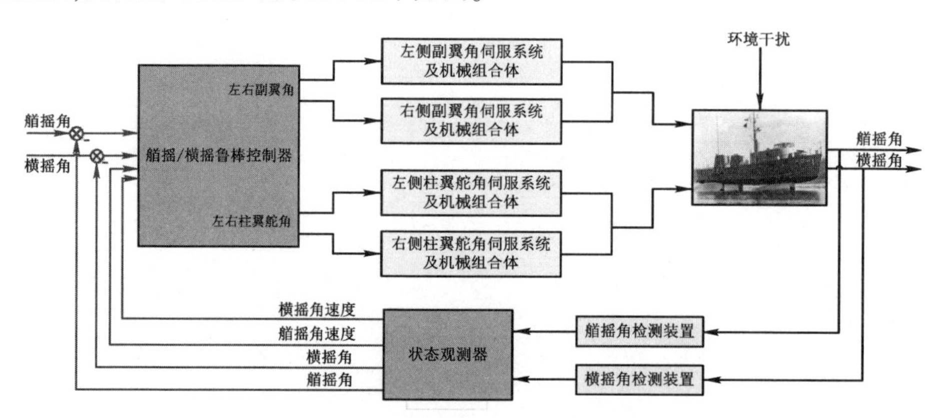

图 7-1 全浸式水翼艇艏摇/横摇联合控制系统体系结构

(1) 全浸式水翼艇横向平面动力学无静稳定性,其艏摇动态与横摇动态的姿态保持均需要外加控制力矩来维持。

(2) 全浸式水翼艇横向平面动力学中,艏摇动态与横摇动态高度耦合,因而航向保持控制策略的设计需要综合考虑艏摇和横摇的耦合效应,进行一体化设计。

(3) 位于支柱系统上的柱翼舵与位于水翼后缘靠近两弦的副翼的控制效应与艏摇/横摇动态特性是交叉耦合的,每一种控制翼面均对艏摇与横摇动态提供控制力矩,而不是像传统水面船仅装配舵控制面。因此,需要通过柱翼舵和副翼的联合控制实现全浸式水翼艇的艏摇/横摇运动控制,从而达到航向保持控制目的。

7.2 全浸式水翼艇艏摇/横摇姿态迭代学习输出反馈控制

7.2.1 迭代学习观测器

考虑翼航状态定航速航行的全浸式水翼艇,由第 3 章所述非线性操纵动力学模型可知,其艏摇/横摇动态方程为

$$\begin{cases}\dot{\boldsymbol{\eta}}=\boldsymbol{J}(\boldsymbol{\eta})\boldsymbol{v}\\ \boldsymbol{M}\dot{\boldsymbol{v}}+\boldsymbol{N}(u_0)\boldsymbol{v}+\boldsymbol{G}(\boldsymbol{\eta})=\boldsymbol{b}\boldsymbol{u}+\boldsymbol{\tau}_{\mathrm{d}}\end{cases} \tag{7-1}$$

式中:$\boldsymbol{\eta}=[\psi,\phi]^{\mathrm{T}}$为惯性坐标系下全浸式水翼艇艏摇/横摇角姿态向量,$\psi$, ϕ 分别为全浸式水翼艇的艏摇角与横摇角;$\boldsymbol{v}=[r,p]^{\mathrm{T}}$为船体坐标系下全浸式水翼艇艏摇/横摇角速度向量,$r,p$ 分别为全浸式水翼艇艏摇角速度与横摇角速度;$\boldsymbol{J}=\begin{bmatrix}\cos\phi & 0\\ 0 & 1\end{bmatrix}$为船体坐标系到惯性坐标系的坐标转换矩阵;$\boldsymbol{M}=\begin{bmatrix}I_z-N_{\dot{r}} & -N_{\dot{p}}\\ -K_{\dot{r}} & I_x-K_{\dot{p}}\end{bmatrix}$为包含附加质量的质量与惯性矩阵; $\boldsymbol{N}(u_0)$为水动力阻尼矩阵,$\boldsymbol{N}(u_0)=\boldsymbol{N}_{\mathrm{L}}+\boldsymbol{N}_{\mathrm{NL}}$,$\boldsymbol{N}_{\mathrm{L}}=\begin{bmatrix}-N_r & -N_p\\ -K_r & -K_p\end{bmatrix}$代表水动力阻尼的线性部分,$\boldsymbol{N}_{\mathrm{NL}}=\begin{bmatrix}-N_{r|r|}|r| & 0\\ 0 & -K_{p|p|}|p|\end{bmatrix}$为水动力阻尼的高阶非线性部分;$\boldsymbol{G}(\boldsymbol{\eta})=[0,W\overline{GM_{\mathrm{T}}}]^{\mathrm{T}}$为重力矩阵,$W=mg$ 为船体重力,$\overline{GM_{\mathrm{T}}}$为横稳性高;$\boldsymbol{b}=\begin{bmatrix}N_{\delta_{\mathrm{R}}} & N_{\delta_{\mathrm{A}}}\\ K_{\delta_{\mathrm{R}}} & K_{\delta_{\mathrm{A}}}\end{bmatrix}$为系统控制矩阵,$N_{\delta_{\mathrm{R}}}$,$N_{\delta_{\mathrm{A}}}$,$K_{\delta_{\mathrm{R}}}$和 $K_{\delta_{\mathrm{A}}}$分别为副翼与柱翼舵的控制力矩系数;$\boldsymbol{u}=[\delta_{\mathrm{R}},\delta_{\mathrm{A}}]^{\mathrm{T}}$为控制输入,$\delta_{\mathrm{R}}$和 δ_{A}分别为柱翼舵角与副翼角;$\boldsymbol{\tau}_{\mathrm{d}}\in R^2$为风浪流引起的艏摇/横摇复合干扰向量。

由于水翼艇在航向保持运动模式下的横摇角很小,因此可以近似认为 $\phi\approx 0$,则矩阵 $\boldsymbol{J}$ 可简化为单位阵。定义 $x_1\triangleq\boldsymbol{\eta}$, $x_2\triangleq\boldsymbol{v}$, 则全浸式水翼艇艏摇/横摇动力学方程可以写成如下二阶系统的形式:

$$\begin{cases}\dot{x}_1=x_2\\ \dot{x}_2=F(x_1,x_2)+\xi(x_1,x_2)+\bar{\boldsymbol{b}}\boldsymbol{u}+\bar{\boldsymbol{\tau}}_{\mathrm{d}}\end{cases}\tag{7-2}$$

其中,

$$F(x_1,x_2)=-\boldsymbol{M}^{-1}[C(u_0,x_2)x_2+D_L(u_0,x_2)x_2+\boldsymbol{G}(x_1)x_1]\tag{7-3}$$

$$\xi(x_1,x_2)=-\boldsymbol{M}^{-1}D_N(u_0,x_2)x_2\tag{7-4}$$

$$\bar{\boldsymbol{b}}=\boldsymbol{M}^{-1}\boldsymbol{b}\tag{7-5}$$

$$\bar{\boldsymbol{\tau}}_{\mathrm{d}}=\boldsymbol{M}^{-1}\boldsymbol{\tau}_{\mathrm{d}}\tag{7-6}$$

考虑模型不确定性对系统模型的影响,需要将系统方程中的标称部分与摄动部分进行如下分离:

$$F(x_1,x_2)=F_0(x_1,x_2)+F_\Delta(x_1,x_2)\tag{7-7}$$

$$\xi(x_1,x_2)=\xi_0(x_1,x_2)+\xi_\Delta(x_1,x_2)\tag{7-8}$$

式中:下标 0 表示系统模型的标称部分;下标 Δ 表示系统动态方程中的模型不确定性部分。则包含模型不确定性的全浸式水翼艇艏摇/横摇动力学方程可以进一步写成如下形式:

$$\begin{cases}\dot{x}_1=x_2\\ \dot{x}_2=F_0(x_1,x_2)+\xi_0(x_1,x_2)+\bar{\boldsymbol{B}}\boldsymbol{u}+f_{\mathrm{d}}(t)\end{cases}\tag{7-9}$$

式中:$f_{\mathrm{d}}(t)=F_\Delta(x_1,x_2)+\xi_\Delta(x_1,x_2)+\bar{\boldsymbol{\tau}}_{\mathrm{d}}$为包含模型不确定性在内的系统复合干扰。

综上,系统控制目标为利用迭代学习方法设计一种基于观测器的全浸式水翼艇艏摇/横摇输出反馈控制策略。本章提出的迭代学习观测器能够通过一种归一化的观测器结构同时对系统状态与复合干扰进行在线估计。而后通过基于迭代学习策略设计的改进滑模控制器对全浸式水翼艇艏摇/横摇动力学系统进行闭环控制。为便于后续控制设计,提出以下两点假设。

假设 7.1:非线性函数 $\xi(\cdot)$ 连续可微并且满足局部 Lipschitz 条件:

$$\|\boldsymbol{\xi}(\boldsymbol{x})-\boldsymbol{\xi}(\hat{x})\|\leqslant\boldsymbol{\sigma}\|\boldsymbol{x}-\hat{x}\|\tag{7-10}$$

式中:σ 为 Lipschitz 常数。

假设 7.2:复合干扰 $f_{\mathrm{d}}(t)$ 为有界干扰,即 $\|f_{\mathrm{d}}(t)\|\leqslant\bar{f}_{\mathrm{d}}$。

本节研究迭代学习观测器的设计结构与收敛性分析。为便于观测器设计,将全浸式水翼艇横向的系统模型写成如下状态空间模型的形式:

$$\begin{cases}\dot{\boldsymbol{x}}=\boldsymbol{A}\boldsymbol{x}+\boldsymbol{\xi}(\boldsymbol{x})+\boldsymbol{B}\boldsymbol{u}+\boldsymbol{E}f_{\mathrm{d}}(t)\\ y=\boldsymbol{C}\boldsymbol{x}\end{cases}\tag{7-11}$$

其中,

$$A=\begin{bmatrix}0 & I\\ -M^{-1}G & -M^{-1}(C+D_L)\end{bmatrix},\xi(x)=\begin{bmatrix}0\\ -M^{-1}D_N x_2\end{bmatrix},B=\begin{bmatrix}0\\ \bar{b}\end{bmatrix}$$

$$C=[I\quad 0],E=\begin{bmatrix}0\\ I\end{bmatrix},x=[x_1\quad x_2]^{\mathrm{T}},y=x_1$$

根据式(7-11)所描述的状态空间模型,设计迭代学习观测器如下:

$$\begin{cases}\dot{\hat{x}}=A\,\hat{x}+\xi(\hat{x})+Bu(t)+L(y-\hat{y})+E\gamma(t)\\ \gamma(t)=\mu_1\gamma(t-\tau)+\mu_2[y(t)-\hat{y}(t)]\\ \hat{y}(t)=C\,\hat{x}\end{cases}\tag{7-12}$$

式中:$\hat{x}$为系统状态 x 的估计值;$\hat{y}(t)$为 t 时刻系统输出的估计值;τ 为观测器采样间隔时间;γ 为观测器迭代输入因子,$\gamma(t)$为 t 时刻的迭代输入因子,$\gamma(t-\tau)$为上一采样时刻的迭代输入因子;L 与 $\mu_i(i=1,2)$分别为相应维数的观测器增益矩阵。

将式(7-11)与式(7-12)相减可得到迭代学习观测器的估计误差动态方程如下:

$$\dot{\tilde{x}}=(A-LC)\tilde{x}+[\xi(x)-\xi(\hat{x})]+E[f_{\mathrm{d}}(t)-\gamma(t)]\tag{7-13}$$

式中,$\tilde{x}=x-\hat{x}$为迭代学习观测器的状态估计误差。

与此同时,干扰估计误差$\tilde{d}$与辅助变量 d_{aux} 的定义如下:

$$\tilde{d}=f_{\mathrm{d}}(t)-\gamma(t)\tag{7-14}$$

$$d_{\mathrm{aux}}=f_{\mathrm{d}}(t)-\mu_1 f_{\mathrm{d}}(t-\tau)\tag{7-15}$$

由式(7-14)与式(7-15)可进一步得到

$$\tilde{d}(t)=d(t)-\mu_1\gamma(t-\tau)-\mu_2C\,\tilde{x}(t)=\mu_1\tilde{d}(t-\tau)-\mu_2C\,\tilde{x}(t)+d_{\mathrm{aux}}\tag{7-16}$$

将公式(7-13)代入公式(7-16)可得

$$\dot{\tilde{x}}=(A-LC)\tilde{x}+E\mu_1\tilde{d}(t-\tau)-E\mu_2C\,\tilde{x}(t)+Ed_{\mathrm{aux}}+[\xi(x)-\xi(\hat{x})]\tag{7-17}$$

定理 7.1:考虑公式(7-11)所描述的全浸式水翼艇艏摇/横摇状态空间模型,若以下条件成立为

$$(A-LC)^{\mathrm{T}}P+P(A-LC)=-Q\tag{7-18}$$

$$PE=\rho(\mu_2C)^{\mathrm{T}},\rho>1\tag{7-19}$$

$$0<(\rho+m^2)\mu_1^{\mathrm{T}}\mu_1\leqslant I\tag{7-20}$$

式中:P,Q 为正定对称阵;$m>0$ 为待定常数;I 为单位阵。则公式(7-12)所述迭代学习观测器的状态估计误差与干扰估计误差是一致最终有界的。

证明:定义如下李雅普诺夫函数:

$$V_1=\tilde{x}^{\mathrm{T}}(t)P\,\tilde{x}(t)+\int_{t-\tau}^{t}\tilde{d}^{\mathrm{T}}(\alpha)\,\tilde{d}(\alpha)\,\mathrm{d}\alpha\tag{7-21}$$

结合公式(7-18)与公式(7-21),对 V_1 求导可得

$$\begin{aligned}\dot{V}_1=&\tilde{x}^{\mathrm{T}}[(A-LC)^{\mathrm{T}}P+P(A-LC)]\tilde{x}+2\tilde{x}^{\mathrm{T}}(t)PE\mu_1\tilde{d}(t-\tau)\\&-2\tilde{x}(t)PE\mu_2C\tilde{x}(t)+2\tilde{x}^{\mathrm{T}}(t)PE\,d_{\tau}(t)-\varepsilon\tilde{d}^{\mathrm{T}}(t)\tilde{d}(t)\\&+\rho\tilde{d}^{\mathrm{T}}(t)\tilde{d}(t)-\tilde{d}^{\mathrm{T}}(t-\tau)\tilde{d}(t-\tau)+2\tilde{x}^{\mathrm{T}}(t)P[\xi(x)-\xi(\hat{x})]\end{aligned}\tag{7-22}$$

式中:ρ 和 ε 均为正数且满足 $\rho-\varepsilon=1$。

将式(7-16)代入式(7-22)中,式(7-22)可以进一步展开得到

$$\begin{aligned}\dot{V}_1=&\tilde{x}^{\mathrm{T}}[(A-LC)^{\mathrm{T}}P+P(A-LC)]\tilde{x}+2\tilde{x}^{\mathrm{T}}(t)PE\mu_1\tilde{d}(t-\tau)\\&+2\tilde{x}^{\mathrm{T}}(t)P[\xi(x)-\xi(\hat{x})]-2\tilde{x}(t)PE\mu_2C\tilde{x}(t)+2\tilde{x}^{\mathrm{T}}(t)PEd_{\tau}(t)\\&-\varepsilon\tilde{d}^{\mathrm{T}}(t)\tilde{d}(t)+\rho\tilde{d}(t-\tau)\mu_1^{\mathrm{T}}\mu_1\tilde{d}(t-\tau)+\rho d_{\tau}^{\mathrm{T}}d_{\tau}\\&+2\rho\tilde{d}^{\mathrm{T}}(t-\tau)\mu_1^{\mathrm{T}}d_{\tau}(t)-2\rho\tilde{x}^{\mathrm{T}}(\mu_2C)^{\mathrm{T}}d_{\tau}(t)-\tilde{d}^{\mathrm{T}}(t-\tau)\tilde{d}(t-\tau)\end{aligned}\tag{7-23}$$

对于任意正定对称阵 Q,存在正定对称阵 P,使得下式成立:

$$(A-LC)^{\mathrm{T}}P+P(A-LC)=-Q\tag{7-24}$$

$$PE=\rho(\mu_2C)^{\mathrm{T}}\tag{7-25}$$

则可以进一步推导出

$$\begin{aligned}\dot{V}_1\leqslant&-\lambda_{\min}(Q)\|\tilde{x}\|^2-\varepsilon\|\tilde{d}(t)\|^2-\tilde{d}^{\mathrm{T}}(t-\tau)\tilde{d}(t-\tau)\\&+\rho\tilde{d}^{\mathrm{T}}(t-\tau)\mu_1^{\mathrm{T}}\mu_1\tilde{d}(t-\tau)+2\rho\tilde{d}(t-\tau)\mu_1^{\mathrm{T}}d_{\tau}(t)\\&+\rho\bar{d}_{\tau}^2+2\eta\|P\|\|\tilde{x}\|^2\end{aligned}\tag{7-26}$$

利用下式不等式

$$\begin{aligned}2\rho\tilde{d}^{\mathrm{T}}(t-\tau)\mu_1^{\mathrm{T}}d_{\mathrm{aux}}(t)\leqslant&m^2\tilde{d}^{\mathrm{T}}(t-\tau)\mu_1^{\mathrm{T}}\mu_1\tilde{d}(t-\tau)\\&+\frac{\rho^2}{m^2}d_{\mathrm{aux}}^{\mathrm{T}}(t)d_{\mathrm{aux}}(t)\end{aligned}\tag{7-27}$$

则可以进一步得到

$$\begin{aligned}\dot{V}_1\leqslant&-\lambda_{\min}(Q)\|\tilde{x}\|^2-\varepsilon\|\tilde{d}(t)\|^2\\&+\tilde{d}^{\mathrm{T}}(t-\tau)[(\rho+m^2)\mu_1^{\mathrm{T}}\mu_1-I]\tilde{d}(t-\tau)\\&+\left(\rho+\frac{\rho^2}{m^2}\right)\bar{d}_{\tau}^2+2\eta\lambda_{\max}(P)\|\tilde{x}\|^2\end{aligned}\tag{7-28}$$

即

$$\begin{aligned}\dot{V}_1 \leqslant & -k\|\tilde{\boldsymbol{x}}\|^2-\varepsilon\|\tilde{\boldsymbol{d}}(t)\|^2+\left(\rho+\frac{\rho^2}{m^2}\right)\|\bar{\boldsymbol{d}}_\tau\|^2 \\ & +\tilde{\boldsymbol{d}}^{\mathrm{T}}(t-\tau)\left[(\rho+m^2)\boldsymbol{\mu}_1^{\mathrm{T}}\boldsymbol{\mu}_1-\boldsymbol{I}\right]\tilde{\boldsymbol{d}}(t-\tau)\end{aligned} \tag{7-29}$$

其中，$k=\lambda_{\min}(\boldsymbol{Q})-2\boldsymbol{\eta}\lambda_{\max}(\boldsymbol{P})>0$。

通过合理选取观测器参数使得 $0<(\rho+m^2)\boldsymbol{\mu}_1^{\mathrm{T}}\boldsymbol{\mu}_1\leqslant\boldsymbol{I}$ 成立，则迭代学习观测器的系统状态观测误差与干扰估计误差一致最终有界。

7.2.2　全浸式水翼艇艏摇/横摇姿态迭代学习滑模控制策略

针对控制器设计，提出了一种基于迭代学习的改进滑模控制策略。在该控制方法中，本书将迭代学习的思想用于滑动流形的设计当中，用以改善传统滑模控制的动态性能。同时，基于上一节中所述的迭代学习观测器，实现了全浸式水翼艇艏摇/横摇动力学系统的状态重构，利用迭代输入因子对系统复合干扰的在线估计对滑模控制器进行前馈补偿，实现整体闭环系统的输出反馈控制的同时，保证了整个闭环系统的干扰抑制性能。

在控制器设计之前，首先对系统模型进行适当的变换。用迭代学习观测器的状态估计量替换原系统中的状态量，并利用虚拟辅助控制律对系统中的非线性阻尼进行变换处理，可以将式(7-1)中的系统模型写成如下形式：

$$\begin{cases}\dot{\hat{\boldsymbol{x}}}_1=\hat{x}_2 \\ \dot{\hat{x}}_2=F_0(\hat{\boldsymbol{x}}_1,\hat{x}_2)+\chi+f_{\mathrm{d}}(t)\end{cases} \tag{7-30}$$

其中，虚拟控制量 χ 定义为

$$\chi=\xi_0(\hat{\boldsymbol{x}}_1,\hat{x}_2)+\bar{\boldsymbol{b}}u \tag{7-31}$$

基于迭代学习观测器对系统复合干扰的在线估计，有 $\hat{f}_{\mathrm{d}}=\gamma$。

利用 $\hat{f}_{\mathrm{d}}$ 作为系统控制量的前馈补偿项，虚拟控制量 χ 可以进一步设计为

$$\chi=\chi_{\mathrm{s}}-\hat{f}_{\mathrm{d}} \tag{7-32}$$

则公式(7-30)可以进一步写成

$$\begin{cases}\dot{\hat{\boldsymbol{x}}}_1=\hat{x}_2 \\ \dot{\hat{x}}_2=F_0(\hat{\boldsymbol{x}}_1,\hat{x}_2)+\chi_{\mathrm{s}}+e_{\mathrm{d}}\end{cases} \tag{7-33}$$

式中：e_{d} 为干扰估计量 $\hat{f}_{\mathrm{d}}$ 的残差，且有 $\|e_{\mathrm{d}}\|\leqslant\bar{e}_{\mathrm{d}}$，$\bar{e}_{\mathrm{d}}$ 为待定残差上界。

基于式(7-33)中的系统模型，设计如下迭代学习滑模面：

$$\boldsymbol{s}=\hat{x}_2-\boldsymbol{K}\hat{\boldsymbol{x}}_1-\boldsymbol{K}_\tau\hat{\boldsymbol{x}}_1(t-\tau) \tag{7-34}$$

式中:$\boldsymbol{K},\boldsymbol{K}_\tau \in R^{2\times2}$为待设计的滑模面参数。

注:根据式(7-34)可以看出,对于迭代采样间隔τ,若$\tau=0$,则滑模面将变为$\boldsymbol{s}=\hat{x}_2-(\boldsymbol{K}+\boldsymbol{K}_\tau)\hat{\boldsymbol{x}}_1$,即传统的线性滑模面。迭代采样间隔$\tau$的提出能够有效提高滑模控制的动态性能,优化传统线性滑模面的暂态特性。

令$\boldsymbol{s}=0$,可以得出

$$\dot{\hat{\boldsymbol{x}}}_1=\boldsymbol{K}\hat{\boldsymbol{x}}_1+\boldsymbol{K}_\tau\hat{\boldsymbol{x}}_1(t-\tau) \tag{7-35}$$

定义如下李雅普诺夫函数:

$$\boldsymbol{V}_2=\hat{\boldsymbol{x}}_1^{\mathrm{T}}\boldsymbol{\Phi}\hat{\boldsymbol{x}}_1+\int_{t-\tau}^{t}\hat{\boldsymbol{x}}_1^{\mathrm{T}}(\omega)\boldsymbol{Z}\hat{\boldsymbol{x}}_1(\omega)\mathrm{d}\omega \tag{7-36}$$

式中:$\boldsymbol{\Phi},\boldsymbol{Z}$为正定对称阵。

求取$\boldsymbol{V}_2$对时间的导数可得

$$\dot{\boldsymbol{V}}_2=\dot{\boldsymbol{x}}_1^{\mathrm{T}}\boldsymbol{\Phi}\boldsymbol{x}_1+\boldsymbol{x}_1^{\mathrm{T}}\boldsymbol{\Phi}\dot{\boldsymbol{x}}_1+\boldsymbol{x}_1^{\mathrm{T}}(t)\boldsymbol{Z}\boldsymbol{x}_1(t)-\boldsymbol{x}_1^{\mathrm{T}}(t-\tau)\boldsymbol{Z}\boldsymbol{x}_1(t-\tau) \tag{7-37}$$

进而,将式(7-35)代入式(7-37)可以进一步得出

$$\begin{aligned}\dot{\boldsymbol{V}}_2=&\hat{\boldsymbol{x}}_1^{\mathrm{T}}(\boldsymbol{K}^{\mathrm{T}}\boldsymbol{\Phi}+\boldsymbol{\Phi}\boldsymbol{K})\hat{\boldsymbol{x}}_1+\hat{\boldsymbol{x}}_1^{\mathrm{T}}\boldsymbol{\Phi}\boldsymbol{K}_\tau\hat{\boldsymbol{x}}_1(t-\tau)\\&+\hat{\boldsymbol{x}}_1^{\mathrm{T}}(t-\tau)\boldsymbol{K}_\tau^{\mathrm{T}}\boldsymbol{\Phi}\hat{\boldsymbol{x}}_1(t-\tau)+\hat{\boldsymbol{x}}_1^{\mathrm{T}}\boldsymbol{Z}\hat{\boldsymbol{x}}_1-\hat{\boldsymbol{x}}_1^{\mathrm{T}}(t-\tau)\boldsymbol{Z}\hat{\boldsymbol{x}}_1(t-\tau)\end{aligned} \tag{7-38}$$

定义$\boldsymbol{\Lambda}\triangleq[\hat{\boldsymbol{x}}_1^{\mathrm{T}}(t)\quad \hat{\boldsymbol{x}}_1^{\mathrm{T}}(t-\tau)]^{\mathrm{T}}$,则式(7-38)可以写成

$$\dot{\boldsymbol{V}}_2=\boldsymbol{\Lambda}^{\mathrm{T}}\begin{bmatrix}\boldsymbol{K}^{\mathrm{T}}\boldsymbol{\Phi}+\boldsymbol{\Phi}\boldsymbol{K}+\boldsymbol{Z} & \boldsymbol{\Phi}\boldsymbol{K}_\tau\\ \boldsymbol{\Phi}\boldsymbol{K}_\tau & -\boldsymbol{Z}\end{bmatrix}\boldsymbol{\Lambda} \tag{7-39}$$

通过适当调节$\boldsymbol{K}$、$\boldsymbol{K}_\tau$、$\boldsymbol{\Phi}$和$\boldsymbol{Z}$的值,可以使得存在一个正定对称阵$\boldsymbol{\Gamma}$使下式成立:

$$\begin{bmatrix}\boldsymbol{K}^{\mathrm{T}}\boldsymbol{\Phi}+\boldsymbol{\Phi}\boldsymbol{K}+\boldsymbol{Z} & \boldsymbol{\Phi}\boldsymbol{K}_\tau\\ \boldsymbol{\Phi}\boldsymbol{K}_\tau & -\boldsymbol{Z}\end{bmatrix}=-\boldsymbol{\Gamma} \tag{7-40}$$

则可以得出

$$\dot{\boldsymbol{V}}_2=-\boldsymbol{\Lambda}^{\mathrm{T}}\boldsymbol{\Gamma}\boldsymbol{\Lambda}\leqslant-\lambda_{\min}(\boldsymbol{\Gamma})\|\boldsymbol{\Lambda}\|^2 \tag{7-41}$$

根据式(7-36)~式(7-41)可以得出,式(7-34)中所述滑动流形是一致渐进稳定的。因此,一旦系统轨线到达此滑模面,即可保持在滑模面上。

基于式(7-34)所定义的迭代学习滑模面,设计如下虚拟控制律:

$$\chi_{\mathrm{s}}=-[F_0(\hat{\boldsymbol{x}}_1,\hat{x}_2)-\boldsymbol{K}\hat{x}_2-\boldsymbol{K}_\tau\hat{x}_2(t-\tau)+\alpha s]-\bar{e}_{\mathrm{d}}\mathrm{sgn}(\boldsymbol{s}) \tag{7-42}$$

式中:α为正常数。

为了抑制切换项带来的抖振问题,利用双曲正切函数替代符号函数,则式(7-42)可以写成

$$\chi_{s}=-[F_{0}(\hat{\boldsymbol{x}}_{1},\hat{x}_{2})-\boldsymbol{K}\hat{x}_{2}-\boldsymbol{K}_{\tau}\hat{x}_{2}(t-\tau)+\alpha\boldsymbol{s}]-\bar{e}_{d}\tanh(\boldsymbol{s}/\varepsilon) \tag{7-43}$$

式中：$\varepsilon>0$ 为标量参数。

则系统最终的控制律可以表示为

$$\boldsymbol{u}=\bar{\boldsymbol{b}}^{-1}[\chi_{s}(\hat{\boldsymbol{x}}_{1},\hat{x}_{2})-\hat{f}_{d}-\boldsymbol{\xi}_{0}(\boldsymbol{x}_{1},x_{2})] \tag{7-44}$$

定理 7.2：考虑式(7-11)中所描述的全浸式水翼艇艏摇/横摇动力学模型，系统特性与复合干扰满足假设 7.1 与 7.2，使用式(7-12)所述的迭代学习观测器与式(7-44)所述的基于迭代学习的滑模控制律，可以保证闭环系统在平衡点是一致最终有界的。

证明：

为闭环系统选取如下李雅普诺夫函数：

$$\boldsymbol{V}_{3}=\boldsymbol{V}_{1}+\frac{1}{2}\boldsymbol{s}^{\mathrm{T}}\boldsymbol{s} \tag{7-45}$$

并求取 $\boldsymbol{V}_3$ 对时间的导数，可以得到

$$\begin{aligned}\dot{\boldsymbol{V}}_{3}=&\tilde{\boldsymbol{x}}^{\mathrm{T}}[(\boldsymbol{A}-\boldsymbol{LC})^{\mathrm{T}}\boldsymbol{P}+\boldsymbol{P}(\boldsymbol{A}-\boldsymbol{LC})]\tilde{\boldsymbol{x}}+2\tilde{\boldsymbol{x}}^{\mathrm{T}}(t)\boldsymbol{PE\mu}_{1}\tilde{\boldsymbol{d}}(t-\tau)\\&-2\tilde{\boldsymbol{x}}(t)\boldsymbol{PE\mu}_{2}\boldsymbol{C}\tilde{\boldsymbol{x}}(t)+2\tilde{\boldsymbol{x}}^{\mathrm{T}}(t)\boldsymbol{PEd}_{\tau}(t)-\varepsilon\tilde{\boldsymbol{d}}^{\mathrm{T}}(t)\tilde{\boldsymbol{d}}(t)\\&+\rho\tilde{\boldsymbol{d}}^{\mathrm{T}}(t)\tilde{\boldsymbol{d}}(t)-\tilde{\boldsymbol{d}}^{\mathrm{T}}(t-\tau)\tilde{\boldsymbol{d}}(t-\tau)+2\tilde{\boldsymbol{x}}^{\mathrm{T}}(t)\boldsymbol{P}[\boldsymbol{\xi}(\boldsymbol{x})-\boldsymbol{\xi}(\hat{x})]\\&+\boldsymbol{s}^{\mathrm{T}}\dot{\boldsymbol{s}}\end{aligned} \tag{7-46}$$

基于式(7-29)、式(7-33)和式(7-34)中的设计，再将式(7-44)中的系统控制律代入式(7-46)，进一步展开可得

$$\begin{aligned}\dot{\boldsymbol{V}}_{3}\leqslant&-k\|\tilde{\boldsymbol{x}}\|^{2}-\varepsilon\|\tilde{\boldsymbol{d}}(t)\|^{2}+\left(\rho+\frac{\rho^{2}}{m^{2}}\right)\bar{\boldsymbol{d}}_{\tau}^{2}\\&+\tilde{\boldsymbol{d}}^{\mathrm{T}}(t-\tau)((\rho+m^{2})\boldsymbol{\mu}_{1}^{\mathrm{T}}\boldsymbol{\mu}_{1}-\boldsymbol{I})\tilde{\boldsymbol{d}}(t-\tau)\\&+\boldsymbol{s}^{\mathrm{T}}[e_{d}-\bar{e}_{d}\tanh(\boldsymbol{s}/\varepsilon)-\alpha\boldsymbol{s}]\end{aligned} \tag{7-47}$$

$$\begin{aligned}\dot{\boldsymbol{V}}_{3}\leqslant&-k\|\tilde{\boldsymbol{x}}\|^{2}-\varepsilon\|\tilde{\boldsymbol{d}}(t)\|^{2}+\left(\rho+\frac{\rho^{2}}{m^{2}}\right)\bar{\boldsymbol{d}}_{\tau}^{2}\\&+\tilde{\boldsymbol{d}}^{\mathrm{T}}(t-\tau)((\rho+m^{2})\boldsymbol{\mu}_{1}^{\mathrm{T}}\boldsymbol{\mu}_{1}-\boldsymbol{I})\tilde{\boldsymbol{d}}(t-\tau)\\&+\|\boldsymbol{s}\|\|e_{d}\|-\bar{e}_{d}\boldsymbol{s}^{\mathrm{T}}\tanh(\boldsymbol{s}/\varepsilon)-\alpha\|\boldsymbol{s}\|^{2}\end{aligned} \tag{7-48}$$

由双曲正切函数的相关性质可知，对于任意 $\boldsymbol{a}\in R^{n}$，有以下不等式成立：

$$\|\boldsymbol{a}\|-\boldsymbol{a}^{\mathrm{T}}\tanh(\boldsymbol{a}/\varepsilon)\leqslant 0.2785n\varepsilon \tag{7-49}$$

则对于式(7-48)中的相关多项式有以下不等式成立

$$-\boldsymbol{s}^{\mathrm{T}}\tanh(\boldsymbol{s}/\varepsilon)\leqslant-\|\boldsymbol{s}\|+0.2785\times 2\varepsilon \tag{7-50}$$

根据式(7-49)与式(7-50)，对式(7-48)作进一步放缩可以得出

$$
\begin{aligned}
\dot{V}_3 \leqslant & -k\|\tilde{\boldsymbol{x}}\|^2-\varepsilon\|\tilde{\boldsymbol{d}}(t)\|^2+\left(\rho+\frac{\rho^2}{m^2}\right)\bar{\boldsymbol{d}}_\tau^2 \\
& +\tilde{\boldsymbol{d}}^{\mathrm{T}}(t-\tau)\left[(\rho+m^2)\boldsymbol{\mu}_1^{\mathrm{T}}\boldsymbol{\mu}_1-I\right]\tilde{\boldsymbol{d}}(t-\tau) \\
& +\|\boldsymbol{s}\|\|e_{\mathrm{d}}\|-\bar{e}_{\mathrm{d}}\|\boldsymbol{s}\|+0.2785\,\bar{e}_{\mathrm{d}}2\varepsilon-\alpha\|\boldsymbol{s}\|^2 \\
\leqslant & -k\|\tilde{\boldsymbol{x}}\|^2-\varepsilon\|\tilde{\boldsymbol{d}}(t)\|^2+\left(\rho+\frac{\rho^2}{m^2}\right)\bar{\boldsymbol{d}}_\tau^2 \\
& +\tilde{\boldsymbol{d}}^{\mathrm{T}}(t-\tau)\left[(\rho+m^2)\boldsymbol{\mu}_1^{\mathrm{T}}\boldsymbol{\mu}_1-\boldsymbol{I}\right]\tilde{\boldsymbol{d}}(t-\tau) \\
& -\alpha\|\boldsymbol{s}\|^2+0.2785\bar{e}_{\mathrm{d}}2\varepsilon
\end{aligned}
\tag{7-51}
$$

联合定理 7.1 中的相关结论可知，若以下条件成立：

$$(\boldsymbol{A}-\boldsymbol{LC})^{\mathrm{T}}\boldsymbol{P}+\boldsymbol{P}(\boldsymbol{A}-\boldsymbol{LC})=-\boldsymbol{Q} \tag{7-52}$$

$$\boldsymbol{PE}=\rho(\boldsymbol{\mu}_2\boldsymbol{C})^{\mathrm{T}},\rho>1 \tag{7-53}$$

$$0<(\rho+m^2)\boldsymbol{\mu}_1^{\mathrm{T}}\boldsymbol{\mu}_1\leqslant\boldsymbol{I} \tag{7-54}$$

$$\begin{bmatrix}\boldsymbol{K}^{\mathrm{T}}\boldsymbol{\Phi}+\boldsymbol{\Phi}\boldsymbol{K}+\boldsymbol{Z} & \boldsymbol{\Phi}\boldsymbol{K}_\tau \\ \boldsymbol{\Phi}\boldsymbol{K}_\tau & -\boldsymbol{Z}\end{bmatrix}=-\boldsymbol{\Gamma} \tag{7-55}$$

则式(7-11)中所述系统模型在系统平衡点是一致最终有界的。

7.3 全浸式水翼艇艏摇/横摇姿态迭代学习滑模控制系统仿真

为了验证本章提出控制策略的有效性，本节以美国 PCH-1“高点”号全浸式水翼艇的模型参数为基准，针对不同有义波高与不同遭遇角，对基于迭代学习的全浸式水翼艇艏摇/横摇输出反馈滑模控制策略进行仿真研究。

仿真环境参数为：全浸式水翼艇航速 45kn，有义波高 $H_{1/3}$ 分别为 1.2m 与 3.8m，遭遇角分别为 0°、30°、60°、90°、120°、150°。限于篇幅，本章只给出在有义波高 1.2m、遭遇角 30°下的系统控制仿真曲线。系统仿真初值$[\psi,\varphi,r,p]^{\mathrm{T}}=[0,0,0,0]^{\mathrm{T}}$，设模型参数摄动范围为 25%，则考虑模型不确定性之后的系统模型参数为 $p_{\Delta ij}=p_{ij}+0.25p_{ij}\cdot\mathrm{rand}(-1,1)$，其中 $p_{\Delta ij}$表示包含参数摄动效应后的模型参数，p_{ij}表示相应的标称模型参数。观测器与控制器参数如下：

$$\boldsymbol{\mu}_1=\mathrm{diag}[0.97\quad 0.78],\ \boldsymbol{\mu}_2=\begin{bmatrix}127.31 & 58.11\\ 52.15 & 49.82\end{bmatrix},\ \boldsymbol{K}=\begin{bmatrix}11.12 & 3.14\\ 1.73 & 2.11\end{bmatrix},$$

$$\boldsymbol{K}_\tau=\begin{bmatrix}4.54 & 1.71\\ 0.63 & 0.49\end{bmatrix},\boldsymbol{L}=\begin{bmatrix}11.58 & -2.85\\ -2.75 & 22.94\\ 55.47 & 57.26\\ 75.91 & 54.89\end{bmatrix},\ \boldsymbol{\alpha}=0.35,\bar{\boldsymbol{e}}_{\mathrm{d}}=0.07$$

为了验证本章提出的迭代学习观测器状态观测效果,本节将迭代学习观测器分别与 Luenberger 观测器和非线性干扰观测器进行对比以验证迭代学习观测器对系统状态和集总干扰的一体化观测性能;同时将本章所述迭代学习滑模控制策略与具有线性滑模面的传统滑模控制策略进行对比以体现控制器设计带来的性能提升。相关对比仿真的安排如下:

(1) 基于迭代学习策略的输出反馈滑模控制策略(ILSMC);

(2) 基于 Luenberger 观测器的传统滑模控制策略(LUESSMC);

(3) 基于非线性干扰观测器的传统滑模控制策略(NDOSSMC)。

图 7-2~图 7-5 给出了在不同的海情和遭遇角下,本章所设计的迭代学习观测器与传统 Luenberger 观测器对全浸式水翼艇艏摇/横摇动力学系统的系统状态观测对比曲线。从图 7-4 中可以看出,在角速度估计方面,本章所设计的迭代学习观测器较传统 Luenberger 观测器具有更高的观测精度。在迭代学习因子 $\gamma(t)$ 的作用下,系统状态的观测值可以在观测的过程中进行实时在线调整,从而增强了观测器的动态估计精度。

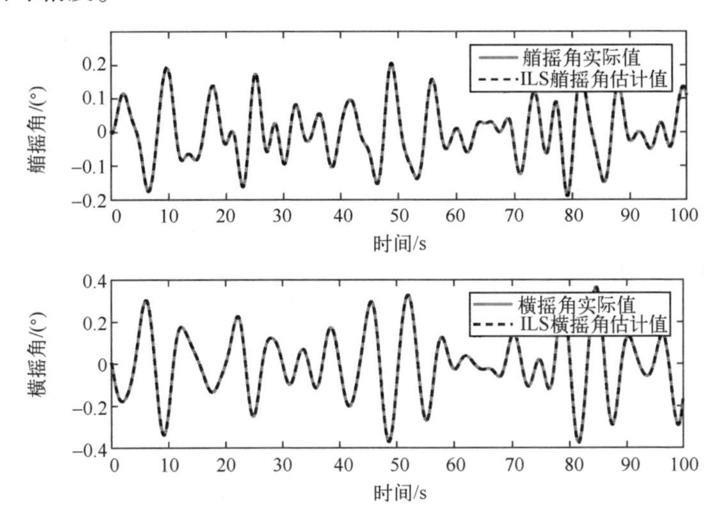

图 7-2　迭代学习观测器艏摇角/横摇角实际值与估计值(1.2m、30°)

与此同时,$\gamma(t)$ 能够对系统的集总干扰进行动态估计,从而利用前馈通道加强控制器对全浸式水翼艇艏摇/横摇的镇定效果。图 7-6 和图 7-7 给出了迭代学习观测器对系统集总干扰的估计曲线。从与非线性干扰观测器进行的对比中可以看出,$\gamma(t)$ 对集总干扰的估计精度要优于非线性干扰观测器。而且迭代学习观测器集状态观测与干扰估计双重功能于一体,结构设计更加简洁,利于工程实现。两种海清下状态观测与干扰估计的统计数据如表 7-1 和表 7-2 所示。

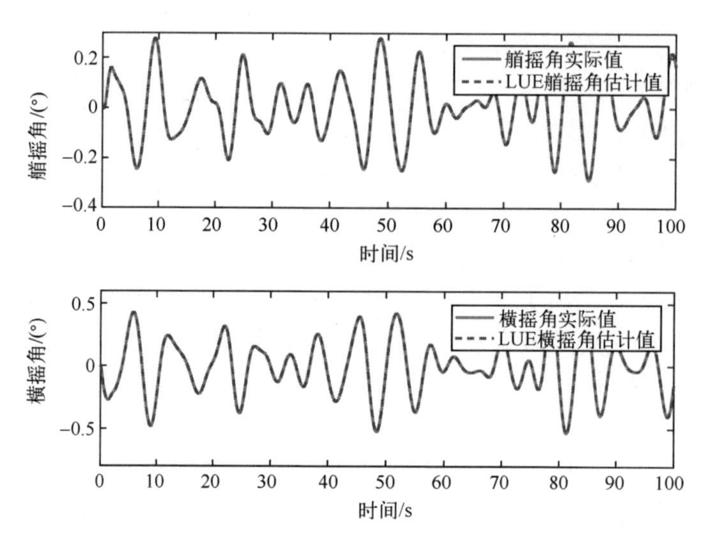

图 7-3　Luenberger 观测器艏摇角/横摇角实际值与估计值(1.2m、30°)

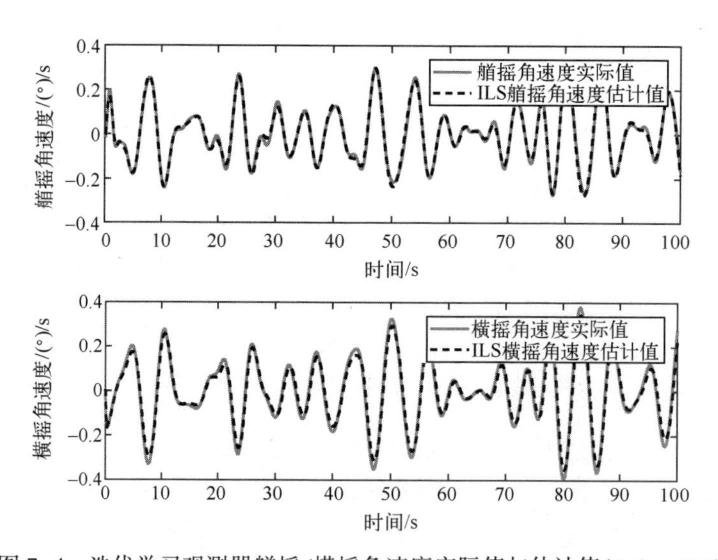

图 7-4　迭代学习观测器艏摇/横摇角速度实际值与估计值(1.2m、30°)

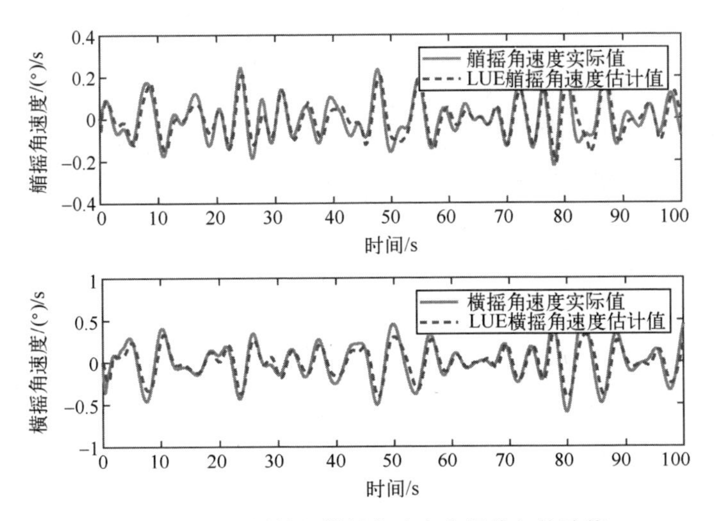

图 7-5　Luenberger 观测器艏摇/横摇角速度实际值与估计值(1.2m、30°)

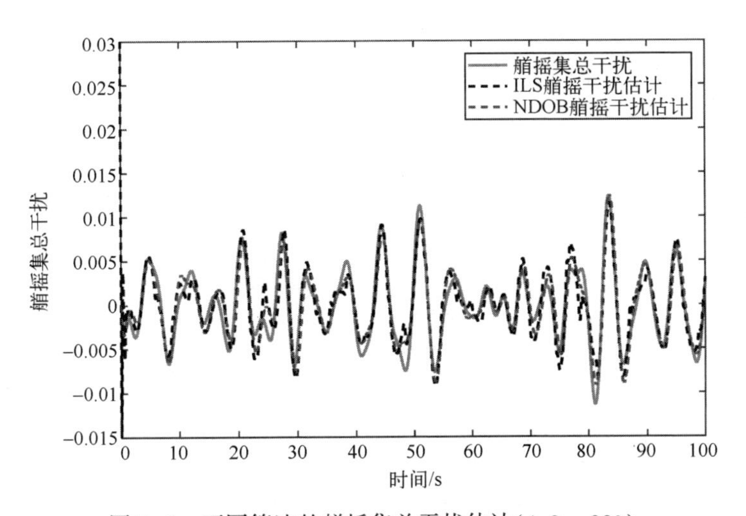

图 7-6　不同算法的艏摇集总干扰估计(1.2m、30°)

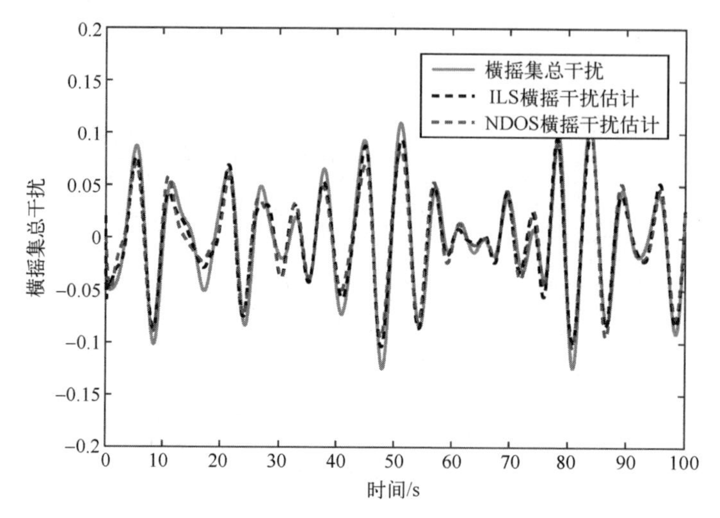

图 7-7　不同算法的横摇集总干扰估计(1.2m、30°)

表 7-1　状态观测误差统计结果(1.2m、30°)

统计值	遭遇角					
	0°	30°	60°	90°	120°	150°
$E(\text{err}(\dot{\psi}))$	0.0184	0.0179	0.0186	0.0180	0.0195	0.0162
$\text{STD}(\text{err}(\dot{\psi}))$	0.0848	0.0833	0.0798	0.0839	0.0871	0.0778
$E(\text{err}(\dot{\phi}))$	0.0445	0.0513	0.0701	0.0676	0.0546	0.0581
$\text{STD}(\text{err}(\dot{\phi}))$	0.0645	0.0712	0.0678	0.0554	0.0458	0.0534
$E(\text{err}(\tau_{d\psi}))$	0.0021	0.0023	0.0025	0.0029	0.0027	0.0023
$\text{STD}(\text{err}(\tau_{d\psi}))$	0.0039	0.0041	0.0044	0.0047	0.0042	0.0045
$E(\text{err}(\tau_{d\phi}))$	0.0386	0.0391	0.0381	0.0375	0.0402	0.0379
$\text{STD}(\text{err}(\tau_{d\phi}))$	0.0456	0.0483	0.0472	0.0439	0.0501	0.0457

表 7-2　状态观测误差统计结果(3.8m、120°)

统计值	遭遇角					
	0°	30°	60°	90°	120°	150°
$E(\text{err}(\dot{\psi}))$	0.0659	0.0672	0.0657	0.0651	0.0638	0.0695
$\text{STD}(\text{err}(\dot{\psi}))$	0.1210	0.0984	0.0962	0.1142	0.1218	0.1137
$E(\text{err}(\dot{\phi}))$	0.0773	0.0728	0.0738	0.0752	0.0762	0.0933
$\text{STD}(\text{err}(\dot{\phi}))$	0.1819	0.1757	0.1741	0.1682	0.1749	0.1811
$E(\text{err}(\tau_{d\psi}))$	0.0109	0.0116	0.0098	0.0103	0.0095	0.0108
$\text{STD}(\text{err}(\tau_{d\psi}))$	0.0133	0.0136	0.0129	0.0134	0.0132	0.0141
$E(\text{err}(\tau_{d\phi}))$	0.0547	0.0572	0.0602	0.0611	0.0583	0.0598
$\text{STD}(\text{err}(\tau_{d\phi}))$	0.0639	0.0644	0.0658	0.0672	0.0641	0.0663

图7-8~图7-10给出了不同有义波高时上述3种不同控制策略作用下全浸式水翼艇艏摇/横摇联合控制的控制效果对比曲线。通过系统状态的镇定曲线可以看出,基于迭代学习策略的滑模输出反馈控制策略在进行状态镇定的过程中具有最好的动态特性。与基于Luenberger观测器的传统滑模控制策略和基于非线性干扰观测器的传统滑模控制策略相比,基于迭代学习策略的滑模输出反馈控制策略对于全浸式水翼艇艏摇/横摇动力学系统的减摇效果最好。同时根据图7-10可知,

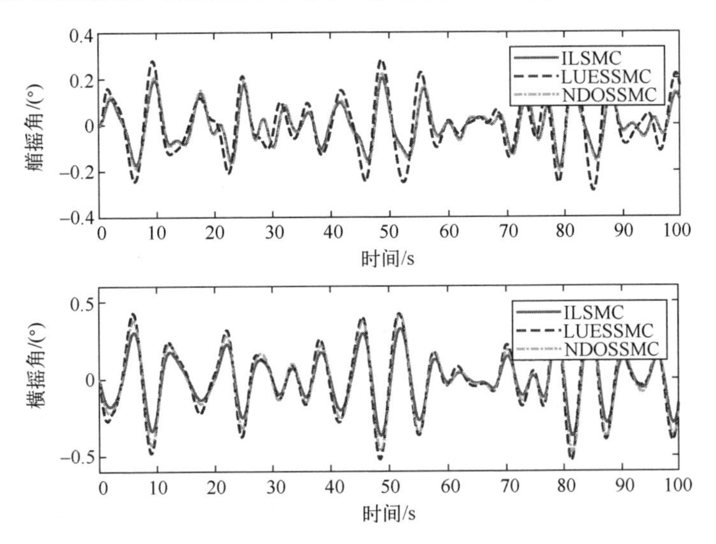

图7-8　不同控制策略作用下的艏摇/横摇角曲线(1.2m、30°)

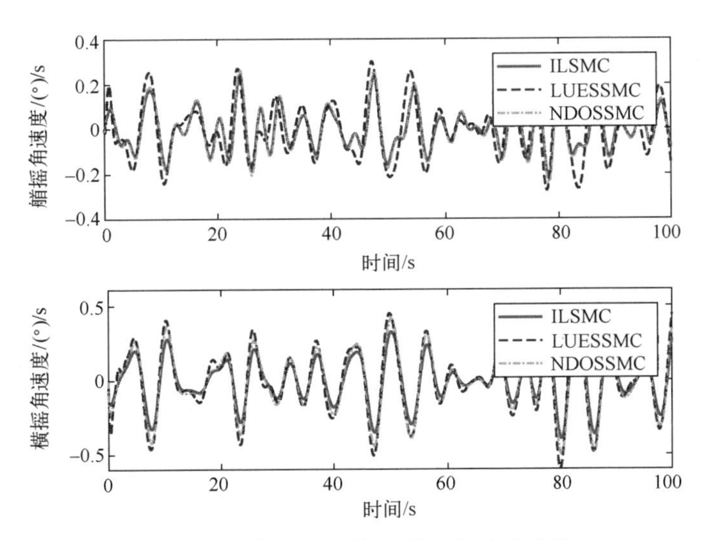

图7-9　不同控制策略作用下的艏摇/横摇角速度曲线(1.2m、30°)

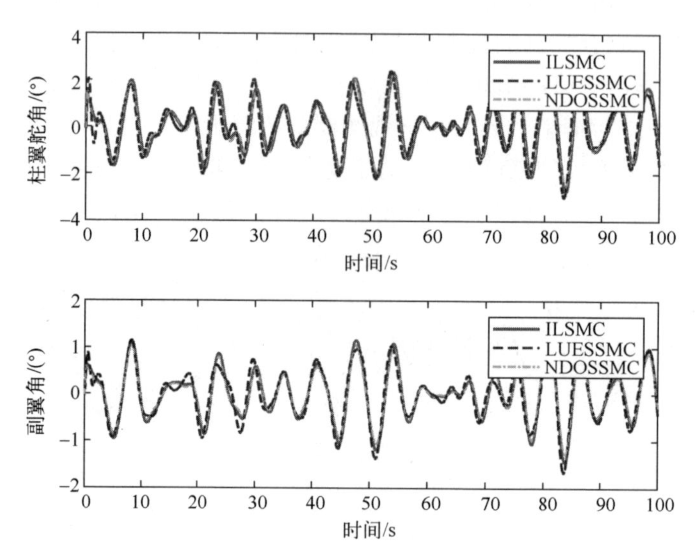

图 7-10 不同控制策略作用下的柱翼舵角与副翼角输出(1.2m、30°)

基于迭代学习策略的滑模输出反馈控制策略没有以提升系统控制输出的幅值换取控制精度的提高,从另一个角度说明了在观测器与控制器中引入迭代学习项对控制器动态特性的提高具有积极意义。两种有义波高下系统控制仿真的统计数据如表 7-3 和表 7-4 所示。

表 7-3 控制系统仿真统计结果(有义波高 1.2m)

统计值	遭遇角					
	0°	30°	60°	90°	120°	150°
$E(\psi)$	0.0028	0.0021	0.0073	0.0017	0.0020	0.0233
$STD(\psi)$	0.0612	0.1219	0.0349	0.0903	0.0598	0.0667
$E(\dot{\psi})$	0.0005	0.0007	0.0005	0.0011	0.0005	0.0001
$STD(\dot{\psi})$	0.0798	0.1728	0.0491	0.1334	0.0891	0.1027
$E(\phi)$	0.0003	0.0083	0.0006	−0.0005	0.0007	0.0264
$STD(\phi)$	0.0578	0.1729	0.0417	0.1371	0.0632	0.0741
$E(\dot{\phi})$	0.0001	0.0037	0.0002	−0.0003	0.0001	0.0018
$STD(\dot{\phi})$	0.0816	0.2818	0.0517	0.1562	0.0792	0.1151

表7-4　控制系统仿真统计结果(有义波高3.8m)

统计值	遭遇角					
	0°	30°	60°	90°	120°	150°
$E(\psi)$	0.3115	0.0058	−0.0059	−0.0962	0.0171	0.0042
$STD(\psi)$	0.4573	0.5193	0.1456	0.4874	0.3297	0.3651
$E(\dot{\psi})$	0.0027	0.0003	0.0028	0.0018	0.0029	0.0054
$STD(\dot{\psi})$	0.3671	0.4017	0.1035	0.4198	0.2751	0.3192
$E(\phi)$	0.3183	0.0021	0.0069	0.0981	0.0125	0.0296
$STD(\phi)$	0.4995	0.7063	0.1529	0.5996	0.4017	0.4381
$E(\dot{\phi})$	−0.0021	0.0082	−0.0052	−0.0087	0.0014	0.0061
$STD(\dot{\phi})$	0.6187	0.4862	0.0961	0.4618	0.3166	0.3681

7.4　全浸式水翼艇艏摇/横摇双时标输出反馈奇异扰动控制

7.4.1　基无源性的状态观测器设计

在进行无源观测器设计之前,本节首先对系统无源性的基本概念进行简要介绍。无源性是一种进行非线性系统分析的有力工具,其联合了李雅普诺夫稳定性理论与L_2稳定性理论,从耗散的角度对系统稳定性进行分析与判定。

首先,对于如下给定系统:

$$\begin{cases}\dot{x}=f(x,u)\\ y=h(x,u)\end{cases} \tag{7-56}$$

其中,$f:R^n\times R^p\rightarrow R^n$是局部Lipschitz的,$h:R^n\times R^p\rightarrow R^p$是连续的,且$f(0,0)=0$,$h(0,0)=0$。

定义7.1:如果存在一个连续可微的半正定函数$V(x)$,满足

$$\boldsymbol{u}^{\mathrm{T}}y\geqslant\dot{V}=\frac{\partial V}{\partial x}f(x,\boldsymbol{u}),\ \forall\,(x,\boldsymbol{u})\in R^n\times R^p \tag{7-57}$$

则式(7-56)是无源的。

引理7.1:设$\boldsymbol{G}(s)=\boldsymbol{C}(s\boldsymbol{I}-\boldsymbol{A})^{-1}\boldsymbol{B}+\boldsymbol{D}$是$p\times p$传递函数矩阵,其中$(\boldsymbol{A},\boldsymbol{B})$是可控制的,$(\boldsymbol{A},\boldsymbol{C})$是可观测的。当且仅当存在矩阵$\boldsymbol{P}=\boldsymbol{PT}>0$,$\boldsymbol{L}$和$\boldsymbol{W}$满足

$$\boldsymbol{PA}+\boldsymbol{A}^{\mathrm{T}}\boldsymbol{P}=-\boldsymbol{L}^{\mathrm{T}}\boldsymbol{L} \tag{7-58}$$

$$PB=C^{\mathrm{T}}-L^{\mathrm{T}}W \tag{7-59}$$

$$W^{\mathrm{T}}W=D+D^{\mathrm{T}} \tag{7-60}$$

时,$\boldsymbol{G}(s)$是正实的。该引理又称为正实引理。

引理 7.2:设 $\boldsymbol{G}(s)=\boldsymbol{C}(s\boldsymbol{I}-\boldsymbol{A})^{-1}\boldsymbol{B}+\boldsymbol{D}$ 是 $p\times p$ 传递函数矩阵,其中$(\boldsymbol{A},\boldsymbol{B})$是可控的,$(\boldsymbol{A},\boldsymbol{C})$是可观测的。当且仅当存在矩阵 $\boldsymbol{P}=\boldsymbol{PT}>0,\boldsymbol{L},\boldsymbol{W}$ 和正常数 ε,满足

$$PA+A^{\mathrm{T}}P=-L^{\mathrm{T}}L-\varepsilon P \tag{7-61}$$

$$PB=C^{\mathrm{T}}-L^{\mathrm{T}}W \tag{7-62}$$

$$W^{\mathrm{T}}W=D+D^{\mathrm{T}} \tag{7-63}$$

时,$\boldsymbol{G}(s)$是严格正实的。该引理又称为 Kalman-Yakubovich-Popov 引理。

基于以上两个引理,可以得到引理 7.3。

引理 7.3:线性时不变系统最小实现为

$$\dot{x}=\boldsymbol{A}x+\boldsymbol{Bu} \tag{7-64}$$

$$y=\boldsymbol{C}x+\boldsymbol{Du} \tag{7-65}$$

$$\boldsymbol{G}(s)=\boldsymbol{C}(s\boldsymbol{I}-\boldsymbol{A})^{-1}\boldsymbol{B}+\boldsymbol{D} \tag{7-66}$$

若 $\boldsymbol{G}(s)$是正实的,则系统是无源的;若 $\boldsymbol{G}(s)$是严格正实的,则系统是严格无源的。

考虑翼航状态定航速航行的全浸式水翼艇,由第 3 章所述非线性操纵动力学模型可知,其艏摇/横摇动态方程可以写成式(7-67)所示形式:

$$\begin{cases}\dot{\boldsymbol{\eta}}=\boldsymbol{J}(\boldsymbol{\eta})\boldsymbol{v}\\ \boldsymbol{M}\dot{\boldsymbol{v}}+\boldsymbol{N}(u_0)\boldsymbol{v}+\boldsymbol{G}\boldsymbol{\eta}=\boldsymbol{b}\boldsymbol{u}+\boldsymbol{\tau}_{\mathrm{b}}\end{cases} \tag{7-67}$$

式中:$\boldsymbol{\eta}=[\psi,\phi]^{\mathrm{T}}$为惯性坐标系下全浸式水翼艇艏摇/横摇角姿态向量,$\psi$,$\phi$ 分别为全浸式水翼艇的艏摇角与横摇角;$\boldsymbol{v}=[r,p]^{\mathrm{T}}$为船体坐标系下全浸式水翼艇艏摇/横摇角速度向量,$r,p$ 分别为全浸式水翼艇艏摇角速度与横摇角速度;$\boldsymbol{J}=\begin{bmatrix}\cos\phi & 0\\ 0 & 1\end{bmatrix}$为船体坐标系到惯性坐标系的坐标转换矩阵;$\boldsymbol{M}=\begin{bmatrix}I_z-N_{\dot{r}} & -N_{\dot{p}}\\ -K_{\dot{r}} & I_x-K_{\dot{p}}\end{bmatrix}$为包含附加质量的质量与惯性矩阵;$\boldsymbol{N}(u_0)$为水动力阻尼矩阵,$\boldsymbol{N}(u_0)=\boldsymbol{N}_{\mathrm{L}}+\boldsymbol{N}_{\mathrm{NL}}$,$\boldsymbol{N}_{\mathrm{L}}=\begin{bmatrix}-N_r & -N_p\\ -K_r & -K_p\end{bmatrix}$为水动力阻尼的线性部分,$\boldsymbol{N}_{\mathrm{NL}}=\begin{bmatrix}-N_{r|r|}\,|r| & 0\\ 0 & -K_{p|p|}\,|p|\end{bmatrix}$为水动力阻尼的高阶非线性部分;$\boldsymbol{G}(\boldsymbol{\eta})=[0,W\,\overline{GM_{\mathrm{T}}}]^{\mathrm{T}}$为重力矩阵,$W=mg$ 为船体重力,$\overline{GM_{\mathrm{T}}}$为横稳性高;$\boldsymbol{b}=\begin{bmatrix}N_{\delta_{\mathrm{R}}} & N_{\delta_{\mathrm{A}}}\\ K_{\delta_{\mathrm{R}}} & K_{\delta_{\mathrm{A}}}\end{bmatrix}$为系统控制矩阵,$N_{\delta_{\mathrm{R}}}$,$N_{\delta_{\mathrm{A}}}$,$K_{\delta_{\mathrm{R}}}$和 $K_{\delta_{\mathrm{A}}}$分别为副翼与柱翼舵的控制力矩系数;$\boldsymbol{u}=[\delta_{\mathrm{R}},\delta_{\mathrm{A}}]^{\mathrm{T}}$为控制输入,$\delta_{\mathrm{R}}$和 δ_{A}分别为柱翼舵角与副翼角;$\boldsymbol{\tau}_{\mathrm{b}}\in R^2$

代表缓慢变化的环境干扰力矩向量。

由于水翼艇在航向保持运动模式下的横摇角很小,因此可以近似认为 $\phi \approx 0$,则矩阵 $\boldsymbol{J}$ 可简化为单位阵。则式(7-67)可以化为如下标准双输入-双输出二阶系统的形式:

$$\begin{cases}\dot{\boldsymbol{\eta}}=\boldsymbol{v}\\ \boldsymbol{M}\dot{\boldsymbol{v}}=-\boldsymbol{N}(u_0)\boldsymbol{v}-\boldsymbol{G}\boldsymbol{\eta}+\boldsymbol{b}\boldsymbol{u}\end{cases} \tag{7-68}$$

为了便于无源观测器设计与稳定性分析,引入如下辅助控制律对非线性模型进行变换处理:

$$\boldsymbol{\tau}_{\mathrm{c}}=\boldsymbol{b}\boldsymbol{u}-\boldsymbol{N}_{\mathrm{NL}} \tag{7-69}$$

则式(7-68)可化为以下形式:

$$\begin{cases}\dot{\boldsymbol{\eta}}=\boldsymbol{v}\\ \boldsymbol{M}\dot{\boldsymbol{v}}=-\boldsymbol{N}_{\mathrm{L}}\boldsymbol{v}-\boldsymbol{G}\boldsymbol{\eta}+\boldsymbol{\tau}_{\mathrm{c}}\end{cases} \tag{7-70}$$

由一阶波浪诱导产生的全浸式水翼艇的高频运动模型由下式所示:

$$\begin{cases}\dot{\boldsymbol{\xi}}=\boldsymbol{A}_w\boldsymbol{\xi}+\boldsymbol{E}_w\boldsymbol{w}_1\\ \boldsymbol{\eta}_w=\boldsymbol{C}_w\boldsymbol{\xi}\end{cases} \tag{7-71}$$

式中:$\boldsymbol{\eta}_w=\boldsymbol{C}_w\boldsymbol{\xi}$ 为一阶线性波浪诱导作用下的艏摇与横摇的高频输出;$\boldsymbol{\xi}\in R^6$ 为等效状态变量;$\boldsymbol{A}_w\in R^{6\times6}$ 为系统矩阵;$\boldsymbol{E}_w\in R^{6\times2}$ 为随机噪声矩阵;$\boldsymbol{w}_1\in R^2$ 为零均值高斯白噪声向量;$\boldsymbol{C}_w\in R^{2\times6}$ 为输出矩阵,其数值的大小则代表不同的海情状态。

式(7-71)所描述的全浸式水翼艇横向姿态高频运动模型亦可看作一种附带非线性阻尼的二阶振荡环节,如下式所示:

$$h(s)=\frac{K_{\omega i}s}{s^2+2\zeta_i\omega_{0i}s+\omega_{0i}^2} \tag{7-72}$$

式中:$K_{\omega i}$ 与波浪强度有关,阻尼比 ζ_i 的取值范围一般为 0.05~0.2;ω_{0i} 为波浪 P-M 谱中的主导频率,与有义波高值有关。

利用一阶高斯-马尔可夫过程可以模拟由风浪流等海上环境因素引起的缓慢变化的环境扰动作用力,诸如二阶波浪漂移力、海流作用力以及海风等作用力。该模型的描述形式如下式所示:

$$\dot{\boldsymbol{\tau}}_{\mathrm{b}}=-\boldsymbol{T}_{\mathrm{b}}^{-1}\boldsymbol{\tau}_{\mathrm{b}}+\boldsymbol{E}_{\mathrm{b}}\boldsymbol{w}_2 \tag{7-73}$$

式中:$\boldsymbol{T}_{\mathrm{b}}\in R^{2\times2}$ 为二维对角阵,表征环境干扰力矩时间常数;$\boldsymbol{E}_{\mathrm{b}}\in R^{2\times2}$ 为随机噪声矩阵;$\boldsymbol{w}_2\in R^2$ 为零均值高斯白噪声向量。

考虑到全浸式水翼艇的导航与测量系统能够提供的是带有测量噪声的艏摇与

横摇角度值,因此,测量方程可以由下式得出:

$$\boldsymbol{y}=\boldsymbol{\eta}+\boldsymbol{\eta}_w+\boldsymbol{v} \tag{7-74}$$

式中:$\boldsymbol{v}\in R^2$为零均值高斯白噪声向量,表征传感器系统测量噪声。

综上,可以得到如下包含环境干扰与随机噪声特性的完整系统模型:

$$\begin{cases}\dot{\boldsymbol{\xi}}=\boldsymbol{A}_w\boldsymbol{\xi}+\boldsymbol{E}_w\boldsymbol{w}_1\\ \dot{\boldsymbol{\eta}}=\boldsymbol{\upsilon}\\ \dot{\boldsymbol{\tau}}_{\mathrm{b}}=-\boldsymbol{T}_{\mathrm{b}}^{-1}\boldsymbol{\tau}_{\mathrm{b}}+\boldsymbol{E}_{\mathrm{b}}\boldsymbol{w}_2\\ \boldsymbol{M}\dot{\boldsymbol{\upsilon}}=-\boldsymbol{N}_{\mathrm{L}}\boldsymbol{\upsilon}-\boldsymbol{G}\boldsymbol{\eta}+\boldsymbol{\tau}_{\mathrm{c}}\\ \boldsymbol{y}=\boldsymbol{\eta}+\boldsymbol{\eta}_w+\boldsymbol{v}\end{cases} \tag{7-75}$$

基于式(7-75),设计如下无源状态观测器:

$$\begin{cases}\dot{\hat{\boldsymbol{\xi}}}=\boldsymbol{A}_w\hat{\boldsymbol{\xi}}+\boldsymbol{K}_1\tilde{\boldsymbol{y}}\\ \dot{\hat{\boldsymbol{\eta}}}=\hat{\boldsymbol{\upsilon}}+\boldsymbol{K}_2\tilde{\boldsymbol{y}}\\ \dot{\hat{\boldsymbol{\tau}}}_{\mathrm{b}}=-\boldsymbol{T}_{\mathrm{b}}^{-1}\hat{\boldsymbol{\tau}}_{\mathrm{b}}+\boldsymbol{K}_3\tilde{\boldsymbol{y}}\\ \boldsymbol{M}\dot{\hat{\boldsymbol{\upsilon}}}=-\boldsymbol{N}_{\mathrm{L}}\hat{\boldsymbol{\upsilon}}-\boldsymbol{G}\hat{\boldsymbol{\eta}}+\boldsymbol{\tau}_{\mathrm{c}}+\boldsymbol{K}_4\tilde{\boldsymbol{y}}\\ \hat{\boldsymbol{y}}=\boldsymbol{\eta}+\boldsymbol{\eta}_w\end{cases} \tag{7-76}$$

式中:$\tilde{\boldsymbol{y}}=\boldsymbol{y}-\hat{\boldsymbol{y}}$为无源观测器估计误差;$\boldsymbol{K}_1\in R^{4\times2}$和$\boldsymbol{K}_2,\boldsymbol{K}_3,\boldsymbol{K}_4\in R^{2\times2}$为观测器增益矩阵;$\eta_w>0$为标量观测器调节参数。

定义如下状态变量:

$$\hat{\boldsymbol{\eta}}_0=[\hat{\boldsymbol{\xi}}^{\mathrm{T}},\hat{\boldsymbol{\eta}}^{\mathrm{T}}]^{\mathrm{T}} \tag{7-77}$$

并将式(7-76)写成一般形式的状态空间描述,如下式所示:

$$\begin{cases}\dot{\hat{\boldsymbol{\eta}}}_0=\boldsymbol{A}_0\hat{\boldsymbol{\eta}}_0+\boldsymbol{B}_0\hat{\boldsymbol{\upsilon}}+\boldsymbol{K}_0\tilde{\boldsymbol{y}}\\ \hat{\boldsymbol{y}}=\boldsymbol{C}_0\hat{\boldsymbol{\eta}}_0\end{cases} \tag{7-78}$$

其中,$\boldsymbol{A}_0=\begin{bmatrix}\boldsymbol{A}_w & \boldsymbol{0}\\ \boldsymbol{0} & \boldsymbol{0}\end{bmatrix}$,$\boldsymbol{B}_0=\begin{bmatrix}\boldsymbol{0}\\ \boldsymbol{I}\end{bmatrix}$,$\boldsymbol{C}_0=[\boldsymbol{C}_w\quad \boldsymbol{I}]$,$\boldsymbol{K}_0=[\boldsymbol{K}_1\quad \boldsymbol{K}_2]^{\mathrm{T}}$。

定义无源状态观测器观测误差变量:$\tilde{\boldsymbol{\eta}}_0=\boldsymbol{\eta}_0-\hat{\boldsymbol{\eta}}_0$,$\tilde{\boldsymbol{\tau}}_{\mathrm{b}}=\boldsymbol{\tau}_{\mathrm{b}}-\hat{\boldsymbol{\tau}}_{\mathrm{b}}$,$\tilde{\boldsymbol{\upsilon}}=\boldsymbol{\upsilon}-\hat{\boldsymbol{\upsilon}}$。则基于式(7-75)、式(7-76)和式(7-78)可以得到无源状态观测器估计误差动态方程如下:

$$\begin{cases}\dot{\tilde{\boldsymbol{\eta}}}_0=(\boldsymbol{A}_0-\boldsymbol{K}_0\boldsymbol{C}_0)\tilde{\boldsymbol{\eta}}_0+\boldsymbol{B}_0\tilde{\boldsymbol{v}}\\ \dot{\tilde{\boldsymbol{\tau}}}_{\mathrm{b}}=-\boldsymbol{T}_{\mathrm{b}}^{-1}\tilde{\boldsymbol{\tau}}_{\mathrm{b}}-\boldsymbol{K}_3\tilde{y}\\ \boldsymbol{M}\dot{\tilde{\boldsymbol{v}}}=-\boldsymbol{N}_{\mathrm{L}}\hat{\boldsymbol{v}}-\boldsymbol{G}\tilde{\boldsymbol{\eta}}+\tilde{\boldsymbol{\tau}}_{\mathrm{b}}-\boldsymbol{K}_4\tilde{\boldsymbol{y}}\\ \tilde{\boldsymbol{y}}=\tilde{\boldsymbol{\eta}}+\tilde{\boldsymbol{\eta}}_w\end{cases}\tag{7-79}$$

定义如下辅助变量：

$$\tilde{z}=\boldsymbol{K}_4\tilde{\boldsymbol{y}}-\tilde{\boldsymbol{\tau}}_{\mathrm{b}}\tag{7-80}$$

则式(7-79)中的第三个子方程可以转化为

$$\boldsymbol{M}\dot{\tilde{\boldsymbol{v}}}=-\boldsymbol{N}_{\mathrm{L}}\hat{\boldsymbol{v}}-\boldsymbol{G}\tilde{\boldsymbol{\eta}}-\tilde{z}\tag{7-81}$$

定义如下形式的辅助观测误差状态变量：

$$\tilde{\boldsymbol{x}}=[\tilde{\boldsymbol{\eta}}_0^{\mathrm{T}},\boldsymbol{\tau}_{\mathrm{b}}^{\mathrm{T}}]^{\mathrm{T}}\tag{7-82}$$

根据式(7-79)，可以进一步得到

$$\begin{cases}\dot{\tilde{\boldsymbol{x}}}=\boldsymbol{A}\tilde{\boldsymbol{x}}+\boldsymbol{B}\tilde{\boldsymbol{v}}\\ \tilde{z}=\boldsymbol{C}\tilde{\boldsymbol{x}}\end{cases}\tag{7-83}$$

其中，$\boldsymbol{A}=\begin{bmatrix}\boldsymbol{A}_0-\boldsymbol{K}_0\boldsymbol{C}_0 & \boldsymbol{0}_{8\times8}\\ -\boldsymbol{K}_3\boldsymbol{C}_0 & -\boldsymbol{T}^{-1}\end{bmatrix}$，$\boldsymbol{B}=\begin{bmatrix}\boldsymbol{B}_0\\ \boldsymbol{0}_{2\times2}\end{bmatrix}$，$\boldsymbol{C}=[\boldsymbol{K}_4\boldsymbol{C}_0\quad -\boldsymbol{I}_{2\times2}]$。

定义误差信号 $\boldsymbol{\varepsilon}_z$ 与 $\boldsymbol{\varepsilon}_v$ 如下：

$$\begin{cases}\boldsymbol{\varepsilon}_z=-\tilde{z}\\ \boldsymbol{\varepsilon}_v=-\tilde{\boldsymbol{v}}\end{cases}\tag{7-84}$$

据此，观测器估计误差动态系统可以看作两个以反馈形式连接的线性无源系统 H_1、H_2，如下式所示：

$$H_1:\boldsymbol{M}\dot{\tilde{\boldsymbol{v}}}=-\boldsymbol{N}_{\mathrm{L}}\hat{\boldsymbol{v}}-\boldsymbol{G}\tilde{\boldsymbol{\eta}}-\tilde{z}$$

$$H_2:\begin{cases}\dot{\tilde{\boldsymbol{x}}}=\boldsymbol{A}\tilde{\boldsymbol{x}}+\boldsymbol{B}\tilde{\boldsymbol{v}}\\ \tilde{z}=\boldsymbol{C}\tilde{\boldsymbol{x}}\end{cases}\tag{7-85}$$

如果子系统 H_1 和 H_2 为无源系统，则意味着它们只会耗散能量，可直观得出此反馈系统为无源系统。为了进一步对以上两个子系统进行稳定性分析，给出引理 7.4。

引理 7.4：考虑一般系统 H 的状态空间模型：

$$\dot{x}=f(x,\boldsymbol{u})\tag{7-86}$$

$$y=h(x,\boldsymbol{u})\tag{7-87}$$

其中,状态 $x \in R^p$,输出 $y \in R^q$。

若存在正半定函数 $S(x)$ 和正定函数 $W(x)$ 使得式(7-87)对任意初始状态 $x(0)$ 和时间 τ 成立,则式(7-86)和式(7-87)($p=q$)是状态严格无源的,即

$$\int_0^\tau \boldsymbol{u}^{\mathrm{T}} y \mathrm{d}t \geqslant S(x(\tau)) - S(x(0)) + \int_0^\tau W(x)\mathrm{d}t \tag{7-88}$$

根据引理 7.4,为系统 H_1 选择如下形式的正定存储函数:

$$\boldsymbol{V}=\frac{1}{2}\widetilde{\boldsymbol{v}}^{\mathrm{T}}\boldsymbol{M}\widetilde{\boldsymbol{v}} \tag{7-89}$$

将 $\boldsymbol{V}$ 对时间求导可以得出

$$\dot{\boldsymbol{V}}=-\frac{1}{2}\widetilde{\boldsymbol{v}}^{\mathrm{T}}(\boldsymbol{D}+\boldsymbol{D}^{\mathrm{T}})\widetilde{\boldsymbol{v}}-\widetilde{z}^{\mathrm{T}}\boldsymbol{J}(\psi)\widetilde{\boldsymbol{v}} \tag{7-90}$$

由于 $\boldsymbol{\varepsilon}_z=-\boldsymbol{J}^{\mathrm{T}}(\psi)\widetilde{z}_o$,因此式(7-90)可改写成如下形式:

$$\dot{\boldsymbol{V}}=-\frac{1}{2}\widetilde{\boldsymbol{v}}^{\mathrm{T}}(\boldsymbol{D}+\boldsymbol{D}^{\mathrm{T}})\widetilde{\boldsymbol{v}}+\widetilde{\boldsymbol{v}}^{\mathrm{T}}\boldsymbol{\varepsilon}_z \tag{7-91}$$

进而有

$$\widetilde{\boldsymbol{v}}^{\mathrm{T}}\boldsymbol{\varepsilon}_z=\dot{\boldsymbol{V}}+\frac{1}{2}\widetilde{\boldsymbol{v}}^{\mathrm{T}}(\boldsymbol{D}+\boldsymbol{D}^{\mathrm{T}})\widetilde{\boldsymbol{v}} \tag{7-92}$$

因此有

$$\int_{t_0}^{t}\boldsymbol{\varepsilon}_z^{\mathrm{T}}(\tau)\widetilde{\boldsymbol{v}}(\tau)\mathrm{d}\tau \geqslant \alpha\widetilde{\boldsymbol{v}}^{\mathrm{T}}\widetilde{\boldsymbol{v}}+\beta \tag{7-93}$$

式中:$\alpha=\frac{1}{2}\lambda_{\min}(\boldsymbol{M})>0$ 和 $\beta=\frac{1}{2}\int_{t_0}^{t}\widetilde{\boldsymbol{v}}^{\mathrm{T}}(\boldsymbol{D}+\boldsymbol{D}^{\mathrm{T}})\widetilde{\boldsymbol{v}}\mathrm{d}\tau \geqslant 0$ 为由于水动力阻尼耗散的能量。由引理 7.4 可知,子系统 H_1 是状态严格无源的,因此系统为一致渐进稳定系统。

根据引理 7.3,为子系统 H_2 选择合适的观测器增益矩阵,可以使得使子系统 H_2 满足 Kalman-Yakubovich-Popov 引理,这样可以使得系统 H_2 是严格无源系统。在前面的分析中已知子系统 H_1 的严格无源性,根据串级系统的无源性分析可知,以反馈形式连接的 H_1、H_2 子系统构成的完整系统为严格无源系统。

选择估计滤波器增益矩阵结构如下:

$$\boldsymbol{K}_1=\begin{bmatrix} k_{11} & 0 \\ 0 & k_{12} \\ k_{21} & 0 \\ 0 & k_{22} \end{bmatrix},\boldsymbol{K}_2=\begin{bmatrix} k_{31} & 0 \\ 0 & k_{32} \end{bmatrix},\boldsymbol{K}_3=\begin{bmatrix} k_{41} & 0 \\ 0 & k_{42} \end{bmatrix},\boldsymbol{K}_4=\begin{bmatrix} k_{51} & 0 \\ 0 & k_{52} \end{bmatrix} \tag{7-94}$$

由于 $\boldsymbol{K}_3$ 和 $\boldsymbol{K}_4$ 为对角矩阵,因此子系统 H_2 可以表示成 3 个解耦的传递函数:

$$\tilde{\boldsymbol{z}}(s)=\boldsymbol{H}(s)\boldsymbol{\varepsilon}_v(s),\ \boldsymbol{H}(s)=\boldsymbol{H}_0(s)\boldsymbol{H}_B(s) \tag{7-95}$$

其中，

$$\begin{aligned}\boldsymbol{H}_0(s)&=\boldsymbol{C}_0(s\boldsymbol{I}+\boldsymbol{A}_0-\boldsymbol{K}\boldsymbol{C}_0)^{-1}\boldsymbol{B}_0\\ \boldsymbol{H}_B(s)&=\boldsymbol{K}_4+(s\boldsymbol{I}+\boldsymbol{T}_b^{-1})^{-1}\boldsymbol{K}_3\end{aligned} \tag{7-96}$$

$\boldsymbol{H}(s)$为对角结构，其中各个元素 $h_0^i(s)\,(i=1,2,3)$ 和 $h_B^i(s)\,(i=1,2,3)$ 可分别表示为

$$\begin{cases}h_0^i(s)=\dfrac{s^2+2\zeta_i\omega_{oi}s+\omega_{oi}^2}{s^3+(k_{2i}+k_{3i}+2\zeta_i\omega_{oi})s^2+(\omega_{oi}^2+2\zeta_i\omega_{oi}k_{3i}-k_{1i}\omega_{oi}^2)+\omega_{oi}^2k_{3i}}\\ h_B^i(s)=k_i\dfrac{s+\left(\dfrac{1}{T_{bi}}+\left(\dfrac{\lambda_i}{k_i}\right)\right)}{s+\dfrac{1}{T_{bi}}}\end{cases} \tag{7-97}$$

为了从测量的输出信号中滤除高频信号，在估计滤波器的设计中采用陷波滤波器来达到滤波效果，因此确定 h_{0d}^i 为

$$h_{0d}^i=\frac{s^2+2\zeta_i\omega_{oi}s+\omega_{oi}^2}{(s^2+2\zeta_{ni}\omega_{oi}s+\omega_{oi}^2)(s+\omega_{ci})} \tag{7-98}$$

式中：$\zeta_{ni}>\zeta_i$ 决定陷波作用；$\omega_{ci}>\omega_{oi}$ 为陷波滤波器的截止频率。由式(7-97)和式(7-98)可以得到估计滤波器增益矩阵中的参数如下：

$$\begin{cases}k_{1i}=-2\omega_{ci}(\zeta_{ni}-\zeta_i)\dfrac{1}{\omega_{oi}}\\ k_{2i}=2\omega_{ci}(\zeta_{ni}-\zeta_i)\\ k_{3i}=\omega_{ci}\end{cases} \tag{7-99}$$

为了满足正实引理的要求，3 个解耦传递函数的相位不能超过 90°，系统参数只需满足如下规则：

$$\frac{1}{T_{bi}}\ll\frac{k_{5i}}{k_{4i}}<\omega_{oi}<\omega_{ci},\ i=1,2,3 \tag{7-100}$$

式中：T_{bi} 为环境扰动力模型中的时间常数。

综上所述，考虑如下形式的李雅普诺夫函数：

$$\boldsymbol{W}=\tilde{\boldsymbol{v}}^{\mathrm{T}}\boldsymbol{M}\tilde{\boldsymbol{v}}+\tilde{\boldsymbol{x}}^{\mathrm{T}}\boldsymbol{P}\tilde{\boldsymbol{x}} \tag{7-101}$$

将 $\boldsymbol{W}$ 对时间求导，可以得出

$$\dot{\boldsymbol{W}}=-\tilde{\boldsymbol{v}}^{\mathrm{T}}(\boldsymbol{D}+\boldsymbol{D}^{\mathrm{T}})\tilde{\boldsymbol{v}}+\tilde{\boldsymbol{x}}^{\mathrm{T}}(\boldsymbol{P}\boldsymbol{A}+\boldsymbol{A}^{\mathrm{T}}\boldsymbol{P})\tilde{\boldsymbol{x}}+2\tilde{\boldsymbol{v}}^{\mathrm{T}}\boldsymbol{B}^{\mathrm{T}}\boldsymbol{P}\tilde{\boldsymbol{x}}-2\tilde{\boldsymbol{v}}^{\mathrm{T}}\tilde{\boldsymbol{z}} \tag{7-102}$$

由于系统为严格正实的传递函数，因此应用正实引理可得

$$\dot{W}=-\tilde{\boldsymbol{v}}^{\mathrm{T}}(\boldsymbol{D}+\boldsymbol{D}^{\mathrm{T}})\tilde{\boldsymbol{v}}-\tilde{\boldsymbol{x}}^{\mathrm{T}}\boldsymbol{Q}\tilde{\boldsymbol{x}} \tag{7-103}$$

据此，根据李雅普诺夫稳定性理论，状态向量$\tilde{\boldsymbol{v}}$和$\tilde{\boldsymbol{x}}=[\tilde{\boldsymbol{\eta}}_0^{\mathrm{T}},\boldsymbol{\tau}_{\mathrm{b}}^{\mathrm{T}}]^{\mathrm{T}}$的全局指数收敛性可以得证。

7.4.2 全浸式水翼艇艏摇/横摇姿态双时标输出反馈奇异扰动控制策略

根据全浸式水翼艇艏摇/横摇动力学模型，可以得到如下形式的系统方程：

$$\begin{cases}\dot{\boldsymbol{\eta}}=\boldsymbol{v}\\ \dot{\boldsymbol{v}}=-\boldsymbol{M}^{-1}\boldsymbol{N}(u_0)\boldsymbol{v}-\boldsymbol{M}^{-1}\boldsymbol{G}\boldsymbol{\eta}+\boldsymbol{M}^{-1}\boldsymbol{b}\boldsymbol{u}\end{cases} \tag{7-104}$$

定义状态变量$\boldsymbol{x}=[\boldsymbol{\eta}^{\mathrm{T}},\boldsymbol{v}^{\mathrm{T}}]^{\mathrm{T}}$，将上式写成一般状态空间描述的形式：

$$\dot{\boldsymbol{x}}=\begin{bmatrix}0 & 1\\ -\boldsymbol{M}^{-1}\boldsymbol{G} & -\boldsymbol{M}^{-1}\boldsymbol{N}(u_0)\end{bmatrix}\boldsymbol{x}+\begin{bmatrix}0\\ \boldsymbol{M}^{-1}\boldsymbol{b}\end{bmatrix}u \tag{7-105}$$

进而可以得到

$$\begin{cases}\dot{\psi}=r\\ \dot{\phi}=p\\ \dot{r}=a_{11}r+a_{12}\phi+a_{13}p+a_{14}|r|r+b_{11}\delta_{\mathrm{R}}+b_{12}\delta_{\mathrm{A}}\\ \dot{p}=a_{21}r+a_{22}\phi+a_{23}p+a_{24}|p|p+b_{21}\delta_{\mathrm{R}}+b_{22}\delta_{\mathrm{A}}\end{cases} \tag{7-106}$$

式中：a_{ij}与b_{ij}分别为矩阵中的相应元素。

根据式(7-106)，可以得到如下描述艏摇动态与横摇动态的耦合系统：

$$\begin{cases}\dot{\psi}=r\\ \dot{r}=a_{11}r+a_{12}\phi+a_{13}p+a_{14}|r|r+\boldsymbol{B}_1u\end{cases} \tag{7-107}$$

$$\begin{cases}\dot{\phi}=p\\ \dot{p}=a_{21}r+a_{22}\phi+a_{23}p+a_{24}|p|p+\boldsymbol{B}_2u\end{cases} \tag{7-108}$$

其中，$\boldsymbol{B}_1=[b_{11},b_{12}]$，$\boldsymbol{B}_2=[b_{21},b_{22}]$。

一般来讲，由于全浸式水翼艇是一个细长刚体，因此其z轴转动惯量要远大于其x轴转动惯量，即$I_x-K_{\dot{p}}\ll I_z-N_{\dot{r}}$，根据全浸式水翼艇横向姿态相关动力学参数可知，$I_z-N_{\dot{r}}$是$I_x-K_{\dot{p}}$的40倍以上。因此，全浸式水翼艇横摇运动的响应速度要远快于艏摇运动。这一模型特性从第2章中随机海浪干扰下全浸式水翼艇艏摇/横摇动态的开环运动仿真相关结果中可以进一步得到印证。鉴于此，可以选择时标因子$\varepsilon=(I_x-K_{\dot{p}})/(I_z-N_{\dot{r}})$，则横摇动态可以看作由时标因子$\varepsilon$控制的奇异扰动系统中的快变子系统。相应地,艏摇动态可以看作是奇异扰动系统中的慢变子系统。

综上所述,全浸式水翼艇艏摇/横摇动力学模型可以写成如下标准奇异扰动模型的形式:

$$\boldsymbol{\Sigma}_1:\begin{cases}\dot{\psi}=r\\ \dot{r}=a_{11}r+a_{12}\phi+a_{13}p+a_{14}|r|r+\boldsymbol{B}_1u\end{cases}\tag{7-109}$$

$$\boldsymbol{\Sigma}_2:\begin{cases}\varepsilon\dot{\phi}=a_{30}p\\ \varepsilon\dot{p}=a_{31}r+a_{32}\phi+a_{33}p+a_{34}|p|p+\boldsymbol{B}_3u\end{cases}\tag{7-110}$$

式中:子系统 $\boldsymbol{\Sigma}_1$ 为慢变子系统;$\boldsymbol{\Sigma}_2$ 为快变子系统;$a_{30}=\varepsilon=\dfrac{(I_x-K_{\dot{p}})}{(I_z-N_{\dot{r}})}$,$a_{31}=\varepsilon a_{21}$,$a_{32}=\varepsilon a_{22}$,$a_{33}=\varepsilon a_{23}$,$a_{34}=\varepsilon a_{24}$,$\boldsymbol{B}_3=\varepsilon\boldsymbol{B}_2$。

1) 慢变子系统控制律设计

令 $\varepsilon=0$,则系统 $\boldsymbol{\Sigma}_2$ 退化为方程

$$0=\boldsymbol{g}(\psi,r,\phi,p,u)\tag{7-111}$$

其中,$g(\psi,r,\phi,p,u)=\begin{bmatrix}a_{30}p\\ a_{31}r+a_{32}\phi+a_{33}p+a_{34}|p|p+\boldsymbol{B}_3u\end{bmatrix}$

设 $g_1(\psi,r,\phi,p,u)=a_{30}p$,$g_2(\psi,r,\phi,p,u)=a_{31}r+a_{32}\phi+a_{33}p+a_{34}|p|p+B_3u$

由式(7-111)可以得出

$$\begin{cases}0=g_1(\psi,r,\phi,p,u)\\ 0=g_2(\psi,r,\phi,p,u)\end{cases}\tag{7-112}$$

通过解方程(7-112)可以得到如下系统的唯一解:

$$\begin{cases}\phi=-\dfrac{(a_{31}r+B_3u)}{a_{32}}\\ p=0\end{cases}\tag{7-113}$$

将式(7-113)代入式(7-109)可以得到如下形式的慢变子系统,即准稳态系统:

$$\begin{cases}\dot{\psi}=r\\ \dot{r}=\left(\dfrac{a_{11}-a_{31}a_{12}}{a_{32}}\right)r+a_{14}|r|r+\left(\dfrac{\boldsymbol{B}_3a_{12}}{a_{32}+\boldsymbol{B}_1}\right)u_s\end{cases}\tag{7-114}$$

式中:u_s 为相应的慢变子系统控制输入。

利用反步法进行慢变子系统控制律设计。首先定义李雅普诺夫函数如下:

$$V_{s1}=\frac{1}{2}\psi^2 \tag{7-115}$$

将 V_{s1} 对时间求导可以得出

$$V_{s1}=\psi\dot{\psi}=\psi r \tag{7-116}$$

将 r 当作控制输入，设虚拟控制律为 $r=\alpha(\psi)=-k_1\psi$，则有

$$V_{s1}=-k_1\psi^2\leqslant 0 \tag{7-117}$$

则系统 $\dot{\psi}=r$ 在其原点是全局一致渐进稳定的。

设 $z_r=r-\alpha(\psi)$，并将其对时间求导，可以得到

$$\dot{z}_r=\left(\frac{a_{11}-a_{31}a_{12}}{a_{32}}\right)r+a_{14}|r|r+\left(\frac{\boldsymbol{B}_3a_{12}}{a_{32}+\boldsymbol{B}_1}\right)u_s+k_1(z_r+\alpha(\psi)) \tag{7-118}$$

则经变量代换后的式(7-114)可以写成

$$\begin{cases}\dot{\psi}=z_r+\alpha(\psi)\\ \dot{z}_r=k_1(z_r+\alpha(\psi))+\left(\dfrac{a_{11}-a_{31}a_{12}}{a_{32}}\right)r+a_{14}|r|r+\left(\dfrac{\boldsymbol{B}_3a_{12}}{a_{32}+\boldsymbol{B}_1}\right)u_s\end{cases} \tag{7-119}$$

定义李雅普诺夫函数如下：

$$V_{s2}=\frac{1}{2}\psi^2+\frac{1}{2}z_r^2 \tag{7-120}$$

将 V_{s2} 对时间求导可以得到

$$\begin{aligned}V_{s2}&=\psi\dot{\psi}+z_r\dot{z}_r\\&=\psi(z_r+\alpha)+z_r\left[k_1(z_r+\alpha(\psi))+\left(\frac{a_{11}-a_{31}a_{12}}{a_{32}}\right)r+a_{14}|r|r+\left(\frac{\boldsymbol{B}_3a_{12}}{a_{32}+\boldsymbol{B}_1}\right)u_s\right]\\&=-k_1\psi^2+z_r\left[\psi+k_1(z_r+\alpha(\psi))+\left(\frac{a_{11}-a_{31}a_{12}}{a_{32}}\right)r+a_{14}|r|r+\left(\frac{\boldsymbol{B}_3a_{12}}{a_{32}+\boldsymbol{B}_1}\right)u_s\right]\end{aligned} \tag{7-121}$$

设计如下形式的慢变子系统最终控制律：

$$u_s=\left(\frac{\boldsymbol{B}_3a_{12}}{a_{32}+\boldsymbol{B}_1}\right)^+\left[-\psi-\left(\frac{a_{11}-a_{31}a_{12}}{a_{32}}\right)r-a_{14}|r|r-k_1(z_r+\alpha(\psi))-k_2z_r\right] \tag{7-122}$$

其中，$[\cdot]^+$ 表示向量 $\boldsymbol{B}_3\dfrac{a_{12}}{a_{32}}+\boldsymbol{B}_1$ 的广义逆。

将式(7-122)代入式(7-121)可以得出

$$V_{s2}=-k_1\psi^2-k_2z_r^2\leqslant -k_1\|\psi\|^2-k_2\|z_r\|^2\leqslant 0 \tag{7-123}$$

则系统(7-120)在其原点是全局一致渐进稳定的。由反步设计的等价性可知,在式(7-122)作用下,慢变子系统(式(7-114))在原点是全局一致渐进稳定的。

因此,对于准稳态系统(式(7-114))而言,存在李雅普诺夫函数 $V(\psi,r)$ 且满足以下条件:

$$U_1 \leqslant V_s(\psi,r) \leqslant U_2 \tag{7-124}$$

$$\dot{V}_s(\psi,r) \leqslant -c_1\|\psi\|^2 - c_2\|r\|^2 \leqslant -\alpha_1\varphi_1^2(\psi,r) \tag{7-125}$$

其中,$\alpha_1>0$,$\varphi_1(\psi,r)=\|[\psi,r]^{\mathrm{T}}\|$。

2) 快变子系统控制律设计

设 $\tau=\dfrac{t}{\varepsilon}$,基于式(7-87),可以得到如下形式的快变子系统边界层模型:

$$\begin{cases}\dfrac{\mathrm{d}\phi}{\mathrm{d}\tau}=a_{30}p\\ \dfrac{\mathrm{d}p}{\mathrm{d}\tau}=a_{31}r+a_{32}\phi+a_{33}p+a_{34}|p|p+\boldsymbol{B}_3(u_s+u_f)\end{cases} \tag{7-126}$$

将式(7-122)慢变子系统控制律 u_s 带入式(7-126)中,可以得到

$$\begin{cases}\dfrac{\mathrm{d}\phi}{\mathrm{d}\tau}=a_{30}p\\ \dfrac{\mathrm{d}p}{\mathrm{d}\tau}=a_{40}\psi+a_{41}r+a_{42}|r|r+a_{32}\phi+a_{33}p+a_{34}|p|p+\boldsymbol{B}_3u_f\end{cases} \tag{7-127}$$

其中,$a_{40}=\dfrac{\boldsymbol{B}_3(1+k_1k_2)}{\dfrac{\boldsymbol{B}_3a_{12}}{a_{32}}+\boldsymbol{B}_1}$,$a_{41}=\dfrac{\boldsymbol{B}_3\left(a_{11}-\dfrac{a_{31}a_{12}}{a_{32}}+k_1+k_2\right)}{\dfrac{\boldsymbol{B}_3a_{12}}{a_{32}}+\boldsymbol{B}_1}+a_{31}$,$a_{42}=\dfrac{\boldsymbol{B}_3a_{14}}{\dfrac{\boldsymbol{B}_3a_{12}}{a_{32}}+\boldsymbol{B}_1}$。

设计如下辅助控制律:

$$u_{f1}=a_{42}|r|r+a_{34}|p|p+\boldsymbol{B}_3u_f \tag{7-128}$$

则基于式(7-128),可以设计边界层系统的非线性反馈控制律如下:

$$u_f=-3\boldsymbol{B}_3^+(k_3(a_{40}\psi+a_{41}r+a_{32}\phi+a_{33}p)+a_{42}|r|r+a_{34}|p|p) \tag{7-129}$$

式中:$\boldsymbol{B}_3^+$ 为向量 $\boldsymbol{B}_3$ 的广义逆。

通过以上设计过程不难看出,式(7-129)所述边界层系统控制律 $u_f=\Gamma_f(\psi,r,\phi,p)$ 满足如下两点约束条件:

(1) $\Gamma_f(x,h(x,\Gamma_s(x)))=0$;

(2) $g(x,z,\Gamma_{\mathrm{s}}(x)+\Gamma_{\mathrm{f}}(x,z))=0$ 在 $B_x\times B_z$ 上有唯一根 $z=h(x,\Gamma_{\mathrm{s}}(x))$。

根据式(7-129)所述反馈控制律,同时依据李雅普诺夫逆定理可知,对于边界层系统(式(7-127)),存在李雅普诺夫函数 V_{f},并满足

$$\frac{\partial V_{\mathrm{f}}}{\partial z}g(x,z,\Gamma_{\mathrm{s}}(x)+\Gamma_{\mathrm{f}}(x,z))\leqslant-\alpha_2\varphi_2^2(z-h(x,\Gamma_{\mathrm{s}}(x)) \tag{7-130}$$

其中,$\alpha_2>0$,$\varphi_2=\|[\psi+r+\phi,p]^{\mathrm{T}}\|$。

综上所述,系统最终控制律 $u=u_{\mathrm{s}}+u_{\mathrm{f}}$ 可以表示为以下形式:

$$\begin{aligned}u&=u_{\mathrm{s}}+u_{\mathrm{f}}\\&=\left(\frac{\boldsymbol{B}_3a_{12}}{a_{32}+\boldsymbol{B}_1}\right)^+\left(\frac{-\psi-(a_{11}-a_{31}a_{12})}{a_{32}}r-a_{14}|r|r-k_1(z_r+\alpha(\psi))-k_2z_r\right)\\&\quad-3\boldsymbol{B}_3^+(k_3(a_{40}\psi+a_{41}r+a_{32}\phi+a_{33}p)+a_{42}|r|r+a_{34}|p|p)\end{aligned} \tag{7-131}$$

根据上一小节中时间尺度分析与标准奇异扰动模型的建立过程可知,式(7-109)与式(7-110)中的时标参数 ε 的客观存在性是显而易见的。因此,对于如下形式的复合李雅普诺夫函数:

$$W=(1-d)V_{\mathrm{s}}+dV_{\mathrm{f}},0<d<1 \tag{7-132}$$

计算 W 沿整个系统的导数,可得

$$\begin{aligned}\dot{W}=&(1-d)\frac{\partial V_{\mathrm{s}}}{\partial x}f(x,h(x,\Gamma_{\mathrm{s}}(x)),\Gamma_{\mathrm{s}}(x))+\frac{d}{\varepsilon}\times\frac{\partial V_{\mathrm{f}}}{\partial z}g(x,z,\Gamma_{\mathrm{s}}(x)+\Gamma_{\mathrm{f}}(x,z))\\&+(1-d)\frac{\partial V_{\mathrm{s}}}{\partial x}[f(x,z,\Gamma_{\mathrm{s}}(x)+\Gamma_{\mathrm{f}}(x,z))-f(x,h(x,\Gamma_{\mathrm{s}}(x)),\Gamma_{\mathrm{s}}(x))]\\&+d\frac{\partial V_{\mathrm{f}}}{\partial x}[f(x,z,\Gamma_{\mathrm{s}}(x)+\Gamma_{\mathrm{f}}(x,z))-f(x,h(x,\Gamma_{\mathrm{s}}(x)),\Gamma_{\mathrm{s}}(x))]\end{aligned} \tag{7-133}$$

式(7-133)中的后两项表示慢动态与快动态的互联影响,且满足以下条件:

$$\begin{aligned}&\frac{\partial V_{\mathrm{s}}}{\partial x}[f(x,z,\Gamma_{\mathrm{s}}(x)+\Gamma_{\mathrm{f}}(x,z))-f(x,h(x,\Gamma_{\mathrm{s}}(x)),\Gamma_{\mathrm{s}}(x))]\\&\leqslant\beta_1\varphi_1(x)\varphi_2(z-h(x,\Gamma_{\mathrm{s}}(x)))\end{aligned} \tag{7-134}$$

$$\begin{aligned}&\frac{\partial V_{\mathrm{f}}}{\partial x}[f(x,z,\Gamma_{\mathrm{s}}(x)+\Gamma_{\mathrm{f}}(x,z))-f(x,h(x,\Gamma_{\mathrm{s}}(x)),\Gamma_{\mathrm{s}}(x))]\\&\leqslant\beta_2\varphi_1(x)\varphi_2(z-h(x,\Gamma_{\mathrm{s}}(x)))+\gamma\varphi_2^2(z-h(x,\Gamma_{\mathrm{s}}(x)))\end{aligned} \tag{7-135}$$

式中:β_1,β_2 和 γ 为非负常数。综合利用式(7-125)、式(7-130)、式(7-134)和式(7-135),可以得出

$$
\begin{aligned}
\dot{W} \leqslant & -(1-d)\alpha_1\varphi_1^2(x)-\frac{d}{\varepsilon}\alpha_2\varphi_2^2(z-h(x,\Gamma_s(x))) \\
& +(1-d)\beta_1\varphi_1(x)\varphi_2(z-h(x,\Gamma_s(x))) \\
& +d\beta_2\varphi_1(x)\varphi_2(z-h(x,\Gamma_s(x)))+d\gamma\varphi_2^2(z-h(x,\Gamma_s(x))) \\
\leqslant & -\boldsymbol{\varphi}^{\mathrm{T}}\boldsymbol{\Lambda}\boldsymbol{\varphi}
\end{aligned}
\tag{7-136}
$$

其中，$\boldsymbol{\varphi}=[\varphi_1(x),\varphi_2(z-h(x,\Gamma_s(x)))]^{\mathrm{T}}$，$\boldsymbol{\Lambda}=\begin{bmatrix} (1-d)\alpha_1 & -\frac{1}{2}(1-d)\beta_1-\frac{1}{2}d\beta_2 \\ -\frac{1}{2}(1-d)\beta_1-\frac{1}{2}d\beta_2 & d\left(\frac{\alpha_2}{\varepsilon}-\gamma\right) \end{bmatrix}$。

当 $d(1-d)\alpha_1\left(\frac{\alpha_2}{\varepsilon}-\gamma\right)>\frac{1}{4}[(1-d)\beta_1+d\beta_2]^2$ 时，式(7-114)与式(7-126)的原点是全局一致渐进稳定的。

在线性系统的状态反馈控制中，存在着重要的分离特性，即当观测器引入系统以后，状态反馈矩阵不需要再进行重新设计。同线性系统一样，非线性系统的状态反馈控制也同样存在着分离原理，即允许把状态反馈控制器的设计分解为两个步骤：①设计非线性观测器对不可测状态进行估计；②设计满足稳定性要求的全状态反馈控制器，将估计状态代换状态反馈控制律中相应的不可测系统状态，即可得到输出状态反馈控制器。使这种分解能够进行的主要性质是状态反馈控制器的设计应对所有系统状态全局有界。因为控制律(式(7-131))对系统状态是全局渐进稳定的，故而亦满足全局有界的限制条件，因此满足非线性系统的分离原理。因此，将控制律(式(7-131))中的状态反馈部分替换成无源观测器所输出的估计状态，即可得到全浸式水翼艇艏摇/横摇输出反馈控制律。另外，非线性系统的状态观测器与状态反馈控制器设计中的分离特性亦可利用级联系统稳定性理论分析得到。

7.5　全浸式水翼艇艏摇/横摇姿态双时标输出反馈奇异扰动控制系统仿真

本节仍以第 2 章介绍的 PCH-1“高点”号全浸式水翼艇的模型参数为基准，针对不同有义波高与不同遭遇角，对非线性无源观测器的状态观测性能与艏摇/横摇双时标奇异扰动控制策略的控制效能进行仿真评估。

在本节仿真中，考虑艏摇与横摇自由度状态测量的噪声特性，并假设输出测量噪声信号服从零均值的正态分布，则测量噪声可由下式实现：

$$\begin{cases} v_{k1}=\sqrt{-2\sigma_1^2\ln X_1}\cos(2\pi X_2) \\ v_{k2}=\sqrt{-2\sigma_2^2\ln X_2}\sin(2\pi X_2) \end{cases} \tag{7-137}$$

式中：v_{k1}与v_{k2}相互独立，且为$N(0,\sigma_1^2)$和$N(0,\sigma_2^2)$分布的随机变量，其中$\sigma_1=0.05$，$\sigma_2=0.05$，X_1与X_2相互独立，且为[0,1]均匀分布的随机变量。

仿真环境参数为：全浸式水翼艇航速45kn，有义波高$H_{1/3}$为1.2m，遭遇角分别为30°、60°、90°、120°和150°。限于篇幅，本章只给出在有义波高1.2m、遭遇角30°下的系统控制仿真曲线。环境扰动作用力模型中的时间常数为$T_b=\mathrm{diag}[500,500]$，陷波滤波器参数选为$\zeta_{ni}=1.0$，$\omega_{ci}=1.2\mathrm{rad/s}$。

观测器增益矩阵选为：$\boldsymbol{K}_1=\begin{bmatrix}-\mathrm{diag}[2.3412,2.3412,2.3412]\\ \mathrm{diag}[1.7346,1.7346,1.7346]\end{bmatrix}$，$\boldsymbol{K}_2=\mathrm{diag}[1.2,1.2]$，$\boldsymbol{K}_3=0.1\boldsymbol{K}_4$，$\boldsymbol{K}_4=\mathrm{diag}[0.01,0.002]$。控制器参数选为：$k_1=5.84$，$k_2=3.71$，$k_3=3.57$。

系统仿真初值$\psi(0)=\phi(0)=r(0)=p(0)=0$，设模型参数摄动范围为25%，则考虑模型不确定性之后的系统模型参数为$p_{\Delta ij}=p_{ij}+0.25p_{ij}\cdot\mathrm{rand}(-1,1)$，其中，$p_{\Delta ij}$表示包含参数摄动效应后的模型参数，$p_{ij}$表示相应的标称模型参数。

图7-11~图7-15给出了有义波高1.2m时的无源观测器对全浸式水翼艇艏摇与横摇动态的状态观测曲线。从中可以看出，所设计的无源观测器能够从附有噪声信号的输出中准确观测到全浸式水翼艇艏摇与横摇的角度与角速度，得到平滑的系统状态轨线，利用带有测量噪声系统输出重构出系统的状态，从而为反馈控制器的设计打下基础。表7-5给出了在该有义波高的随机海浪作用下艏摇角速度与横

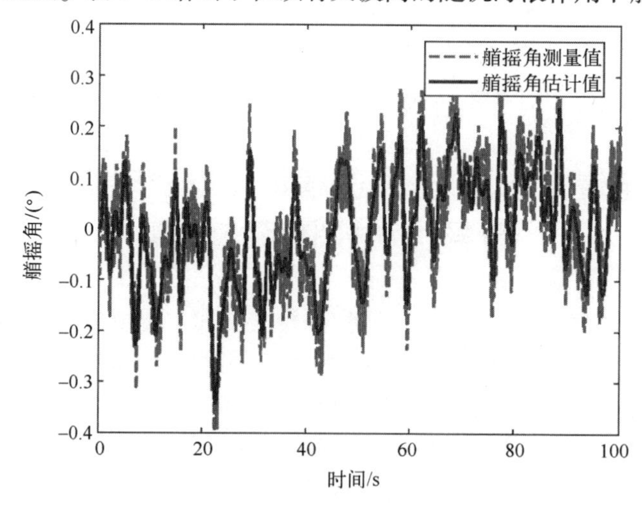

图7-11　艏摇角测量值与估计值（1.2m、30°）

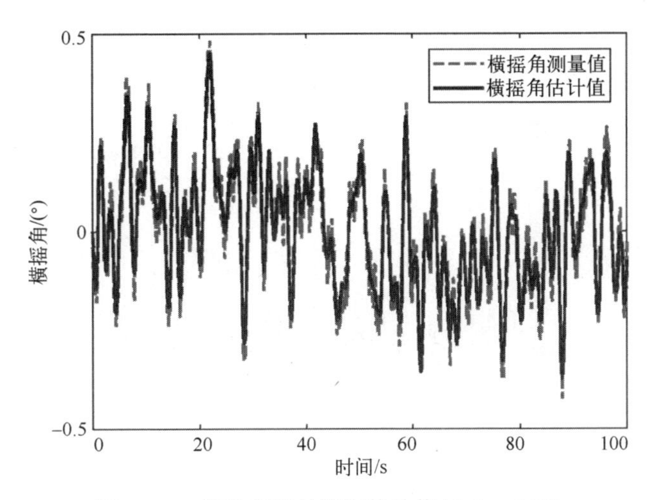

图 7-12　横摇角测量值与估计值(1.2m、30°)

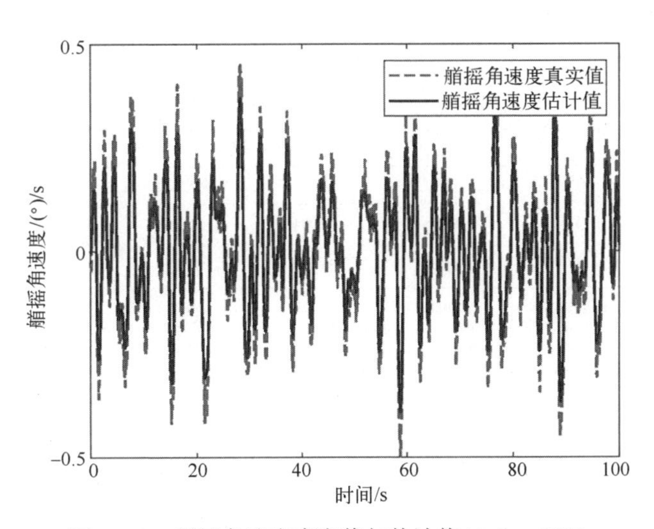

图 7-13　艏摇角速度真实值与估计值(1.2m、30°)

摇角速度观测误差的统计值,单位(°)/s。err(·)表示观测误差,$E(\cdot)$表示均值,STD(·)表示标准差。其中,艏摇角速度观测误差的均值最大值为 0.0191,艏摇角速度观测误差的标准差最大值为 0.0163;横摇角速度观测误差的均值最大值为 0.0824,横摇角速度观测误差的标准差最大值为 0.0753。图 7-16 和图 7-17 给出了有义波高 1.2m 下,基于无源观测器得到的系统状态而设计的全浸式水翼艇艏摇/横摇双时标控制策略作用下,水翼艇艏摇与横摇的镇定效果曲线,并与传统的 PID 控制策略进行艏摇/横摇姿态镇定对比仿真。从图中可以看出,由于外界随机海浪干扰与系统内部模型不确定性的存在,PID 控制策略的镇定效果较差,并且需要较大的系统控制翼角来提供镇定控制输出,因此需要更大的系统能耗,并且鲁棒抗干扰性能很差。

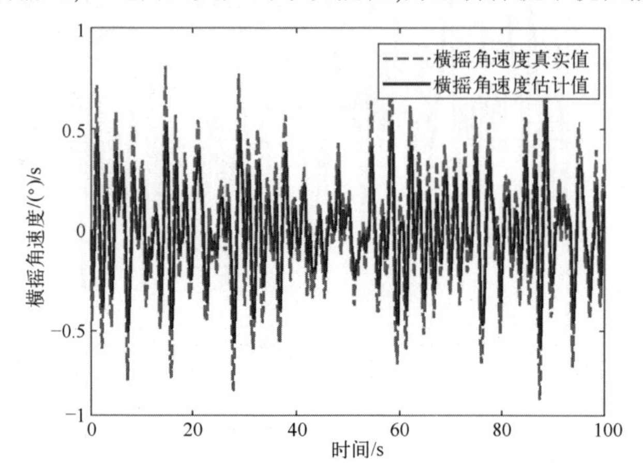

图 7-14　横摇角速度真实值与估计值(1.2m、30°)

表 7-5　状态观测统计结果(有义波高 1.2m)

统计值	遭遇角					
	0°	30°	60°	90°	120°	150°
$E(\mathrm{err}(\dot{\psi}))$	0.0182	0.0189	0.0191	0.0206	0.0174	0.0205
$\mathrm{STD}(\mathrm{err}(\dot{\psi}))$	0.0157	0.0150	0.0163	0.0152	0.0141	0.0156
$E(\mathrm{err}(\dot{\phi}))$	0.0745	0.0816	0.0824	0.0821	0.0713	0.0791
$\mathrm{STD}(\mathrm{err}(\dot{\phi}))$	0.0691	0.0663	0.0753	0.0735	0.0552	0.0634

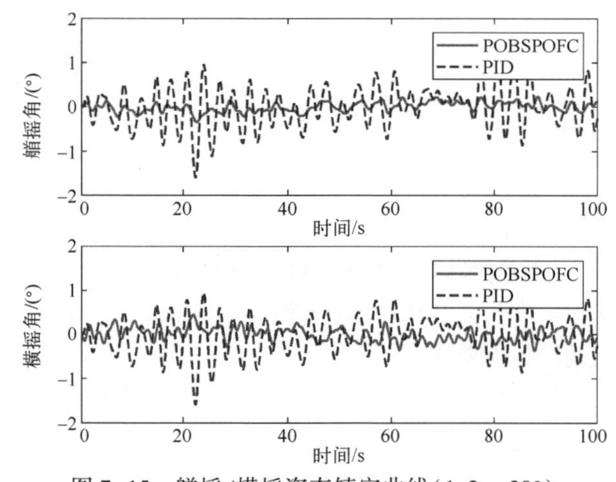

图 7-15　艏摇/横摇姿态镇定曲线(1.2m、30°)

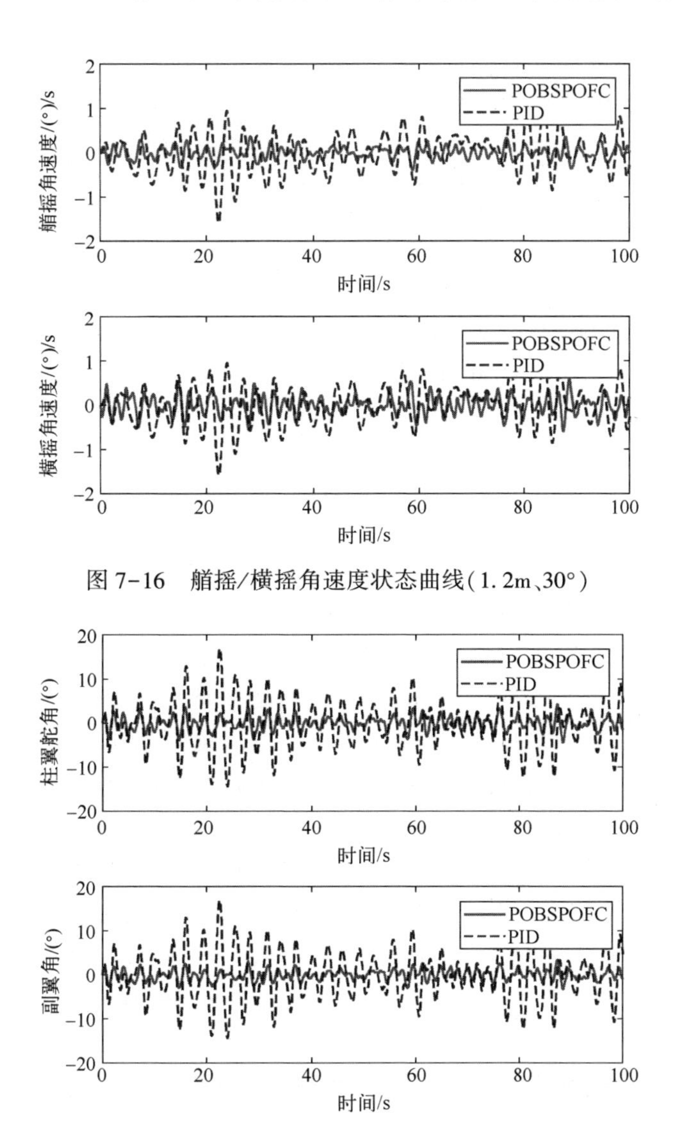

图 7-16　艏摇/横摇角速度状态曲线(1.2m、30°)

图 7-17　柱翼舵角与副翼角控制输出(1.2m、30°)

表 7-5 给出了该有义波高的随机海浪作用下艏摇角速度与横摇角速度状态观测误差统计值。其中,艏摇角速度观测误差的均值最大值为 0.0180,艏摇角速度观测误差的标准差最大值为 0.0144;横摇角速度观测误差的均值最大值为 0.0796,横摇角速度观测误差的标准差最大值为 0.0718。表 7-6 给出了有义波高分别为 1.2m 工况下利用本章所设计的双时标输出反馈奇异扰动鲁棒控制策略进行艏摇/横摇姿态镇定控制的统计数据。

表 7-6　控制系统仿真统计结果(有义波高 1.2m)

统计值	遭遇角					
	0°	30°	60°	90°	120°	150°
$E(\psi)$	0.0032	0.0019	−0.0090	−0.0025	0.0015	0.0233
$\mathrm{STD}(\psi)$	0.0640	0.1142	0.0383	0.0896	0.0639	0.0667
$E(\dot{\psi})$	0.0006	0.0009	0.0009	0.0014	0.0006	0.0001
$\mathrm{STD}(\dot{\psi})$	0.0808	0.1546	0.0533	0.1229	0.0873	0.1027
$E(\phi)$	−0.0004	−0.0091	−0.0008	−0.0008	0.0008	0.0264
$\mathrm{STD}(\phi)$	0.0619	0.1641	0.0380	0.1127	0.0601	0.0741
$E(\dot{\phi})$	−0.0002	−0.0045	−0.0001	−0.0003	0.00009	0.0018
$\mathrm{STD}(\dot{\phi})$	0.0795	0.2234	0.0499	0.1562	0.0879	0.1151

根据系统仿真曲线与统计数据可知,所设计的无源观测器与艏摇/横摇复合时间尺度控制策略在各种海况下均能实现对全浸式水翼艇艏摇/横摇动力学的联合观测与控制。所提出的双时标控制策略能够从时域的角度对存在外界干扰的情况下全浸式水翼艇的艏摇与横摇动力学系统对外界干扰与控制输入的响应情况进行分析。而以往只有通过频域法和带宽分析的方式才能对艏摇与横摇的响应特性进行分析,然而频域法仅对线性系统适用。由于全浸式水翼艇翼航航速较高,因此高阶非线性水动力阻尼在进行控制器设计的过程中不可忽略,这就导致了传统频域法对艏摇和横摇的响应分析不再适用。本章提出的基于奇异扰动理论的双时标控制策略利用不同自由度的时间尺度特性建立时标因子,通过对艏摇/横摇动力学系统的准稳态子系统和边界层子系统进行分析,从而得到艏摇与横摇动态的快慢响应分析结果,该分析过程不受系统非线性特性的影响,从而具有更低的保守性。

7.6　全浸式水翼艇航迹跟踪中航向/横倾姿态鲁棒积分控制

7.6.1　包含协调回转动态的自适应视线法制导律设计

本节通过设计引导律与姿态控制律达到全浸式水翼艇曲线航迹跟随这一控制目的。基于卫星导航系统提供的船舶运动速度来对侧滑角进行直接测量的解决方案存在诸多缺陷,一方面,为了测量侧滑角,卫星导航设备需要依靠惯性导航设备的辅助;另一方面,如果不引入惯性导航设备,则需要对卫星导航设备添加双天线配置方案来测量艏向角,但这种方法获得的测量数据精度有很大的局限性,并且对于设备空间紧凑的水面无人系统来说,增加测量设备意味着消耗更大的有效空间;此外,风浪流等干扰的存在亦会为侧滑角的直接测量带来诸多随机不确定性。因此,从设备安置空间、测量设备成本与控制精度等角度综合考虑,可以引入基于估计器的策略来对由横漂力引起的侧滑角进行实时估计,进而设计引导律对其进行综合补偿。

为了提高引导律的控制精度与鲁棒性,学者们进行了诸多尝试。其中最为经典的引导算法就是积分视线法,其将积分控制思想引入视线法引导律设计当中,从而消除由侧滑角带来的法向跟随误差的收敛残差。但是这种比例-积分形式的引导律在稳定性分析上具有较大保守性。传统自适应律的核心思想是在李雅普诺夫函数的一阶导数中将参数依赖项进行对消从而达到期望收敛性,而参数估计误差仅能达到最终有界,却不能渐进收敛至零,并且估计误差的内部动态亦是未知的。为此,本节提出基于浸入-不变集理论的自适应估计器来进行侧滑角的估计与补偿,所设计的自适应估计器能够保证估计误差的全局一致渐进稳定性,优化了全浸式水翼艇的航迹引导与控制精度。

7.6.2　引导律设计与运动学稳定性分析

根据第 3 章所述的全浸式水翼艇运动学特性,其横向平面运动学方程如下:

$$\dot{x}=u\cos\psi-v\cos\phi\sin\psi \tag{7-138}$$

$$\dot{y}=u\sin\psi+v\cos\phi\cos\psi \tag{7-139}$$

$$\dot{\psi}=r\cos\phi \tag{7-140}$$

$$\dot{\phi}=p \tag{7-141}$$

根据视线法原理,法向跟随误差可以定义为全浸式水翼艇到两个航点之间曲线的最短距离。由于水翼艇以速度 U 航行,因此其位置(x,y)是时变的,故而可以导出包含路径参数的法向跟随误差的解析表达式,以便进行后续的引导算法设计。

依据通过垂足点$(x_d(\theta^*),y_d(\theta^*))$与点$(x,y)$之间的法线,可以对法向跟随误差$y_e$与切向 x_e跟随误差进行如下定义:

$$\begin{bmatrix}x_e\\y_e\end{bmatrix}=\boldsymbol{R}(\gamma_p(\theta))^{\mathrm{T}}\begin{bmatrix}x-x_p(\theta)\\y-y_p(\theta)\end{bmatrix} \tag{7-142}$$

其中,$\gamma_p=\arctan[2(y_d'(\theta),x_d'(\theta))]$为切向路径角,旋转矩阵 $\boldsymbol{R}(\gamma_p)\in SO(2)$,$\boldsymbol{R}(\gamma_p(\theta))$的具体描述为 $\boldsymbol{R}(\gamma_p)=\begin{bmatrix}\cos(\gamma_p(\theta)) & -\sin(\gamma_p(\theta))\\ \sin(\gamma_p(\theta)) & \cos(\gamma_p(\theta))\end{bmatrix}$。

根据式(7-142)可以进一步得到法向跟随误差的解析表达式:

$$y_e=-(x-x_d(\theta^*))\sin(\gamma_p)+(y-y_d(\theta^*))\cos(\gamma_p) \tag{7-143}$$

对式(7-143)求导可以进一步得出

$$\begin{aligned}\dot{y}_e&=-(\dot{x}-\dot{x}_d(\theta^*))\sin(\gamma_p)-(x-x_d(\theta^*))\cos(\gamma_p)\dot{\gamma}_p\\&\quad+(\dot{y}-\dot{y}_d(\theta^*))\cos(\gamma_p)-(y-y_d(\theta^*))\sin(\gamma_p)\dot{\gamma}_p\\&=u\sin(\psi-\gamma_p)+\bar{v}\cos(\psi-\gamma_p)\\&\quad+\dot{x}_d(\theta^*)\sin(\gamma_p)-y_d(\theta^*)\cos(\gamma_p)\\&\quad-\dot{\gamma}_p[(x-x_d(\theta^*))\cos(\gamma_p)+(y-y_d(\theta^*))\sin(\gamma_p)]\end{aligned} \tag{7-144}$$

式(7-144)中多项式的后两项为零,即

$$\dot{x}_d(\theta^*)\sin(\gamma_p)-y_d(\theta^*)\cos(\gamma_p)=0 \tag{7-145}$$

$$\dot{\gamma}_p[(x-x_d(\theta^*))\cos(\gamma_p)+(y-y_d(\theta^*))\sin(\gamma_p)]=0 \tag{7-146}$$

因此,式(7-144)可以进一步写成如下形式:

$$\dot{y}_e=U\sin(\psi-\gamma_p+\beta_s) \tag{7-147}$$

式中:$\bar{v}=v\cos\phi$ 为船体坐标系下横荡速度 v 在地面坐标系下的投影;$U=\sqrt{u^2+\bar{v}^2}$ 为全浸式水翼艇在地面坐标系下的合速度;$\beta_s=\arctan[2(\bar{v},u)]$ 为侧滑角。虽然由来自海洋的慢时变横漂力产生的侧滑角一般很小($\beta_s\leqslant 5°$),但是它会严重影响全浸式水翼艇的航迹跟随精度。

为了对侧滑角进行参数化分离,可以对式(7-147)进行如下变形:

$$\begin{aligned}\dot{y}_e&=U\sin(\psi-\gamma_p+\beta_s)\\&=U\sin(\psi-\gamma_p)\cos\beta_s+U\cos(\psi-\gamma_p)\sin\beta_s\end{aligned} \tag{7-148}$$

由于侧滑角较小,可以采用 $\cos\beta_s\approx 1$ 与 $\sin\beta_s\approx\beta_s$ 近似,从而可以得到

$$\dot{y}_e=U\sin(\psi-\gamma_p)+U\cos(\psi-\gamma_p)\beta_s \tag{7-149}$$

由于切向路径角 γ_p 与法向跟随误差能够根据水翼艇当前位置与插值路径函数计算得到。因此,可以设计如下期望艏向引导律:

$$\psi_d=\gamma_p+\arctan\left(-\frac{y_e}{\Delta}\right)-(\hat{\beta}_s+\alpha(y_e)) \tag{7-150}$$

式中:Δ 为前视距离;$\hat{\beta}_s$ 为 β_s 的估计值;$\alpha(y_e)$ 为待设计的辅助标量函数。

基于浸入-不变集自适应控制策略,设计如下形式的自适应律 $\dot{\hat{\beta}}_s$ 与辅助变量 $\alpha(y_e)$:

$$\dot{\hat{\beta}}_s=-\frac{\partial\alpha(y_e)}{\partial y_e}[f(y_e)+\varphi(y_e)(\hat{\beta}_s+\alpha(y_e))] \tag{7-151}$$

$$\alpha(y_e)=\gamma\int_0^{y_e}\varphi(y_e,\tau)\mathrm{d}\tau \tag{7-152}$$

其中,γ 为正数,$f(y_e)$ 和 $\varphi(y_e)$ 的定义如下:

$$f(y_e)=U\sin(\psi-\gamma_p) \tag{7-153}$$

$$\varphi(y_e)=U\cos(\psi-\gamma_p) \tag{7-154}$$

定理 7.3:考虑式(7-151)~式(7-154)所描述的自适应侧滑角估计器,通过选择适当的估计器增益,可以使得侧滑角估计误差在其零点达到全局一致渐进稳定。

证明:

定义如下侧滑角估计误差:

$$e_\beta=\beta_s-(\hat{\beta}_s+\alpha(y_e)) \tag{7-155}$$

选择如下备选李雅普诺夫函数:

$$V_1=\frac{1}{2\gamma}e_\beta^2 \tag{7-156}$$

将 V_1 对时间求导可以得出

$$\dot{V}_1=\frac{1}{\gamma}e_\beta\dot{e}_\beta=\frac{1}{\gamma}e_\beta(-\dot{\hat{\beta}}_s-\dot{\alpha}(y_e))=\frac{1}{\gamma}e_\beta\left(-\dot{\hat{\beta}}_s-\frac{\partial\alpha}{\partial y_e}\times\frac{\partial y_e}{\partial t}\right) \tag{7-157}$$

将式(7-151)与式(7-152)代入式(7-157)可以得到

$$\begin{aligned}\dot{V}_1&=\frac{1}{\gamma}e_\beta\left[-\dot{\hat{\beta}}_s-\frac{\partial\alpha}{\partial y_e}(f(y_e)+\varphi(y_e)\beta_s)\right]\\&=\frac{1}{\gamma}e_\beta\left\{-\dot{\hat{\beta}}_s-\frac{\partial\alpha}{\partial y_e}[f(y_e)+\varphi(y_e)(\hat{\beta}_s+\alpha(y_e)+e_\beta)]\right\}\end{aligned} \tag{7-158}$$

将式(7-158)进一步展开可以得到

$$\dot{V}_1=\frac{1}{\gamma}e_\beta\left(-\frac{\partial\alpha}{\partial y_e}\varphi(y_e)e_\beta\right)=-(\varphi(y_e)e_\beta)^2\leqslant-\|\varphi(y_e)e_\beta\|^2 \tag{7-159}$$

进而得出估计器估计误差 e_β 在其平衡点 $e_\beta=0$ 全局一致渐进稳定。

在定理 7.3 中,我们分析了基于浸入-不变集的自适应估计器的收敛性。接下来,将对在自适应横漂补偿航向引导律作用下的法向跟随误差 y_e 的收敛性以及估计误差 e_β 收敛性与 y_e 收敛性之间的内部联系进行分析。

将式(7-150)代入式(7-149)可以得到

$$\dot{y}_e=U\sin\left(\arctan\left(-\frac{y_e}{\Delta}\right)+e_\beta\right) \tag{7-160}$$

引入如下三角函数变换:

$$\sin\left(\arctan\left(-\frac{y_e}{\Delta}\right)\right)=-\frac{y_e}{\sqrt{\Delta^2+(y_e)^2}} \tag{7-161}$$

$$\cos\left(\arctan\left(-\frac{y_e}{\Delta}\right)\right)=\frac{\Delta}{\sqrt{\Delta^2+(y_e)^2}} \tag{7-162}$$

并利用近似条件 $\cos(e_\beta)\approx 1$ 与 $\sin(e_\beta)\approx e_\beta$，可以得到

$$\dot{y}_e=-\frac{U}{\sqrt{\Delta^2+(y_e)^2}}y_e+\frac{U\Delta}{\sqrt{\Delta^2+(y_e)^2}}e_\beta \tag{7-163}$$

定理 7.4：考虑式(7-163)所述法向跟随误差动态方程与航向引导律(式(7-150))，如果当 $e_\beta=0$ 时，y_e 在其平衡点 $y_e=0$ 全局一致渐进稳定，则式(7-163)对于自适应估计误差 e_β 是输入-状态稳定的。

证明：

当 $e_\beta=0$ 时，式(7-163)变为以下形式：

$$\dot{y}_e=-\frac{U}{\sqrt{\Delta^2+y_e^2}}y_e \tag{7-164}$$

针对式(7-164)所述系统，定义如下李雅普诺夫函数：

$$V_2=\frac{1}{2}y_e^2 \tag{7-165}$$

将 V_2 对时间求导可以得到

$$\dot{V}_2=-\frac{U}{\sqrt{\Delta^2+y_e^2}}y_e^2\leqslant 0 \tag{7-166}$$

因此，式(7-164)在其平衡点 $y_e=0$ 是全局一致渐进稳定的。

将 e_β 视为系统(式(7-164))的输入，针对系统(式(7-163))定义 ISS-李雅普诺夫函数 $V_{\mathrm{ISS}}=\frac{1}{2}y_e^2$ 并将 V_{ISS} 对时间求导，可以得出

$$\begin{aligned}\dot{V}_{\mathrm{ISS}}&=-\frac{U}{\sqrt{\Delta^2+y_e^2}}y_e^2+\frac{U\Delta}{\sqrt{\Delta^2+y_e^2}}y_e e_\beta\\&\leqslant-\frac{U}{\sqrt{\Delta^2+y_e^2}}\|y_e\|^2+\frac{U\Delta}{\sqrt{\Delta^2+y_e^2}}\|y_e\|\|e_\beta\|\end{aligned} \tag{7-167}$$

对于 $\|y_e\|$ 而言，为利用非线性项 $-\frac{U}{\sqrt{\Delta^2+y_e^2}}\|y_e\|^2$ 来控制非线性项 $\frac{U\Delta}{\sqrt{\Delta^2+y_e^2}}\|y_e\|\|e_\beta\|$，可以将不等式(7-167)写成如下形式：

$$\dot{V}_{\text{ISS}} \leqslant -\frac{U}{\sqrt{\Delta^2+y_e^2}}(1-\varepsilon)\|y_e\|^2-\frac{U}{\sqrt{\Delta^2+y_e^2}}\varepsilon\|y_e\|^2+\frac{U\Delta}{\sqrt{\Delta^2+y_e^2}}\|y_e\|\|e_\beta\| \tag{7-168}$$

其中,$0<\varepsilon<1$。

则根据上式,可以进一步得出

$$\dot{V}_{\text{ISS}} \leqslant -\frac{U}{\sqrt{\Delta^2+y_e^2}}(1-\varepsilon)\|y_e\|^2,\ \forall\|y_e\|\geqslant\frac{\Delta}{\varepsilon}\|e_\beta\| \tag{7-169}$$

选择 $\alpha_{o1}(l)=w_1 l^2$,$\alpha_{o2}(l)=w_2 l^2$ 和 $\rho_o(l)=\dfrac{\Delta}{\varepsilon}l$,其中 α_{o1}, α_{o2} 为 $\mathcal{K}_\infty$ 类函数,ρ_o 为 $\mathcal{K}$ 类函数,根据不等式(7-169)可以得出,存在 $\mathcal{KL}$ 类函数 σ_o 和 $\mathcal{K}$ 类函数 γ_o,使得下式成立:

$$\|y_e\|\leqslant\sigma_o(\|y_e(t_0)\|,t-t_0)+\gamma_o(\sup_{t_0\leqslant t_s\leqslant t}\|e_\beta\|),\ \forall t\geqslant t_0 \tag{7-170}$$

从而可以得出,式(7-163)是输入-状态稳定(ISS)。其中,$\gamma_o(l)=\sqrt{w_2/w_1}(\Delta/\varepsilon)l$。

定理7.5:考虑式(7-143)~式(7-155)所述自适应估计器与式(7-163)所述法向跟随误差动态方程,如果自适应估计误差在其平衡点全局一致渐进稳定,则由自适应估计误差与法向跟随误差组成的互联系统亦满足全局一致渐进稳定。

证明:

基于定理7.5,可以得出侧滑角的估计误差是全局一致渐进稳定的,由级联系统的基础理论可知,式(7-143)~式(7-146)与式(7-163),构成了如下级联系统的结构形式

$$\begin{cases}\dot{y}_e=-\dfrac{U}{\sqrt{\Delta^2+(y_e)^2}}y_e+\dfrac{U\Delta}{\sqrt{\Delta^2+(y_e)^2}}e_\beta\\ \dot{e}_\beta=-\gamma\varphi^2(y_e)e_\beta\end{cases} \tag{7-171}$$

基于定理7.4,将侧滑角估计误差 e_β 视为式(7-163)所示系统的输入,则系统关于侧滑角估计误差 e_β 是输入-状态稳定的。在此,将从输入-状态稳定性的角度出发,对系统的稳定性进行分析。

定义状态变量 $\boldsymbol{h}=[y_e,e_\beta]^{\mathrm{T}}$,并且设 $t_0\geqslant0$ 为式(7-163)所示系统的初始时刻,则系统的解在全局范围内满足

$$\|y_e(t)\|\leqslant\xi_1(\|y_e(s)\|,t-s)+\gamma_1\left(\sup_{s\leqslant\tau\leqslant t}\|e_\beta(\tau)\|\right) \tag{7-172}$$

$$\|e_\beta(t)\|\leqslant\xi_2(\|e_\beta(s)\|,t-s) \tag{7-173}$$

其中，$t_0 \leqslant s \leqslant t$，$\xi_1$和$\xi_2$为$\mathcal{KL}$类函数，$\gamma_1$是$\mathcal{K}$类函数。

设$s=\dfrac{(t_0+t)}{2}$，并将其代入式(7-171)，可以得到

$$\|y_e(t)\| \leqslant \xi_1\left(\left\|y_e\left(\frac{t_0+t}{2}\right)\right\|,\frac{t_0+t}{2}\right)+\gamma_1\left(\sup_{\frac{(t_0+t)}{2}\leqslant\tau\leqslant t}\|e_\beta(\tau)\|\right) \tag{7-174}$$

为了估计$y_e\left(\dfrac{(t_0+t)}{2}\right)$，设$s=t_0$并且利用$\dfrac{(t_0+t)}{2}$替换$t$，则可以进一步得出

$$\left\|y_e\left(\frac{t_0+t}{2}\right)\right\| \leqslant \xi_1\left(\|y_e(t_0)\|,\frac{t-t_0}{2}\right)+\gamma_1\left(\sup_{t_0\leqslant\tau\leqslant\frac{(t_0+t)}{2}}\|e_\beta(\tau)\|\right) \tag{7-175}$$

利用不等式(7-173)可以得到

$$\sup_{t_0\leqslant\tau\leqslant\frac{(t_0+t)}{2}}\|e_\beta(\tau)\| \leqslant \xi_2(\|e_\beta(t_0)\|,0) \tag{7-176}$$

$$\sup_{\frac{(t_0+t)}{2}\leqslant\tau\leqslant t}\|e_\beta(\tau)\| \leqslant \xi_2\left(\|e_\beta(t_0)\|,\frac{t-t_0}{2}\right) \tag{7-177}$$

将式(7-175)~式(7-177)代入式(7-174)，同时利用如下不等式：

$$\|y_e(t_0)\| \leqslant h\|x(t_0)\| \tag{7-178}$$

$$\|e_\beta(t_0)\| \leqslant \|h(t_0)\| \tag{7-179}$$

$$\|h(t)\| \leqslant \|y_e(t_0)\|+\|e_\beta(t_0)\| \tag{7-180}$$

可以得出

$$\|h(t)\| \leqslant \xi(\|h(t_0)\|,t-t_0) \tag{7-181}$$

其中，

$$\xi(l,s)=\xi_1\left[\left(\xi_1\left(l,\frac{s}{2}\right)+\gamma_1(\xi_2(l,0))\right)\right]+\gamma_1\left(\xi_2\left(l,\frac{s}{2}\right)\right)+\xi_2(l,s) \tag{7-182}$$

由此，显然可以看出，对于任意$l\geqslant 0$，ξ为$\mathcal{KL}$类函数。因此，式(7-100)所示系统在其平衡点$h=0$全局一致渐进稳定。

通过定理7.3~定理7.5，本节对基于自适应横漂补偿的全浸式水翼艇航向引导律及其运动学稳定性进行了详尽的分析，并证明了所设计的基于自适应估计器的航向引导律对侧滑角进行估计与补偿的有效性。接下来，基于全浸式水翼艇协调回转条件，将设计横倾引导律来实现全浸式水翼艇在完成曲线航迹跟随控制任务时综合操纵性能的提升。

为了得到指令横倾角，求取式(7-171)中$\dot{y}_e$对时间t的导数，可以得到

$$
\begin{aligned}
\ddot{y}_e &= -\sin(\gamma_p)\left[-u\sin(\psi)\dot{\psi}-\bar{v}\cos(\psi)\dot{\psi}\right]+\cos(\gamma_p)\left[u\cos(\psi)\dot{\psi}-\bar{v}\sin(\psi)\dot{\psi}\right] \\
&= \sin(\gamma_p)\dot{y}\dot{\psi}+\cos(\gamma_p)\dot{x}\dot{\psi} \\
&= \dot{\psi}\sqrt{\dot{y}^2+\dot{x}^2}\sin\left[\gamma_p+\arctan\left(\frac{\dot{x}}{\dot{y}}\right)\right] \\
&= \dot{\psi}\sqrt{u^2+\bar{v}^2}\sin\left[\gamma_p+\arctan\left(\frac{\dot{x}}{\dot{y}}\right)\right]
\end{aligned}
\tag{7-183}
$$

根据全浸式水翼艇协调回转条件

$$
\dot{\psi}=\frac{g}{U}\tan\phi \tag{7-184}
$$

将式(7-184)代入式(7-183)中,可进一步得出

$$
\ddot{y}_e = g\tan\phi\sin\left[\gamma_p+\arctan\left(\frac{\dot{x}}{\dot{y}}\right)\right] \tag{7-185}
$$

在式(7-185)中,将 ϕ 视为控制输入,设计如下形式的横倾角引导律:

$$
\phi_d=\arctan\left(-\frac{k_1\dot{y}_e}{g\sin(\gamma_p+\arctan(\dot{x}/\dot{y}))}\right) \tag{7-186}
$$

式中:$k_1>0$ 为横倾引导律控制增益。

为动态方程(7-185)定义如下李雅普诺夫函数:

$$
V_3=\frac{1}{2}\dot{y}_e^2 \tag{7-187}
$$

将 V_3 对时间求导可以得出

$$
\dot{V}_3=\dot{y}_e g\tan\phi\sin\left[\gamma_p+\arctan\left(\frac{\dot{x}}{\dot{y}}\right)\right] \tag{7-188}
$$

将式(7-186)代入式(7-188)可得

$$
\dot{V}_3=-k_1\|\dot{y}_e\|^2\leqslant 0 \tag{7-189}
$$

据此,可以得出,在基于协调回转条件的横倾引导律作用下,横倾运动学系统在其平衡点 $\dot{y}_e=0$ 全局一致渐进稳定。

7.6.3　全浸式水翼艇航向/横倾姿态鲁棒积分控制策略

考虑翼航状态定航速航行的全浸式水翼艇,其航向/横倾动力学方程如下式所示:

$$\begin{cases}\dot{\boldsymbol{\eta}}=\boldsymbol{J}(\boldsymbol{\eta})\boldsymbol{v}\\ \boldsymbol{M}\dot{\boldsymbol{v}}+\boldsymbol{N}(u_0)\boldsymbol{v}+\boldsymbol{G}\boldsymbol{\eta}=\boldsymbol{B}\boldsymbol{u}+\boldsymbol{\tau}_{\mathrm{d}}\end{cases} \tag{7-190}$$

式中：$\boldsymbol{\eta}=[\psi,\phi]^{\mathrm{T}}$为惯性坐标系下全浸式水翼艇艏摇/横摇角姿态向量，$\psi$，$\phi$分别为全浸式水翼艇的艏摇角与横摇角；$\boldsymbol{v}=[r,p]^{\mathrm{T}}$为船体坐标系下全浸式水翼艇艏摇/横摇角速度向量，$r,p$分别为全浸式水翼艇艏摇角速度与横摇角速度；$\boldsymbol{J}=\begin{bmatrix}\cos\phi & 0\\ 0 & 1\end{bmatrix}$为船体坐标系到惯性坐标系的坐标转换矩阵；$\boldsymbol{M}=\begin{bmatrix}I_z-N_{\dot{r}} & -N_{\dot{p}}\\ -K_{\dot{r}} & I_x-K_{\dot{p}}\end{bmatrix}$为包含附加质量的质量与惯性矩阵；$\boldsymbol{N}(u_0)=\begin{bmatrix}-N_r & -N_p-N_{r|r|}|r|\\ -K_r & -K_p-K_{p|p|}|p|\end{bmatrix}$为非线性水动力阻尼矩阵；$\boldsymbol{G}=[0,W\overline{GM_{\mathrm{T}}}]^{\mathrm{T}}$为重力矩阵，$W=mg$为船体重力，$\overline{GM_{\mathrm{T}}}$为横稳性高；$\boldsymbol{B}=\begin{bmatrix}N_{\delta_{\mathrm{R}}} & N_{\delta_{\mathrm{A}}}\\ K_{\delta_{\mathrm{R}}} & K_{\delta_{\mathrm{A}}}\end{bmatrix}$为系统控制矩阵，$N_{\delta_{\mathrm{R}}}$，$N_{\delta_{\mathrm{A}}}$，$K_{\delta_{\mathrm{R}}}$和$K_{\delta_{\mathrm{A}}}$分别为副翼与柱翼舵的控制力矩系数；$\boldsymbol{u}=[\delta_{\mathrm{R}},\delta_{\mathrm{A}}]^{\mathrm{T}}$为控制输入，$\delta_{\mathrm{R}}$和$\delta_{\mathrm{A}}$分别为柱翼舵角与副翼角；$\boldsymbol{\tau}_{\mathrm{d}}\in R^2$为风浪流引起的艏摇/横摇复合干扰向量。

由于在进行曲线航迹跟随控制时，利用协调回转条件提高全浸式水翼艇操纵机动性会使得艇体存在较明显的稳态横倾，因此若再利用三角函数近似条件$\cos\varphi\approx 1$则变得不恰当。但是可以引入如下变换来对横向姿态控制策略进行辅助设计：

将式(7-190)中的第一个子方程$\dot{\boldsymbol{\eta}}=\boldsymbol{J}(\boldsymbol{\eta})\boldsymbol{v}$代入第二个子方程中，可以得到

$$\overline{\boldsymbol{M}}\ddot{\boldsymbol{\eta}}+\overline{\boldsymbol{N}}(u_0,\boldsymbol{\eta})\dot{\boldsymbol{\eta}}+\overline{\boldsymbol{G}}\boldsymbol{\eta}=\overline{\boldsymbol{B}}\boldsymbol{u}+\overline{\boldsymbol{\tau}}_{\mathrm{d}} \tag{7-191}$$

其中，$\overline{\boldsymbol{M}}=\boldsymbol{J}^{-\mathrm{T}}\boldsymbol{M}\boldsymbol{J}^{-1}$，$\overline{\boldsymbol{N}}=\boldsymbol{J}^{-\mathrm{T}}\boldsymbol{N}\boldsymbol{J}^{-1}$，$\overline{\boldsymbol{G}}=\boldsymbol{J}^{-\mathrm{T}}\boldsymbol{G}$，$\overline{\boldsymbol{B}}=\boldsymbol{J}^{-\mathrm{T}}\boldsymbol{B}$，$\overline{\boldsymbol{\tau}}_{\mathrm{d}}=\boldsymbol{J}^{-\mathrm{T}}\boldsymbol{\tau}_{\mathrm{d}}$。

本节中，针对全浸式水翼艇横向姿态跟踪控制的目标，提出了一种鲁棒积分控制策略来使得全浸式水翼艇横向姿态渐进跟踪所设计的航向引导律与横倾引导律中的期望艏向角与期望横倾角。

首先，定义如下横向姿态跟踪误差：

$$\boldsymbol{e}_1=\boldsymbol{\eta}-\boldsymbol{\eta}_{\mathrm{d}} \tag{7-192}$$

其中，$\boldsymbol{e}_1\in R^2$，$\boldsymbol{\eta}_{\mathrm{d}}=[\psi_{\mathrm{d}},\phi_{\mathrm{d}}]^{\mathrm{T}}$。

其次，定义辅助跟踪误差变量：

$$\boldsymbol{e}_2=\dot{\boldsymbol{e}}_1+c_1\boldsymbol{e}_1 \tag{7-193}$$

$$\boldsymbol{r}=\dot{\boldsymbol{e}}_2+c_2\boldsymbol{e}_2 \tag{7-194}$$

其中，$\boldsymbol{e}_2,\boldsymbol{r}\in R^2$，$c_1,c_2\in R^+$。

注：定义辅助跟踪误差变量$\boldsymbol{r}$仅为控制策略与系统稳定分析之用。由于变量$\boldsymbol{r}$

中包含跟踪误差的二阶导数，即横向姿态的角加速度信息，显然这类状态在实际控制系统中难以获得，从控制器的可实现性与工程实用性的角度出发，该辅助变量并不会出现在后续设计的横向姿态跟踪控制律当中。

在式(7-194)等号两边同时左乘$\overline{\boldsymbol{M}}$，同时利用式(7-193)和式(7-194)，可以得到如下系统误差动态方程：

$$\overline{\boldsymbol{M}}\boldsymbol{r}=-\overline{\boldsymbol{M}}_{\mathrm{d}}\ddot{\boldsymbol{\eta}}_{\mathrm{d}}-\overline{\boldsymbol{N}}\dot{\boldsymbol{\eta}}-\overline{\boldsymbol{G}}\boldsymbol{\eta}+\overline{\boldsymbol{B}}\boldsymbol{u}+\overline{\boldsymbol{\tau}}_{\mathrm{d}}+\overline{\boldsymbol{M}}(c_1\dot{\boldsymbol{e}}_1+c_2\boldsymbol{e}_2) \tag{7-195}$$

定义辅助函数$\boldsymbol{f}_{\mathrm{d}}$与$\boldsymbol{S}$，如下式所示：

$$\boldsymbol{f}_{\mathrm{d}}=-\overline{\boldsymbol{M}}_{\mathrm{d}}\ddot{\boldsymbol{\eta}}_{\mathrm{d}}-\overline{\boldsymbol{N}}_{\mathrm{d}}\dot{\boldsymbol{\eta}}_{\mathrm{d}}-\overline{\boldsymbol{G}}_{\mathrm{d}}\boldsymbol{\eta}_{\mathrm{d}} \tag{7-196}$$

$$\boldsymbol{S}=\overline{\boldsymbol{N}}_{\mathrm{d}}\dot{\boldsymbol{\eta}}_{\mathrm{d}}+\overline{\boldsymbol{G}}_{\mathrm{d}}\boldsymbol{\eta}_{\mathrm{d}}-\overline{\boldsymbol{N}}\dot{\boldsymbol{\eta}}-\overline{\boldsymbol{G}}\boldsymbol{\eta}+\overline{\boldsymbol{M}}(c_1\dot{\boldsymbol{e}}_1+c_2\boldsymbol{e}_2) \tag{7-197}$$

则根据式(7-196)与式(7-197)，式(7-196)可以重新列写为如下形式：

$$\overline{\boldsymbol{M}}\boldsymbol{r}=\boldsymbol{f}_{\mathrm{d}}+\boldsymbol{S}+\overline{\boldsymbol{B}}\boldsymbol{u}+\overline{\boldsymbol{\tau}}_{\mathrm{d}} \tag{7-198}$$

设计如下横向姿态跟踪控制律：

$$\begin{cases}u=-\overline{\boldsymbol{B}}^{-1}[(k_e+1)\boldsymbol{e}_2-(k_e+1)\boldsymbol{e}_2(0)+u_{\mathrm{int}}]\\ \dot{u}_{\mathrm{int}}=(k_e+1)c_2\boldsymbol{e}_2+k_s\mathrm{sgn}(\boldsymbol{e}_2),u_{\mathrm{int}}(0)=0\end{cases} \tag{7-199}$$

式中：$k_e,k_s\in R^+$为控制器增益系数。

将式(7-199)代入式(7-198)中，并对等式两边各项对时间求导，可以得到

$$\overline{\boldsymbol{M}}\dot{\boldsymbol{r}}=\dot{\boldsymbol{f}}_{\mathrm{d}}-\dot{\overline{\boldsymbol{M}}}(\boldsymbol{\eta},\dot{\boldsymbol{\eta}})\boldsymbol{r}+\dot{\boldsymbol{S}}+\dot{\overline{\boldsymbol{\tau}}}_{\mathrm{d}}-(k_e+1)\boldsymbol{r}-k_s\mathrm{sgn}(\boldsymbol{e}_2) \tag{7-200}$$

定义辅助变量$\widetilde{\boldsymbol{N}}$和$\boldsymbol{N}_{\mathrm{d}}$如下：

$$\widetilde{\boldsymbol{N}}=-\frac{1}{2}\dot{\overline{\boldsymbol{M}}}(\boldsymbol{\eta},\dot{\boldsymbol{\eta}})\boldsymbol{r}+\dot{\boldsymbol{S}}+\boldsymbol{e}_2 \tag{7-201}$$

$$\boldsymbol{N}_{\mathrm{d}}=\dot{\boldsymbol{f}}_{\mathrm{d}}+\dot{\overline{\boldsymbol{\tau}}}_{\mathrm{d}} \tag{7-202}$$

则式(7-200)可以进一步列写为

$$\overline{\boldsymbol{M}}\dot{\boldsymbol{r}}=-\frac{1}{2}\dot{\overline{\boldsymbol{M}}}(\boldsymbol{\eta},\dot{\boldsymbol{\eta}})\boldsymbol{r}+\widetilde{\boldsymbol{N}}+\boldsymbol{N}_{\mathrm{d}}-\boldsymbol{e}_2-(k_e+1)\boldsymbol{r}-k_s\mathrm{sgn}(\boldsymbol{e}_2) \tag{7-203}$$

根据式(7-192)与式(7-193)，再利用中值定理，从而可以得出

$$\|\widetilde{\boldsymbol{N}}\|\leqslant\rho(\|\boldsymbol{z}\|)\|\boldsymbol{z}\| \tag{7-204}$$

其中，变量$\rho(\cdot)$是一个正定的全局可逆的非减函数，状态变量$z\in R^{3\times2}$的定义如下：

$$\boldsymbol{z}=[\boldsymbol{e}_1^{\mathrm{T}},\boldsymbol{e}_2^{\mathrm{T}},\boldsymbol{r}^{\mathrm{T}}]^{\mathrm{T}} \tag{7-205}$$

设系统复合干扰和指令输入信号足够光滑，则可以进一步得到以下不等式

$$\|\boldsymbol{N}_{\mathrm{d}}\|\leqslant\zeta_1,\|\dot{\boldsymbol{N}}_{\mathrm{d}}\|\leqslant\zeta_2 \tag{7-206}$$

其中，$\zeta_1,\zeta_2\in R^+$。

定义状态变量$\boldsymbol{\chi}(z,P)\in R^{3\times2+1}$如下：

$$\boldsymbol{\chi}\triangleq[\boldsymbol{z}^{\mathrm{T}},\sqrt{P}]^{\mathrm{T}} \tag{7-207}$$

其中，$P(e_2,t)\in R$为以下微分方程的 Filippov 解：

$$\begin{cases}\dot{P}=-\boldsymbol{r}^{\mathrm{T}}(\boldsymbol{N}_{\mathrm{d}}-k_s\mathrm{sgn}(\boldsymbol{e}_2))\\ P(\boldsymbol{e}_2(t_0),t_0)=k_s\sum\limits_{i=1}^{2}|\boldsymbol{e}_{2i}(t_0)|-\boldsymbol{e}_2(t_0)^{\mathrm{T}}\boldsymbol{N}_{\mathrm{d}}(t_0)\end{cases} \tag{7-208}$$

其中，脚注$i=1,\cdots,n$代表向量中的第i个元素。

据此，P可以被进一步展开为如下形式：

$$P(t)=k_s\sum_{i=1}^{2}|\boldsymbol{e}_{2i}(0)|-\boldsymbol{e}_2(0)^{\mathrm{T}}\boldsymbol{N}_{\mathrm{d}}(0)-\int_0^t L(\varepsilon)\mathrm{d}\varepsilon \tag{7-209}$$

其中，变量$L(t)\in R$的定义如下所示：

$$L(t)=\boldsymbol{r}^{\mathrm{T}}(\boldsymbol{N}_{\mathrm{d}}-k_s\mathrm{sgn}(\boldsymbol{e}_2)) \tag{7-210}$$

如果式(7-199)中的鲁棒控制增益k_s满足以下条件：

$$k_s>\zeta_1+\frac{1}{c_2}\zeta_2 \tag{7-211}$$

则可以得出以下不等式成立：

$$\int_0^t L(\sigma)\mathrm{d}\sigma L(t)\leqslant k_s\sum_{i=1}^{2}|\boldsymbol{e}_{2i}(0)|-\boldsymbol{e}_2(0)^{\mathrm{T}}\boldsymbol{N}_{\mathrm{d}}(0) \tag{7-212}$$

因此可以得出$P(t)\geqslant0$。

定理 7.6：考虑式(7-201)所述全浸式水翼艇横向姿态动力学方程，如果辅助跟踪误差调节参数满足

$$c_1>\frac{1}{2},c_2>\frac{1}{2} \tag{7-213}$$

则在式(7-199)的作用下，横向姿态跟踪误差能够在全局范围内一致渐进收敛至零。

证明：

定义李雅普诺夫函数如下：

$$V_4(\boldsymbol{\chi},t)=\frac{1}{2}\boldsymbol{e}_1^{\mathrm{T}}\boldsymbol{e}_1+\frac{1}{2}\boldsymbol{e}_2^{\mathrm{T}}\boldsymbol{e}_2+\frac{1}{2}\boldsymbol{r}^{\mathrm{T}}\overline{\boldsymbol{M}}\boldsymbol{r}+P \tag{7-214}$$

由李雅普诺夫稳定性理论可知，$V_4(\boldsymbol{\chi},t)$满足以下条件：

$$U_1(\boldsymbol{\chi})\leqslant V_4(\boldsymbol{\chi},t)\leqslant U_2(\boldsymbol{\chi}) \tag{7-215}$$

式中：$U_1(\boldsymbol{\chi}),U_2(\boldsymbol{\chi})\in R$为正定标量函数。其定义如下：

$$U_1(\boldsymbol{\chi})=m_1\|\boldsymbol{\chi}\|^2,U_2(\boldsymbol{\chi})=m_2\|\boldsymbol{\chi}\|^2,0<m_1<m_2 \tag{7-216}$$

将 $V_4(\boldsymbol{\chi},t)$ 对时间求导可以得到

$$\dot{V}_4=\boldsymbol{e}_1^{\mathrm{T}}\dot{\boldsymbol{e}}_1+\boldsymbol{e}_2^{\mathrm{T}}\dot{\boldsymbol{e}}_2+\boldsymbol{r}^{\mathrm{T}}\overline{\boldsymbol{M}}\dot{r}+\frac{1}{2}\boldsymbol{r}^{\mathrm{T}}\dot{\overline{\boldsymbol{M}}}(\boldsymbol{\eta},\dot{\boldsymbol{\eta}})\boldsymbol{r}+\dot{P} \tag{7-217}$$

根据式(7-201)~式(7-203)，$\dot{V}_4$可以进一步展开为

$$\begin{aligned}\dot{V}_4=&-c_1\boldsymbol{e}_1^{\mathrm{T}}\boldsymbol{e}_1-c_2\boldsymbol{e}_2^{\mathrm{T}}\boldsymbol{e}_2+\boldsymbol{e}_1^{\mathrm{T}}\boldsymbol{e}_2+\boldsymbol{r}^{\mathrm{T}}\widetilde{\boldsymbol{N}}+\boldsymbol{r}^{\mathrm{T}}\boldsymbol{N}_{\mathrm{d}}-(k_e+1)\boldsymbol{r}^{\mathrm{T}}\boldsymbol{r}\\&-\boldsymbol{r}^{\mathrm{T}}k_s\mathrm{sgn}(\boldsymbol{e}_2)-\boldsymbol{r}^{\mathrm{T}}(\boldsymbol{N}_{\mathrm{d}}-k_s\mathrm{sgn}(\boldsymbol{e}_2))\end{aligned} \tag{7-218}$$

根据 Cauchy-Schwarz 不等式，有 $2\boldsymbol{e}_1^{\mathrm{T}}\boldsymbol{e}_2\leqslant\|\boldsymbol{e}_1\|^2+\|\boldsymbol{e}_2\|^2$成立。同时，基于不等式(7-204)，可以得出

$$\begin{aligned}\dot{V}_4&\leqslant-\left(c_1-\frac{1}{2}\right)\|\boldsymbol{e}_1\|^2-\left(c_2-\frac{1}{2}\right)\|\boldsymbol{e}_2\|^2-(k_e+1)\|\boldsymbol{r}\|^2+\rho(\|z\|)\|\boldsymbol{r}\|\|z\|\\&\leqslant-\left(c_1-\frac{1}{2}\right)\|\boldsymbol{e}_1\|^2-\left(c_2-\frac{1}{2}\right)\|\boldsymbol{e}_2\|^2-\|\boldsymbol{r}\|^2+\frac{-4k_e^2\|\boldsymbol{r}\|^2+4k_e\|\boldsymbol{r}\|\rho(\|z\|)\|z\|}{4k_e}\end{aligned} \tag{7-219}$$

为了抵消$-4k_e^2\|\boldsymbol{r}\|^2$，对 $4k_e\|\boldsymbol{r}\|\rho(\|z\|)\|z\|$利用 Young 不等式，可以得到

$$\begin{aligned}\dot{V}_4&\leqslant-\|\boldsymbol{r}\|^2-\left(c_1-\frac{1}{2}\right)\|\boldsymbol{e}_1\|^2-\left(c_2-\frac{1}{2}\right)\|\boldsymbol{e}_2\|^2+\frac{\rho^2(\|z\|)\|z\|^2}{4k_e}\\&\leqslant-\lambda\|z\|^2+\frac{\rho^2(\|z\|)\|z\|^2}{4k_e}\end{aligned} \tag{7-220}$$

其中，$\lambda=\min\left\{c_1-\dfrac{1}{2},c_2-\dfrac{1}{2},1\right\}$，参数 c_1、c_2满足定理 7.6 中的不等式约束，函数$\rho(\|z\|)$为正定全局可逆的非减函数。

据此，进一步对不等式(7-22)进行放缩可以得到

$$\dot{V}_4\leqslant-c_4\|z\|^2=-U(\boldsymbol{\chi}) \tag{7-221}$$

式中：c_4为正实数；$U(\boldsymbol{\chi})$为正定标量函数。

根据式(7-215)与式(7-220)，可以证明 $V_4(\boldsymbol{\chi},t)\in L_\infty$，则可以进一步得出 $\boldsymbol{e}_1$，$\boldsymbol{e}_2,\boldsymbol{r}\in\boldsymbol{L}_\infty$。由闭环误差系统的动态特性可知系统中其他状态变量均是有界的。另外，由 $U(\boldsymbol{\chi})$与 $z(t)$的定义可知，$U(\boldsymbol{\chi})$是一致连续的。当 $t\to\infty$，$c_4\|z\|^2$将渐进收敛至零。则根据 $z(t)$的定义可以得出，随着 $t\to\infty$，跟踪误差 $\boldsymbol{e}_1(t)$将全局一致渐进收敛至零。

前文进行了全浸式水翼艇运动学子系统与横向姿态动力学子系统的级联式航迹引导与控制策略设计，针对航向/横倾动力学系统设计鲁棒积分控制律实现对期望艏向角与期望横倾角的一致跟踪。作为一个典型的级联系统，针对每一个子系

统进行控制策略设计之后都需要基于其具体的稳定性结论对完整级联系统的稳定性进行严格的判定,从而得出完整闭环系统的稳定性结论。由于在航迹引导设计中引入了未知的侧滑角及其自适应估计,因此,本节在进行级联系统稳定性的分析中会以归一化模型的形式分析自适应估计器的误差动态对完整闭环系统稳定性的影响。特别地,需要针对该章所述航迹引导与控制策略作用下的运动学子系统和动力学子系统各自的稳定性结论对整个级联系统稳定性的影响进行新的论证。

对式(7-147)进行三角函数和差化积处理,可以显式得到艏向角跟踪误差对法向跟踪误差的影响,如下式所示:

$$\begin{aligned}\dot{y}_e&=U\sin(\psi_d-\gamma_p+\beta_s)+U[\sin(\psi-\gamma_p+\beta_s)-\sin(\psi_d-\gamma_p+\beta_s)]\\&=U\sin(\psi_d-\gamma_p+\beta_s)+2U\sin\left(\frac{\tilde{\psi}}{2}\right)\cos\left(\gamma_p-\beta_s-\frac{\psi+\psi_d}{2}\right)\end{aligned}\tag{7-222}$$

式中:$\tilde{\psi}=\psi-\psi_d$为艏向角跟踪误差。

类似地,也可以得到横倾角跟踪误差对$\dot{y}_e$动态的影响:

$$\begin{aligned}\ddot{y}_e&=g\sin\left[\gamma_p+\arctan\left(\frac{\dot{x}}{\dot{y}}\right)\right]\tan\phi_d+g\sin\left[\gamma_p+\arctan\left(\frac{\dot{x}}{\dot{y}}\right)\right](\tan\phi-\tan\phi_d)\\&=g\sin\left[\gamma_p+\arctan\left(\frac{\dot{x}}{\dot{y}}\right)\right]\tan\phi_d+\sin(\tilde{\phi})\frac{g\sin\left[\gamma_p+\arctan\left(\frac{\dot{x}}{\dot{y}}\right)\right]}{\cos\phi\cos\phi_d}\end{aligned}\tag{7-223}$$

式中:$\tilde{\phi}=\phi-\phi_d$为横倾角跟踪误差。

为了能够更清晰地描述该级联系统的内部互联性,特引入如下状态变量:

$$\boldsymbol{\vartheta}_1=[y_e,\dot{y}_e]^{\mathrm{T}},\boldsymbol{\vartheta}_2=[\tilde{\psi},\tilde{\phi}]^{\mathrm{T}}=\boldsymbol{\eta}-\boldsymbol{\eta}_d,\boldsymbol{\vartheta}_3=\dot{\boldsymbol{\vartheta}}_2=\dot{\boldsymbol{\eta}}-\dot{\boldsymbol{\eta}}_d\tag{7-224}$$

通过以上变量代换,可以对全浸式水翼艇曲线航迹跟随控制中的各个状态进行归一化表示,并且便于进行后续的稳定性分析。

基于式(7-224)中定义的新的状态变量,可以将式(7-153)与式(7-154)所描述的法向跟随误差y_e及其导数$\dot{y}_e$的动力学特性写成如下归一化的向量形式:

$$\dot{\boldsymbol{\vartheta}}_1=\boldsymbol{F}_1(t,\boldsymbol{\vartheta}_1)+\boldsymbol{G}_1(t,\boldsymbol{\vartheta}_1,\boldsymbol{\vartheta}_2)\tag{7-225}$$

其中,非线性函数$\boldsymbol{F}_1(t,\boldsymbol{\vartheta}_1)$与$\boldsymbol{G}_1(t,\boldsymbol{\vartheta}_1,\boldsymbol{\vartheta}_2)$的具体形式如下式所示:

$$\boldsymbol{F}_1(t,\boldsymbol{\vartheta}_1)=\begin{bmatrix}U\sin(\psi_d-\gamma_p+\beta_s)\\g\sin\left[\gamma_p+\arctan\left(\frac{\dot{x}}{\dot{y}}\right)\right]\tan\phi_d\end{bmatrix}\tag{7-226}$$

$$
\boldsymbol{G}_1(t,\boldsymbol{\vartheta}_1,\boldsymbol{\vartheta}_2)=\begin{bmatrix} 2U\sin\left(\dfrac{\widetilde{\psi}}{2}\right)\cos\left(\gamma_p-\beta_s-\dfrac{\psi+\psi_d}{2}\right) \\ \sin(\widetilde{\phi})\dfrac{g\sin\left[\gamma_p+\arctan\left(\dfrac{\dot{x}}{\dot{y}}\right)\right]}{\cos\phi\cos\phi_d} \end{bmatrix} \tag{7-227}
$$

同理,全浸式水翼艇横向姿态跟踪误差动力学方程可以写成这种形式:

$$
\begin{cases} \dot{\boldsymbol{\vartheta}}_2=\boldsymbol{\vartheta}_3 \\ \overline{\boldsymbol{M}}\dot{\boldsymbol{\vartheta}}_3=-\overline{\boldsymbol{N}}(u_0,\boldsymbol{\eta})\boldsymbol{\vartheta}_3-\overline{\boldsymbol{G}}\boldsymbol{\vartheta}_2+\overline{\boldsymbol{B}}\boldsymbol{u}+\overline{\boldsymbol{\tau}}_d-\overline{\boldsymbol{G}}\boldsymbol{\eta}_d-\overline{\boldsymbol{N}}(u_0,\boldsymbol{\eta})\dot{\boldsymbol{\eta}}_d-\ddot{\boldsymbol{\eta}}_d \end{cases} \tag{7-228}
$$

综上,式(7-156)所述运动学方程与式(7-159)所述动力学方程可以综合成一个完整的级联系统的形式,如下式所示:

$$
\begin{aligned} &\boldsymbol{\Sigma}_1:\dot{\boldsymbol{\vartheta}}_1=\boldsymbol{F}_1(t,\boldsymbol{\vartheta}_1)+\boldsymbol{G}_1(t,\boldsymbol{\vartheta}_1,\boldsymbol{\vartheta}_2) \\ &\boldsymbol{\Sigma}_2:\begin{cases} \dot{\boldsymbol{\vartheta}}_2=\boldsymbol{\vartheta}_3 \\ \overline{\boldsymbol{M}}\dot{\boldsymbol{\vartheta}}_3=-\overline{\boldsymbol{N}}(u_0,\boldsymbol{\eta})\boldsymbol{\vartheta}_3-\overline{\boldsymbol{G}}\boldsymbol{\vartheta}_2+\overline{\boldsymbol{B}}\boldsymbol{u}+\overline{\boldsymbol{\tau}}_d-\overline{\boldsymbol{G}}\boldsymbol{\eta}_d-\overline{\boldsymbol{N}}(u_0,\boldsymbol{\eta})\dot{\boldsymbol{\eta}}_d-\ddot{\boldsymbol{\eta}}_d \end{cases} \end{aligned} \tag{7-229}
$$

定理 7.7:考虑式(7-229)所描述的全浸式水翼艇曲线航迹跟随控制级联系统,在式(7-150)~式(7-154)和式(7-156)描述的包含协调回转约束的全浸式水翼艇曲线航迹鲁棒引导律以及全浸式水翼艇横向姿态跟踪控制律(式(7-199))作用下,级联系统(式(7-229))在其平衡点 $\boldsymbol{\vartheta}=0$ 全局一致渐进稳定。

为了便于对全浸式水翼艇航迹跟随控制中包含的运动学子系统与动力学子系统的联合稳定性进行分析,首先给出针对更一般的非线性系统级联稳定性的分析方法与准则。

考虑下式所描述的非线性时变级联系统:

$$
\begin{cases} \Sigma_1:\dot{\boldsymbol{x}}_1=f_1(t,\boldsymbol{x}_1)+g(t,\boldsymbol{x})\boldsymbol{x}_2 \\ \Sigma_2:\dot{\boldsymbol{x}}_2=f_2(t,\boldsymbol{x}_2) \end{cases} \tag{7-230}
$$

其中,$\boldsymbol{x}_1\in R^n$,$\boldsymbol{x}_2\in R^m$,$\boldsymbol{x}=[\boldsymbol{x}_1^{\mathrm{T}},\boldsymbol{x}_2^{\mathrm{T}}]^{\mathrm{T}}$,函数 $f_1(t,\boldsymbol{x}_1)$ 对于 $(t,\boldsymbol{x}_1)$ 连续可导,且 $f_2(t,\boldsymbol{x}_2)$,$g(t,\boldsymbol{x})$ 在其定义域内连续并且满足局部 Lipschitz 条件。

接下来的分析给出了以下 3 种级联稳定性所需的充分条件:

(1) 对于一个满足全局一致稳定(globally uniformly stable, GUS)的非线性系统:

$$
\dot{\boldsymbol{x}}_1=f_1(t,\boldsymbol{x}_1) \tag{7-231}
$$

当其受到来自形如式(7-161)中 Σ_2 子系统的输出摄动下,仍能保持全局一致稳定(GUS)。

（2）若式(7-231)所示系统是全局一致渐进稳定(globally uniformly asymptotically stable,GUAS)的,在满足系统内部互联性的基础上,式(7-207)所示系统是全局一致渐进稳定(GUAS)的。

（3）式(7-230)所示级联系统保持全局一致渐进稳定所满足的系统状态轨线约束。

引理 7.5:若以下三条假设成立,则式(7-161)中所描述的非线性级联系统是全局一致稳定(GUS)的。

（1）系统 $\dot{\boldsymbol{x}}_1=f_1(t,\boldsymbol{x}_1)$ 是全局一致稳定的并且对于该系统存在径向无界李雅普诺夫函数 $V_1(t,\boldsymbol{x}):R_{\geqslant 0}\times R^n\rightarrow R_{\geqslant 0}$,且满足

$$\left\|\frac{\partial V_1}{\partial \boldsymbol{x}_1}\right\|\|\boldsymbol{x}_1\|\leqslant c_1 V_1(t,\boldsymbol{x}),\ \forall\ \|\boldsymbol{x}_1\|\geqslant\boldsymbol{\eta} \tag{7-232}$$

其中,$c_1>0,\boldsymbol{\eta}>0$。设$\dfrac{\partial V}{\partial \boldsymbol{x}_1}(t,\boldsymbol{x}_1)$对于所有$\|\boldsymbol{x}_1\|\leqslant\boldsymbol{\eta}$一直有界,即存在常数 $c_2>0$,使得对于任意 $t\geqslant t_0\geqslant 0$,有

$$\left\|\frac{\partial V}{\partial \boldsymbol{x}_1}\right\|\leqslant c_2,\ \forall\ \|\boldsymbol{x}_1\|\leqslant\boldsymbol{\eta} \tag{7-233}$$

（2）系统耦合函数 $g(t,\boldsymbol{x})$ 满足

$$\|g(t,\boldsymbol{x})\|\leqslant\theta_1(\|\boldsymbol{x}_2\|)+\theta_2(\|\boldsymbol{x}_2\|)\|\boldsymbol{x}_1\| \tag{7-234}$$

其中 $\theta_1,\theta_2:R_{\geqslant 0}\rightarrow R_{\geqslant 0}$是连续的。

（3）系统$\dot{\boldsymbol{x}}_2=f(t,\boldsymbol{x}_2)$全局一致渐进稳定并且对于所有 $t_0\geqslant 0$ 有

$$\int_{t_0}^{\infty}\|\boldsymbol{x}_2(t,t_0,\boldsymbol{x}_2(t_0))\|\mathrm{d}t\leqslant\boldsymbol{\phi}(\|\boldsymbol{x}_2(t_0)\|) \tag{7-235}$$

式中:函数 $\boldsymbol{\phi}(\cdot)$为 $\mathcal{K}$ 类函数。

假设(1)的作用是限制系统的解 $\boldsymbol{x}(t)$ 使之不会在有限时间内发散。式(7-232)和式(7-233)所满足的限制条件可以用以下李雅普诺夫函数来进行解释:

对于李雅普诺夫函数 $V(t,\boldsymbol{x})=k\ \|\boldsymbol{x}\|^p,p\in(1,\infty),k>0$,对于多项式 $V(t,\boldsymbol{x})\sum_{i=1}^{n}k_i\ |\boldsymbol{x}_i|^{p_i},p\in(1,\infty)$,$k>0$ 来说,可以证明存在参数 c_1使得不等式(7-232)对于所有的$|x_i|\geqslant 1,i\in n$ 成立,并且存在 c_2使得不等式(7-233)对于所有的$|\boldsymbol{x}_i|\leqslant 1$,$i\in n$ 亦成立。

对于假设(2)而言,该假设并没有对 $\boldsymbol{x}_2(t)$ 如何对子系统Σ_1产生摄动进行任何限制与约束,而只是提出系统耦合函数 $g(t,\boldsymbol{x})$ 满足对 $\boldsymbol{x}_1$ 的最快线性增长条件。

对于假设(3)中的积分限制条件(7-235)而言,对于不同具体形式的级联系统而言,该限制条件具有不同种类的表达形式。而且在某些情况下,该条件可以被弱

化并且能够得到相同的级联稳定性结论。

引理7.5给出了非线性级联系统全局一致稳定的充分条件。在下面的分析中，通过引理7.6与引理7.7，给出了在子系统$\boldsymbol{\Sigma}_1$零输入与相同的假设条件下，级联系统能够达到全局一致渐进稳定。

引理7.6：考虑式(7-220)所示非线性级联系统，假设系统$\dot{\boldsymbol{x}}_1=f_1(t,\boldsymbol{x}_1)$是全局一致渐进稳定的并且存在李雅普诺夫函数满足不等式(7-232)与引理7.6中的假设(2)与假设(3)，则级联系统(7-230)是全局一致渐进稳定的。

引理7.7：考虑式(7-230)所描述的非线性级联系统，子系统$\boldsymbol{\Sigma}_2$满足全局一致渐进稳定(GUAS)条件，如果下述假设(4)与假设(5)成立。

(4) 系统$\dot{\boldsymbol{x}}_1=f_1(t,\boldsymbol{x}_1)$是全局一致渐进稳定(GUAS)的，并且存在满足以下条件的李雅普诺夫函数$V_1(t,\boldsymbol{x})$，$R_{\geqslant 0}\times R^n\rightarrow R_{\geqslant 0}$

$$\alpha_1(\|\boldsymbol{x}_1\|)\leqslant V_1(t,\boldsymbol{x})\leqslant\alpha_2(\|\boldsymbol{x}_1\|)\tag{7-236}$$

$$V_1(t,\boldsymbol{x})\leqslant-\alpha_3(\|\boldsymbol{x}_1\|)\tag{7-237}$$

$$\left\|\frac{\partial V}{\partial\boldsymbol{x}_1}\right\|\leqslant\alpha_4(\|\boldsymbol{x}_1\|)\tag{7-238}$$

其中，对于$\alpha_4(\|\boldsymbol{x}_1\|)$，存在常数$b_1$、$\boldsymbol{\eta}$和$k_*$满足以下不等式：

$$\alpha_4(\|\boldsymbol{x}_1\|)\|\boldsymbol{x}_1\|\leqslant b_1\alpha_1(\|\boldsymbol{x}_1\|),\ \forall\ \|\boldsymbol{x}_1\|\geqslant\boldsymbol{\eta}\tag{7-239}$$

$$k_*\alpha_4(\|\boldsymbol{x}_1\|)\|\boldsymbol{x}_1\|\leqslant\alpha_3(\|\boldsymbol{x}_1\|),\ \forall\ \boldsymbol{x}_1\in R^n\tag{7-240}$$

(5) 级联耦合项$g(t,\boldsymbol{x})$满足

$$\|g(t,\boldsymbol{x})\|\leqslant\theta_2(\|\boldsymbol{x}_2\|)\|\boldsymbol{x}_1\|\tag{7-241}$$

其中，$\theta:R_{\geqslant 0}\rightarrow R_{\geqslant 0}$是连续非减函数。

则式(7-230)所示级联系统是全局一致渐进稳定(GUAS)的。

进而对定理7.7进行证明：

定理7.7的证明过程实际上是对式(7-229)所示级联系统及其子系统$\boldsymbol{\Sigma}_1$、$\boldsymbol{\Sigma}_2$的特性进行分析。从而证明系统特征满足引理7.5中的3组假设条件，对于定理7.7的证明可以分为以下几个步骤：

第一步：证明假设条件(1)成立。

由于在航向引导律的设计中引入了基于浸入-不变集方法的自适应侧滑角估计器，因此，在进行级联系统稳定性分析的过程中，必须同时考虑估计误差动态对整个级联系统的影响。根据定理7.5以及式(7-197)~式(7-201)所述横倾角引导律的设计过程可知，以下两系统分别满足全局一致渐进稳定的稳定性条件：

$$\dot{y}_e=U\sin(\psi_{\mathrm{d}}-\gamma_p+\boldsymbol{\beta}_{\mathrm{s}})\tag{7-242}$$

$$\ddot{y}_e = g\sin\left[\gamma_p + \arctan\left(\frac{\dot{x}}{\dot{y}}\right)\right]\tan\phi_d \tag{7-243}$$

因此,可以证明子系统$\boldsymbol{\Sigma}_1$中的部分动态

$$\dot{\boldsymbol{\vartheta}}_1 = \boldsymbol{F}_1(t, \boldsymbol{\vartheta}_1) \tag{7-244}$$

满足全局一致渐进稳定。

定义状态变量$\boldsymbol{\sigma} = [\boldsymbol{\vartheta}_1^{\mathrm{T}}, e_\beta]^{\mathrm{T}}$,为式(7-244)所示系统选择如下李雅普诺夫函数:

$$V_5 = \frac{1}{2}\boldsymbol{\sigma}^{\mathrm{T}}\boldsymbol{\sigma} = \frac{1}{2}y_e^2 + \frac{1}{2}\dot{y}_e^2 + \frac{1}{2}e_\beta^2 \tag{7-245}$$

由于式(7-244)所示系统在其平衡点$\sigma=0$满足全局一致渐进稳定,因此,由李雅普诺夫逆定理可知,存在两个正定连续标量函数$W_1(\sigma)$、$W_2(\sigma)$使得V_5满足如下条件:

$$W_1(\sigma) \leqslant V_5 \leqslant W_2(\sigma) \tag{7-246}$$

$$\dot{V}_5 \leqslant -\mu_1\|y_e\|^2 - \mu_2\|\dot{y}_e\|^2 - \mu_3\|e_\beta\|^2 \tag{7-247}$$

式中:μ_1、μ_2、μ_3为正数。

对于$c_5 \geqslant 2$,以及$\forall\|\boldsymbol{\sigma}\| \geqslant 0$,$V_5$满足:

$$\left\|\frac{\partial V_5}{\partial \boldsymbol{\sigma}}\right\|\|\boldsymbol{\sigma}\| = \|\boldsymbol{\sigma}\|\|\boldsymbol{\sigma}\| \leqslant c_5 V_5 \tag{7-248}$$

与此同时,以下条件亦成立:

$$\left\|\frac{\partial V_5}{\partial \boldsymbol{\sigma}}\right\| \leqslant c_5, \forall\|\boldsymbol{\sigma}\| \leqslant \mu, \mu > 0 \tag{7-249}$$

由以上推导可知,假设条件(1)所述不等式约束条件成立。

第二步:证明假设条件(2)成立。

单独分析耦合函数$\boldsymbol{G}_1(t, \boldsymbol{\vartheta}_1, \boldsymbol{\vartheta}_2)$中的非线性项,可以得出

$$2U\sin\left(\frac{\tilde{\psi}}{2}\right)\cos\left(\gamma_p - \beta_s - \frac{\psi+\psi_d}{2}\right) \leqslant 2U_{\max} \tag{7-250}$$

对于耦合项$\sin(\tilde{\phi})\dfrac{g\sin\left[\gamma_p + \arctan\left(\frac{\dot{x}}{\dot{y}}\right)\right]}{\cos\phi\cos\phi_d}$,显然对于全浸式水翼艇而言,其所允许横倾角存在最大值$\phi_{\max}$,为了便于分析,可以取$\phi, \phi_d \leqslant \phi_{\max} < \frac{\pi}{4}$。则可以进一步得出

$$\sin(\widetilde{\phi})\frac{g\sin\left[\gamma_p+\arctan\left(\frac{\dot{x}}{\dot{y}}\right)\right]}{\cos\phi\cos\phi_{\mathrm{d}}}\leqslant 2g \tag{7-251}$$

根据式(7-181)与式(7-182),可以得出

$$\|\boldsymbol{G}_1(t,\boldsymbol{\vartheta}_1,\boldsymbol{\vartheta}_2)\|\leqslant 2\sqrt{U_{\max}^2+g^2} \tag{7-252}$$

因此,假设(2)所述不等式约束条件成立。

第三步:证明假设条件(3)成立。

由定理 7.6 可知,全浸式水翼艇横向姿态跟踪误差能够在全局范围内渐进收敛至零,即所述假设条件(3)自然成立。

综上所述,由于引理 7.6 中所述的 3 个假设条件均满足,因此,式(7-251)所描述的级联系统在其平衡点 $\vartheta=0$ 全局一致渐进稳定。

7.7　全浸式水翼艇航迹跟踪中航向/横倾姿态鲁棒积分控制系统仿真

依照 PCH-1“高点”号全浸式水翼艇的横向姿态非线性动力学模型相关数据,本节将在不同海情与遭遇角作用下,对基于自适应横漂补偿的全浸式水翼艇曲线航迹鲁棒积分控制策略进行仿真验证。为了体现由慢时变海流横漂力与横荡随机海浪干扰力同时作用下所提出基于侧滑角估计器的补偿策略的有效性,仿真模型在第 3 章艏摇/横摇动力学模型的基础上增加了横荡动态,由于全浸式水翼艇的横荡自由度没有控制输入的作用,因此,在仿真中增加横荡自由度的动态不会对该控制策略的应用机理产生影响,并且能够基于横荡-艏摇-横摇三自由度动力学模型对基于艏摇/横摇降阶二自由度动力学模型设计的控制策略的有效性进行验证。横荡动力学模型的相关参数为

$$Y_v=-10.1453\cdot 10^5\mathrm{kg/s},Y_\phi=-57.4317\cdot 10^5\mathrm{kg\cdot m},Y_p=-27.4571\cdot 10^5\mathrm{kg\cdot m/s}$$
$$Y_r=-0.2734\cdot 10^5\mathrm{kg\cdot m/s},Y_{v|v|}=-7.2613\cdot 10^5\mathrm{kg\cdot m^2/s},K_v=-0.8162\cdot 10^3\mathrm{kg\cdot m/s}$$
$$N_v=-0.7671\cdot 10^4\mathrm{kg\cdot m/s}$$

仿真环境参数设置为:全浸式水翼艇航速 45kn,有义波高 $H_{1/3}$ 为 1.2m,遭遇角分别为 0°、30°、60°、90°、120°和 150°。限于篇幅,本章只给出在有义波高 1.2m、遭遇角 30°下的系统控制仿真曲线。

给定航点坐标依次为:$WP_1=[300,450]$,$WP_2=[700,950]$,$WP_3=[1200,1550]$,$WP_4=[2100,1250]$,$WP_5=[2500,3050]$。水翼艇初始位置坐标为 Initial. pos=[200,600],初始姿态为:$\psi=\phi=0$,$r=p=v=0$。设模型参数摄动范围为

25%,则考虑模型不确定性之后的系统模型参数为 $P_{\Delta ij}=P_{ij}+0.25P_{ij}\cdot \mathrm{rand}(-1,1)$,其中 $P_{\Delta ij}$表示包含参数摄动效应后的模型参数,P_{ij}表示相应的标称模型参数。控制器参数为:$\Delta=100,\gamma=0.00133,k_1=0.12,c_1=0.65,c_2=0.54,k_e=2.13,k_s=0.01$。为了验证本章所设计控制策略的有效性,在对比仿真中,设计了基于无横漂补偿的常规视线法引导律与反步滑模横向姿态跟踪控制律。在常规视线法引导律的设计中,期望横倾角被设定为0°,即在曲线路径跟踪状态下,直行与回转均采用"平台式转弯"而不是协调转弯。基于以上给定航点,利用本章所述的3次样条插值法生成的连续航线。

图7-18~图7-26给出了有义波高1.2m、遭遇角30°下的全浸式水翼艇曲线路径跟踪对比仿真曲线。从图7-18和图7-19中可以看出,在自适应横漂补偿鲁棒积分控制策略作用下,全浸式水翼艇曲线跟踪精度高于无横漂补偿的滑模反步控制策略。当全浸式水翼艇进行"S"形机动时,自适应横漂补偿鲁棒积分控制策略作用下的法向跟随误差大大小于不带有横漂补偿控制的常规视线法引导策略。由图7-20和图7-21可以看出,在不确定海浪与海流干扰下,横向姿态鲁棒积分跟踪控制精度亦优于传统反步滑模跟踪控制策略。其中,本章所设计的基于自适应横漂补偿的双通道视线法引导律由于将协调转弯约束条件纳入航迹引导律设计中,因此在进行"S"形机动时,水翼艇采用协调转弯的方式进行机动回转,以减小横荡加速度,提高适航性。由图7-22和图7-23可以看出,在利用协调转弯约束设计的横倾引导律作用下,水翼艇在"S"形机动的暂态条件下,横倾角仍然能够跟踪

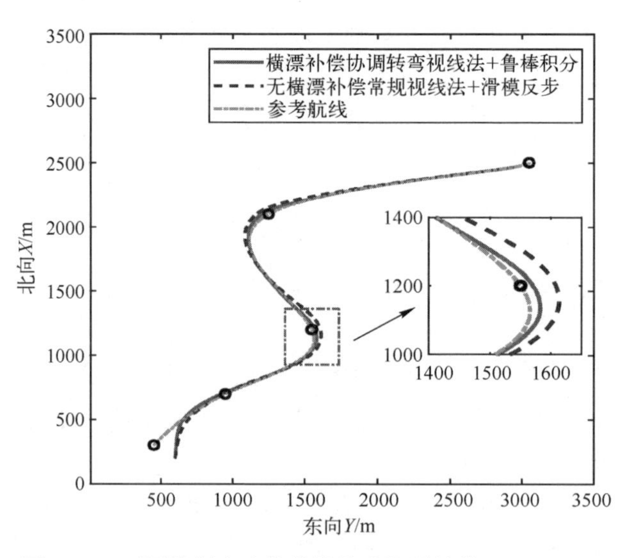

图7-18　不同控制方法的曲线航迹跟随性能(1.2m、30°)

引导算法计算得出的期望横倾角,且在此航迹引导策略下,与图 7-23 中不使用协调转弯约束所设计的普通引导律相比,横摇动态更加平缓。

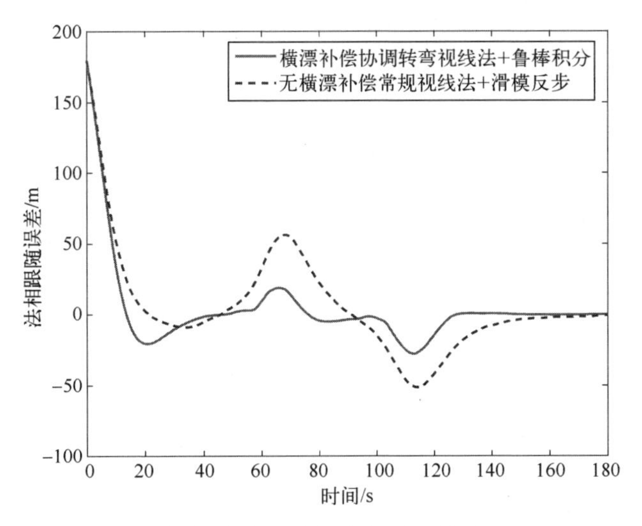

图 7-19　不同控制方法下的法向跟随误差(1.2m、30°)

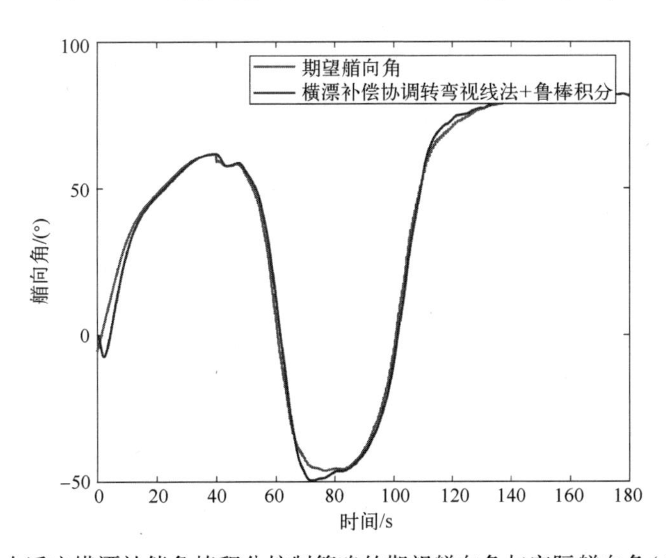

图 7-20　自适应横漂补偿鲁棒积分控制策略的期望艏向角与实际艏向角(1.2m、30°)

图 7-24 分别给出了不同海情下利用浸入-不变集理论设计的自适应侧滑角估计器对随机海浪与海流作用下的侧滑角进行估计的曲线。正是由于在航向引导算法中加入了对侧滑角的估计与补偿,才导致路径跟随精度的提升。由图 7-24 可以看出,所设计的侧滑角估计器对时变侧滑角也具有很好的估计精度。图 7-25 和

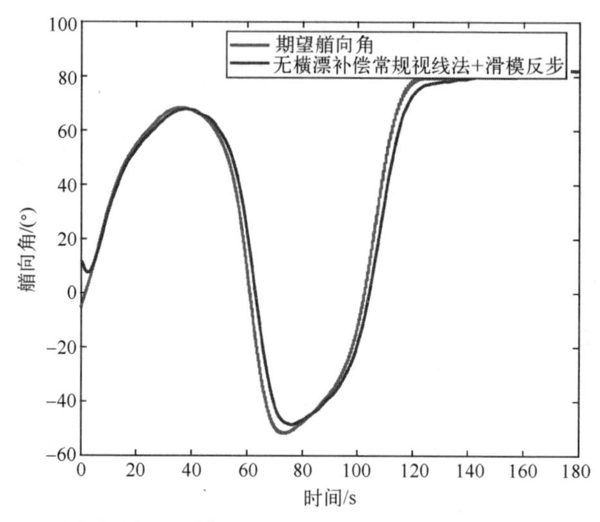

图 7-21 常规视线法滑模反步控制下的艏向角跟踪曲线(1.2m、30°)

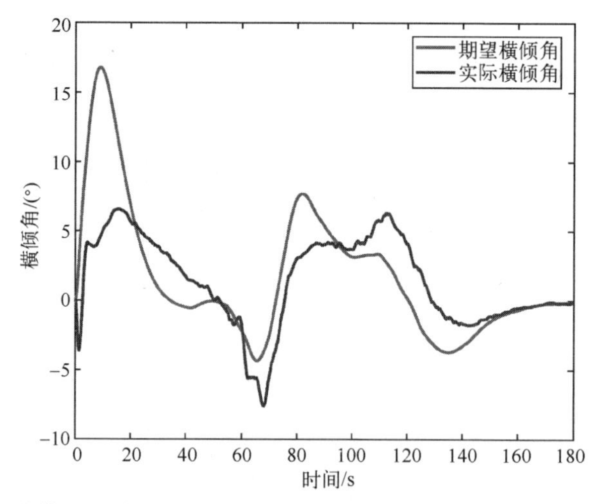

图 7-22 自适应横漂补偿鲁棒积分控制策略的期望横倾角与实际横倾角(1.2m、30°)

图 7-26 给出了两种控制策略作用下的柱翼舵角与副翼角输出曲线。由于本章所述鲁棒积分控制策略在最终控制律输出中将带有切换函数的干扰抑制项进行积分处理,因此得到的最终控制输出是连续无抖振的。而采用反步滑模控制设计的控制器,其干扰抑制特性是通过在最终控制律中的切换项来补偿集总干扰,因此图 7-26 中的控制输出具有明显的抖振现象。抖振会对执行器伺服系统带来较大的不利影响甚至损坏执行器。所以在实际系统设计中应尽量避免甚至消除抖振现象。

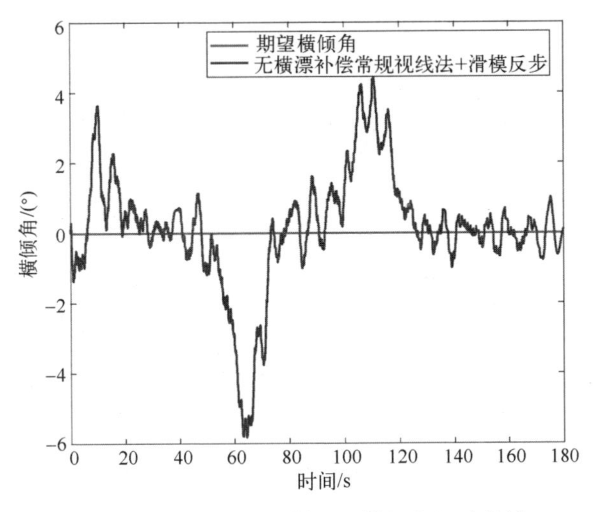

图 7-23　常规视线法滑模反步控制下的横倾角跟踪曲线(1.2m、30°)

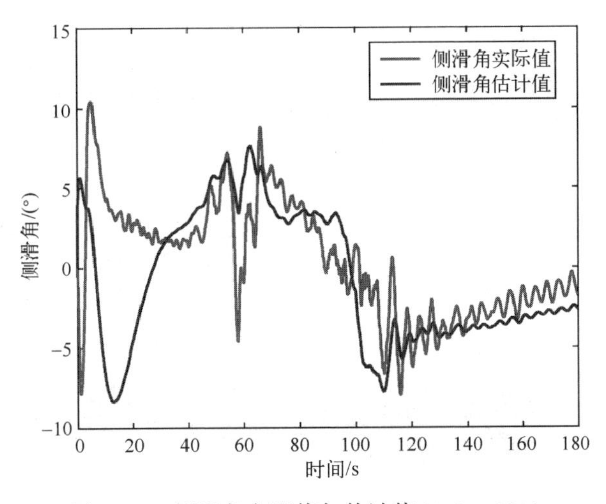

图 7-24　侧滑角实际值与估计值(1.2m、30°)

由仿真结果可以看出,在自适应横漂补偿鲁棒积分控制策略的作用下,即使在 5 级海情下,全浸式水翼艇仍然能够保持很高的曲线航迹跟踪精度,且在协调转弯约束下设计的横倾引导律作用下,与“平台式转弯”相比,水翼艇的横倾动态亦保持平滑过渡,且横倾角均控制在 10°以内,保证了良好的适航性与安全性。本章所述鲁棒积分控制器利用连续的控制输出保证了跟踪误差动态的渐进收敛,且控制参数数量少,易于调节,具有很强的工程实用性。

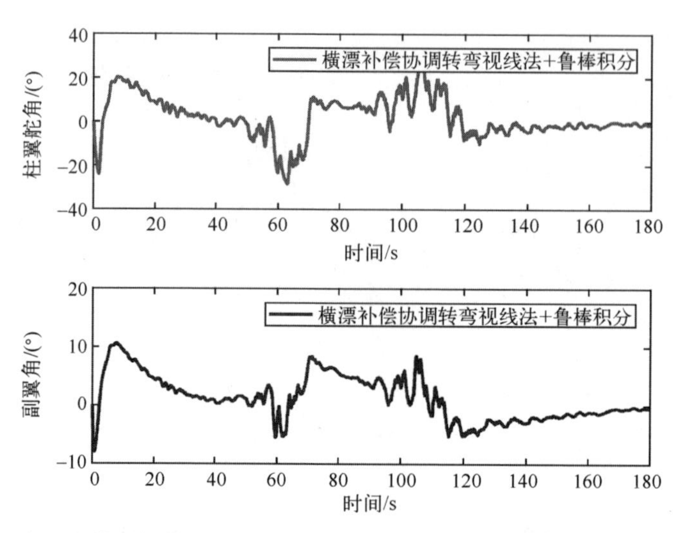

图 7-25　自适应横漂补偿鲁棒积分控制策略的柱翼舵与副翼控制输出(1.2m、30°)

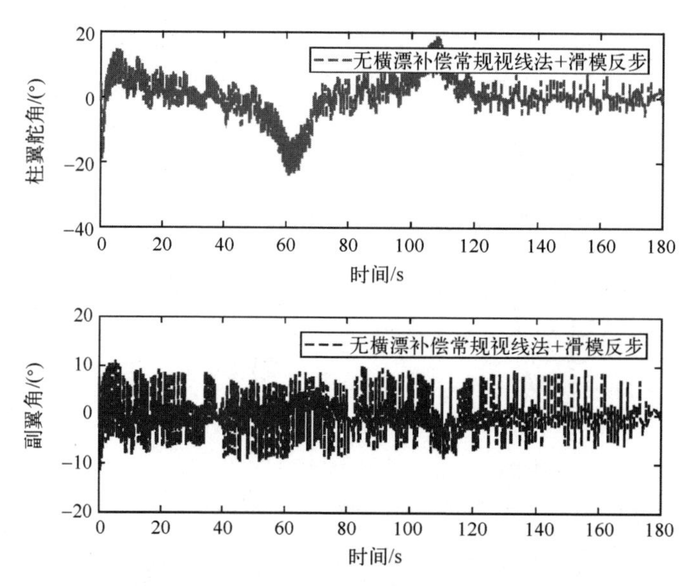

图 7-26　常规视线法滑模反步下的柱翼舵与副翼控制输出(1.2m、30°)

第 8 章

现代高性能全浸式水翼艇纵摇/升沉姿态-襟翼/襟翼控制

8.1 全浸式水翼艇纵摇/升沉姿态-襟翼/襟翼控制系统体系结构

为了减小阻力,保证水翼系统提供足够的升力,全浸式水翼艇不仅需要较大的翼承比,而且前后水翼设计布置要合理。本章以美国的 PCH-1“高点”号全浸式水翼艇为参考模型,开展全浸式水翼艇翼航状态下的纵摇/升沉运动数学模型的建立及智能鲁棒控制策略的研究,进而实现全浸式水翼艇在海浪干扰下的稳定快速航行性能。PCH-1 型全浸式水翼艇由美国设计建造并应用于海军军事领域,具有良好的结构特性,其采用鸭式布局,前水翼为小展弦比水翼,作为水翼艇的升降舵,前水翼安装有两个可控襟翼,后水翼采用具有整体结构的大展弦比水翼,翼梢后缘部分安装两对襟翼,其中内侧的两个可控襟翼采用同步运动的方式,通过与前水翼的升降舵联合作用,控制水翼艇的纵摇/升沉运动姿态;翼梢后缘外侧的两个差动的可控襟翼用于水翼艇的艏摇/横倾运动姿态控制。此外,后水翼的支柱设计为柱翼的形式,并配装可控柱翼舵,配合推进装置对全浸式水翼艇的机动回转及航向进行控制。全浸式水翼艇整体结构三视图,水翼-襟翼装配图如图 8-1、图 8-2 所示。

全浸式水翼艇是集船舶结构设计、控制系统设计、动力推进装置于一体的综合新型高性能船舶,其航行性能依赖于独特的艇体结构。全浸式水翼艇系统主要包括水翼艇的艇体、水翼系统、控制系统以及伺服推进系统,各组成部分协调统一、相辅相成,为全浸式水翼艇在海上快速稳定航行提供有力的保障。

(1) 艇体是全浸式水翼艇的主体部分,用于承载船员、装载船用设备以及测量仪器等装备。全浸式水翼艇的艇体结构的设计以及水翼安装位置的布局是提高其航行性能的首要因素,根据航行条件及要求进行选择。并且为了更快地将艇体拖出水面,应尽可能减轻艇体重量,一般采用铝合金材料。

(2) 控制系统为全浸式水翼艇的稳定航行提供重要保障。控制系统由传感

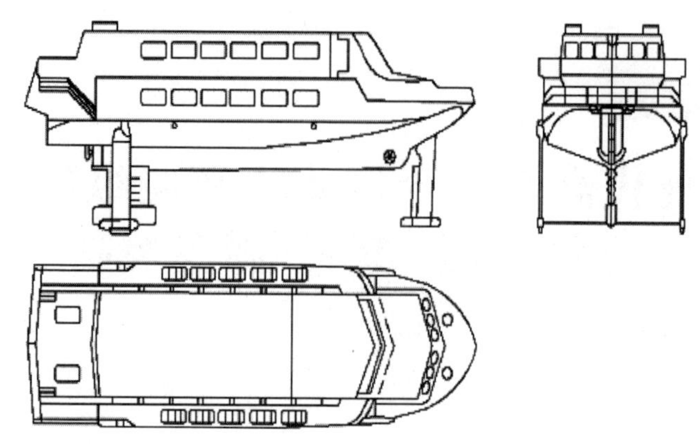

图 8-1　全浸式水翼艇整体结构三视图

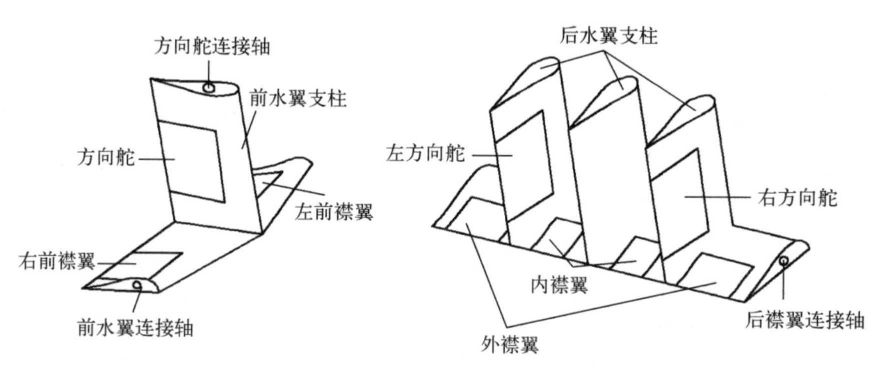

图 8-2　全浸式水翼艇水翼-襟翼装配图

器、控制器、执行机构、全浸式水翼艇构成闭环回路，通过设计控制策略，根据海情的变化调整襟翼转角，从而产生恢复力及恢复力矩，减少海浪的干扰所引起的全浸式水翼艇的纵向运动，实现对全浸式水翼艇纵向运动姿态的镇定。

（3）水翼系统是保证全浸式水翼艇的航行稳定性的主要执行器，其包含提供主要升力的水翼及提供控制力的附加襟翼、连接水翼和艇体的支柱。水翼提供艇体所需的升力，附加襟翼通过连接轴安装于水翼上，根据控制系统输入的指令信号，通过伺服系统驱动产生偏转角度，提供全浸式水翼艇所需的恢复力，控制全浸式水翼艇纵向运动姿态。

（4）全浸式水翼艇的推进系统为全浸式水翼艇高速航行的动力之源，主要由原动机、传动装置和推进器组成。原动机一般采用燃气轮机，成本较低，重量轻且效率较高。推进器采用喷水推进，具有卓越的高速机动性，并且产生较小的噪声和振动。为保证螺旋桨在各种工况下能够较快地到达全速状态，一般采用可变螺距的螺旋桨，使主机在最经济的工况下运行，节约燃料。

此外,水翼艇艇体尺寸、水翼的面积、水翼艇支柱长度及水翼浸水深度、水翼艇支柱水平距离等参数的选择设计,对水翼艇的航行的稳定性、耐波性和运行效率也具有一定的影响,应根据艇体的整体结构进行合理的选择。

作为高性能船舶的代表,全浸式水翼艇具有良好的快速性和经济性,但由于艇体被完全拖出水面,艇体本身无法产生恢复力及恢复力矩,其自稳性难以保证,因此自动控制系统对全浸式水翼艇的航行稳定性具有重要意义。在控制系统设计过程中,需全面考虑控制器的可实现性、经济性,以及全浸式水翼艇航行过程中期望达到的性能指标等因素,并保证在存在系统不确定性和外界扰动时全浸式水翼艇航行的稳定性。

对于水翼艇的纵向运动控制,综合考虑外界海浪干扰下控制器和干扰观测器组成的联合控制系统,其闭环控制系统如图 8-3 所示。控制器由被控对象、状态观测器、智能控制器、伺服系统、执行机构组成闭环回路。状态观测器用于获得所需的准确状态值。智能控制器根据全浸式水翼艇姿态角及位移,计算出所需的纵摇扶正控制力矩和升沉扶正控制力,实时地给出襟翼指令角度信号以减少全浸式水翼艇纵向运动的实际值与期望值之间的误差,实现水翼艇纵向运动姿态的镇定。执行机构主要由电液伺服系统、传动机构、液压动作执行机构、水翼/柱翼舵机械组合体、反馈测量装置等组成。电液伺服系统根据偏差信号将控制器输出的指令角度电信号变换为液压信号,传送到液压动作执行机构,通过液压作动筒和连杆作动筒等驱动襟翼机械体以实现襟翼角的实时随动。

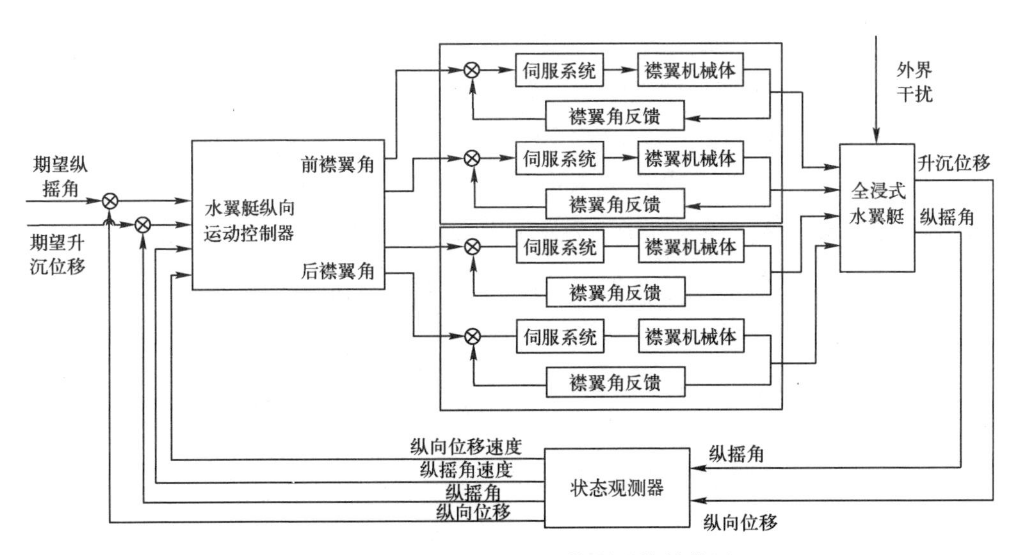

图 8-3　全浸式水翼艇闭环控制系统结构图

控制系统的各部分协调统一，构成闭环反馈控制回路。在存在系统不确定性和外界环境干扰的情况下，实现全浸式水翼艇纵摇/升沉运动姿态的稳定控制。

8.2 全浸式水翼艇纵摇/升沉运动-襟翼/襟翼控制

参考第3章的全浸式水翼艇纵向运动建模过程，考虑到全浸式水翼艇翼航时纵向运动的动力学特性，依据刚体动力学定理给出了全浸式水翼艇纵向运动数学模型。水翼艇运动状态在动坐标系与惯性坐标系之间存在如下转换关系：

$$\begin{bmatrix} \dot{z} \\ \dot{\theta} \end{bmatrix} = \begin{bmatrix} \cos\theta & 0 \\ 0 & 1 \end{bmatrix} \begin{bmatrix} w \\ q \end{bmatrix} + \begin{bmatrix} -U_e \sin\theta \\ 0 \end{bmatrix} \tag{8-1}$$

$[\dot{z} \quad \dot{\theta}]^T$表示全浸式水翼艇在惯性坐标系中的垂向位移速度和纵摇角速度；$[w \quad q]^T$表示全浸式水翼艇在艇体动坐标系中的垂向位移速度和纵摇角速度；U_e表示全浸式水翼艇的常航行速度。全浸式水翼艇非线性纵向运动模型如下：

$$(Z_{\dot{w}} - m)\dot{w} + Z_w w + Z_z z + Z_{\dot{q}}\dot{q} + (Z_q + U_e m)q + Z_\theta \theta = -Z_{\delta_e}\delta_e - Z_{\delta_f}\delta_f - Z_S \tag{8-2}$$

$$M_{\dot{w}}\dot{w} + M_w w + M_z z + (M_{\dot{q}} - I_y)\dot{q} + M_q q + M_\theta \theta = -M_{\delta_e}\delta_e - M_{\delta_f}\delta_f - M_S \tag{8-3}$$

通过定义系统输入、输出和状态变量，并考虑系统的参数摄动不确定性，进一步将上式转换为状态空间方程的形式。则考虑参数摄动和系统不确定性的全浸式水翼艇纵向运动二阶非线性模型表示为

$$\dot{\boldsymbol{x}}_1 = \boldsymbol{x}_2 \tag{8-4}$$

$$\dot{\boldsymbol{x}}_2 = \boldsymbol{f}_1(\boldsymbol{x}_1, \boldsymbol{x}_2) + \boldsymbol{f}_2(\boldsymbol{x}_1, \boldsymbol{x}_2) + \boldsymbol{B}\boldsymbol{u} + \boldsymbol{D}\boldsymbol{W} \tag{8-5}$$

系统的状态向量为$\boldsymbol{x}_1 = [z \quad \theta]^T \in R^{2\times1}$，$\boldsymbol{x}_2 = [\dot{z} \quad \dot{\theta}]^T \in R^{2\times1}$。$\boldsymbol{f}_1(\boldsymbol{x}_1, \boldsymbol{x}_2) \in R^{2\times2}$，$\boldsymbol{f}_2(\boldsymbol{x}_1, \boldsymbol{x}_2) \in R^{2\times2}$为非线性项，$\boldsymbol{B} \in R^{2\times2}$为输入矩阵，$\boldsymbol{D} \in R^{2\times2}$为干扰矩阵，$\boldsymbol{u} = [\delta_e \quad \delta_f]^T \in R^{2\times1}$为控制向量。$\boldsymbol{W} = [Z_S \quad M_S]^T \in R^{2\times1}$为外部集总干扰。其中非线性项表示为

$$\boldsymbol{f}_1 = \begin{bmatrix} \left(\dfrac{a_3 b_3 - a_2}{1 - a_3 b_1}\right) z - \left(\dfrac{a_3 b_5 - a_5}{1 - a_3 b_1}\right)\theta - \dfrac{1}{\cos\theta}\left(\dfrac{a_3 b_2 - a_1}{1 - a_3 b_1}\right)\dot{z} - \left(\dfrac{a_3 b_4 - a_4}{1 - a_3 b_1}\right)\dot{\theta} \\ \left(\dfrac{a_2 b_1 - b_3}{1 - a_3 b_1}\right) z - \left(\dfrac{a_5 b_1 - b_5}{1 - a_3 b_1}\right)\theta - \dfrac{1}{\cos\theta}\left(\dfrac{a_1 b_1 - b_2}{1 - a_3 b_1}\right)\dot{z} - \left(\dfrac{a_4 b_1 - b_4}{1 - a_3 b_1}\right)\dot{\theta} \end{bmatrix} \tag{8-6}$$

$$\boldsymbol{f}_2 = \begin{bmatrix} \left(\dfrac{a_3 b_2 - a_1}{1 - a_3 b_1}\right) U_e \tan\theta & \left(\dfrac{a_1 b_1 - b_2}{1 - a_3 b_1}\right) U_e \tan\theta \end{bmatrix}^T \tag{8-7}$$

$$a_1 = \frac{Z_w}{(Z_{\dot{w}} - m)},\ a_2 = \frac{Z_z}{(Z_{\dot{w}} - m)},\ a_3 = \frac{Z_{\dot{q}}}{(Z_{\dot{w}} - m)},\ a_4 = \frac{(Z_q + U_e m)}{(Z_{\dot{w}} - m)}$$

$$a_5=\frac{Z_\theta}{(Z_{\dot w}-m)},a_6=\frac{Z_{\delta_e}}{(Z_{\dot w}-m)},a_7=\frac{Z_{\delta_f}}{(Z_{\dot w}-m)},a_8=1$$

$$b_1=\frac{M_{\dot w}}{(M_{\dot q}-I_y)},b_2=\frac{M_w}{(M_{\dot q}-I_y)},b_3=\frac{M_z}{(M_{\dot q}-I_y)},b_4=\frac{M_q}{(M_{\dot q}-I_y)}$$

$$b_5=\frac{M_\theta}{(M_{\dot q}-I_y)},b_6=\frac{M_{\delta_e}}{(M_{\dot q}-I_y)},b_7=\frac{M_{\delta_f}}{(M_{\dot q}-I_y)},b_8=1$$

由于实际系统存在参数不确定性和海浪的随机干扰,导致系统参数摄动,假设系统参数在相对于标称值±10%范围内摄动,则将非线性摄动模型定义为 $\Delta \boldsymbol{f}_1(\boldsymbol{x}_1,\boldsymbol{x}_2)=0.1\times\mathrm{rand}(-1,1)$,$\Delta \boldsymbol{f}_2(\boldsymbol{x}_1,\boldsymbol{x}_2)=0.1\times\mathrm{rand}(-1,1)$,为了便于进一步控制设计,定义系统的标称模型为 $\boldsymbol{f}_1(\boldsymbol{x}_1,\boldsymbol{x}_2)$、$\boldsymbol{f}_2(\boldsymbol{x}_1,\boldsymbol{x}_2)$。在考虑模型参数摄动和外界海浪干扰的情况下,实际系统的非线性项定义为 $\boldsymbol{f}_1^*(\boldsymbol{x}_1,\boldsymbol{x}_2)=\Delta\boldsymbol{f}_1(\boldsymbol{x}_1,\boldsymbol{x}_2)+\boldsymbol{f}_1(\boldsymbol{x}_1,\boldsymbol{x}_2)$,$\boldsymbol{f}_2^*(\boldsymbol{x}_1)=\Delta\boldsymbol{f}_2(\boldsymbol{x}_1,\boldsymbol{x}_2)+\boldsymbol{f}_2(\boldsymbol{x}_1,\boldsymbol{x}_2)$,将其代入式(8-5)可得带参数摄动及外界干扰的系统方程为:

$$\begin{cases}\dot{\boldsymbol{x}}_1=\boldsymbol{x}_2\\ \dot{\boldsymbol{x}}_2=\boldsymbol{f}_1(\boldsymbol{x}_1,\boldsymbol{x}_2)+\boldsymbol{f}_2(\boldsymbol{x}_1,\boldsymbol{x}_2)+\boldsymbol{Bu}+\boldsymbol{d}\end{cases}\tag{8-8}$$

其中集总干扰定义为

$$d=\Delta\boldsymbol{f}_1(\boldsymbol{x}_1,\boldsymbol{x}_2)+\Delta\boldsymbol{f}_2(\boldsymbol{x}_1,\boldsymbol{x}_2)+\boldsymbol{DW}\tag{8-9}$$

考虑一般情况下,干扰满足以下假设。

假设 8.1:假设集总干扰及干扰导数有界,分别为 $\|d\|\leqslant F$,$\|\dot d\|\leqslant M$, F,M 为已知的正定参数。

8.2.1　全浸式水翼艇纵向运动干扰观测器设计

全浸式水翼艇在实际复杂海洋环境下航行时,不可避免地受到外界海浪的干扰,对全浸式水翼艇的翼航运动姿态产生不利的影响,因此研究全浸式水翼艇干扰抑制性能是运动姿态控制的首要任务。

本节针对全浸式水翼艇航行时,纵向运动姿态受到海浪的干扰以及系统模型存在参数摄动的问题,将外界干扰及模型参数摄动统一为全浸式水翼艇的集总干扰,设计多输入多输出非线性干扰观测器对集总干扰进行估计,进而实现干扰补偿以抑制集总干扰对纵向运动姿态的影响,为提高干扰作用下控制系统的控制精度及鲁棒性奠定基础。

干扰观测器是将外部干扰以及模型参数变化造成的实际对象与标称模型之间的差异等效到控制输入端,通过观测出等效干扰,并在控制器设计中引入等效的补偿,实现对干扰的抑制。相比于一般干扰观测器设计需要满足干扰为常值或谐波函数等假设的情况,本节所设计的改进的非线性干扰观测器不需要已知干扰的准确信息,仅需干扰导数有界,因而具有显著的适应性和较低的保守性,更适用于一般情况;在反馈控制的基础上通过补偿抑制干扰,能够在不影响控制系统的性能和稳定性的前提下,提高控制系统对外界干扰及参数摄动的鲁棒性。

一般情况下,对于一类含导数有界干扰的非线性系统:

$$\begin{aligned}&\dot{x}_i=f_i(\bar{\boldsymbol{x}}_i)+g_i(\bar{\boldsymbol{x}}_i)x_{i+1}+m_i(\bar{\boldsymbol{x}}_i)d_i(t),1\leqslant i\leqslant n-1\\&\dot{x}_n=f_n(\bar{x}_n)+g_n(\bar{x}_n)u+m_n(\bar{x}_n)d_n(t)\\&y=r(x)\end{aligned}\tag{8-10}$$

式中:$\bar{\boldsymbol{x}}_i=[x_1,x_2,x_3,\cdots,x_i]^{\mathrm{T}}\in R^i,d_i\in R^i,u\in R,y\in R$ 分别为非线性系统的状态向量、未知干扰、控制输入和系统的输出;f_i,g_i,m_i,r 分别为已知的可微函数,且 $f_i(0)=0,g_i(\cdot)\neq0$,并假设未知干扰满足如下条件。

假设 8.2:假设未知干扰 $d_i(t),i=1,2,\cdots,n$,满足干扰导数存在上界,即存在常量 $\bar{D}_i>0$ 使得 $|\dot{d}_i(t)|\leqslant\bar{d}_i$,即所有连续且有界的干扰均满足以上假设条件,可描述工程应用中大部分干扰。

为了进行观测器设计,需考虑干扰到输出的相对阶,首先给出李导数的定义。

设 $\Phi\subset R^n,x\in\Phi$,在 Φ 给定一个光滑的标量函数 $f_a(x)$,$\boldsymbol{X}(x)$ 是 m 维的向量场,则 $f_a(x)$ 关于 $\boldsymbol{X}(x)$ 的李导数表示为

$$\ell_{f_a}\boldsymbol{X}(x)=\ell_{f_a}\boldsymbol{X}(x_1,x_2,x_3,\cdots,x_n)=\sum_{i=1}^{m}\frac{\partial f_a}{\partial x_i}\boldsymbol{X}_i(x)\tag{8-11}$$

如果在 Φ 上有两个 m 维的向量场 $\boldsymbol{X},\boldsymbol{Y}$,则 $\boldsymbol{Y}$ 对 $\boldsymbol{X}$ 的李导数表示为

$$\ell_X\boldsymbol{Y}=[\boldsymbol{X},\boldsymbol{Y}]=\left(\frac{\partial\boldsymbol{Y}}{\partial x}\right)\cdot\boldsymbol{X}-\left(\frac{\partial\boldsymbol{X}}{\partial x}\right)\cdot\boldsymbol{Y}\tag{8-12}$$

其中$\dfrac{\partial\boldsymbol{Y}}{\partial\bar{\boldsymbol{x}}},\dfrac{\partial\boldsymbol{X}}{\partial x}$分别表示为 $\boldsymbol{Y}$ 和 $\boldsymbol{X}$ 的雅可比矩阵:

$$\frac{\partial\boldsymbol{Y}}{\partial x}=\begin{bmatrix}\dfrac{\partial Y_1}{\partial x_1}&\cdots&\dfrac{\partial Y_1}{\partial x_m}\\\vdots&&\vdots\\\dfrac{\partial Y_m}{\partial x_1}&\cdots&\dfrac{\partial Y_m}{\partial x_m}\end{bmatrix},\frac{\partial\boldsymbol{X}}{\partial x}=\begin{bmatrix}\dfrac{\partial X_1}{\partial x_1}&\cdots&\dfrac{\partial X_1}{\partial x_m}\\\vdots&&\vdots\\\dfrac{\partial X_m}{\partial x_1}&\cdots&\dfrac{\partial X_m}{\partial x_m}\end{bmatrix}\tag{8-13}$$

如果 x_0 邻域内的 x 对于任意 $k<\sigma_i-1,\ell_{g_j}\ell_f^k r_i=0,(1\leqslant j\leqslant m,1\leqslant i\leqslant m)$,并且有以下矩阵在 $x=x_0$ 处非奇异,则定义在平衡点 x_0 处从控制输入到系统输出的矩阵相对阶为$(\sigma_1,\cdots,\sigma_m)$,干扰相对阶为$(v_1,\cdots,v_m)$。定义 $m\times m$ 矩阵 $\boldsymbol{A}(\bar{\boldsymbol{x}})$ 为

$$A(\bar{x})=\begin{bmatrix} \ell_{g_1}\ell_f^{\sigma_1-1}r_1 & \ell_{g_2}\ell_f^{\sigma_1-1}r_1 & \cdots & \ell_{g_m}\ell_f^{\sigma_1-1}r_1 \\ \ell_{g_1}\ell_f^{\sigma_2-1}r_2 & \ell_{g_2}\ell_f^{\sigma_2-1}r_2 & \cdots & \ell_{g_m}\ell_f^{\sigma_2-1}r_2 \\ \vdots & \vdots & \ddots & \vdots \\ \ell_{g_1}\ell_f^{\sigma_m-1}r_m & \ell_{g_2}\ell_f^{\sigma_m-1}r_m & \cdots & \ell_{g_m}\ell_f^{\sigma_m-1}r_m \end{bmatrix} \tag{8-14}$$

假设 8.3:对于非线性系统,存在干扰 d_i 到输出的相对阶 $\sigma_i(i\geqslant 1)$ 使 $\delta_i(x)=\ell_{g_j}\ell_f^k r_i\neq 0$,且 $\delta_i(x)$ 在 x 的可行域内有界。

对于一般系统,为了估计有界干扰,设计基本的非线性干扰观测器如下:

$$\begin{aligned} \dot{\hat{d}}_i &= l_i(x_i)[\dot{x}_i-f_i(\bar{x}_i)-g_i(\bar{x}_i)x_{i+1}-m_i(\bar{x}_i)\hat{d}_i(t)] \\ \dot{\hat{d}}_n &= l_n(x_n)[\dot{x}_n-f_n(\bar{x}_n)-g_n(\bar{x}_n)u-m_n(\bar{x}_n)\hat{d}_n(t)] \end{aligned} \tag{8-15}$$

$\hat{d}$ 为干扰估计值,$l_i(x_i)$ 为干扰观测器增益函数。上述干扰观测器的设计需要状态导数的信息,然而系统状态的导数不易获得,需要额外的传感器进行测量,导致上述干扰观测器的设计无法实现。进而,引入中间辅助变量进行改进,设计非线性干扰观测器形式如下:

$$\dot{p}_i=-L_i(x_i)m_i(\bar{x}_i)p_i-L_i(x_i)[m_i(\bar{x}_i)h_i(x_i)+f_i(\bar{x}_i)+g_i(x_i)x_{i+1}],1\leqslant i\leqslant n-1$$

$$\dot{p}_n=-L_n(x_n)m_n(\bar{x}_n)p_n-L_n(x_n)[m_n(\bar{x}_n)h_n(x_n)+f_n(\bar{x}_n)+g_n(x_n)u]$$

$$\hat{d}_i=p_i+h_i(x_i) \tag{8-16}$$

式中:$\hat{d}_i$ 为 d_i 的估计值;辅助变量 p_i 为非线性干扰观测器的状态;$h_i(x_i)$ 为需要设计的非线性函数;$L_i(x_i)$ 为观测器增益,$L_i(x_i)=\dfrac{\partial p_i(x_i)}{\partial x_i}$。

设干扰估计误差为 $e_i=d_i-\hat{d}_i$,则可得干扰估计误差导数为

$$\dot{e}_i=\dot{d}_i-L_i(x_i)m_i(\bar{x}_i)e_i,1\leqslant i\leqslant n-1 \tag{8-17}$$

如果通过定义观测器增益使得式(8-17)渐进稳定,则干扰估计误差动态方程满足局部输入状态稳定。

考虑全浸式水翼艇纵向运动数学模型(式(8-8)),由于海浪干扰相对于系统动态特性而言变化较快,因此干扰导数具有上界但不为零。基于假设 8.1,设计全浸式水翼艇非线性干扰观测器如下:

$$\hat{d}=p+\boldsymbol{h}(x) \tag{8-18}$$

$$\dot{p}=-L(x)p+\boldsymbol{L}(x)[-f_1(\boldsymbol{x}_1,\boldsymbol{x}_2)-f_2(\boldsymbol{x}_1,\boldsymbol{x}_2)-Bu-\boldsymbol{h}(x)] \tag{8-19}$$

式中:$\boldsymbol{x}_1=[z\quad\theta]^{\mathrm{T}}\in R^{2\times 1}$;$\boldsymbol{x}_2=[\dot{z}\quad\dot{\theta}]^{\mathrm{T}}\in R^{2\times 1}$;$z$ 为全浸式水翼艇的升沉位移,θ 为纵摇角;$\hat{d}$ 为集总干扰的估计值;向量 $\boldsymbol{h}(x)$ 可以由观测器增益矩阵获得:

$$\boldsymbol{L}(x)=\frac{\partial \boldsymbol{h}(x)}{\partial x} \tag{8-20}$$

式中：$\boldsymbol{L}(x)\in R^{2\times 2}$为观测器增益矩阵。

定义干扰估计误差为$\tilde{d}=d-\hat{d}$。因此，推导出干扰估计导数及干扰估计误差的导数分别为

$$\dot{\hat{d}}=\dot{p}+\dot{h}=-Lp+L(-f_1(\boldsymbol{x}_1,\boldsymbol{x}_2)-f_2(\boldsymbol{x}_1,\boldsymbol{x}_2)-Bu-h)+\dot{h}=L\tilde{d} \tag{8-21}$$

$$\begin{aligned}\dot{\tilde{d}}&=\dot{d}-\dot{\hat{d}}\\&=-\dot{p}-\frac{\partial \boldsymbol{h}(x)}{\partial x}\dot{x}+\dot{d}\\&=\boldsymbol{L}(x)p+\boldsymbol{L}(x)[f_1(\boldsymbol{x}_1,\boldsymbol{x}_2)+f_2(\boldsymbol{x}_1,\boldsymbol{x}_2)+Bu+\boldsymbol{h}(x)]\\&\quad-\boldsymbol{L}(x)[f_1(\boldsymbol{x}_1,\boldsymbol{x}_2)+f_2(\boldsymbol{x}_1,\boldsymbol{x}_2)+Bu+d]+\dot{d}\\&=\boldsymbol{L}(x)\hat{d}-\boldsymbol{L}(x)d+\dot{d}=-\boldsymbol{L}(x)\tilde{d}+\dot{d}\end{aligned} \tag{8-22}$$

基于假设 8.1，由于$\dot{d}$有界，由干扰估计误差的导数可以得出干扰估计误差的收敛速率一定程度上取决于观测器的增益矩阵$\boldsymbol{L}(x)$，通过选取增益矩阵使得干扰误差方程式(8-22)渐进稳定，则式(8-18)所示非线性干扰观测器中的干扰观测向量能够渐进地估计系统的集总干扰。

定理 8.1：如果干扰满足假设 8.1 的条件，则干扰估计误差有界。当且仅当对于任意的给定的正定对称阵$\boldsymbol{Q}=\boldsymbol{Q}^{\mathrm{T}}>0$，存在一个正定对称矩阵$\boldsymbol{P}=\boldsymbol{P}^{\mathrm{T}}>0$，使其满足李雅普诺夫方程$\boldsymbol{A}^{\mathrm{T}}\boldsymbol{P}+\boldsymbol{P}\boldsymbol{A}=-\boldsymbol{Q}$，那么$\boldsymbol{A}$为 Hurwitz 矩阵，即$\boldsymbol{A}$的所有特征值都满足$\mathrm{Re}\lambda_i<0$。此外，如果$\boldsymbol{A}$是 Hurwitz 矩阵，那么$\boldsymbol{P}$就是方程$\boldsymbol{A}^{\mathrm{T}}\boldsymbol{P}+\boldsymbol{P}\boldsymbol{A}=-\boldsymbol{Q}$唯一解。

定理 8.2：设$x=0$是系统指数稳定平衡点，假设$\boldsymbol{A}(t)$连续且有界，设$\boldsymbol{Q}(t)$是连续且有界的正定对称矩阵，那么存在一个连续可微的正定对称矩阵$\boldsymbol{P}(t)$，满足方程$-\dot{\boldsymbol{P}}(t)=\boldsymbol{P}(t)\boldsymbol{A}(t)+\boldsymbol{A}^{\mathrm{T}}(t)\boldsymbol{P}(t)+\boldsymbol{Q}(t)$，因此，$\boldsymbol{V}(t,\boldsymbol{x})=\boldsymbol{x}^{\mathrm{T}}\boldsymbol{P}\boldsymbol{x}$是系统的李雅普诺夫函数。

证明：定义非线性观测器系统的李雅普诺夫方程为

$$\boldsymbol{V}_1=\tilde{\boldsymbol{d}}^{\mathrm{T}}\boldsymbol{P}\tilde{\boldsymbol{d}} \tag{8-23}$$

对式(8-23)求导，并且定义$-\boldsymbol{L}=\boldsymbol{A}\in R^{2\times 2}$，考虑到 Rayleigh 不等式$\lambda_{\min}(\boldsymbol{Q})\|\tilde{\boldsymbol{d}}\|^2\leqslant\tilde{\boldsymbol{d}}^{\mathrm{T}}\boldsymbol{Q}\tilde{\boldsymbol{d}}\leqslant\lambda_{\max}(\boldsymbol{Q})\|\tilde{\boldsymbol{d}}\|^2$，进而可以得到

$$\begin{aligned}\dot{V}_1 &= \tilde{\boldsymbol{d}}^{\mathrm{T}}\boldsymbol{P}\dot{\tilde{\boldsymbol{d}}} + \dot{\tilde{\boldsymbol{d}}}^{\mathrm{T}}\boldsymbol{P}\tilde{\boldsymbol{d}} \\ &= \tilde{\boldsymbol{d}}^{\mathrm{T}}\boldsymbol{P}(\dot{\boldsymbol{d}}+\boldsymbol{A}\tilde{\boldsymbol{d}}) + (\dot{\boldsymbol{d}}+\boldsymbol{A}\tilde{\boldsymbol{d}})^{\mathrm{T}}\boldsymbol{P}\tilde{\boldsymbol{d}} \\ &= -\tilde{\boldsymbol{d}}^{\mathrm{T}}\boldsymbol{Q}\tilde{\boldsymbol{d}} + 2\tilde{\boldsymbol{d}}^{\mathrm{T}}\boldsymbol{P}\dot{\boldsymbol{d}} \leqslant -\lambda_{\min}(\boldsymbol{Q})\|\tilde{\boldsymbol{d}}\|^2 + 2\|\tilde{\boldsymbol{d}}\|\|\boldsymbol{P}\|M\end{aligned} \tag{8-24}$$

由式(8-24)可以得到,估计误差 $\tilde{\boldsymbol{d}}$ 最终一致有界,满足 $\gamma=2\|\boldsymbol{P}\|M/\lambda_{\min}(\boldsymbol{Q})$,其中 $\lambda_{\min}(\boldsymbol{Q})$ 是 Q 矩阵的最小特征值。

考虑到设计的式(8-18)和式(8-19)所示的非线性干扰观测器以及定理8.1,设计的非线性干扰观测器估计误差最终一致有界,估计误差界为 $\gamma=2\|\boldsymbol{P}\|M/\lambda_{\min}(\boldsymbol{Q})$。并且设计的干扰观测器不需要已知干扰的准确信息。在已知干扰导数上界的情况下,可以准确地估计系统的集总干扰,降低了干扰观测器的保守性。

8.2.2 全浸式水翼艇纵摇/升沉运动改进互补滑模鲁棒控制策略

在上一小节实现了全浸式水翼艇非线性的干扰观测器设计,有效地估计了不确定集总干扰,本小节将干扰估计值引入控制律中进行补偿,设计了干扰观测器与改进互补滑模控制相结合的复合控制器。首先利用干扰观测器的估计值进行广义滑模面与互补滑模面的重构,设计了改进的互补滑模控制律,使系统状态在存在外界干扰及系统不确定性的情况下,能够沿滑模面渐进收敛到平衡点。改进的控制器设计增加了系统的鲁棒性,并且其控制器中的切换增益仅需要大于干扰估计误差值,而非干扰上界,因此大大减小了控制增益的切换幅度,从而减小了控制器的抖振。通过补偿外界干扰的影响,提高全浸式水翼艇在存在外界干扰时纵向运动姿态的控制精度和鲁棒性。

考虑到全浸式水翼艇纵向运动姿态控制,为了保证全浸式水翼艇纵向运动控制在存在不确定外界干扰以及系统参数摄动的情况下,最终稳定到期望的平衡点处,定义系统状态的稳态误差以及误差的导数为

$$e=\boldsymbol{x}_1-\boldsymbol{x}_{\mathrm{d}}=[e_1 \quad e_2]=[e_z \quad e_\theta]^{\mathrm{T}},\dot{\boldsymbol{e}}=\boldsymbol{x}_2-\boldsymbol{x}_{2\mathrm{d}}=[e_{\dot{z}} \quad e_{\dot{\theta}}]^{\mathrm{T}} \tag{8-25}$$

式中:$\boldsymbol{x}_1=[z \quad \theta]^{\mathrm{T}}\in R^{2\times1}$,$z$ 为全浸式水翼艇的升沉位移,θ 为纵摇角;$\boldsymbol{x}_2=[\dot{z} \quad \dot{\theta}]^{\mathrm{T}}\in R^{2\times1}$;$\boldsymbol{x}_{\mathrm{d}}=[0,0]^{\mathrm{T}}$和 $\boldsymbol{x}_{2\mathrm{d}}=[0,0]^{\mathrm{T}}$为稳定平衡点。

改进的互补滑模控制器的设计分为两个步骤。

第一步:为了进行干扰补偿抑制,设计带有干扰估计的滑模面如下:

$$S_{\mathrm{m}}=\left(\frac{\mathrm{d}}{\mathrm{d}t}+\boldsymbol{\eta}\right)^2\int_0^t e(\tau)\mathrm{d}\tau+\lambda\hat{d}=\dot{e}+2\boldsymbol{\eta}e+\eta^2\int_0^t e(\tau)\mathrm{d}\tau+\lambda\hat{d} \tag{8-26}$$

式中:$\boldsymbol{\eta}=\mathrm{diag}(\eta_1,\eta_2)$,$\eta_1$和$\eta_2$为待定的正定常值;$\hat{d}$ 为非线性干扰观测器输出的干

扰估计值，对式(8-26)求导，并且代入式(8-26)，进而可以得到

$$\dot{\boldsymbol{S}}_{\mathrm{m}}=\ddot{e}+2\boldsymbol{\eta}\dot{e}+\boldsymbol{\eta}^2 e=f_1(x_1,x_2)+f_2(x_1,x_2)+\boldsymbol{B}U_{\mathrm{CSMC}}+d-\dot{x}_{2\mathrm{d}}+2\boldsymbol{\eta}\dot{e}+\boldsymbol{\eta}^2 e+\lambda\dot{\hat{d}} \quad (8-27)$$

同理，包含干扰估计的互补滑模面设计如下：

$$\boldsymbol{S}_{\mathrm{h}}=\left(\frac{\mathrm{d}}{\mathrm{d}t}+\boldsymbol{\eta}\right)\left(\frac{\mathrm{d}}{\mathrm{d}t}-\boldsymbol{\eta}\right)\int_0^t e(\tau)\mathrm{d}\tau+\lambda\hat{d}=\dot{e}-\boldsymbol{\eta}^2\int_0^t e(\tau)\mathrm{d}\tau+\lambda\hat{d} \quad (8-28)$$

其中正定对角矩阵 $\boldsymbol{\eta}$ 定义同上，其滑模面 $\boldsymbol{S}_{\mathrm{m}}$ 和互补滑模面 $\boldsymbol{S}_{\mathrm{h}}$ 具有如下关系：

$$\boldsymbol{\sigma}(t)=\boldsymbol{S}_{\mathrm{h}}+\boldsymbol{S}_{\mathrm{m}}=2\dot{e}+2\boldsymbol{\eta}e+2\lambda\hat{d} \quad (8-29)$$

$$\dot{\boldsymbol{S}}_{\mathrm{h}}=\dot{\boldsymbol{S}}_{\mathrm{m}}-\boldsymbol{\eta}\boldsymbol{\sigma}+2\lambda\boldsymbol{\eta}\hat{d} \quad (8-30)$$

第二步：设计自适应互补滑模控制律，实现全浸式水翼艇的纵摇和升沉位移控制。并且采用连续的双曲正切函数代替符号函数，进一步减少控制器的抖振现象。改进的互补滑模控制律设计如下：

$$u_{\mathrm{CSMC}}=u_{\mathrm{eq}}+u_{\mathrm{c}} \quad (8-31)$$

$$\begin{aligned}u_{\mathrm{eq}}=&-\boldsymbol{B}^{-1}(f_1(x_1,x_2)+f_2(x_1,x_2)+2\boldsymbol{\eta}\dot{e}+\boldsymbol{\eta}^2 e+\boldsymbol{\sigma}^{+}(\boldsymbol{S}_{\mathrm{m}}^{\mathrm{T}}\boldsymbol{\eta}\boldsymbol{\sigma}+2\lambda\boldsymbol{S}_{\mathrm{h}}^{\mathrm{T}}\hat{d})\\&+\hat{d}+\boldsymbol{\sigma}^{+}\hat{\mu}(\|\lambda\boldsymbol{L}\|\cdot\|\boldsymbol{\sigma}\|+2k_1\varepsilon+2\|\boldsymbol{P}\|\cdot\boldsymbol{M})\end{aligned} \quad (8-32)$$

$$u_{\mathrm{c}}=-\boldsymbol{B}^{-1}\hat{\mu}\tanh\left(\frac{\boldsymbol{\sigma}}{\boldsymbol{\varepsilon}}\right) \quad (8-33)$$

式中：$\hat{d}\in R^{2\times1}$ 为干扰观测器的输出；$\boldsymbol{\sigma}^{+}=\boldsymbol{\sigma}(\boldsymbol{\sigma}^{\mathrm{T}}\boldsymbol{\sigma})^{-1}$ 为 Moore-Penorse 广义逆矩阵；$\hat{\mu}$ 为自适应参数；$\tanh\left(\frac{\boldsymbol{\sigma}}{\boldsymbol{\varepsilon}}\right)$ 为双曲正切函数。基于干扰观测器的改进互补滑模控制系统如图 8-4 所示，其中 $\boldsymbol{L}$ 为干扰观测器的增益矩阵，$\boldsymbol{P}$ 为待选择的正定对称阵，$\boldsymbol{M}$ 为干扰导数上界。

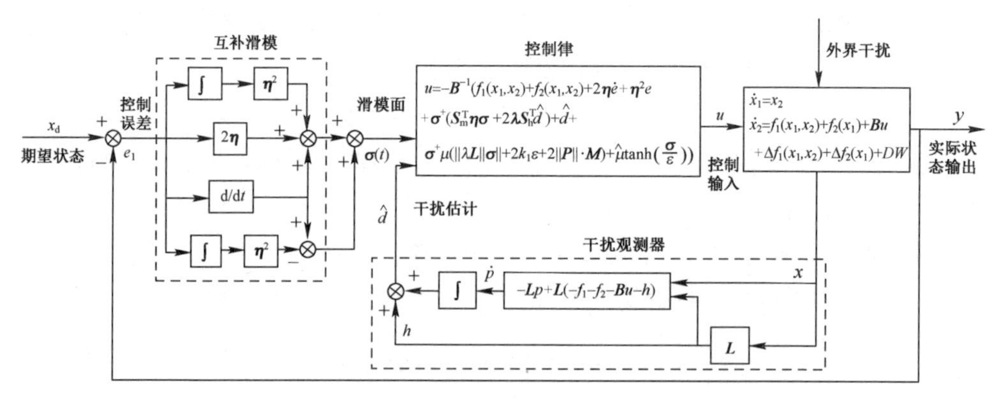

图 8-4 基于干扰观测器的改进互补滑模控制系统

进而,设计自适应律根据控制目标自主调节控制器的增益,自适应律设计为

$$\dot{\hat{\mu}}=\beta(\|\boldsymbol{I}+\lambda\boldsymbol{L}\|\cdot\|\boldsymbol{\sigma}\|+2\boldsymbol{M}\cdot\|\boldsymbol{P}\|) \tag{8-34}$$

$\hat{\mu}$ 为参数自适应律,用于替代双曲正切函数中的未知参数 μ。β 为待定的正定参数。定义自适应误差为 $\tilde{\mu}=\mu-\hat{\mu}$,由于 μ 为常值,因而可以得到其误差导数为

$$\dot{\tilde{\mu}}=\dot{\mu}-\dot{\hat{\mu}}=-\dot{\hat{\mu}} \tag{8-35}$$

8.2.3　全浸式水翼艇纵向运动控制系统稳定性分析

本节通过李雅普诺夫定理对设计的自适应改进互补滑模控制器的稳定性进行分析。为了证明系统的稳定性,首先给出以下引理和定理。

引理 8.1:由双曲正切函数性质可知,对于任意的 $\varepsilon>0$ 和 $\boldsymbol{\chi}\in R^n$,双曲正切函数满足以下不等式:

$$\|\boldsymbol{\chi}\|_1-\boldsymbol{\chi}^{\mathrm{T}}\tanh\left(\frac{\boldsymbol{\chi}}{\varepsilon}\right)\leqslant nk_1\varepsilon,\ k_1=0.2785 \tag{8-36}$$

参考引理 8.1 以及变量 $\boldsymbol{\sigma}\in R^2$,则有以下不等式成立:

$$-\boldsymbol{\sigma}^{\mathrm{T}}\tanh\left(\frac{\boldsymbol{\sigma}}{\varepsilon}\right)\leqslant-\|\boldsymbol{\sigma}\|_2+2k_1\varepsilon,\ k_1=0.2785 \tag{8-37}$$

定理 8.3:设 $x=0$ 是方程 $\dot{x}=f(x,t)$ 的一个平衡点,$D\subset R^n$ 是包含 $x=0$ 的定义域,$V:[0,\infty)\times D\to R$ 是连续可微函数,且满足:

$$\begin{gathered}W_1(x)\leqslant V(x)\leqslant W_2(x)\\ \frac{\partial V}{\partial t}+\frac{\partial V}{\partial x}f(x,t)\leqslant 0\end{gathered} \tag{8-38}$$

$\forall t\geqslant 0,\forall x\in D$。其中 $W_1(x)$ 和 $W_2(x)$ 都是 D 上的连续正定函数。那么 $x=0$ 是一致稳定的。进一步,若满足 $\frac{\partial V}{\partial t}+\frac{\partial V}{\partial x}f(t,x)\leqslant -W_3(x)$,那么 $x=0$ 是一致渐进稳定的。

定理 8.4:考虑到全浸式水翼艇的非线性动力学模型,将干扰观测器与自适应律相结合的控制策略设计见式(8-32),切换控制律设计见式(8-33),则系统一致渐进稳定,使得系统的状态最终收敛到稳定平衡点。

证明:基于干扰观测器、自适应律以及双曲正切函数设计的改进的自适应互补滑模控制器能够保证全浸式水翼艇纵向运动闭环系统的稳定性。为了证明系统的稳定性,首先定义闭环系统的李雅普诺夫函数如下:

$$V_2=\frac{1}{2}\boldsymbol{S}_{\mathrm{m}}^{\mathrm{T}}\boldsymbol{S}_{\mathrm{m}}+\frac{1}{2}\boldsymbol{S}_{\mathrm{h}}^{\mathrm{T}}\boldsymbol{S}_{\mathrm{h}}+\frac{1}{2\beta}\tilde{\mu}^2+\tilde{\boldsymbol{d}}^{\mathrm{T}}\boldsymbol{P}\tilde{\boldsymbol{d}} \tag{8-39}$$

对式(8-39)进行求导,可以得到

$$\dot{V}_2=\boldsymbol{S}_{\mathrm{m}}^{\mathrm{T}}\dot{\boldsymbol{S}}_{\mathrm{m}}+\boldsymbol{S}_{\mathrm{h}}^{\mathrm{T}}\dot{\boldsymbol{S}}_{\mathrm{h}}+\frac{1}{\beta}\tilde{\mu}\dot{\tilde{\mu}}+\dot{\tilde{\boldsymbol{d}}}^{\mathrm{T}}\boldsymbol{P}\tilde{\boldsymbol{d}}+\tilde{\boldsymbol{d}}^{\mathrm{T}}\boldsymbol{P}\dot{\tilde{\boldsymbol{d}}} \tag{8-40}$$

进一步,将式(8-29),式(8-30)和式(8-35)代入到式(8-40),并且考虑到矩阵的对称性,满足 $\boldsymbol{S}_{\mathrm{h}}^{\mathrm{T}}\boldsymbol{\eta\sigma}=\boldsymbol{\sigma}^{\mathrm{T}}\boldsymbol{\eta}\boldsymbol{S}_{\mathrm{h}}$,$\tilde{\boldsymbol{d}}^{\mathrm{T}}\boldsymbol{P}\dot{\boldsymbol{d}}=\dot{\boldsymbol{d}}^{\mathrm{T}}\boldsymbol{P}\tilde{\boldsymbol{d}}$,整理得到

$$\begin{aligned}\dot{V}_2&=\boldsymbol{S}_{\mathrm{m}}^{\mathrm{T}}\dot{\boldsymbol{S}}_{\mathrm{m}}+\boldsymbol{S}_{\mathrm{h}}^{\mathrm{T}}\dot{\boldsymbol{S}}_{\mathrm{h}}-\frac{1}{\beta}\tilde{\mu}\dot{\hat{\mu}}+\dot{\tilde{\boldsymbol{d}}}^{\mathrm{T}}\boldsymbol{P}\tilde{\boldsymbol{d}}+\tilde{\boldsymbol{d}}^{\mathrm{T}}\boldsymbol{P}\dot{\tilde{\boldsymbol{d}}}\\&=\boldsymbol{S}_{\mathrm{m}}^{\mathrm{T}}\dot{\boldsymbol{S}}_{\mathrm{m}}+\boldsymbol{S}_{\mathrm{h}}^{\mathrm{T}}(\dot{\boldsymbol{S}}_{\mathrm{m}}-\boldsymbol{\eta\sigma}+2\lambda\boldsymbol{\eta}\hat{d})-\frac{1}{\beta}\tilde{\mu}\dot{\hat{\mu}}+\dot{\tilde{\boldsymbol{d}}}^{\mathrm{T}}\boldsymbol{P}\tilde{\boldsymbol{d}}+\tilde{\boldsymbol{d}}^{\mathrm{T}}\boldsymbol{P}\dot{\tilde{\boldsymbol{d}}}\\&=\boldsymbol{\sigma}^{\mathrm{T}}\dot{\boldsymbol{S}}_{\mathrm{m}}-\boldsymbol{S}_{\mathrm{h}}^{\mathrm{T}}\boldsymbol{\eta\sigma}+2\lambda\boldsymbol{S}_{\mathrm{h}}^{\mathrm{T}}\boldsymbol{\eta}\hat{\boldsymbol{d}}-\frac{1}{\beta}\tilde{\boldsymbol{\mu}}\dot{\hat{\boldsymbol{\mu}}}+(\dot{\boldsymbol{d}}+A\tilde{\boldsymbol{d}})^{\mathrm{T}}\boldsymbol{P}\tilde{\boldsymbol{d}}+\tilde{\boldsymbol{d}}^{\mathrm{T}}\boldsymbol{P}(\dot{\boldsymbol{d}}+A\tilde{\boldsymbol{d}})\\&=\boldsymbol{\sigma}^{\mathrm{T}}\dot{\boldsymbol{S}}_{\mathrm{m}}-\boldsymbol{S}_{\mathrm{h}}^{\mathrm{T}}\boldsymbol{\eta\sigma}+2\lambda\boldsymbol{S}_{\mathrm{h}}^{\mathrm{T}}\boldsymbol{\eta}\hat{d}-\frac{1}{\beta}\tilde{\mu}\dot{\hat{\mu}}+2\tilde{\boldsymbol{d}}^{\mathrm{T}}\boldsymbol{P}\dot{\boldsymbol{d}}-\tilde{\boldsymbol{d}}^{\mathrm{T}}\boldsymbol{Q}\tilde{\boldsymbol{d}}\end{aligned} \tag{8-41}$$

进而,将式(8-27)代入上式得到

$$\begin{aligned}\dot{V}_2=&\boldsymbol{\sigma}^{\mathrm{T}}(f_1(x_1,x_2)+f_2(x_1,x_2)+\boldsymbol{B}U_{\mathrm{CSMC}}+d+2\boldsymbol{\eta}\dot{e}+\boldsymbol{\eta}^2e+\lambda\dot{\hat{d}})-\boldsymbol{\sigma}^{\mathrm{T}}\boldsymbol{\eta}\boldsymbol{S}_{\mathrm{h}}\\&+2\lambda\boldsymbol{S}_{\mathrm{h}}^{\mathrm{T}}\boldsymbol{\eta}\hat{d}-\frac{1}{\beta}\tilde{\mu}\dot{\hat{\mu}}-\tilde{\boldsymbol{d}}^{\mathrm{T}}\boldsymbol{Q}\tilde{\boldsymbol{d}}+2\tilde{\boldsymbol{d}}^{\mathrm{T}}\boldsymbol{P}\dot{d}\end{aligned} \tag{8-42}$$

将式(8-32)和式(8-33)代入上式,对李雅普诺夫函数进一步整理可以得到

$$\begin{aligned}\dot{V}_2=&\boldsymbol{\sigma}^{\mathrm{T}}[f_1(x_1,x_2)+f_2(x_1,x_2)-\boldsymbol{B}\cdot\boldsymbol{B}^{-1}(f_1(x_1,x_2)+f_2(x_1,x_2)+\boldsymbol{\sigma}^{+}(\boldsymbol{S}_{\mathrm{m}}^{\mathrm{T}}\boldsymbol{\eta\sigma}+2\lambda\boldsymbol{S}_{\mathrm{h}}^{\mathrm{T}}\boldsymbol{\eta}\hat{d})+\hat{d}\\&+2\boldsymbol{\eta}\dot{e}+\boldsymbol{\eta}^2e+\boldsymbol{\sigma}^{+}\hat{\mu}(\|\lambda\boldsymbol{L}\|\cdot\|\boldsymbol{\sigma}\|+k_1\varepsilon+2\boldsymbol{M}\cdot\|\boldsymbol{P}\|)+\hat{\mu}\tanh\left(\frac{\boldsymbol{\sigma}}{\varepsilon}\right)+2\boldsymbol{\eta}\dot{e}+\boldsymbol{\eta}^2e+\lambda\dot{\hat{d}})]\\&-\boldsymbol{S}_{\mathrm{h}}^{\mathrm{T}}\boldsymbol{\eta\sigma}+2\lambda\boldsymbol{S}_{\mathrm{h}}^{\mathrm{T}}\boldsymbol{\eta}\hat{d}-\frac{1}{\beta}\tilde{\mu}\dot{\hat{\mu}}+2\tilde{\boldsymbol{d}}^{\mathrm{T}}\boldsymbol{P}\dot{d}-\tilde{\boldsymbol{d}}^{\mathrm{T}}\boldsymbol{Q}\tilde{\boldsymbol{d}}\\=&\boldsymbol{\sigma}^{\mathrm{T}}\left(-\hat{\mu}\tanh\left(\frac{\boldsymbol{\sigma}}{\varepsilon}\right)+\tilde{\boldsymbol{d}}+\lambda\boldsymbol{L}\tilde{\boldsymbol{d}}\right)-\boldsymbol{S}_{\mathrm{m}}^{\mathrm{T}}\boldsymbol{\eta\sigma}-2\lambda\boldsymbol{S}_{\mathrm{h}}^{\mathrm{T}}\boldsymbol{\eta}\hat{d}-\boldsymbol{S}_{\mathrm{h}}^{\mathrm{T}}\boldsymbol{\eta\sigma}+2\lambda\boldsymbol{S}_{\mathrm{h}}^{\mathrm{T}}\boldsymbol{\eta}\hat{d}\\&-\hat{\mu}(\|\lambda\boldsymbol{L}\|\cdot\|\boldsymbol{\sigma}\|+2k_1\varepsilon+2\boldsymbol{M}\cdot\|\boldsymbol{P}\|)-\frac{1}{\beta}\tilde{\mu}\dot{\hat{\mu}}+2\tilde{\boldsymbol{d}}^{\mathrm{T}}\boldsymbol{P}\dot{d}-\tilde{\boldsymbol{d}}^{\mathrm{T}}\boldsymbol{Q}\tilde{\boldsymbol{d}}\end{aligned} \tag{8-43}$$

并引入设计的自适应律(式(8-34)),考虑上述定理和不等式,对不等式进行缩放得到

$$\begin{aligned}\dot{V}_2\leqslant&-\boldsymbol{\sigma}^{\mathrm{T}}\boldsymbol{\eta\sigma}-\hat{\mu}\|\boldsymbol{\sigma}\|+2k_1\varepsilon\hat{\mu}+\|\boldsymbol{I}+\lambda\boldsymbol{L}\|\cdot\|\tilde{\boldsymbol{d}}\|\cdot\|\boldsymbol{\sigma}\|-\hat{\mu}(\|\lambda\boldsymbol{L}\|\cdot\|\boldsymbol{\sigma}\|+2k_1\varepsilon+2\boldsymbol{M}\cdot\|\boldsymbol{P}\|)\\&-\tilde{\mu}(\|\boldsymbol{I}+\lambda\boldsymbol{L}\|\cdot\|\boldsymbol{\sigma}\|+2\boldsymbol{M}\cdot\|\boldsymbol{P}\|)+2\boldsymbol{M}\cdot\|\boldsymbol{P}\|\cdot\|\tilde{\boldsymbol{d}}\|-\lambda_{\min}(\boldsymbol{Q})\|\tilde{\boldsymbol{d}}\|^2\\\leqslant&-\boldsymbol{\sigma}^{\mathrm{T}}\boldsymbol{\eta\sigma}-\hat{\mu}(\|\boldsymbol{\sigma}\|+\|\lambda\boldsymbol{L}\|\cdot\|\boldsymbol{\sigma}\|+2\boldsymbol{M}\cdot\|\boldsymbol{P}\|)+\mu(\|\boldsymbol{I}+\lambda\boldsymbol{L}\|\cdot\|\boldsymbol{\sigma}\|+2\boldsymbol{M}\cdot\|\boldsymbol{P}\|)\\&-\tilde{\mu}(\|\boldsymbol{I}+\lambda\boldsymbol{L}\|\cdot\|\boldsymbol{\sigma}\|+2\boldsymbol{M}\cdot\|\boldsymbol{P}\|)-\lambda_{\min}(\boldsymbol{Q})\|\tilde{\boldsymbol{d}}\|^2\end{aligned}$$

$$
\begin{aligned}
&\leqslant -\boldsymbol{\sigma}^{\mathrm{T}}\boldsymbol{\eta}\boldsymbol{\sigma}-\lambda_{\min}(\boldsymbol{Q})\|\widetilde{\boldsymbol{d}}\|^2-\hat{\mu}(\|\boldsymbol{I}+\lambda\boldsymbol{L}\|\cdot\|\boldsymbol{\sigma}\|+2\boldsymbol{M}\cdot\|\boldsymbol{P}\|)+\mu(\|\boldsymbol{I}+\lambda\boldsymbol{L}\|\cdot\|\boldsymbol{\sigma}\|+2\boldsymbol{M}\cdot\|\boldsymbol{P}\|\\
&\quad -\widetilde{\mu}(\|\boldsymbol{I}+\lambda\boldsymbol{L}\|\cdot\|\boldsymbol{\sigma}\|+2\boldsymbol{M}\cdot\|\boldsymbol{P}\|)\\
&\leqslant -\boldsymbol{\sigma}^{\mathrm{T}}\boldsymbol{\eta}\boldsymbol{\sigma}-\lambda_{\min}(\boldsymbol{Q})\|\widetilde{\boldsymbol{d}}\|^2\\
&\leqslant -\boldsymbol{\sigma}^{\mathrm{T}}\boldsymbol{\eta}\boldsymbol{\sigma}\leqslant 0
\end{aligned}\tag{8-44}
$$

因此可知,设计的闭环系统在平衡点处全局最终一致有界。通过采用双曲正切函数代替不连续的符号函数,可以减少控制器的抖振。此外,切换控制律的增益影响抖振的幅度,设计的自适应律可以对双正切函数的增益进行自适应调整,进而减小控制器的抖振幅度。由于滑模面满足到达条件,因而滑模控制面包含的控制变量 $e,\dot{e},\int_0^t e(\tau)\mathrm{d}\tau$ 最终到达滑模面,并沿滑模面收敛到平衡点。与其他非连续的符号函数相比,本章采用的连续的双曲正切函数在不影响系统控制性能的情况下,保证了控制系统的稳定性,使得全浸式水翼艇的纵向运动状态最终收敛到平衡点,进而减小控制误差,实现全浸式水翼艇纵向运动姿态的镇定。

8.3　全浸式水翼艇纵摇/升沉运动控制系统仿真

为了进一步验证本章提出的控制策略的有效性,本节以美国 PCH-1 号全浸式水翼艇的模型参数为参考,对不同遭遇角、不同海况下的全浸式水翼艇纵向运动姿态进行仿真验证。

对全浸式水翼艇航行速度为 45kn,有义波高 $H_{1/3}$ 为 1.5m,遭遇角分别为 0°、30°、60°、90°、120°、150°的情况进行仿真研究。全浸式水翼艇系统状态的初始值设定为 $\boldsymbol{x}_1=[z,\theta]^{\mathrm{T}}=[0,0]^{\mathrm{T}},\boldsymbol{x}_2=[\dot{z},\dot{\theta}]^{\mathrm{T}}==[0,0]^{\mathrm{T}}$。系统参数摄动范围为±10%。

为了验证本章设计的改进互补滑模鲁棒控制器的有效性,实验仿真过程设计如下:

(1) 首先,为了选择合适的非线性的干扰观测器增益矩阵,选取不同的矩阵参数进行仿真实验,并与实际的干扰进行对比,进而选择最优的干扰观测器增益矩阵。

(2) 其次,对不同的控制参数下的自适应改进的互补滑模控制器输出结果进行仿真对比,选择控制器的最优控制参数。

(3) 最后,分别采用反步滑模控制器(BSMC)、互补滑模控制器(CSMC)以及非线性的干扰观测器与改进的自适应互补滑模控制相结合的复合控制器(MACSMC-NDOB)对全浸式水翼艇纵向运动姿态进行仿真,并对不同方法下的控制误差进行统计和对比,以验证本章提出方法的有效性。

8.3.1 全浸式水翼艇纵向运动非线性干扰观测器仿真及分析

首先,对非线性干扰观测器的估计性能进行仿真研究。为了确定最优的干扰估计效果,验证非线性干扰观测器的有效性,对不同参数下的估计结果进行对比。设定非线性干扰观测器的观测增益分别为 $\boldsymbol{L}_1=\mathrm{diag}[18\quad 9]$, $\boldsymbol{L}_2=\mathrm{diag}[2\quad 3]$, $\boldsymbol{L}_3=\mathrm{diag}[30\quad 20]$。图 8-5 和图 8-6 是在航速 45kn,有义波高 1.5m,遭遇角 30°时,不同增益下干扰力及力矩估计性能比较的结果,图 8-7~图 8-9 为 $\boldsymbol{L}_1$ 增益下干扰力、力矩估计值与实际值对比仿真图及估计误差图。

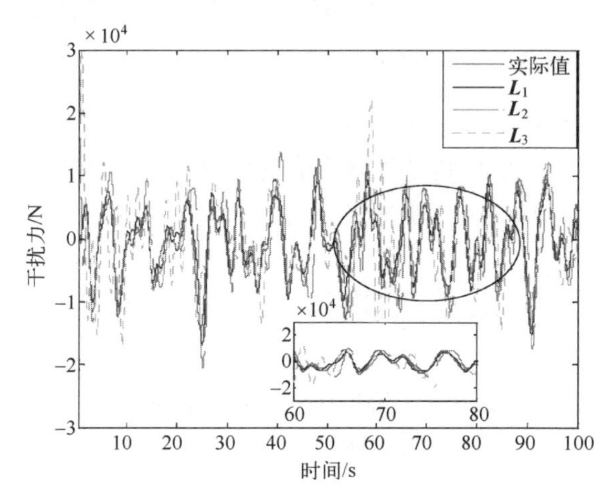

图 8-5 不同增益的干扰力估计(45kn,1.5m,30°)

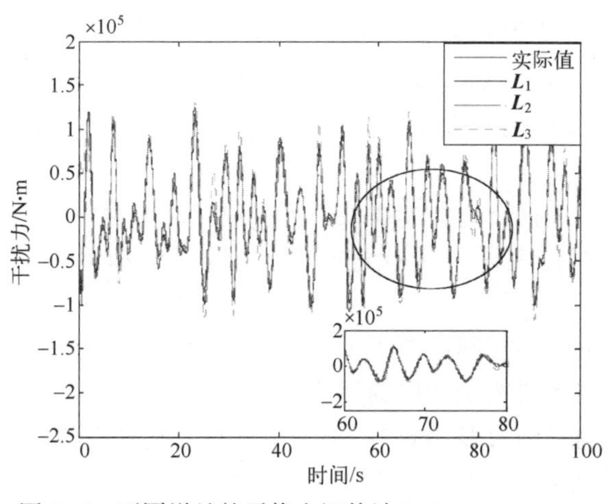

图 8-6 不同增益的干扰力矩估计(45kn,1.5m,30°)

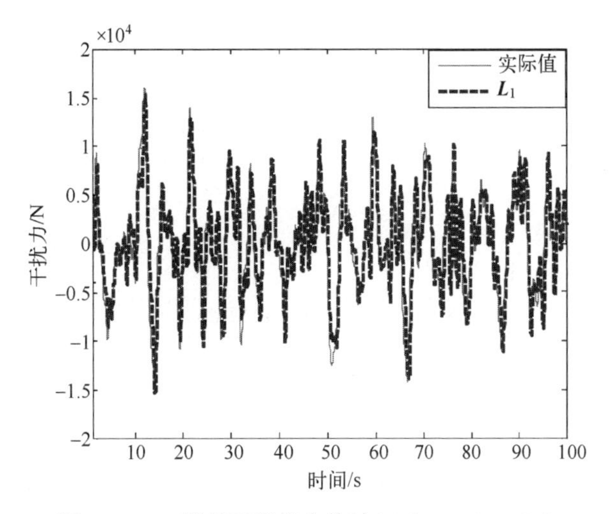

图 8-7　$\boldsymbol{L}_1$ 增益下干扰力估计(45kn,1.5m,30°)

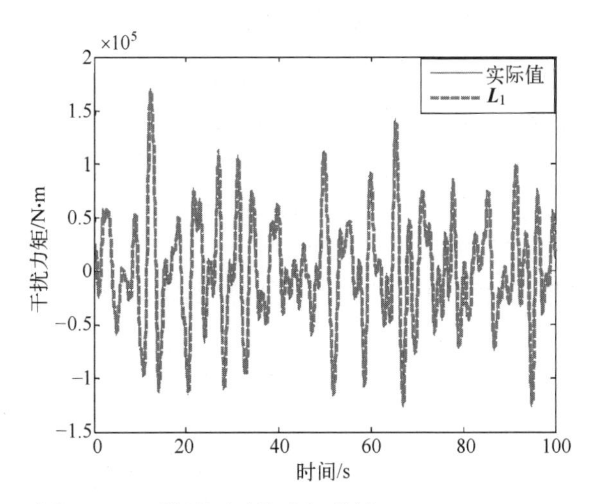

图 8-8　$\boldsymbol{L}_1$ 增益下干扰力矩估计(45kn,1.5m,30°)

由仿真图中 $\boldsymbol{L}_1$，$\boldsymbol{L}_2$，$\boldsymbol{L}_3$ 增益下干扰力及力矩的估计值与实际值的对比结果可知，$\boldsymbol{L}_2$，$\boldsymbol{L}_3$ 增益下不能准确地估计干扰力，估计误差较大，$\boldsymbol{L}_1$ 增益下干扰估计的结果精度最高，与 $\boldsymbol{L}_2$，$\boldsymbol{L}_3$ 增益相比效果最好。虽然在干扰力矩估计中，$\boldsymbol{L}_2$ 增益下估计结果与 $\boldsymbol{L}_1$ 增益结果相近，但其干扰力估计误差较大。总体来看 $\boldsymbol{L}_1$ 增益下的干扰力和力矩估计误差较小，精度较高，能够准确地估计不确定干扰，因而本章选取 $\boldsymbol{L}_1$ 增益值为干扰观测器的增益，进行干扰观测器设计。

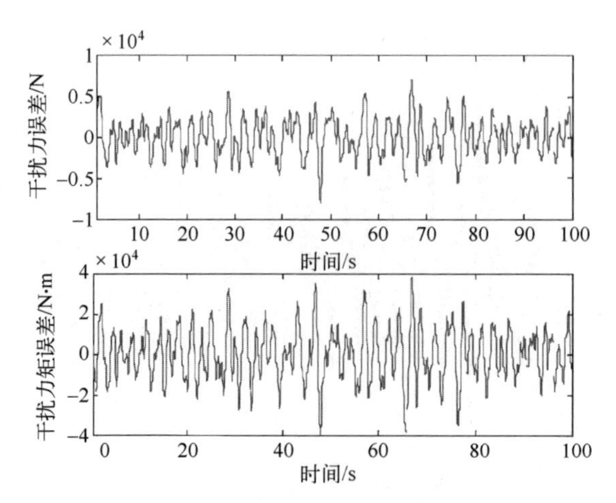

图 8-9 $\boldsymbol{L}_1$ 增益下干扰力/力矩估计误差（45kn,1.5m,30°）

8.3.2 全浸式水翼艇纵向运动改进互补滑模控制策略仿真及分析

为验证本章提出的改进的互补滑模控制策略的有效性，本节在航速选择为30kn，有义波高选择为1.5m，遭遇角为0°、30°、60°、90°、120°和150°时，分别对反步滑模控制器(BSMC)、互补滑模控制器(CSMC)，以及本书设计的非线性干扰观测器与改进的自适应互补滑模控制相结合的复合控制器(ACSMC-DOB)的全浸式水翼艇纵摇/升沉运动控制效果进行对比。

由于篇幅限制，给出遭遇角为30°时，不同控制策略下的全浸式水翼艇升沉位移、纵摇角的仿真结果，如图8-10和图8-11所示。为对比控制器输出的襟翼角情

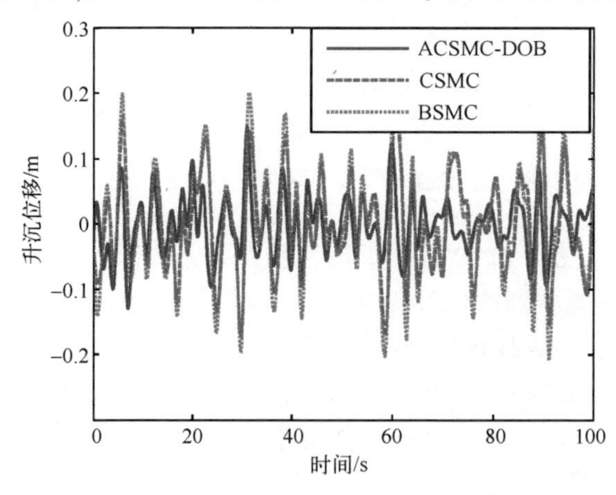

图 8-10 不同控制器下升沉位移(45kn,1.5m,30°)

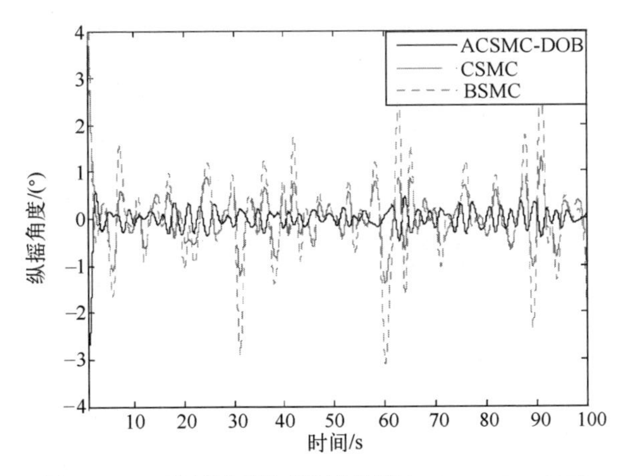

图 8-11　不同控制器下纵摇角度(45kn,1.5m,30°)

况,为了说明本章设计的改进的互补滑模控制器对参数摄动的鲁棒性,图 8-12 和图 8-13 给出了在存在参数摄动和不存在参数摄动时升沉位移和纵摇角的控制结果;为了对比不同控制器在其他航速和遭遇角的全浸式水翼艇纵向运动姿态控制效果,表 8-1 和表 8-2 给出了遭遇角为 0°、30°、60°、90°、120°和 150°,航速为 30kn 时的升沉位移、纵摇角、升沉位移速度以及纵摇角速度的误差统计值。其中升沉位移的量纲为米(m),纵摇角度的量纲为度(°),升沉位移速度 $\dot{z}$ 的量纲为米/秒(m/s),纵摇角速度 $\dot{\theta}$ 的量纲为度/秒((°)/s),$E(\cdot)$表示均值,STD$(\cdot)$表示标准差。

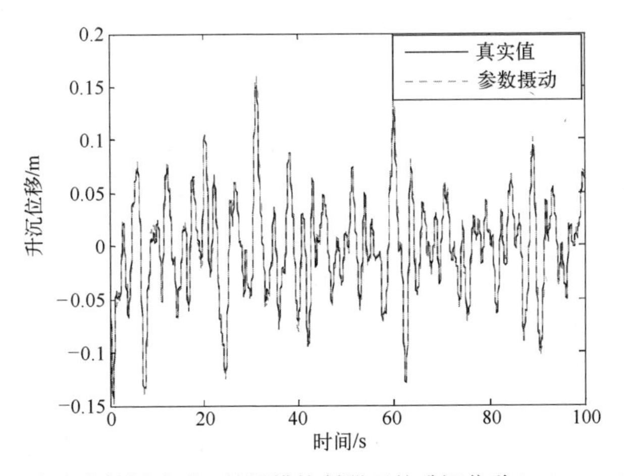

图 8-12　存在参数摄动时互补滑模控制器下的升沉位移(45kn,1.5m,30°)

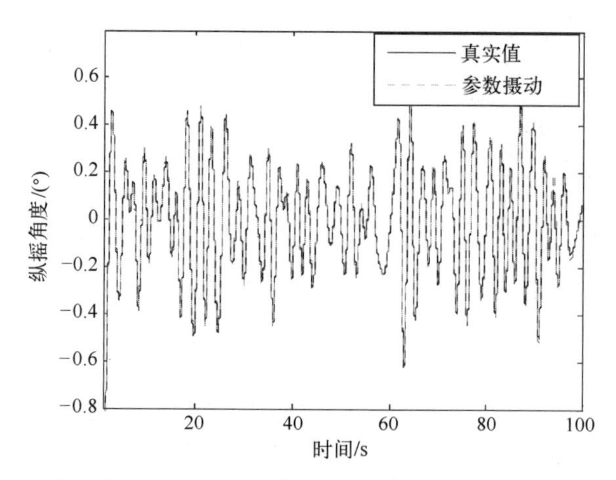

图 8-13　存在参数摄动时互补滑模控制器下的纵摇角度(45kn,1.5m,30°)

表 8-1　航速为 30kn 时升沉位移和纵摇角仿真结果统计

遭遇角	控制策略	统计值			
		$E(z)$	STD(z)	$E(\theta)$	STD(θ)
0°	ACSMC-DOB	−0.0669	0.0235	0.0011	0.0559
	CSMC	-3.76×10^{-4}	0.0651	0.0072	0.7616
	BSMC	0.0015	0.0709	0.0102	0.3261
30°	ACSMC-DOB	-7.78×10^{-5}	0.0193	−0.0031	0.0541
	CSMC	1.96×10^{-6}	0.0513	−0.0013	0.5911
	BSMC	-8.07×10^{-4}	0.0703	0.0374	0.2843
60°	ACSMC-DOB	-5.60×10^{-4}	0.0071	0.0106	0.1305
	CSMC	1.83×10^{-4}	0.0154	−0.0014	0.1706
	BSMC	0.0314	0.0445	−0.0883	0.1207
90°	ACSMC-DOB	-4.53×10^{-5}	0.0109	-1.46×10^{-4}	0.0111
	CSMC	3.97×10^{-4}	0.0377	0.0013	0.0470
	BSMC	−0.0012	0.0238	−0.1248	0.0229
120°	ACSMC-DOB	-3.61×10^{-4}	0.0259	−0.0028	0.1200
	CSMC	-7.84×10^{-4}	0.0488	0.0109	0.4431
	BSMC	-6.53×10^{-4}	0.0442	0.0014	0.1553
150°	ACSMC-DOB	6.23×10^{-5}	0.0284	−0.0013	0.1890
	CSMC	-2.62×10^{-4}	0.0433	0.0014	0.5246
	BSMC	9.13×10^{-4}	0.0515	−0.0065	0.3138

表 8-2　航速为 30kn 时升沉位移速度和纵摇角速度仿真结果统计

遭遇角	控制策略	统计值			
		$E(\dot{z})$	$\mathrm{STD}(\dot{z})$	$E(\dot{\theta})$	$\mathrm{STD}(\dot{\theta})$
0°	ACSMC-DOB	9.71×10^{-4}	0.0419	0.0027	0.2608
	CSMC	1.76×10^{-4}	0.0890	−0.0105	1.0632
	BSMC	−0.0039	0.0827	−0.1555	1.0989
30°	ACSMC-DOB	0.0014	0.0324	0.0124	0.3263
	CSMC	0.0012	0.0653	−0.0029	0.7919
	BSMC	-4.19×10^{-5}	0.0658	-9.9×10^{-4}	1.0042
60°	ACSMC-DOB	9.77×10^{-5}	0.0267	−0.0038	0.4245
	CSMC	0.0013	0.0292	−0.0114	1.2289
	BSMC	0.0043	0.0290	0.2959	1.0656
90°	ACSMC-DOB	0.0012	0.0171	0.0011	0.1082
	CSMC	0.0012	0.0486	−0.0191	0.2142
	BSMC	0.0337	0.0350	2.6807	0.4782
120°	ACSMC-DOB	0.0026	0.0703	3.83×10^{-5}	0.4204
	CSMC	-1.76×10^{-4}	0.1078	−0.0797	1.4189
	BSMC	1.11×10^{-5}	0.1053	−0.0144	1.1927
150°	ACSMC-DOB	5.27×10^{-4}	0.1006	0.0274	0.7791
	CSMC	9.17×10^{-4}	0.1030	−0.1299	1.9560
	BSMC	0.0031	0.1165	0.0539	1.1218

由上述结果可知,本章提出的基于非线性干扰观测器的改进互补滑模控制策略(ACSMC-DOB)在不同航速和遭遇角的情况下,相比互补滑模控制器(CSMC)和反步滑模控制器(BSMC)下的升沉位移和纵摇角控制效果都有一定的改善,由图 8-10 和图 8-11 和表 8-1 和表 8-2 可知,在有义波高为 1.5m,航速 30kn,遭遇角为 30°时,本章提出的控制策略与反步滑模控制策略相比升沉位移减少 55%,纵摇角度减少 75%,升沉位移速度减少约为 70%,纵摇角速度减少 75%左右,本书提出方法大大减小了全浸式水翼艇的纵向运动幅度,提高了控制精度。

此外,在仿真图 8-12 和图 8-13 在存在参数摄动的情况下,本章所提出的控制器的纵向运动姿态控制效果未受到影响,升沉位移、纵摇角与不存在参数摄动时的控制结果相当,控制误差未发生较大的变化,仍具有优良的控制精度和稳定性,说明本书提出的控制策略对参数摄动具有一定的鲁棒性,能有效地抑制系统参数摄动的影响,保证控制器的性能。

因此本书提出的非线性干扰观测器与改进的自适应互补滑模控制策略相结合的复合控制器能够有效地减少全浸式水翼艇升沉位移、纵摇角度的控制误差,减少纵向运动幅度,提高控制精度。并且设计的控制策略对外界扰动和模型参数摄动具有鲁棒性,控制器的抖振现象得到改善,本节的仿真结果验证了提出方法的有效性。

8.4 全浸式水翼艇纵摇/升沉运动抗饱和控制

由于水翼艇的襟翼执行机构及实际物理特性的限制,当遇到较大海浪时襟翼执行机构易工作于饱和状态,无法提供所需的控制力及控制力矩,从而导致控制系统的稳定性及控制性能降低。为实现存在执行器饱和时全浸式水翼艇的稳定航行,保证水翼艇的航行性能,本章设计了一种抗饱和自适应全局终端滑模控制策略。首先,在未考虑饱和影响的情况下,设计了全局终端滑模控制策略,实现全浸式水翼艇纵向运动的稳定控制。考虑到全浸式水翼艇系统总的不确定性不易获得,设计了通过权值自适应的径向基神经网络逼近系统总的不确定性的上界,抑制了系统不确定性对控制系统鲁棒性的影响,同时减少控制器抖振。并且,考虑到执行器饱和对控制性能的影响,设计了饱和补偿器,并通过反馈通道在控制器设计中实现饱和补偿。其次,基于神经网络估计值及饱和补偿设计了抗饱和自适应全局终端滑模控制策略,实现了存在执行器饱和时全浸式水翼艇纵向运动控制的稳定性和快速收敛性,提高控制精度和鲁棒性。最后,基于李雅普诺夫定理对闭环控制系统的稳定性进行分析,并通过仿真实验对比,验证本章节设计方法的有效性。

8.4.1 全浸式水翼艇全局终端滑模控制策略设计

考虑到全浸式水翼艇翼航时纵向运动的动力学特性,参考第 3 章全浸式水翼艇非线性数学模型建立过程,依据刚体动力学定理给出了全浸式水翼艇纵向运动动力学模型。进一步考虑到模型建立过程中存在未建模动态等模型不确定性,则带有系统不确定性和外界海浪干扰的全浸式水翼艇纵向运动二阶非线性系统状态空间方程表示为

$$\dot{\boldsymbol{x}}_1=\boldsymbol{x}_2 \tag{8-45}$$

$$\dot{\boldsymbol{x}}_2=\boldsymbol{f}_1(\boldsymbol{x}_1,\boldsymbol{x}_2)+\boldsymbol{f}_2(\boldsymbol{x}_1,\boldsymbol{x}_2)+\boldsymbol{B}\boldsymbol{u}+d+f_3(\boldsymbol{x}_1,\boldsymbol{x}_2) \tag{8-46}$$

系统的状态为 $\boldsymbol{x}_1=[z \quad \theta]^{\mathrm{T}}\in R^{2\times1}$, $\boldsymbol{x}_2=[\dot{z} \quad \dot{\theta}]^{\mathrm{T}}\in R^{2\times1}$,非线性项为 $\boldsymbol{f}_1(\boldsymbol{x}_1,\boldsymbol{x}_2)\in R^{2\times2}$, $\boldsymbol{f}_2(\boldsymbol{x}_1,\boldsymbol{x}_2)\in R^{2\times2}$, $\boldsymbol{B}\in R^{2\times2}$ 为控制系数矩阵, $\boldsymbol{u}=[U_1 \quad U_2]^{\mathrm{T}}\in R^{2\times1}$ 为系统的控制器, $f_3(\boldsymbol{x}_1,\boldsymbol{x}_2)$ 为系统模型的不确定性, d 为外界干扰,定义 $\Delta f=d+f_3(\boldsymbol{x}_1,\boldsymbol{x}_2)$ 为系统

总的不确定性,并且满足$|\Delta f|\leqslant\rho$,ρ为总不确定性的上界。其中非线性项表示为

$$\boldsymbol{f}_1=\begin{bmatrix}\left(\dfrac{a_3b_3-a_2}{1-a_3b_1}\right)z-\left(\dfrac{a_3b_5-a_5}{1-a_3b_1}\right)\theta-\dfrac{1}{\cos\theta}\left(\dfrac{a_3b_2-a_1}{1-a_3b_1}\right)\dot{z}-\left(\dfrac{a_3b_4-a_4}{1-a_3b_1}\right)\dot{\theta}\\ \left(\dfrac{a_2b_1-b_3}{1-a_3b_1}\right)z-\left(\dfrac{a_5b_1-b_5}{1-a_3b_1}\right)\theta-\dfrac{1}{\cos\theta}\left(\dfrac{a_1b_1-b_2}{1-a_3b_1}\right)\dot{z}-\left(\dfrac{a_4b_1-b_4}{1-a_3b_1}\right)\dot{\theta}\end{bmatrix}\tag{8-47}$$

$$\boldsymbol{f}_2=\left[\left(\frac{a_3b_2-a_1}{1-a_3b_1}\right)U_e\tan\theta\quad\left(\frac{a_1b_1-b_2}{1-a_3b_1}\right)U_e\tan\theta\right]^{\mathrm{T}}\tag{8-48}$$

$$a_1=\frac{Z_w}{(Z_{\dot{w}}-m)},\ a_2=\frac{Z_z}{(Z_{\dot{w}}-m)},\ a_3=\frac{Z_{\dot{q}}}{(Z_{\dot{w}}-m)},\ a_4=\frac{(Z_q+U_em)}{(Z_{\dot{w}}-m)}$$

$$a_5=\frac{Z_\theta}{(Z_{\dot{w}}-m)},\ a_6=\frac{Z_{\delta_\mathrm{e}}}{(Z_{\dot{w}}-m)},\ a_7=\frac{Z_{\delta_\mathrm{f}}}{(Z_{\dot{w}}-m)},\ a_8=1$$

$$b_1=\frac{M_{\dot{w}}}{(M_{\dot{q}}-I_y)},\ b_2=\frac{M_w}{(M_{\dot{q}}-I_y)},\ b_3=\frac{M_z}{(M_{\dot{q}}-I_y)},\ b_4=\frac{M_q}{(M_{\dot{q}}-I_y)}$$

$$b_5=\frac{M_\theta}{(M_{\dot{q}}-I_y)},\ b_6=\frac{M_{\delta_\mathrm{e}}}{(M_{\dot{q}}-I_y)},\ b_7=\frac{M_{\delta_\mathrm{f}}}{(M_{\dot{q}}-I_y)},\ b_8=1\tag{8-49}$$

其中a_8,b_8是Z'_S,M'_S的参数。

首先设计全局快速终端滑模控制策略实现全浸式水翼艇纵向运动姿态的快速收敛和稳定控制。快速终端滑模面的控制可分为两个阶段,首先是系统状态的趋近阶段,即系统的状态完全处于滑动面外;其次是滑动模态阶段,此时系统的状态达到滑模面上。设计合适的快速终端滑模控制策略可以有效地改善趋近阶段的动态性能和滑动模态的动态品质。全局快速终端滑模控制器克服了一般快速终端滑模控制下系统状态趋近平衡点时,非线性滑模面的收敛速度小于线性滑模面的问题。

本节设计的全局终端滑模设计包括两个部分,分别为全局终端滑模面的设计和等效控制律及切换控制律的设计。定义系统的控制误差为

$$\boldsymbol{e}=\boldsymbol{x}_1-\boldsymbol{x}_e=[e_z\quad e_\theta]^{\mathrm{T}}\tag{8-50}$$

则控制误差的导数表示为

$$\dot{\boldsymbol{e}}=\dot{\boldsymbol{x}}_1-\dot{\boldsymbol{x}}_e=\boldsymbol{x}_2-\dot{\boldsymbol{x}}_e=[e_{\dot{z}}\quad e_{\dot{\theta}}]^{\mathrm{T}}\tag{8-51}$$

式中:$\boldsymbol{x}_1=[z\quad\theta]^{\mathrm{T}}\in R^{2\times1}$,$z$为全浸式水翼艇的升沉位移,$\theta$为纵摇角;$\boldsymbol{x}_2=[\dot{z}\quad\dot{\theta}]^{\mathrm{T}}\in R^{2\times1}$;$\boldsymbol{x}_e=[0,0]^{\mathrm{T}}$为期望的稳定平衡点。

设计全局终端滑模面,实现滑模面的快速收敛并有效降低全浸式水翼艇纵向运动控制的稳态误差,全局终端滑模面设计如下:

$$\boldsymbol{\eta}=\dot{\boldsymbol{e}}+\xi\boldsymbol{e}+\beta\boldsymbol{e}^{q/p}\tag{8-52}$$

式中:ξ,β 为滑模面参数;p,q 为正整奇数,且 $q<p$。当滑模面到达 $\boldsymbol{\eta}=0$ 时,系统动态表示为

$$\boldsymbol{\eta}=\dot{\boldsymbol{e}}+\xi\boldsymbol{e}+\beta\boldsymbol{e}^{q/p}=0 \tag{8-53}$$

即当系统状态远离平衡点时,收敛的时间主要由终端吸引子 $\dot{\boldsymbol{e}}=-\beta\boldsymbol{e}^{q/p}$ 决定;当系统状态接近平衡状态时,收敛时间主要由 $\dot{\boldsymbol{e}}=-\xi\boldsymbol{e}$ 决定,系统状态呈指数快速衰减。因而,全局终端滑模引入终端吸引子,保证了系统状态在有限时间内快速收敛到平衡状态。通过设定合理的参数值,从任意初始条件下到达稳定平衡点的收敛时间可以表示为

$$t_s=\frac{p}{\xi(p-q)}\ln\frac{\xi\boldsymbol{x}_e(0)^{\frac{(p-q)}{p}}+\beta}{\beta} \tag{8-54}$$

对式(8-53)求导得到

$$\begin{aligned}\dot{\boldsymbol{\eta}}&=\ddot{\boldsymbol{e}}+\xi\dot{\boldsymbol{e}}+\frac{q}{p}\beta\mathrm{diag}(\boldsymbol{e}^{\frac{(q-p)}{p}})\dot{\boldsymbol{e}}\\&=\boldsymbol{f}_1(\boldsymbol{x}_1,\boldsymbol{x}_2)+\boldsymbol{f}_2(\boldsymbol{x}_1,\boldsymbol{x}_2)+\boldsymbol{B}\boldsymbol{u}+\Delta f+\xi\dot{\boldsymbol{e}}+\frac{q}{p}\beta\mathrm{diag}(\boldsymbol{e}^{\frac{(q-p)}{p}})\dot{\boldsymbol{e}}\end{aligned} \tag{8-55}$$

进而,设计控制策略。控制策略设计的主要目标是使全浸式水翼艇系统状态变量 $\boldsymbol{x}_1=[z\quad\theta]^{\mathrm{T}}$ 收敛到期望稳定平衡点 $\boldsymbol{x}_e$。

首先,将设计的控制策略表示为

$$u=u_n+u_m \tag{8-56}$$

式中:u_n 为等效控制律,实现系统状态在远离滑模面时的快速收敛特性;u_m 为切换控制律,保证系统对总的不确定性的鲁棒性。设计控制策略为

$$u_n=\boldsymbol{B}^{-1}\left[-\boldsymbol{f}_1(\boldsymbol{x}_1,\boldsymbol{x}_2)-\boldsymbol{f}_2(\boldsymbol{x}_1,\boldsymbol{x}_2)-\xi\dot{\boldsymbol{e}}-\beta\frac{q}{p}\mathrm{diag}(\boldsymbol{e}^{\frac{q}{p-1}})\dot{\boldsymbol{e}}\right] \tag{8-57}$$

为改善滑动模态,设计含有滑动变量积分控制项的切换控制律为

$$\dot{u}_m=\boldsymbol{B}^{-1}\left(-k_1\int_0^t\eta\,\mathrm{d}t-k_2\boldsymbol{\eta}-\rho\,\mathrm{sgn}(\boldsymbol{\eta})\right) \tag{8-58}$$

滑动变量积分控制项 $k_1\int_0^t\boldsymbol{\eta}\,\mathrm{d}t$ 用于改善控制系统的稳态精度,比例控制项用于提高滑模到达阶段的收敛速度,鲁棒控制项用于补偿系统总的不确定性。其中 ξ,β 为待定的参数。k_1,k_2,ρ 为待选择的常值;$\mathrm{sgn}(\boldsymbol{\eta})$ 为符号函数。

进而,对全局终端滑模控制系统的稳定性进行分析。设闭环系统的李雅普诺夫函数为

$$V=\frac{1}{2}\boldsymbol{\eta}^{\mathrm{T}}\boldsymbol{\eta}+\frac{1}{2}\left(\int\boldsymbol{\eta}\,\mathrm{d}t\right)^{\mathrm{T}}k_1\left(\int\boldsymbol{\eta}\,\mathrm{d}t\right) \tag{8-59}$$

为证明控制系统的稳定性,对上式进行求导并将式(8-55)代入得

$$\dot{V}=\boldsymbol{\eta}^{\mathrm{T}}\dot{\boldsymbol{\eta}}+\boldsymbol{\eta}^{\mathrm{T}}k_1\left(\int\boldsymbol{\eta}\mathrm{d}t\right)$$

$$=\boldsymbol{\eta}^{\mathrm{T}}\left[\boldsymbol{f}_1(\boldsymbol{x}_1,\boldsymbol{x}_2)+\boldsymbol{f}_2(\boldsymbol{x}_1,\boldsymbol{x}_2)+\boldsymbol{B}\boldsymbol{u}+\Delta f+\xi\dot{\boldsymbol{e}}+\frac{q}{p}\beta\mathrm{diag}\left(\boldsymbol{e}^{\frac{(q-p)}{p}}\right)\dot{\boldsymbol{e}}\right]+\boldsymbol{\eta}^{\mathrm{T}}k_1\left(\int\boldsymbol{\eta}\mathrm{d}t\right) \tag{8-60}$$

进而,将式(8-58)所示控制律代入上式,并由$|\Delta f|\leqslant\rho$可得

$$\begin{aligned}\dot{V}&=\boldsymbol{\eta}^{\mathrm{T}}\left[-k_1\left(\int\boldsymbol{\eta}\mathrm{d}t\right)-k_1\boldsymbol{\eta}+\Delta f-\rho\mathrm{sgn}(\boldsymbol{\eta})\right]+\boldsymbol{\eta}^{\mathrm{T}}k_1\left(\int\boldsymbol{\eta}\mathrm{d}t\right)\\&\leqslant -k_1\boldsymbol{\eta}^{\mathrm{T}}\boldsymbol{\eta}-|\boldsymbol{\eta}|(\rho-|\Delta f|)\leqslant -k_1\boldsymbol{\eta}^{\mathrm{T}}\boldsymbol{\eta}\leqslant 0\end{aligned} \tag{8-61}$$

切换控制律中$\rho\mathrm{sgn}(\boldsymbol{\eta})$为鲁棒项,用于克服系统总的不确定性,进而使滑模面满足到达条件。不确定性的上界选取较大会引起抖振,较小则无法满足收敛条件。由于系统总不确定性的上界ρ一般不易获得,考虑到神经网络具有任意函数的逼近性能,本文提出采用神经网络对系统总的不确定性上界进行估计。

8.4.2 径向基神经网络设计

由于全浸式水翼艇纵向运动系统总的不确定性上界未知,并且系统不确定性影响控制策略鲁棒性及控制精度,设计采用径向基神经网络估计系统总的不确定性。

神经网络以数学方法模拟人脑系统神经网络的结构和特征,通过人工神经元可以构建不同的拓扑结构和神经网络,从而实现对生物神经网络的模拟和近似。神经网络由神经元、各神经元之间相互连接的拓扑结构以及学习规则组成。具有逼近任意非线性函数、信息并行分布式处理和存储、根据环境进行自学习等特性,广泛应用于工业、航空、航海等各个工程领域。

径向基函数(RBF)神经网络是一种结构简单的前向神经网络,由输入层、隐含层和输出层组成。其隐含层一般采用局部指数衰减的非线性函数(如高斯函数),对非线性输入输出映射进行局部逼近,隐含层与输出层之间为线性连接,可以有效地逼近任意非线性函数,逼近精度高。其隐节点将输入模式与中心向量间的欧氏距离作为函数的自变量,并且其激活函数为径向基函数,关于空间中的一个中心点径向对称性,神经元的输入与中心点距离越远,则激活程度越低。径向基神经网络能够逼近任意非线性函数,具有实现简单、学习能力强、学习收敛速度快等优点,通过对网络的输出和期望的输出进行比较,根据差值进行网络权值的调整和学习,最终不断减小网络逼近误差。

其中$\boldsymbol{X}=[x_1,x_2,\cdots,x_n]^{\mathrm{T}}$为系统的输入向量,$\chi_j(\boldsymbol{X})$,$(j=1,2,\cdots,p)$为基函数,

一般为高斯函数。$w_{jk}(j=1,2,\cdots,p,k=1,2,\cdots,l)$为隐含层与输出层各节点间的权值,$Y=(y_1,y_2,\cdots,y_l)$为系统的输出。

系统总的不确定性的上界定义为$\rho\in R^2$:

$$\rho=\boldsymbol{W}^{*\mathrm{T}}\boldsymbol{h}(\boldsymbol{X})+\varepsilon \tag{8-62}$$

其中最优权值向量$\boldsymbol{W}^*$设计如下:

$$\boldsymbol{W}^*=\arg\min_{\boldsymbol{W}\in R^{n\times 2}}\{\sup_{\boldsymbol{X}\in R^6}|\rho-\boldsymbol{W}^{\mathrm{T}}\boldsymbol{h}(\boldsymbol{X})|\} \tag{8-63}$$

隐含层高斯函数表示为

$$h_j(\boldsymbol{X})=\mathrm{e}^{\left(\frac{-\|\boldsymbol{X}-\boldsymbol{c}_j\|^2}{2\sigma_j^2}\right)},\ j=1,2,\cdots,n \tag{8-64}$$

其中$\boldsymbol{X}=[z\quad \theta\quad w\quad q\quad \dot{w}\quad \dot{q}]^{\mathrm{T}}$为网络系统输入向量,$\boldsymbol{W}^*$为最优权值向量。估计权值误差定义为$\widetilde{\boldsymbol{W}}=\hat{\boldsymbol{W}}-\boldsymbol{W}^*$,$\hat{\boldsymbol{W}}$为权值向量估计值。$\varepsilon$为系统估计误差,满足$\|\varepsilon\|\leqslant\varepsilon^*$,$\varepsilon^*>0$为估计误差上界,$n>1$为神经网络的神经元数,$\boldsymbol{h}=[h_1,h_2,\cdots,h_n]^{\mathrm{T}}$为隐含层输出,$\boldsymbol{c}_j$为第$j$个神经元的中心点向量值,$\boldsymbol{\sigma}_j$为第$j$个神经元的高斯基函数的宽度。$\boldsymbol{c}_j$,$\sigma_j$值设计在网络输入有效的映射范围内,否则高斯基函数将不能保证实现有效的映射,并且通过梯度下降法进行优化。

对于全浸式水翼艇控制系统中总的不确定性,采用径向基神经网络对总的不确定性进行估计,估计值可以表示为

$$\hat{\rho}=\hat{\boldsymbol{W}}^{\mathrm{T}}\boldsymbol{h}(\boldsymbol{X}) \tag{8-65}$$

其中,$\hat{\boldsymbol{W}}$为网络逼近权值,需要通过自适应律及梯度下降法进行自学习调整,以保证系统的稳定性。通过上式进行系统不确定性的上界估计,可以得到较为准确的估计值,进而提高控制策略的鲁棒性,减少抖振,以抑制干扰及系统不确定性对控制性能的影响,提高控制精度。

为进行权值的调节,设网络逼近误差指标定义为

$$E(t)=\frac{1}{2}(\rho-\hat{\rho})^2=\frac{1}{2}e_\rho^2 \tag{8-66}$$

并采用梯度下降法对神经网络权值进行调节,并考虑上一时刻权值对本次权值变化的影响,加入动量因子$\tau\in(0,1)$,则输出层与隐含层的连接权值的学习算法为

$$\Delta W_j(t)=-\mu\frac{\partial E}{\partial W_j}=\mu(\rho-\hat{\rho})h_j \tag{8-67}$$

$$W_j(t)=W_j(t-1)+\Delta W_j(t)+\tau(W_j(t-1)-W_j(t-2)) \tag{8-68}$$

式中:$\mu\in(0,1)$为学习速率。

8.4.3　饱和补偿器设计

由于全浸式水翼艇襟翼执行机构及实际物理特性的限制，当航行在较高海情下时，易出现执行器饱和的情况，导致控制性能下降。为减少执行器饱和对控制性能和稳定性的影响，设计了饱和补偿器在控制策略中进行饱和补偿。当未发生饱和时，系统控制器输出与执行器实际输出相同。当全浸式水翼艇的襟翼角度达到限定值，执行器处于饱和情况时，系统的执行器实际输出为 $\boldsymbol{\delta}=[\delta_1 \quad \delta_2]^{\mathrm{T}}$，$\delta_i$ 表示全浸式水翼艇的前后襟翼实际输出控制角度。

$$\delta_i=\operatorname{sat}(u_i)=\begin{cases}\delta_{i\max} & u_i>\delta_{i\max}\\ u_i & \delta_{i\min}<u_i<\delta_{i\max}\\ \delta_{i\min} & u_i<\delta_{i\min}\end{cases} \tag{8-69}$$

则全浸式水翼艇纵向运动非线性方程表示为

$$\begin{cases}\dot{\boldsymbol{x}}_1=\boldsymbol{x}_2\\ \dot{\boldsymbol{x}}_2=\boldsymbol{f}_1(\boldsymbol{x}_1,\boldsymbol{x}_2)+\boldsymbol{f}_2(\boldsymbol{x}_1,\boldsymbol{x}_2)+\boldsymbol{B\delta}+\boldsymbol{DW}\end{cases} \tag{8-70}$$

进而，为了解决执行器饱和对全浸式水翼艇纵向运动姿态的影响，基于全浸式水翼艇系统非线性模型设计抗饱和补偿器如下：

$$\dot{\varphi}=\begin{cases}-k_3\varphi-\dfrac{|\boldsymbol{\eta}^{\mathrm{T}}\boldsymbol{B}\Delta u|+\dfrac{1}{2}\boldsymbol{u}^{\mathrm{T}}\boldsymbol{u}}{\|\varphi\|^2}\varphi+\Delta\boldsymbol{u} & \|\boldsymbol{u}\|>\tau\\ 0 & \|\boldsymbol{u}\|<\tau\end{cases} \tag{8-71}$$

式中：$\Delta\boldsymbol{u}=\boldsymbol{\delta}-\boldsymbol{u}$；$\varphi$ 为设计抗饱和系统的状态量；k_3 为待定的参数；τ 为任意小的正常值。

8.4.4　基于神经网络的抗饱和自适应全局终端滑模控制器设计

本节设计了基于神经网络估计及饱和补偿器的自适应全局终端滑模控制器以实现较高海情下全浸式水翼艇纵向运动姿态的抗饱和控制，同时在全浸式水翼艇存在执行器饱和时，保证全浸式水翼艇纵向运动的稳定性和控制性能。

通过对闭环控制系统进行分析，给出抗饱和全局终端滑模控制闭环系统框图，如图 8-14 所示。

设计的抗饱和自适应全局终端滑模控制器，在执行器未出现饱和时可以实现全浸式水翼艇的纵向运动状态在有限时间内快速收敛到平衡点，减少稳定控制误差和控制器的抖振，并且改善了系统的动态性能和鲁棒性。在发生饱和时，通过饱和补偿，有效降低执行器饱和对系统性能和稳定性的影响。

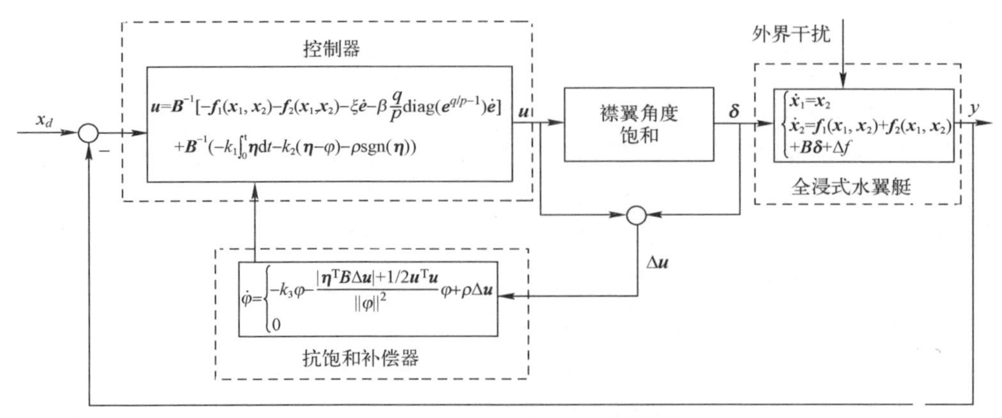

图 8-14　抗饱和自适应全局终端滑模控制闭环系统

考虑由径向基神经网络估计系统不确定性的上界(式(8-65)及式(8-71))的抗饱和补偿器,设计的抗饱和自适应全局终端滑模控制器为

$$\begin{aligned}u=&B^{-1}\left[-f_1(x_1,x_2)-f_2(x_1,x_2)-\xi\dot{e}-\beta\frac{q}{p}\mathrm{diag}(e^{\frac{q}{p-1}})\dot{e}\right]\\&+B^{-1}\left(-k_1\int_0^t\eta\mathrm{d}t-k_2(\eta-\varphi)-\hat{\rho}\mathrm{sgn}(\eta)\right)\end{aligned}\tag{8-72}$$

8.4.5　抗饱和控制闭环系统稳定性分析

控制系统的稳定性是系统能够正常运行的前提条件,为了对设计的控制系统的稳定性进行分析,首先给出以下引理和假设。

引理 8.2:存在标量函数 $V(x)$,$V(0)=0$,对于状态空间 X 中 $x\neq0$ 的所有点,满足下面的条件:

(1) $V(x)$为正定;

(2) $\dot{V}(x)$为负半定;

(3) 对任意 $x\in X$,$\dot{V}(x(t;x_0,0))\neq0$;

(4) 当$\|x\|\to\infty$ 时 $V(x)\to\infty$。

则此系统是渐进稳定的。

引理 8.3:对于任意$(x,y)\in R^2$,以下的 Young 式不等式成立,

$$xy\leqslant\frac{\bar{\beta}^a}{a}|x|^a+\frac{1}{b\bar{\beta}^b}|y|^b\tag{8-73}$$

假设 8.4:系统总的不确定性满足

$$(\rho-|\Delta f|)>\varepsilon^*>\varepsilon\tag{8-74}$$

下面给出本书设计的全浸式水翼艇抗饱和自适应全局终端滑模控制策略的稳定性分析,如定理8.5,并给出相关证明。

定理8.5:考虑到全浸式水翼艇总的不确定性和执行器饱和的情况,如采用式(8-72)的控制策略及式(8-71)的饱和补偿器,则存在参数 k_1, k_2, k_3 使闭环系统一致渐进稳定。

证明:

为了证明系统的稳定性,考虑到设计的神经网络估计器以及抗饱和补偿器,设闭环系统的李雅普诺夫函数为

$$V_1 = \frac{1}{2}\boldsymbol{\eta}^{\mathrm{T}}\boldsymbol{\eta} + \frac{1}{2}\left(\int\boldsymbol{\eta}\mathrm{d}t\right)^{\mathrm{T}} k_1\left(\int\boldsymbol{\eta}\mathrm{d}t\right) + \frac{1}{2}\widetilde{\boldsymbol{W}}^{\mathrm{T}}\gamma^{-1}\widetilde{\boldsymbol{W}} + \frac{1}{2}\boldsymbol{\varphi}^{\mathrm{T}}\boldsymbol{\varphi} \tag{8-75}$$

对式(8-75)进行求导可得

$$\dot{V}_1 = \boldsymbol{\eta}^{\mathrm{T}}\dot{\boldsymbol{\eta}} + \gamma^{-1}\widetilde{\boldsymbol{W}}^{\mathrm{T}}\dot{\hat{W}} + \boldsymbol{\eta}^{\mathrm{T}}k_1\left(\int\boldsymbol{\eta}\mathrm{d}t\right) + \boldsymbol{\varphi}^{\mathrm{T}}\dot{\boldsymbol{\varphi}} \tag{8-76}$$

将全浸式水翼艇系统方程式(8-70)代入上式,并考虑到 $\Delta\boldsymbol{u}=\boldsymbol{\delta}-\boldsymbol{u}$ 可以得到

$$\begin{aligned}\dot{V}_1 =& \boldsymbol{\eta}^{\mathrm{T}}\left[\boldsymbol{f}_1(\boldsymbol{x}_1,\boldsymbol{x}_2) + \boldsymbol{f}_2(\boldsymbol{x}_1,\boldsymbol{x}_2) + \boldsymbol{B}(\boldsymbol{u}+\Delta\boldsymbol{u}) + \Delta f + \xi\dot{\boldsymbol{e}} + \frac{q}{p}\beta\mathrm{diag}(\boldsymbol{e}^{\frac{q}{p}-1})\dot{\boldsymbol{e}}\right]\\ &+ \gamma^{-1}\widetilde{\boldsymbol{W}}^{\mathrm{T}}\dot{\hat{\boldsymbol{W}}} + \boldsymbol{\eta}^{\mathrm{T}}k_1\left(\int\boldsymbol{\eta}\mathrm{d}t\right) + \boldsymbol{\varphi}^{\mathrm{T}}\dot{\boldsymbol{\varphi}}\end{aligned} \tag{8-77}$$

进而,将式(8-72)代入上式,进一步整理方程得到

$$\begin{aligned}\dot{V}_1 =& \boldsymbol{\eta}^{\mathrm{T}}\left[\boldsymbol{B}\Delta\boldsymbol{u} - k_1\left(\int\boldsymbol{\eta}\mathrm{d}t\right) - k_2\boldsymbol{\eta} + k_2\boldsymbol{\varphi} - \hat{\rho}\mathrm{sgn}(\boldsymbol{\eta}) + \Delta f\right]\\ &+ \gamma^{-1}\widetilde{\boldsymbol{W}}^{\mathrm{T}}\dot{\hat{\boldsymbol{W}}} + \boldsymbol{\eta}^{\mathrm{T}}k_1\left(\int\boldsymbol{\eta}\mathrm{d}t\right) + \boldsymbol{\varphi}^{\mathrm{T}}\dot{\boldsymbol{\varphi}}\\ =& -k_2\boldsymbol{\eta}^{\mathrm{T}}\boldsymbol{\eta} + k_2\boldsymbol{\eta}^{\mathrm{T}}\boldsymbol{\varphi} + \boldsymbol{\eta}^{\mathrm{T}}\boldsymbol{B}\Delta\boldsymbol{u} - |\boldsymbol{\eta}|\hat{\rho} + \boldsymbol{\eta}^{\mathrm{T}}\Delta f + \gamma^{-1}\widetilde{\boldsymbol{W}}^{\mathrm{T}}\dot{\hat{\boldsymbol{W}}} + \boldsymbol{\varphi}^{\mathrm{T}}\dot{\boldsymbol{\varphi}}\\ \leqslant& -k_2\boldsymbol{\eta}^{\mathrm{T}}\boldsymbol{\eta} + k_2\boldsymbol{\eta}^{\mathrm{T}}\boldsymbol{\varphi} + \boldsymbol{\eta}^{\mathrm{T}}\boldsymbol{B}\Delta\boldsymbol{u} + |\boldsymbol{\eta}|((\rho-\hat{\rho}) - (\rho - |\Delta f|)) + \gamma^{-1}\widetilde{\boldsymbol{W}}^{\mathrm{T}}\dot{\hat{\boldsymbol{W}}} + \boldsymbol{\varphi}^{\mathrm{T}}\dot{\boldsymbol{\varphi}}\end{aligned} \tag{8-78}$$

设计估计权值的自适应律为

$$\dot{\hat{\boldsymbol{W}}} = -\gamma|\boldsymbol{\eta}|h(\boldsymbol{X}) \tag{8-79}$$

进而,考虑到系统不确定性(式(8-62)),神经网络估计(式(8-65))及自适应律,将式(8-78)展开可得

$$\begin{aligned}\dot{V}_1 \leqslant& -k_2\boldsymbol{\eta}^{\mathrm{T}}\boldsymbol{\eta}+k_2\boldsymbol{\eta}^{\mathrm{T}}\boldsymbol{\varphi}+\boldsymbol{\eta}^{\mathrm{T}}\boldsymbol{B}\Delta\boldsymbol{u}+|\boldsymbol{\eta}|((\rho-\hat{\rho})-(\rho-|\Delta f|))+\gamma^{-1}\widetilde{\boldsymbol{W}}^{\mathrm{T}}\dot{\hat{\boldsymbol{W}}}+\boldsymbol{\varphi}^{\mathrm{T}}\dot{\boldsymbol{\varphi}}\\ \leqslant& -k_2\boldsymbol{\eta}^{\mathrm{T}}\boldsymbol{\eta}+k_2\boldsymbol{\eta}^{\mathrm{T}}\boldsymbol{\varphi}+\boldsymbol{\eta}^{\mathrm{T}}\boldsymbol{B}\Delta\boldsymbol{u}+|\boldsymbol{\eta}|(\boldsymbol{W}^{*\mathrm{T}}h-\hat{\boldsymbol{W}}^{\mathrm{T}}h+\varepsilon-(\rho-|\Delta f|))-|\boldsymbol{\eta}^{\mathrm{T}}|\widetilde{\boldsymbol{W}}^{\mathrm{T}}h+\boldsymbol{\varphi}^{\mathrm{T}}\dot{\boldsymbol{\varphi}}\\ \leqslant& -k_2\boldsymbol{\eta}^{\mathrm{T}}\boldsymbol{\eta}+k_2\boldsymbol{\eta}^{\mathrm{T}}\boldsymbol{\varphi}+\boldsymbol{\eta}^{\mathrm{T}}\boldsymbol{B}\Delta\boldsymbol{u}+|\boldsymbol{\eta}|(\varepsilon-(\rho-|\Delta f|))+\boldsymbol{\varphi}^{\mathrm{T}}\dot{\boldsymbol{\varphi}}\end{aligned} \tag{8-80}$$

为抑制执行器饱和对系统性能的影响,将式(8-71)代入上式得

$$\dot{V}_1 \leqslant -k_2\boldsymbol{\eta}^{\mathrm{T}}\boldsymbol{\eta}+k_2\boldsymbol{\eta}^{\mathrm{T}}\boldsymbol{\varphi}+\boldsymbol{\eta}^{\mathrm{T}}\boldsymbol{B}\Delta\boldsymbol{u}+|\boldsymbol{\eta}|(\varepsilon-(\rho-|\Delta f|))+\boldsymbol{\varphi}^{\mathrm{T}}\left(-k_3\boldsymbol{\varphi}-\frac{|\boldsymbol{\eta}^{\mathrm{T}}\boldsymbol{B}\Delta\boldsymbol{u}|+\frac{1}{2}\boldsymbol{u}^{\mathrm{T}}\boldsymbol{u}}{\|\boldsymbol{\varphi}\|^2}\boldsymbol{\varphi}+\Delta\boldsymbol{u}\right)$$

$$\leqslant -k_2\boldsymbol{\eta}^{\mathrm{T}}\boldsymbol{\eta}+k_2\boldsymbol{\eta}^{\mathrm{T}}\boldsymbol{\varphi}+\boldsymbol{\eta}^{\mathrm{T}}\boldsymbol{B}\Delta\boldsymbol{u}+|\boldsymbol{\eta}|(\varepsilon-(\rho-|\Delta f|))-k_3\boldsymbol{\varphi}^{\mathrm{T}}\boldsymbol{\varphi}-|\boldsymbol{\eta}^{\mathrm{T}}\boldsymbol{B}\Delta\boldsymbol{u}|-\frac{1}{2}\Delta\boldsymbol{u}^{\mathrm{T}}\Delta\boldsymbol{u}+\boldsymbol{\varphi}^{\mathrm{T}}\Delta\boldsymbol{u}$$

$$\leqslant -k_2\boldsymbol{\eta}^{\mathrm{T}}\boldsymbol{\eta}+\frac{k_2}{2}\boldsymbol{\eta}^{\mathrm{T}}\boldsymbol{\eta}+\frac{k_2}{2}\boldsymbol{\varphi}^{\mathrm{T}}\boldsymbol{\varphi}-k_3\boldsymbol{\varphi}^{\mathrm{T}}\boldsymbol{\varphi}-\frac{1}{2}\Delta\boldsymbol{u}^{\mathrm{T}}\Delta\boldsymbol{u}+\frac{1}{2}\boldsymbol{\varphi}^{\mathrm{T}}\boldsymbol{\varphi}+\frac{1}{2}\Delta\boldsymbol{u}^{\mathrm{T}}\Delta\boldsymbol{u}+|\boldsymbol{\eta}|(\varepsilon-(\rho-|\Delta f|))$$

$$\leqslant -\frac{k_2}{2}\boldsymbol{\eta}^{\mathrm{T}}\boldsymbol{\eta}+\left(\frac{k_2}{2}-k_3+\frac{1}{2}\right)\boldsymbol{\varphi}^{\mathrm{T}}\boldsymbol{\varphi}+|\boldsymbol{\eta}|(\varepsilon-(\rho-|\Delta f|)) \tag{8-81}$$

由假设 8.4 知 $\varepsilon-(\rho-|\Delta f|)<0$,通过选择参数 k_1,k_2,k_3 满足 $k_2>0,\frac{k_2}{2}-k_3+\frac{1}{2}<0$,则 $\dot{V}_1\leqslant 0$。

由此可知,通过权值自适应的径向基神经网络能够估计系统总的不确定性的上界,进而保证控制策略的鲁棒性。在存在执行器饱和的情况下,设计的饱和补偿器能够抑制执行器饱和对系统性能的影响。设计的抗饱和自适应全局终端滑模控制系统最终一致渐进稳定,系统状态误差最终收敛到零,有效地减少了控制误差,在保证全浸式水翼艇状态的快速收敛及系统稳定性的同时实现了抗饱和控制。

8.5　全浸式水翼艇纵向运动抗饱和控制系统仿真及分析

为了进一步验证本章设计的抗饱和自适应全局终端滑模控制器的有效性,本节以美国 PCH-1 号全浸式水翼艇的模型的参数为参考,对全浸式水翼艇航行速度为 45kn,有义波高 $H_{1/3}$ 为 3.5m,遭遇角分别为 30°、60°、120°和 150°的情况下抗饱和控制策略进行仿真研究。实验仿真过程设计如下:

为了验证设计的抗饱和全局终端滑模控制器的有效性,对同一海况和遭遇角,不同控制器下的纵向运动姿态控制结果进行仿真对比。

(1) 对未考虑执行器饱和约束下(unconstrained),仅在全局快速终端滑模控制策略作用下仿真结果。

(2) 考虑襟翼执行器饱和约束,未带抗饱和补偿器的终端滑模控制器(without anti-windup compensator)作用下仿真结果。

(3) 考虑襟翼执行器饱和约束,本书设计的抗饱和自适应全局终端滑模控制器(with anti-windup compensator)作用下仿真结果。

选择径向基神经全浸式水翼艇系统的状态为网络的输入,对系统总的不确定性上界的估计为神经网络的输出。控制系统的参数选择为 $q=3,p=5,\xi=0.4,\beta=0.2$,襟翼角的饱和角度限制为±30°。

由于篇幅有限,本书对有义波高 3.5m,航速 45kn,遭遇角分别为 30°、60°、90°、120°和 150°时抗饱和纵向运动姿态控制效果进行仿真分析。图 8-15 和图 8-16 给出遭遇角为 30°,航速为 45kn 时,在不同控制器下全浸式水翼艇升沉位移、纵摇角的仿真结果;图 8-17 给出未考虑饱和限制和考虑饱和限制情况下,全浸式水翼艇襟翼的偏转角度,图 8-18 给出不同控制策略下执行机构能量损耗情况。航速为 45kn,有义波高为 3.5m,遭遇角分别为 30°、60°、90°、120°和 150°时,不同控制策略下的全浸式水翼艇纵向运动姿态稳定控制误差的均值和均方差在表 8-3~表 8-5 中给出。

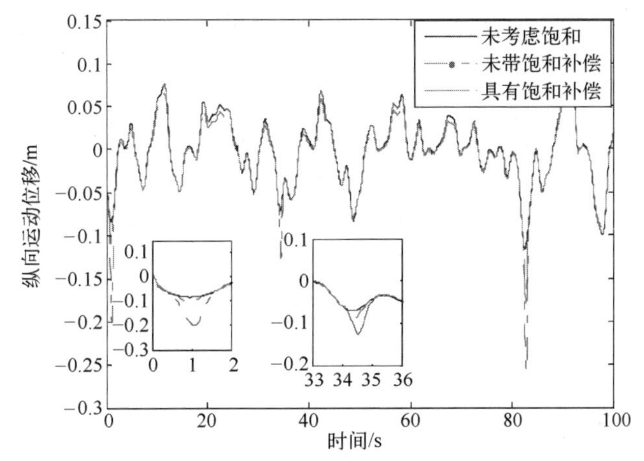

图 8-15　抗饱和控制下全浸式水翼艇纵向运动位移(45kn,3.5m,30°)

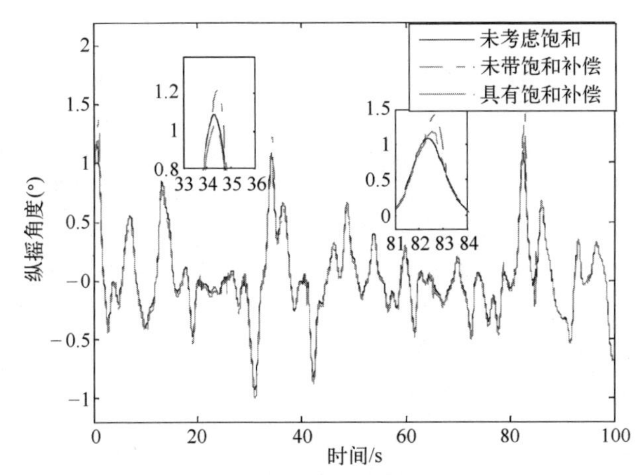

图 8-16　抗饱和控制下全浸式水翼艇纵摇角度(45kn,3.5m,30°)

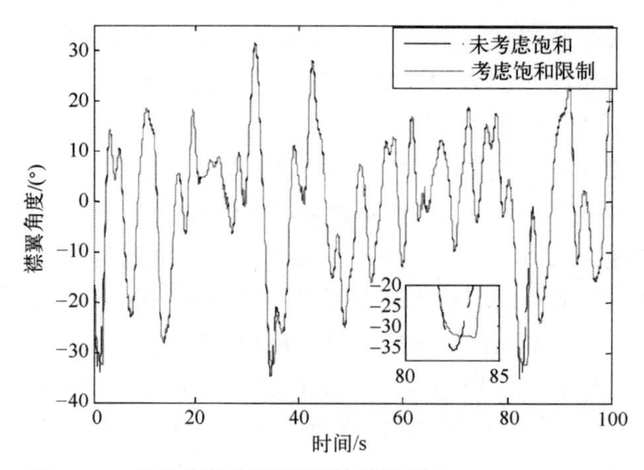

图 8-17　抗饱和控制下襟翼控制角度(45kn,3. 5m,30°)

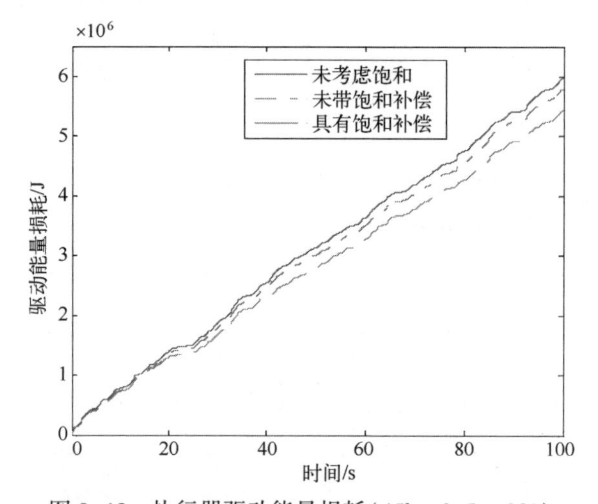

图 8-18　执行器驱动能量损耗(45kn,3. 5m,30°)

表 8-3　抗饱和控制全浸式水翼艇升沉位移 (45kn,3. 5m)

遭遇角	统计值					
	未考虑饱和		未带饱和补偿		具有饱和补偿	
	均值 $E(z)$	方差 $STD(z)$	均值 $E(z)$	方差 $STD(z)$	均值 $E(z)$	方差 $STD(z)$
30°	-0. 0013	0. 0391	-0. 0036	0. 0446	-0. 0032	0. 0395
60°	-0. 0012	0. 0430	-0. 0014	0. 0532	-0. 0015	0. 0359
90°	0. 0019	0. 0312	0. 0021	0. 0375	0. 0032	0. 0178
120°	0. 0028	0. 0463	0. 0014	0. 0518	-0. 0019	0. 0412
150°	-0. 0063	0. 0456	-0. 0061	0. 0469	-0. 0059	0. 0396

表 8-4 抗饱和控制全浸式水翼艇纵摇角度 (45kn,3.5m)

遭遇角	统计值					
	未考虑饱和		未带饱和补偿		具有饱和补偿	
	均值 $E(\theta)$	方差 $STD(\theta)$	均值 $E(\theta)$	方差 $STD(\theta)$	均值 $E(\theta)$	方差 $STD(\theta)$
30°	0.0289	0.3371	0.0341	0.3535	0.0122	0.3464
60°	0.0213	0.2628	0.0214	0.2636	0.0163	0.2487
90°	0.0012	0.0734	0.0014	0.0786	-0.0364	0.0769
120°	0.01229	0.2906	0.0172	0.3083	-0.0146	0.2867
150°	0.0097	0.3831	0.0091	0.3895	-0.0316	0.3730

表 8-5 执行器驱动能量损耗 (45kn,2.5m)

驱动能量损耗/J	未考虑饱和	未带饱和补偿	具有饱和补偿
30°	5.972×10^6	5.7868×10^6	5.4291×10^6
60°	7.5987×10^6	7.5342×10^6	7.1687×10^6
90°	6.2358×10^6	6.7684×10^6	6.4231×10^6
120°	7.732×10^6	7.6584×10^6	7.4781×10^6
150°	8.1585×10^6	8.3261×10^6	8.1146×10^6

由图 8-15 和图 8-17 给出的航速 45kn、有义波高 3.5m、遭遇角为 30°的仿真结果可知,在考虑执行器饱和限制,采用执行器饱和硬限制的情况下,当襟翼控制角度达到饱和时,全局终端滑模控制策略的控制效果受到影响,即无法提供所需的控制力及力矩,全浸式水翼艇的升沉位移及纵摇角不能得到有效控制,升沉位移和纵摇角度增大,造成了性能的明显下降。而设计的抗饱和自适应全局终端滑模控制器在未发生执行器角度饱和时,保持控制性能不变;当发生襟翼控制角度饱和时通过设计的饱和补偿器,能够有效减少控制襟翼角饱和引起的全浸式水翼艇升沉位移和纵摇角的增大,削弱了襟翼角度饱和对控制性能的影响,从而改善了全浸式水翼艇的纵向运动。

由图 8-18 可知未考虑饱和限制、硬饱和限制和具有饱和补偿控制时执行机构能量损耗情况,由仿真结果可知,采用饱和补偿控制策略后,执行机构的能量消耗也有所减少,更具有经济性。由表 8-3~表 8-5 给出的不同遭遇角下全浸式水翼艇纵向运动及驱动能量损耗也可以得到相同的结论。进而,本章节设计的抗饱和自适应全局终端滑模控制策略可以有效地改善襟翼控制角度饱和导致的控制性能下降的情况,并且对系统不确定性具有鲁棒性,从而保证了全浸式水翼艇的航行稳定性和经济性。

8.6 全浸式水翼艇纵向运动最优控制

8.6.1 全浸式水翼艇最优状态估计

为了实现水翼艇在海浪中的平稳航行,必须对海浪引起的干扰施加控制,本节利用现代随机最优控制的方法进行控制器设计和仿真研究,从而考查在特定海况下的控制效果。所谓随机最优控制,其基本思想是利用卡尔曼滤波器对由策略仪表引起的误差进行最优滤波,进而实现水翼艇状态的最优估计,然后以二次型性能作为指标,设计最优控制器,从而对海浪干扰实现了最优控制。

本章节以纵向运动控制为主,首先建立水翼艇纵向运动的状态方程及测量方程,进而以二次型性能作为指标,设计最优控制器,进行仿真研究。

将水翼艇纵向运动的连续状态方程转换为离散形式,采样周期通常是由开环系统的振荡周期或最大时间常数确定,其状态方程可表示为

$$X(k+1)=\boldsymbol{\Phi}X(k)+\boldsymbol{\Psi}U(k)+\boldsymbol{\Gamma}W(k) \tag{8-82}$$

其中,$\boldsymbol{\Phi}=\begin{bmatrix}0.98 & 0.11 & -6.64 & -0.44\\ -0.10 & 0.23 & -55.68 & -4.57\\ 0.01 & 0.01 & 1.05 & 0.10\\ 0.01 & 0.01 & 0.27 & 0.21\end{bmatrix}$,$\boldsymbol{\Psi}=\begin{bmatrix}-1.12 & -0.78\\ -10.34 & -6.16\\ 0.06 & -0.01\\ 0.51 & -0.14\end{bmatrix}$,

$\boldsymbol{\Gamma}=\begin{bmatrix}0.051 & -0.015\\ 0.433 & -0.173\\ -0.004 & 0.002\\ -0.002 & 0.020\end{bmatrix}$

为了利用卡尔曼滤波器对水翼艇的姿态进行最优估计,需要建立系统的测量方程。测量方程的形式为

$$\boldsymbol{Z}(k)=\boldsymbol{H}X(k)+\boldsymbol{V}(k) \tag{8-83}$$

式中:$\boldsymbol{Z}(k)$为测量系统输出向量;$\boldsymbol{H}$为测量系统矩阵;$\boldsymbol{V}(k)$为测量误差向量,由测量仪器精度决定。在纵向运动中,选择艇的垂向位移和纵摇角为观测量,于是测量系统矩阵为 $\boldsymbol{H}(k)=\begin{bmatrix}1 & 0 & 0 & 0\\ 0 & 0 & 1 & 0\end{bmatrix}$。根据传感器精度选择测量误差矩阵为 $\boldsymbol{R}=\begin{bmatrix}0.06 & 0\\ 0 & 0.25\end{bmatrix}$。

有了系统的状态方程及测量方程,即可利用卡尔曼滤波实现水翼艇运动状态的估计。卡尔曼滤波公式为

$$\hat{X}(k)=\boldsymbol{\Phi}\hat{X}(k-1)+\boldsymbol{\psi}U(k-1)+\boldsymbol{K}(k)[\boldsymbol{Z}(k)-\boldsymbol{H}\boldsymbol{\Phi}\hat{X}(k-1)]$$

$$U(k-1)=-L\hat{X}(k-1)$$

$$K(k)=P\left(\frac{k}{k-1}\right)\boldsymbol{H}^{\mathrm{T}}\left[\boldsymbol{H}P\left(\frac{k}{k-1}\right)\boldsymbol{H}^{\mathrm{T}}+\boldsymbol{R}\right)^{-1}$$

$$P\left(\frac{k}{k-1}\right)=\boldsymbol{\Phi}P(k-1)\boldsymbol{\Phi}^{\mathrm{T}}+\boldsymbol{\Gamma}Q\boldsymbol{\Gamma}^{\mathrm{T}}$$

$$P(k)=(\boldsymbol{I}-\boldsymbol{K}(k)\boldsymbol{H})P\left(\frac{k}{k-1}\right)(\boldsymbol{I}-\boldsymbol{K}(k)\boldsymbol{H})^{\mathrm{T}}+\boldsymbol{K}(k)\boldsymbol{R}\boldsymbol{K}(k)^{\mathrm{T}} \tag{8-84}$$

式中:$U(k-1)$为最优状态控制器确定的控制律。应用卡尔曼滤波器对水翼艇纵向运动状态进行最优估计,每一步骤进行大量的矩阵运算,为此,有必要寻找优化算法。水翼艇纵向运动具有一致完全能观和一致完全能控特性,故该系统的卡尔曼滤波器在参数无误差时,具有渐进稳定性。于是可用稳态卡尔曼滤波器,从而减小在线运算量,加快运算速度,有助于缩短采样周期和提高精度,稳态卡尔曼滤波器算法为

$$\begin{aligned}&\hat{X}(k)=\boldsymbol{\Phi}\hat{X}(k-1)+\boldsymbol{\psi}U(k-1)+\boldsymbol{K}(k)[\boldsymbol{Z}(k)-\boldsymbol{H}(\boldsymbol{\Phi}\hat{X}(k-1)+\boldsymbol{\psi}U(k-1))]\\&U(k-1)=-L\hat{X}(k-1)\end{aligned} \tag{8-85}$$

水翼艇翼航时,由于航速和水翼浸深等因素的波动,可能引起系统参数的摄动,此时,有必要考查水翼艇的卡尔曼滤波器是否具有鲁棒性,为此,介绍以下定理。

定理 8.6:设线性时不变系统及其参数摄动系统为完全能控及完全能观,当状态转移矩阵 $\boldsymbol{\Phi}$ 出现摄动为 $\overline{\boldsymbol{\Phi}}$ 时,如果$\|\boldsymbol{\Phi}\|<1$,$\|\overline{\boldsymbol{\Phi}}\|<1$,则系统的卡尔曼滤波器具有鲁棒性。

水翼艇纵向运动开环是,因为$\|\boldsymbol{\Phi}\|>1$,所以开环状态卡尔曼滤波器不具有抗参数摄动的鲁棒性,但在通常情况下,全浸式水翼艇是在闭环状态下航行的。如果采用最优控制策略 $G=\boldsymbol{\Phi}-\boldsymbol{\Psi}L$,系统的极点得到最佳配置,即满足$\|G\|<1$,$\|\overline{G}\|<1$,则在最优控制下的闭环系统中卡尔曼滤波器均具有抗参数摄动的鲁棒性。

8.6.2　全浸式水翼艇最优控制策略

全浸式水翼艇航行姿态的稳定性影响到艇的适航性和武备系统的战斗力,过大的垂荡位移会影响艇的速度和航行稳定性,垂向加速度是使船员产生晕船的主要因素。因此,对于海浪引起的艇体姿态的不规则变化必须加以控制,以实现平稳

航行。

以 LQG 性能为指标的水翼艇随机最优控制策略由卡尔曼滤波器串联一个确定性最优控制器所组成。LQG 性能指标如下：

$$J=\sum_{i=1}^{N}\left[\boldsymbol{X}^{\mathrm{T}}(i)\boldsymbol{A}(i)\boldsymbol{X}(i)+\boldsymbol{U}^{\mathrm{T}}(i-1)\boldsymbol{B}(i-1)\boldsymbol{U}(i-1)\right] \tag{8-86}$$

$\boldsymbol{A}(i)$ 与 $\boldsymbol{B}(i-1)$ 是非负定的加权阵，选取为对角阵，有时可根据问题要求通过实验选择加权矩阵。由随机最优控制理论可知，随机最优控制律由下式表示：

$$\boldsymbol{U}(k)=\boldsymbol{S}(k)\hat{X}(k) \tag{8-87}$$

$$\boldsymbol{S}(k)=-\left[\boldsymbol{\psi}^{\mathrm{T}}(k+1,k)\boldsymbol{W}(k+1)\boldsymbol{\psi}(k+1,k)+\boldsymbol{B}(k)\right]^{-1}\boldsymbol{\psi}^{\mathrm{T}}(k+1,k)\boldsymbol{W}(k+1)\boldsymbol{\Phi}(k+1,k) \tag{8-88}$$

其中 $W(k)$ 由下式递推方程求出：

$$\begin{aligned}\boldsymbol{W}(k)=&\boldsymbol{\Phi}^{\mathrm{T}}(k+1,k)\left[\boldsymbol{W}(k+1)-\boldsymbol{W}(k+1)\boldsymbol{\psi}(k+1,k)\left[\boldsymbol{\psi}^{\mathrm{T}}(k+1,k)\boldsymbol{W}(k+1,k)\boldsymbol{\psi}(k+1,k)\right.\right.\\&\left.\left.+\boldsymbol{B}(k)\right]^{-1}\boldsymbol{\psi}^{\mathrm{T}}(k+1,k)\boldsymbol{W}(k+1)\right]\boldsymbol{\Phi}(k+1,k)+A(k)\end{aligned} \tag{8-89}$$

$K=N-1,N-2,\cdots,1,0$，初始条件取作 $\boldsymbol{W}(N)=\boldsymbol{A}(N)$

随机最优控制反馈矩阵 $\boldsymbol{S}(k)$ 可离散求出，选定 N 后，求出 $\boldsymbol{W}(k)$，再求出 $\boldsymbol{S}(k)$。通常为简单起见，常采用稳态最优增益控制，此时只须将 N 取成很大的数即可。根据上述原理及方法，取加权阵为 $\boldsymbol{A}(i)=\mathrm{diag}[5\quad 10\quad 1\quad 1]$，$\boldsymbol{B}(i)=\mathrm{diag}[1\quad 1\quad 1\quad 1]$。

经过计算可得稳态反馈矩阵 $\boldsymbol{S}(k)$ 为

$$\boldsymbol{S}(k)=\begin{bmatrix}-0.1115 & -0.0083 & 8.2032 & 0.8616\\ -0.3228 & -0.0661 & -2.2250 & -0.5504\end{bmatrix} \tag{8-90}$$

8.6.3 状态估计及最优控制策略仿真研究

对卡尔曼滤波用于水翼艇翼航状态最优估计进行了数字仿真，给出纵向运动在遭遇角为 0°、180°，有义波高 3.5m，初始条件为 $\boldsymbol{X}(0)=[2\quad 2\quad 1\quad 1]^{\mathrm{T}}$，$\hat{\boldsymbol{X}}(0)=[0\quad 0\quad 0\quad 0]^{\mathrm{T}}$ 的条件下仿真结果。表 8-6 和 8-7 给出纵向运动估计结果，表 8-8 给出了最优控制效果。

表 8-6　全浸式水翼艇纵向运动估计(遭遇角 0°，有义波高 3.5m)

统计值	误差			
	X_1/m	X_2/(m/s)	X_3/(°)	X_4/[(°)/s]
均值	0.225	0.00168	-0.001	0.0004
方差	0.09	0.00459	0.0008	0.0082

表 8-7　全浸式水翼艇纵向运动估计(遭遇角 180°,有义波高 3.5m)

统计值	误差			
	X_1/m	X_2/(m/s)	X_3/(°)	X_4/[(°)/s]
均值	0.1509	0.0016	-0.0005	0.0009
方差	0.0873	0.0046	0.0009	0.011

进而全浸式水翼艇最优估计采用卡尔曼滤波器是可行的,具有满意的估计精度。全浸式水翼艇姿态控制闭环系统的卡尔曼滤波器具有抗参数摄动的鲁棒性。最优控制效果由表 8-8 给出,其中遭遇角为 0°,由最优控制结果可知,设计的控制策略能够有效地控制全浸式水翼艇的纵向运动。

表 8-8　全浸式水翼艇纵向运动最优控制(遭遇角 0°,有义波高 3.5m)

运动姿态	位移/m	位移速度/(m/s)	纵摇角/(°)	纵摇角速度/[(°)/s]
统计值	0.4251	1.423	1.340	3.145

8.7　高海情下全浸式水翼艇准爬浪控制策略研究

全浸式水翼艇在海面上航行,具有快速性、适航性等优点,在低海情下通过控制浸于水面下的襟翼调整全浸式水翼艇的航行高度及姿态,可以实现全浸式水翼艇航行姿态的稳定控制,从而保证全浸式水翼艇航行姿态的稳定性和安全性。然而,在高海情下航行时,艇体受到海浪的影响不可避免地产生较大幅度的运动,由于全浸式水翼艇的支柱长度有限,进而增加了艇体击水和水翼出水的概率。艇体击水导致艇体遭受的瞬时阻力增加,影响艇体的航行速度和水翼艇的使用寿命;水翼出水则会使水翼艇的瞬时升力急剧下降,引起艇体姿态的剧烈变化,导致水翼艇航行的安全性降低,影响船员的舒适性和艇载装备的运行稳定性。

本章研究了全浸式水翼艇在高海情下航行时的准爬浪控制问题。首先,分析了全浸式水翼艇的艇体击水及水翼出水的概率预报问题,给出了概率预报模型及分析方法,从而为水翼艇爬浪控制策略的设计奠定基础。进而,为了减少全浸式水翼艇的艇体击水和水翼出水情况的发生,增加全浸式水翼艇的航行稳定性、舒适性和使用寿命,基于模型预测控制算法提出了高海情下全浸式水翼艇的准爬浪控制策略,设计的准爬浪控制策略对外界干扰及模型不确定性具有鲁棒性,并且考虑了襟翼执行机构的饱和限制,为避免控制量突变,在目标函数设计中采用控制增量的软约束方法,并加入松弛因子,保证各时刻优化目标达到最优解。最后对准爬浪控制策略进行了仿真实验研究,证明了设计控制策略能够实现对波高的有效跟随,在避免水翼出水和艇体击水的发生情况下，减少全浸式水翼艇的纵向运动及执行机构驱动能量的消耗。

8.7.1 随机过阈问题

考虑一个随机过程在某一给定时间周期内超过零或其他特定水平的次数的计算问题，即为随机过程中的过阈问题，全浸式水翼艇的艇体击水和水翼出水概率问题实质上属于一个随机过阈问题。

如图 8-19 所示，对于 $x(t)=a$ 的特定阈限水平的随机过阈问题，与每次经过该特定值水平线时的切线角度 β 有关。曲线在任意时间 t 处的切线为 $x(t)$ 相对于时间 t 的微分值，即为 $\dot{x}(t)$。因此，曲线与水平线 a 的交点由位移 $x(t)$ 和速度值 $\dot{x}(t)$ 限定，即为了获得单位时间内跨越某一特定水平的期望次数，需要获得位移 $x(t)$ 和速度 $\dot{x}(t)$ 的联合概率分布。

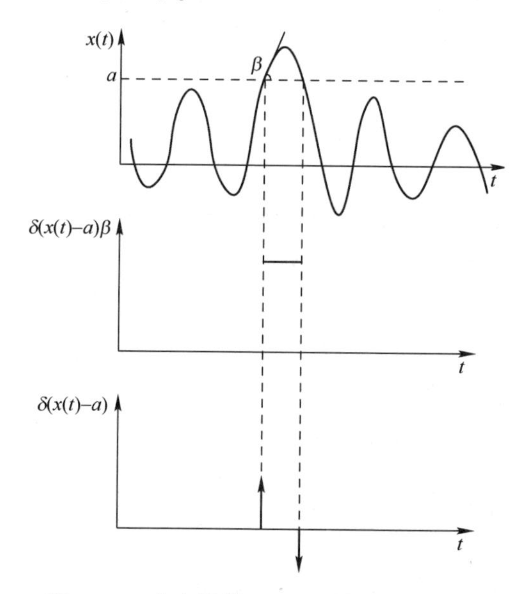

图 8-19 在水平线 $x(t)=a$ 处的过阈问题

证明：

采用单位阶跃函数来变换函数 $x(t)-a$，使得下式成立：

$$H(x(t)-a)=\begin{cases}1 & \text{当 } x(t)>a\\ \dfrac{1}{2} & \text{当 } x(t)=a\\ 0 & \text{当 } x(t)<a\end{cases} \tag{8-91}$$

因而,从图 8-20 可知,通过对变换函数求导,可以将结果表示为脉冲函数的形式:

$$\dot{x}(t)\cdot\delta\{x(t)-a\} \tag{8-92}$$

式中:$\delta\{x(t)-a\}$ 是狄拉克函数。

因而,$x(t)$ 跨越某一水平线 a 的次数为与速度相关的脉冲函数,从而在过阈问题的期望次数上,需要用位移 $x(t)$ 与速度 $\dot{x}(t)$ 的联合概率分布表示。

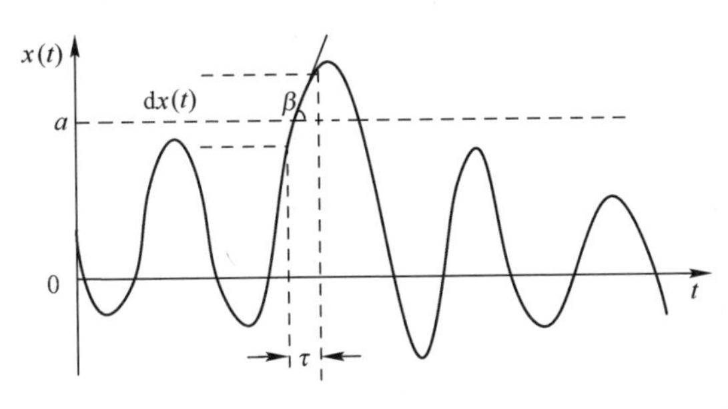

图 8-20　过阈问题示意图

设 $f\{x(t),\dot{x}(t)\}$ 为 $x(t)$ 和 $\dot{x}(t)$ 的联合概率密度函数,τ 为在速度 $\dot{x}(t)$ 处经过距离 $dx(t)$ 所需的时间。波浪以速度 $\dot{x}(t)+d\dot{x}(t)$ 跨越 $x(t)+dx(t)$ 所用的时间,亦即波浪跨越水平 $x(t)+dx(t)$ 和速度 $\dot{x}(t)+d\dot{x}(t)$ 的联合概率:

$$P(x<x(t)<x+dx,\dot{x}<\dot{x}(t)<\dot{x}+d\dot{x})=f\{x(t),\dot{x}(t)\}dxd\dot{x} \tag{8-93}$$

假设 $dx(t)$ 与 $\dot{x}(t)$ 的比值很小,τ 可取为 $\dfrac{dx(t)}{|\dot{x}(t)|}$,考虑到跨越时间为正值,其中取 $\dot{x}(t)$ 的绝对值计算。则当 $x(t)=a$ 时,单位时间内的期望过阈(包括上跨和下跨)次数为

$$\begin{aligned}\overline{N}_a &= E\left[\frac{f\{x(t),\dot{x}(t)\}}{\tau}\right]_{x(t)=a}\\ &=\int_{-\infty}^{\infty}|\dot{x}(t)|f\{a,\dot{x}(t)\}d\dot{x}(t)\end{aligned} \tag{8-94}$$

当考虑由下至上即斜率为正时的期望过阈数时,单位时间内的正向跨越水平为 $x(t)=a$ 的期望次数为

$$\overline{N}_{a^+}=\int_0^{\infty}|\dot{x}(t)|f\{a,\dot{x}(t)\}d\dot{x}(t)=\frac{1}{2}\int_{-\infty}^{\infty}|\dot{x}(t)|f\{a,\dot{x}(t)\}d\dot{x}(t) \tag{8-95}$$

其次,当阈限水平 $a=0$ 时为跨零问题,其正向跨零的平均次数为

$$\overline{N}_{0^+}=\int_0^{\infty}|\dot{x}(t)|f\{0,\dot{x}(t)\}d\dot{x}(t)=\frac{1}{2}\int_{-\infty}^{\infty}|\dot{x}(t)|f\{0,\dot{x}(t)\}d\dot{x}(t) \tag{8-96}$$

若波浪位移 $x(t)$ 为平稳高斯随机过程,其对时间的导数 $\dot{x}(t)$ 也满足平稳高斯随机过程,二者在统计上相互独立,并且其均值和方差满足下式:

$$\begin{cases} E(x(t)) = 0 \\ E(\dot{x}(t)) = 0 \\ \mathrm{Var}(x(t)) = \sigma_x^2 = \int_0^\infty S(\omega)\mathrm{d}\omega = m_1 \\ \mathrm{Var}(\dot{x}(t)) = \sigma_{\dot{x}}^2 = \int_0^\infty \omega^2 S(\omega)\mathrm{d}\omega = m_2 \end{cases} \tag{8-97}$$

其中 $S(\omega)$ 为海浪波面高度能量谱密度函数。则可得过程协方差为

$$\begin{aligned} E(x(t),\dot{x}(t)) &= \lim_{T\to\infty}\frac{1}{2T}\int_{-T}^{T} x(t)\dot{x}(t)\mathrm{d}t \\ &= \lim_{T\to\infty}\frac{1}{2T}\int_{-T}^{T}\left[x^2(T) - x^2(-T) - \int_{-T}^{\mathrm{T}} x(t)\dot{x}(t)\mathrm{d}t\right] \end{aligned} \tag{8-98}$$

因此,在一定的积分限进行分布积分后,可以得到均值 $E(x(t),\dot{x}(t))=0$,因而 $x(t)$ 与 $\dot{x}(t)$ 是相互独立的,并且可以计算得到其联合分布律为

$$f(x,\dot{x}) = \frac{1}{2\pi m_1 m_2}\mathrm{e}^{\left(-\frac{x^2}{2m_1}-\frac{\dot{x}^2}{2m_2}\right)} \tag{8-99}$$

进而,当考虑阈限水平为 $x(t)=a$ 时,由式(8-94)及式(8-99)可以得到单位时间内跨越水平 $x(t)=a$(包括上跨和下跨)的期望次数为

$$\begin{aligned} \overline{N}_a &= \frac{1}{\pi\sqrt{m_1 m_2}}\mathrm{e}^{-\frac{a^2}{2m_1^2}}\int_{-\infty}^{\infty}\dot{x}\mathrm{e}^{-\frac{x^2}{2m_2^2}}\mathrm{d}\dot{x} \\ &= \frac{1}{\pi}\left(\frac{m_2}{m_1}\right)\mathrm{e}^{-\frac{a^2}{2m_1^2}} \end{aligned} \tag{8-100}$$

当考虑由下至上即斜率为正时的期望过阈数时,单位时间内的正向跨越水平为 $x(t)=a$ 的期望次数为

$$\overline{N} = \frac{1}{2\pi}\left(\frac{m_2}{m_1}\right)\mathrm{e}^{-\frac{a^2}{2m_1^2}} \tag{8-101}$$

8.7.2 全浸式水翼艇艇体击水和水翼出水概率预报

考虑全浸式水翼艇的艇体击水和水翼出水即为随机过阈问题,设在时间间隔 $[0,t]$ 内,全浸式水翼艇艇体击水发生的次数为 $A(t)$,水翼出水发生的次数为 $B(t)$,由于水翼出水与艇体击水发生次数的问题相似,因此对艇体击水的发生次数进行研究,其研究结果也适用于水翼出水的情况。为了研究艇体击水的随机过程问题,首先给出以下随机过程的定义。

定义 8.1:(正交增量过程) 对于二阶矩过程 $X(t), t\in R$，如果 $\forall t_1<t_2\leqslant t_3<t_4$，$t_1, t_2, t_3, t_4\in R$，满足 $E(X(t_4)-X(t_3))\overline{(X(t_2)-X(t_1))}=0$，则称该过程为正交增量过程。

由上述定义可知，正交增量过程在不同时段的增量彼此正交。与正交增量相关的还有两个重要的概念，即独立增量和平稳增量过程。

定义 8.2:(独立增量过程) 对随机过程 $X(t), t\in R$，如果 $\forall t_1<t_2\leqslant t_3<t_4, t_1, t_2, t_3, t_4\in R$，满足 $X(t_4)-X(t_3)$ 与 $X(t_2)-X(t_1)$ 统计独立，则称该过程为独立增量过程。如果 $X(t)$ 为独立增量过程，并且均值为0，那么 $X(t)$ 就是正交增量过程。

定义 8.3:(平稳增量过程) 对于随机过程 $X(t), t\in R$，如果增量 $X(t)-X(s)$ 的分布仅依赖于 $t-s$，那么称该过程为平稳增量过程。

实际中，常需要观测时刻 t 时某事件出现的次数，用 $N(t)$ 表示某事件到时刻 t 出现的次数，通常称 $\{N(t), t\geqslant 0\}$ 为计数过程。

若 $N(t)$ 表示从时刻0到时刻 t 发生的“事件”总数，称随机过程 $\{N(t), t\geqslant 0\}$ 为一个计数过程，并且计数过程 $N(t)$ 需满足以下条件：

(1) $N(t)\geqslant 0$；

(2) $N(t)$ 为整数值；

(3) 若两个时刻 s, t 满足 $s<t$，则 $N(s)\leqslant N(t)$；

(4) 当 $s<t$ 时，记 $N_{s,t}=N(t)-N(s)$，表示 $(s, t]$ 期间发生的事件的个数。

定义 8.4:(泊松过程) 计数过程 $\{N(t), t\geqslant 0\}$ 如果满足以下条件：

(1) $N(0)=0$；

(2) $N(t)$ 是独立增量过程；

(3) 在任一长度为 t 的区间中发生事件的个数服从均值为 λt 的泊松分布，即对一切 $s, t\geqslant 0$，

$$P\{N(t+s)-N(s)=k\}=\frac{(\lambda t)^k}{k!}\mathrm{e}^{-\lambda t},\ n=0,1,2\cdots \tag{8-102}$$

称 $\{N(t), t\geqslant 0\}$ 是参数为 λ 的泊松过程。其中 k 为时间间隔 t 内事件发生的次数，λ 为单位时间内事件发生的数学期望。

条件(1)说明事件从0时刻开始计数。条件(3)为泊松过程的直接理由。由泊松分布的性质可以得出 $E(N(t))=\mathrm{Var}(N(t))=\lambda t$。进而，增量 $N(t+s)-N(s)$ 代表时间区间 $(s, s+t]$ 发生的随机事件数。并且，增量的分布与时刻 s 无关，增量具有平稳性。λ 代表随机事件发生的频繁程度，即期望次数。

考虑全浸式水翼艇艇体击水与水翼出水发生的次数情况。由于海浪的随机性，则水翼艇艇体击水发生的次数 $A(t)$ 也是随机的，并且 $A(t)$ 为一随机过程。根据 $A(t)$ 的物理意义，随机过程 $A(t)$ 满足以下条件：

(1) $A(t)$为一个计数过程,且$A(t)\geqslant 0$;

(2) $A(t)$为独立增量过程;

(3) $A(t)$为平稳增量过程。

因此,根据随机过程理论,艇体击水发生的次数满足定义 8.4 条件,因而$A(t)$的增量过程,$k=A(t+\tau)-A(t)$服从参数为λ的泊松过程。则时间间隔τ内艇体击水k次的概率为

$$P\{A(t+\tau)-A(t)=k\}=\frac{(\lambda_1\tau)^k}{k!}\mathrm{e}^{-\lambda_1\tau} \tag{8-103}$$

同时,时间间隔τ内水翼出水k次的概率为

$$P\{B(t+\tau)-B(t)=k\}=\frac{(\lambda_2\tau)^k}{k!}\mathrm{e}^{-\lambda_2\tau} \tag{8-104}$$

其中,λ_1表示单位时间内艇体击水的期望次数,λ_2为单位时间内水翼出水的期望次数。并且其艇体击水发生的两相邻事件的时间间隔服从指数分布,即

$$f(x)=\begin{cases}\lambda_1\mathrm{e}^{-\lambda_1 x}, & x>0\\ 0, & x\leqslant 0\end{cases} \tag{8-105}$$

则水翼出水发生的两相邻事件的时间间隔的概率密度函数为

$$f(x)=\begin{cases}\lambda_2\mathrm{e}^{-\lambda_2 x}, & x>0\\ 0, & x\leqslant 0\end{cases} \tag{8-106}$$

考虑到过阈问题,全浸式水翼艇的艇体击水发生的条件为海浪的瞬时高度$\eta(t)$大于水翼艇艇体支柱在静水面以上的长度d_1,并且海浪瞬时高度的导数为正,即$\eta(t)\geqslant d_1,\dot{\eta}(t)\geqslant 0$。类似地,全浸式水翼艇水翼出水发生的条件为海浪的瞬时高度小于水翼艇支柱在静水面下的深度d_2,并且海浪瞬时高度的导数为负,即$\eta(t)\leqslant d_2,\dot{\eta}(t)\leqslant 0$,如图 8-21 所示。

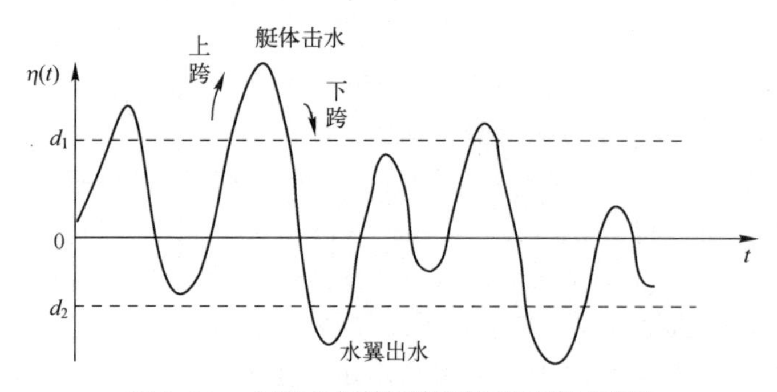

图 8-21　全浸式水翼艇波浪跨越阈值示意图

并且参考式(8-93)~式(8-96),可得全浸式水翼艇单位时间内艇体击水(波浪正向跨越 d_1)的次数为

$$\lambda_1=\int_0^{\infty}|\dot{x}(t)|f\{d_1,\dot{x}(t)\}\mathrm{d}\dot{x}(t)=\frac{1}{2}\int_{-\infty}^{\infty}|\dot{x}(t)|f\{d_1,\dot{x}(t)\}\mathrm{d}\dot{x}(t) \tag{8-107}$$

单位时间内水翼出水(波浪负向跨越 d_2)的次数表示为

$$\lambda_2=\int_0^{\infty}|\dot{x}(t)|f\{d_2,\dot{x}(t)\}\mathrm{d}\dot{x}(t)=\frac{1}{2}\int_{-\infty}^{\infty}|\dot{x}(t)|f\{d_2,\dot{x}(t)\}\mathrm{d}\dot{x}(t) \tag{8-108}$$

式中:$f\{d_1,\dot{x}(t)\}$,$f\{d_2,\dot{x}(t)\}$为联合概率密度。

并且假设海浪波面 $\eta(t)$ 为平稳高斯随机过程,由式(8-97)~式(8-101)可得,单位时间内水翼艇击水和水翼出水的期望次数可由下式计算:

$$\lambda_1=\frac{1}{2\pi}\left(\frac{m_2}{m_1}\right)\mathrm{e}^{-\frac{d_1^2}{2m_1^2}} \tag{8-109}$$

$$\lambda_2=\frac{1}{2\pi}\left(\frac{m_2}{m_1}\right)\mathrm{e}^{-\frac{d_2^2}{2m_1^2}} \tag{8-110}$$

式中:m_1、m_2为方差。

8.7.3　水翼艇艇体击水和水翼出水概率预报结果检验

为证明预报模型的有效性,对全浸式水翼艇艇体击水和水翼出水的仿真和概率预报的结果进行对比检验。由于全浸式水翼艇的艇体击水和水翼出水与海浪的运动密切相关,参考第 3 章海浪模型的相关内容,考虑水翼艇航行时航速与海浪传播的关系,波峰相对船的传播速度为

$$c_e=V\cos\chi-c \tag{8-111}$$

式中:c_e为海浪相对艇的相对速度;c 为海浪的实际传播速度;V 为船舶的航行速度。则海浪相对艇的周期为

$$T_e=\frac{\lambda}{c_e}=\frac{\lambda}{(V\cos\chi-c)} \tag{8-112}$$

则艇速和浪向产生的时间间隔τ_e为

$$\tau_e=\frac{T}{T_e}\tau=\frac{V\cos\chi-c}{c}\tau=\frac{T}{\lambda}\tau V\cos\chi-\tau \tag{8-113}$$

式中:T 为海浪的周期;λ 为海浪的波长。为进行检验,首先给出分布拟合检验的概念及皮尔逊定理。

定义 8.5:(分布拟合检验) 设总体 X 的分布函数 $G(X)$ 未知,$X_1,X_2,\cdots,X_n$ 为总体 X 的样本,设显著性为 α,要求检验假设

$$H_0:G(X)=G_0(X),\ H_1:G(X)\neq G_0(X) \tag{8-114}$$

式中：$G_0(X)$为已知分布函数。

χ^2拟合检验的步骤如下：

（1）根据样本的取值范围，把总体 X 可能的取值构成的集合 $R=(-\infty,+\infty)$分成若干互不相交的子区间：$R_1=(-\infty,t_1]$，$R_2=(t_1,t_2]$，$R_3=(t_2,t_3]$，…，$R_k=(t_{k-1},+\infty)$。

若 X 的一切可能取值构成的集合 C 是 R 的真子集，则取上述区间与 C 的交集作为 k 个子区间，计算样本值出现在第 k 个区间 R_k中的经验频数f_k。

（2）求当 H_0为真时总体 X 取于第 k 个区间 R_k的概率：

$$P_k=G_0(t_k)-G_0(t_{k-1}),k=1,2,\cdots,K \tag{8-115}$$

P_k为理论概率，nP_k为理论频数。

（3）计算检验统计量为

$$\chi^2=\sum_{k=1}^{K}\frac{(g_k-nP_k)^2}{nP_k} \tag{8-116}$$

n 为总样本容量。由上式可知，当 $g_k=nP_k$，经验频数与理论频数相等时，χ^2为零。当 g_k与 np_k相差越大时，χ^2越大。因此，χ^2可作为总体真实分布与 H_0确定的理论分布之间差异的一种度量，当其大于某一临界值时，可得经验频数与理论频数有较大差异，应拒绝原假设。

定理 8.7（皮尔逊定理）：设 $G_0(x)$是不含未知参数的分布函数，如果 H_0为真，则当 $n\to\infty$ 时，$\chi^2=\sum_{k=1}^{K}\frac{(g_k-nP_k)^2}{nP_k}$的极限分布为$\chi^2(K-1)$，即当 n 充分大时，χ^2接近于$\chi^2(K-1)$分布。

皮尔逊检验是拟合优度检验，用于检验观测频数与理论频数是否接近的问题。如果 $G_0(x)$含有 l 个未知参数，$\varepsilon_1,\varepsilon_2,\cdots,\varepsilon_l$，则需用参数的最大似然估计进行替代，并且费歇尔证明了χ^2分布渐进于$\chi^2(K-l-1)$分布，其中 K 为小区间的个数。

进而，为了验证全浸式水翼艇水翼出水和艇体击水概率预报的有效性，首先采用皮尔逊检验方法对提出的水翼艇艇体击水和水翼出水次数预报的模型有效性进行检验。为了检验概率模型（式（8-103））的正确性，根据对海浪波面高度的仿真数据，皮尔逊检验如下：

设 H_0：概率预报服从泊松分布 $P\{N(t+s)-N(s)=k\}=\frac{(\lambda t)^k}{k!}e^{-\lambda t}$

H_1：概率预报不服从泊松分布

由皮尔逊定理，当 H_0成立时，计算以下检验统计量：

$$\mu=\sum_{k=1}^{K}\frac{(g_k-np_k)^2}{np_k} \tag{8-117}$$

服从以自由度为 $K-1$ 的 χ^2 分布为极限分布。n 为总体样本容量，np_k 为理论频数，g_k 为观测频数，μ 是实际观测频数与理论期望频数的相对平方偏差之和，若值充分大，则认为样本提供了理论分布与统计分布不同的显著证据，若假设总体分布与总体的实际分布相符，从而应肯定所假定的理论分布。进而，取 $M=50$，样本总容量 $n=60$，仿真时间 $\tau=200\text{s}$，对有义波高 $H_s=4\text{m}$ 海情下，超过阈值 $d_1=1.5\text{m}$ 的频数进行统计，将观测的频数与理论计算的频数进行对比，结果如表 8-9 所示。因为 H_0 中的参数 λ 未知，先用最大似然估计法估计，计算为 4.5，则当 H_0 为真时，分布律为

$$\hat{p}_k=\frac{(4.5)^k}{k!}\mathrm{e}^{-4.5} \tag{8-118}$$

表 8-9　$H_s=4\text{m}$，$d_1=1.5\text{m}$ 的水翼击水概率预报

$A(\tau)=k$	1	2	3	4	5	6	7	8
$n\hat{p}(k)$	3.844	8.029	11.181	11.677	9.757	6.793	4.054	2.117
g_k	2	6	11	11	12	8	6	4
$\frac{(g_k-n\hat{p}_k)^2}{n\hat{p}_k}$	0.332	0.082	0.078	0.013	0.302	0.013	0.229	0.538
μ	1.586							

由表 8-9 可知，统计量

$$\mu=\sum_{k=1}^{K}\frac{(g_k-nP_k)^2}{nP_k}=1.586 \tag{8-119}$$

查看 χ^2 分布表，可得 $\chi^2_{0.1}(8-1-1)=10.645$。

由 $\mu=1.586<\chi^2_{0.1}(6)=10.645$，因而在 $\alpha=0.1$ 下假设 H_0 成立，即全浸式水翼艇出水击水概率服从泊松分布的假设，即可用式(8-103)和式(8-104)进行概率预报。

8.7.4　全浸式水翼艇高海情下准爬浪控制

为实现全浸式水翼艇的准爬浪控制，首先对海浪波高序列进行研究。由海浪波面的运动具有随机性，根据随机理论，海浪波高序列可由多个周期序列之和表示：

$$\hat{\zeta}(n)=\sum_{i=1}^{M}\left(\hat{a}_i\cos\frac{2\pi}{T_i}n+\hat{b}_i\cos\frac{2\pi}{T_i}n\right),\ n=1,2,\cdots,N \tag{8-120}$$

其中，$\hat{a}_i=\left(\frac{2}{N}\right)\sum\limits_{n=1}^{N}\zeta(n)\cos\frac{2\pi}{T_i}n,\hat{b}_i=\left(\frac{2}{N}\right)\sum\limits_{n=1}^{N}\zeta(n)\sin\frac{2\pi}{T_i}n$

采用周期图法确定 $\zeta(n)$ 中所含显著周期的个数,周期图定义为

$$I(g_i)=k(\bar{a}_i^2+\bar{b}_i^2),\ j=1,2,\cdots,k \tag{8-121}$$

其中,$k=\begin{cases}\dfrac{N}{2} & N\text{ 为偶数}\\ \dfrac{(N-1)}{2} & N\text{ 为奇数}\end{cases}$,$\bar{a}_i=\left(\dfrac{N}{2}\right)\sum\limits_{n=1}^{N}\zeta(n)\cos\dfrac{2\pi}{N}in$,$\bar{b}_i=\left(\dfrac{N}{2}\right)\sum\limits_{n=1}^{N}\zeta(n)\sin\dfrac{2\pi}{N}in$,$g_j=\dfrac{j}{N}$。

从周期 T_i 中识别出序列的显著周期,设 I_{il} 为 $I(g_i)$ 中的第 l 个最大值,则统计量

$$d_l=\frac{I_{il}}{\sum\limits_{i=1}^{k}I(g_i)},\ i=1,2,\cdots,k \tag{8-122}$$

服从费歇尔分布,则有

$$P(d>d_l)=C_k^{l-1}\sum_{j=0}^{r}(-1)^j C_{k-l+1}^{j+1}\left[\frac{(j+1)}{(j+l)}\right][1-(i+l)d_l]^{k-1} \tag{8-123}$$

式中:r 为使 $1-(r+l)d_l>0$ 成立的最大正整数。对选择的显著水平 γ,若 $P(d>d_l)<\gamma$ 成立,则选择 T_i 为一个显著周期,否则不接受,如此从 k 中选出 M 个显著周期,从而获得谐波函数个数及波高序列 $\zeta(n)$。进而,利用波高序列模型,进行函数外推,利用传感器测量的数据 $\zeta(n)$,$n=1,2,\cdots,N$,利用式(8-120)进行拟合,并用 $\hat{\zeta}(n)$ 预报 $\zeta(n)$,$n=N+1,\cdots,N+l$ 时刻的值。经过 L 步后,从传感器中获得 I 个新的测量值 $\zeta(N+1)$,$\zeta(N+2)$,$\cdots\zeta(N+I)$ 更新原始数据 $\zeta(1)$,$\zeta(2)$,$\cdots$,$\zeta(I)$,从而用 $\hat{\zeta}(I+1)$,$\cdots$,$\hat{\zeta}(N+l)$ 来预报 $\zeta(N+I+1)$,$\zeta(N+I+2)$,$\cdots\zeta(N+I+l)$ 的波高值。

为实现全浸式水翼艇在高海情下的爬浪控制,本章节设计基于模型预测控制策略的准爬浪控制,通过滚动优化过程实现在线反复优化校正,进而补偿因爬浪控制过程中存在的系统不确定性、外界随机干扰等造成的控制效果不稳定的情况,增加系统的鲁棒性。为实现控制器在爬浪控制器设计过程中的有效控制,在模型预测控制器设计过程中考虑了对控制器襟翼角及角速率的约束,并且为了避免被控系统控制量的突变,在目标函数的设计中采用软约束的方法,用控制增量代替控制量,并且为了保证在每个时刻上述优化目标都能得到最优的可行解,加入松弛因子进行调节。

模型预测控制主要包括预测模型、滚动优化和反馈校正 3 个重要部分。

(1) 预测模型:预测模型是模型预测控制的基础,其根据对象的信息和未来输

入信息,预测出系统未来的输出。预测模型注重模型功能,没有具体的结构形式,可采用状态方程、传递函数等不同的形式。

(2) 滚动优化:预测控制采用有限时间内的优化策略,在每一时刻通过对未来充分长时间内的局域优化目标函数来确定控制作用,反复在线进行,不断更新,从而能够对系统时变、干扰等引起的不确定性进行及时补偿。

(3) 反馈校正:预测控制中将系统输出的动态预估问题分为预测模型的输出和基于偏差的预测校正两部分,为防止模型不确定性和随机干扰等因素引起的输出偏差,根据检测到对象的实际输出对基于模型的预测结果在线校正,实现了闭环更新优化,从而提高了系统的鲁棒性。

基于以上特性,模型预测控制过程如图 8-22 所示。设当前时刻为 k 时刻,控制器通过当前的测量值及预测模型,预测系统未来一段时间内 $[k,k+N_p]$ 的系统输出值。进而,求解满足目标函数及存在各约束情况下的优化问题,得到控制时域 $[k,k+N_m]$ 中的控制序列,采用控制序列的第一个元素作为受控对象的控制量,对系统进行控制。随后,进入下一个时刻,重复以上步骤,实现系统的滚动优化和控制。

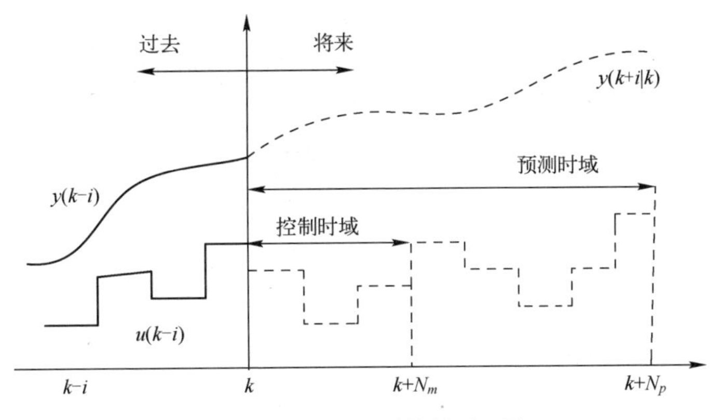

图 8-22　模型预测控制原理图

为实现全浸式水翼艇在高海情下的准爬浪控制,首先对全浸式水翼艇纵向运动方程进行离散化,并建立系统测量方程,给出全浸式水翼艇纵向运动离散系统非线性模型如下:

$$\boldsymbol{x}_{k+1}=f(\boldsymbol{x}_k,\boldsymbol{u}_k)+\boldsymbol{W}_{s,k} \tag{8-124}$$

$$\boldsymbol{y}_{k+1}=\boldsymbol{H}_{k+1}\boldsymbol{x}_{k+1} \tag{8-125}$$

式中:$\boldsymbol{x}_k=[z\quad \dot{z}\quad \theta\quad \dot{\theta}]^{\mathrm{T}}\in R^4$ 为系统的状态向量;$\boldsymbol{y}_k=[z\quad \theta]^{\mathrm{T}}\in R^2$ 为系统的观测向量;$\boldsymbol{u}_k=[\delta_{\mathrm{f}}\quad \delta_{\mathrm{r}}]^{\mathrm{T}}\in R^2$ 为系统的控制向量;$\boldsymbol{W}_{s,k}$ 为外界干扰;$f(\cdot)$,$\boldsymbol{H}_k$ 为系统的

状态转移函数和观测矩阵；$\boldsymbol{H}_k\boldsymbol{x}_k$ 为系统输出量，初始状态的统计特性为 $E[x_0]=\bar{x}_0$，$\mathrm{Var}(x_0)=P_0$。

为进行模型预测控制策略设计，对全浸式水翼艇纵向运动非线性离散模型进行线性化处理。通过对参考系统和当前系统之间的偏差处理，设计模型预测控制策略跟踪期望的海浪波高。进而对全浸式水翼艇纵向运动模型在任意点 $(\boldsymbol{x}_r,\boldsymbol{u}_r)$ 处进行泰勒展开，忽略高阶项可得

$$\dot{x}=f(x_r,u_r)+\frac{\partial f}{\partial x}(x-x_r)+\frac{\partial f}{\partial u}(u-U_r)+\boldsymbol{W}_{s,k} \tag{8-126}$$

将式(8-126)与式(8-124)相减可得

$$\dot{\tilde{x}}=\boldsymbol{A}(k)\tilde{x}+B(k)\tilde{u} \tag{8-127}$$

其中，$\tilde{x}=x-x_r$，$\tilde{u}=u-u_r$，$A(k)=\left.\frac{\partial f}{\partial x}\right|_{\substack{x=x_r\\u=u_r}}$，$B(k)=\left.\frac{\partial f}{\partial u}\right|_{\substack{x=x_r\\u=u_r}}$。并对得到的线性模型进行离散化，表示为

$$\begin{aligned}\tilde{x}(k+1)&=\boldsymbol{A}_k\tilde{x}(k)+\boldsymbol{B}_k\tilde{u}(k)\\ y(k)&=\boldsymbol{H}_k x(k)\end{aligned} \tag{8-128}$$

考虑上式全浸式水翼艇纵向运动离散化模型，为进行模型预测控制器设计，将离散化模型改写为

$$\begin{aligned}\bar{x}(k+1)&=\overline{\boldsymbol{A}}_k\bar{x}(k)+\overline{\boldsymbol{B}}_k\Delta u(k)\\ \bar{y}(k)&=\overline{\boldsymbol{H}}_k\bar{x}(k)\end{aligned} \tag{8-129}$$

其中各矩阵定义为：$\overline{\boldsymbol{A}}=\begin{bmatrix}\boldsymbol{A}_k & \boldsymbol{B}_k\\ \boldsymbol{0}_{m\times n} & \boldsymbol{I}_m\end{bmatrix}$，$\overline{\boldsymbol{B}}=\begin{bmatrix}\boldsymbol{B}_k\\ \boldsymbol{I}_m\end{bmatrix}$，$\overline{\boldsymbol{H}}_k=[\boldsymbol{H}_k\quad 0]$，并且假设未来时刻的系统矩阵保持不变，$\overline{\boldsymbol{A}}_{k,t}=\overline{\boldsymbol{A}}_t$，$\overline{\boldsymbol{B}}_{k,t}=\overline{\boldsymbol{B}}_t$。

已知系统的预测时域为 N_p，控制时域为 N_c，$N_c<N_p$，则在预测时域内系统的状态量和输出量分别为

$$\begin{aligned}\bar{x}(k+N_p|k)=&\overline{\boldsymbol{A}}^{N_p}\bar{x}(k|k)+\overline{\boldsymbol{A}}^{N_p-1}\overline{\boldsymbol{B}}_k\Delta\bar{u}(k|k)+\cdots\\ &+\overline{\boldsymbol{A}}^{N_p-i+1}\overline{\boldsymbol{B}}_k\Delta\bar{u}(k+i|k)+\overline{\boldsymbol{A}}^{N_p-N_m+1}\overline{\boldsymbol{B}}_k\Delta\bar{u}(k+N_m|k)\end{aligned} \tag{8-130}$$

$$\begin{aligned}\bar{y}(k+N_p|k)=&\overline{\boldsymbol{H}}_k\overline{\boldsymbol{A}}_k^{N_p}\bar{x}(k|k)+\overline{\boldsymbol{H}}_k\overline{\boldsymbol{A}}_k^{N_p-1}\overline{\boldsymbol{B}}_k\Delta\bar{u}(k|k)+\cdots\\ &+\overline{\boldsymbol{H}}_k\overline{\boldsymbol{A}}^{N_p-i+1}\overline{\boldsymbol{B}}_k\Delta\bar{u}(k+i|k)+\overline{\boldsymbol{H}}_k\overline{\boldsymbol{A}}^{N_p-N_m+1}\overline{\boldsymbol{B}}_k\Delta\bar{u}(k+N_m|k)\end{aligned} \tag{8-131}$$

预测时域内系统的状态量和输出量由系统当前的状态值和控制时域内的控制增量计算得到。将上式进行整理，得到在预测时域系统的输出为

$$\overline{\boldsymbol{Y}}(k)=\boldsymbol{\varphi}_k\bar{x}(k|k)+\boldsymbol{\theta}_k\Delta\overline{\boldsymbol{U}}(k) \tag{8-132}$$

其中，$\overline{\boldsymbol{Y}}(k)=\begin{bmatrix}\bar{y}(k+1|k)\\ \bar{y}(k+2|k)\\ \cdots\\ \bar{y}(k+N_p|k)\\ \cdots\\ \bar{y}(k+N_m|k)\end{bmatrix}$，$\boldsymbol{\varphi}_k=\begin{bmatrix}\overline{\boldsymbol{H}}_k\overline{\boldsymbol{A}}_k\\ \overline{\boldsymbol{H}}_k\overline{\boldsymbol{A}}_k^2\\ \cdots\\ \overline{\boldsymbol{H}}_k\overline{\boldsymbol{A}}_k^{N_c}\\ \cdots\\ \overline{\boldsymbol{H}}_k\overline{\boldsymbol{A}}_k^{N_m}\end{bmatrix}$，$\Delta\overline{\boldsymbol{U}}(k)=\begin{bmatrix}\Delta\bar{u}(k|k)\\ \Delta\bar{u}(k+1|k)\\ \cdots\\ \Delta\bar{u}(k+N_m|k)\end{bmatrix}$

$$\boldsymbol{\theta}_k=\begin{bmatrix}\overline{\boldsymbol{H}}_k\overline{\boldsymbol{B}}_k & 0 & 0 & 0\\ \overline{\boldsymbol{H}}_k\overline{\boldsymbol{A}}_k\overline{\boldsymbol{B}}_k & \overline{\boldsymbol{H}}_k\overline{\boldsymbol{B}}_k & 0 & 0\\ \cdots & \cdots & \ddots & \cdots\\ \overline{\boldsymbol{H}}_k\overline{\boldsymbol{A}}^{N_m-1}\overline{\boldsymbol{B}}_k & \overline{\boldsymbol{H}}_k\overline{\boldsymbol{A}}^{N_m-2}\overline{\boldsymbol{B}}_k & \cdots & \overline{\boldsymbol{H}}_k\overline{\boldsymbol{B}}_k\\ \overline{\boldsymbol{H}}_k\overline{\boldsymbol{A}}^{N_m}\overline{\boldsymbol{B}}_k & \overline{\boldsymbol{H}}_k\overline{\boldsymbol{A}}^{N_m-1}\overline{\boldsymbol{B}}_k & \cdots & \overline{\boldsymbol{H}}_k\overline{\boldsymbol{A}}\,\overline{\boldsymbol{B}}_k\\ \vdots & \vdots & \ddots & \vdots\\ \overline{\boldsymbol{H}}_k\overline{\boldsymbol{A}}^{N_p-1}\overline{\boldsymbol{B}}_k & \overline{\boldsymbol{H}}_k\overline{\boldsymbol{A}}^{N_p-1}\overline{\boldsymbol{B}}_k & \cdots & \overline{\boldsymbol{H}}_k\overline{\boldsymbol{A}}^{N_m-N_m-1}\overline{\boldsymbol{B}}_k\end{bmatrix}$$

为进行系统的优化求解，设定优化目标函数。然而，一般形式的目标优化函数以控制量作为状态量，当系统对控制变化量要求较为严格时，系统无法得到有效的解，因而设计将控制增量作为状态量的目标函数，并且由于全浸式水翼艇的纵向运动模型具有时变性，为了保证在每个时刻上述优化目标都能得到最优的可行解，设计在优化目标函数中加入松弛因子，进而优化目标函数定义如下：

$$\min J(\bar{x}(k),\bar{u}(k-1),\Delta\boldsymbol{U}(k))=\|\overline{\boldsymbol{Y}}(k)-\boldsymbol{Y}_{\mathrm{d}}(k)\|_{\boldsymbol{Q}}^2+\|\Delta\overline{\boldsymbol{U}}(k)\|_{\boldsymbol{R}}^2+\beta\mu^2 \tag{8-133}$$

$\boldsymbol{Y}_{\mathrm{d}}(k)=[y_{\mathrm{d}}(k+1|k)\quad y_{\mathrm{d}}(k+2|k)\quad\cdots\quad y_{\mathrm{d}}(k+Np|k)]^{\mathrm{T}}$为参考海浪波高，$\beta$ 为权值，μ 为松弛因子，$\boldsymbol{Q}=\mathrm{diag}(q_1,q_2,\cdots q_{Np})$，$\boldsymbol{R}=\mathrm{diag}(r_1,r_2,\cdots r_{Nm})$。其中优化目标函数的第一项表示系统对目标轨迹的跟踪性能，第二项表示对控制增量变化的要求。

将式(8-132)代入式(8-133)，通过矩阵运算，可将优化目标整理为

$$\min J(\bar{x}(k),\bar{u}(k-1),\Delta\boldsymbol{U}(k))=[\Delta\boldsymbol{U}(k)^{\mathrm{T}},\mu]^{\mathrm{T}}\boldsymbol{\Phi}_k[\Delta\boldsymbol{U}(k)^{\mathrm{T}},\mu]+\boldsymbol{\Psi}_k[\Delta\boldsymbol{U}(k)^{\mathrm{T}},\mu]+\boldsymbol{\Gamma}_k \tag{8-134}$$

其中，$\boldsymbol{\Phi}_k=\begin{bmatrix}\boldsymbol{\theta}_k^{\mathrm{T}}\boldsymbol{Q}\theta+R_k & 0\\ 0 & \beta\end{bmatrix}$，$\boldsymbol{\Psi}_k=[2(\boldsymbol{\varphi}_k\bar{x}(k|k)-\boldsymbol{Y}_{\mathrm{d}}(k))^{\mathrm{T}}\boldsymbol{Q}_k\boldsymbol{\theta}_k\quad 0]$，$\boldsymbol{\Gamma}_k=(\boldsymbol{\varphi}_k\bar{x}(k|k)-\boldsymbol{Y}_{\mathrm{d}}(k))^{\mathrm{T}}\boldsymbol{Q}_k(\boldsymbol{\varphi}_k\bar{x}(k|k)-\boldsymbol{Y}_{\mathrm{d}}(k))$。

实际控制过程中，当全浸式水翼艇的襟翼执行机构的角度达到一定值时，控制器无法提供所需的控制力，效果减弱，为了满足全浸式水翼艇准爬浪控制要求，在控制策略的设计过程中，考虑对控制量的约束情况：

$$\text{幅值约束}\quad u_{\min}\leqslant u(k)\leqslant u_{\max},\ k=0,1,\cdots,N_m-1$$

$$\text{控制增量约束}\quad |\Delta u(k)|\leqslant\Delta U_{\max},\ k=0,1,\cdots,N_m-1$$

在每个控制周期内进行优化目标函数的求解，得到控制时域内的控制输入增量：

$$\Delta \boldsymbol{U}_k^* = [\Delta u_k^*, \Delta u_{k+1}^*, \cdots, \Delta u_{k+N_m-1}^*]^{\mathrm{T}} \tag{8-135}$$

根据模型预测控制的基本原理，考虑到只采用控制序列的第一个元素作为实际的控制增量，不能充分利用所得控制增量的全部信息，因此设计将求得的控制增量序列加权平均作为实际的控制增量作用于系统，权值ω_i通常取$\omega_1 = 1 > \omega_2 > \omega_3 > \cdots > \omega_{N_m}$。

$$\Delta \hat{u}_k^* = \frac{\sum_{i=1}^{N_m} \omega_i u^*(k+i-1)}{\sum_{i=1}^{N_m} \omega_i} \tag{8-136}$$

$$u(k) = u(k-1) + \Delta \hat{u}_k^* \tag{8-137}$$

进而，将得到的控制量作用于全浸式水翼艇控制系统，直到下一时刻，根据系统的状态信息重新预测下一预测时域的系统输出值，并通过目标优化求解新的控制时域的控制增量，将获得的控制增量序列加权平均求得实际控制量，为了实现全浸式水翼艇的准爬浪控制，为了在高海情下实现水翼不出水和艇体不击水，对海浪与艇体相对位置进行分析设计基于模型预测算法的准爬浪控制策略，如此循环，直至完成整个时域的控制过程。

$$u(k) = \begin{cases} u(k) & |\boldsymbol{Y}_{\mathrm{d}}| < \min(|d_1|, |d_2|) \\ \lambda u(k) & Y_r > d_1, \Delta Y_d > 0 \text{ 或 } Y_r < d_2, \Delta Y_d < 0 \end{cases} \tag{8-138}$$

其中，Y_r为实际海浪波高与水翼支柱中点的距离，λ 为控制增益。当参考轨迹海浪波高超过全浸式水翼艇水翼支柱在静水面以上的高度，并且海浪波高导数大于零，或者海浪的波谷低于水翼艇支柱在水面以下的高度，海浪波高导数小于零时，则采用与模型预测控制成比例的控制策略进行准爬浪控制，控制增益以不产生水翼出水和艇体击水以及水翼艇的纵向运动最小为目标进行设计。当 $Y_r > d_1$，$\Delta Y_d > 0$ 时，海浪与水翼支柱中点的距离越大，则增加控制量，减少艇体击水；当 $Y_r < d_2$，$\Delta Y_d < 0$ 时，海浪与水翼支柱中点距离越大，则减少控制量，减少能量消耗，防止水翼入水时的对水翼产生较大的抨击。

8.8 全浸式水翼艇准爬浪控制仿真研究

为了验证本章设计的全浸式水翼艇准爬浪控制策略的有效性，本节对航速45kn，有义波高 4m，遭遇角分别为 30°、60°、90°、120°、150°、180°的情况下的最优控制策略与本章设计的基于模型预测控制算法的全浸式水翼艇准爬浪控制效果进行仿真，给出在两种控制策略下的准爬浪控制以及纵摇角度控制效果的对比，并对不同控制策略下的升沉位移及纵摇角度的统计值进行整理，以验证提出方法的有效性。

对两种控制策略下的准爬浪控制效果进行仿真研究。设定仿真时间为 100s，仿真步数为 500 步，仿真时间间隔为 0.2s，预测时域为 20 步，模型预测控制的准爬浪控制增益为 $\lambda=\mathrm{diag}[1.2 \quad 0.9]$。图 8-23 是在航速 45kn，有义波高 4m，遭遇角 30°时，最优控制及基于模型预测控制算法下全浸式水翼艇准爬浪控制效果对比结果。图 8-24 给出了两种准爬浪控制策略下的全浸式水翼艇升沉位移与实际海浪波高的偏差值。图 8-25 给出了两种控制策略下全浸式水翼艇纵摇角度稳定性控制结果。表 8-10 给出了两种控制策略下全浸式水翼艇准爬浪控制的升沉位移及纵摇角的均值及方差统计值。

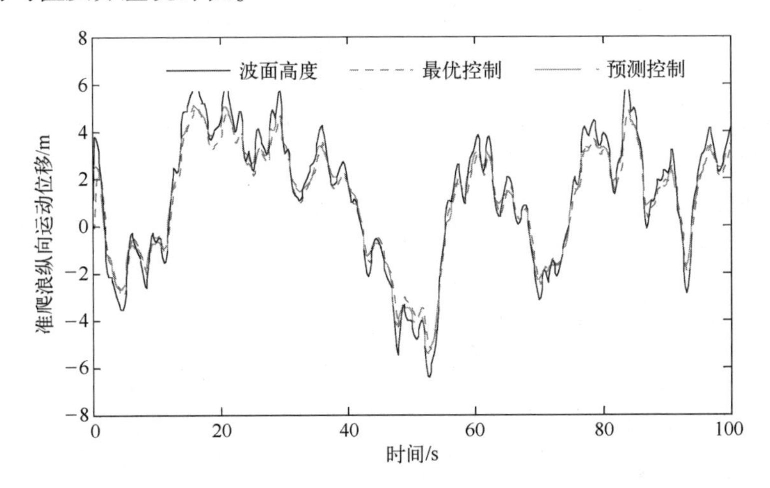

图 8-23　准爬浪控制升沉位移(45kn,4m,30°)

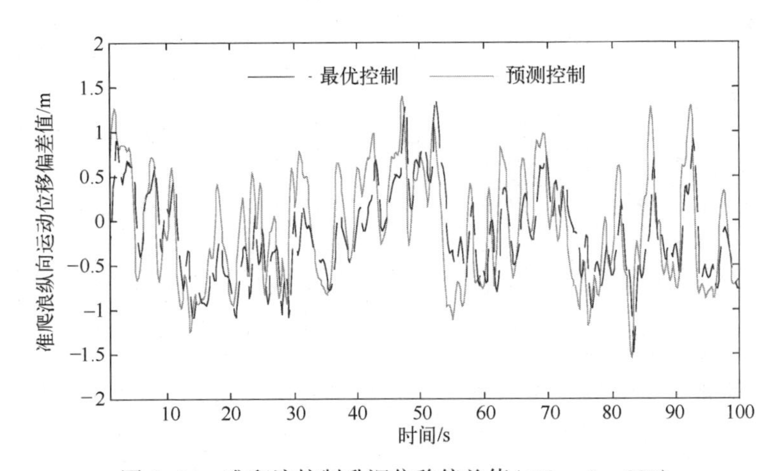

图 8-24　准爬浪控制升沉位移偏差值(45kn,4m,30°)

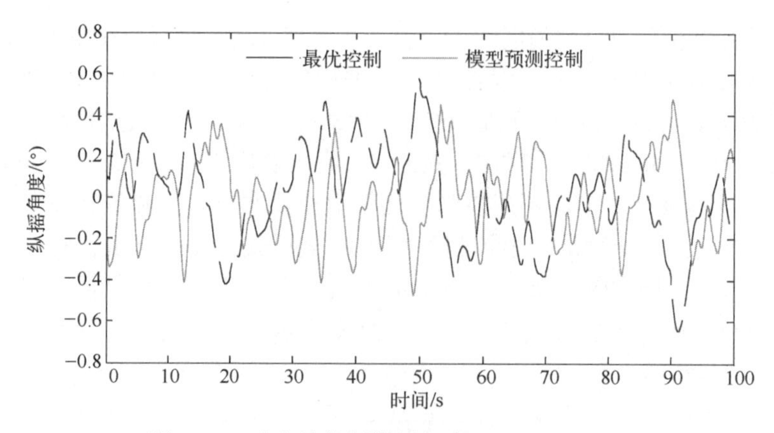

图 8-25 准爬浪控制纵摇角度(45kn,4m,30°)

表 8-10 航速为 45kn,有义波高 4m 时升沉位移及纵摇角仿真结果统计

控制策略		统计值			
		纵向位移/m		纵摇角度/(°)	
		均值 $E(z)$	方差 $STD(z)$	均值 $E(\theta)$	方差 $STD(\theta)$
0°	最优控制	0.0929	1.5314	−0.0060	0.1382
	预测控制	0.0928	1.4337	0.0022	0.1211
30°	最优控制	−0.1983	1.2047	0.0015	0.0992
	预测控制	−0.2573	1.1861	−0.0012	0.0983
60°	最优控制	0.2487	1.2494	−0.0096	0.0310
	预测控制	0.2812	1.2111	0.0044	0.0866
90°	最优控制	0.0235	1.8638	−0.0045	0.1048
	预测控制	0.0145	1.8307	0.0021	0.0544
120°	最优控制	0.0237	0.9390	−0.0046	0.0285
	预测控制	−0.0018	0.8750	0.0019	0.1164
150°	最优控制	0.0261	0.8043	−0.0047	0.0505
	预测控制	0.0140	0.7646	0.006	0.0405
180°	最优控制	0.0217	0.7781	−0.0045	0.0731
	预测控制	0.0011	0.7540	−0.0034	0.0222

由不同海情下全浸式水翼艇准爬浪控制仿真结果可知,最优控制策略及本文提出的基于模型预测控制算法的准爬浪控制在高海情下能够实现对海浪波高的跟随,其中本书提出的控制方法考虑了襟翼执行机构的角度限制条件,并对海浪干扰

具有一定的鲁棒性,其准爬浪控制更具有实用性。由给出的不同海情下全浸式水翼艇升沉位移与实际海浪波高的偏差值结果可知,两种控制策略下全浸式水翼艇的升沉位移与实际海浪波高的偏差值均超过±1.5m,即未出现水翼出水或艇体击水的情况。此外,由仿真结果可知在满足未出现水翼出水和艇体击水的情况下,本章提出的基于模型预测的准爬浪控制的全浸式水翼艇升沉位移较小,并且考虑到不同海情下纵摇角度仿真结果,纵摇角度与最优控制相比也有所减小,进而提高了全浸式水翼艇航行的稳定性和舒适性。同理,由表 8-10 给出的两种控制策略在不同遭遇角下,全浸式水翼艇升沉位移及纵摇角度的均值和方差统计值可知,基于模型预测的准爬浪控制在实现水翼不出水和艇体不击水的情况下,升沉位移及纵摇角度的方差均小于最优控制策略。

因此,本章提出的准爬浪控制在满足水翼不出水、艇体不击水的情况下,能够有效地跟随海浪波高的变化,有效地减少全浸式水翼艇的升沉位移及纵摇角度,减少执行机构驱动能量的消耗,实现了全浸式水翼艇的准爬浪控制,并且提高了全浸式水翼艇的稳定性、安全性及舒适性。

参考文献

[1] 吴晓光, 吴启锐 . 高速船快速性[M]. 北京:国防工业出版社,2015.

[2] 刘胜 . 现代船舶控制工程[M]. 北京:科学出版社,2010.

[3] 刘胜,牛鸿敏,张兰勇 . 水翼艇及其控制方法综述[J]. 船舶工程,2017,39(09):35-39.

[4] Khalil H K. Noninear systems[M]. New Jersey. Prentice-Hall, 1996, 2(5): 5-1.

[5] 刘胜,张红梅 . 最优估计理论[M]. 北京:科学出版社,2011.

[6] Fossen T I. Guidance and control of Ocean Vehicles[M]. New York:University of Trondheim Norway, 1996.

[7] 赵希人, 刘胜 . 关于固定点波面海浪模型的理论研究[J]. 海洋学报(中文版), 1989, 11(2): 226-232.

[8] 刘胜 . 关于海浪 ARMA 模型的研究[J]. 海洋工程, 1996(2):64-71.

[9] Zhao X R, Liu S. A spectral method for simulation stationary stochastic processes with irrational power spectra [J]. Chinese Journal of Automation, 1990,2(4).

[10] Kotecha J H, Djuric P M. Gaussian Particle Filtering [J]. IEEE Transactions on SignalProcessing, 2003, 51(10): 2592-2601.

[11] 刘胜,王宇超,冯晓杰 . 穿浪双体船纵向运动 T-S H_∞ 鲁棒控制研究[C]. 第三十三届中国控制会议论文集(B 卷),2014.

[12] Lee H J,Park J B,Chen G.Robust fuzzy control of nonlinear systems with parametric uncertainties[J]. IEEE Trans on Fuzzy Systems,2001,9(2):369-379.

[13] 王五桂 . 穿浪水翼双体船纵向运动控制研究[D]. 武汉:中国舰船 . 2012.

[14] Liu S, Wang W G. Decentralized Variable Structure Control Research of Ship Course/Roll[C]. Chinese Control and Decision Conference CCDC,2011.

[15] Liu S, Wang W G. Consistency of H∞ index and output variance constraints for descriptor systems[C]. Mechatronic Science, Electric Engineering and Computer (MEC), 2011 International Conference on. IEEE, 2011.

[16] 刘胜,王五桂 . 参数不确定关联模糊大系统的稳定性及控制[C]. 2011 中国自动化大会,2011.

[17] Liu S, Wang W G. Adaptive sliding mode output feedback control based on fuzzy tree model[J]. Journal of Information and Computational Science, 2011. 8(11): 2137-2146.

[18] 刘胜,白立飞,王宇超,等 . 水翼双体船内襟翼/外襟翼联合自动控制装置[P]. 2015-12-09.

[19] 刘胜,许长魁,张兰勇,等 . 水翼双体船航向横倾控制方法及装置[P]. 2017-10-27.

[20] 刘胜, 常绪成, 李冰,等 . 小水线面船水翼和柱翼舵多功能控制装置[P]. 2012-05-09.

[21] 刘胜,苏旭,杨丹,等 . 双体船纵向运动姿态控制装置[P]. 2016-01-27.

[22] Doyle J C. State-space solutions to standard H_2 and H_∞ control problems[J]. IEEE Transactions on Automatic Control, 1989, 34(8): 831-847.

[23] Kahveci Nazli E, Ioannou Petros A. Adaptive steering control for uncertain ship dynamics and stability analysis[J]. Automatica, 2013, 49(3): 685-697.

[24] Surendran S, Lee S K,Kim S Y. Studies on an algorithm to control the roll motion using active fins[J]. Ocean Engineering, 2007, 34(3-4): 542-551.

[25] Kim S H, Yamato H. On the design of a longitudinal motion control system of a fully-submerged hydrofoil craft based on the optimal preview servo system[J]. Ocean Engineering, 2004, 31(13):1637-1653.

[26] 刘金琨. 滑模变结构控制 MATLAB 仿真[M]. 北京:清华大学出版社, 2012.

[27] Liu S, Xu C K, Zhang L Y. Robust Course Keeping Control of a Fully Submerged Hydrofoil Vessel without Velocity Measurement: An Iterative Learning Approach[J]. Mathematical Problems in Engineering, 2017, 2017:1-14.

[28] Liu S, Xu C K, Wang Y C. Disturbance Rejection Control for the Course Keeping of the Fully-submerged Hydrofoil Craft [J]. Proceedings of the 35th Chinese Control Conference, 2016:747-751.

[29] Liu S, Xu C K, Zhang L Y. Robust Course Keeping Control of a Fully Submerged Hydrofoil Vessel with Actuator Dynamics: A Singular Perturbation Approach[J]. Mathematical Problems in Engineering, 2017: 1-14.

[30] Do K D, Jiang Z P, Pan J. Robust adaptive path following of underactuated ships[J]. Automatica, 2004, 40(6): 929-944.

[31] Liu S, Xu C K, Zhang L Y. Hierarchical Robust Path Following Control of Fully Submerged Hydrofoil Vessels [J]. IEEE Access, 2017, 5(99):21472-21487.

[32] Sariyildiz E, Ohnishi K. A Guide to Design Disturbance Observer[J]. Journal of Dynamic Systems Measurement & Control, 2013, 136(2):2483-2488.

[33] Liu S, Niu H M, Zhang L Y. Modified Adaptive Complementary Sliding Mode Control for the Longitudinal Motion Stabilization of the Fully-submerged Hydrofoil Craft [J]. International Journal of Naval Architecture and Ocean Engineering. 2018,7:4829-4838.

[34] Liu S, Niu H M, Zhang L Y. The Longitudinal Attitude Control of the Fully-Submerged Hydrofoil Vessel Based on the Disturbance Observer [C]. Proceedings of the 37th Chinese Control Conference, CCC 2018, Wuhan, China, 2018:397-401.

[35] 刘胜,周丽明. 舵机幅度与速率受限的船舶转向抗饱和控制[J]. 中国造船,2010,51(02):85-91.

[36] Elmokadem T, Zribi M, Youcef-Toumi K. Terminal sliding mode control for the trajectory tracking of underactuated Autonomous Underwater Vehicles [J]. Ocean Engineering, 2016:S0029801816304759.

[37] Liu S, Niu H M, Zhang L Y. Modified adaptive complementary sliding mode control for the longitudinal motion stabilization of the fully-submerged hydrofoil craft [J]. International Journal of Naval Architecture and Ocean Engineering, 2019, 11(1):584-596.

[38] 刘胜. 全浸式水翼艇纵向运动姿态解耦控制[J]. 控制与决策,1991(04):314-317.

[39] 赵希人,刘胜. 全浸式水翼艇状态最优估计的仿真研究[J]. 哈尔滨工程大学学报, 1988(4): 427-434.

[40] 刘胜. 水翼艇姿态随机最优控制[D]. 哈尔滨:哈尔滨船舶工程学院,1987.

[41] 任俊生. 高速水翼船运动控制[M]. 北京:科学出版社,2015.

[42] 刘胜,牛鸿敏,张兰勇. H_∞ 模糊自适应容积卡尔曼滤波[J]. 哈尔滨工程大学学报,2020,41(03): 404-410.

[43] 刘胜,郑焱. 关于海浪过阈概率预报的理论研究[J]. 哈尔滨船舶工程学院学报,1990(04):410-417.

[44] 郑焱,赵乃真. 高海情下全浸式水翼艇姿态控制的研究[J]. 控制理论与应用,1992(04):387-394.

内容简介

本书是著者多年从事水翼船运动姿态控制领域科学研究成果的总结，主要介绍了穿浪水翼双体船、高速水翼双体船和全浸式水翼艇三种现代高性能水翼船运动姿态控制的研究成果。首先，介绍了国内外相关技术和发展概况，以及现代高性能水翼船运动姿态控制相关的系统稳定性理论、鲁棒控制理论、非线性控制理论及状态估计理论等。然后，介绍了现代高性能水翼船控制系统的体系结构和数学建模研究。在此基础上，介绍了现代高性能穿浪水翼双体船纵向运动姿态控制；现代高性能高速水翼双体船横向运动姿态控制、纵向运动姿态控制；现代高性能全浸式水翼艇横向、纵向运动姿态控制。重点介绍了穿浪水翼双体船纵摇/升沉姿态-水翼/尾压浪板控制，高速水翼双体船纵摇/升沉姿态-水翼/水翼控制，高速水翼双体船艏摇/横摇姿态-水翼/柱翼控制，全浸式水翼艇艏摇/横摇姿态-副翼/柱翼控制，全浸式水翼艇纵摇/升沉姿态-襟翼/襟翼控制等。

本书的主要内容均为著者多年研究成果，具有前瞻性和学术性，理论性强，多项成果填补国内该领域的空白，具有理论应用意义和工程应用价值。

This book is a summary of the author's scientific research achievements in the field of hydrofoil ship motion attitude control for many years. This book mainly introduces the motion control of modern high performance hydrofoil ships such as wave piercing hydrofoil catamaran, high speed hydrofoil catamaran and fully submerged hydrofoil craft. Firstly, the related technologies and development at home and abroad are introduced. Then, the motion control theory, robust control theory, nonlinear control theory and state estimation theory of modern high performance hydrofoil ships are introduced. Then, the control system structure and mathematic modeling are studied. Then, the longitudinal motion control of modern high performance wave piercing hydrofoil catamaran, the longitudinal and lateral motion control of modern high performance high speed hydrofoil catamaran and modern high performance fully submerged hydrofoil craft are studied. The hydrofoil/tailboard control of pitch/heave motion of wave piercing hydrofoil catamaran, the hydrofoil/column wing control of yaw/roll motion of high speed hydrofoil catamaran, the flap/ flap control of yaw/roll motion of fully submerged hydrofoil craft and the flap/ flap control of pitch/heave motion of fully submerged hydrofoil craft are major presented.

The main contents of this book are the author's research results for many years, which are academic and theoretical. Many achievements fill the gap in this field in China, and have theoretical and engineering application value.